竞争力！
为职场加分的
超强PPT设计

(韩)李太火　李慧真　著
博硕文化　编译

中国铁道出版社
CHINA RAILWAY PUBLISHING HOUSE

北京市版权局著作权　合同登记号：图字 01-2013-1756

图书在版编目（CIP）数据

竞争力！：为职场加分的超强PPT设计 /（韩）李太火，（韩）李慧真著；博硕文化编译. — 北京：中国铁道出版社，2014.1

书名原文：Presentation & style for sensational design

ISBN 978-7-113-17442-2

Ⅰ. ①竞… Ⅱ. ①李… ②李… ③博… Ⅲ. ①图形软件 Ⅳ. ① TP391.41

中国版本图书馆CIP数据核字(2013)第234262号

书　　名：竞争力！为职场加分的超强 PPT 设计
作　　者：李太火　李慧真　著　博硕文化　编译

策　　划：苏　茜　　　读者热线电话：010-63560056
责任编辑：吴媛媛　　　编辑助理：刘建玮
责任印制：赵星辰　　　封面设计：多宝格

出版发行：中国铁道出版社（北京市西城区右安门西街 8 号　　邮政编码：100054）
印　　刷：中国铁道出版社印刷厂
版　　次：2014 年 1 月第 1 版　　2014 年 1 月第 1 次印刷
开　　本：700mm×1 000mm　1/16　印张：22　字数：535 千
书　　号：ISBN 978-7-113-17442-2
定　　价：55.00 元（附赠光盘）

用PPT设计的演示文稿常见于网络、TV或报纸中。如同我们购房、购车与购买服装一般，它已经成为日常生活中常见的一环。对于现代人而言，好的PPT其重要性无与伦比，也是左右演说成败的关键要素之一。

PPT并非只是陪衬演说者的背景而已。若演说者是电影里的主角，那么，PPT就是不可或缺的绿叶。如同以主角的演技决定电影成败的时代已经过去了，从演说者的发表内容，就决定PPT成败的时代也已是久远的事。

虽然PPT的重要性已逐渐超越演说者，然而回归到基础层面，PPT的功能其实就是成为人与人之间的桥梁，而不是障碍；所以真正好的PPT，是能自然且易于理解呈现的内容，并将核心信息能如雷贯耳般深深烙印于听众的脑海与心里。

本书针对正为制作PPT而苦恼不已的读者，介绍步骤简单，却能强调核心的设计理念，内容实用。相信通过书中的说明并经过反复练习，您也可以充分地制作出打动听众心灵的优质PPT。

李太火、李慧真

❶ CHAPTER 01：简略说明本单元学习内容。

❷ Before 与 After 幻灯片：Before 是未经设计的幻灯片；而 After 是设计制作后的幻灯片。

❸ CHECK POINT：针对如何改善设计上的不足之处来说明知识技术及核心概念。

❹ 原稿分析：分析初稿并带出核心，引领出设计要素的过程。

❺ 概念草图（Idea Sketch）：通过分镜脚本操作，说明实际导出创意的过程。

❻ 幻灯片设计实作：跟着步骤实际演练前面熟知的设计编修事项。

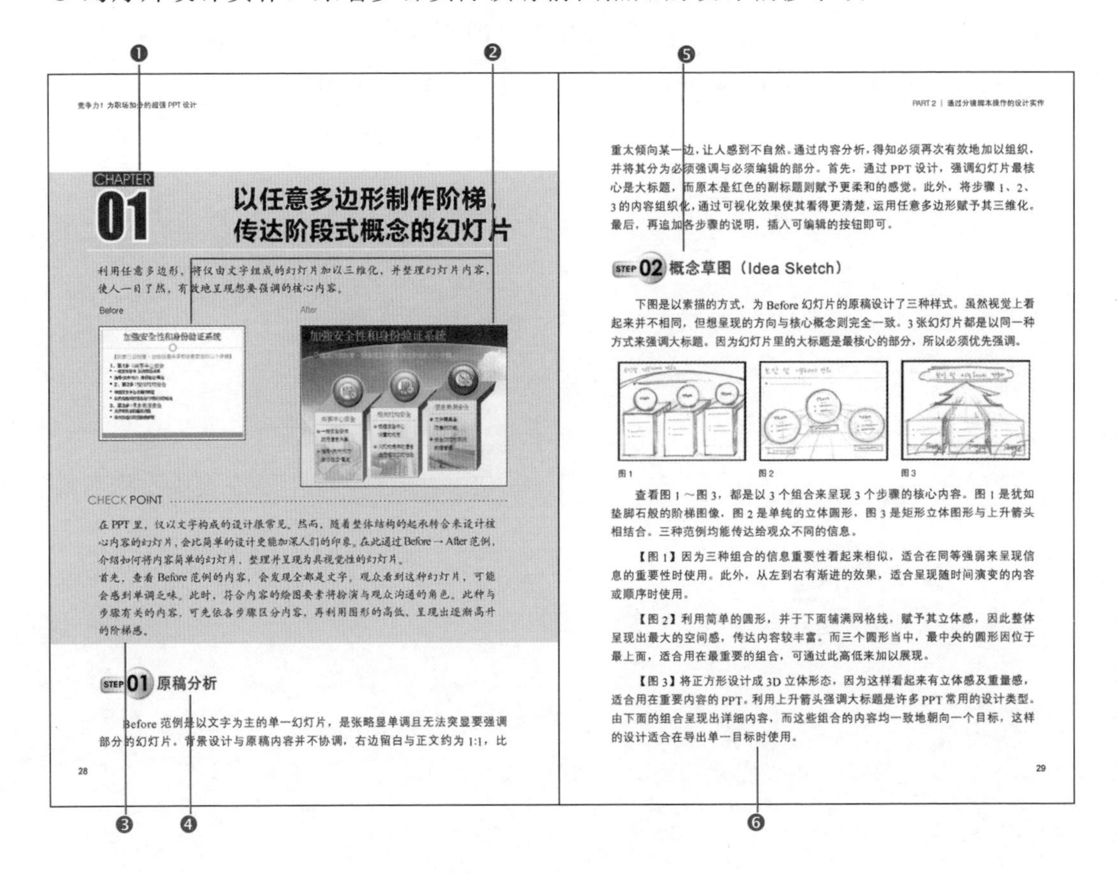

竞争力！为职场加分的超强 PPT 设计

CHAPTER 01

以任意多边形制作阶梯，传达阶段式概念的幻灯片

利用任意多边形，将仅由文字组成的幻灯片加以三维化，并整理幻灯片内容，使人一目了然，有效地呈现想要强调的核心内容。

Before

After

CHECK POINT

在 PPT 里，仅以文字构成的设计很常见。然而，随着整体结构的起承转合来设计核心内容的幻灯片，会比简单的设计更能加深人们的印象。在此通过 Before → After 范例，介绍如何将内容简单的幻灯片，整理并呈现为具视觉性的幻灯片。

首先，查看 Before 范例的内容，会发现全都是文字。观众看到这种幻灯片，可能会感到单调乏味。此时，符合内容的绘图要素将扮演与观众沟通的角色。此种与步骤有关的内容，可先依各步骤区分内容，再利用图形的高低，呈现出逐渐高升的阶梯感。

STEP 01 原稿分析

Before 范例是以文字为主的单一幻灯片，是张略显单调且无法突显要强调部分的幻灯片。背景设计与原稿内容并不协调，右边留白与正文约为 1:1，比

28

PART 2 | 通过分镜脚本操作的设计实作

重太倾向某一边，让人感到不自然。通过内容分析，得知必须再次有效地加以组织，并将其分为必须强调与必须编辑的部分。首先，通过 PPT 设计，强调幻灯片最核心是大标题，而原本是红色的副标题则赋予更柔和的感觉。此外，将步骤 1、2、3 的内容组织化，通过可视化效果使其看得更清楚，运用任意多边形赋予其三维化。最后，再追加各步骤的说明，插入可编辑的按钮即可。

STEP 02 概念草图（Idea Sketch）

下图是以素描的方式，为 Before 幻灯片的原稿设计了三种样式。虽然视觉上看起来并不相同，但想呈现的方向与核心概念则完全一致。3 张幻灯片都是以同一种方式来强调大标题。因为幻灯片里的大标题是最核心的部分，所以必须优先强调。

图 1　图 2　图 3

查看图 1～图 3，都是以 3 个组合来呈现 3 个步骤的核心内容。图 1 是犹如垫脚石般的阶梯图像，图 2 是单纯的立体圆形，图 3 是矩形立体图形与上升箭头相结合。三种范例均能传达给观众不同的信息。

【图 1】因为三种组合的信息重要性看起来相似，适合在同等强弱来呈现信息的重要性时使用。此外，从左到右有渐进的效果，适合呈现随时间演变的内容或顺序时使用。

【图 2】利用简单的圆形，并于下面铺满网格线，赋予其立体感，因此整体呈现出最大的空间感，传达内容较丰富。而三个圆形当中，最中央的圆形因位于最上面，适合用在最重要的组合，可通过此高低来加以展现。

【图 3】将正方形设计成 3D 立体形态，因为这样看起来有立体感及重量感，适合用在重要内容的 PPT。利用上升箭头强调大标题是许多 PPT 常用的设计类型。由下面的组合呈现出详细内容，而这些组合的内容均一致地朝向一个目标，这样的设计适合在导出单一目标时使用。

29

❶ 完成幻灯片：查看完成的幻灯片，同时可事先斟酌设计要素与功能。

❷ 准备范例与完成范例：可在随书附赠的光盘中依各章内容打开范例文件来练习。

❸ 中间标题：依不同的设计要素，分别解说各练习阶段。

❹ 步骤解说：跟着范例实践练习，借以熟悉 PowerPoint 设计功能。

❺ TIP：说明制作范例时，必须注意或可参考的内容。

❻ SPECIAL TIP：补充值得参考的内容与知识技术。

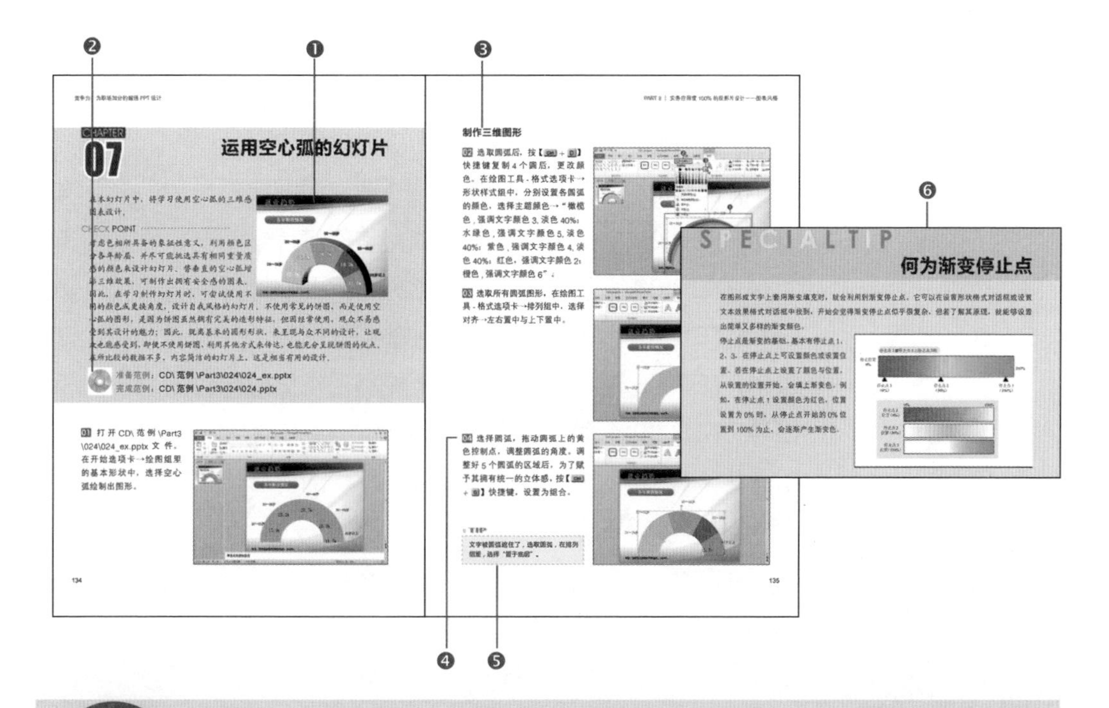

附赠光盘架构

随书附赠光盘内容如下所示。各文件夹里有书中所需的范例文件以及附赠的设计样式、图例和图解素材等。

“范例 \Part2\…”：收录正文中范例练习时所需的准备文件与图片，以及最终完成文件。

“模板 \ 模板集”收录了 20 多款高级模板范例；“免费模板”收录了 Egram 提供的各种模板样式 80 款；“图解设计”收录了可实务应用的 10 张图解；“图解素材”收录了可实务应用的 90 多种素材。

目录

PART 6

实务应用度 100% 的幻灯片设计——图解风格

PART 7

实务应用度 100% 的幻灯片设计——动画风格

预览本文内部范例

Part2 | 通过分镜脚本操作的设计实作

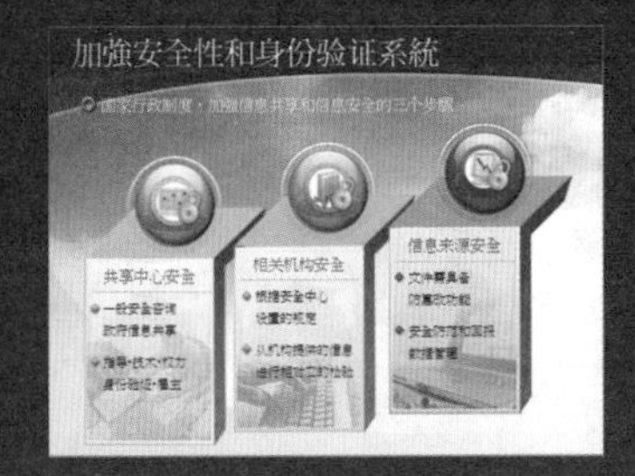

CHAPTER 01. 以任意多边形制作阶梯，传达阶段式概念的幻灯片

CHAPTER 02. 字体排版，转换为艺术字样式，调整字符比例

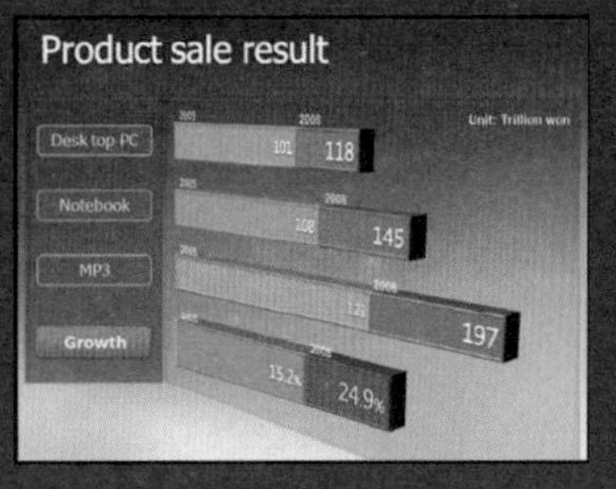

CHAPTER 03. 视觉上使增长率极大化的幻灯片

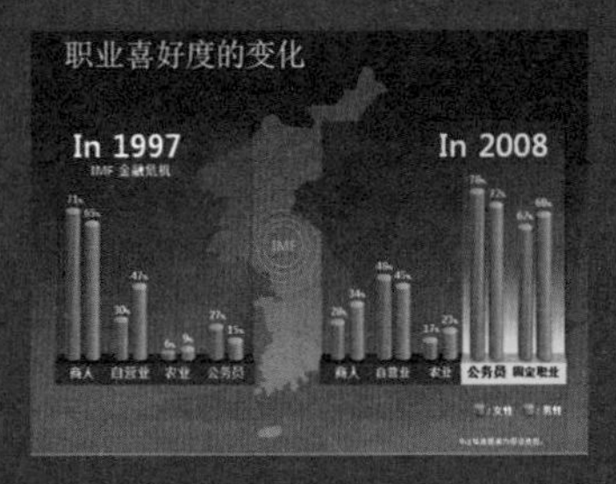

CHAPTER 04. 以关键词强调核心要素的图解幻灯片

CHAPTER 05. 摆脱枯燥乏味的文字幻灯片

CHAPTER 06. 图像与具立体感的组织图幻灯片

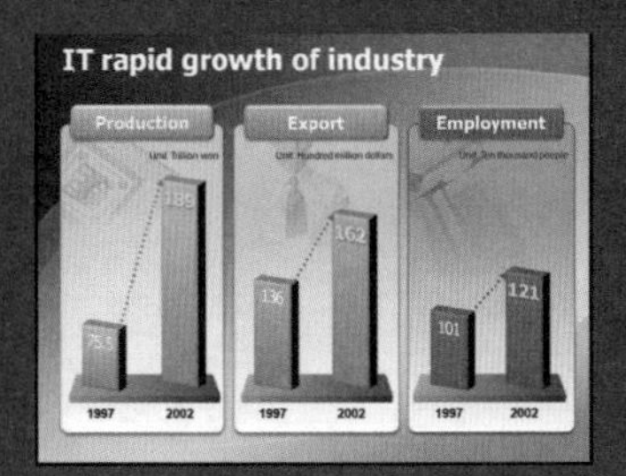

CHAPTER 07. 以复合图表取代单调的图表

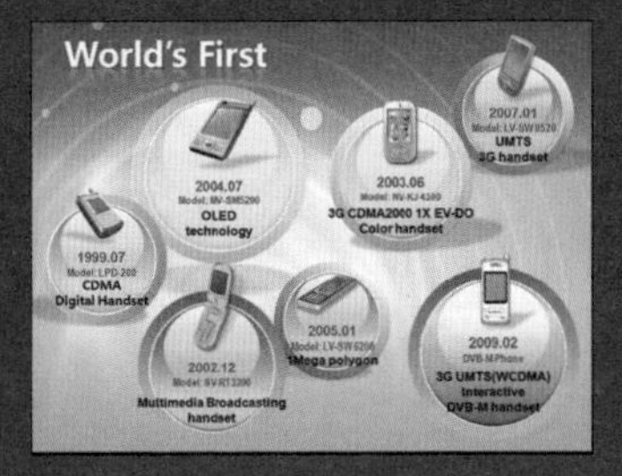

CHAPTER 08. 插入相关图像，提高视觉信息传达力

CHAPTER 09. 插入图表，提高视觉信息传达力

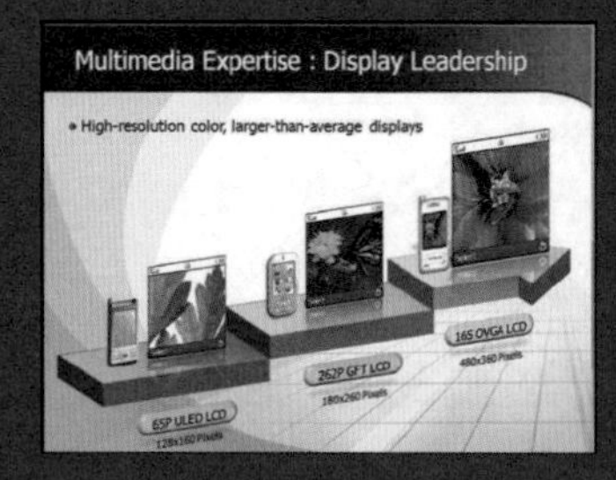

CHAPTER 10. 善用图像，提高幻灯片的信息传达力

Part3 | 实务应用度 100% 的幻灯片设计——图表风格

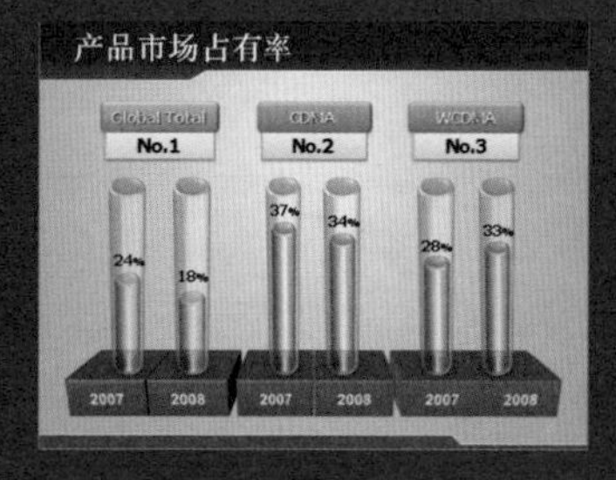

CHAPTER 01. 添加透明圆柱体的图表

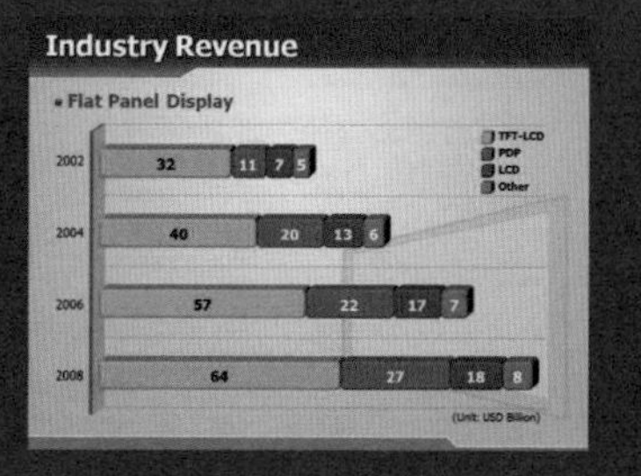

CHAPTER 02. 组合重复内容为一，化繁为简的堆栈横条图设计

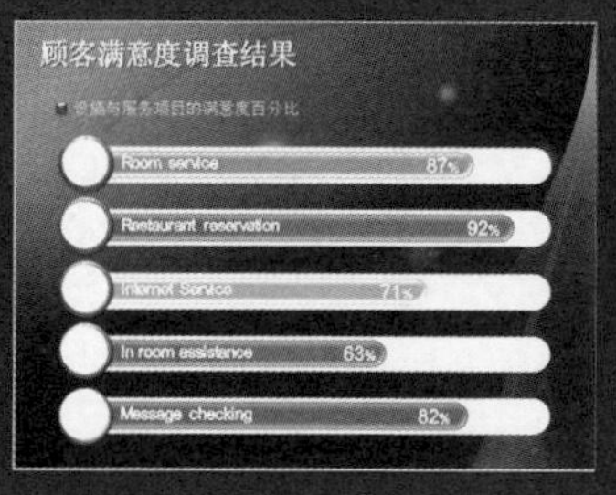

CHAPTER 03. 以图表呈现项目列表的横条图幻灯片设计

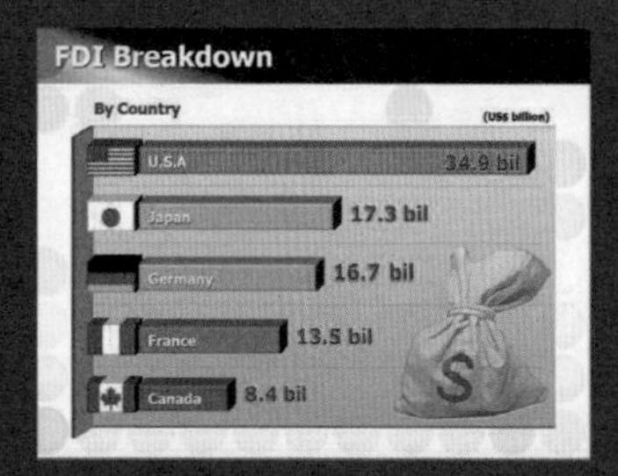

CHAPTER 04. 三维 100% 横条图幻灯片设计

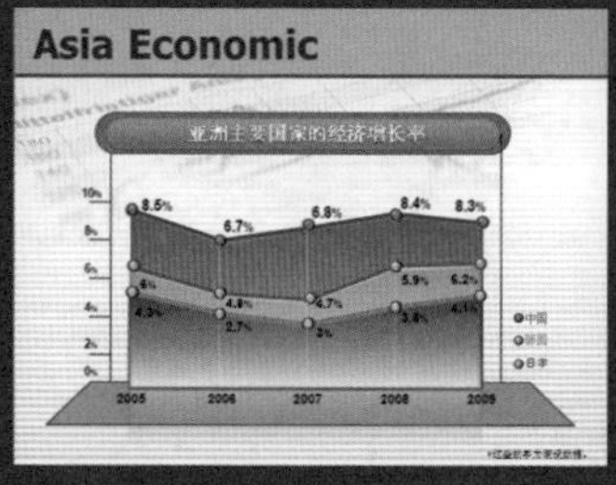

CHAPTER 05. 具有刻度与坐标的折线图幻灯片设计

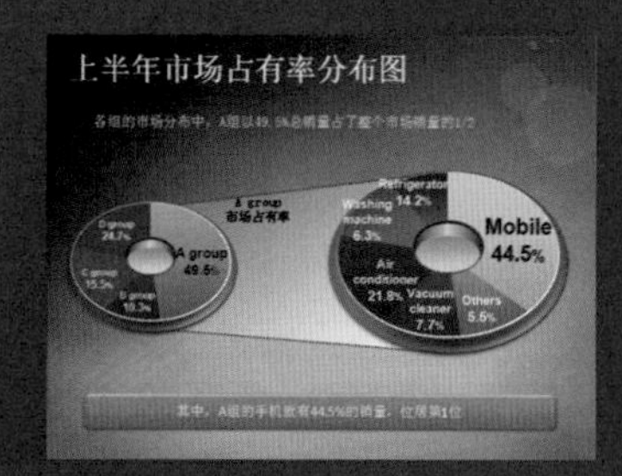

CHAPTER 06. 呈现详细比例的饼图幻灯片

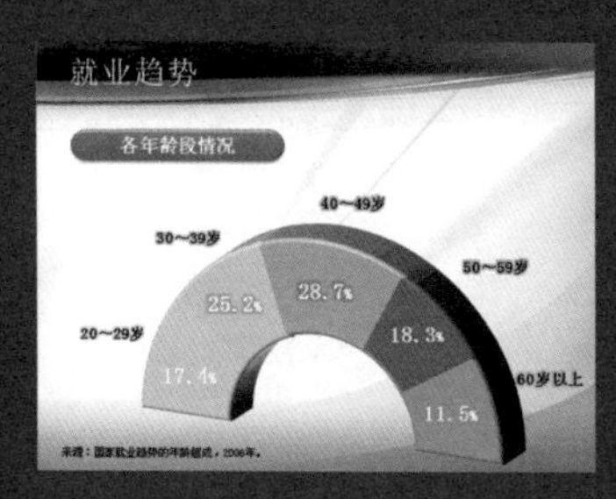

CHAPTER 07. 运用空心弧的幻灯片

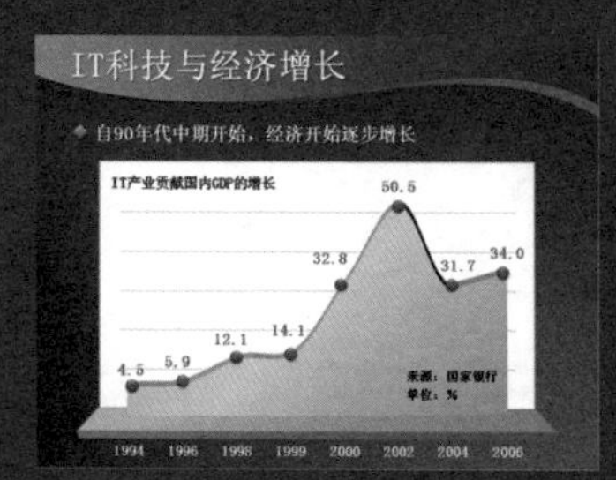

CHAPTER 08. 以编辑顶点呈现三维区域的幻灯片

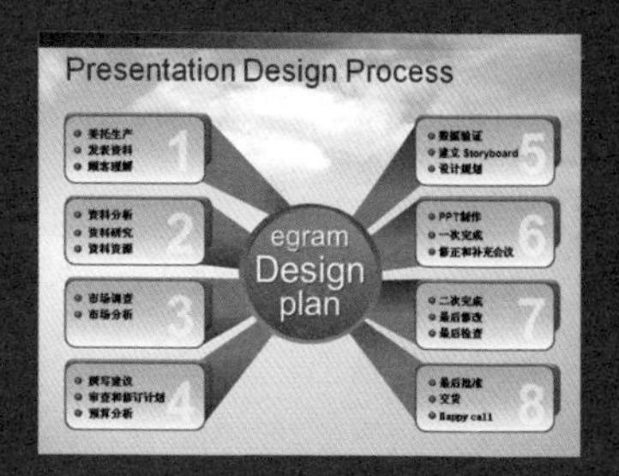

CHAPTER 09. 转换图形为任意多边形图形后，通过编辑顶点调整的幻灯片

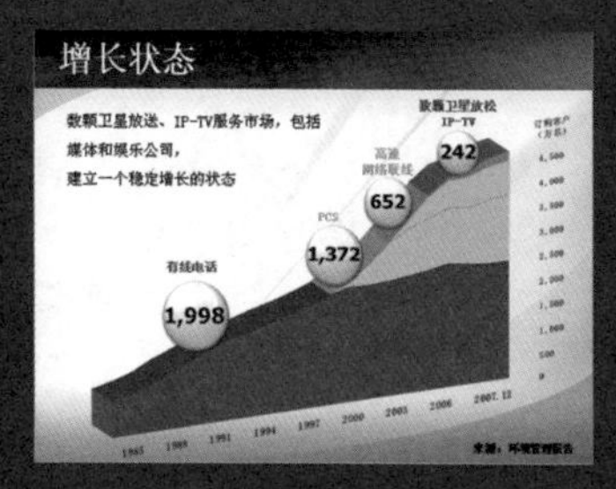

CHAPTER 10. 以区域图呈现多种项目的幻灯片

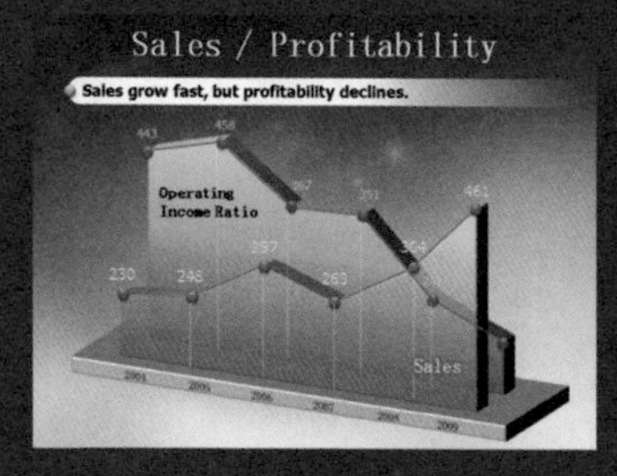

CHAPTER 11. 运用透明与渐变，重叠表现的幻灯片

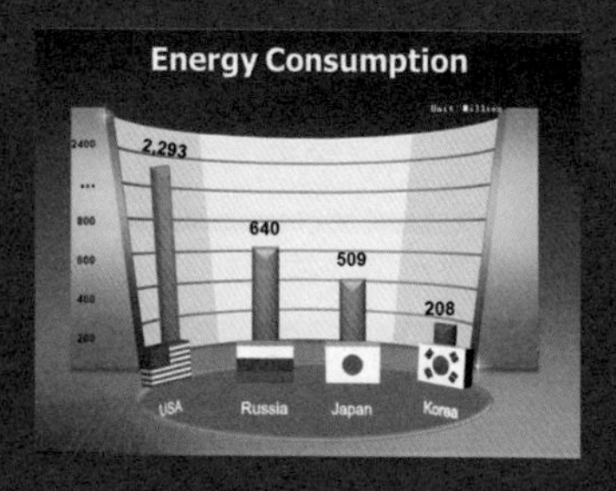

CHAPTER 12. 善用舞台图像的图表幻灯片

CHAPTER 13. 将文字以书信形式展示的幻灯片

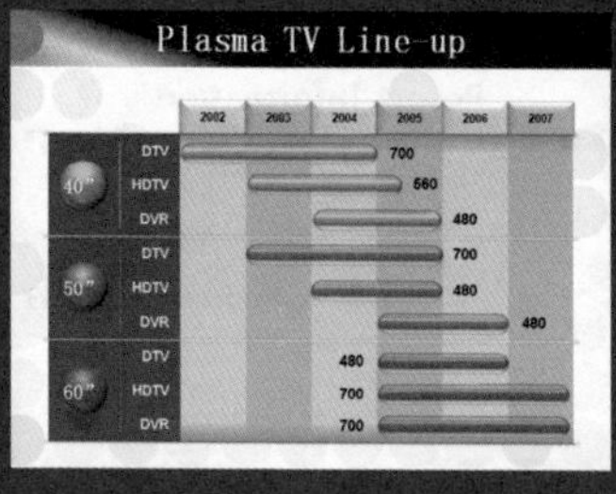

CHAPTER 14. 复制并制作长矩形的流程图幻灯片

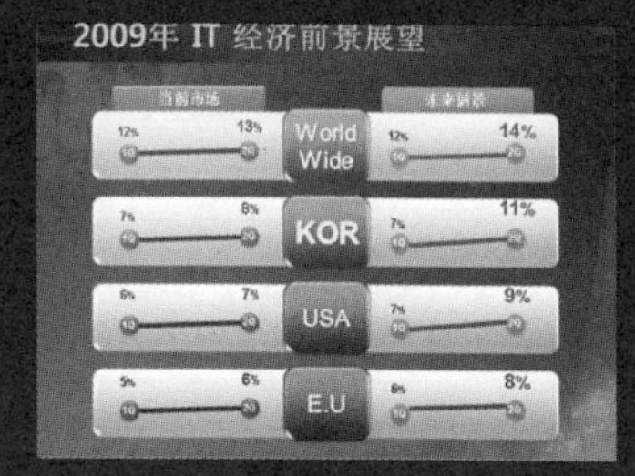

CHAPTER 15. 以左右对称呈现项目的流程图幻灯片

Part4 | 实务应用度 100% 的幻灯片设计——文字风格

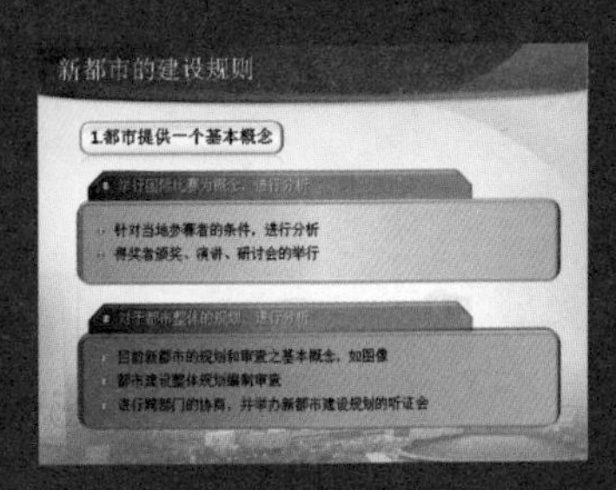

CHAPTER 01. 善用项目符号的文字幻灯片

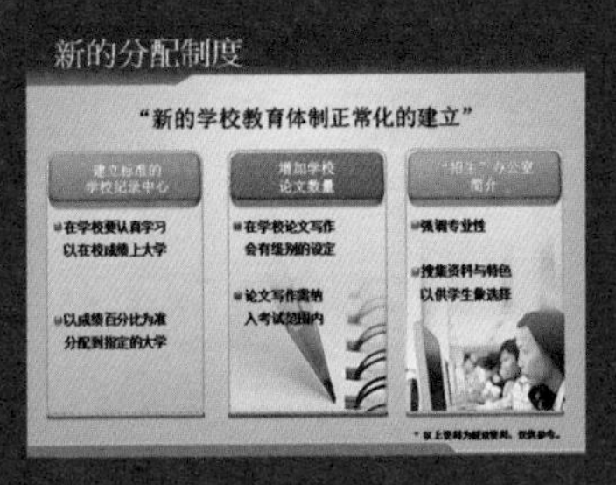

CHAPTER 02. 关键词与图像协调呈现的幻灯片

CHAPTER 03. 运用数据库图表的文字幻灯片

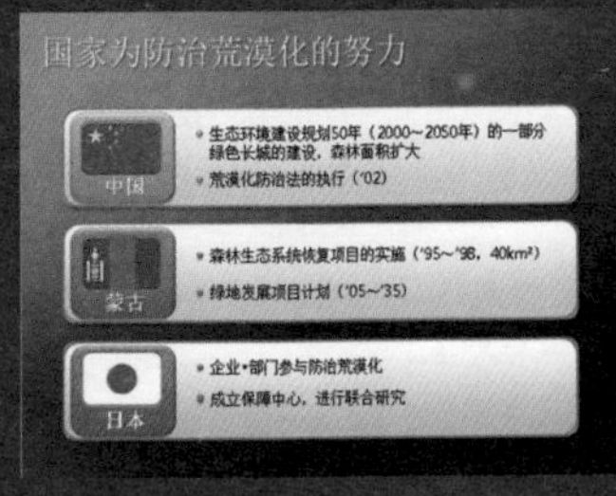

CHAPTER 04. 以绘图感设计关键词的幻灯片

Part5 | 实务应用度 100% 的幻灯片设计 ——图像风格

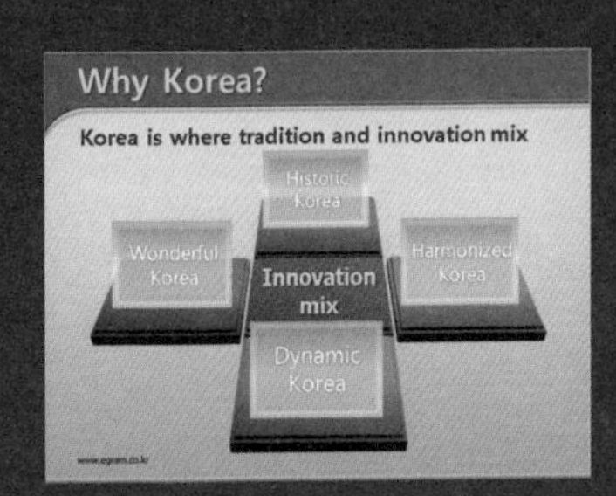

CHAPTER 01. 以三维空间之背景图像表现的幻灯片设计

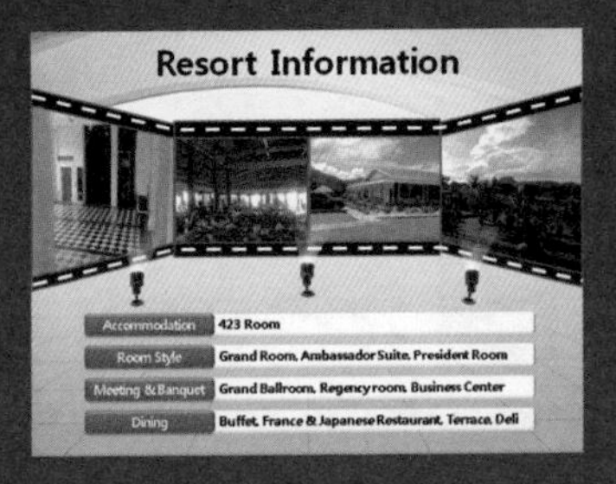

CHAPTER 02. 强调底片感的图像幻灯片

CHAPTER 03. 以小图为背景的幻灯片设计

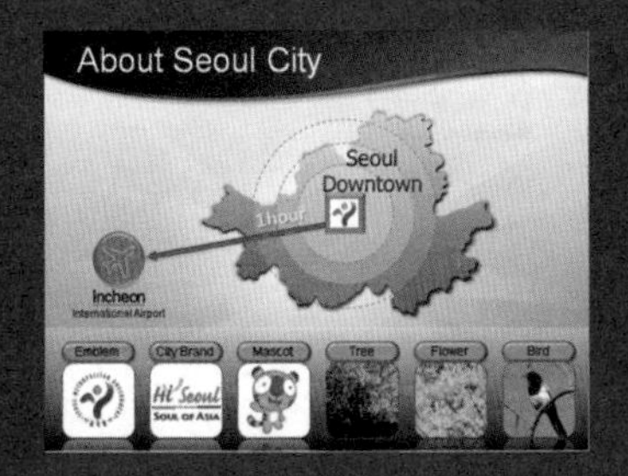

CHAPTER 04. 在插入的图像上运用相框效果的幻灯片

CHAPTER 05. 使用剪贴画之图像，运用填充效果的幻灯片

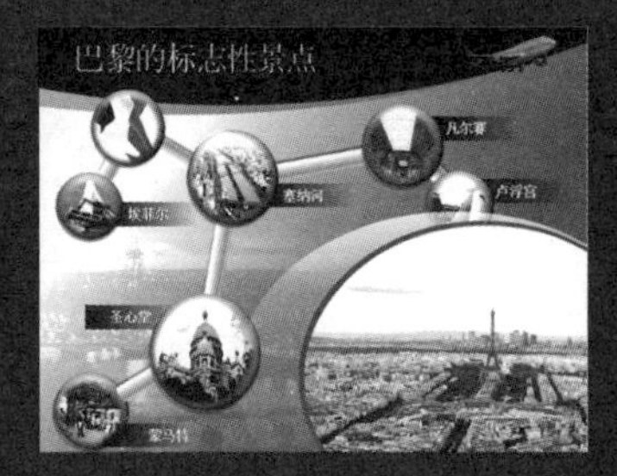

CHAPTER 06. 在球中插入图像的幻灯片

Part6 | 实务应用度 100% 的幻灯片设计——图解风格

CHAPTER 01. 区分两大类内容的幻灯片

CHAPTER 02. 结合两种要素，呈现其结果的幻灯片

CHAPTER 03. 以圆拱形呈现四种主题的幻灯片

CHAPTER 04. 均分四种主题的幻灯片

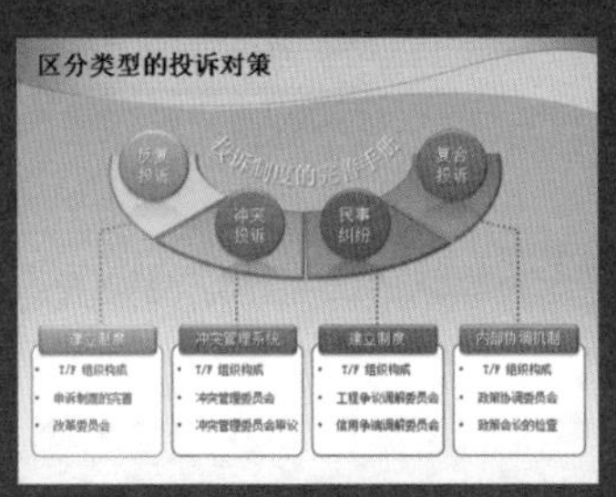

CHAPTER 05. 以四分圆呈现四种主题的幻灯片

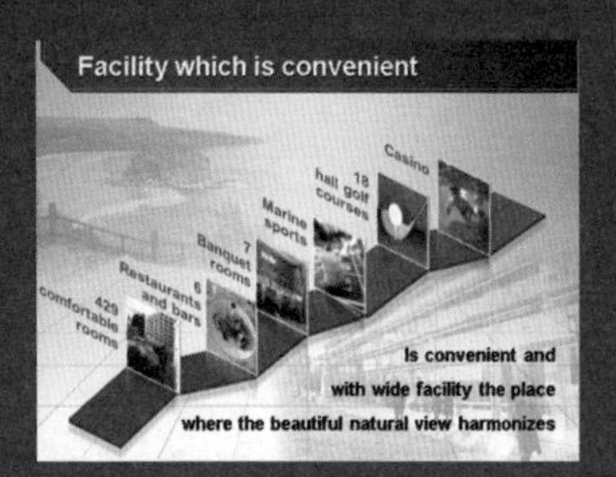

CHAPTER 06. 图形内插入图像，设计透视效果的幻灯片

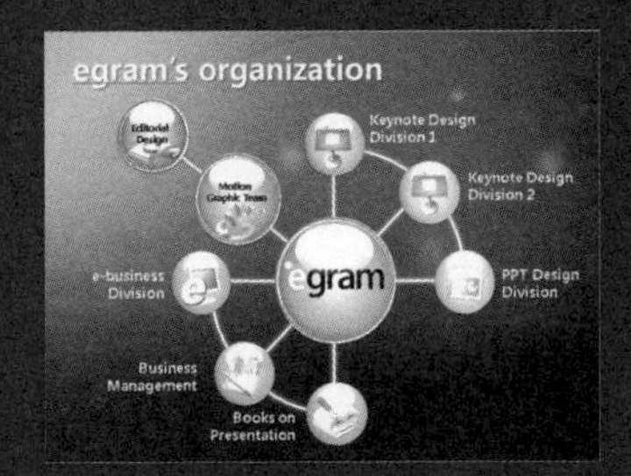

CHAPTER 07. 应用图像于球内的组织图幻灯片

CHAPTER 08. 以 Tab 效果针对各步骤情况来呈现其详细内容的幻灯片

CHAPTER 09. 呈现横向进行程序的幻灯片

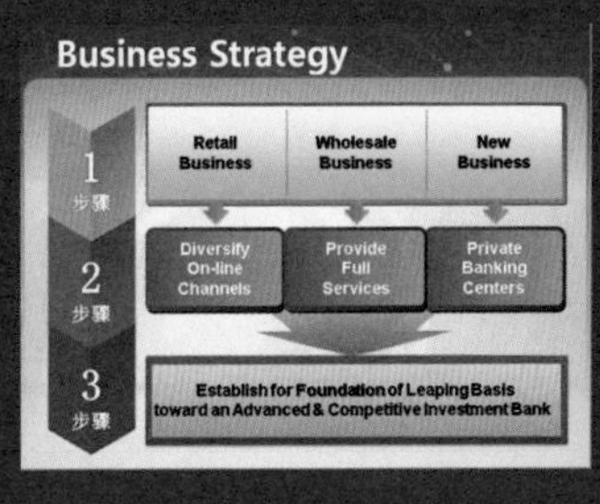

CHAPTER 10. 呈现纵向进行程序的幻灯片

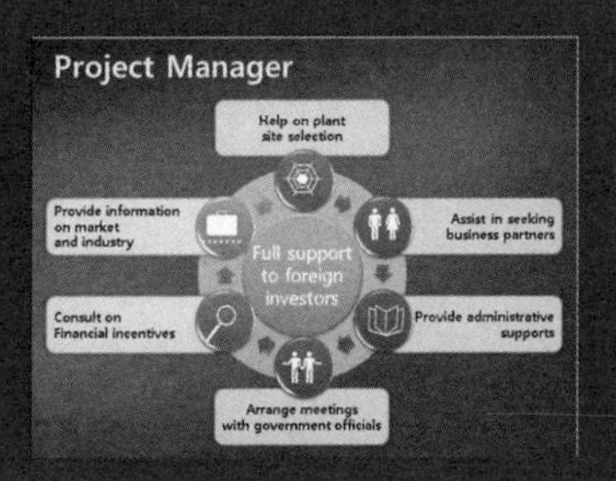

CHAPTER 11. 数个项目循环的幻灯片

CHAPTER 12. 彼此衔接循环的箭头幻灯片

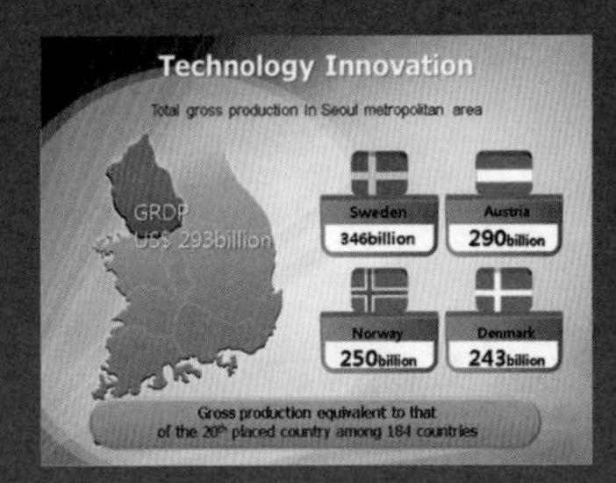

CHAPTER 13. 利用韩国地图的幻灯片

CHAPTER 14. 三步骤概念分析、并列幻灯片

CHAPTER 15. 四步骤概念分析、并列幻灯片

CHAPTER 16. 六步骤概念分析、并列幻灯片

Part7 | 实务应用度 100% 的幻灯片设计——动画风格

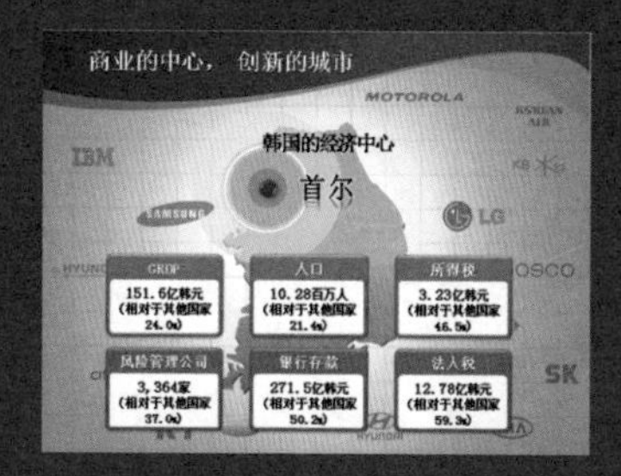

CHAPTER 01. 以淡入淡出效果呈现柔和动画

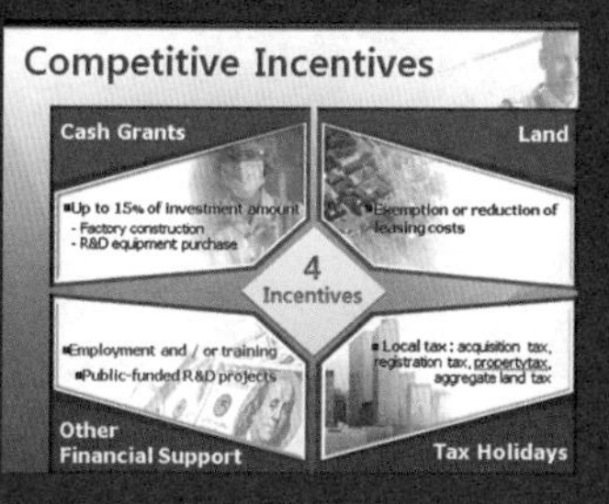

CHAPTER 02. 以幻灯片切换效果消除厌烦感的动画

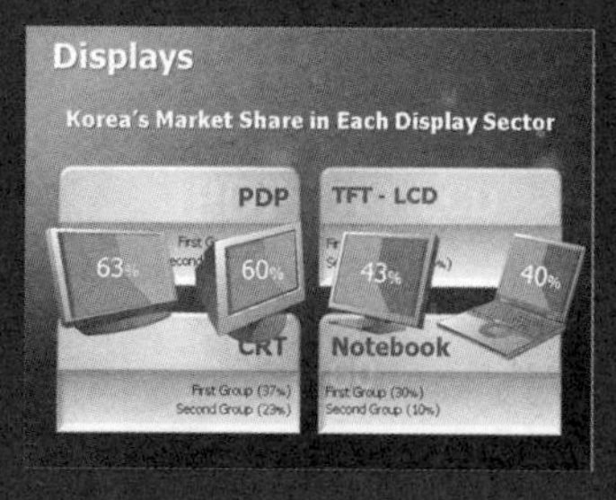

CHAPTER 03. 设置路径动画幻灯片

【高级设计模板集】

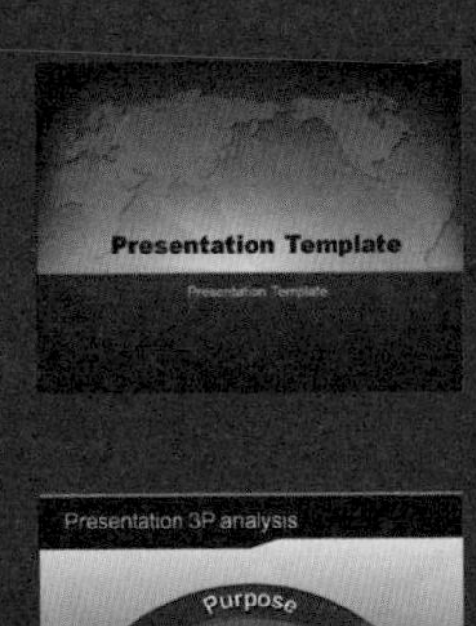
Presentation Template
Presentation Template

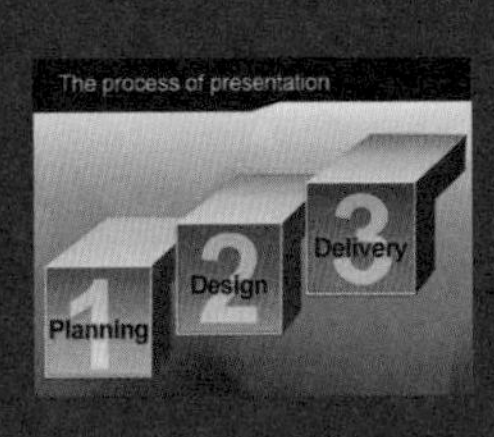
The process of presentation
Planning
Design
Delivery

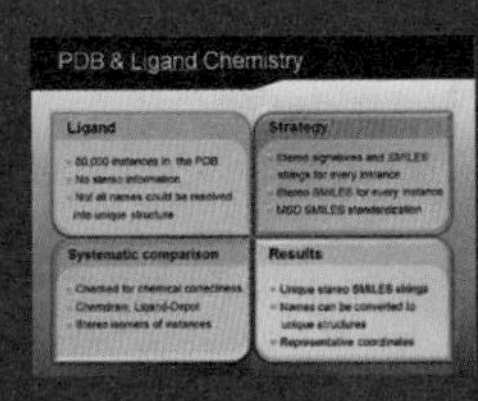
PDB & Ligand Chemistry
Ligand
Strategy
Systematic comparison
Results

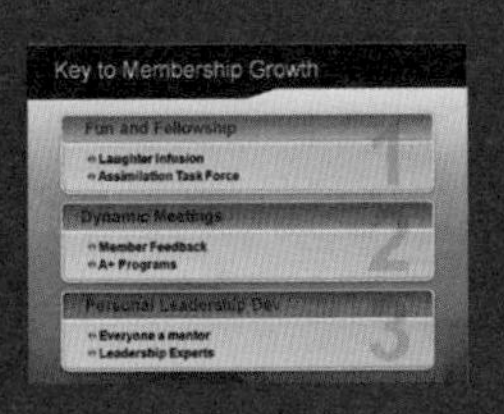
Key to Membership Growth
Fun and Fellowship
Dynamic Meetings
Personal Leadership Dev

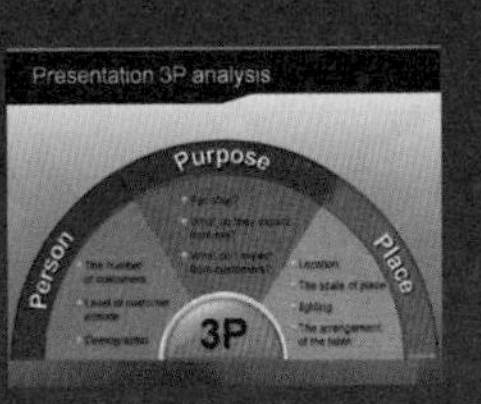
Presentation 3P analysis
Purpose
Person
Place
3P

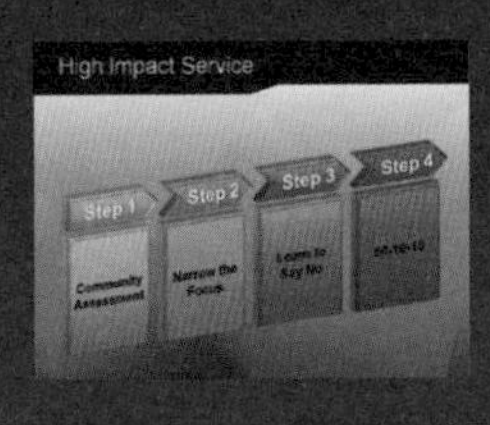
High Impact Service
Step 1
Step 2
Step 3
Step 4

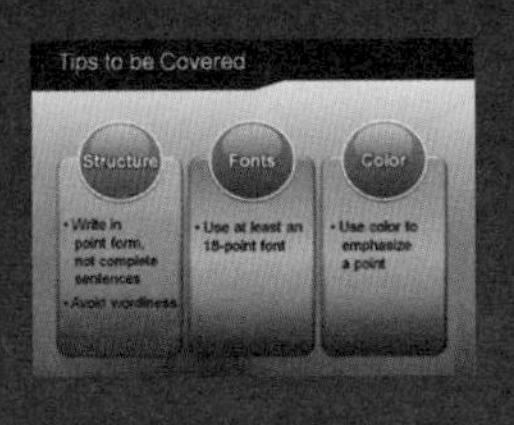
Tips to be Covered
Structure
Fonts
Color

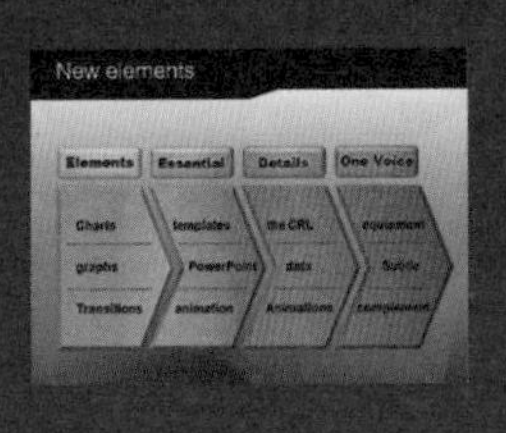
New elements

Presentation Template
Presentation Template

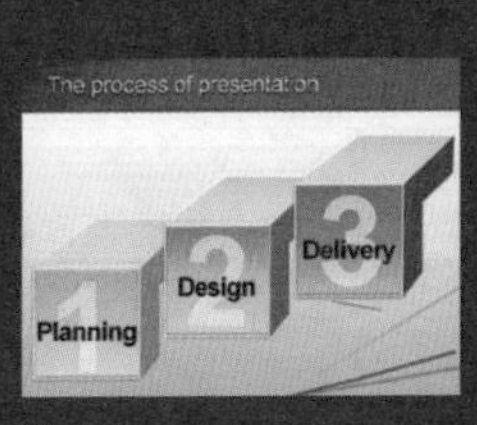
The process of presentation
Planning
Design
Delivery

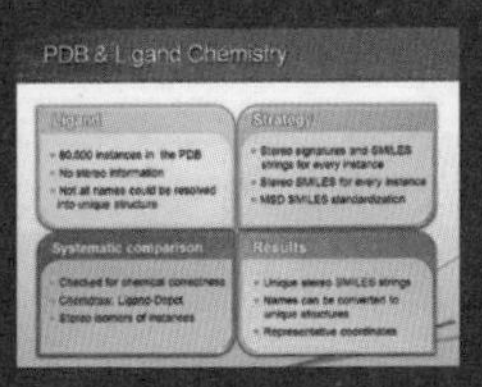
PDB & Ligand Chemistry

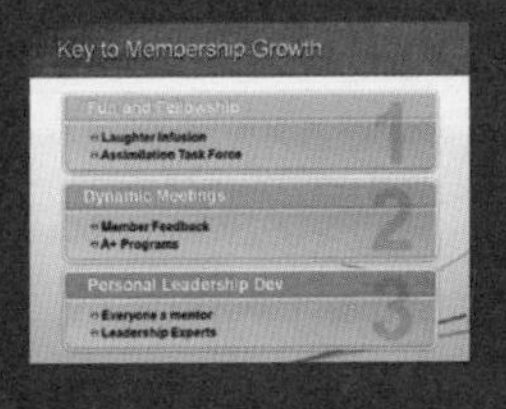
Key to Membership Growth
Fun and Fellowship
Dynamic Meetings
Personal Leadership Dev

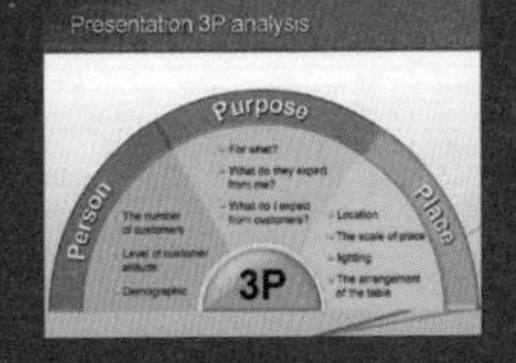
Presentation 3P analysis
Purpose
Person
Place
3P

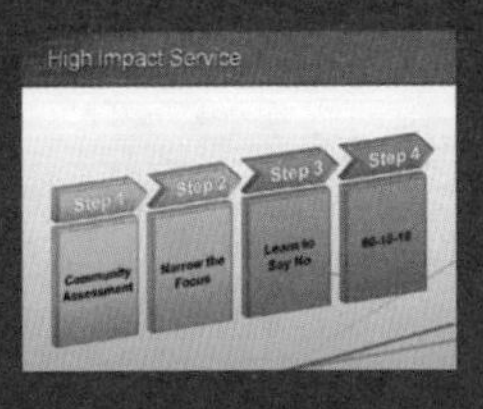
High Impact Service

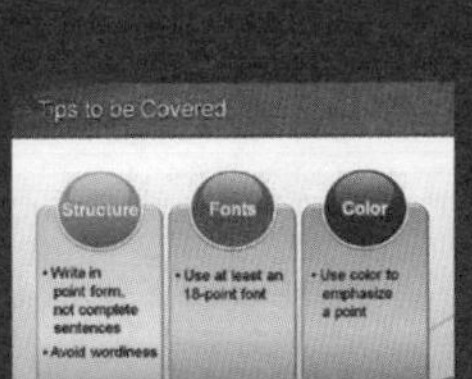
Tips to be Covered
Structure
Fonts
Color

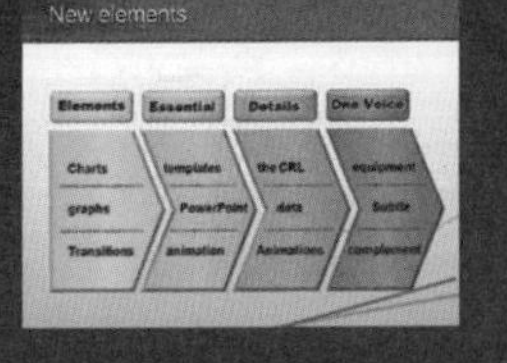
New elements

Presentation Template

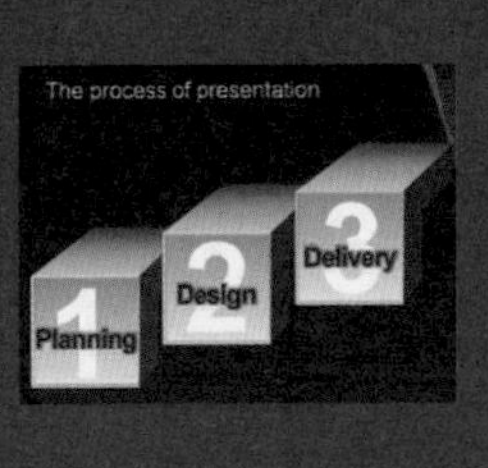
The process of presentation
Planning
Design
Delivery

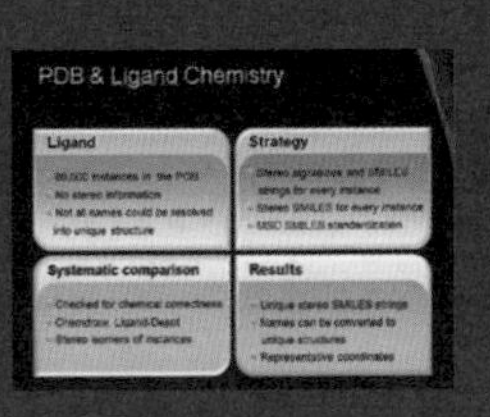
PDB & Ligand Chemistry
Ligand
Strategy
Systematic comparison
Results

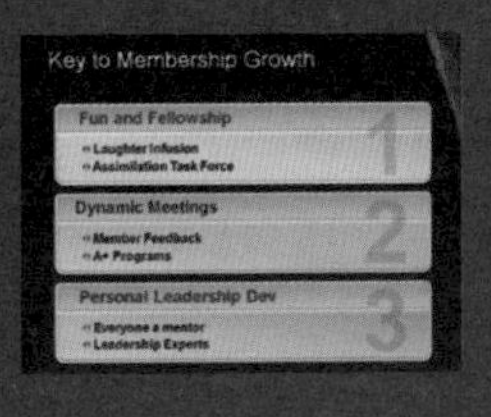
Key to Membership Growth
Fun and Fellowship
Dynamic Meetings
Personal Leadership Dev

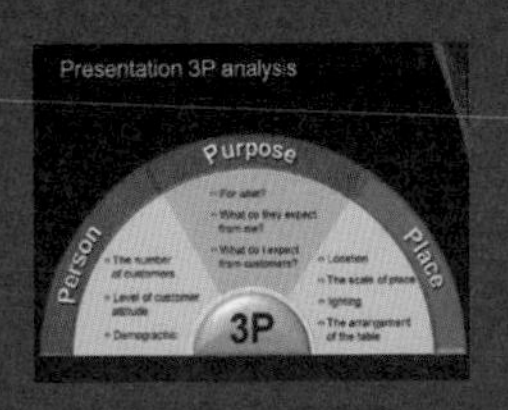
Presentation 3P analysis
Purpose
Person
Place
3P

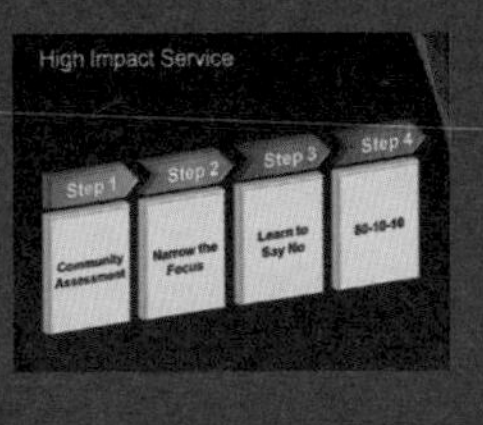
High Impact Service
Step 1
Step 2
Step 3
Step 4

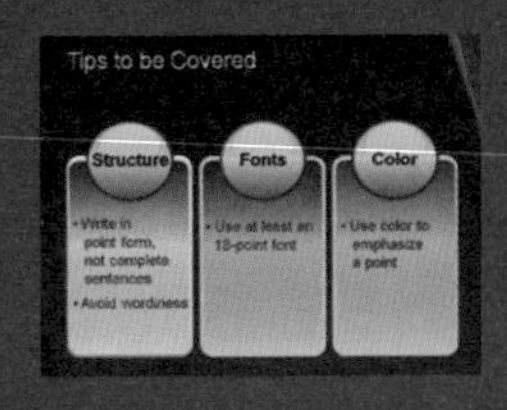
Tips to be Covered
Structure
Fonts
Color

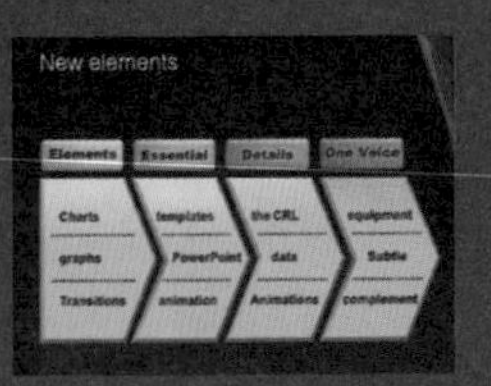
New elements

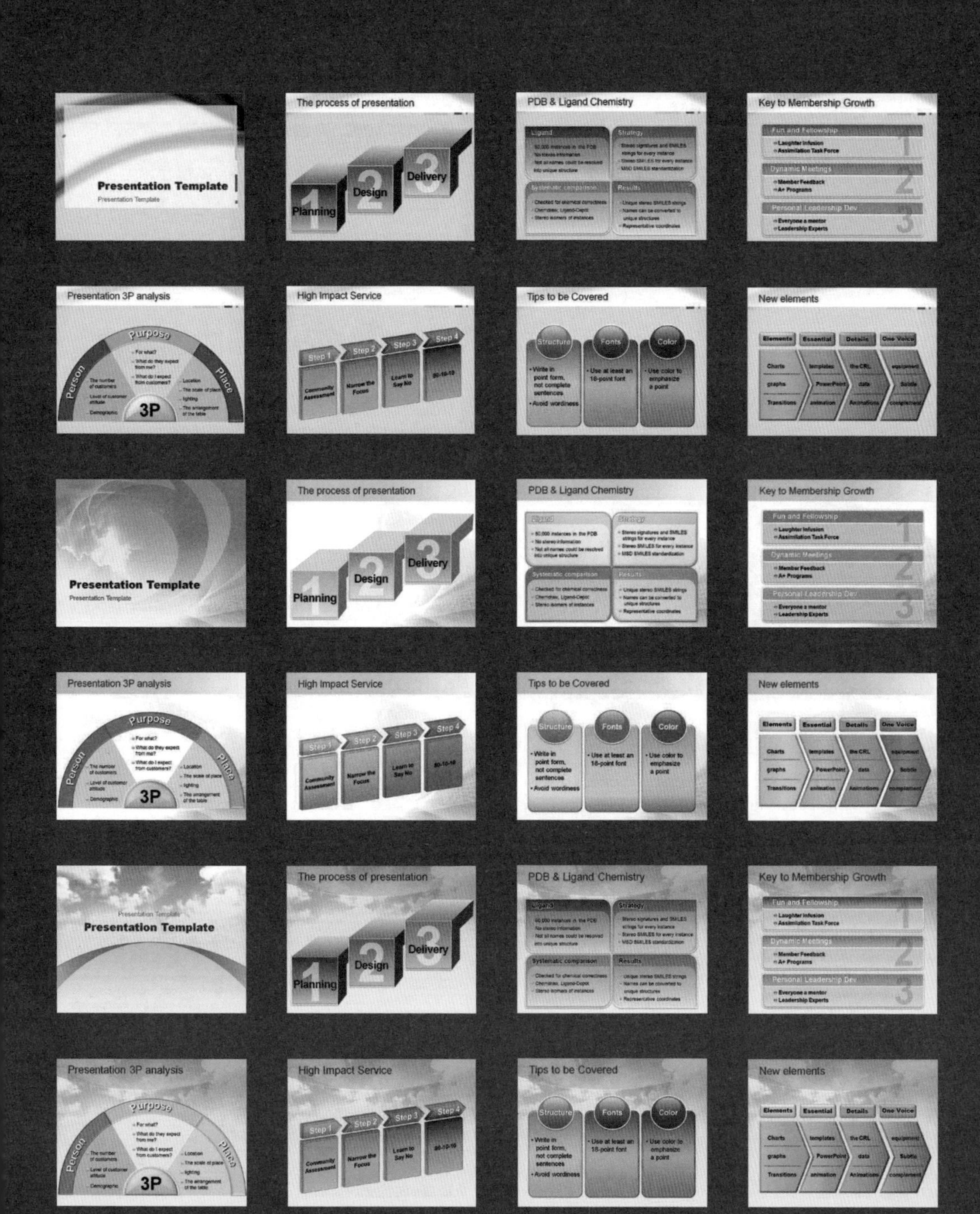
Presentation Template
Presentation Template
The process of presentation
Planning
Design
Delivery
PDB & Ligand Chemistry
Ligand
Strategy
Systematic comparison
Results
Key to Membership Growth
Fun and Fellowship
Laughter Infusion
Assimilation Task Force
Dynamic Meetings
Member Feedback
A+ Programs
Personal Leadership Dev
Everyone a mentor
Leadership Experts
Presentation 3P analysis
Purpose
Person
Place
3P
High Impact Service
Step 1
Step 2
Step 3
Step 4
Community Assessment
Narrow the Focus
Learn to Say No
80-10-10
Tips to be Covered
Structure
Fonts
Color
Write in point form, not complete sentences
Avoid wordiness
Use at least an 18-point font
Use color to emphasize a point
New elements
Elements
Essential
Details
One Voice
Charts
graphs
Transitions
templates
PowerPoint
animation
the CRL
data
Animations
equipment
Subtle
complement

Presentation Template
The process of presentation
Planning
Design
Delivery
PDB & Ligand Chemistry
Key to Membership Growth
Fun and Fellowship
Dynamic Meetings
Personal Leadership Dev
Presentation 3P analysis
Purpose
Person
Place
3P
High Impact Service
Step 1
Step 2
Step 3
Step 4
Tips to be Covered
Structure
Fonts
Color
New elements
Elements
Essential
Details
One Voice

Presentation Template
Presentation Template
The process of presentation
Planning
Design
Delivery
PDB & Ligand Chemistry
Ligand
Strategy
Systematic comparison
Results
Key to Membership Growth
Fun and Fellowship
Laughter Infusion
Assimilation Task Force
Dynamic Meetings
Member Feedback
A+ Programs
Personal Leadership Dev
Everyone a mentor
Leadership Experts
Presentation 3P analysis
Purpose
Person
Place
3P
High Impact Service
Step 1
Step 2
Step 3
Step 4
Community Assessment
Narrow the Focus
Learn to Say No
80-10-10
Tips to be Covered
Structure
Fonts
Color
Write in point form, not complete sentences
Avoid wordiness
Use at least an 18-point font
Use color to emphasize a point
New elements
Elements
Essential
Details
One Voice
Charts
graphs
Transitions
templates
PowerPoint
animation
The CRL
data
Animations
equipment
Subtle
complement

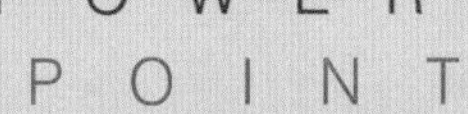
POWER
POINT

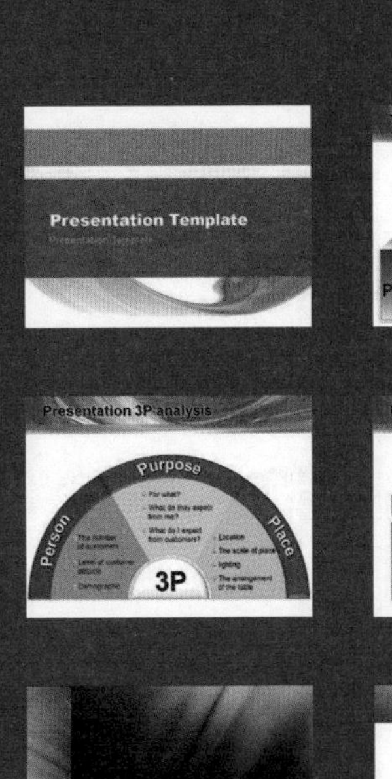
Presentation Template
Presentation 3P analysis
Purpose
Person
Place
3P

The process of presentation
Planning
Design
Delivery

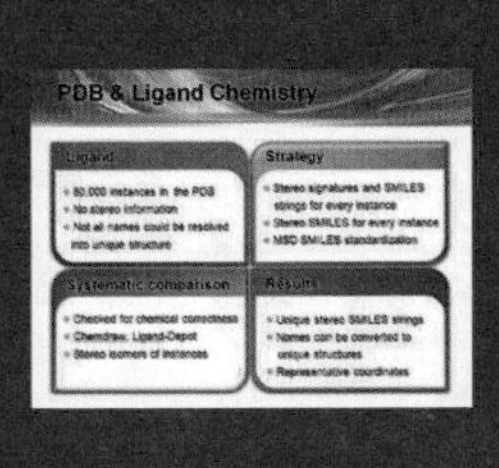
PDB & Ligand Chemistry
Strategy
Results

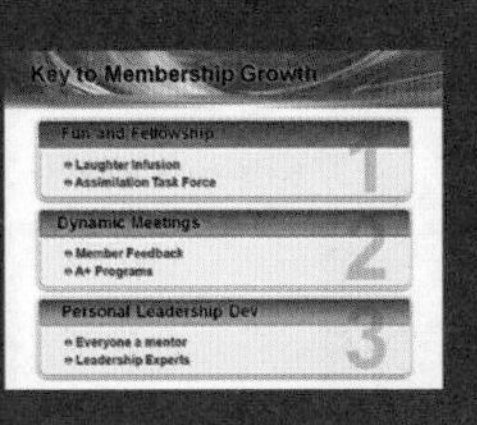
Key to Membership Growth
Dynamic Meetings
Personal Leadership Dev

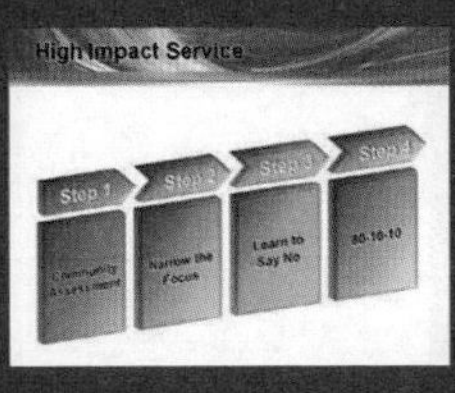
High Impact Service
Step 1

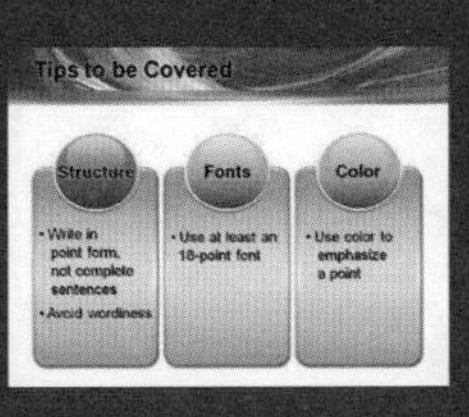
Tips to be Covered
Structure
Fonts
Color

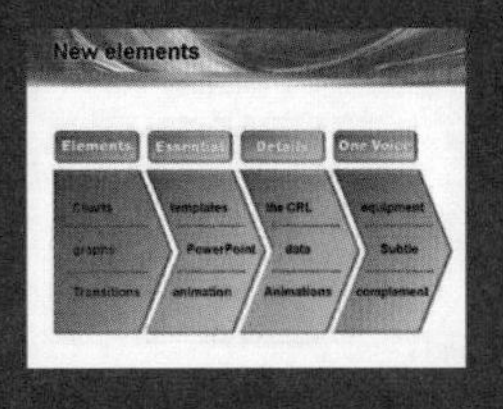
New elements

Presentation Template

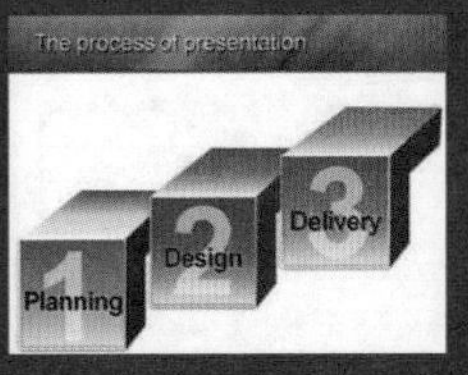
The process of presentation
Planning
Design
Delivery

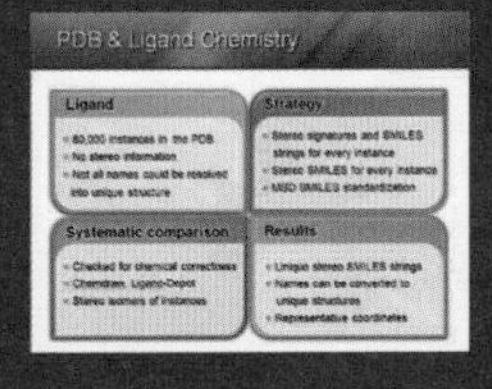
PDB & Ligand Chemistry
Ligand
Strategy
Systematic comparison
Results

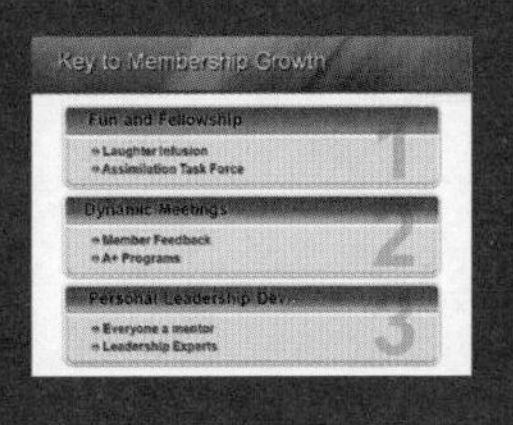
Key to Membership Growth
Fun and Fellowship

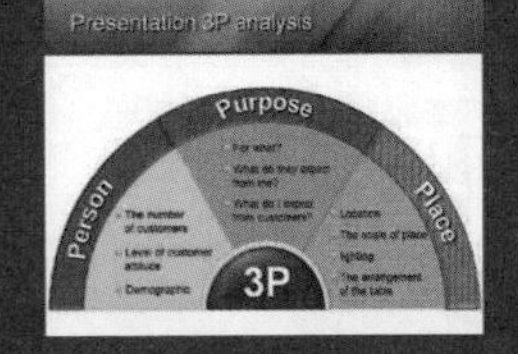
Presentation 3P analysis
Purpose
Person
Place
3P

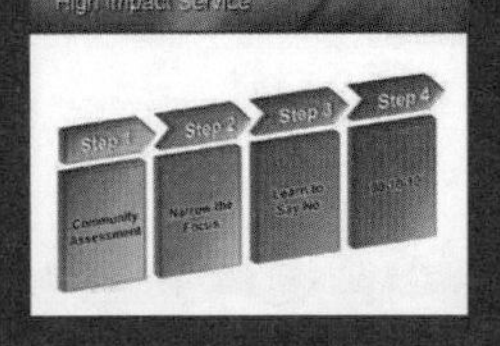
High Impact Service

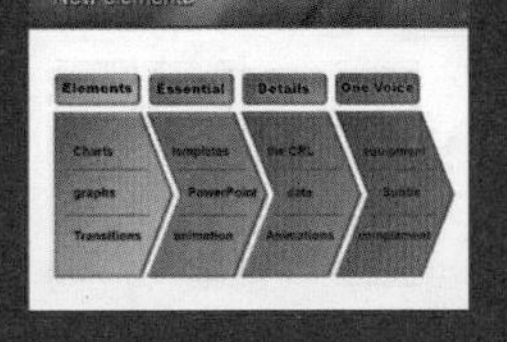
New elements

Presentation Template

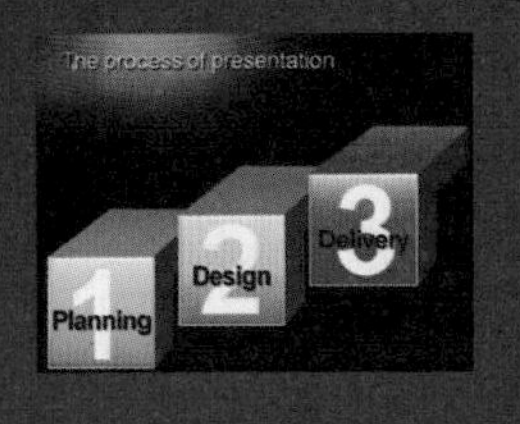
The process of presentation
Planning
Design
Delivery

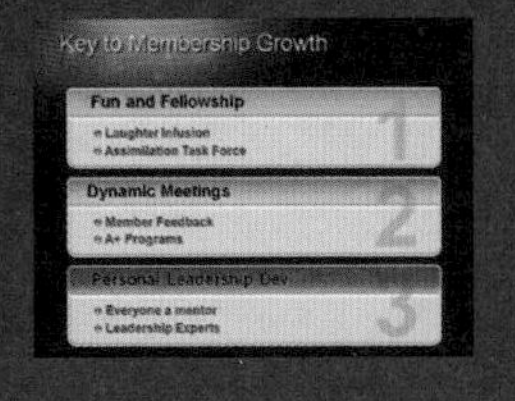
Key to Membership Growth
Fun and Fellowship
Dynamic Meetings

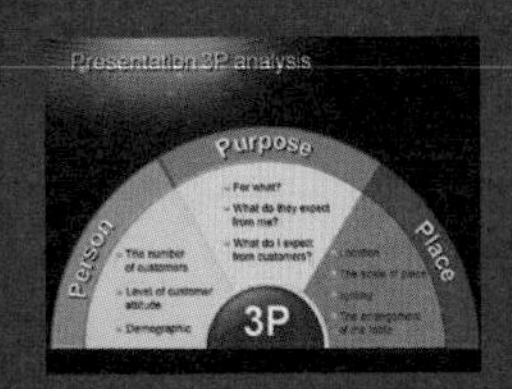
Purpose
Person
Place
3P

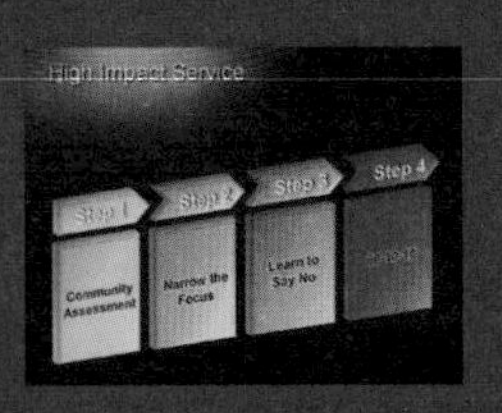
High Impact Service

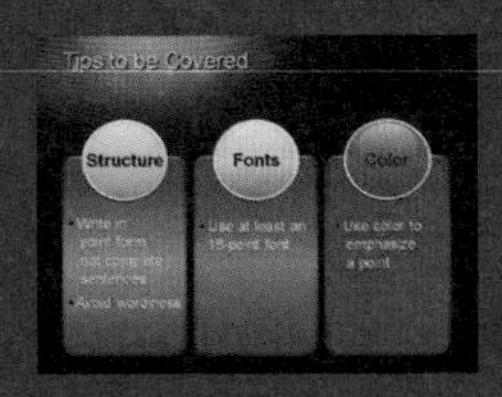
Tips to be Covered
Structure
Fonts

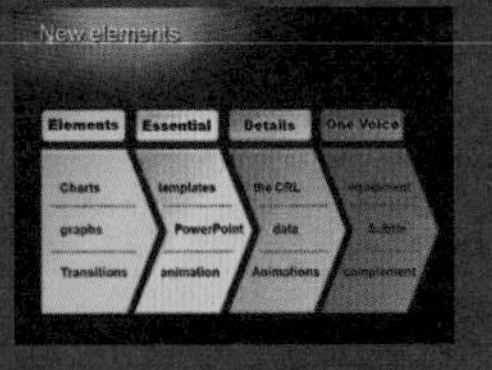
New elements

Presentation Template
Presentation Template

The process of presentation
Planning
Design
Delivery

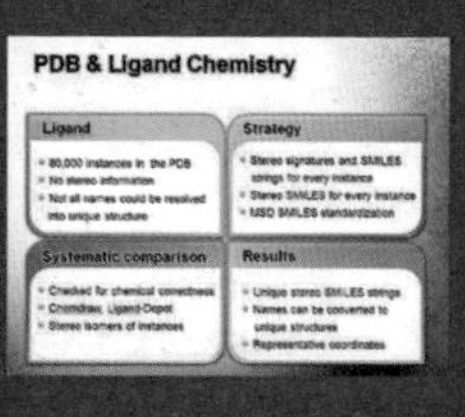
PDB & Ligand Chemistry
Ligand
Strategy
Systematic comparison
Results

Key to Membership Growth
Fun and Fellowship
Dynamic Meetings
Personal Leadership Dev

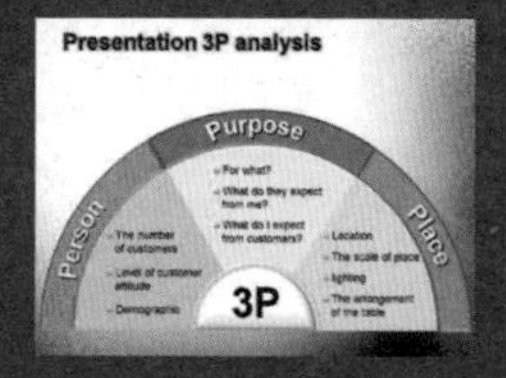
Presentation 3P analysis
Purpose
Person
Place
3P

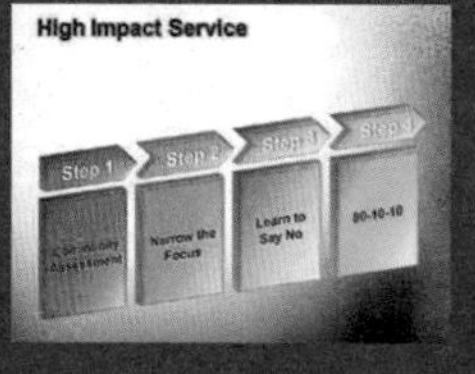
High Impact Service
Step 1

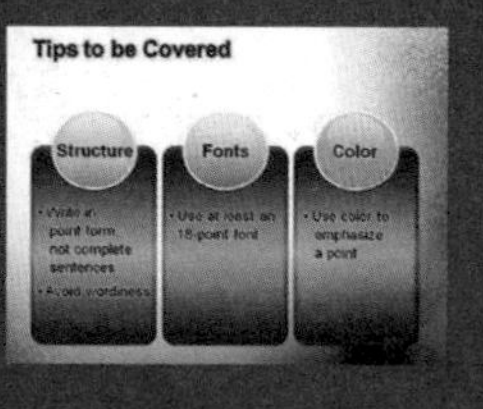
Tips to be Covered
Structure
Fonts
Color

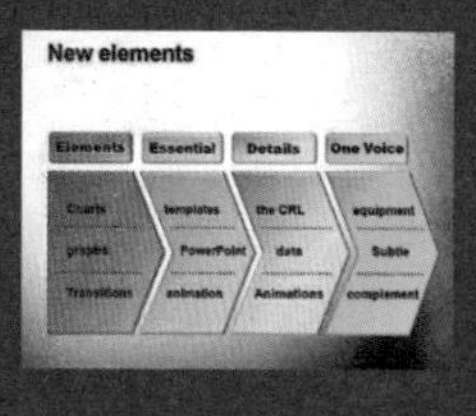
New elements
Elements
Essential
Details
One Voice

Presentation Template

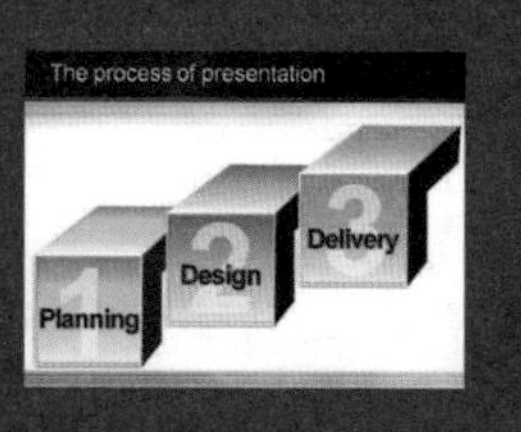
The process of presentation
Planning
Design
Delivery

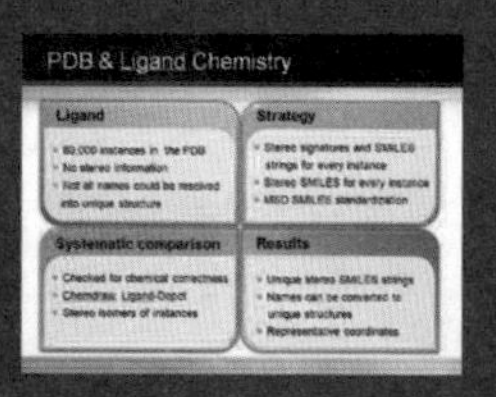
PDB & Ligand Chemistry
Ligand
Strategy
Systematic comparison
Results

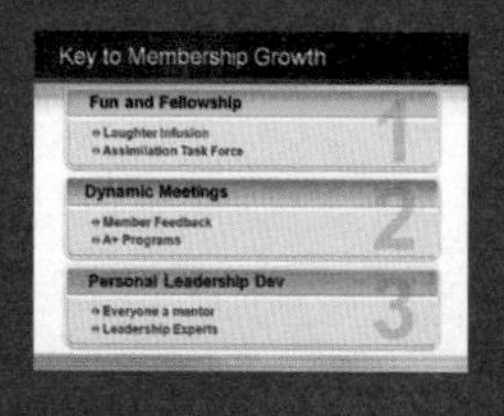
Key to Membership Growth
Fun and Fellowship
Dynamic Meetings
Personal Leadership Dev

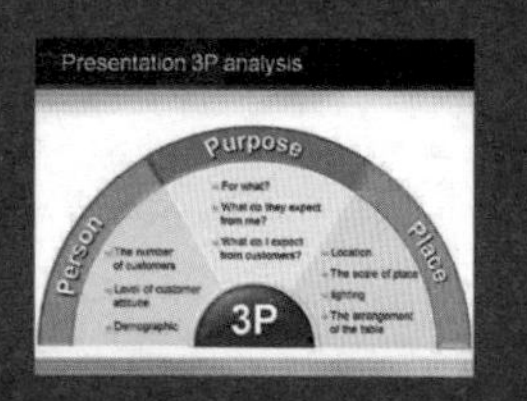
Presentation 3P analysis
Purpose
Person
Place
3P

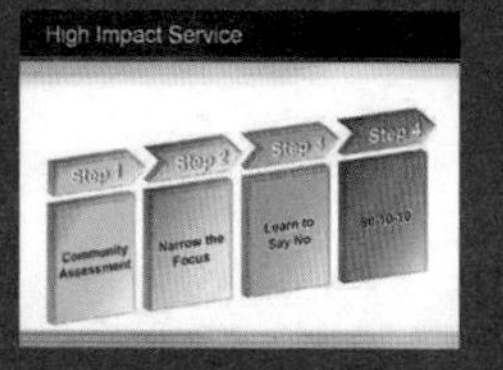
High Impact Service

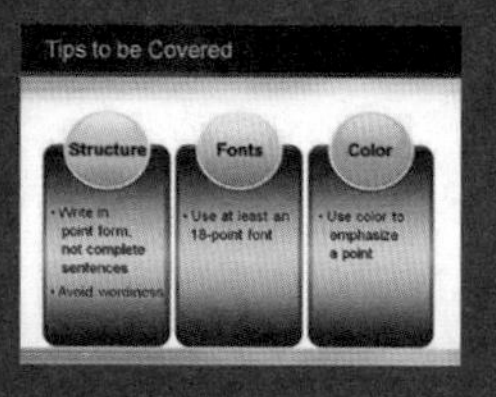
Tips to be Covered
Structure
Fonts
Color

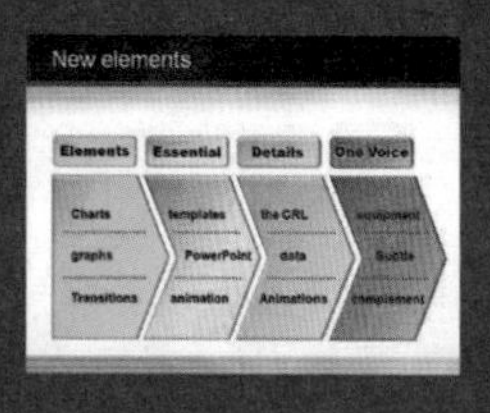
New elements
Elements
Essential
Details
One Voice

Presentation Template
Presentation Template

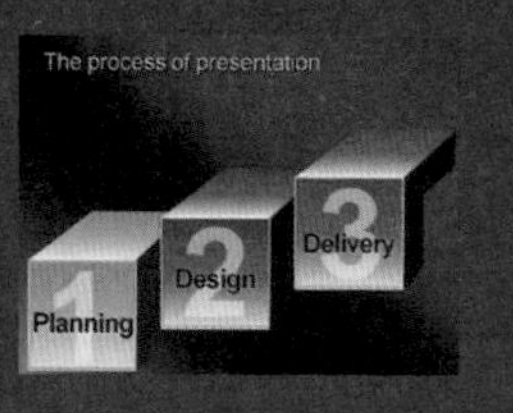
The process of presentation
Planning
Design
Delivery

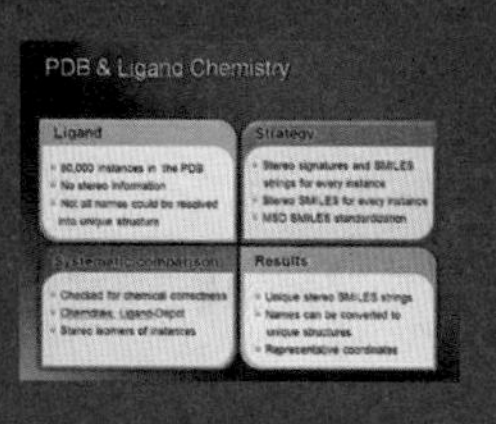
PDB & Ligand Chemistry
Ligand
Strategy
Results

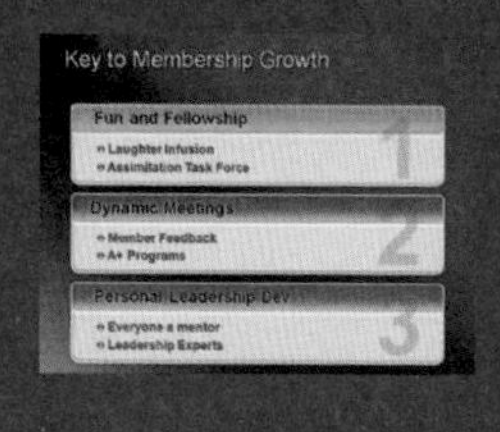
Key to Membership Growth
Fun and Fellowship
Dynamic Meetings
Personal Leadership Dev

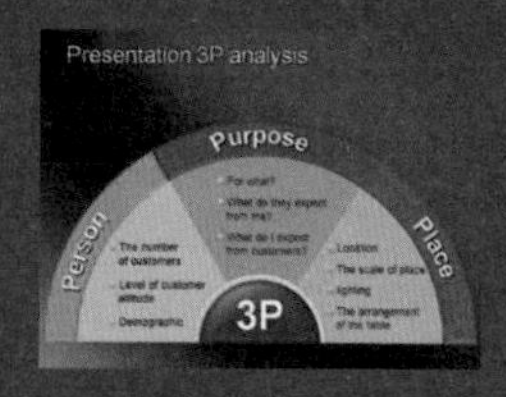
Presentation 3P analysis
Purpose
Person
Place
3P

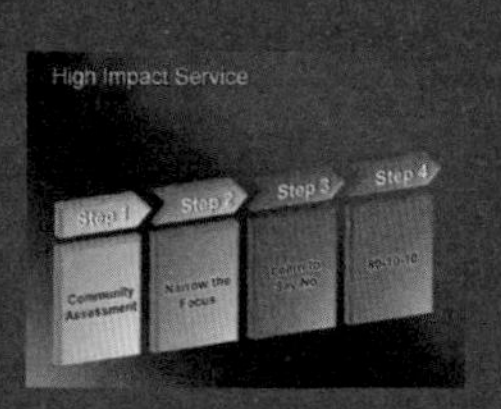
High Impact Service
Step 1
Step 2
Step 3
Step 4

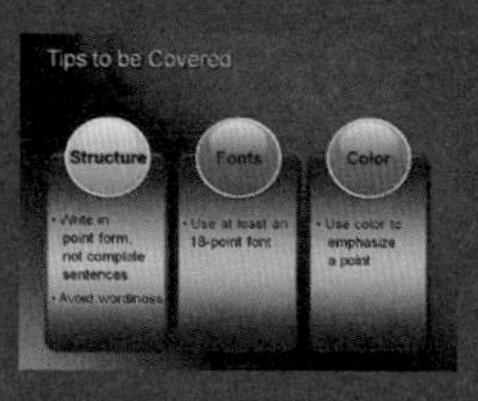
Tips to be Covered
Structure
Fonts
Color

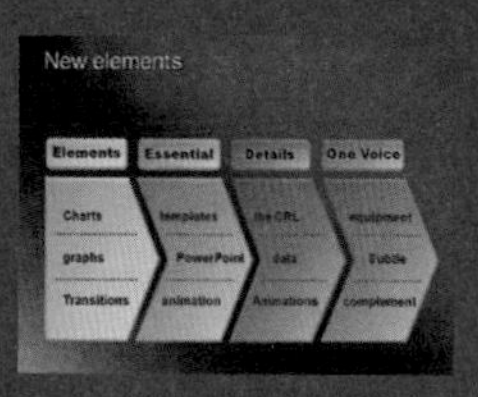
New elements
Elements
Essential
Details
One Voice

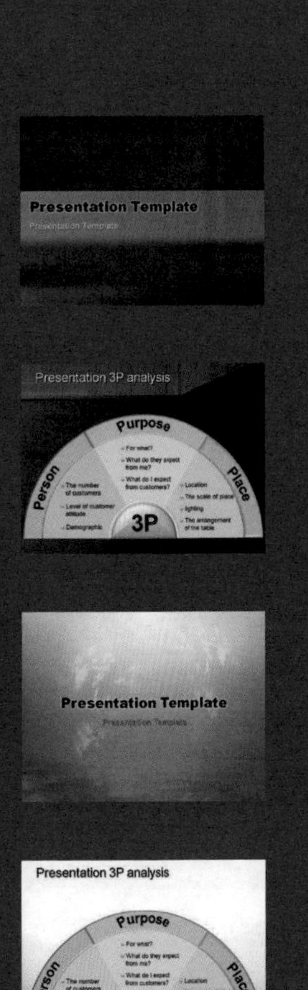
Presentation Template
Presentation 3P analysis
Purpose
Person
Place
3P
Presentation Template
Presentation 3P analysis
Purpose
Person
Place
3P

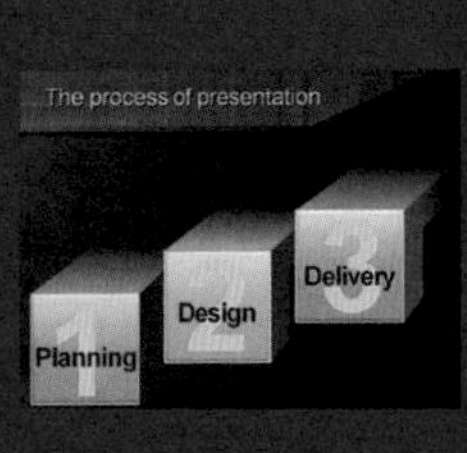
The process of presentation
Planning
Design
Delivery

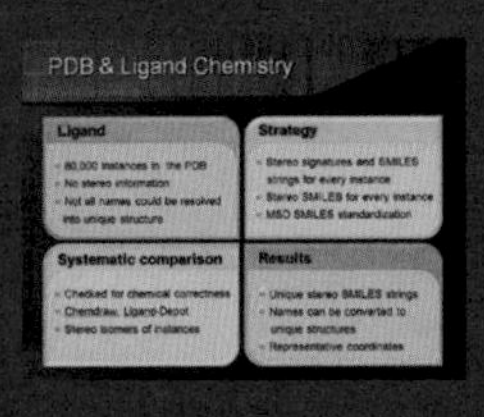
PDB & Ligand Chemistry
Ligand
Strategy
Systematic comparison
Results

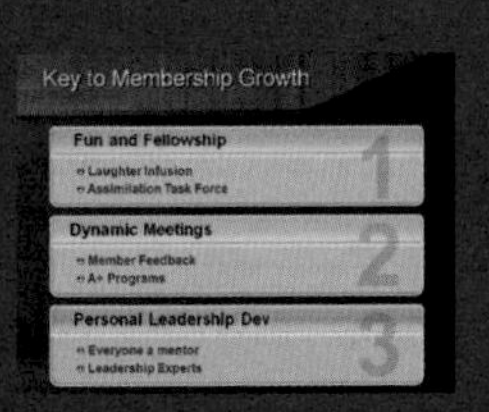
Key to Membership Growth
Fun and Fellowship
Dynamic Meetings
Personal Leadership Dev
1
2
3

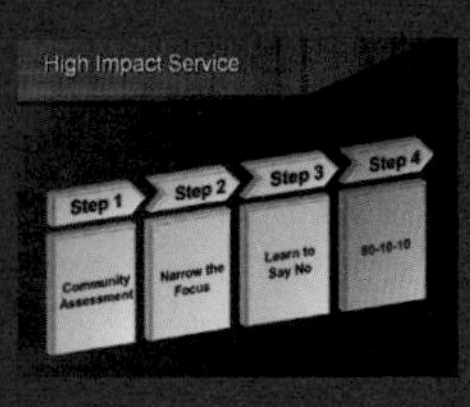
High Impact Service
Step 1
Step 2
Step 3
Step 4

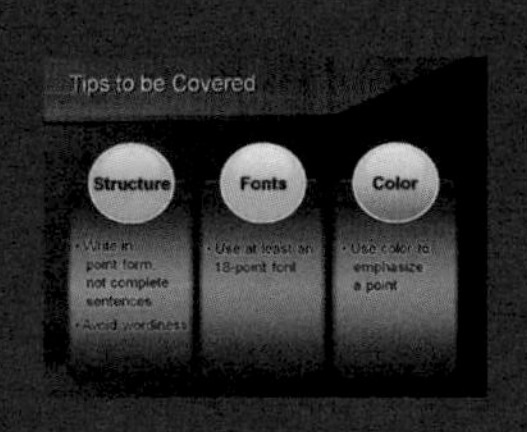
Tips to be Covered
Structure
Fonts
Color

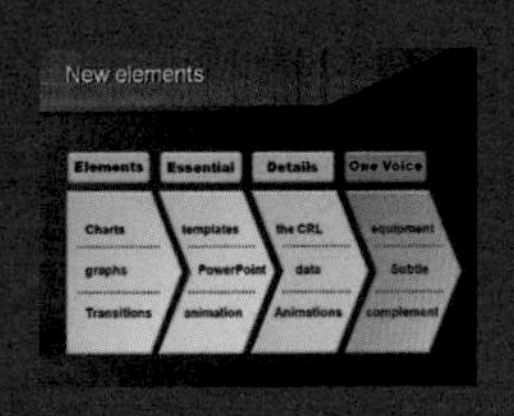
New elements
Elements
Essential
Details
One Voice

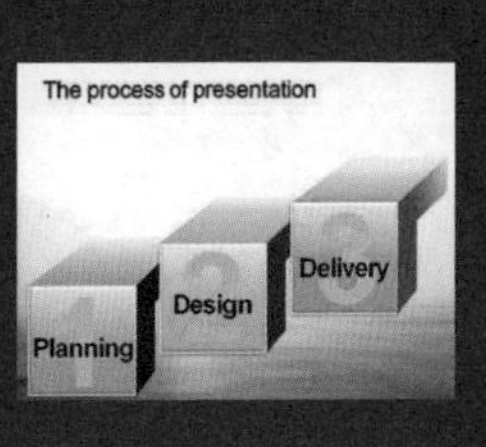
The process of presentation
Planning
Design
Delivery

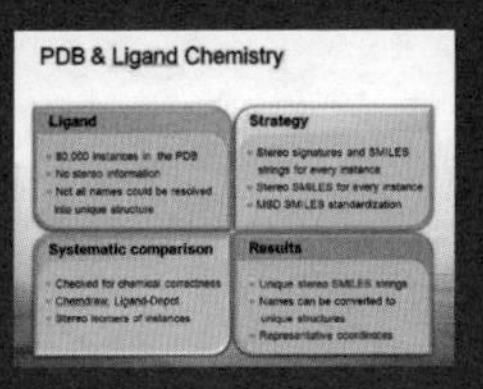
PDB & Ligand Chemistry
Ligand
Strategy
Systematic comparison
Results

Key to Membership Growth
Fun and Fellowship
Dynamic Meetings
Personal Leadership Dev
1
2
3

High Impact Service
Step 1
Step 2
Step 3
Step 4

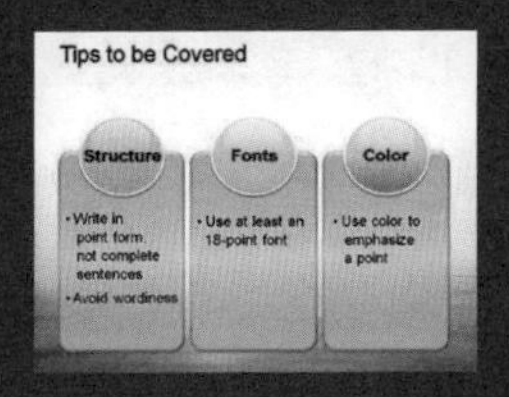
Tips to be Covered
Structure
Fonts
Color
Write in point form, not complete sentences
Avoid wordiness
Use at least an 18-point font
Use color to emphasize a point

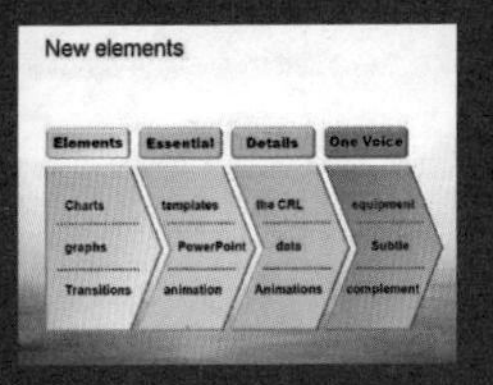
New elements
Elements
Essential
Details
One Voice

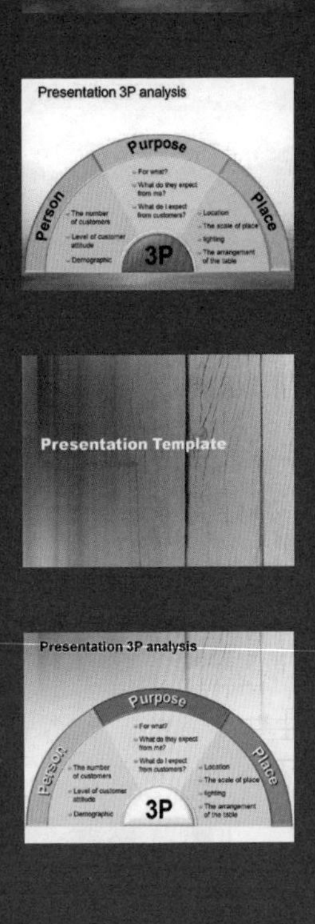
Presentation Template
Presentation 3P analysis
Purpose
Person
Place
3P

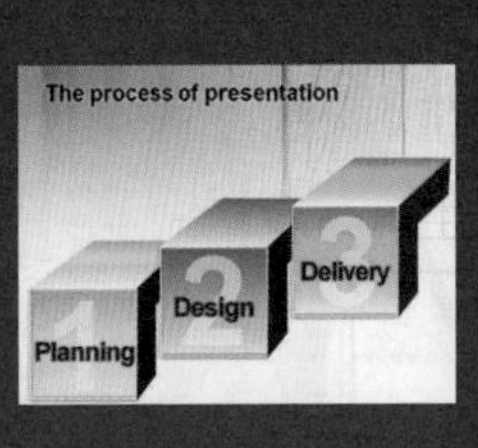
The process of presentation
Planning
Design
Delivery

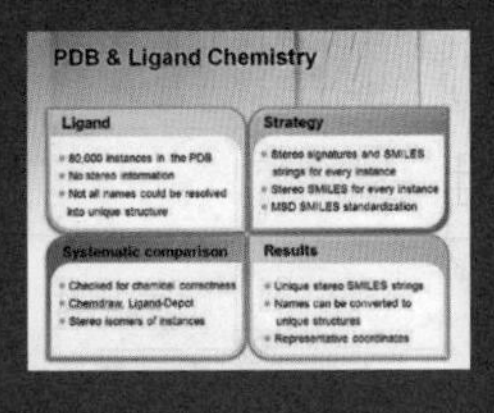
PDB & Ligand Chemistry
Ligand
Strategy
Systematic comparison
Results

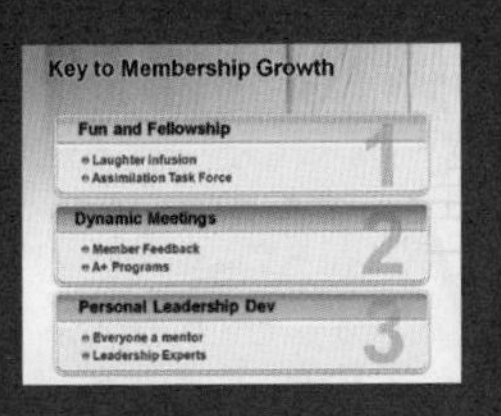
Key to Membership Growth
Fun and Fellowship
Dynamic Meetings
Personal Leadership Dev
1
2
3

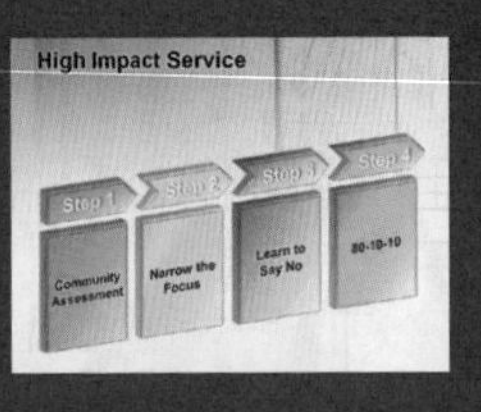
High Impact Service

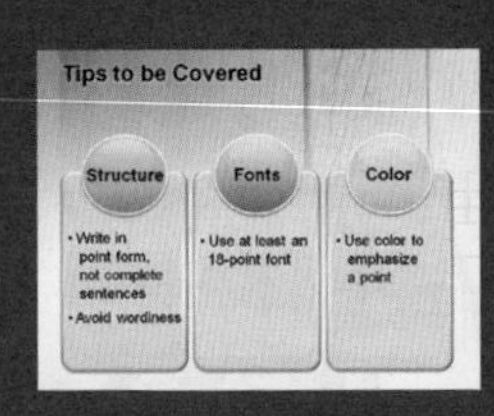
Tips to be Covered
Structure
Fonts
Color
Write in point form, not complete sentences
Avoid wordiness
Use at least an 18-point font
Use color to emphasize a point

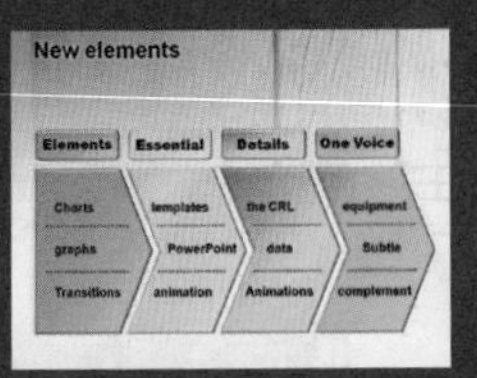
New elements
Elements
Essential
Details
One Voice

【高级图解设计样式】

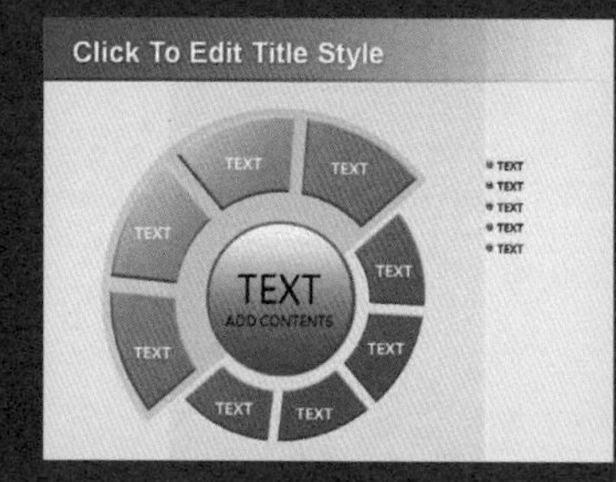
Click To Edit Title Style
TEXT
ADD CONTENTS
TEXT
TEXT
TEXT
TEXT
TEXT
TEXT
TEXT
TEXT

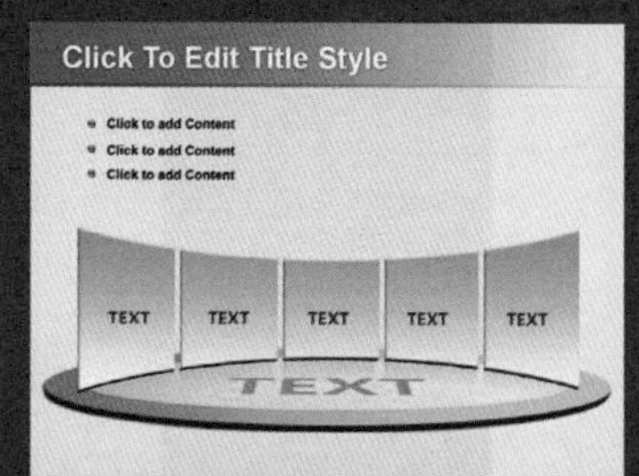
Click To Edit Title Style
Click to add Content
Click to add Content
Click to add Content
TEXT
TEXT
TEXT
TEXT
TEXT
TEXT

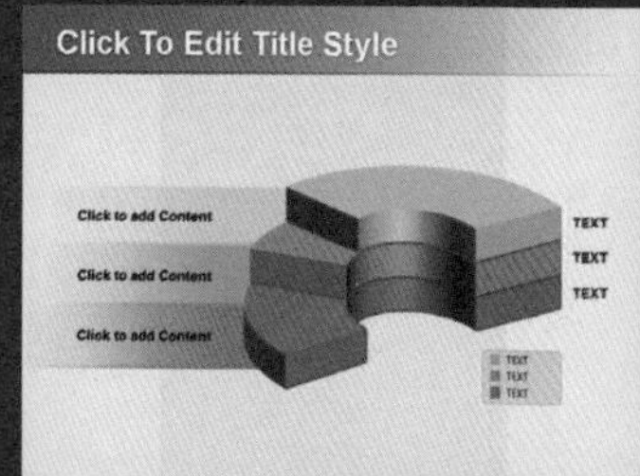
Click To Edit Title Style
Click to add Content
Click to add Content
Click to add Content
TEXT
TEXT
TEXT

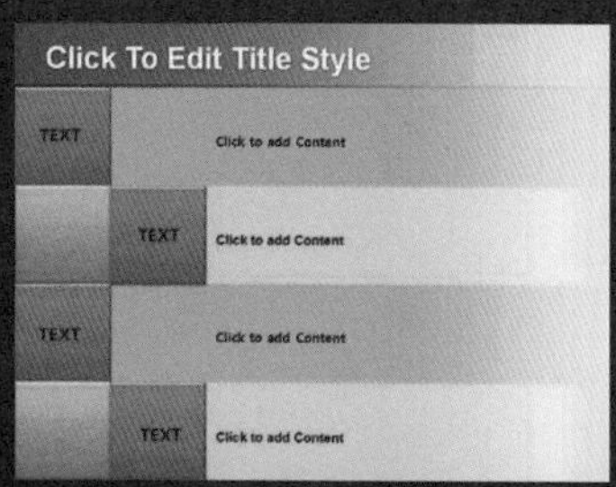
Click To Edit Title Style
TEXT
Click to add Content
TEXT
Click to add Content
TEXT
Click to add Content
TEXT
Click to add Content

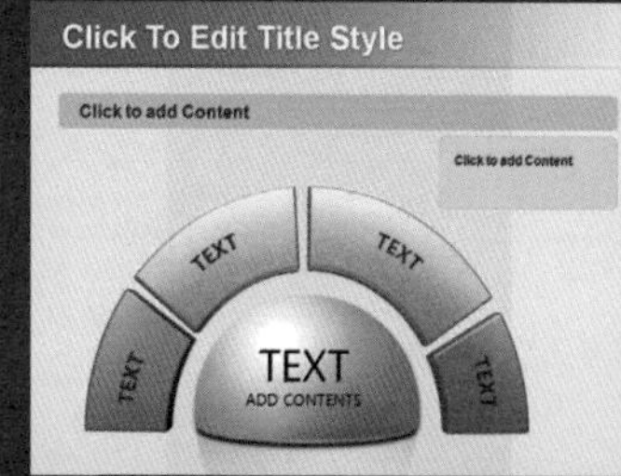
Click To Edit Title Style
Click to add Content
Click to add Content
TEXT
TEXT
TEXT
TEXT
TEXT
ADD CONTENTS

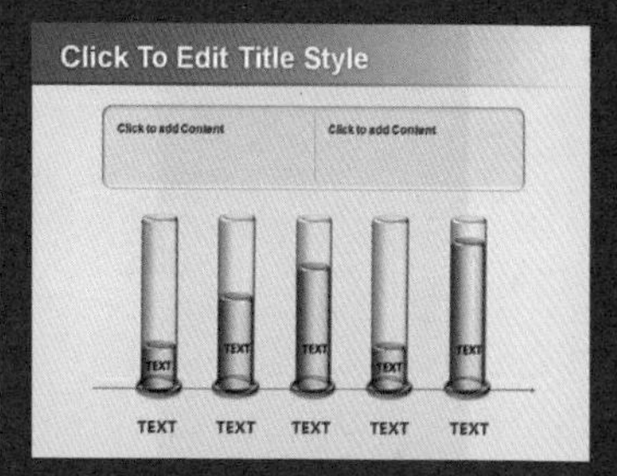
Click To Edit Title Style
Click to add Content
Click to add Content
TEXT
TEXT
TEXT
TEXT
TEXT

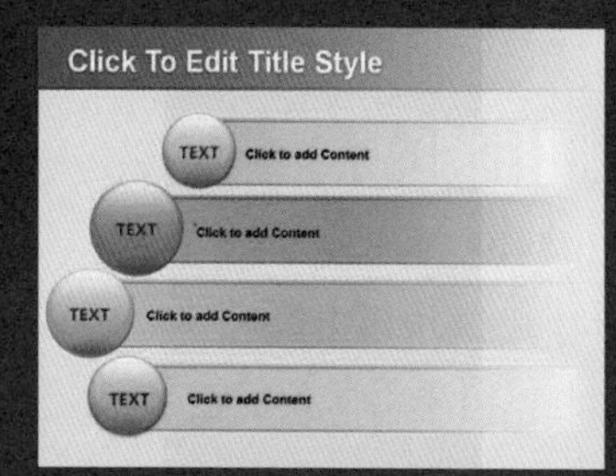
Click To Edit Title Style
TEXT
Click to add Content
TEXT
Click to add Content
TEXT
Click to add Content
TEXT
Click to add Content

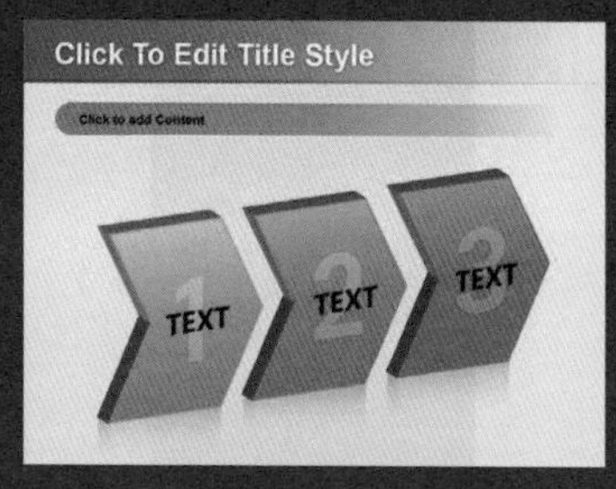
Click To Edit Title Style
Click to add Content
TEXT
TEXT
TEXT

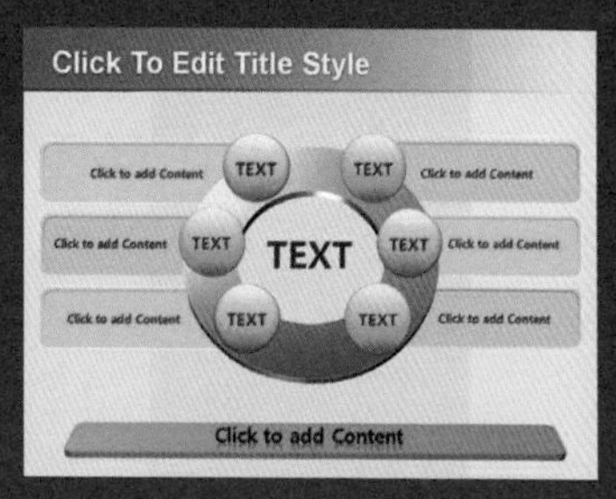
Click To Edit Title Style
Click to add Content
TEXT
TEXT
Click to add Content
Click to add Content
TEXT
TEXT
TEXT
Click to add Content
Click to add Content
TEXT
TEXT
Click to add Content
Click to add Content

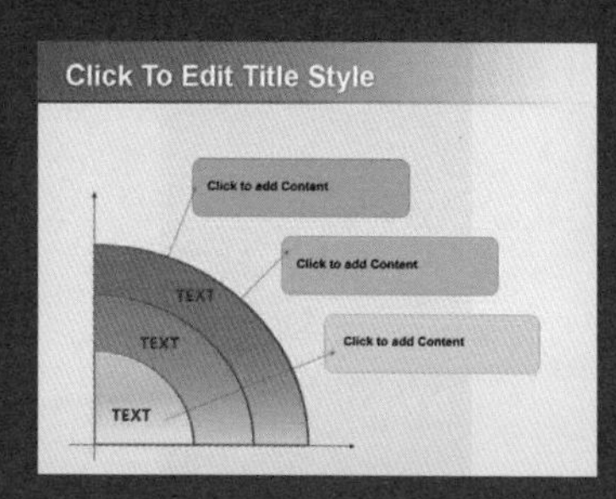
Click To Edit Title Style
Click to add Content
Click to add Content
Click to add Content
TEXT
TEXT
TEXT

1

P A R T

何为 PPT 设计

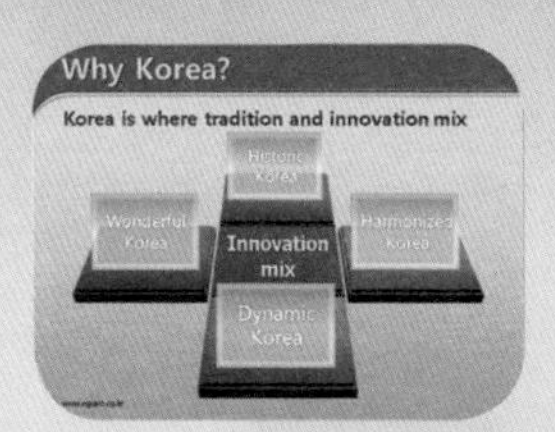

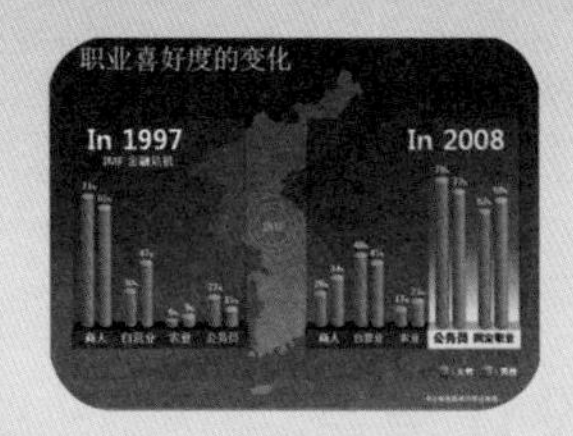

要设计感性的 PPT，必须学习颜色基本理论及应用于 PPT 的实际方法。通过对颜色的理解与配色相关理论、PowerPoint 的主题颜色等搭配，培养实际设计的感觉。

CHAPTER 01

认识 PPT 设计

简明扼要地认识 PPT 制作流程、PPT 设计的重点，特别详细说明可有效掌握颜色与字体、版面布局等的方法。

STEP 01 PPT 设计重点

一般而言，PPT 制作流程由企划、设计、发表依序组合而成。以整体来说，依序分为确定 PPT 主题、搜集数据与分析观众、设置 PPT 概念、企划内容与信息设计、企划设计、设计 PPT、准备发表、发表等。随着发表主题或准备制作期间等各种发表环境的不同，必须可以自由地调整制作顺序，才能制作出最佳的 PPT。与其限制在某种特定的框架中，不如以柔软有弹性的想法来制作，才能完成一份完美、不生硬的好 PPT。

若在 PPT 制作阶段就完成内容架构，虽然可以就此展开制作，但与过去不同，随着 PPT 制作水平日益提高，设计的重要性也逐渐提升，因此在 PPT 制作中，必须从制作初期就开始用心考虑 PPT 整体主题与概念，并能反映观众的需求，这才能算是完美的 PPT。PPT 设计的重要性，与汽车内、外观设计同等重要。如同即使马力再强、性能再优异的汽车，若外观设计得不好，还是无法赢得消费者的青睐，所以 PPT 设计的重要性可见一斑。另外 PPT 设计，必须对所有想传达的内容加以整理，因为 PPT 是拉近与观众距离最有效与最具魅力的方法。

STEP 02 PPT 规范与集中、培养色感

许多人在制作无数的 PPT 并在发表之后，常深感自己缺乏专业的眼光与制作的技术。好的版面布局，常可看出令人惊艳又兼具质感的设计。

这些设计人员最常抱怨的事，就是如何正确使用颜色。例如“我想使用看起来感觉很利落的颜色……”、“其他部分都没问题，唯独与颜色相关的技术，想呈现如专家般的设计真的很困难 ”等，很多问题点都是在颜色上。经验丰富的设计者与熟悉知识技术的人最大的差异点为何？一定有人认为是在于长久累积学习的设计相关基础知识与美感吧。然而，笔者却不这么认为。

笔者认为最重要的差异点在于规范与集中。选择并强调以关键词构成的重点信息，舍弃不重要的部分，对 PPT 设计而言相当重要，但此点若能以颜色相关技术表现出来，成效或许更大。

■ 颜色相关知识

所有颜色大致上可区分为有色彩与无色彩。除了白色、黑色等几种无色彩外，有色彩约 750 万种。这么多的颜色当中，人类辨识得出来的颜色约有 300 多种；其中，日常生活里常见的色彩也只不过 50 多种而已。就算知道 50 多种颜色的相关基本知识与使用技术，但也只能以最合适的颜色组合来进行 PPT 设计。

诚如我们穿衣时要搭配合宜一般，PPT 也有搭配协调的问题。并非一定要穿着漂亮高贵的衣服，而是以与谁见面、地点、日子来决定服装款式；PPT 亦然，必须视其内容为何、具备何种目的、发表的对象而使用恰当的颜色。要正确地掌握 PPT 设计的目的与内容，慎重选择适当的 3 ～ 4 种颜色，统一协调使用才行。

无色彩是指白色、黑色、灰色等从明到暗，具明度差异的颜色。有色彩指的是除了无色彩外的所有颜色，拥有色相、彩度、明度三种属性。PPT 里使用的是无色彩与有色彩等所有种类的颜色，无色彩一般而言是输入基本文字时主要使用的颜色。

举例来说， 在白色背景里使用黑色文字，在黑色背景里使用白色文字。若在文字上使用有色彩时，主要是作为强调或突显特定信息时使用。若在一张幻灯片上使用超过 3 ～ 4 种有色文字，会造成强调的信息太多，形成混乱的版面。

颜色三属性

所谓颜色三属性，是指色相（Hue）、明度（Value）与彩度（Chroma）。此三要素彼此息息相关，是构成颜色特性的基本要素。

1 ｜色相

所谓色相，是指红色、蓝色、黄色等可用眼睛区分的颜色种类或名称。随着选择性反射自物体表面的光线波长种类的不同，产生了无数的颜色，并以色相环呈现。

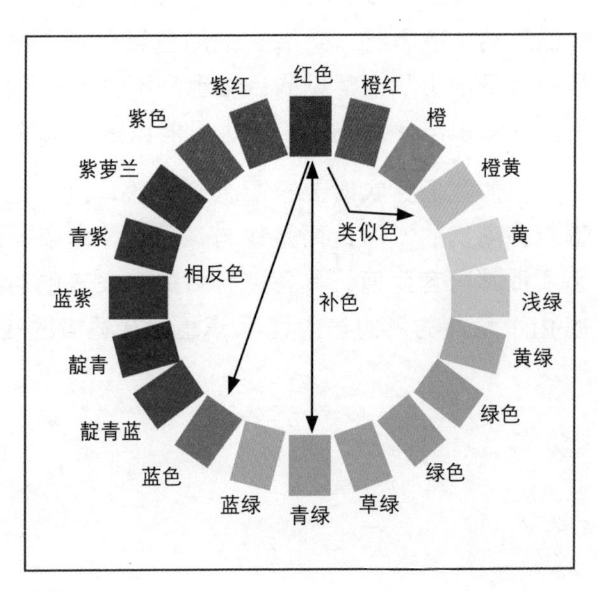

色相环

利用圆，以最明确的基准，呈现连续颜色关系者，称为色相环；互为对角位置的颜色，称为补色，相邻左右两边的颜色称为类似色。补色方面，虽然给予强烈的印象，但因可辅助搭配，必须小心使用。在 PowerPoint 里设置颜色时，若在颜色对话框里调整 RGB 值，可指定各式各样的颜色。R 表示 Red，G 表示 Green，B 表示 Blue，RGB 值可输入 0 ～ 255。不同的数值会呈现出不同的颜色。

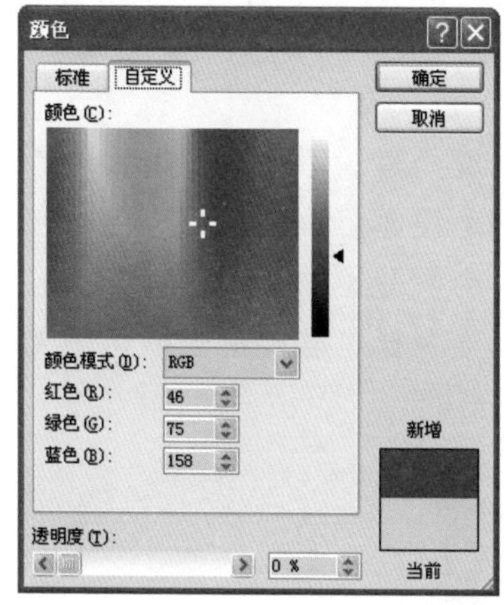

“颜色”对话框

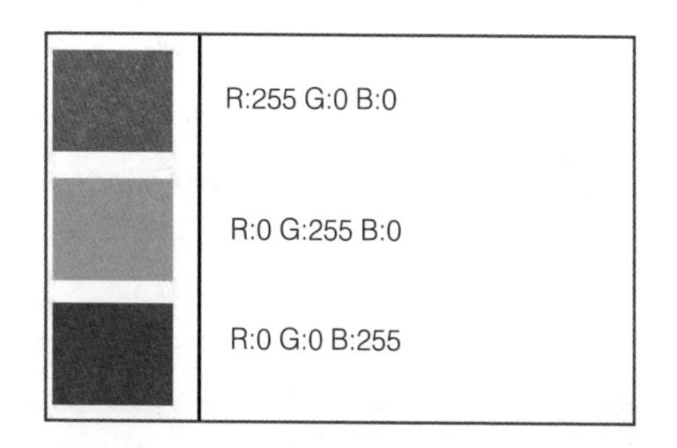

Red、Green、Blue 基本值

2 ｜明度

明度（Value/Lightness）是指颜色的明暗度。越接近黑色，称为低明度；越接近白色，称为高明度。明度是决定幻灯片的明视性与可读性的主要要素，决定了 PPT 设计的整体气氛。举例来说，若只使用高明度的明亮颜色，虽然会有光彩夺目的感觉，但若明度差异不大，或没有醒目的要素时，对 PPT 而言也并不适合。

颜色相同明度不同的两种颜色相邻时，彼此会互相影响，明亮的颜色会显得更亮，暗色更暗，此现象称为明度对比，明暗差异大时，明度对比也变大。

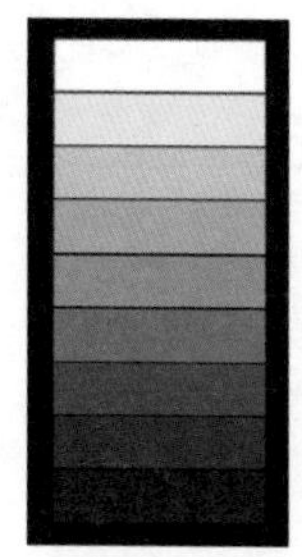
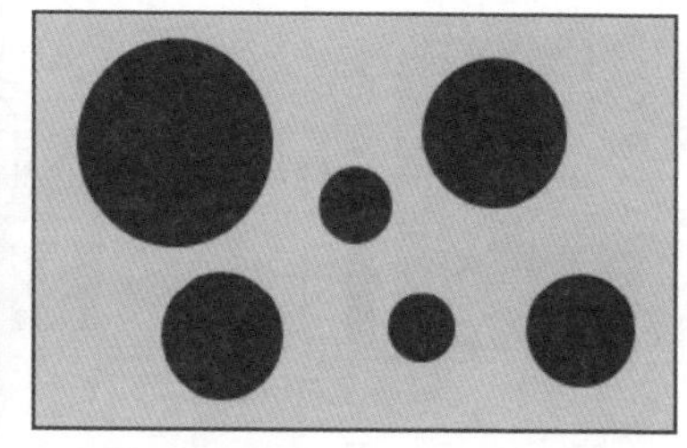
 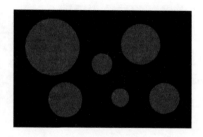

明度对比的范例

将同一种颜色置于不同明度的底色时，依明度的差异，会呈现出不同的色彩。在 PowerPoint 里设置颜色时，“颜色”对话框里的明度滑块越往上拖动明度越高，越往下降明度越低。

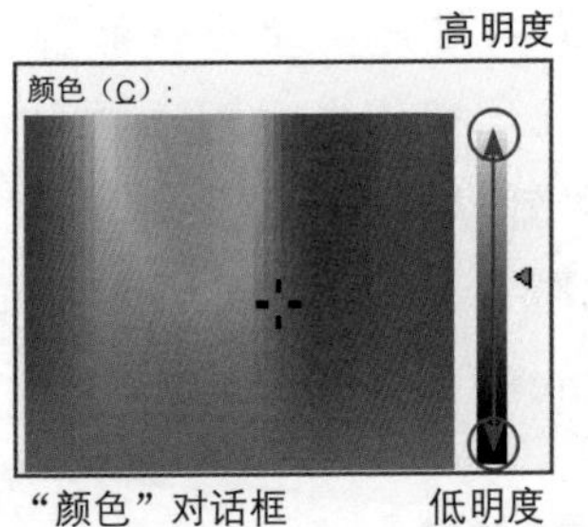

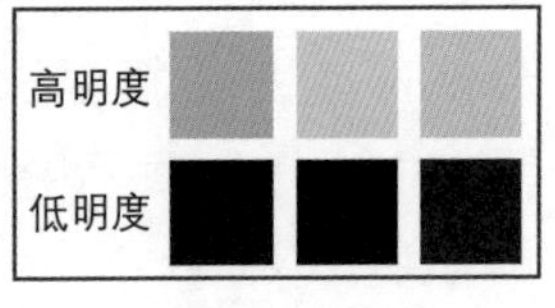

3 ｜彩度

彩度（Chroma/Saturation）意指颜色的纯度或强度。最干净且纯粹地接近原本颜色时，彩度越高；反之，掺杂越多白色或黑色，彩度越低。白色、黑色、灰色是彩度为 0 的无色彩。彩度不同的两种颜色相邻时，会彼此影响，彩度高的颜色，颜色会更鲜艳，彩度低的颜色会显得更暗淡，称为彩度对比；若能适当地运用无色彩，利用彩度对比，对设计鲜艳的图像会有很大的帮助。

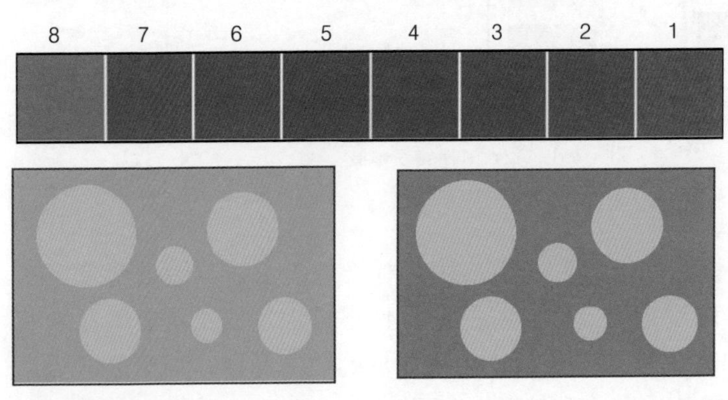

彩度对比的范例

将同一个颜色各自置于彩度低的底色与彩度高的底色时，彩度低的底色上方颜色看起来会比彩度高的底色上方的颜色更鲜艳。此等现象在彩度差异越大时，会越明显。在 PowerPoint 里设置颜色时，在“颜色”对话框里的色相表里，越上方的颜色彩度越高，越靠下方的颜色彩度越低。

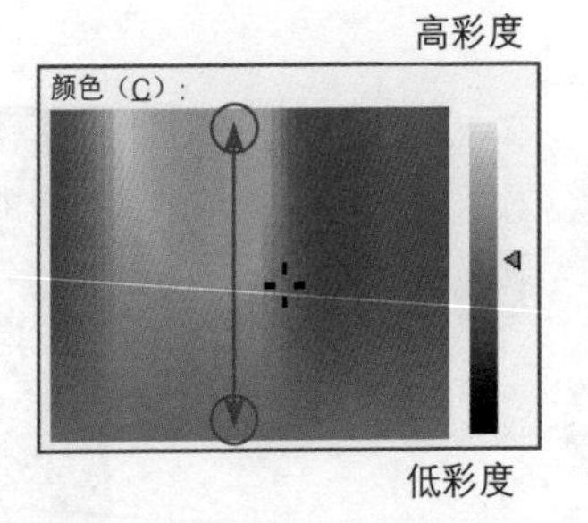

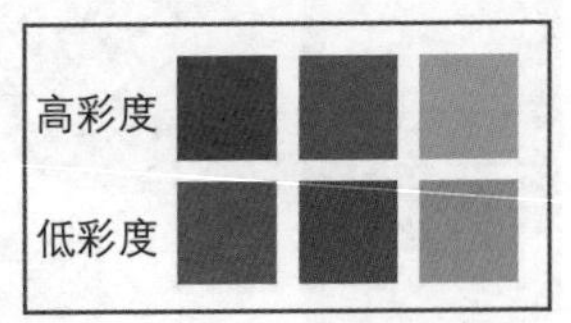

■ 颜色知觉与感情效果

先了解色温与颜色的重量感、颜色的软硬感相关概念，接着来认识 PowerPoint 2010 主题颜色应用的方法。

1 | 色温

颜色因人的感觉，大致上可分为暖色与冷色。这是指非物理性现象的色彩感觉。色温依红 - 橙 - 黄 - 浅绿 - 绿 - 蓝 - 白等顺序，通常波长越长，越给人温暖的感觉，波长越短，越给人寒冷的感觉；浅绿、绿色、蓝紫色、紫色等是偶尔会让人感到寒冷或温暖的中性色。色温在颜色三属性里，主要受到色相的影响。

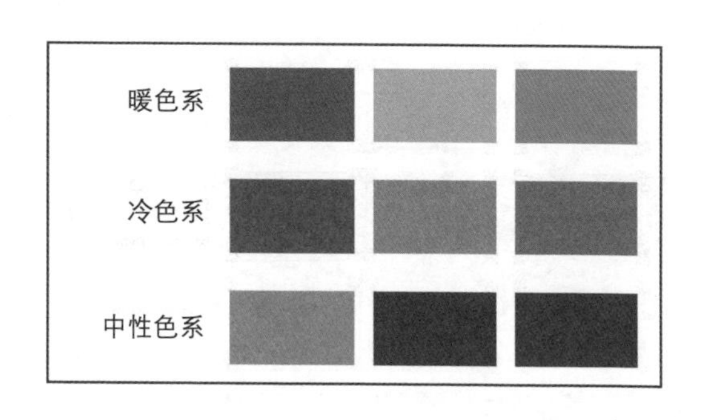

2 | 颜色的重量感

颜色方面，有看起来沉重的颜色，也有看起来轻盈的颜色。对重量感影响最大的主要是明度的差异，暗色给人沉重感，亮色给人轻盈感。有色彩方面，暖色系有给人轻盈感，冷色系有给人沉重感的倾向。

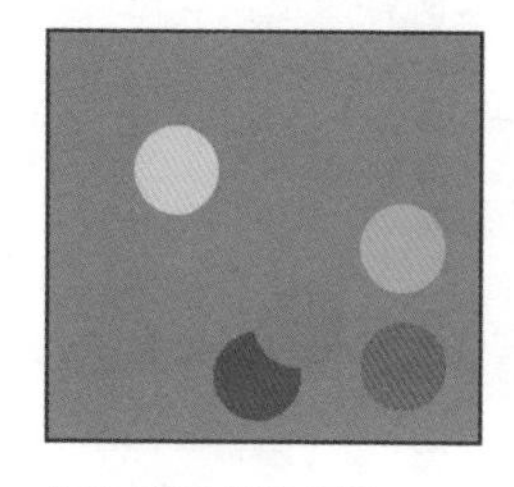

颜色重量感的范例

3 | 颜色的软硬感

主要影响颜色软硬感的是彩度与明度。彩度高或冷色系的颜色带给人强硬的感觉，彩度低或暖色系的颜色带给人柔软的感觉。

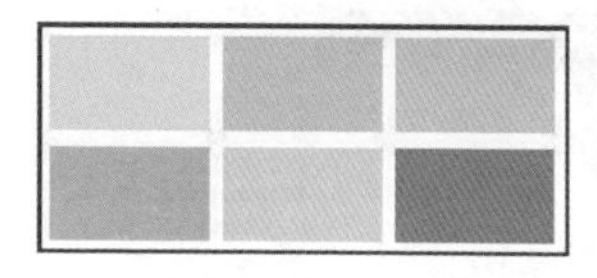

柔和的颜色

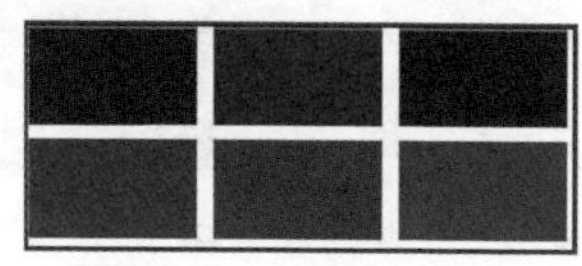

生硬的颜色

4 | PowerPoint 2010 主题颜色应用

若觉得配色很麻烦，可以使用 PowerPoint 的主题颜色。在 PowerPoint 2010 里使用主题颜色功能，有助于维持整体 PPT 的统一性。以下将介绍配色相关内容与指定符合 PPT 内容的主题颜色方法。

■ 套用 PowerPoint 颜色

在设计 PPT 前，必须要建立主色与强调内容的相关颜色。如前所述，虽然穿着漂亮的衣服很重要，但随着以何种内容发表、对象的不同，所决定背景颜色也会不同。此外，维持从头到尾一贯性的颜色非常重要，下面两个范例可说是在这方面设计得非常好。左边幻灯片是以暖色系为主色来设计，右边则是以冷色系进行幻灯片设计，整体设计相当协调，显得非常自然。

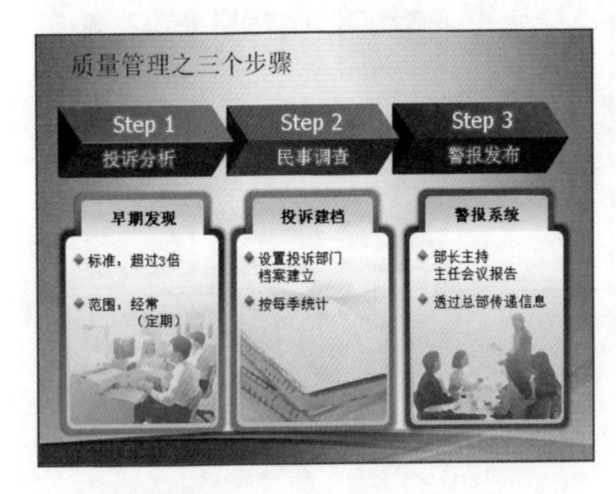

暖色系的幻灯片

冷色系的幻灯片

■ 主题颜色

PowerPoint 2010 里提供的主题颜色功能，可轻易且迅速地设置专业水平的配色作为整份文件的颜色。

主题颜色基本上提供 Office、中性等 45 种各式各样的基本主题颜色，用户可以自定义想要的主题。主题可在“设计选项卡→主题→颜色选项”中设置。

若直接套用主题颜色里所提供的颜色，在更改主题颜色时，可轻易地维持 PPT 的颜色配置与统一性。

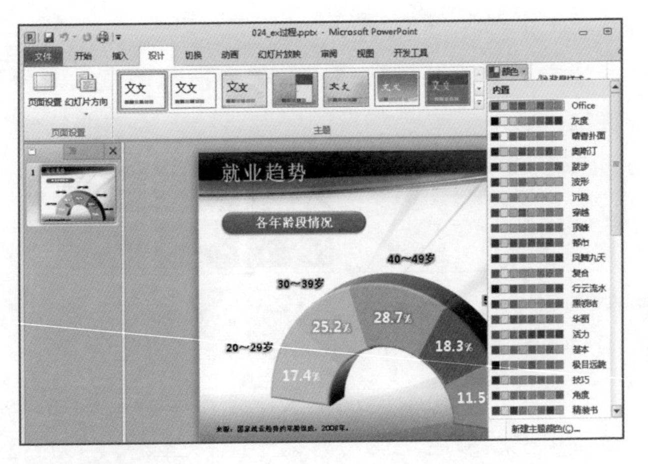

指定主题颜色

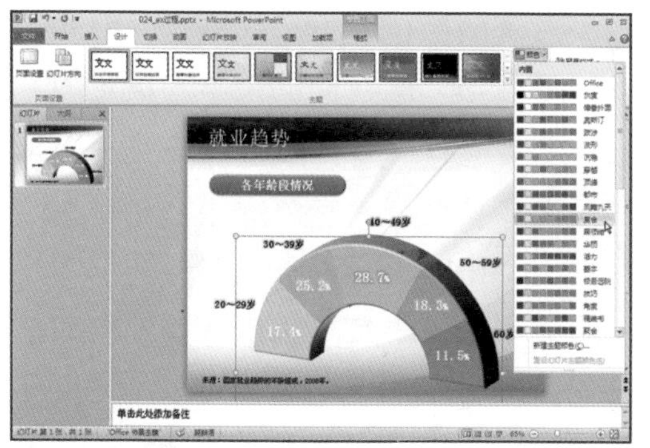

套用“复合”主题

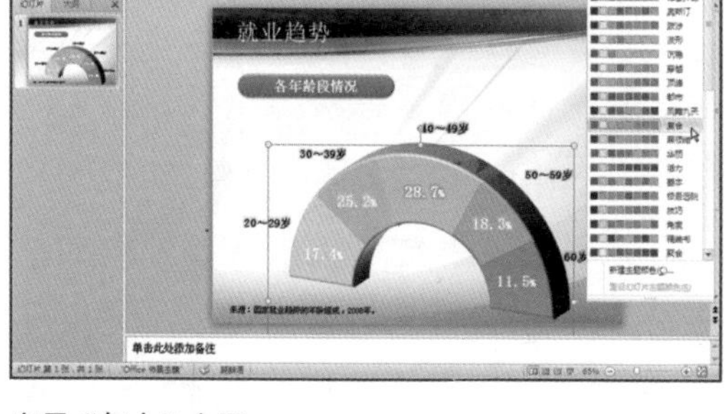

套用“都市”主题

TIP

在“颜色”对话框中使用自定义颜色时，即使更改主题，用户自定义的颜色也不会改变；因此，为了符合更改的主题，必须一一指定颜色才行。

配色与协调

颜色大部分以与其他颜色一起搭配的方式存在。错误的配色会破坏 PPT 的整体氛围，无法呈现出简洁干练的感觉。因此，若想好好表现颜色，必须熟悉配色原理与效果，并且适当地运用。

1 | 何为配色与协调？

意指两种以上的颜色彼此协调搭配，呈现出单凭一种颜色无法获得的效果。若配色得宜，给人愉快感，称之为协调；反之，让人感到不快时，称为不协调。举例来说，一位绅士穿着笔挺的黑色西装及黑皮鞋时，露出白色袜子，就可以说那个人服装搭配不协调。虽然就某种层面来说，配色基础依赖主观性的感觉；然而，一个好的配色，会带给人好感，需要具备客观性。对一个需要向众人公布、取得共识的 PPT 设计，配色的协调当然非常重要。

我们经常在评论颜色时，以美丽的颜色、丑陋的颜色等方式来表达，即使我们认为每个颜色都很重要，但实际上，许多都是由相邻颜色间的关系来决定的。配色虽然多受个人喜好或心理状态所影响，但必须以客观性的眼光，选择考虑观众的配色；因此，确认观众属性、要在何处发表、什么内容等极为重要。首先，发表场所、环境相关信息将是配色的选择基准。

近来，PPT 使用环境比以前更优越，已脱离一般投影机，改用背式投影屏幕（Rear Screen，使用后射投影的半透明屏幕）、LED 屏幕等，因此可以制作出更华丽且更具可看性的优质 PPT。一般来说，若发表场所的环境太过明亮且投影机性能不佳时，以明亮色彩为主的 PPT，对观众而言，将不具有吸引力；整体环境运用较暗色调，再使用对比度强烈的 PPT，不但提高可看性，也可以克服环境上的缺陷。

此外，若 PPT 内容太多时，与其使用暗色背景，不如在明亮背景上放置内容，看起来会更丰富且更活泼。比起过于明亮或阴暗的 PPT 设计，不使用过多的颜色，仅插入关键重点，将内容整理更加简洁且一目了然，比颜色的使用更加重要。即便使用相同的颜色，随着内容的整理，其最后所呈现结果也会不尽相同。

枫叶　晚霞　夏季海边

花与蜂　天空云海

2 | 自然图像

自然图像包含主色、辅色、强调色。

主色是占面积与比例 70% 以上的颜色，构成整体的基本图像；辅色约占 20% ～ 30% 面积，扮演突显配色对象的性质；强调色约占 5% ～ 10% 以下，用在视觉性的强调或使画面效果唯美。然而，PPT 设计方面，整体比例相当重要，必须斟酌颜色的感觉与平衡，使主色、辅色及强调色达到整体协调。

范例 1

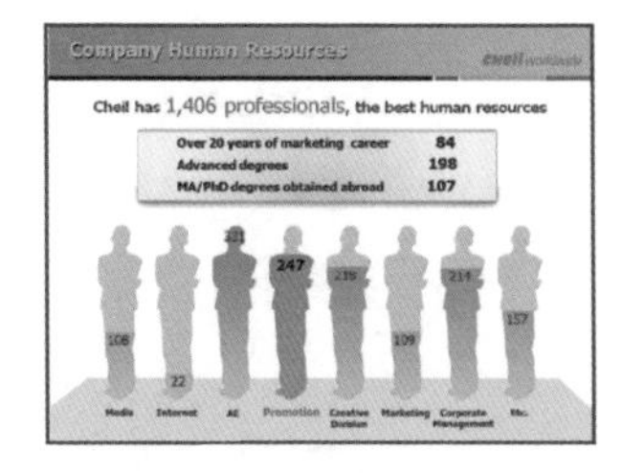

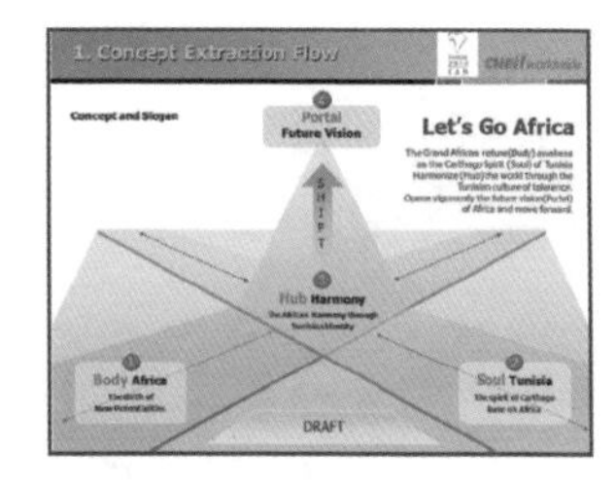

范例 1 乍看之下，似乎使用了各种各样的颜色，但可看到背景为白色。换言之，主色是黑色，蓝色与绿色是辅色，重点部分利用红色作为强调，故强调色为红色。因为在设计 PP 时，必须要呈现出其整体气氛与强弱，因此需要先考虑颜色的均衡。通过颜色，达成设计卓越 PPT 的目的。

范例 2

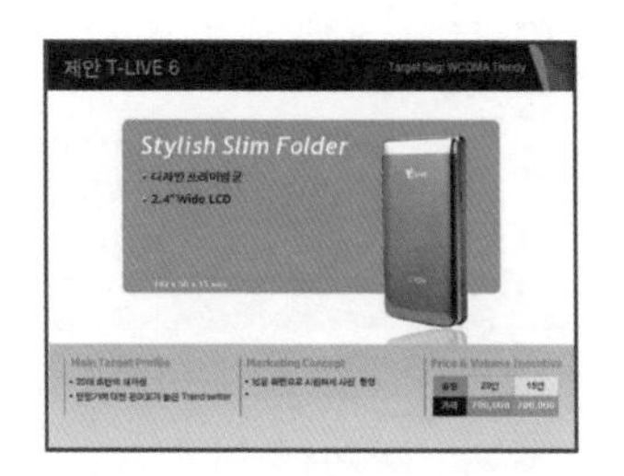

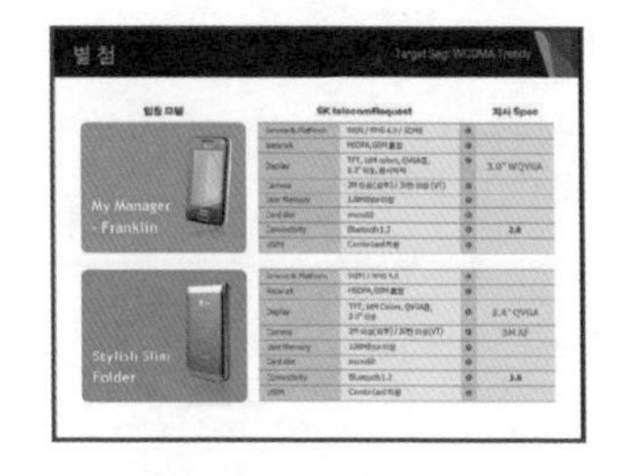

范例 2 有些读者认为主色是黑色，有些则认为主色是白色。如果主色是黑色，辅色是白色，那么，强调色是什么呢？强调色是橙色？或许有人会说“强调色不是占 5%~10% 吗？”与其执着面积比例，不如考虑颜色的感觉与均衡更为重要。不要局限使用某种颜色，应视某种感觉的主色为基础，加上辅色，再增添强调色于重点部分，并保持其均衡，才能设计出一份好的 PPT。

范例 3

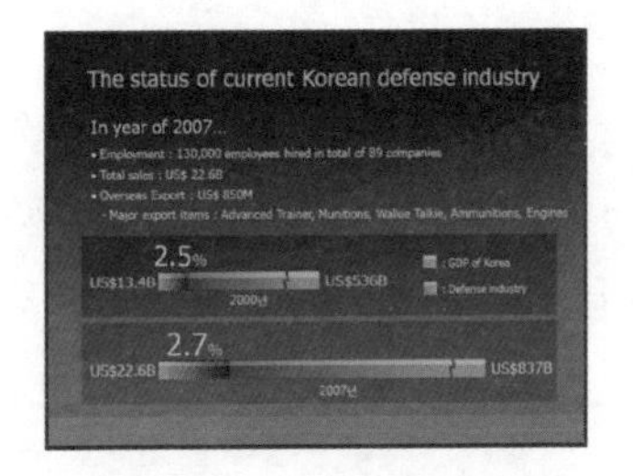

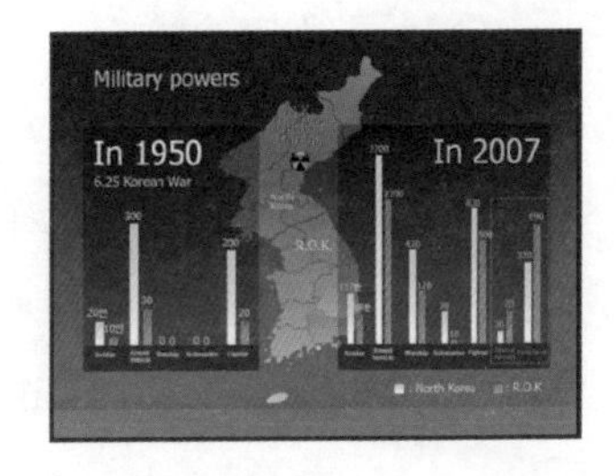

范例 3 主色是深蓝色，而辅色是同色系的青绿色，强调色是黄色。即使将 PPT 缩小观看，但强调的重点也一目了解，整体具备了统一性。若要强调的东西很多而使用许多种颜色，会让人感到眼花缭乱。因此，必须配合整体气氛，协调主色与辅色的力量与强度对比。

范例 4

范例 4 主色是淡蓝色，辅色是同色系的蓝色。而强调色是蓝色的补色——橙色，这样将具有醒目强调的效果。

范例 5

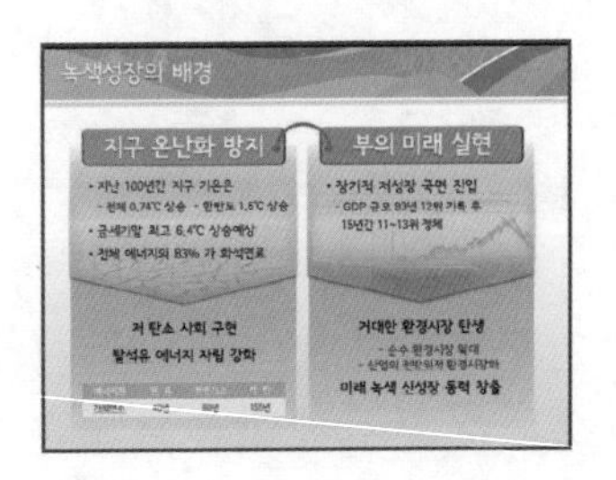

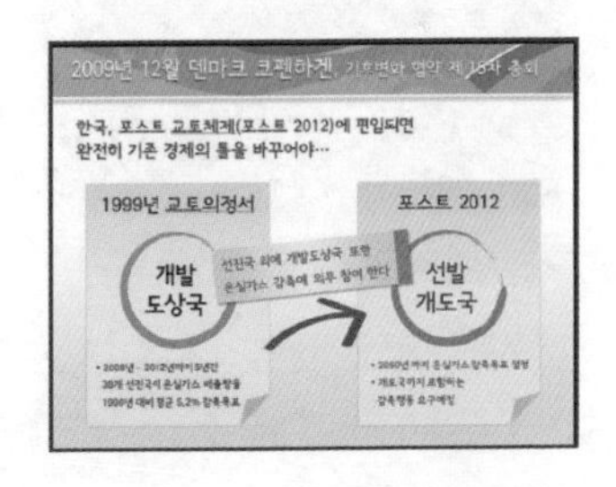

范例 5 主色与辅色是符合成长主题的绿色系，强调色是橙色。选择符合 PPT 主题的色彩，是自然地结合视觉与内容的好方法。

TIP

常用编辑指令与相关快捷键

在开始选项卡→剪贴板里，可选择复制、格式刷、粘贴、剪切等编辑功能，或在内容中右击，也可以选择相应编辑功能。除了这些方法外，利用键盘的快捷键，也可以迅速又便利地编辑内容。以下是常用的编辑功能与快捷键，请务必熟记。

- Ctrl + C：复制所选的对象。
- Ctrl + V：粘贴以 Ctrl + C 快捷键复制的对象。
- Ctrl + X：剪切所选的对象。
- Ctrl + Z：以快捷键恢复至前一个画面，取消执行。
- Ctrl + A：选取幻灯片的所有对象。

CHAPTER 02

字体

在此将针对 PPT 里常见的字体进行说明。字体（Typography）简单来说，就是“运用文字的技术”。传统的字体着重于视觉美观的美学层面更甚于可读性，而现代概念的字体则将焦点置于以读者为中心的功能大于美学价值。

STEP 01 字体

虽然简报的重要性已逐渐超越演说者，然而回归到基础面，简报的功能，就是成为人与人之间的桥梁，而不是障碍；所以真正好的简报，是能自然且易于理解呈现其内容，并将核心讯息能如雷贯耳般深深烙印于听众的脑海与心里。

虽然简报的重要性已逐渐超越演说者，然而回归到基础面，简报的功能，就是成为人与人之间的桥梁，而不是障碍；所以真正好的简报，是能自然且易于理解呈现其内容，并将核心讯息能如雷贯耳般深深烙印于听众的脑海与心里。

我们使用的字体非常多，且各具不同的视觉特色；因此，善用各自的特性并在视觉上达到协调非常重要。以下将介绍字体具备的特色，何谓明视性与可读性，以及适合 PPT 的字体等。

■ 明视性

明视性指使用两种以上的颜色、线条、形状构成对比，可让人看得更清楚的性质；颜色的明度差异大，明视性就高。制作 PPT 时，明视性是必须要具备的重要因素之一。与其他设计领域不同，PPT 设计的最终成品与想看成品的对象间，具有相对地距离遥远的特殊性质。一般而言，PPT 利用投影机呈现在观众面前时，屏幕与观众间至少有几米的距离。即使利用投影机放大显示，但因距离较远，明视性对 PPT 而言就变得非常重要。虽然华丽的设计也很重要，但若想提高接收信息之观众的理解度，设计要素的大小、背景颜色、文字颜色的明度差异越大，观众的理解度就会越高；适当的明度差异，能够更正确地传达要强调的信息与其他信息的差异。在 PPT 设计诸多要素里，唯有明视性才能正确传达信息给观众。再好的 PPT，若观众不能看也无法听，且不能理解时，就会是一份毫无意义的 PPT。

■ 可读性

可读性是指字体里的字形容易让人所辨识的视觉属性，由字体、粗细、大小、字符间距所决定。若要提高可读性，字符间距扮演着重要的角色。若段落里的字符间距不规则或过度装饰，视觉焦点易受扭曲，将降低可读性；因此，在必须强调的部分或标题中使用或许合适，但在内容中的文字使用就不太合适了。

■ 宋体与黑体

宋体（Serif）与黑体（Sanserif）的性质与感觉不同，最好在了解字体的特性后再使用。宋体是指笔画的开头与末端都以衬线（Serif）装饰的字体。而黑体没有衬线（Serif），称为无衬线（Sanserif）。虽然不能说 PPT 一定无条件使用黑体，但一般而言，黑体的笔画粗细比宋体粗，可读性佳，是 PPT 设计时常用的字体。对于英文字体来说，Times New Roman 属于 Serif 字体，Arial 属于 Sanserif 字体。

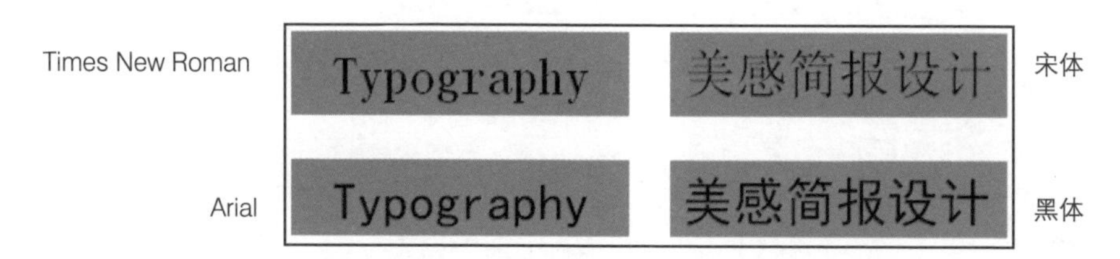

STEP 02 适合 PPT 的字体

在 PPT 里设计字体时，必须考虑字体的大小、颜色、间距等，尽可能提高明视性与可读性。下页中左边范例是使用宋体，右边范例是使用黑体。比较两种字体，可知左边范例的明视性与可读性比右边更高。宋体的笔画具有曲线且形态自然，主要使用于印刷文本的基本字体；而笔画粗细一致的黑体因视觉刺激大于宋体，在同一个空间里，明视性与可读性比其他字体好，易于分辨。请参考下列字体应用范例。

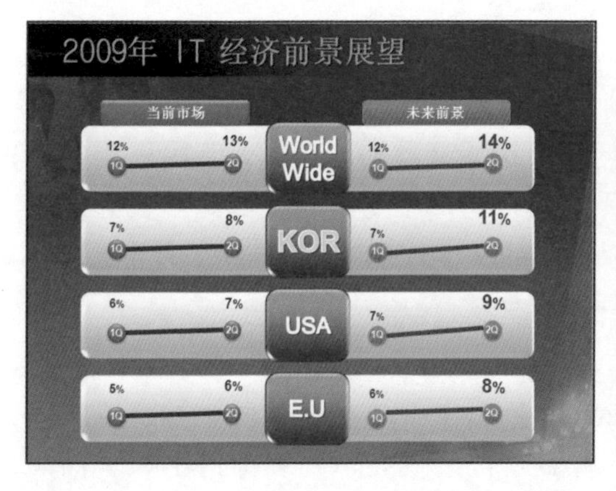
2009年 IT 经济前景展望
当前市场
未来前景
12% 13% World Wide 12% 14%
7% 8% KOR 7% 11%
6% 7% USA 7% 9%
5% 6% E.U 6% 8%

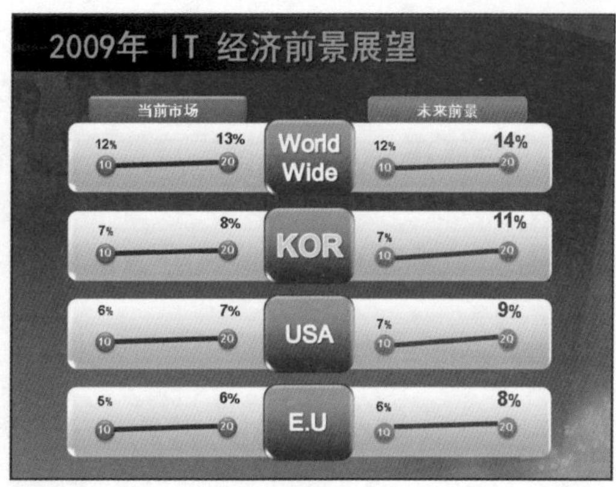
2009年 IT 经济前景展望
当前市场
未来前景
12% 13% World Wide 12% 14%
7% 8% KOR 7% 11%
6% 7% USA 7% 9%
5% 6% E.U 6% 8%

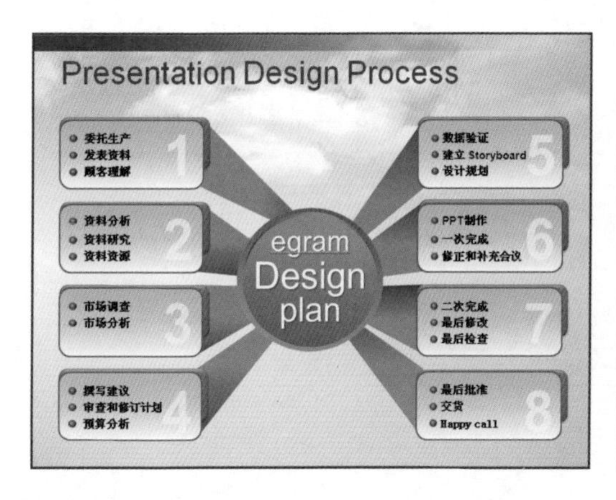
Presentation Design Process
委托生产
发表资料
顾客理解
1
资料分析
资料研究
资料资源
2
市场调查
市场分析
3
撰写建议
审查和修订计划
预算分析
4
egram
Design
plan
数据验证
建立 Storyboard
设计规划
5
PPT制作
一次完成
修正和补充会议
6
二次完成
最后修改
最后检查
7
最后批准
交货
Happy call
8

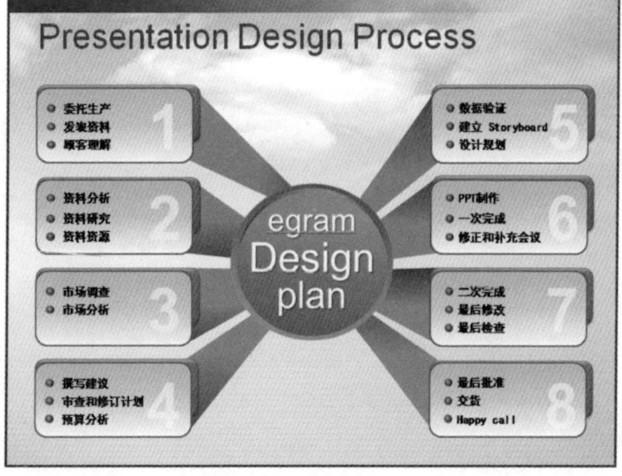
Presentation Design Process
委托生产
发表资料
顾客理解
1
资料分析
资料研究
资料资源
2
市场调查
市场分析
3
撰写建议
审查和修订计划
预算分析
4
egram
Design
plan
数据验证
建立 Storyboard
设计规划
5
PPT制作
一次完成
修正和补充会议
6
二次完成
最后修改
最后检查
7
最后批准
交货
Happy call
8

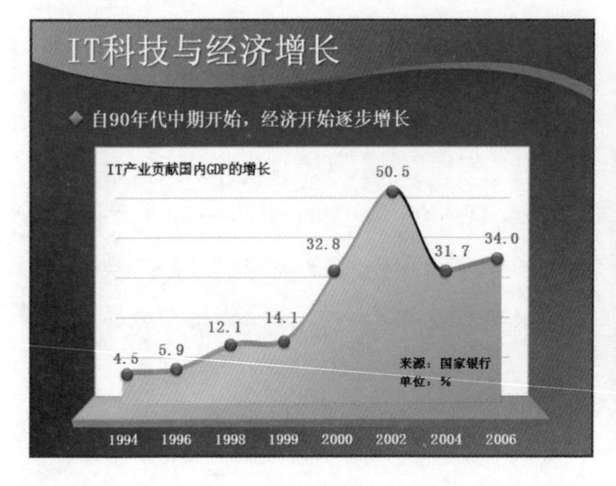
IT科技与经济增长
自90年代中期开始，经济开始逐步增长
IT产业贡献国内GDP的增长
4.5
5.9
12.1
14.1
32.8
50.5
31.7
34.0
来源：国家银行
单位：%
1994 1996 1998 1999 2000 2002 2004 2006

IT科技与经济增长
自90年代中期开始，经济开始逐步增长
IT产业贡献国内GDP的增长
4.5
5.9
12.1
14.1
32.8
50.5
31.7
34.0
来源：国家银行
单位：%
1994 1996 1998 1999 2000 2002 2004 2006

STEP 03 字体的大小、颜色、行距

接下来，简单地说明制作 PPT 时，必须要知道的字体大小、颜色、行距等相关信息。为了在视觉上便于查看幻灯片文本，文字的大小、字符比例以及行距等，必须彼此协调，字体太大或太小，容易使观众的眼睛感到疲劳，行高太高或太低会影响阅读。一般而言，文本字体大小设置为 8 ～ 11 磅，而适合 PPT 的文本字体大约为 16 磅。

■ 字体大小

PPT 里的字体大小最好依内容性质的不同，适度地加以调整。

字体太小且文字字数多时，坐得较远的观众会看不清楚，不仅欠缺视觉效果，也无法更好地传达内容。要强调的内容则须加大字体，使其醒目易读；文字字数多时，文字大小须赋予变化，以区分出不同的内容。

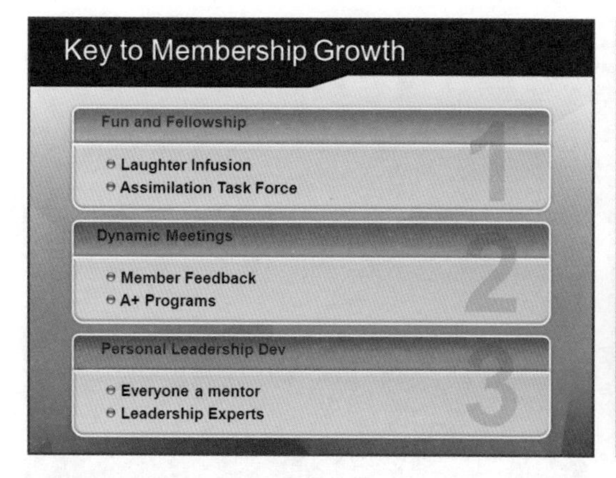

小标题与文本的字体大小相同

小标题与文本的字体大小不同

在标题或小标题等要与文本有所区别的地方，文字大小或颜色最好另行处理，有所差异。上例中，左图所呈现小标题与文本的比重相同，视线分散，不是好的选择。

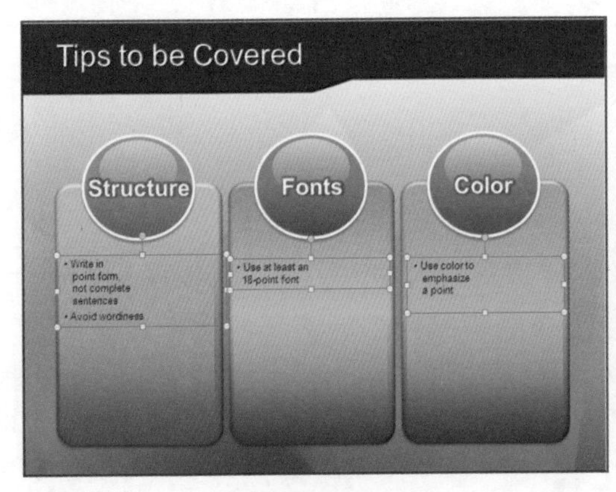

字体大小过小，不必要的留白过多

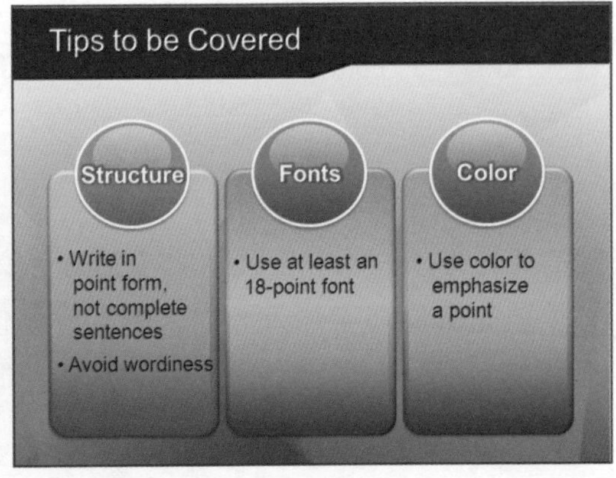

字体大小适当，基本的可读性佳

查看左图，圆角矩形框内的文字太小且留白太多，造成无法强调出文字，也无法明确地看出要传达的信息。可见文字太小且留下太多不必要的空白并不是好的做法。

■ 字体颜色

字体的颜色与明视性有关。查看左图，背景与文本颜色相似，几乎没有明度差异，因此，这样处理，对观众而言内容不够醒目；最好选择如右图般明度差异大的色彩，观众可轻易地了解内容。

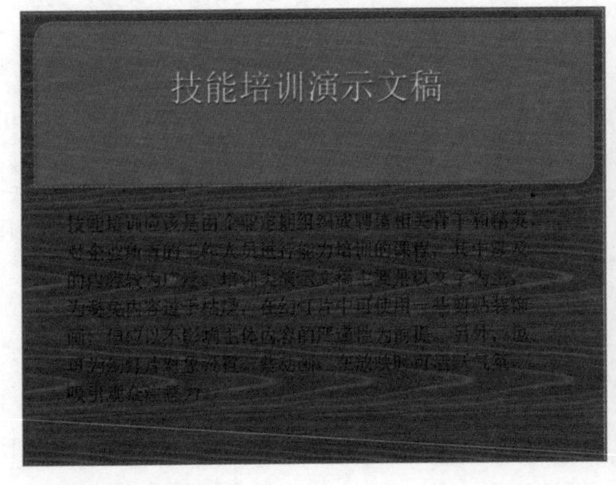

明度差异小的范例 1

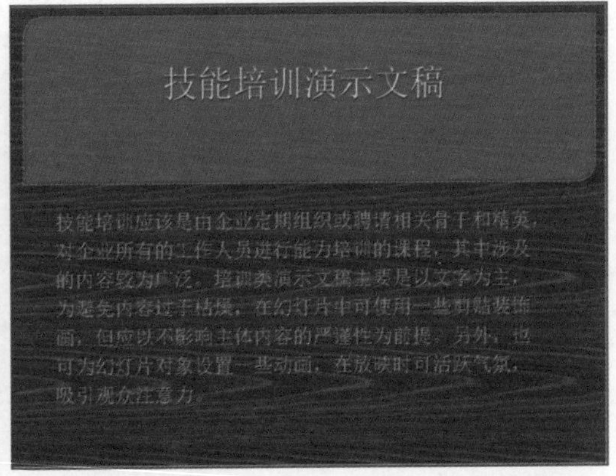

明度差异大的范例 1

技能培训演示文稿

技能培训应该是由企业定期组织或聘请相关骨干和精英，
对企业所有的工作人员进行能力培训的课程，其中涉及
的内容较为广泛。培训类演示文稿主要是以文字为主，
为避免内容过于枯燥，在幻灯片中可使用一些剪贴装饰
画，但应以不影响主体内容的严谨性为前提。另外，也
可为幻灯片对象设置一些动画，在放映时可活跃气氛，
吸引观众注意力。

明度差异小的范例 2

技能培训演示文稿

技能培训应该是由企业定期组织或聘请相关骨干和精英，
对企业所有的工作人员进行能力培训的课程，其中涉及
的内容较为广泛。培训类演示文稿主要是以文字为主，
为避免内容过于枯燥，在幻灯片中可使用一些剪贴装饰
画，但应以不影响主体内容的严谨性为前提。另外，也
可为幻灯片对象设置一些动画，在放映时可活跃气氛，
吸引观众注意力。

明度差异大的范例 2

左图的文字与背景，几乎没有明度差异，彩度也相似，完全不醒目。若想使观众印象深刻，使用如右图般明度差异大且彩度高的图较为合适。

行距

若能适当地调整行距，即使不以图形区分，也能让幻灯片条理分明。缩小具连贯性的行距，有助于理解其内容。适当调整行距可“点燃”幻灯片的活力，对促进沟通更有帮助。

如左图般行距过宽的本文，具有视线无法集中的缺点。

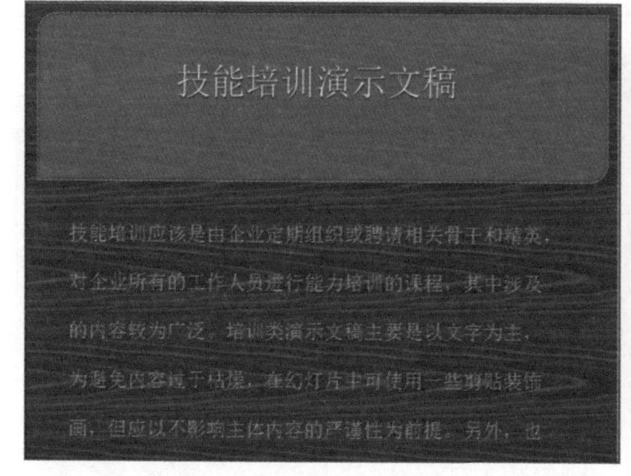

行距过宽的范例

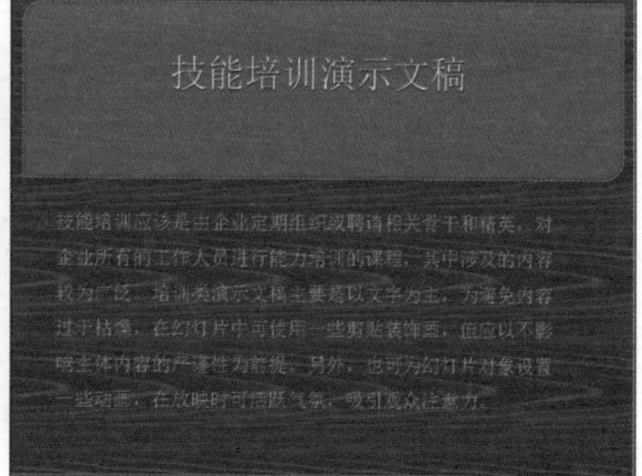

行距适当的范例

CHAPTER 03

版面布局

在此将学习除了颜色与字体外，PPT 设计最后一个重要要素，即版面布局的基本概念，以及网格线与辅助线的应用方法。不显眼的版面布局不只在 PPT 设计里，在所有的设计要素中，都是个可彰显设计价值、相当重要的要素。虽然无法像颜色或字体般容易理解，但若能设计出有价值且卓越的版面布局，会比颜色或字体更能在简单的结构下，短时间内有效地传达信息。

STEP 01 何为版面布局

在字典里，版面布局被解释为“在设计、广告、排版当中，于有限空间内，将文字、符号、图像等各结构要素有效率地加以排列”。然而，版面布局并不仅限于将这些结构要素有规则地排列而已，必须充分地考虑明视性、可读性、明快性、创造性、造型性等，才能构成新空间并取得协调。

换句话说，版面布局是为了有效沟通，在固定配置的区域内，协调并均衡地排列版面布局组成要素的工作。

PowerPoint 2010 的新特性

强大的图片处理功能

除了保留传统的图片处理功能外，还新增了删除背景、为图片应用艺术效果、更正图片、调整图片颜色等新功能，使以前只能借助其他图像软件才能实现的效果，现在通过PowerPoint 2010就可以轻松实现。

华丽的3D渲染效果

其功能区中多出了一个“切换”选项卡，其中新增了一些幻灯片切换时的平滑效果，这些平滑的切换效果包括真实三维空间中的动作路径和旋转，使幻灯片拥有如同Flash一样的3D效果。

随心所欲的视频剪辑

其彻底解决了视频的路径问题，将视频插入到幻灯片中时，视频已经成为了幻灯片的一部分，在移动演示文稿时不会出现视频丢失的情况。同时还可以对视频中的重点内容创建书签，以便在访问这些书签时自动播放视频。

方便快捷的动画刷

新版本还为用户提供了一个方便快捷的新功能，即动画刷功能，可以将某一个对象上的动画效果复制到其他对象上。

清爽的行距调整范例

PowerPoint 2010 的新特性

强大的图片处理功能

除了保留传统的图片处理功能外，还新增了删除背景、为图片应用艺术效果、更正图片、调整图片颜色等新功能，使以前只能借助其他图像软件才能实现的效果，现在通过PowerPoint 2010就可以轻松实现。

华丽的3D渲染效果

其功能区中多出了一个“切换”选项卡，其中新增了一些幻灯片切换时的平滑效果，这些平滑的切换效果包括真实三维空间中的动作路径和旋转，使幻灯片拥有如同Flash一样的3D效果。

随心所欲的视频剪辑

其彻底解决了视频的路径问题，将视频插入到幻灯片中时，视频已经成为了幻灯片的一部分，在移动演示文稿时不会出现视频丢失的情况。同时还可以对视频中的重点内容创建书签，以便在访问这些书签时自动播放视频。

方便快捷的动画刷

新版本还为用户提供了一个方便快捷的新功能，即动画刷功能，可以将某一个对象上的动画效果复制到其他对象上。

沉闷的行距调整范例

STEP 02 网格线与辅助线

网格线在字典上的解释是“需彼此取得协调，于固定的间距绘制水平、垂直线，制作而得的一种组织网，与方格纸相似”。网格线具备多种形态，从事设计的人可以在这个系统内，以更复杂的小方格切割空间，从事设计。使用网格线的理由，根据更客观且功能性的基准，是为了要在设计时，彼此取得协调。

在此将以设计实务 PPT 时运用网格线与辅助线为范例，同时介绍使用上的重要性及使用方法。

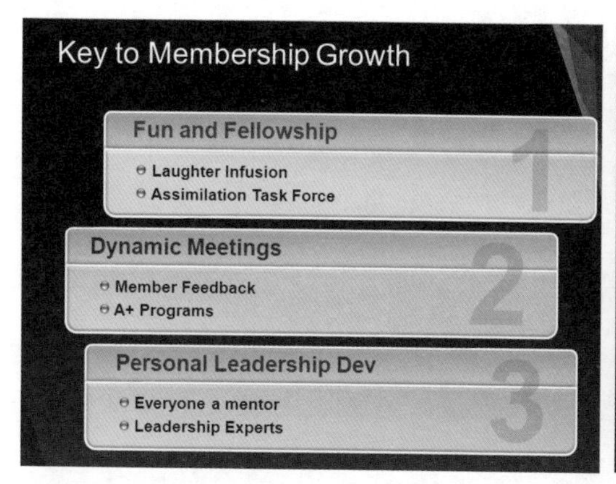

未运用版面布局的范例（Before）

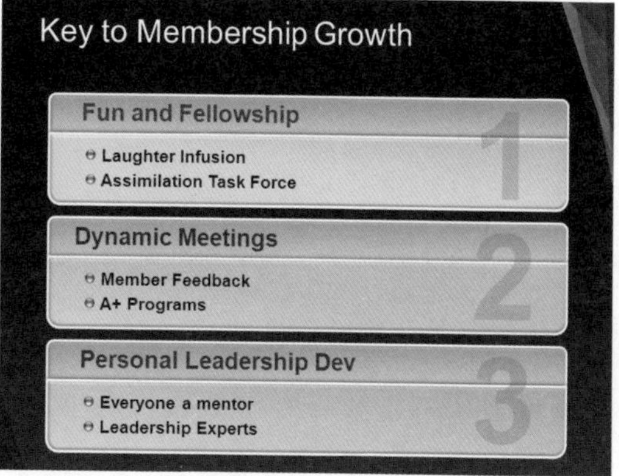

运用版面布局的范例（After）

上述范例虽然也可看做是极端的对比，但实际上并不是。许多人完全没想到版面布局，只想设计得与众不同，结果往往变成左图的模样。

查看右图运用版面布局的范例，犹如画线般排成一列。这样的线条，称为辅助线。可以说是为了整齐的版面布局，扮演架构角色的辅助手段。

若能善用此网格线，这将会是一份有组织架构，且富知性、明快、条理井然的好作品。因此，根据数学性思考的秩序感，将信赖与说服力赋予信息中，也是 PPT 设计上不可或缺的。

站在大多数观众的立场上，依网格线配置得宜的右边范例设计，比左边范例设计更能获得信赖感与安定感。

■ 网格线与参考线设置方法与范例

操作时，可在幻灯片上调出参考线。可拖动此线移动位置，若按住 Ctrl 键不放再拖动，也能绘出新的参考线。若想删除参考线，只要拖动至幻灯片外即可；但是基本十字型参考线即使被拖动至幻灯片外，仍会停留在幻灯片的边缘上。

1. 在幻灯片上右击，从快捷菜单里选择网格和参考线。
2. 在“网格线和参考线”对话框→参考线设置中，勾选“屏幕上显示绘图参考线”。

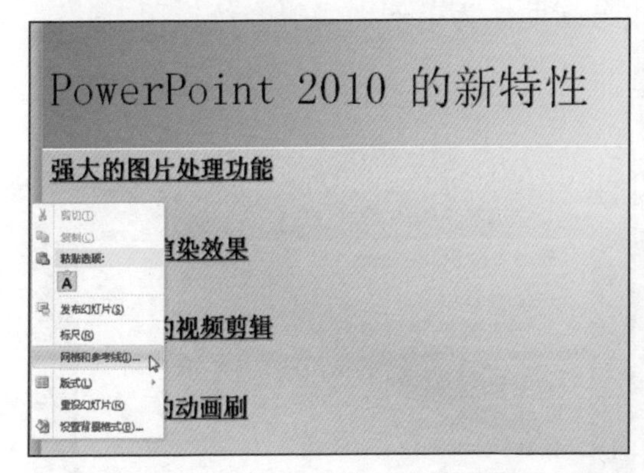

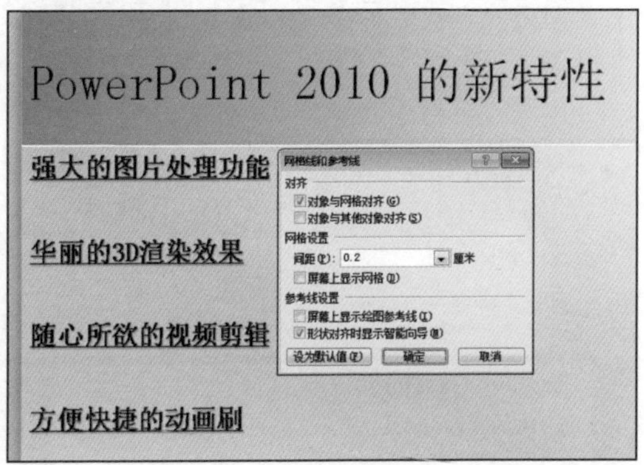

设置了网格线与参考线后，若能掌握好版面布局，在设计上会更加方便。

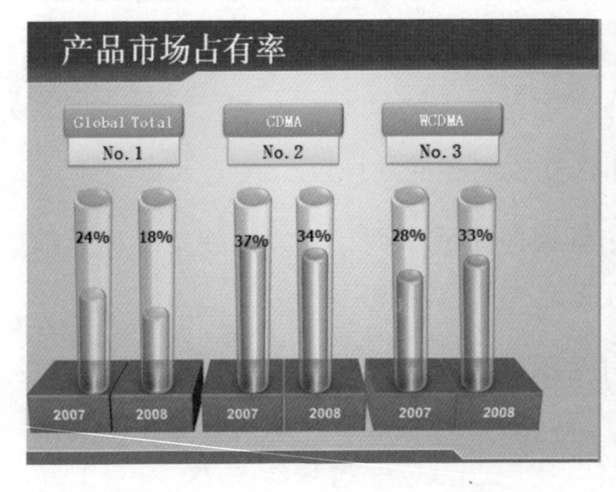

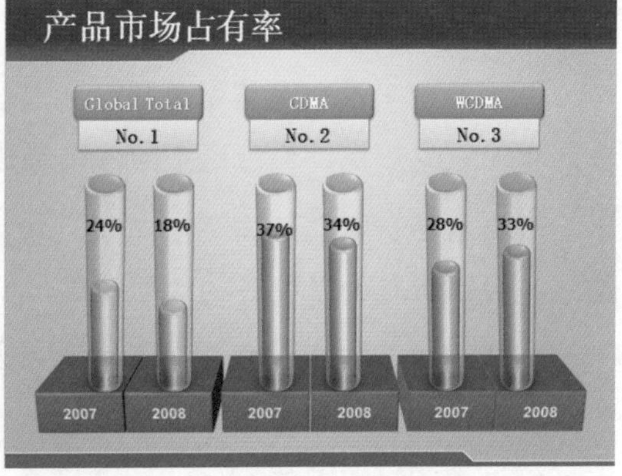

STEP 03 网格线实战应用

在此介绍“PPT 设计专家们”在设计 PPT 时，用了哪些网格线，以及使用网格线又能取得哪些效果，操作中重要的内容又是什么？

在诸多 PPT 中占有相当大比重的幻灯片，当然是以文字为主架构设计而成的。虽然最好能将所有幻灯片以可视化、图解化等方式处理，但实际上用这些方法处理所有 PPT 并非易事。若想以有效且易于理解的方式，将文字幻灯片传达给观众，可将内容做些整理，并强调核心重点或词句，再利用网格线来编排文字，就会是一份好的设计。

以下两张幻灯片，一张是显示网格线的幻灯片，另一张则未显示网格线。

显示网格线的幻灯片

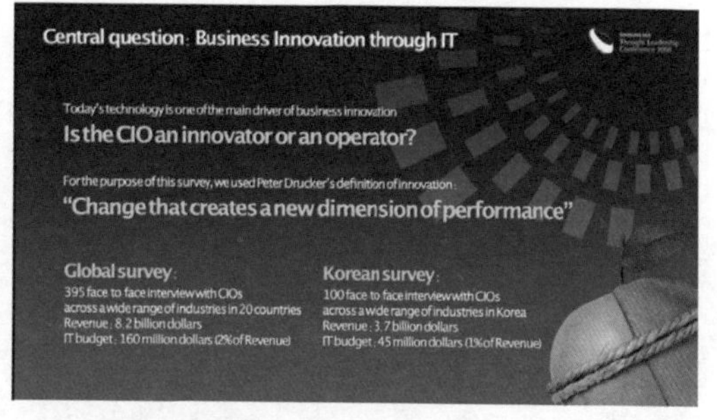

未显示网格线的幻灯片

右边幻灯片，无法判断使用何种网格线；而左边幻灯片，可以知道是以何种网格线整理而成。依幻灯片内容的不同，将网格线稍加变化，运用网格线于幻灯片上，即便再复杂的 PPT，也能具备高度统一性，而轻易地将信息传达给观众。

■ 以文字与图像完成幻灯片的范例

配置得宜的文字与图像可提升整体安定感、完成度以及信赖感。下面是以适当的比例插入文字与照片的幻灯片。很多用户都认为这种幻灯片不怎么重要，然而，在 PPT 里，虽然着眼于核心幻灯片非常重要，但其他的幻灯片更需要适当的处理；就像介绍一座山时，若无法说明山的整体状况，而只夸赞几棵高耸挺拔的树木，那这样的介绍毫无意义。

因为每个人都知道，山不是仅靠几棵高耸挺拔的树木组成。构成山的树木、泥土及道路等，均必须彼此协调，才能使其中值得夸赞的主角更加闪亮发光。同样，若想更加强调 PPT 里的某些核心幻灯片，就必须使用网格线，将占据大部分比例的一般幻灯片整理得更加井然有序。

下面是构成大部分内容的幻灯片形式之——典型的横向幻灯片，虽然单调，但观众易于理解，以上方是文字、下方是图像的方式构成。

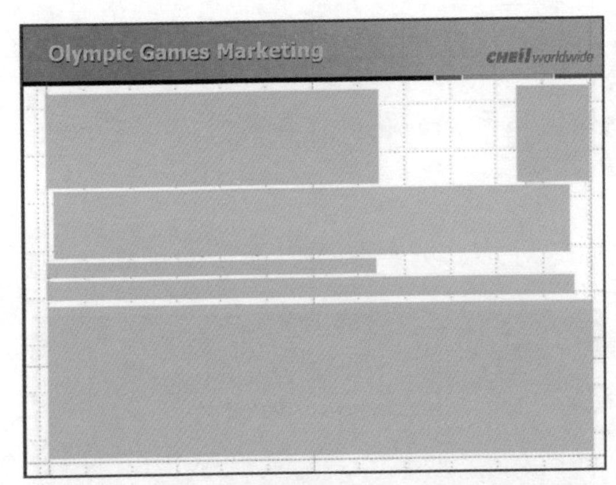

以图形构成版面布局的范例 1

完成范例 1

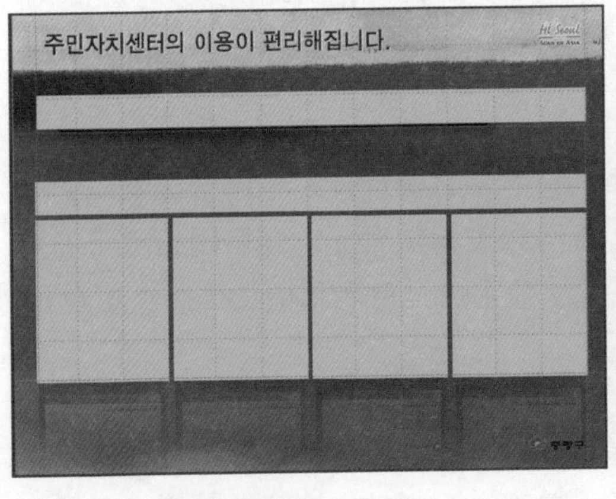

以图形构成版面布局的范例 2

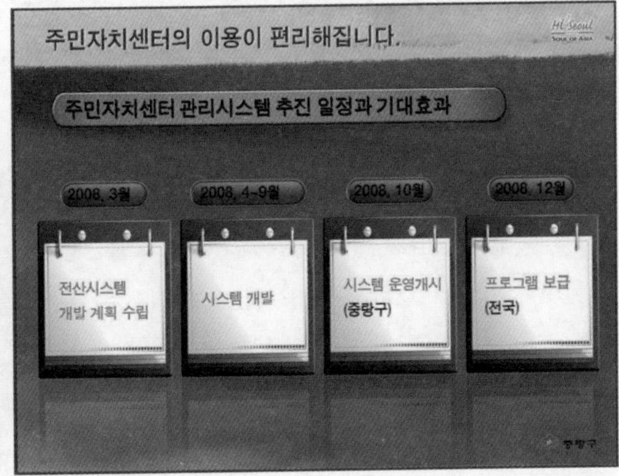

完成范例 2

SPECIAL TIP

在快速访问工具栏中添加工具

要在快速访问工具栏中添加工具，可利用以下三种方法。

“PowerPoint 选项”对话框

方法 1

为了在幻灯片上快速使用功能，可调出项目组里常用的功能，置于标题栏的快速访问工具栏中使用。单击快速访问工具栏→自定义快速访问工具栏→其他命令。出现“PowerPoint 选项”对话框时，在“自定义功能区”选项里，可添加或删除工具于快速访问工具栏。

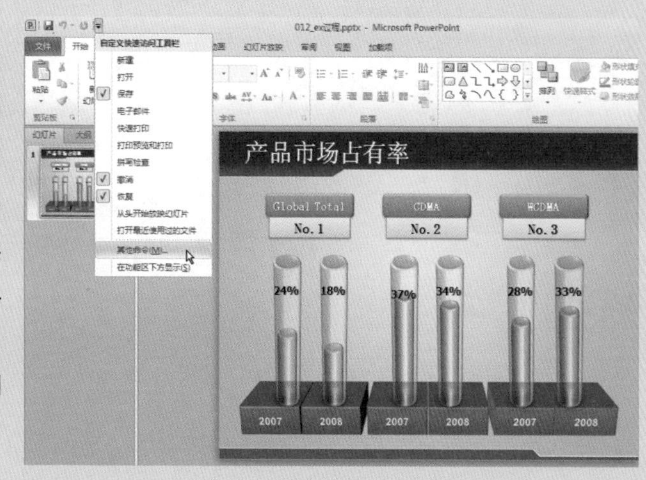

方法 2

在功能区的按钮上右击，选择“添加到快速访问工具栏”，就能将工具添加至快速访问工具栏。

方法 3

切换到“文件”选项卡后，再单击“选项”按钮，打开“PowerPoint 选项”对话框后，可在快速访问工具栏中添加或删除工具。

2 PART 通过分镜脚本操作的设计实作

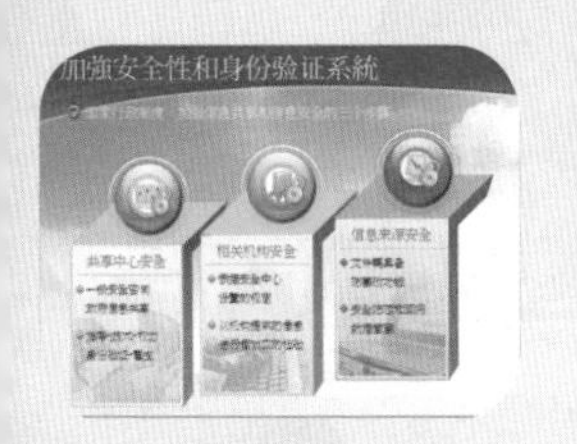

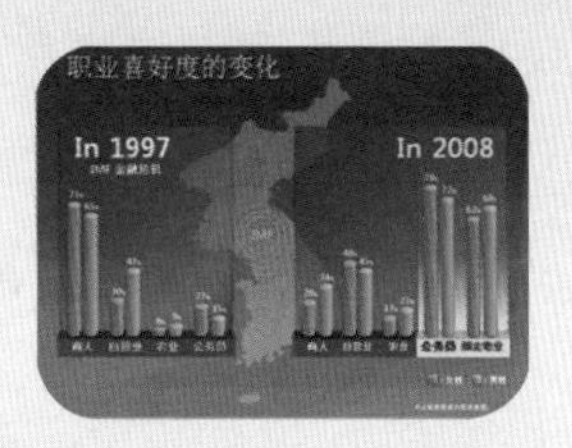

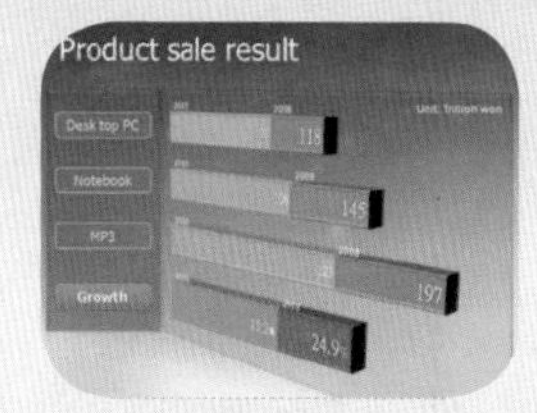

简单地说明如何在 PPT 里完成分镜脚本操作。并不是只有在广告里才能制作分镜脚本。在开始进行 PPT 设计工作之前，一定要分析原稿并查看概念草图过程，通过 PPT 设计实例，使自己的设计能力更上一层楼。

CHAPTER 01

以任意多边形制作阶梯，传达阶段式概念的幻灯片

利用任意多边形，将仅由文字组成的幻灯片加以三维化，并整理幻灯片内容，使人一目了然，有效地呈现想要强调的核心内容。

Before

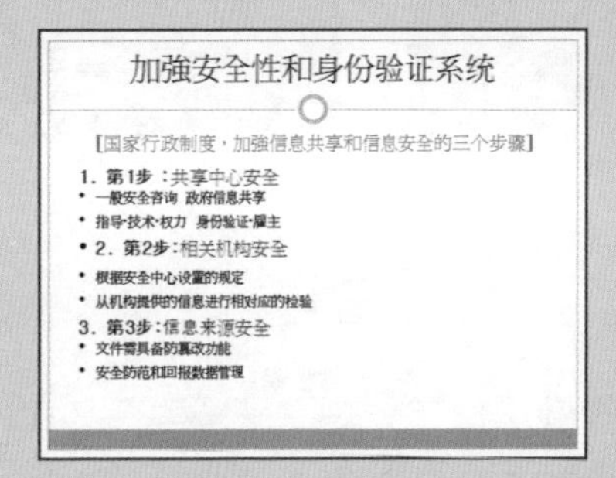

After

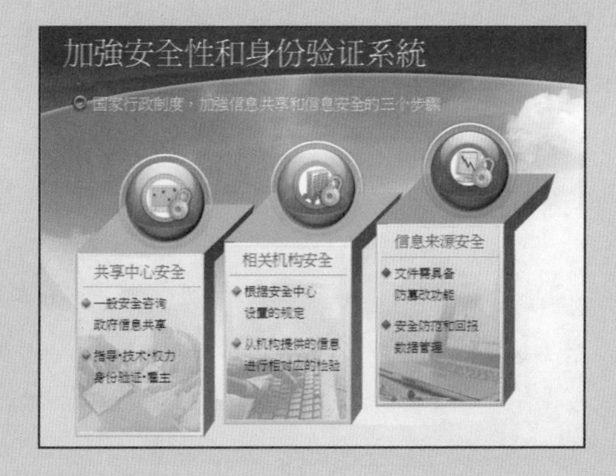

CHECK POINT

在 PPT 里，仅以文字构成的设计很常见。然而，随着整体结构的起承转合来设计核心内容的幻灯片，会比简单的设计更能加深人们的印象。在此通过 Before → After 范例，介绍如何将内容简单的幻灯片，整理并呈现为具视觉性的幻灯片。

首先，查看 Before 范例的内容，会发现全都是文字。观众看到这种幻灯片，可能会感到单调乏味。此时，符合内容的绘图要素将扮演与观众沟通的角色。此种与步骤有关的内容，可先依各步骤区分内容，再利用图形的高低，呈现出逐渐高升的阶梯感。

STEP 01 原稿分析

Before 范例是以文字为主的单一幻灯片，是张略显单调且无法突显要强调部分的幻灯片。背景设计与原稿内容并不协调，右边留白与正文约为 1:1，比

重太倾向某一边，让人感到不自然。通过内容分析，得知必须再次有效地加以组织，并将其分为必须强调与必须编辑的部分。首先，通过 PPT 设计，强调幻灯片最核心是大标题，而原本是红色的副标题则赋予更柔和的感觉。此外，将步骤 1、2、3 的内容组织化，通过可视化效果使其看得更清楚，运用任意多边形赋予其三维化。最后，再追加各步骤的说明，插入可编辑的按钮即可。

STEP 02 概念草图（Idea Sketch）

下图是以素描的方式，为 Before 幻灯片的原稿设计了三种样式。虽然视觉上看起来并不相同，但想呈现的方向与核心概念则完全一致。3 张幻灯片都是以同一种方式来强调大标题。因为幻灯片里的大标题是最核心的部分，所以必须优先强调。

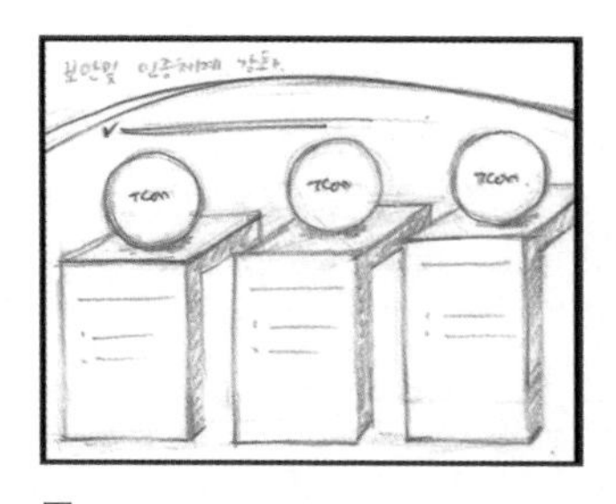

图 1

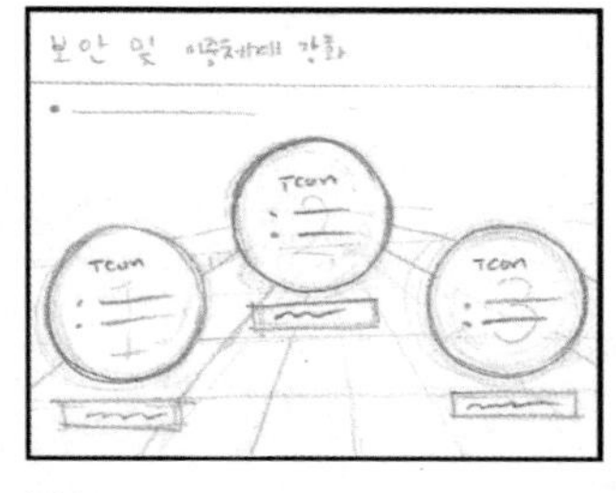

图 2

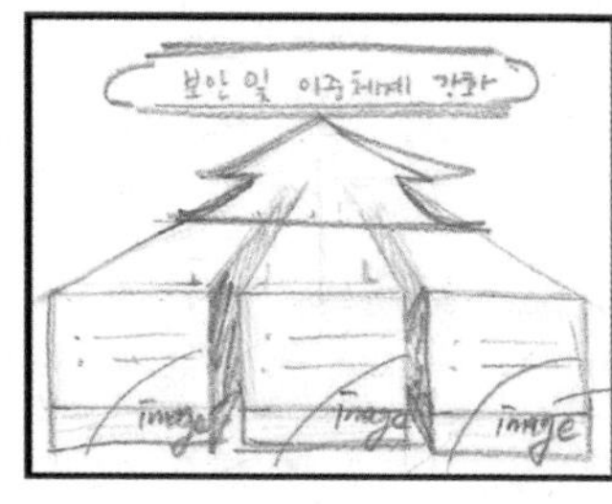

图 3

查看图 1 ～图 3，都是以 3 个组合来呈现 3 个步骤的核心内容。图 1 是犹如垫脚石般的阶梯图像，图 2 是单纯的立体圆形，图 3 是矩形立体图形与上升箭头相结合。三种范例均能传达给观众不同的信息。

【图 1】因为三种组合的信息重要性看起来相似，适合在同等强弱来呈现信息的重要性时使用。此外，从左到右有渐进的效果，适合呈现随时间演变的内容或顺序时使用。

【图 2】利用简单的圆形，并于下面铺满网格线，赋予其立体感，因此整体呈现出最大的空间感，传达内容较丰富。而三个圆形当中，最中央的圆形因位于最上面，适合用在最重要的组合，可通过此高低来加以展现。

【图 3】将正方形设计成 3D 立体形态，因为这样看起来有立体感及重量感，适合用在重要内容的 PPT。利用上升箭头强调大标题是许多 PPT 常用的设计类型。由下面的组合呈现出详细内容，而这些组合的内容均一致地朝向一个目标，这样的设计适合在导出单一目标时使用。

STEP 03 幻灯片设计实作

在运用蓝天白云作为背景图像的主要幻灯片上，强调最上面的大标题，将幻灯片核心内容的大标题按视觉性的方式，自然地强调。而紧邻于下面的副标题则利用项目符号简单明了地呈现出来。因大标题的下面紧接着副标题的缘故，若采用深色的图形或其他要素予以强调，会显得过于沉重，或有两个标题重叠显示的感觉；若幻灯片的整体关键内容强调不当，在信息传达方面也会产生不当，请务必小心。

准备范例：CD\ 范例 \Part2\091\091_ex.pptx
完成范例：CD\ 范例 \Part2\091\091.pptx

01 打开 CD\ 范例 \Part2\091 \091_ex.pptx 文件。从开始→绘图组里，选取平行四边形，利用形状控制点，在“共享中心安全”文字上面拖动出平行四边形。

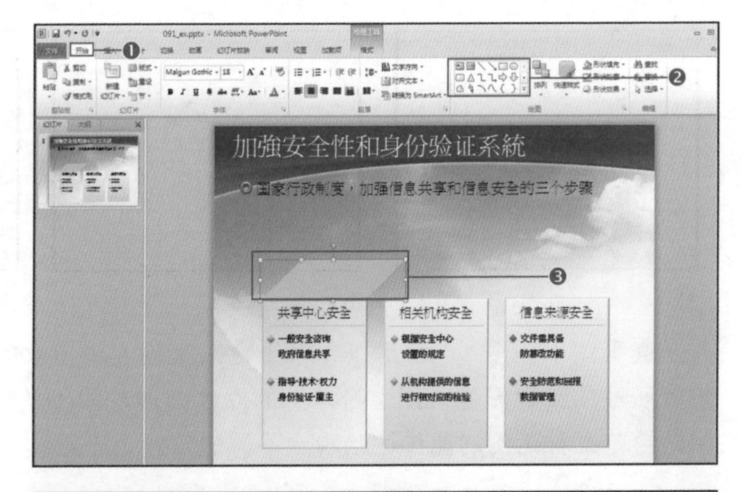

02 在开始→绘图组里，选取任意多边形并拖动，如右图般绘制。若图形无法一次完成，可选取图形，再选择格式选项卡→插入形状组，选择编辑形状→编辑顶点后，到黑色控制点调整图形。

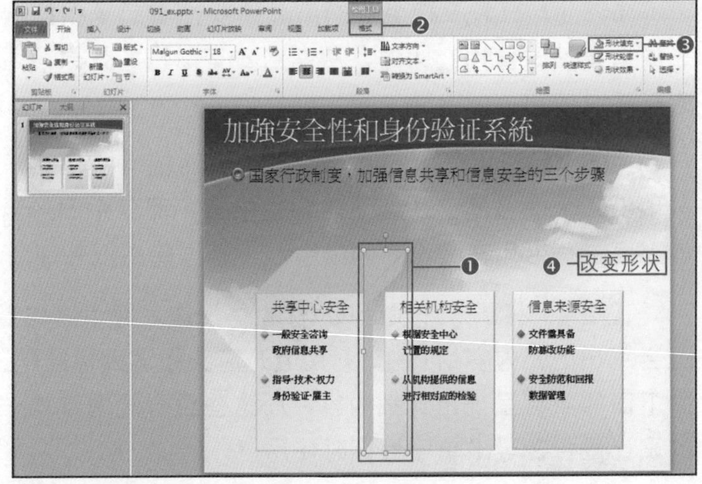

03 在“相关机构安全”、“信息来源安全”处，也使用与步骤 01、02 一样的方法，利用平行四边形与任意多边形绘制图形。

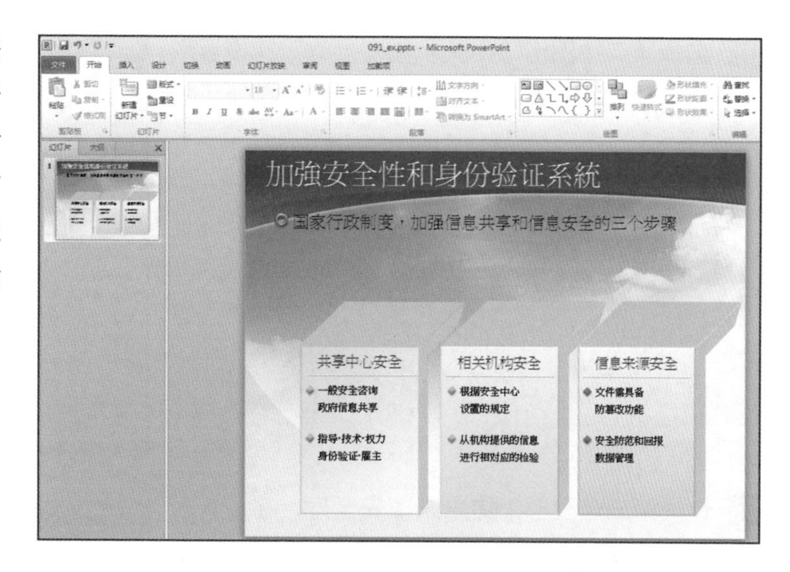

04 更改各个图形的颜色。首先，更改“共享中心安全”上面与侧面图形。在绘图工具 - 格式选项卡→形状样式组里，选择设置形状格式按钮，在设置形状格式对话框中选择“填充”选项，如图所示输入各数值。

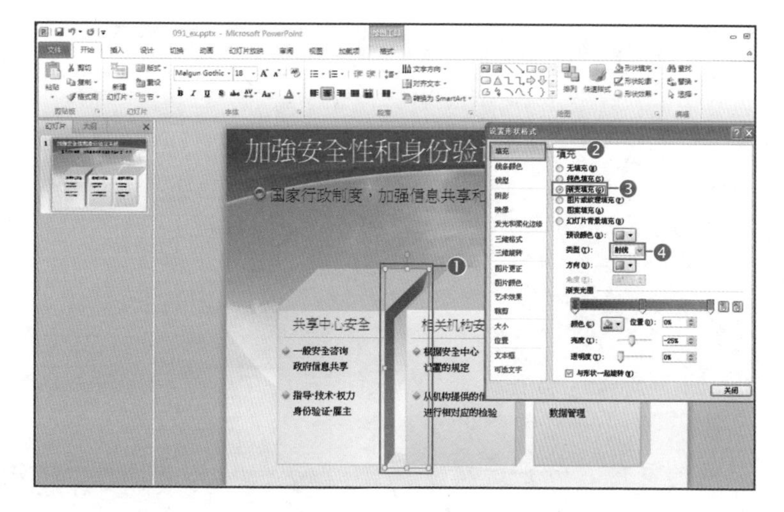

共享中心安全

- 上面：纯色填充→颜色按钮→其他颜色→颜色对话框→自定义 - 红（199）、绿（222）、蓝（132）
- 侧面：渐变填充→类型→射线，方向→从左上角，停止点 1- 红（70）、绿（88）、蓝（14）；停止点 2- 红（103）、绿（130）、蓝（25）；停止点 3- 红（124）、绿（155）、蓝（32）

05 选择第二个图形“相关机构安全”，在设置形状格式对话框里，选择“填充”选项，如下所示输入数值。

> 相关机构安全
> - 上面：纯色填充→颜色按钮→其他颜色→颜色对话框→自定义-红 (91)、绿 (225)、蓝 (249)
> - 侧面：渐变填充→类型→射线，方向→从左上角，停止点 1-红 (0)、绿 (84)、蓝 (101)；停止点 2-红 (0)、绿 (124)、蓝 (147)；停止点 3-红 (0)、绿 (149)、蓝 (176)

06 选择第三个图形“信息来源安全”，在设置形状格式对话框里，选择“填充”选项，如下所示输入数值。

> 信息来源安全
> - 上面：纯色填充→颜色按钮→其他颜色→颜色对话框→自定义-红 (164)、绿 (176)、蓝 (235)
> - 侧面：渐变填充→类型→射线，方向→从左上角，停止点 1-红 (0)、绿 (63)、蓝 (119)；停止点 2-红 (0)、绿 (95)、蓝 (173)；停止点 3-红 (0)、绿 (114)、蓝 (206)

07 因为要呈现出各个阶段，所以要调整成阶梯式，并更改关键词的颜色。分别选择“共享中心安全”、“相关机构安全”、“信息来源安全”等文字，在开始选项卡→字体组中选择字体颜色旁的箭头按钮 A，在其他颜色→颜色对话框里，输入下列颜色值。

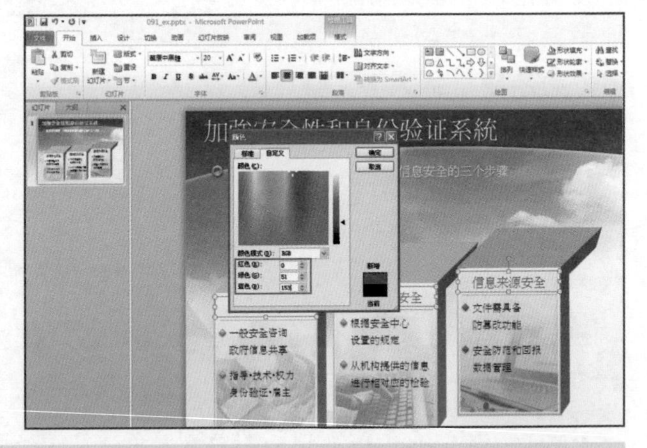

> - 共享中心安全：红 (80)、绿 (98)、蓝 (26)
> - 相关机构安全：红 (4)、绿 (93)、蓝 (109)
> - 信息来源安全：红 (0)、绿 (51)、蓝 (153)

制作圆球

08 在开始选项卡→绘图组中选择其他按钮，从基本形状中选取椭圆◯，如右图般绘制三个圆后，从格式选项卡的形状样式组中选择其他▾，由左至右分别设置颜色为“强烈效果 - 酸橙色，强调颜色 1、强烈效果 - 青绿，强调颜色 3、强烈效果 - 蓝色，强调颜色 4”。

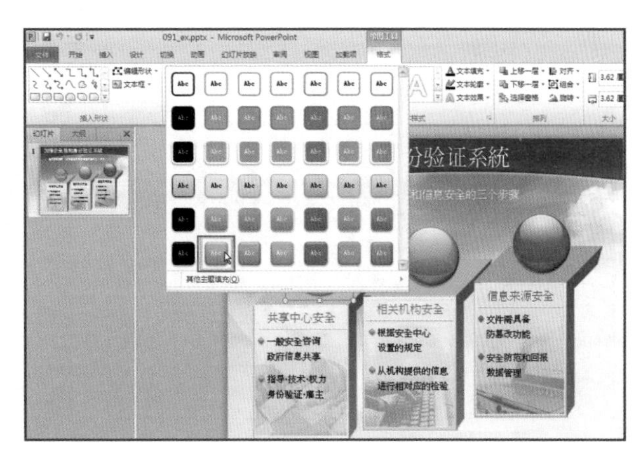

※ 绘制图形时，请把图形设置为无边框。

09 选取所有圆球，打开设置形状格式对话框，选择三维格式→顶端→圆，设置“宽度 50 磅、高度 20 磅、角度设置为 20°”；选择阴影，设置“透明度 65%、大小 100%、虚化 3.15 磅、角度 90°，距离 1.8 磅”。

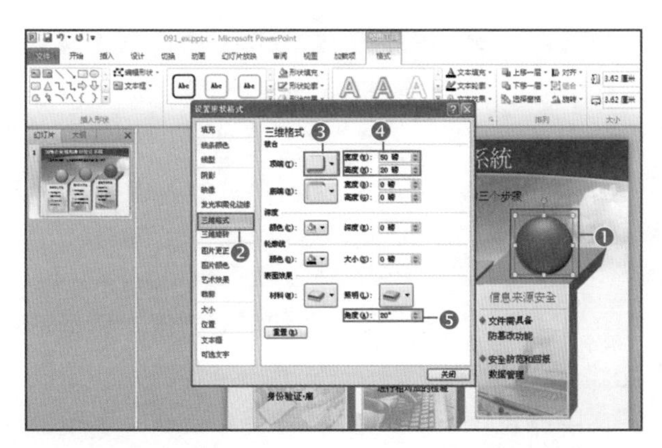

10 为了赋予圆球透明感，在开始选项卡→绘图组里，从基本形状中选取椭圆◯，在圆的上面绘制圆形。选取所有圆形后，打开设置形状格式对话框后，选择填充→渐变填充，设置“角度 90°；停止点 1- 白色、透明度 0%；停止点 2- 白色、透明度 100%”。

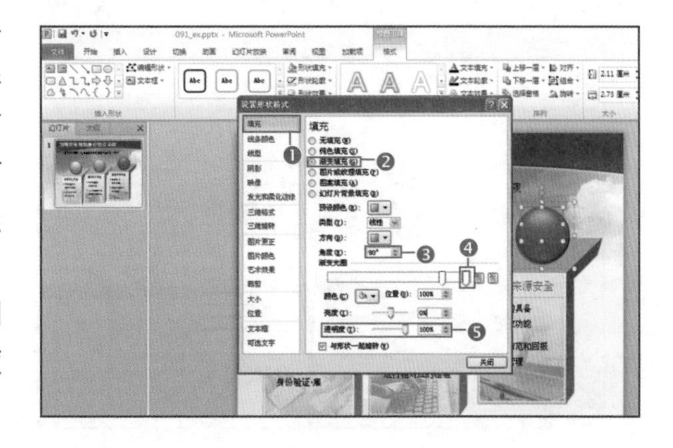

11 为了装饰圆球，在圆的下面再绘制一个小圆。

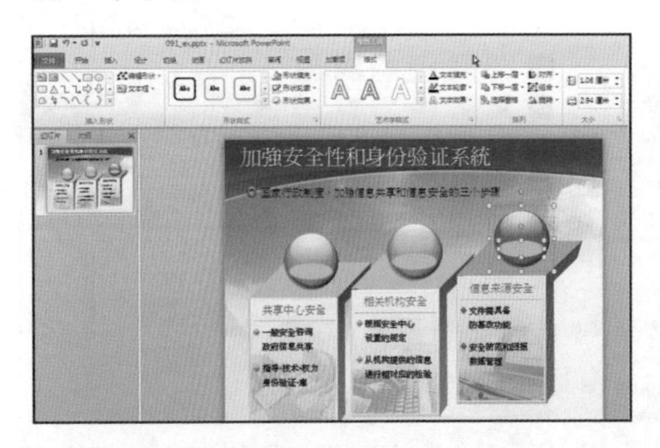

12 选取步骤 11 所绘制的小圆，如下所示设置角度与停止点颜色、透明度。

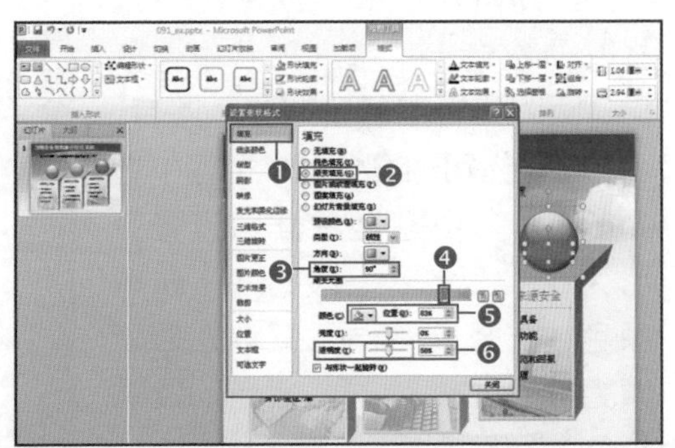

• 共享中心安全

渐变填充，角度 90°；停止点 1- 红（80）、绿（98）、蓝（26）、透明度 90%；停止点 2- 红（80）、绿（98）、蓝（26）、停止点位置 83%、透明度 50%

• 相关机构安全

渐变填充，角度 90°；停止点 1- 红（4）、绿（93）、蓝（109）、透明度 90%；停止点 2- 红（4）、绿（93）、蓝（109）、停止点位置 83%、透明度 50%

• 信息来源安全

渐变填充，角度 90°；停止点 1- 红（30）、绿（47）、蓝（133）、透明度 90%；停止点 2- 红（30）、绿（47）、蓝（133）、停止点位置 83%、透明度 50%

13 绘制比大圆更大一些的圆。从绘图工具 - 格式选项卡→形状样式组里，选择形状轮廓，设置“白色，背景 1、宽度 2pt”，再从 形状效果 →发光→其他亮色→主题颜色里，由左至右设置“酸橙色 , 强调文字颜色 1, 淡色 80%；橙色 , 强调文字颜色 2, 淡色 80%；蓝色 , 强调文字颜色 4, 淡色 80%”，套用在形状边框上。

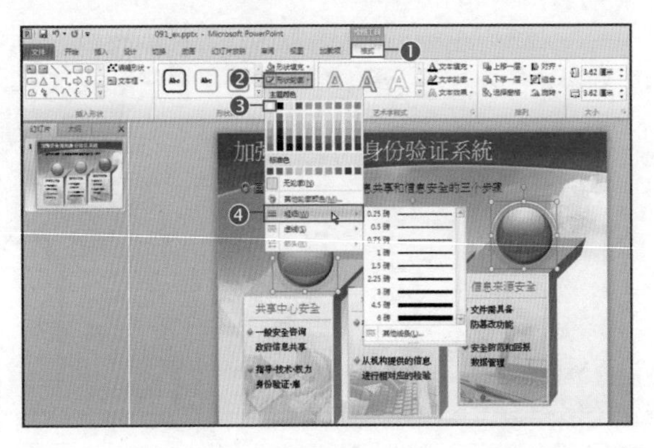

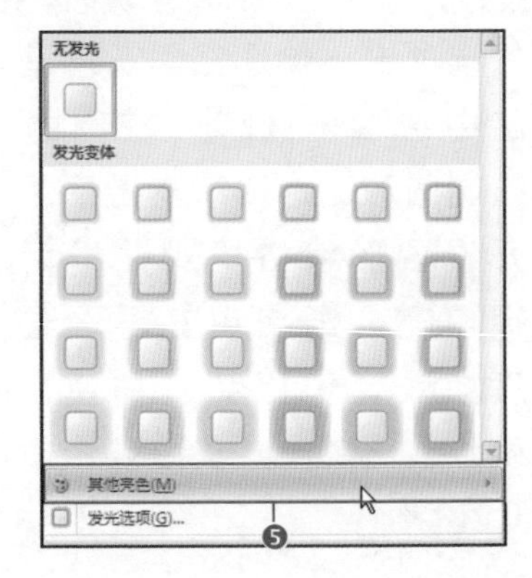

置入图像

14 从插入选项卡→图像组里，选择图片，打开 CD\范例\Part2 091\图 1~图 3.jpg 与 01~03.png 文件，将这些图放入指定位置。

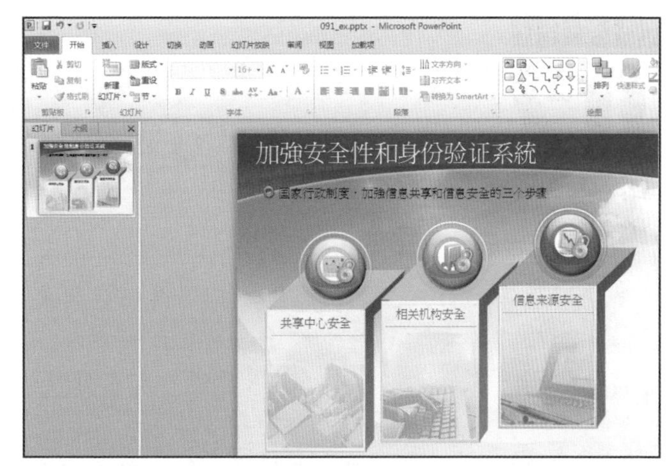

15 图像遮住了图形上的文字。选择图像后，在开始选项卡→绘图组中选择排列→排列对象→下移一层，显现出下面的文字。

※ 若无任何反应，请将图片移至最下层，然后取消选取，再选择矩形，将矩形移至最下层，就能出现正确的结果。

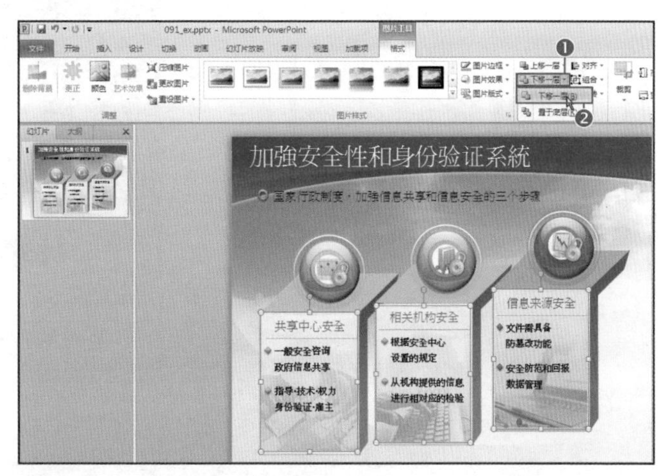

16 最后，在开始选项卡→字体组里，选择字体颜色 A，将副标题“国家行政制度，加强信息共享和信息安全的三个步骤”，设置为“白色”，再选择文字阴影 S 。

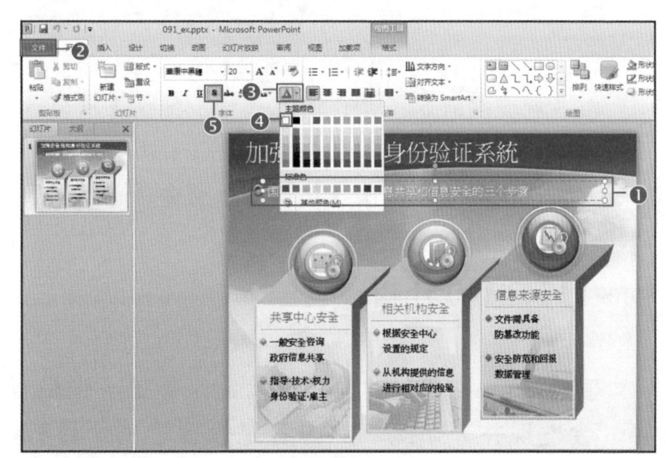

CHAPTER

02 字体排版，转换为艺术字样式，调整字符比例

PPT 里最常用的要素，当然是文字。在 PPT 里，无法将所有内容均以视觉方式呈现，若想将所有幻灯片全部图形化或利用其他设计要素来呈现，需要花费相当多的时间，除非必要，否则这不见得是最好的方法。有时候，仅以文字也能有效地传达信息。下面我们来练习利用单纯的基本图形与艺术字样式的绘图设计。

Before

After

CHECK POINT

利用字体排版设计幻灯片，本身就是件不容易的事。然而，若能正确地掌握幻灯片的内容及必须强调的重点时，倒也不是那么困难。想利用字体排版，有效地设计幻灯片，必须首先找出关键词。若无法找出关键词而传达的信息又很多时，幻灯片就会变得很复杂；因此，为了强调重点，请果断地删掉不重要的内容吧。实际上，运用字体排版等设计部分，一般是在 PPT 封面或有强调的信息时使用。若在文字多的地方使用字体排版，将会降低可读性。

STEP 01 原稿分析

查看 Before 幻灯片，虽然看起来像是一张相当复杂的幻灯片，但仔细观察内容，会发现并非如此。其内容是设置了一个目标，为达成该目标，共有核心关

键词与 5 个子计划，还包含了详细说明的内容。原稿看起来很复杂，是因为用了太多相同的图形，颜色也杂乱无章。重要的信息利用红字加以强调固然很好，但其他信息未善加整理，如下面的详细说明就显得可有可无，另外图形大小与颜色运用也太过复杂。请删除不重要的信息内容与图形，再随着重要性，加以重新排列。

STEP 02 概念草图（Idea Sketch）

下图是将原稿信息再次有效地加以排列，并设计了三种样式的概念草图。强调核心关键词“Happy City Project”，并将 5 个子目标组合化。并将下面黄色矩形内的“建立一个适合居住的环境”设为大标题，排列于最上面，使整体顺畅自然。

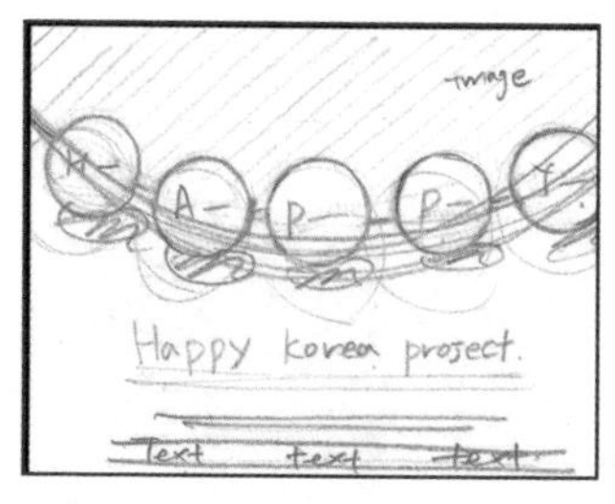

图 1

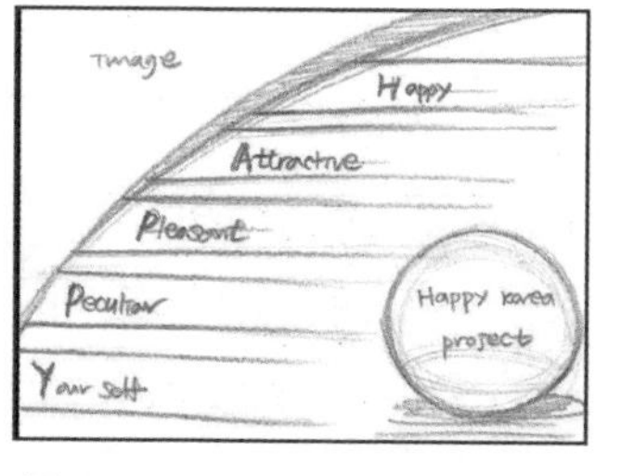

图 2

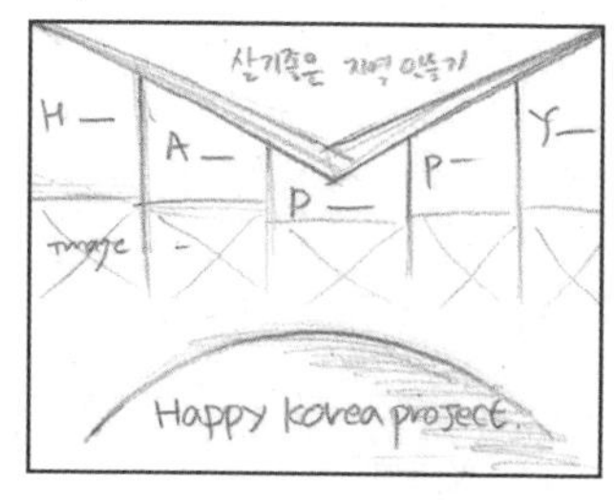

图 3

【图 1】将最重要的关键词“Happy City Project”排列于下面并予以强调，利用 5 个圆形组成组合，呈现出律动感。详细说明内容以文字形式置于下面。

【图 2】将强调关键词“Happy City Project”置于圆形内，并予以三维化放在右下角；5 个组合则以强调关键词的字体排版，利用曲线加以整理。这将是颇具动态感且井然有序的设计。

【图 3】是设计感十足的幻灯片，主要让幻灯片设计与幻灯片的版面布局达到一致。其设计本身构成幻灯片的主要版面布局，5 个组合亦符合基本的版面布局。此外，最重要的信息都呈现在下面的大圆内，让人印象深刻。

STEP 03 幻灯片设计实作

After 幻灯片是使用 3 张概念草图里的图 1。关键词“Happy City Project”置于中央略为下面的位置，5 个组合看起来自然流畅，适当的留白使整张幻灯片呈现游刃有余之感。5 个组合使用同色系，不至于太过突兀；使用连接 5 个圆形的曲线，让 5 个信息构成一个大组合；此外，以 2 张图像间接映衬大组合。设计中的核心要素是在 5 个组合里，利用一个单字使其单纯化，让核心内容变得浅显易懂。最后，再利用艺术字样式，调整字符比例，压缩以呈现出更多的文字。

准备范例：CD\ 范例 \Part2\092\092_ex.pptx
完成范例：CD\ 范例 \Part2\092\092.pptx

制作圆球

01 打开 CD\ 范例 \Part2\092\092_ex.pptx 文件。选取所有圆形后，在绘图工具 - 格式选项卡→形状样式组里，选择形状效果→预设→三维选项，选取三维格式→顶端→圆，设置“宽度 40 磅、高度 20 磅、材料→标准→塑料效果，照明→中性色→平衡，角度 320°”。

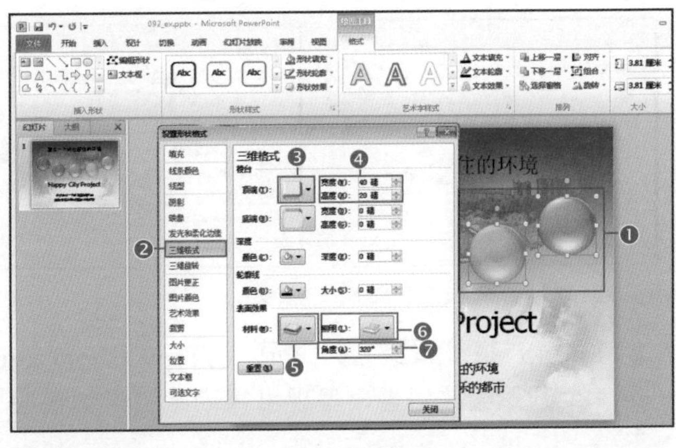

02 在设置形状格式对话框里选择阴影后，设置“透明度 66%、大小 100%、虚化 3.15 磅、角度 90°、距离 1.8 磅”。

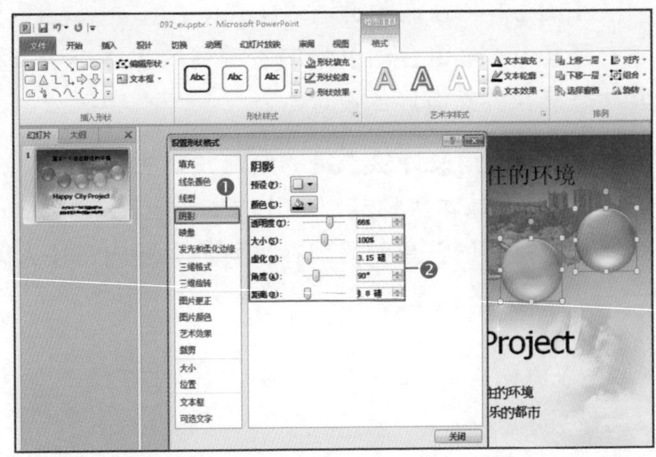

03 为了让圆球具有透明感，在开始选项卡→插入形状组里，选择后，从基本形状中选取椭圆，在圆的上面绘制圆形。选取所有圆形后，打开设置形状格式对话框，选择填充→渐变填充，设置“角度 90°；停止点 1-白色、透明度 20%、停止点位置 0%；停止点 2-白色，透明度 100%”。

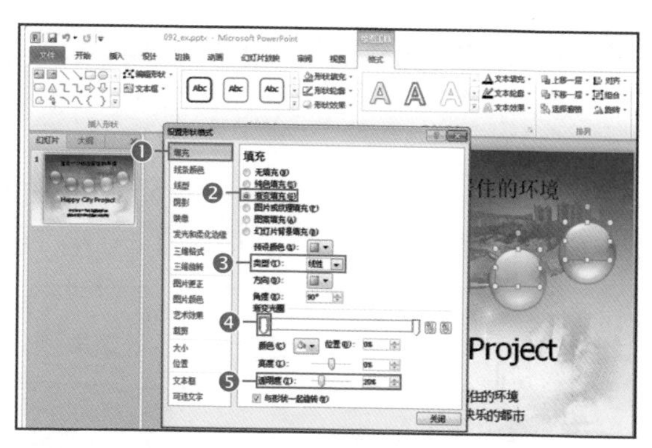

04 在圆球下面再绘制小圆，在设置形状设置对话框中，选择填充→纯色填充，选取颜色按钮，设置“白色，透明度 40%”。

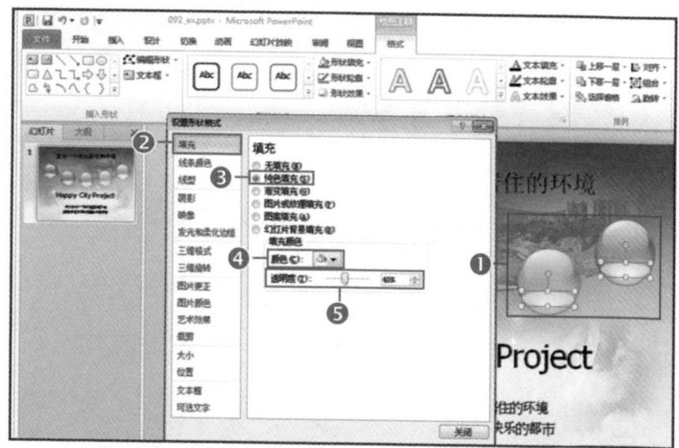

编辑文字

05 在圆球内分别输入（Happy 幸福）、（Attractive 美丽）、（Pleasant 愉快）、（Peculiar 优质）、（Relax 轻松）等文字。选取所有输入的文字后，选择绘图工具 - 格式选项卡→艺术字样式→其他，选择“填充 - 白色，投影”。将圆球内的“幸福、美丽、愉快、优质、轻松”等文字加粗 **B**。

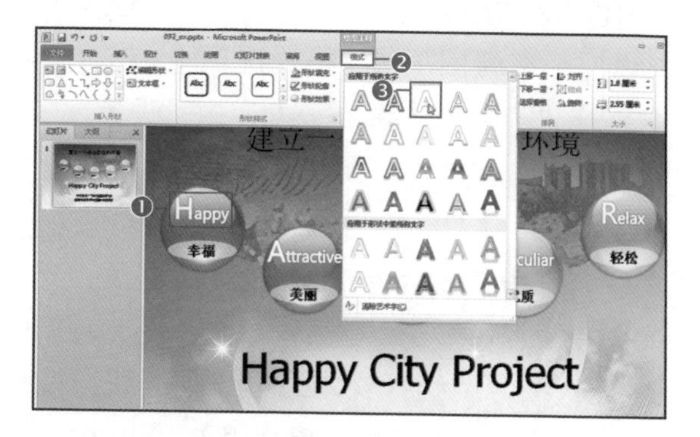

06 选取“幸福、美丽、愉快、优质、轻松”等文字，选择绘图工具 - 格式选项卡→艺术字样式→文本效果→发光，设置“蓝色，18pt 发光，强调文字颜色 1”。

从左边开始

- 紫色，18pt 发光，强调文字颜色 4；蓝色，18pt 发光，强调文字颜色 1；水绿色，18pt 发光，强调文字颜色 5；其他亮色，红 53，绿 211，蓝 192；橄榄色，18pt 发光，强调文字颜色 3

07 选取“Happy City Project”后并右击，从快捷菜单里选择设置文字效果格式，打开其对话框。选择文本填充→渐变填充，设置“角度 90°；停止点 1- 红（0）、绿（128）、蓝（0）；停止点 2- 红（0）、绿（0）、蓝（0）”。接着再从对话框里选择文本边框→渐变线，设置“角度 90°；停止点 1- 红（0）、绿（128）、蓝（0）；停止点 2- 红（0）、绿（0）、蓝（0）”。

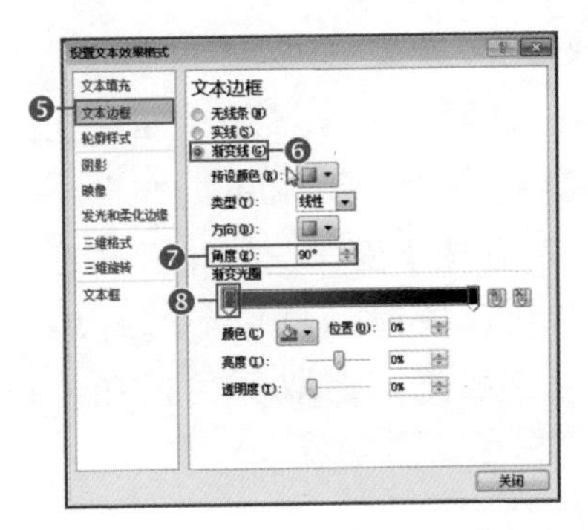

08 选取“Happy City Project”文字的状态下，在设置文本效果形式对话框里选择“阴影”，设置“透明度 57%、大小 100%、虚化 3 磅、角度 45°、距离 3 磅”。在绘图工具 - 格式选项卡→艺术字样式→文本效果→发光中，设置“橄榄色，5pt 发光，强调文字颜色 3”。

09 选取“建立一个适合居住的环境”文字，在设置文本效果格式对话框里，选择文本填充→渐变填充，设置“角度 90°；停止点 1- 红（255）、绿（255）、蓝（0）；停止点 2- 红（255）、绿（192）、蓝（0）”。再选择文本边框→渐变线，设置“角度 90°；停止点 1- 红（255）、绿（255）、蓝（0）；停止点 2- 红（255）、绿（192）、蓝（0）”。

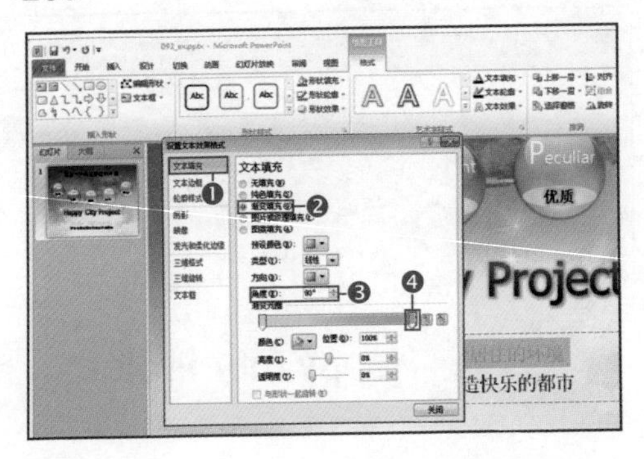

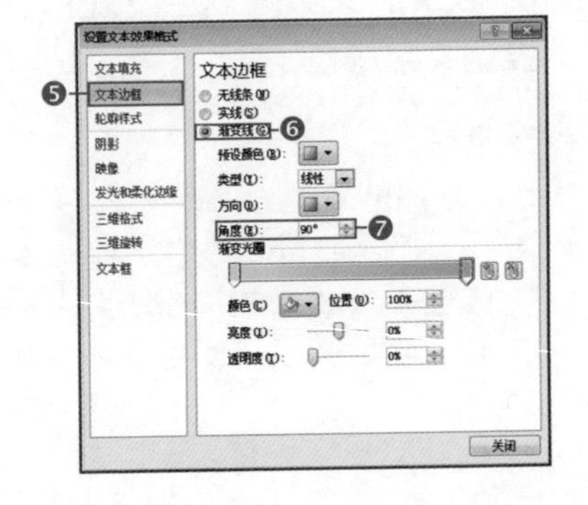

调整字符比例

10 选取幻灯片最下面“为了建立一个适合居住的环境……”文字，选择格式选项卡→艺术字样式→文字效果[A]→转换→变形→矩形。如此一来，文字会符合文本框的大小。若文本框的高度较高，字符比例也会变长。

11 分别选取“建立一个适合居住的环境”与“快乐的都市”文字，在设置文本效果格式对话框里，选择文本填充→渐变填充，设置“角度 270°；停止点 1- 红（142）、绿（59）、蓝（0）；停止点 2- 红（205）、绿（89）、蓝（0）；停止点 3- 红（244）、绿（107）、蓝（0）”。其余的文字，选择渐变填充，设置“角度 270°；停止点 1- 红（40）、绿（80）、蓝（129）；停止点 2- 红（62）、绿（118）、蓝（187）；停止点 3- 红（75）、绿（141）、蓝（222）”。

CHAPTER 03 视觉上使增长率极大化的幻灯片

PPT 里使用的图表中，柱形图是使用频率最高的，且最容易理解，为传达信息最有效的 PPT 设计。在柱形图中，又以组合柱形图最能呈现数据数值高低差异，可直接且明确地传达信息，其优点是利用各种不同的表现方法，呈现出千变万化的样貌。

Before

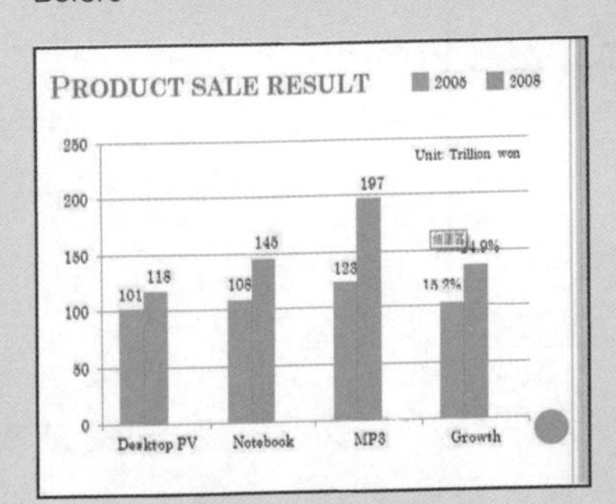

After

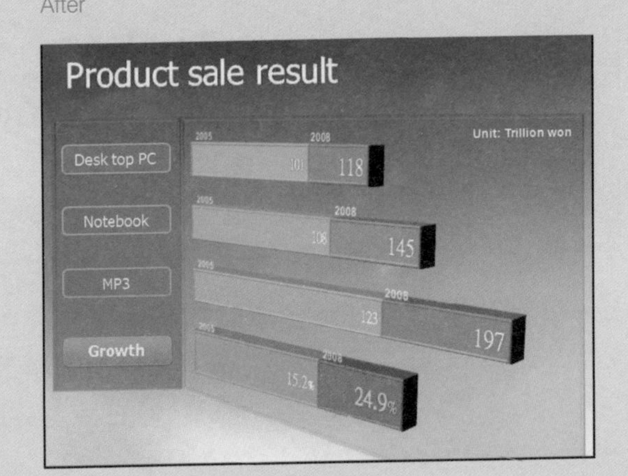

CHECK POINT

在此将查看一般常见的各种柱形图，其优缺点为何？呈现的重点是什么？可获得怎样的视觉效果？Before 的柱形图是最常见的组合柱形图，在内容传达方面虽然也不差，但设计上却毫无亮点可言。且此幻灯片要强调的 Growth 项目与其他项目毫无区别，感受不到其差异性，因此想要强调的信息最好能确实地强调出来。After 幻灯片将 2005 年、2008 年的数据堆栈在同一横条图上，不仅一目了然，也特别强调了 Growth 项目。所以，掌握幻灯片内容并发挥创意，是一件非常重要的事。

STEP 01 原稿分析

Before 幻灯片是未经专业 PPT 设计者雕琢过的幻灯片，是相当优秀的设计；在单纯又简洁的设计上，呈现出清爽的大标题与各要素的销售数值及增长率；图例位于右上方，在视觉上恰到好处。然而，此幻灯片让人感到最惋惜的是，要强调的重点，即增长率信息并不醒目。虽然四个产品的销售数值可一目了然，但完全没有强调重点，是相当单纯的一张幻灯片。虽然干净单纯的设计很重要，但更重要的是，该如何醒目地呈现出核心信息，这才是决定 PPT 胜负的重大因素。

STEP 02 概念草图（Idea Sketch）

下列图 1 ～图 3 均为使用基本柱形图的概念草图，虽然都是同一种图形，但表达重点信息的方式略有不同。

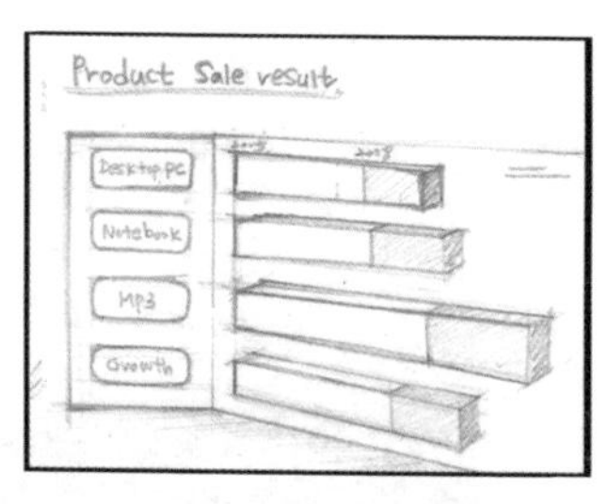

图 1

图 2

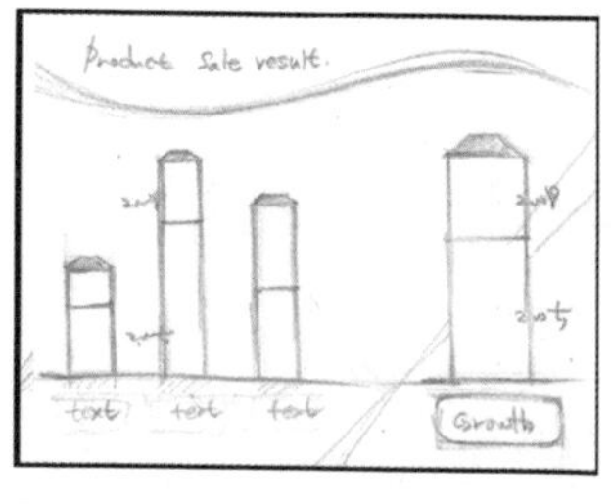

图 3

【图 1】在柱形图中插入按钮，并转换图形。自然地呈现四种要素的数据信息，最重要的增长率核心信息置于最下面。将柱形图三维化，并赋予幻灯片空间感，以呈现出有趣的视觉效果。

【图 2】不使用基本的柱形图，而是使用圆柱体，赋予立体感与空间感，在主要背景图中插入曲线，展露出律动感，并强调上升的图像。此外，增长率以色彩呈现并强调其差异，四个关键词以圆角矩形设置于圆柱体上方，展现有如球体般的错觉。

【图 3】感觉有如版面布局，但强调最右边的增长率数据，呈现其重要性。基本难度并不大，与原稿也没有太多的差异，是有一点儿单调的概念草图。

STEP 03 幻灯片设计实作

幻灯片设计选用图 1 来作为实例。图 1 比图 2 及图 3 的视觉变化大且效果佳。因为将单纯形态的柱形图三维化并设计成饶富趣味的版面布局，能够让人耳目一新。其增长率图依原稿的顺序配置于最下方。虽然也可以置于最上方，但因为强调的是增长率而非其他项目，以自然的趋势来安排内容即可。此外，在背景版面布局上可以看到立体的半透明矩形，这是为了将四个堆栈横条图整合成一个图表所做的设计，有间接组合化的效果。

准备范例：CD\ 范例 \Part2\093\093_ex.pptx
完成范例：CD\ 范例 \Part2\093\093.pptx

01 打开 CD\ 范例 \Part2\093\093_ex.pptx 文件。在套用三维旋转效果之前，先赋予三维效果。选取所有右侧的横条图并右击，从出现的快捷菜单里选择设置对象格式，打开设置形状格式对话框。选择三维格式→顶端→斜面，设置“宽度 5 磅、高度 2.5 磅、深度 30 磅”，表面效果→材料→暖色粗糙。

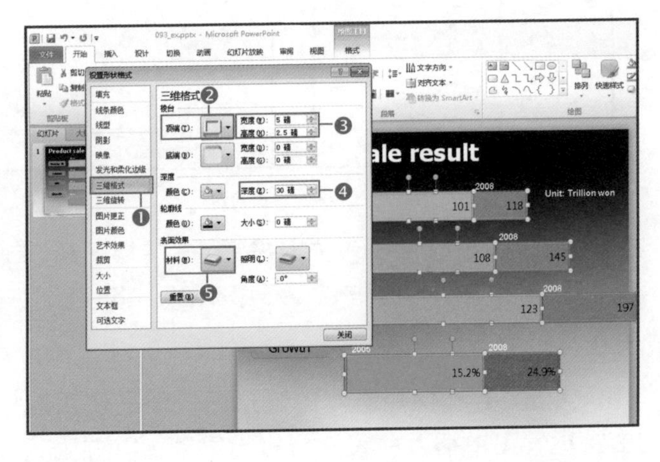

02 选取所有横条图与年度，按【Ctrl + G】快捷键加以组合。在设置形状格式对话框里，选择三维旋转→预设→透视→左透视，在旋转里设置“X-（40）、Y-（10）、Z-（359），透视 45° ”。

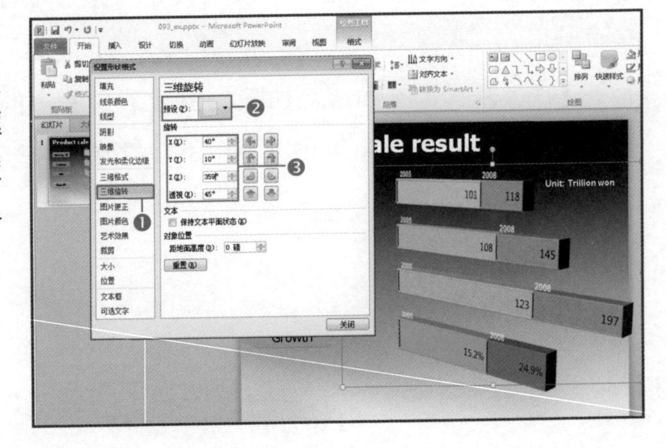

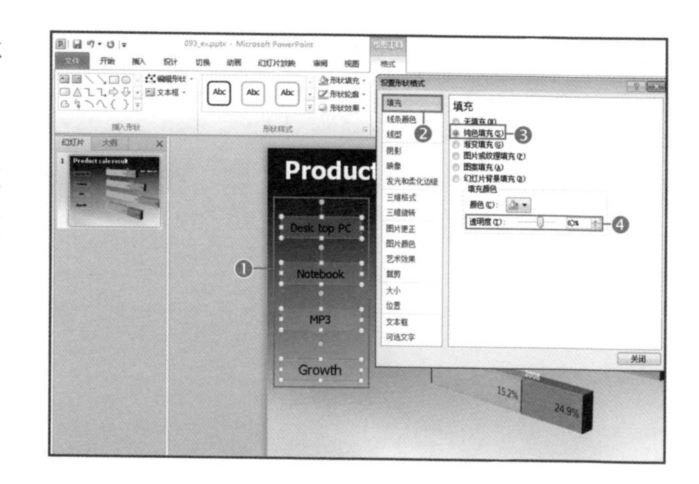

03 选取幻灯片左侧Desk top PC、Notebook、MP3、Growth后，在设置形状格式对话框中，选择填充→纯色填充，设置透明度“60%”。

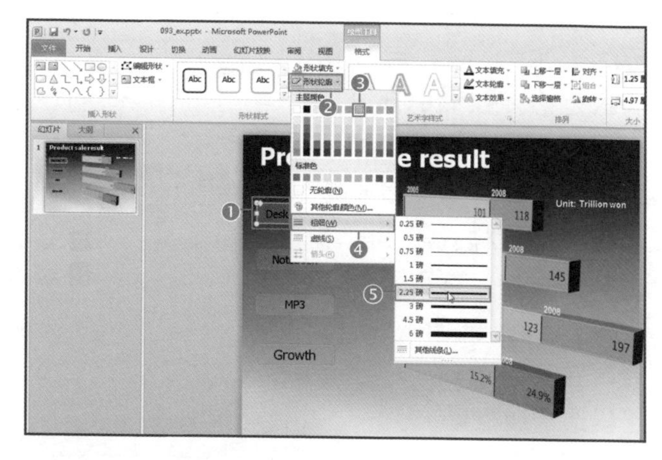

04 选取Desk top PC后，在绘图工具-格式选项卡→形状样式组里，选择形状轮廓，设置主题颜色“青绿，强调文字颜色3、设置粗细为2.25”。文字颜色从开始选项卡→字体组中，选择字体颜色A，更改为白色。

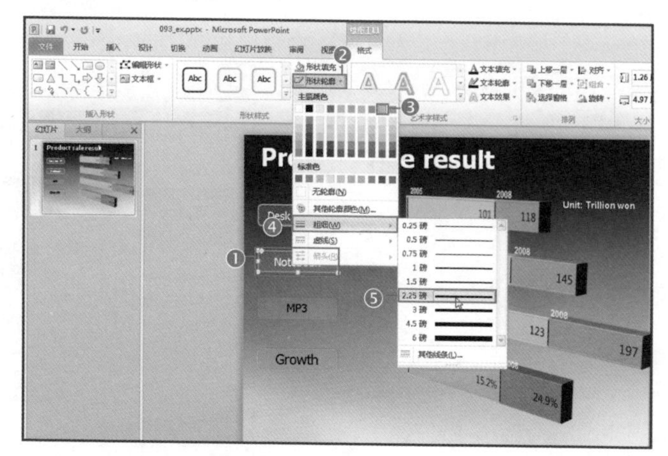

05 选取Notebook后，在绘图工具-格式选项卡→形状样式组里，选择形状轮廓，设置主题颜色“鲜绿，强调文字颜色5”。文字颜色从开始选项卡→字体组中，选择主题颜色A，更改为白色。

06 选取 MP3 后，在绘图工具 - 格式选项卡→形状样式组合里，选择形状轮廓，设置主题颜色“酸橙色，强调文字颜色 1、设置粗细 2.25 磅”，字体颜色更改为白色。

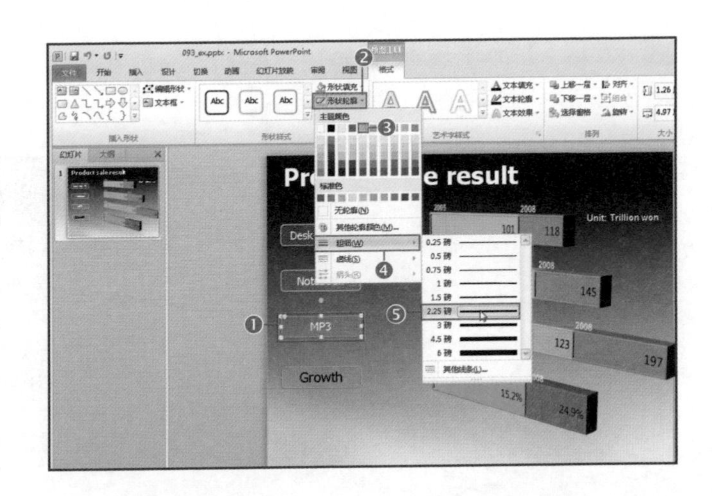

07 选取 Growth 后，因为这是必须强调的部分，所以颜色与文字要更加醒目。在绘图工具 - 格式选项卡→形状样式组里，单击其他按钮，选取“中等效果 - 橙色，强调颜色 2”后，在开始选项卡→字体组里选择加粗 **B**。

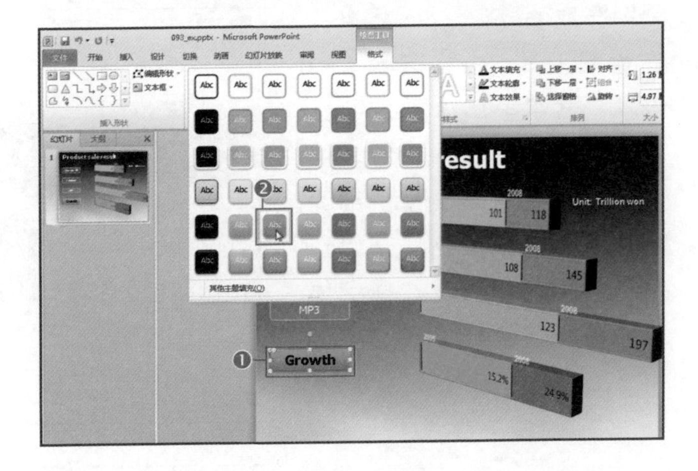

08 在开始选项卡→绘图组里，选择 ，选取矩形→矩形，如右图般绘制。

09 在开始选项卡→绘图组里，选择其他后，选取线条→任意多边形，如右图般绘制。连同先前绘制的左侧矩形一起选取起来，选择排列→置于底层。

10 选取左侧矩形后，在设置形状格式对话框中，选择填充→纯色填充→颜色，设置“标准色→深青、透明 50%”。选取右侧矩形后，选择填充→渐变填充，设置“角度 90°、停止点 1- 红（0）、绿（32）、蓝（36）、透明度 -50%；停止点 2- 红（4）、绿（93）、蓝（109）、透明度 80%；停止点 3- 红（0）、绿（176）、蓝（240）、透明度 60%”。

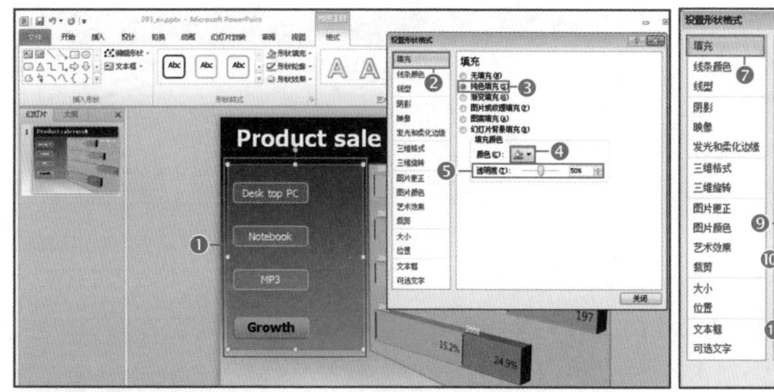

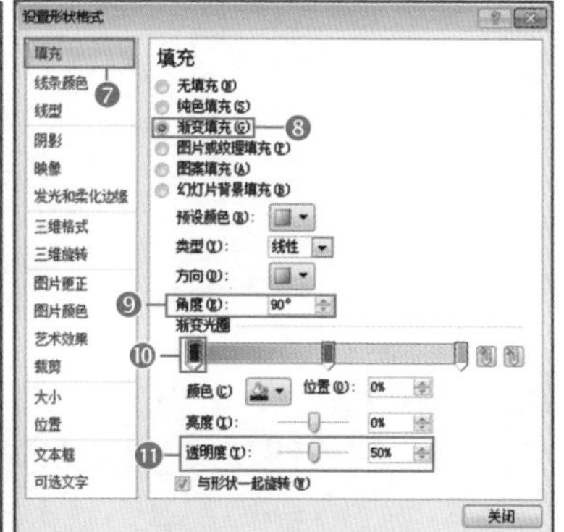

11 设置好颜色后，在设置形状格式对话框里，选择三维格式→顶端→斜面，设置“宽度 6 磅、高度 6 磅”。

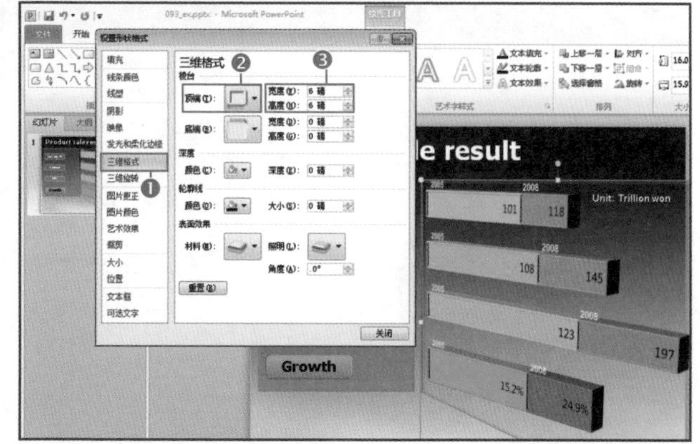

12 选取横条图里的文字，选择绘图工具 - 格式选项卡→艺术字样式组里的“填充 - 白色，投影”。选取后方横条图里的文字，在开始选项卡→字体组中，设置字号“28 磅”。

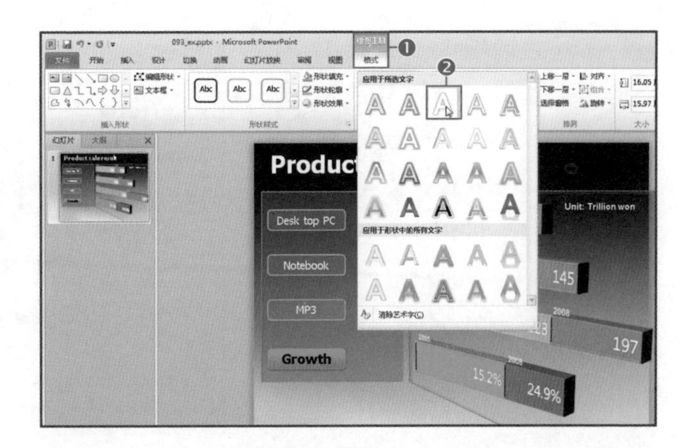

13 将 Growth 内的数字 24.9% 的颜色，在开始选项卡→字体组里，选择字体颜色 A，更改为标准色“黄色”。在开始选项卡→绘图组里，选择 ⊽，选取直线 ╲，如右图般绘制。

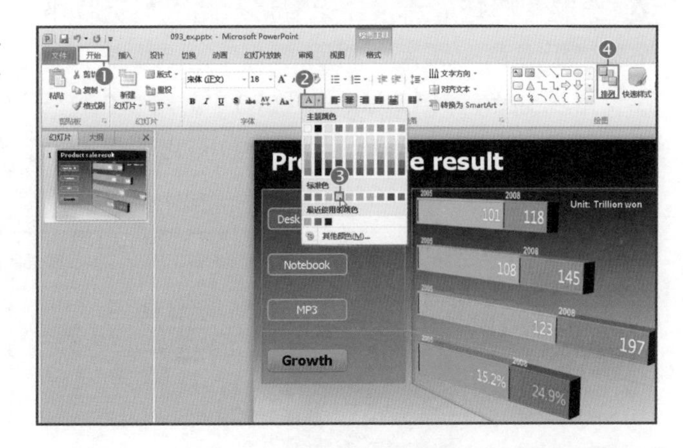

14 选择步骤 13 里所绘制的线条后，在绘图工具 - 格式选项卡→形状样式组中，选择 形状轮廓 →白色，选取虚线→方点。

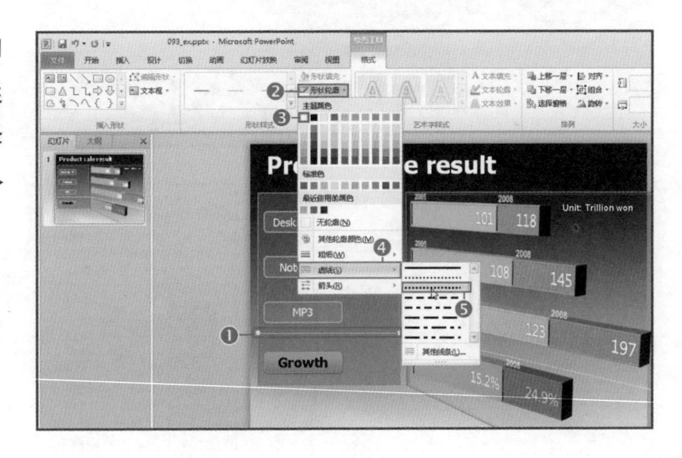

CHAPTER 04 以关键词强调核心要素的图解幻灯片

传达信息时，提供比较正确的数据并提示核心信息的方法，是PPT里最常使用的方法之一。与其说再多的好话，不如用正确的数据，更能提高信息的客观性，以及说服力。在此将介绍运用绘图设计，并以柱形图做比较，以有效强调核心信息的方法。

Before

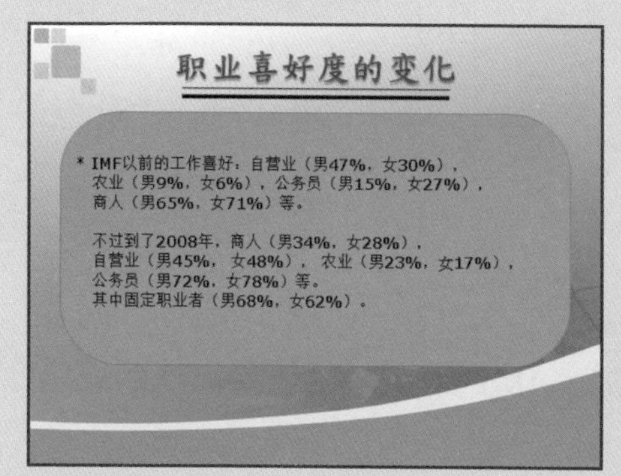

After

CHECK POINT

在幻灯片中比较各年度销售量或喜好度调查等两种数据，与其用数字呈现，不如用可以比较彼此区别的图表为佳。单以文字陈列所有数据时，观众看着密密麻麻的文字，不仅无法互相比较，更因庞大的文字量而降低了可读性。通过比较，观众不但可以轻易理解，发表者也可以带给观众深刻的印象。对必须在短时间内有效传达信息的PPT而言，这是非常好的方法。

STEP 01 原稿分析

Before幻灯片是呈现世界银行（IMF）2008年以前与2008年以后的职业喜好度变化的幻灯片。相较于幻灯片里的内容，因视觉上带给人的感觉太过乏味，所以显得比实际内容更加复杂。即便信息复杂，表面看起来仍必须简单且明快，这才是好的 PPT 设计。Before 幻灯片由两大段文字组成，从该内容当中选出可制作成图表的数据来重新设计。

STEP 02 概念草图（Idea Sketch）

如图 1 ～图 3，将柱形图设计成三种不同形态的概念草图。三种概念草图均呈现出独特的版面布局与设计，并一致性地呈现出两种数据形态，利用柱形图、折线图、饼图，有效地呈现数值的变化，且是以让人容易理解的方式设计版面。

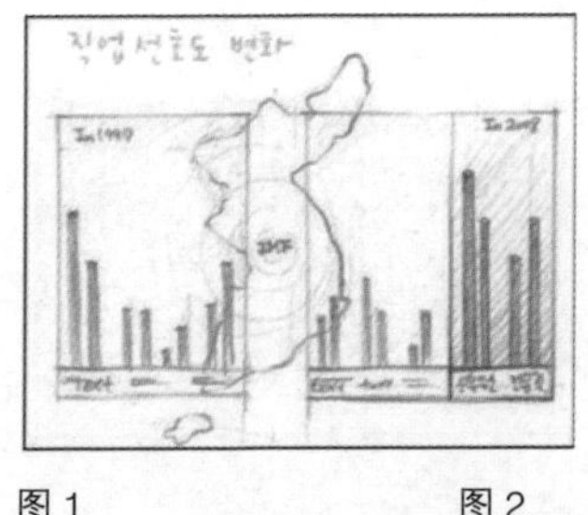

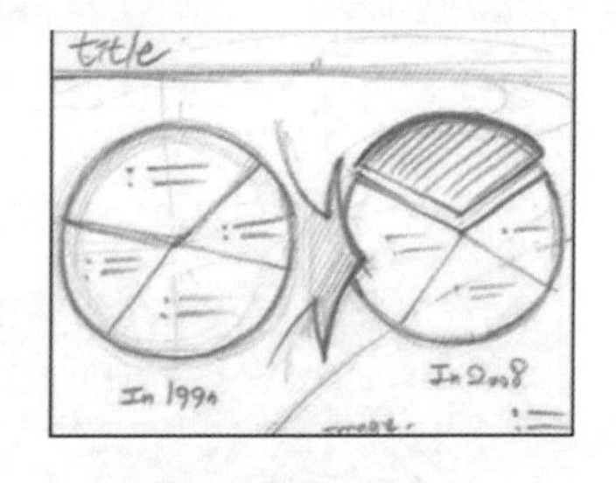

图 1　　图 2　　图 3

【图 1】将地图摆置于中央，在地图上加上 IMF 文字，赋予象征性的感觉，左右各插入一个柱形图，可直接进行比较。

【图 2】是利用折线图呈现两个数据，自然地比较各项目的变化趋势。此外，不使用单纯的折线图，而是以立体形态赋予视觉上的趣味，详细进行比较。

【图 3】是一般常见的饼图。以饼图的面积大小来比较各个数据，可直接比较两种数据。但与柱形图不同的是，以视觉正确地辨识面积较为困难，有不易理解内容的缺点。

STEP 03 幻灯片设计实作

图 1 是以韩国地图为基础，将画面切分成两部分，左右各放置大小不对称的柱形图，右边柱形图略大，因为右边的数据是必须强调的内容，2008 年的公务员与固定职业的数据数值比较是最重要的核心信息。人们通过视觉的大小与高低去推测重要度，非常自然；因此，将强调的内容调大或调高，让观众更容易理解。

此外，不用大小或高低的变化，用颜色也能加以强调。After 幻灯片里可看到强调“In 2008”甚于“In 1997”，这是利用颜色的明度差异加以强调的优秀范例。在此利用颜色，会比大小或高低更能呈现强调的效果。

准备范例：CD\ 范例 \Part2\094\094_ex.pptx
完成范例：CD\ 范例 \Part2\094\094.pptx

01 打开 CD\ 范例 \Part2\094\094_ex.pptx 文件。在插入选项卡→图像组里，选择 图片，打开 CD\ 范例 \Part2\094\IMF.png、地图 .png 文件后，接着选择绘图工具 - 格式选项卡→排列组→置于底层。

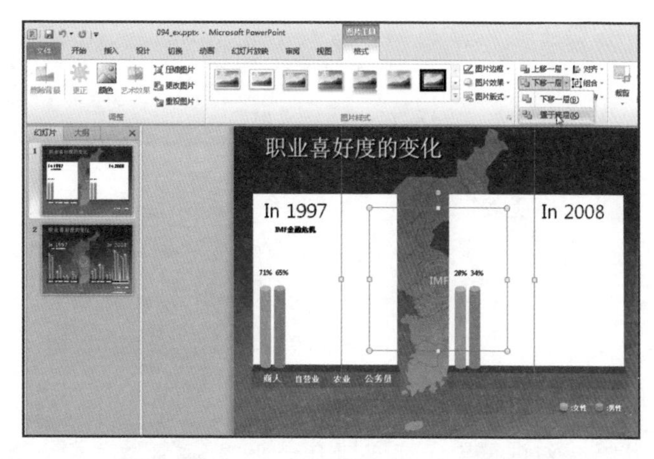

02 选取图表背景的两个白色矩形后，在设置形状格式对话框中，选择填充→渐变填充，设置“角度 225°；停止点 1- 红（16）、绿（37）、蓝（63）、透明度 20%；停止点 2- 红（31）、绿（74）、蓝（127）、透明度 53%；停止点 3- 红（16）、绿（37）、蓝（63）、透明度 10%”，再选择三维格式→顶端→圆，设置“宽度 3 磅、高度 3 磅”。

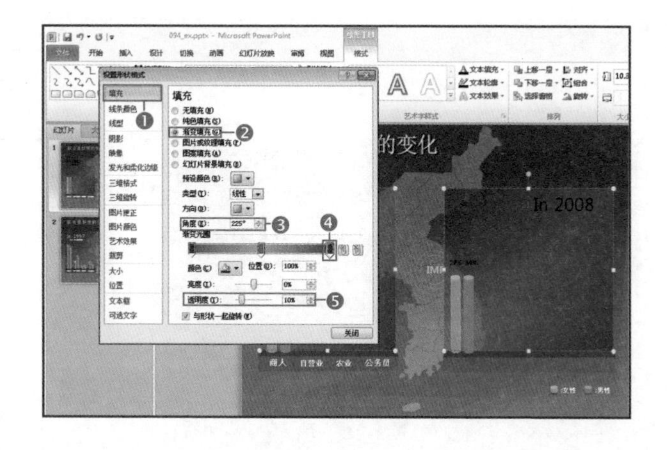

03 选取橙色圆柱体后，在设置形状格式对话框中，选取填充→渐变填充，设置角度为“0°”，如下所示设置停止点。

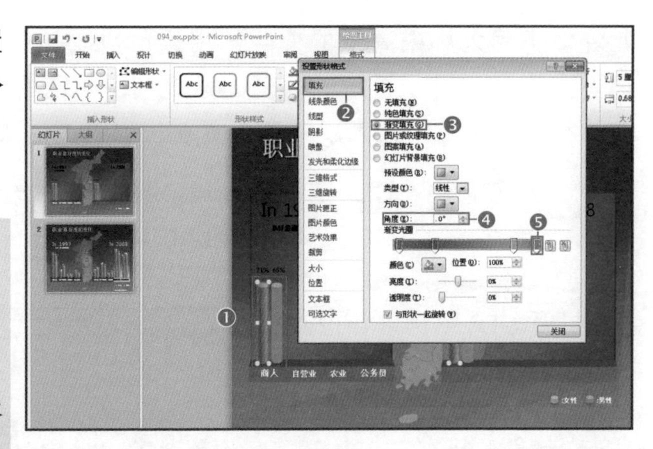

- 停止点1-红(172)、绿(82)、蓝（8）、停止点位置 4%
- 停止点2-红(144)、绿(68)、蓝（6）、停止点位置 29%
- 停止点3-红（246）、绿（141）、蓝（54）、停止点位置 84%
- 停止点4-红（196）、绿（93）、蓝（8）、停止点位置 100%

04 选取蓝色圆柱体，在设置形状格式对话框里，选取填充→渐变填充，设置角度为“0°”，如下所示设置停止点。

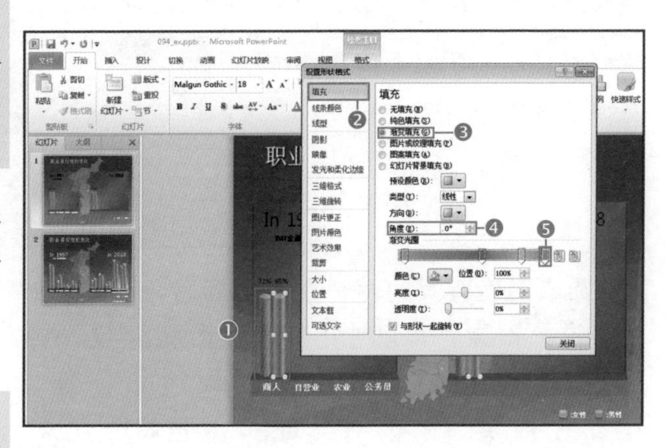

- 停止点1-红（78）、绿（138）、蓝（210）、停止点位置 4%
- 停止点2-红（41）、绿（72）、蓝（109）、停止点位置 57%
- 停止点3-红(139)、绿(171)、蓝（209）、停止点位置 84%
- 停止点4-红（46）、绿（108）、蓝（184）、停止点位置 100%

05 复制更改颜色后的圆柱体。若想调整圆柱体的高度，可选取圆柱体，拖动大小控制点来调整；也可以选取图形后，在绘图工具-格式选项卡→大小组里，更改高度数值。

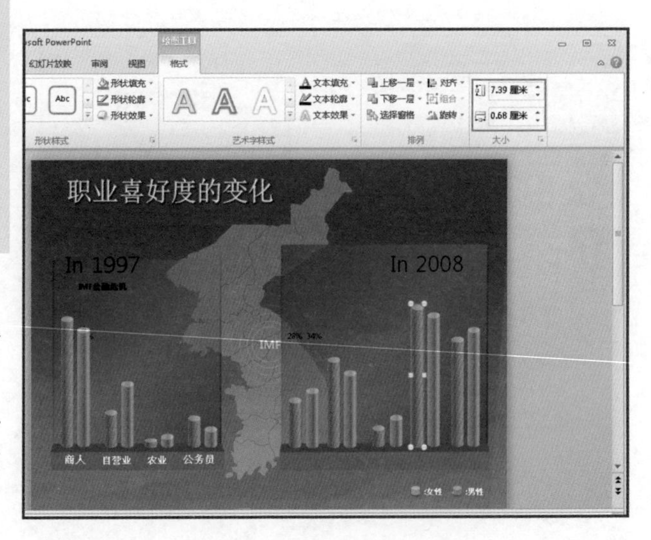

06 选取图表的平台，在绘图工具 - 格式选项卡→形状样式组里，选择形状填充→其他填充颜色，在颜色对话框里→自定义，设置“红（22）、绿（49）、蓝（86）”。

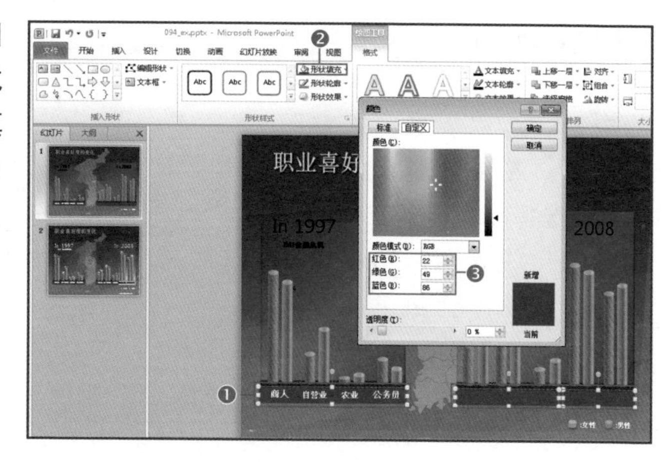

07 输入图表里的文字。图表上面的数字与百分比（%）的字号大小不同时，可更加醒目。在开始选项卡→字体组里，设置“字号为 13、加粗 **B**；% 设置字号为 8、字体颜色 A→主题颜色→白色，背景 1”。

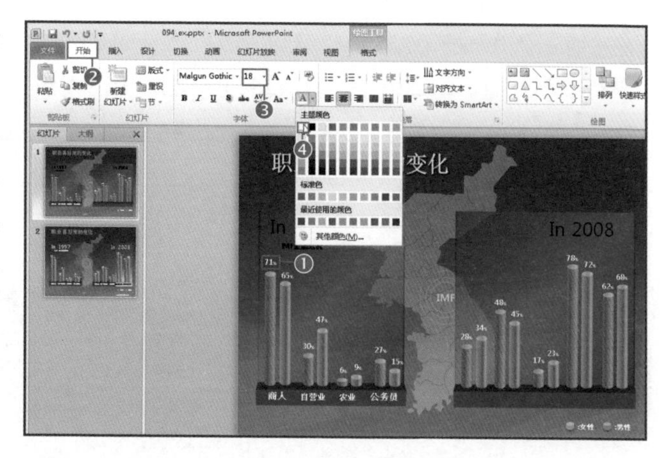

08 选取“IMF 金融危机”与“In 1997”文字，设置文字颜色为白色，设置“In 1997”的大小为 40、加粗 **B**，“In 2008”设置为大小 40，字体颜色 A →标准色→黄色。

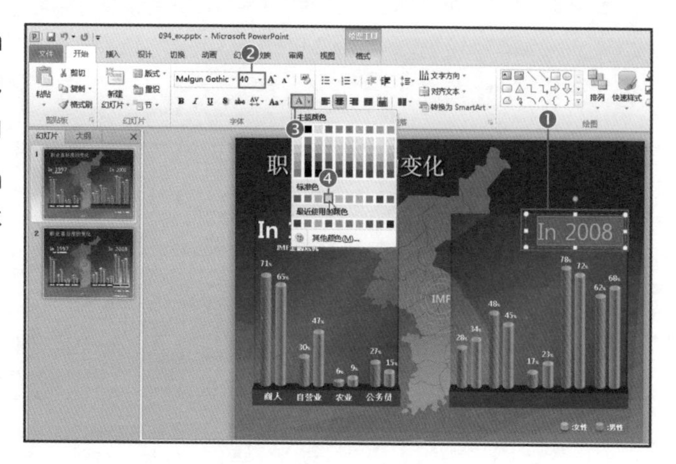

09 “In 2008”年图表的公务员、固定职业是必须强调的内容，选取矩形，如右图般绘制。在设置形状格式对话框，选择填充→渐变填充，如下所示设置后，选取 4 个圆柱体，在排列组里，选择上移一层→置于顶层。

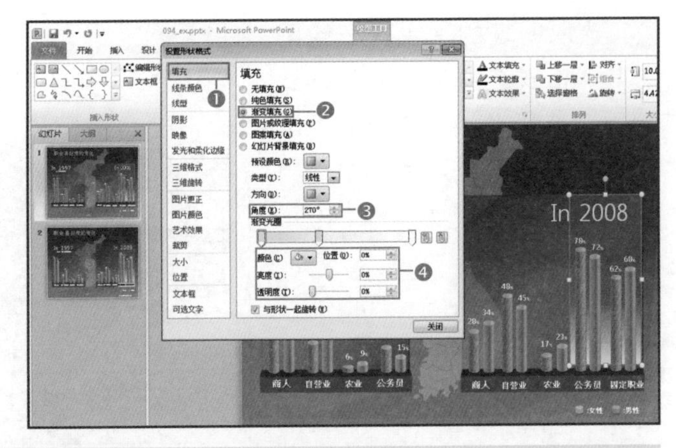

- 角度 270°
- 停止点 1- 红（255）、绿（255）、蓝（0）、停止点位置 0%
- 停止点 2- 红（255）、绿（255）、蓝（0）、停止点位置 38%、透明度 83%
- 停止点 3- 红（255）、绿（255）、蓝（255）、停止点位置 100%、透明度 100%

10 图表的平台部分也更改为黄色。选取“公务员、固定职业”，在绘图工具 - 格式选项卡→形状样式组中，设置“形状填充→标准色→黄色”。在开始选项卡→字体组中，选择字体颜色 A，更改为“黑色，文字 1”，字号设置为“17”。

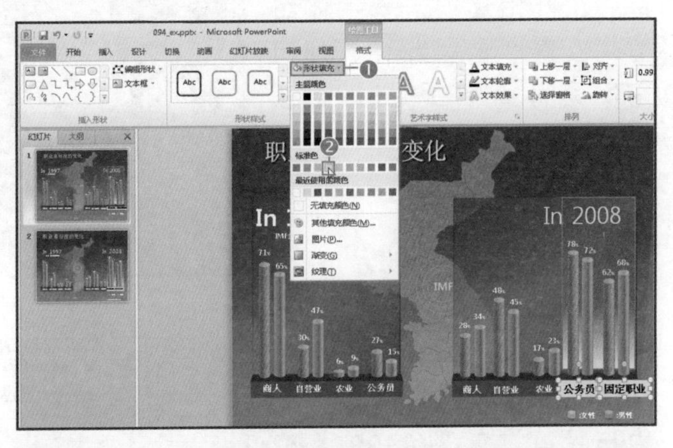

11 最后，选择大标题及幻灯片里的文字，在开始选项卡→字体组里，选择加粗 B 即可。

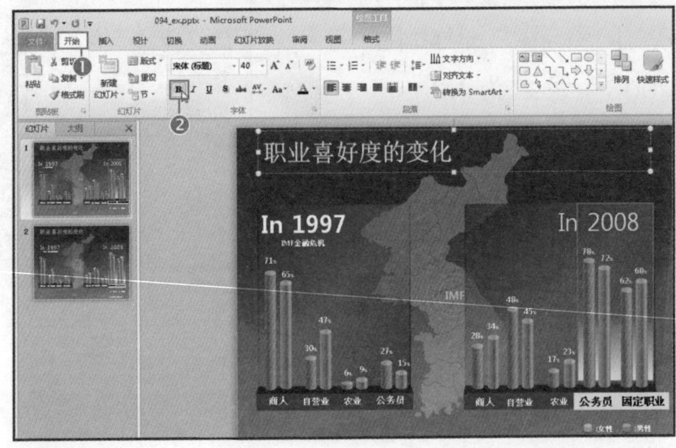

CHAPTER 05 摆脱枯燥乏味的文字幻灯片

基本上，文字在初始阶段拥有相当卓越的传达力。因此，到目前为止，似乎还找不到能超越书籍的信息媒体；然而，PPT 却例外。没有一个人会喜欢像念书般，从头到尾都很无趣的 PPT。而传达信息时，展现给众人看的，就是文字，所以在 PPT 设计里，文字占有相当高的比重。我们必须要让观众不会对文字感到厌烦，能对文字产生兴趣，并提高对文字的理解力。

Before

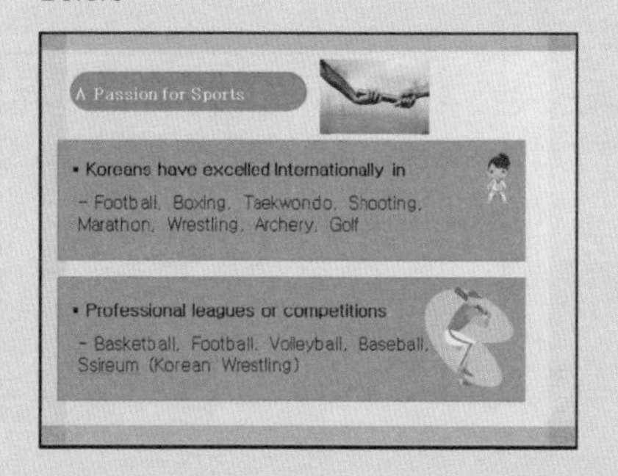

After

CHECK POINT

进行 PPT 设计时，人们往往苦恼于不知该如何设计，才能最有效地传达信息。若视文字为单纯的文字的话，就会设计出如左上图般无趣的幻灯片；若将文字视为必须传达的信息时，再细心思考，就会激发出各式各样的创意。除文字的排列外，适当运用字体及相关图像的插入，可摆脱乏味感。用不同的眼光去观察文字，就可以设计出更加独特且有个性的 PPT 设计。

STEP 01 原稿分析

Before 幻灯片以最常见的红色圆角矩形包装大标题，但蓝色的两个文本框过于醒目是问题所在。PPT 设计方面，大标题应该是一张幻灯片中最醒目的部分，担任重要的核心角色；因此，许多 PPT 模板里，常可看到强调大标题的设计。Before 幻灯片将文字分成两大组合固然不错，但颜色使用太过强烈，有点可惜；虽然想使用鲜明的颜色来表达，但颜色比传达信息更抢眼会“本末倒置”。此外，虽然插入相关图像，但未加整理也会显得过于凌乱。

STEP 02 概念草图（Idea Sketch）

图 1 ～图 3 是将两段文字内容分成两大组合，制作的三种不同形态的概念草图。尽管版面布局不同，但分成两大组合这一点倒是一致。相关图像应插入在哪个区域亦做了适当的考虑，从平面设计到立体设计都有，将单纯的内容设计得更加崭新有趣，这看得出来是苦心思索出来的创意草图。

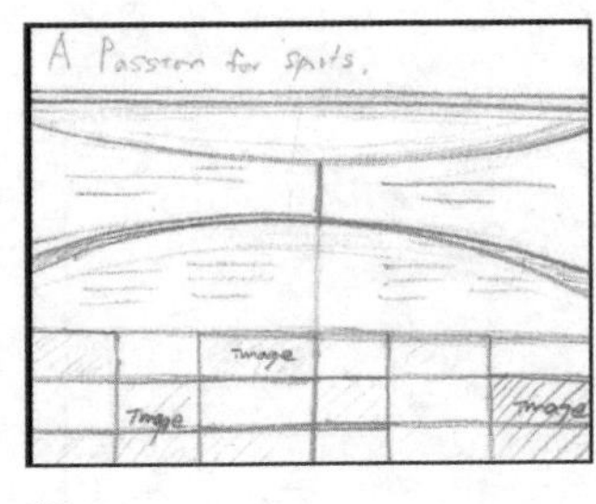

图 1

图 2

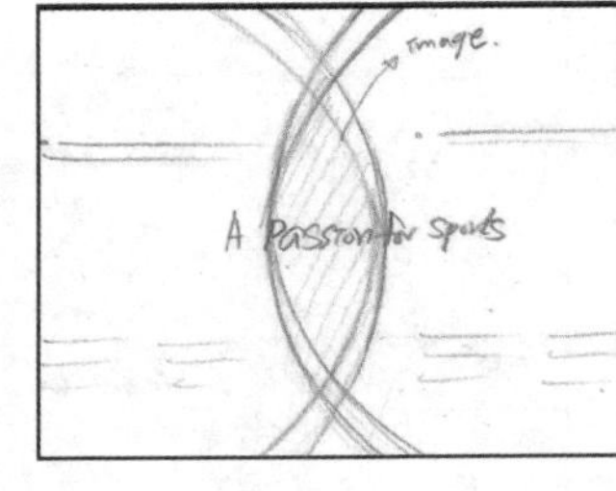

图 3

【图 1】是将两段文字的标题以立体图形来强调，下方以嵌入方式插入相关图像。而本文内容排列在上方，采用并列文字的版面布局设计；结构虽然简单，但兼具平面与立体的设计。

【图 2】将矩形这个基本图形设计成立体图形，各个图形下方插入相关图像，背景上画着田径比赛的跑道。

【图 3】将整个幻灯片画面分割成两个，配置于左右两侧。将整体画面切割为二的版面布局是以联想作用，呈现比其他画面还大的效果，以提高空间使用度，拥有得以容纳较多内容的优点。

STEP 03 幻灯片设计实作

在图 1 ～图 3 的概念草图中，挑选图 1 的草图进行设计。以蓝色与绿色作为主色，用同色系作搭配设计，提高统一性，使人容易理解。在大标题下方，将副标题置于变形且具立体感的矩形图案上，使用装饰感的线条来辅助，不仅风格独特，也具有律动感。而文本内容置于上方，排列成并列文字，语句虽短，但适当的留白与间距使整体版面显得十分含蓄。与原稿两段文字各搭配一张图像不同，在完成的幻灯片上加入了数张相关图像，并进行适当地布局。使用与内容有关的多张图像时，虽然更能强调出内容，但有时也会产生意想不到的反效果。因此，应适当地运用符合内容的图像，并以简单的线条加以点缀。最后，再嵌入图像，赋予自由奔放的感觉。

准备范例：CD\ 范例 \Part2\095\095_ex.pptx
完成范例：CD\ 范例 \Part2\095\095.pptx

01 打开 CD\ 范例 \Part2\095\095_ex.pptx 文件。为了将画面分割成两部分，分别设置不同的颜色。选取 Koreans have excelled Internationally in 部分的图形后，在设置形状格式对话框里，选择填充→渐变填充，设置“角度 90°，停止点 1- 红（85）、绿（142）、蓝（213）、停止点位置 0%；停止点 2- 红（142）、绿（180）、蓝（227）、停止点位置 50%；停止点 3- 红（198）、绿（217）、蓝（241）、停止点位置 100%”。选取 Professional leagues or competitions 部分的图形后，在设置形状格式对话框里，选择填充→渐变填充，设置“角度 90°，停止点 1- 红（145）、绿（180）、蓝（74）、停止点位置 0%；停止点 2- 红（140）、绿（175）、蓝（71）、停止点位置 50%；停止点 3- 红（215）、绿（228）、蓝（189）、停止点位置 100%”。

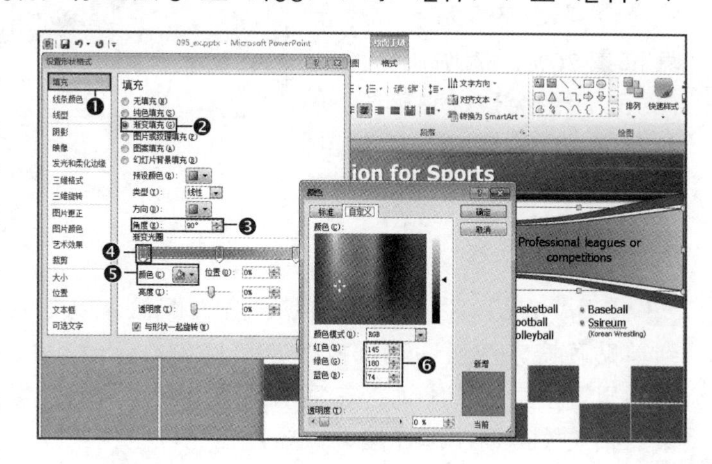

02 因曲线颜色不太自然，所以将渐变修正为逐渐淡化般的感觉。将上下方的曲线一起选取，图案边框设置为无边框，在设置形状格式对话框中，选择填充→渐变填充，设置“角度90°，停止点1-红（85）、绿（142）、蓝（213）、停止点位置0%、透明0%；停止点2-红（142）、绿（180）、蓝（227）、停止点位置70%、透明度70%；停止点3-红（198）、绿（217）、蓝（241）”透明度0%。

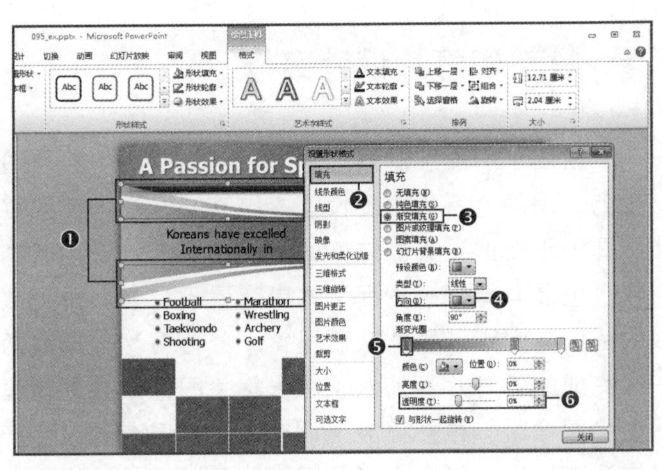

03 选取右侧的上下曲线部位，在设置形状格式对话框中，选择填充→渐变填充，设置“角度90°，停止点1-红（136）、绿（169）、蓝（69）、停止点位置0%、透明度30%；停止点2-红（140）、绿（175）、蓝（71）、停止点位置70%、透明度70%；停止点3-红（215）、绿（228）、蓝（189）、停止点位置100%、透明度0%”。

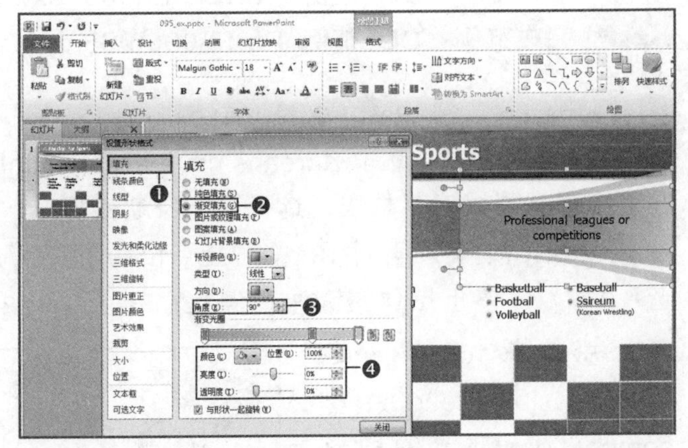

图像编辑

04 接着，在幻灯片下方的方块里插入图像，以完成PPT。有关图像的部分，请到剪贴画搜索图像即可。打开CD\范例\Part2\095\关键词.txt文件，抄下在剪贴画里可搜索的检索词；在插入选项卡→图像组合里，选择剪贴画，输入搜索对象的相关关键词，选择搜索按钮。在完成范例中找出图像后，将其另存为图片。存储时，请用关键词命名以避免造成混淆。

TIP

搜索时，只勾选要搜索的类型，将有助于更快速地搜索。

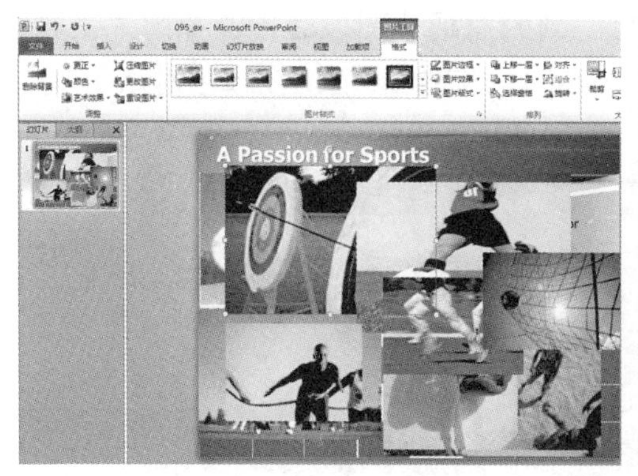

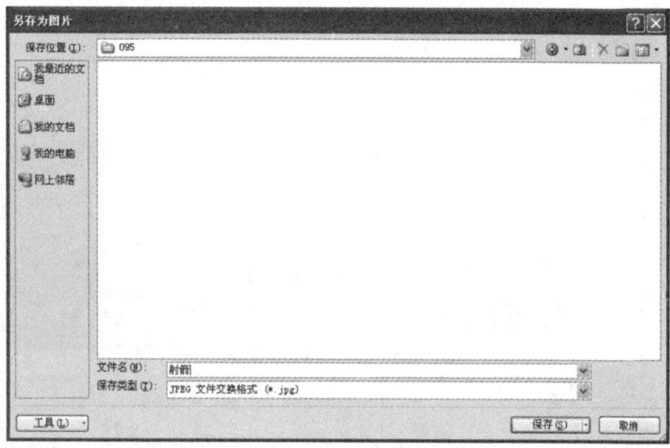

05 从左侧开始插入图片。选取图形后并右击，在出现的设置图片格式对话框中，选择填充→图片或纹理填充→文件，打开已保存的图片后，单击关闭按钮。在图片工具-格式选项卡→调整组里，选择更正→亮度和对比度，设置“亮度 +20%、对比度 0%（标准模式）”，调整图像的明暗度。

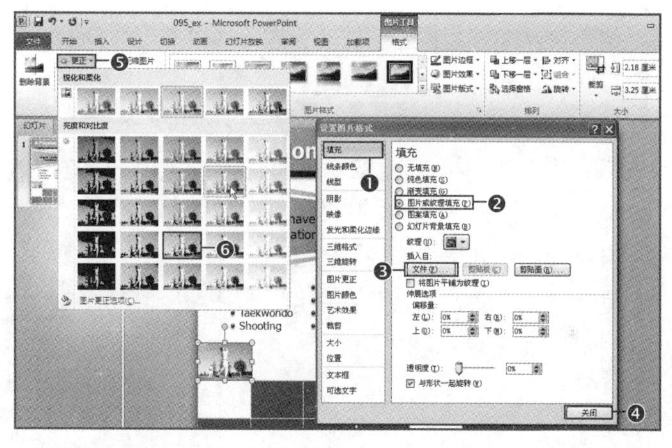

06 依上述方法插入图片，如右图般布局，有的色感不同，有的方向不同，在此将通过编辑，使其彼此协调搭配。

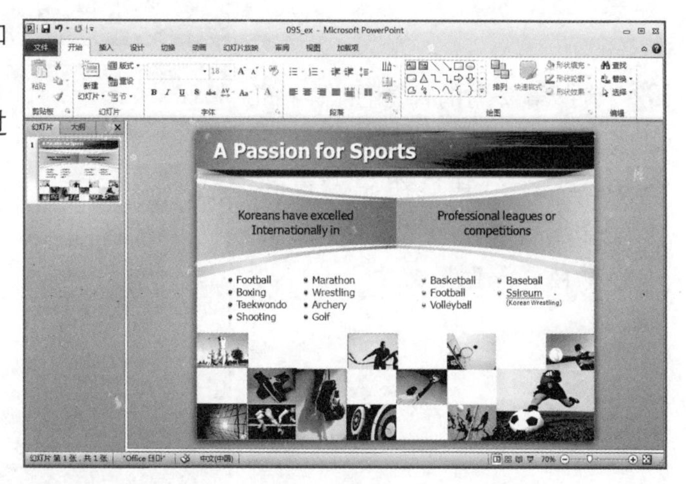

07 选择左侧第二行的溜冰鞋图像与中间第一列的曲棍球图像后，选择图片工具 - 格式选项卡→调整组→颜色→重新着色→其他变体→其他颜色，在颜色对话框中，设置“红（170）、绿（216）、蓝（255）”，可看到溜冰鞋的颜色变了。

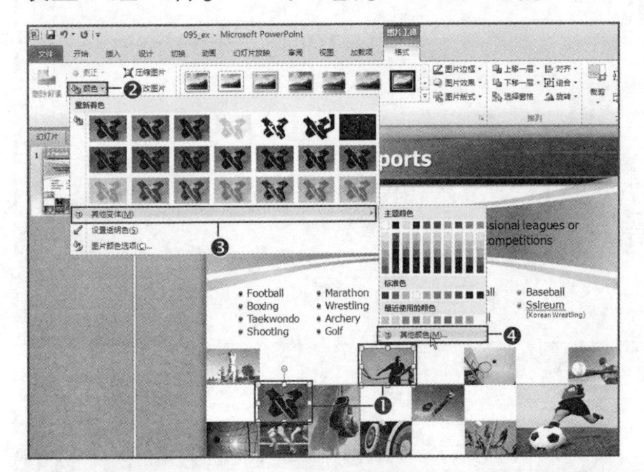

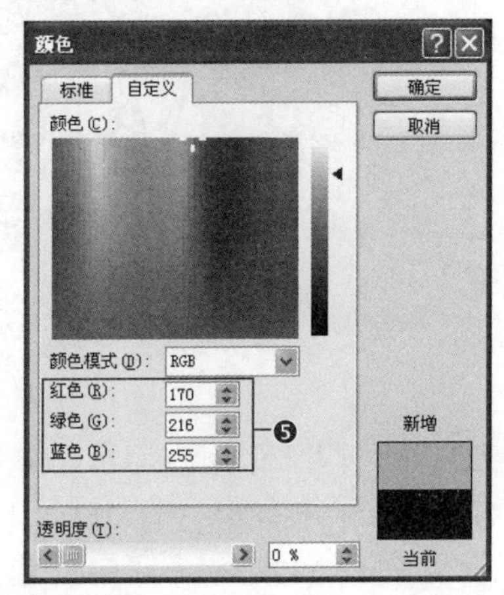

08 选择中间第一列的曲棍球图像后，在图片工具 - 格式选项卡→调整组里，选择更正→亮度和对比度，设置“亮度：+20%，对比度 0%（正常）”。

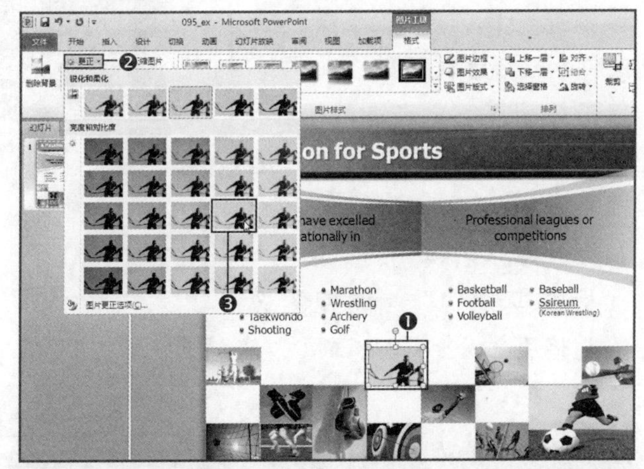

09 选择第二列的棒球图像与右上角的篮球图像，在图片工具 - 格式选项卡→调整组中设置颜色→重新着色→“橄榄色，强调文字颜色 3 深色”。

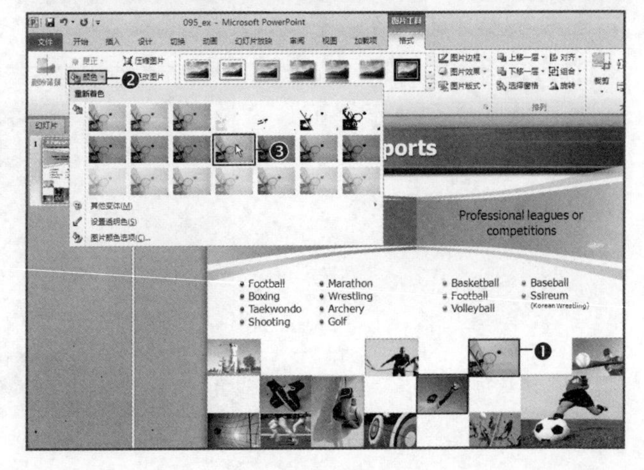

10 选择右下方的排球与足球图像，在图片工具 - 格式选项卡→排列组里，选择旋转→水平翻转，图像会左右对调。

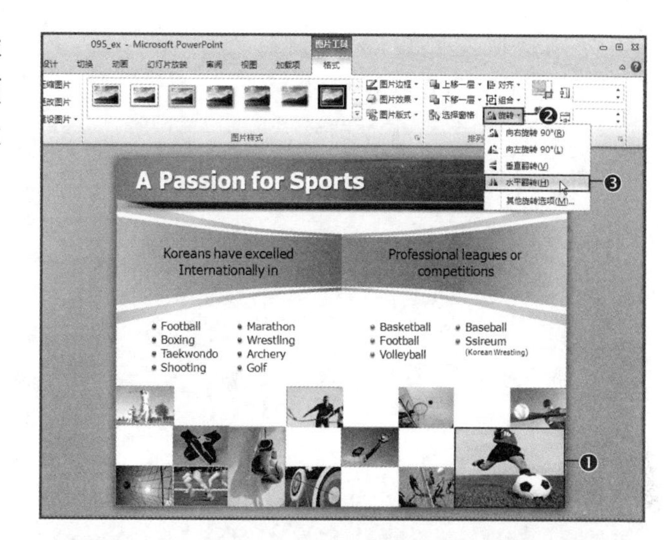

11 选择右侧第一列的棒球图像，在图片工具 - 格式选项卡→ 调整组里，选择更正→亮度和对比度，设置“亮度+20%、对比度0%（正常）”。

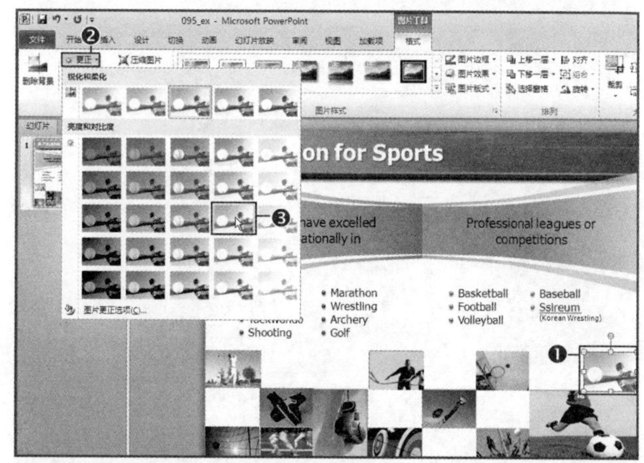

12 最后设计背景。如右图所示配合幻灯片大小绘制两个矩形后，选择绘图工具 - 格式选项卡→排列→下移一层→置于底层。

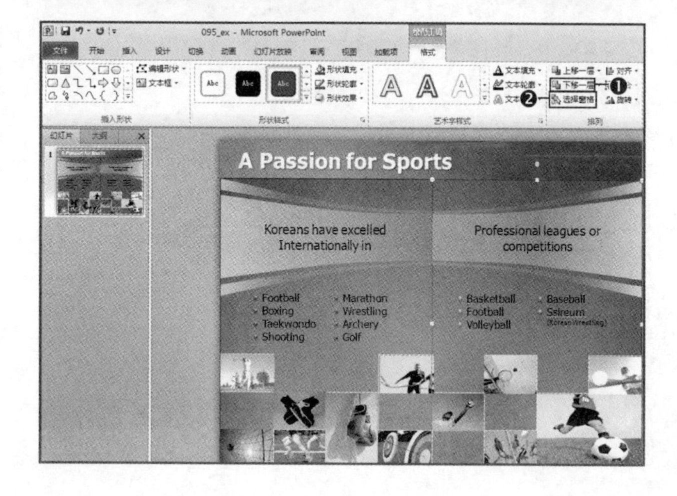

13 分别选取左侧矩形与右侧矩形后，打开设置形状格式对话框，选择填充→渐变填充，如下所示设置角度与停止点。

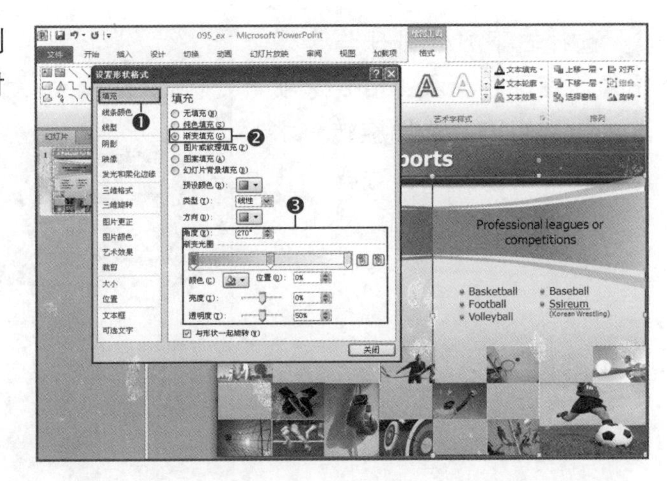

左侧矩形：

- 角度 270º
- 停止点 1- 红（85）、绿（142）、蓝（213）、停止点位置 0%、透明度 50%
- 停止点 2- 红（142）、绿（180）、蓝（227）、停止点位置 50%、透明度 70%
- 停止点 3- 红（198）、绿（217）、蓝（241）、停止点位置 100%、透明度 100%

右侧矩形：

- 角度 270º
- 停止点 1- 红（119）、绿（147）、蓝（60）、停止点位置 0%、透明度 50%
- 停止点 2- 红（195）、绿（214）、蓝（155）、停止点位置 50%、透明度 70%
- 停止点 3- 红（235）、绿（241）、蓝（222）、停止点位置 100%、透明度 100%

CHAPTER

06 图像与具立体感的组织图幻灯片

在公司简介或PPT里，组织图幻灯片是使用频率相当高的设计。有PPT制作经验的人总会有一两次因组织图而感到困扰的经历。一般在PPT里所看到的组织图几乎都是那一两种，如垂直的组织图，还真让人有种仿佛置身于同一个PPT里的错觉。而世界上无数的组织当中，几乎没有一个拥有相同组织体系的地方。同样，PPT设计里也必须设计出符合企业结构的组织结构图才行。

Before

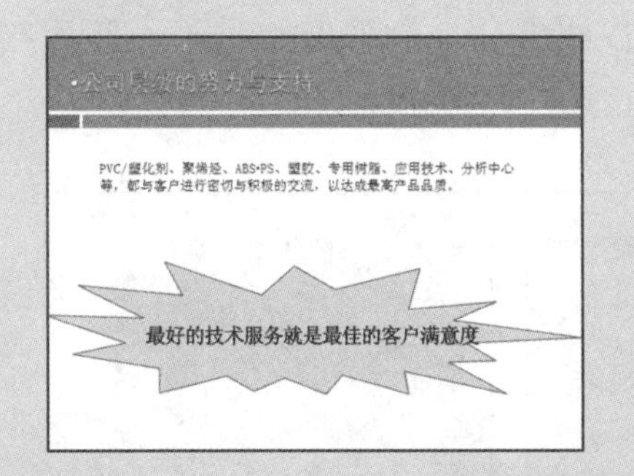

After

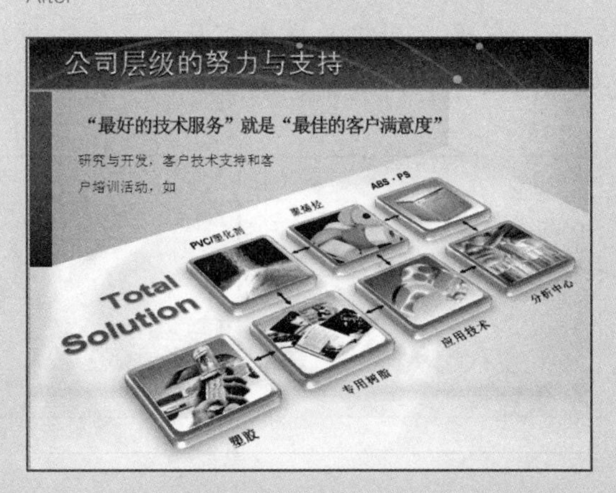

CHECK POINT

一般组织图仅由文字组成。因此，组织图的概念本身就会让人感到很生硬。若想脱离此僵化的框架，就必须以与众不同的方式来加以设计。不要受限于一般的形式，可以更改图形、颜色或加入图像等，赋予其各种可能性，从概念草图开始，逐渐朝着设计独创性组织结构图之路迈进。在此必须注意的是，不能只想到设计而忘了组织图的基本概念。若想更有效地传达信息，不能仅考虑设计，只做出好看的PPT。这一次的幻灯片，将学习在组织图上应用图像并赋予其立体感的方法，希望大家也能尝试一下，看如何在组织图上应用三维图形。

STEP 01 原稿分析

Before 幻灯片是在比较单纯且干净的模板上，以文字排列的组织体系。然而，以下面的爆炸图案来强调事物，让人感到相当碍眼。虽然可以理解制作者想强调的意图，但表达方法太过强烈。最重要的是，完全没有组织图的存在，仅在文本中罗列其关联性，画面上全然没有表现出来，可说是相当不好的一张幻灯片。下面将介绍组织图也可以在维持组织图形式的同时，呈现出有趣又兼具个性的设计。

STEP 02 概念草图（Idea Sketch）

图 1 ～图 3 是将文本中总共 7~8 个数据加以组合化，制作成 3 种不同版面布局的概念草图。可以说是脱离了一般的组织图形式，而自由地设计架构。

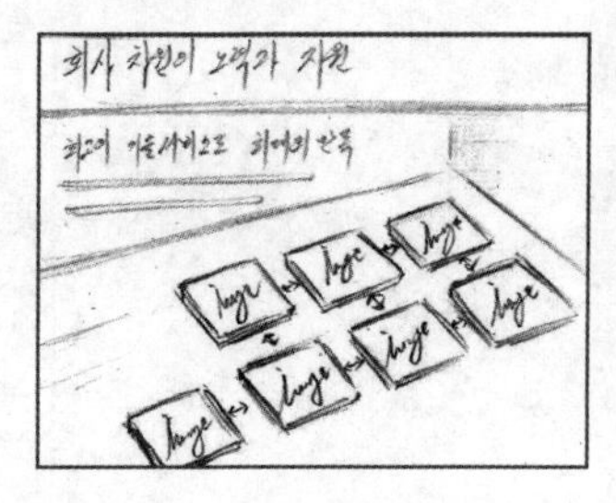

图 1

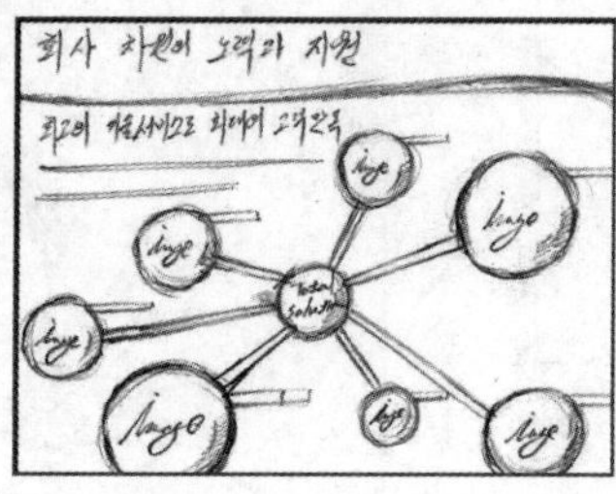

图 2

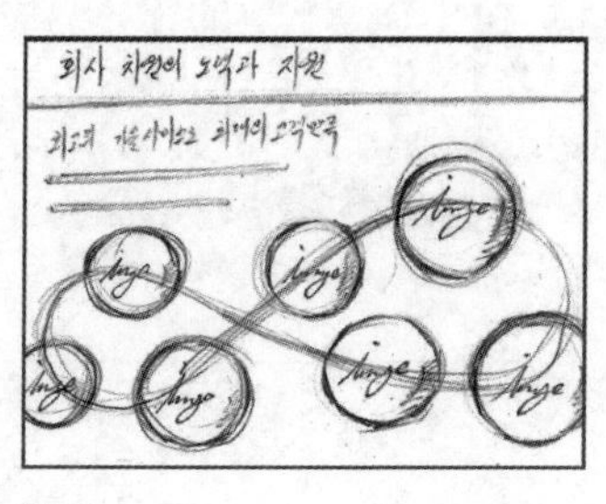

图 3

【图 1】是利用立方体，干净地整理出如室内般的背景。整合七个组织的核心关键词置于左上方，扮演辅助大标题的角色。

【图 2】是利用基本图形之圆形，使整体画面立体化，并制作成超越空间的感觉。分子状的饼图彼此连接，呈现出组织图的模样。

【图 3】是利用与【图 2】一样的圆形来设计，但不是利用直线，而是利用曲线，呈现出流线型的柔性组织图。背景图像让人联想到“梅比斯环（Mobius strip）”，更能突显出组织的独特个性。

STEP 03 幻灯片设计实作

下面使用立体感的背景设计与略具有厚度的正方形立体图案，并引用图 1 设计完成幻灯片。大标题下面以简单的文字呈现副标题，并简短扼要地插入文本内容。中央放置七个整合组合化的组织图，以图像间接地呈现相关组织。幻灯片显露出自然的透视感，内容亦相当简洁；立体化的设计加上罕见的版面布局，是相当有趣且个性洋溢的设计，能带给观众视觉上的喜悦，也容易帮助其理解内容。

准备范例：CD\ 范例 \Part2\096\096_ex.pptx
完成范例：CD\ 范例 \Part2\096\096.pptx

01 打开 CD\ 范例 \Part2\096 \096_ex.pptx 文件。

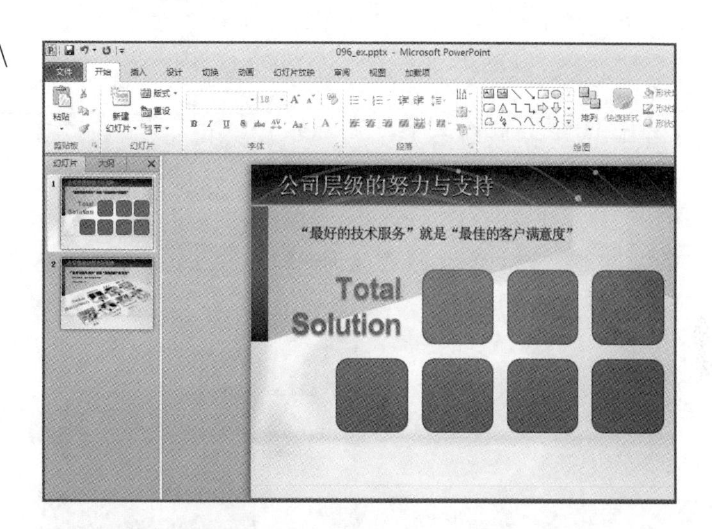

02 在插入选项卡→图像组里，选择图片，打开 CD\ 范例 \Part2\096\ 图 1.jpg~ 图 7.jpg 文件。在图片工具 - 格式选项卡→大小组里，将高度与宽度设置为"4 厘米"。

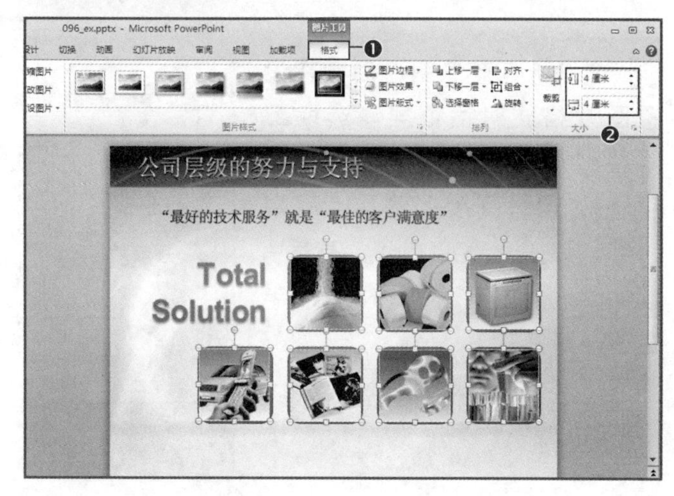

03 在开始选项卡 - 绘图组里，选择 →线条→双箭头，在图像与图像间绘出箭头。在绘图工具 - 格式选项卡→形状样式组里，选择 形状轮廓 →箭头→箭头样式 7，颜色选择“黑色”，粗细“2.75 磅”。

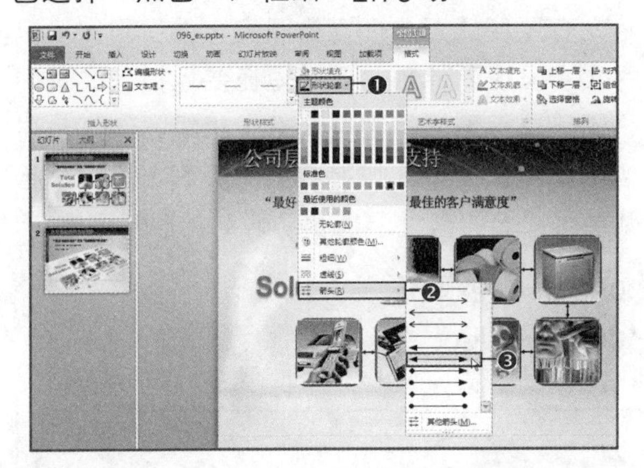

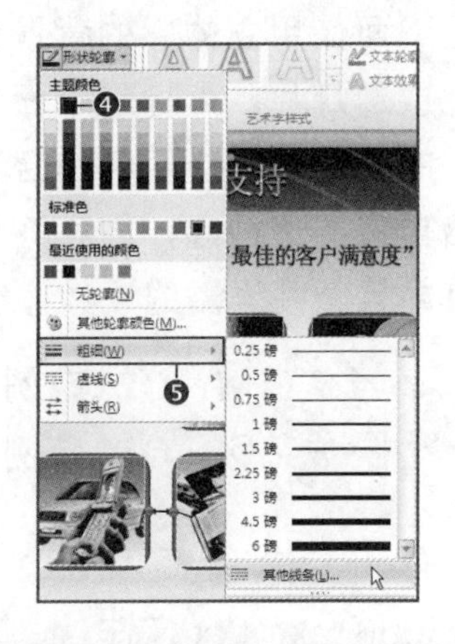

04 在图像上输入文字。在开始选项卡→字体组里，设置上面的文字大小为“15 磅”，下面的文字大小为“18 磅”，所有文字均设置为加粗。

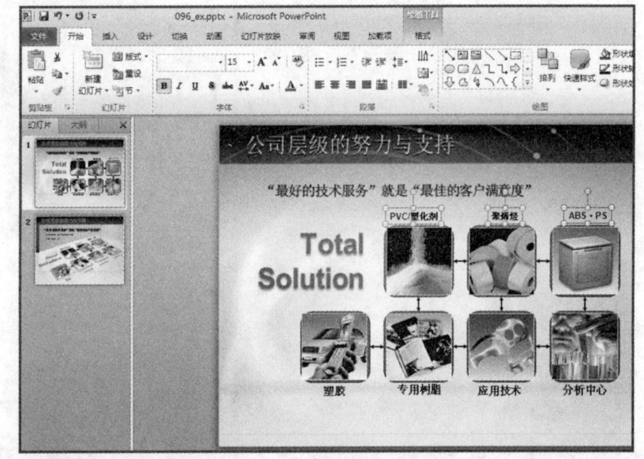

05 选取所有蓝色图形后，在设置图片格式对话框里，选取三维格式→顶端→圆，设置“宽度 20.5 磅、高度 4 磅”；底端→圆，设置“宽度 6 磅、高度 6 磅、深度 3 磅，表面效果→半透明→最浅”。

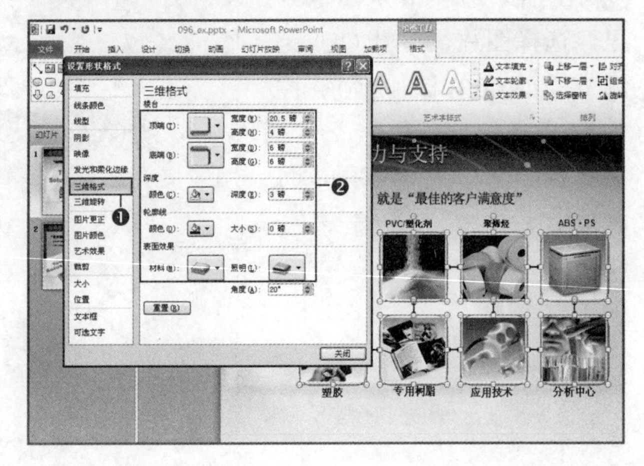

06 选取图形、图像与箭头后，在图片工具 - 格式选项卡→排列组里，选择组合→组合，设置对象成组合状态。（【Ctrl + G】快捷键）

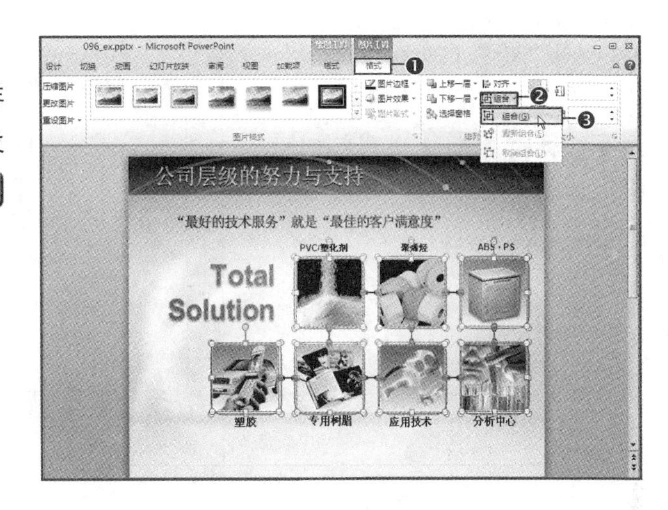

07 选取组合后，在设置图片格式对话框里，选取三维旋转→预设→透视→前透视，设置“X-（317.8）、Y-（318.1）、Z-（51.8）、透视 45°”。

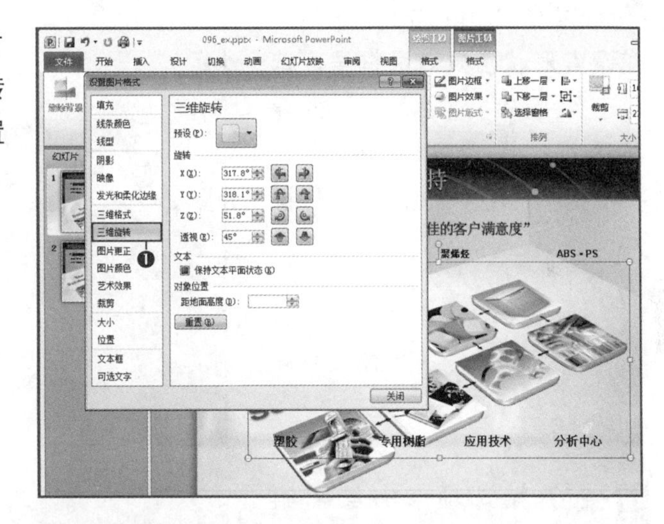

08 选取“PVC/ 塑化剂”、“聚烯烃”、“ABS.PS”文字，在设置形状格式对话框里，选择三维旋转，设置“X-（324）、Y-（332）、Z-（37）”后，置于图像之上。

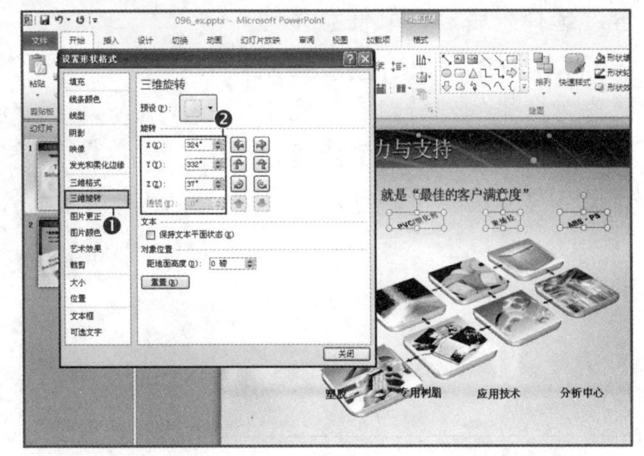

09 选取“塑胶”、“专用树脂”、“应用技术”、“分析中心”文字，在设置形状格式对话框里，选择三维旋转，设置“X-（324）、Y-（331）、Z-（41）”后，置于图像之下。

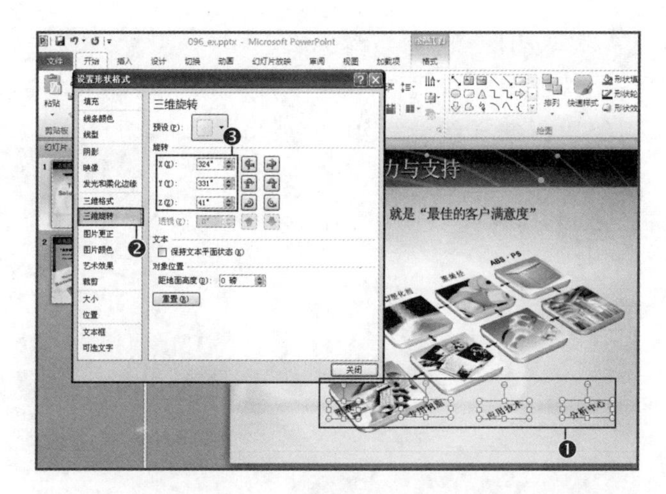

10 选取“Total Solution”，在设置形状格式对话框里，选择三维旋转→预设→透视→前透视，设置“X-（340）、Y-（308）、Z-（35）、透视 75°”。

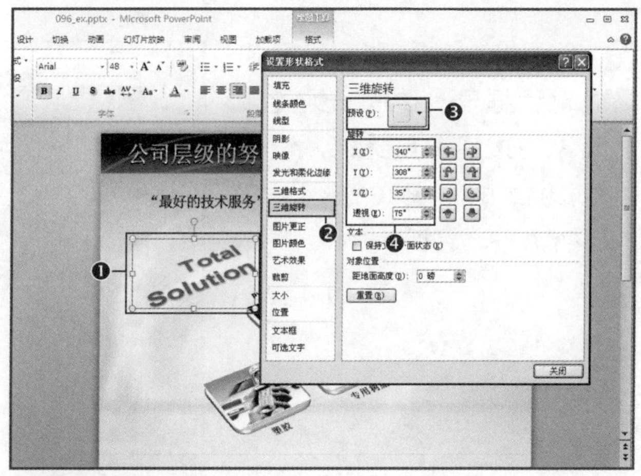

制作背景

11 在开始选项卡→绘图组里，选择 后，选取任意多边形 并拖动，如右图般绘制要作为背景的部分，在绘图工具 - 格式选项卡→排列组里，选择下移一层→置于底层。

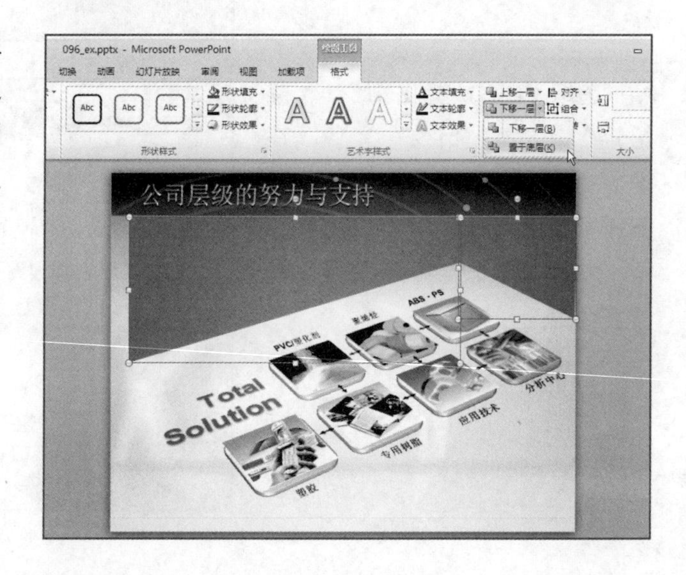

12 选取右边的图形，在设置形状格式对话框里，选择填充→渐变填充，如下所示设置停止点，左边图形也用相同的方法设置。

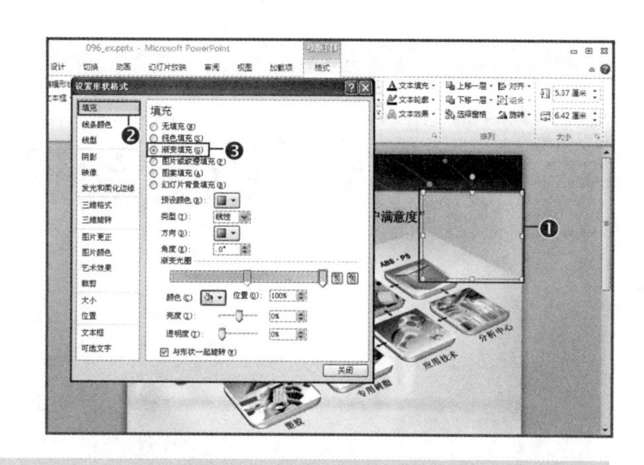

左边矩形：

- 角度 0°
- 停止点1-红(163)、绿(191)、蓝(233)
- 停止点2-红(199)、绿(214)、蓝(240)

右边矩形：

- 角度 0°
- 停止点 1- 红（183）、绿（208）、蓝（241）、停止点位置 50%
- 停止点 2- 红（210）、绿（224）、蓝（245）、停止点位置 100%

13 在幻灯片左边绘出矩形，在设置图片格式对话框里，选择填充→渐变填充，设置“角度 270°；停止点 1- 红（67）、绿（72）、蓝（114）；停止点 2- 红（58）、绿（107）、蓝（165）、停止点位置 50%”。

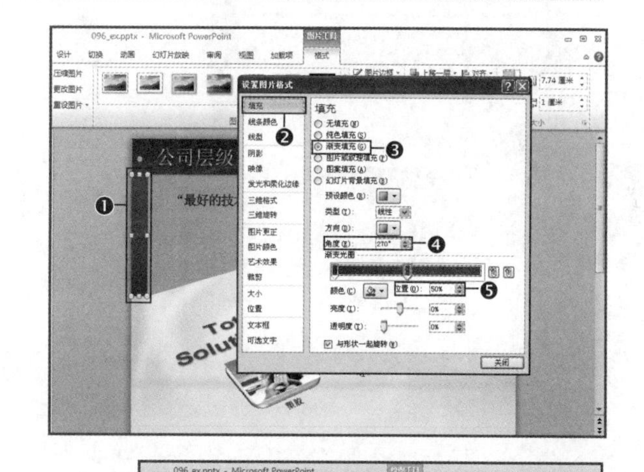

14 选取小标题，选择绘图工具 - 格式选项卡→艺术字样式组→快速样式，选择“渐变填充 - 紫色，强调文字颜色 4，映像”，接着在开始选项卡→字体组里，选择字符间距 →紧密，最后再将“研究与开发……”文字放置在空白处即可。

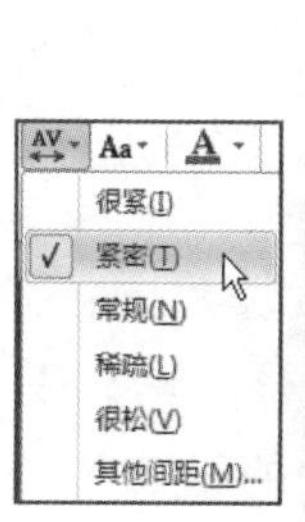

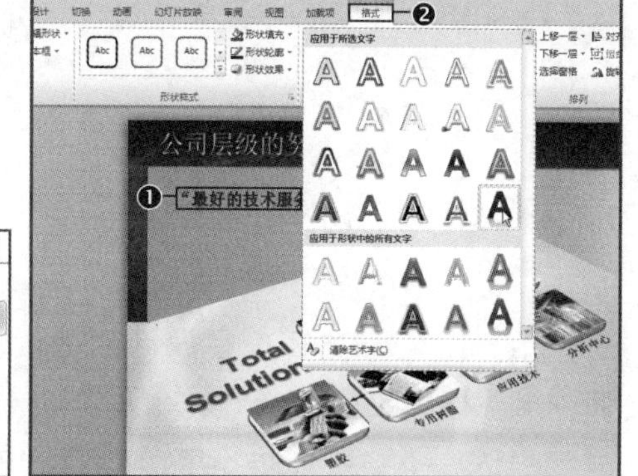

CHAPTER 07

以复合图表取代单调的图表

将内容复杂又繁多的信息详加整理并制作成表，这样就可以称为完美的 PPT 设计吗？查看 Before 幻灯片，已经是一张相当整齐的幻灯片，内容整理成三大组合，依各年度明确地区分。然而，在 PPT 设计中，内容整理只是最基本的要求，其目的则是必须让观众在短时间内迅速理解。下面就来介绍如何利用图表的设计方法。

Before

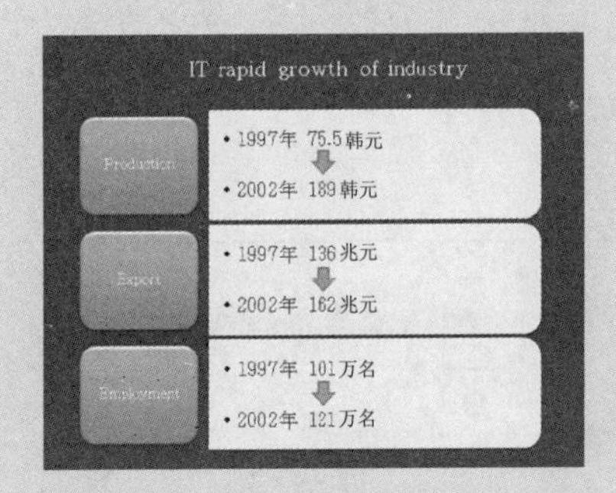

After

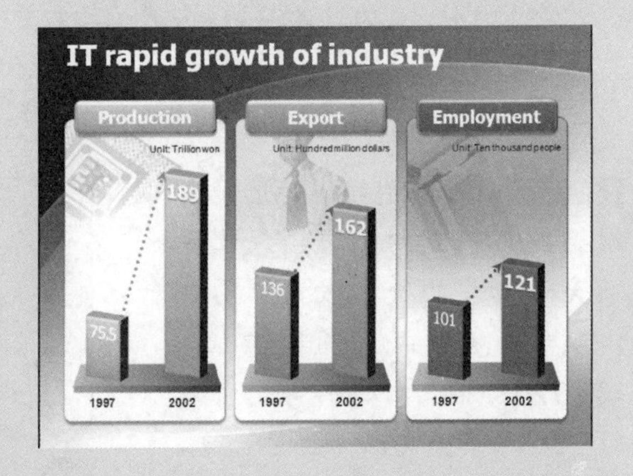

CHECK POINT

关于各年度销售额的比较，是公司 PPT 里常用的幻灯片。好好学习，就有机会应用在实务上。如 Before 所示，以相同颜色及相同的图形制作幻灯片时，不容易分辨内容，若文字大小、粗细差异不大时，传达力就会大打折扣。基本上，各个项目应利用不同的颜色加以区分，观众才会容易理解。After 中加上符合内容的图像后，将制作出比 Before 更完善的幻灯片。

STEP 01 原稿分析

Before 幻灯片在单色设计模板上使用同色系，是一份结构简单的幻灯片。然而，虽然整体上整齐统一，但看不到核心信息是它的第一个缺点；虽然已组合化，但核心信息不够明确也不够醒目是它的第二个缺点。诚然写有各年度增加的数据，但仅以单纯的文字及箭头来表达，也显得不够有力。在此把数据转换为图表，直接呈现其数值变化，提高观众理解力，并运用相关图像以辅助图表，完成一份崭新的 PPT 设计。

STEP 02 概念草图（Idea Sketch）

图 1 ～图 3 是利用不同的图表设计的 3 个组合，以全新架构组成的概念草图。图 1 与图 2 都是使用柱形图与横条图，图 3 是利用饼图，虽然不够细致，但是很容易理解。

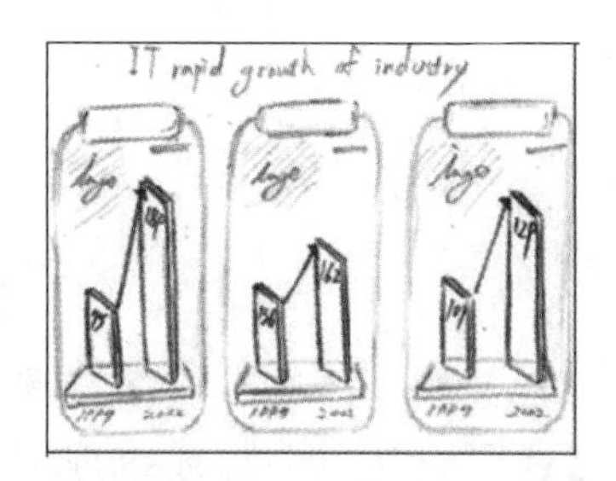

图 1

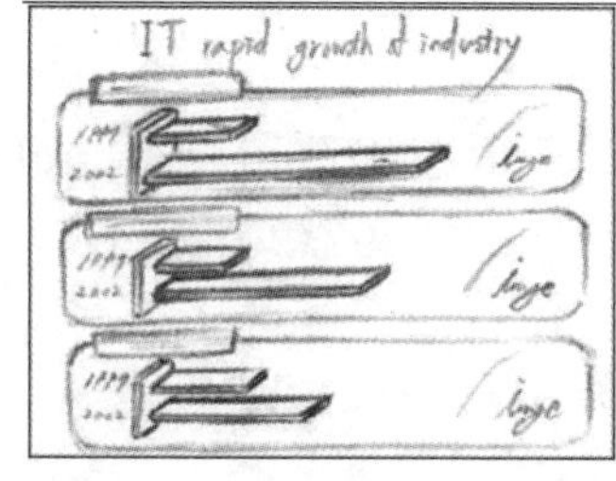

图 2

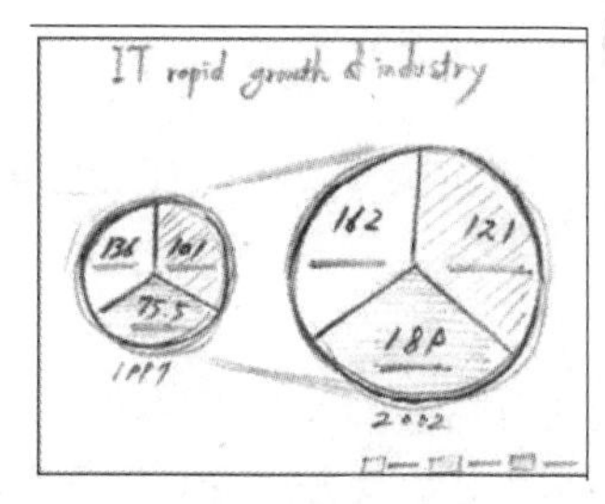

图 3

【图 1】 是以柱形图的形式，将三个组合以高低数列的方式直接进行比较，是个浅显易懂的表达方式。虽然是标准型的图表，但是以对角线形态的立体图形取代一般的平面数列形态，有种格外与众不同的感觉。

【图 2】 是以三维条形图来呈现内容。分成三个组合，是数据量较小时可处理的版面布局。当比较 2~3 个组合时很容易，但数据量太多时，画面结构会太过复杂而且显得拥挤，容易使观众感到烦闷，必须小心留意。

【图 3】是子母形饼图，无法仔细比较各个项目，因此适合当不比较详细数据，而是让观众迅速理解整体形态时使用。

STEP 03 幻灯片设计实作

利用图 1 的概念草图来设计幻灯片。首先，使用大标题清晰可见的模板背景，将三个比较项目以明显的方式进行个别组合化。以背景模板的蓝色作为主色调，再以同色系去设计三个组合，组合的副标题以圆角矩形加以强调，而最重要的柱形图则输入数据以方便比较。不恰当的留白会影响数据比较，所以最好略加调整。以类似的色调插入搭配三个组合的相关图像，尽量不要使用颜色太深或过于模糊的图像。最后以虚线箭头连接柱形图上端，使其兼具折线图的优点，并可知其数量变化。使用虚线箭头的理由是因为若实线箭头的线条太细，会不容易被看见；若线条太粗，感觉图表会粘在一起。虚线箭头的粗细若适当，强调起来将较为自然。

准备范例：CD\ 范例 \Part2\097\097_ex.pptx
完成范例：CD\ 范例 \Part2\097\097.pptx

01 打开 CD\ 范例 \Part2\097\097_ex.pptx 文件。分别选取图形并右击，在快捷菜单中选择设置图片格式，调出设置图片格式对话框。选取填充→图片或纹理填充，选择文件，分别选取 CD\ 范例 \Part2\097\ 半导体、人、手机 .jpg 文件，填充图案。

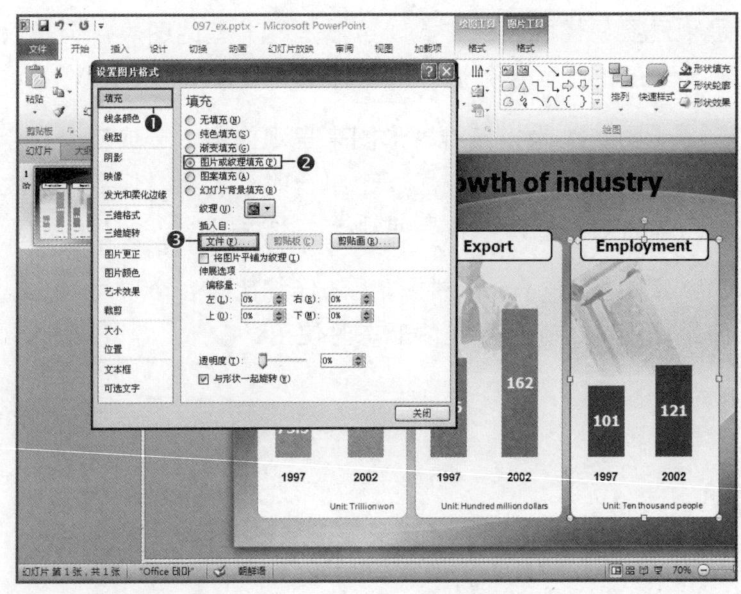

02 分别选取图像后，选择图片工具-格式选项卡→调整组→颜色→重新着色，分别套用“橄榄色，强调文字颜色3深色；水绿色，强调文字颜色5深色；紫色，强调文字颜色4深色”。

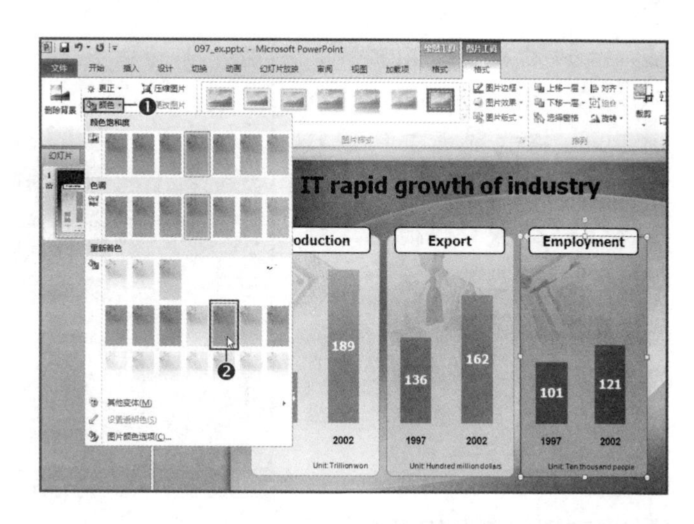

03 在开始选项卡绘图组里，选择绘图，选取矩形→圆角矩形，如右图所示绘制三个图形。

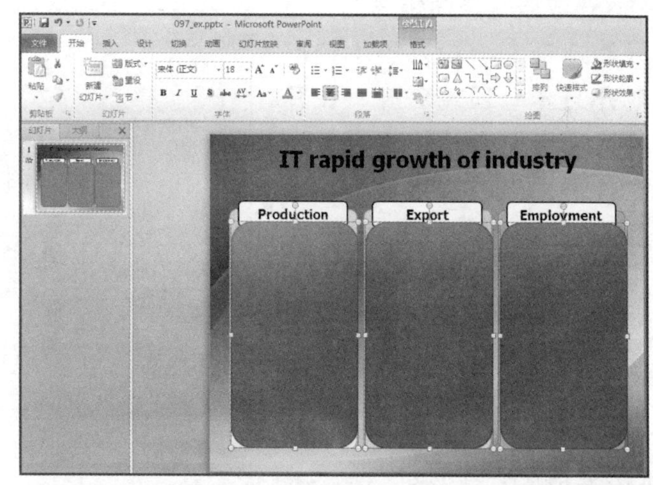

04 选取三个图形，设置为无线条，并移到柱形图与数字的下方。在设置形状格式对话框里，选择填充→渐变填充，设置“角度270°，停止点1-白色；停止点2-白色、停止点位置80%、透明度100%”。

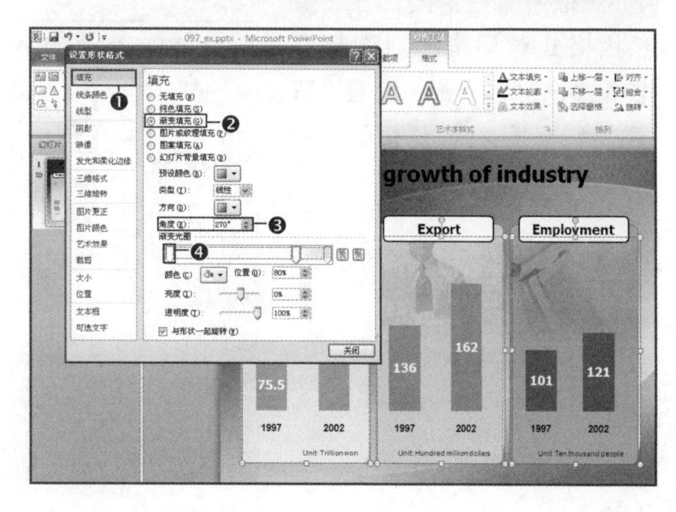

05 分别选取 Production、Export、Employment，在绘图工具 - 格式选项卡→形状样式组→其他按钮，分别设置“强烈效果 - 橄榄色，强调颜色 3；强烈效果 - 水绿色，强调颜色 5；强烈效果 - 紫色，强调颜色 4”，文字颜色在开始选项卡→字体组里，选择字体颜色，更改为白色。

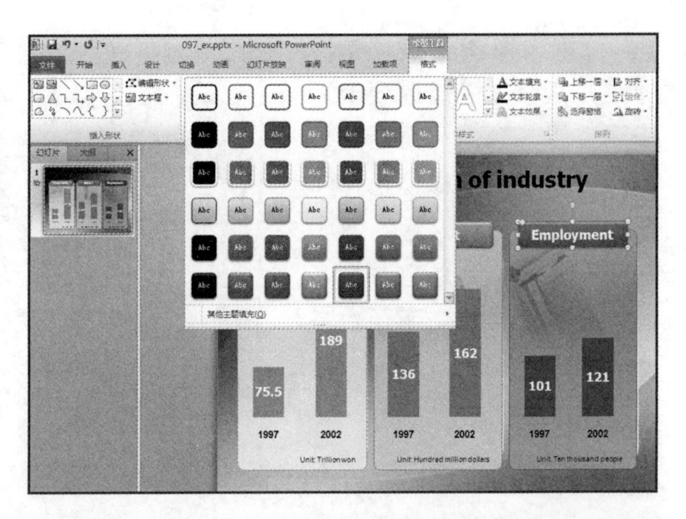

06 选取所有竖向矩形图，在开始选项卡→段落里，选取对齐文本→顶端对齐。在开始选项卡→字体组里，将左边柱形图里的文字大小，设置为“22 磅”，右边柱形图里的文字设置为“26 磅”，选择字体颜色 A，设置字体颜色为黄色，并设置文字阴影 S。

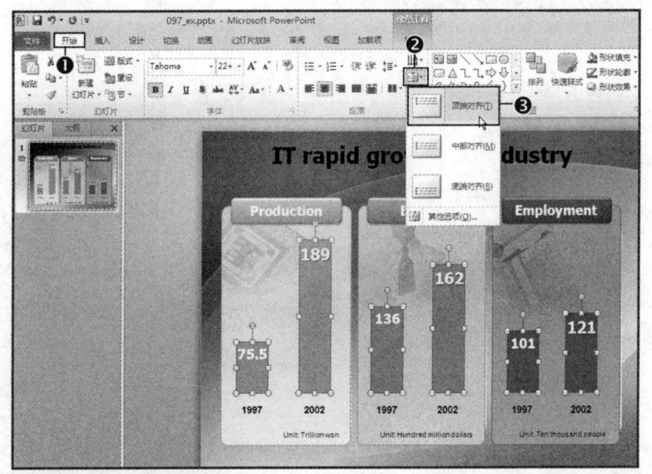

07 选取所有柱形图，在设置形状格式对话框中，选择三维格式→顶端→圆，设置“宽度 5 磅，高度 2 磅、深度 20 磅、角度 20°”。

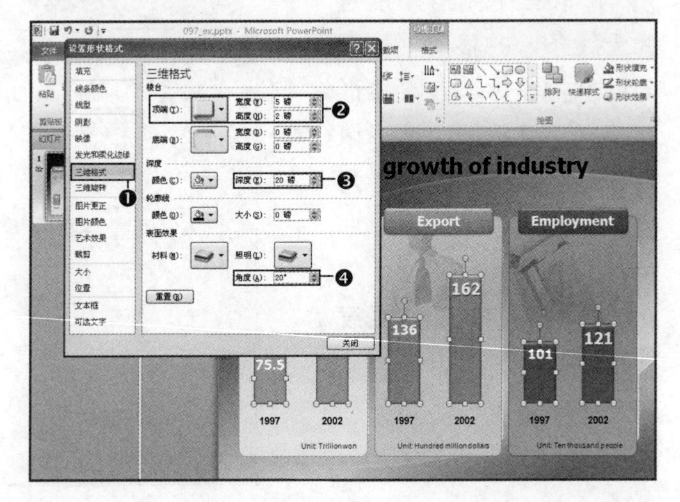

08 设置三维旋转，选取预设格式→平行→“离轴2左”。

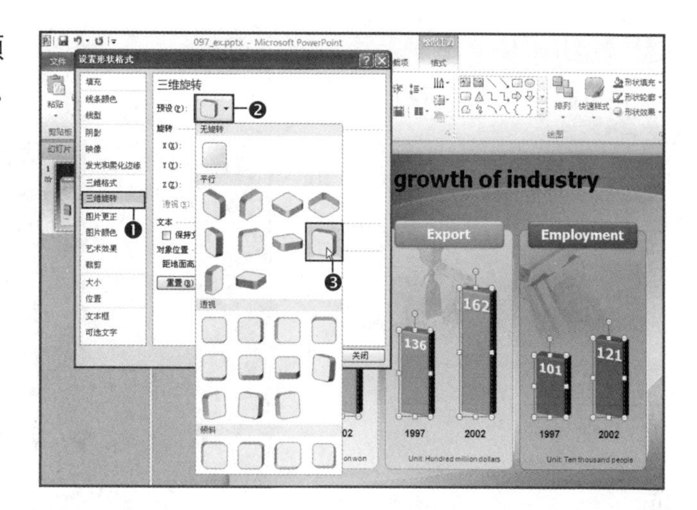

09 接着制作图表底座。在开始选项卡→绘图组里，选择 ▾ →基本形状→梯形。在开始选项卡→形状样式组里，选取形状填充→“黑色，文字1，淡色25%”。

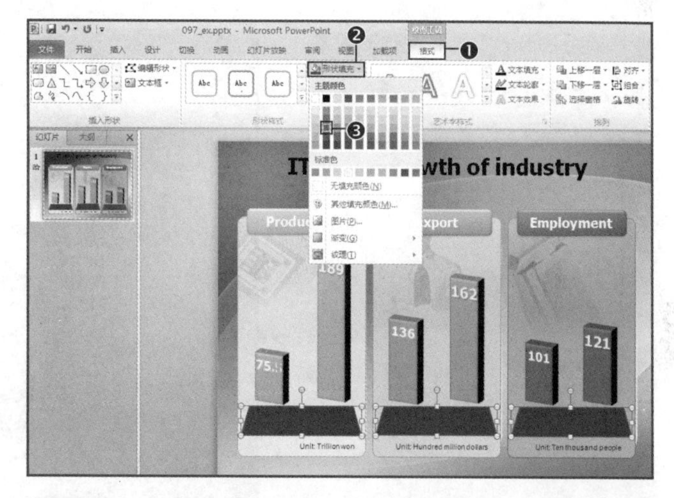

10 选取所有梯形，选择三维格式→深度→颜色→主题颜色→“黑色，文字1”，深度“15磅”；表面效果→材料→特殊效果→硬边缘。选择三维旋转，选取预设格式→透视图→宽松透视。

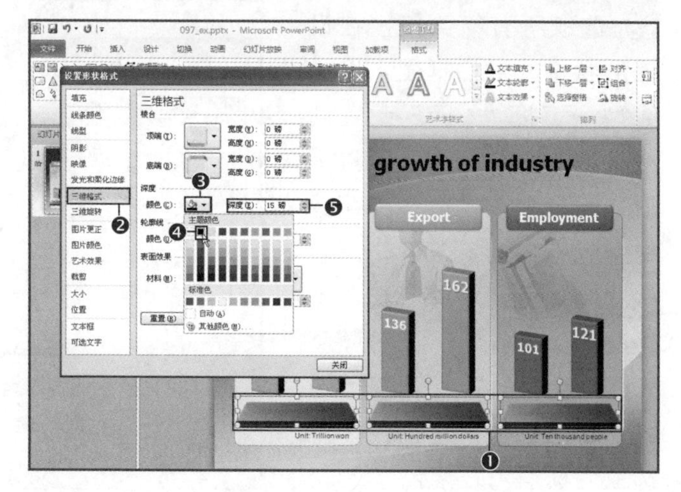

11 将 Unit 移至图表上面，柱形图向下移至底座，调整图表。

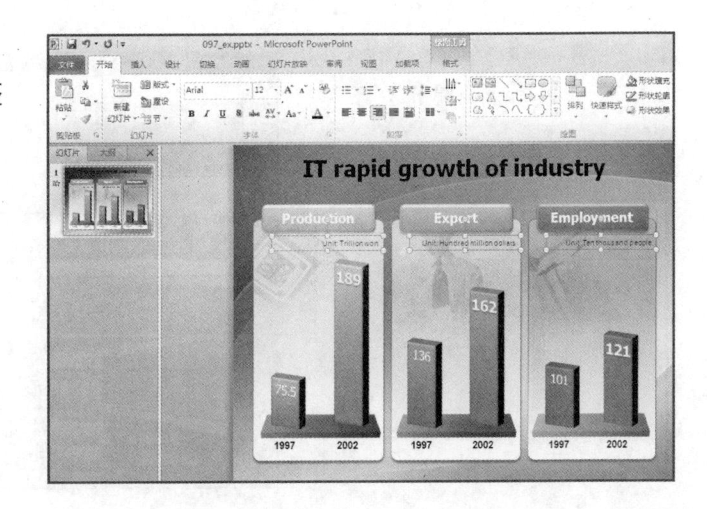

12 在开始选项卡→绘图组里，选择▾→线条→箭头，如右图所示绘出箭头线。

13 选取所有箭头线，在设置形状格式对话框里，选择线型→宽度“4 磅”；短划线类型→圆点；箭头设置→后端类型→燕尾箭头，箭头的颜色各自设置与各个图表相同的颜色。浅绿色选取主题颜色“橄榄色，强调颜色 3，深色 25%”；天蓝色选取“标准色→蓝色”；紫色选取“标准色→紫色”。

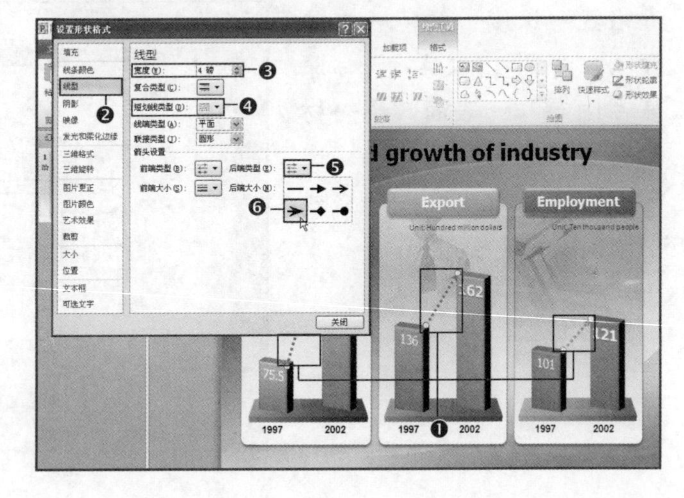

14 标题颜色于开始选项卡→字体组里，选择字体颜色→主题颜色→白色，位置设置为文本左对齐。

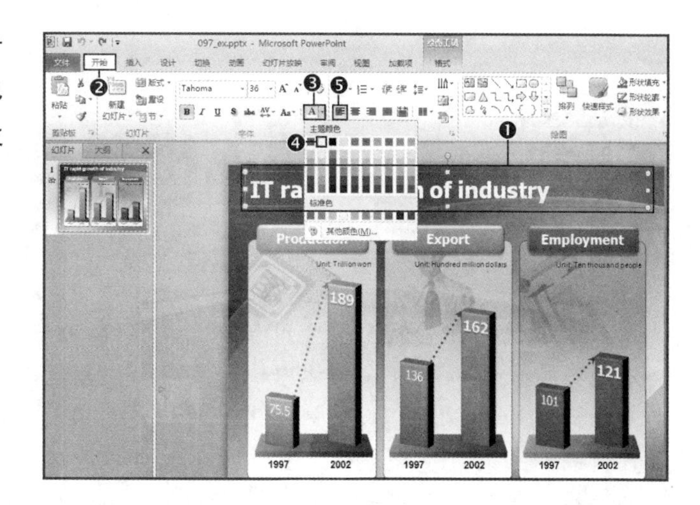

TIP

扩大幻灯片窗口的方法

在幻灯片绘制图形或插入对象时，偶尔会感到幻灯片窗口太小。此时，可在功能区右击，选择功能区最小化。如此一来，仅显示功能区的选项卡名称，功能区则会被隐藏，幻灯片窗口就会变大。选项卡名称也可以将功能区最小化。若想还原功能区，可以在功能区右击，再选择一次功能区最小化。

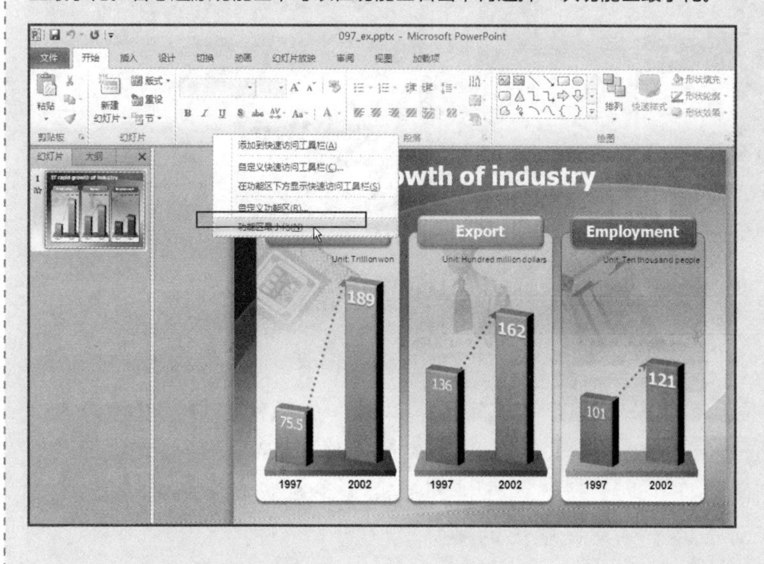

CHAPTER 08

插入相关图像，提高视觉信息传达力

在 PPT 里，与文字及图表使用频率一样高的，就是表格。在 PPT 里可以轻而易举地插入表格，然后在表格内输入文字、使用图形或其他要素等内容，制作表格的方式相当多样。本节中的 PPT 将不使用表格，而是运用相关图像设计，制作出新形态的可视化 PPT。这个方法也许不是很简单，但若能理解其设计意念与优缺点，即使是设计其他类型的幻灯片，也能运用得宜。

Before

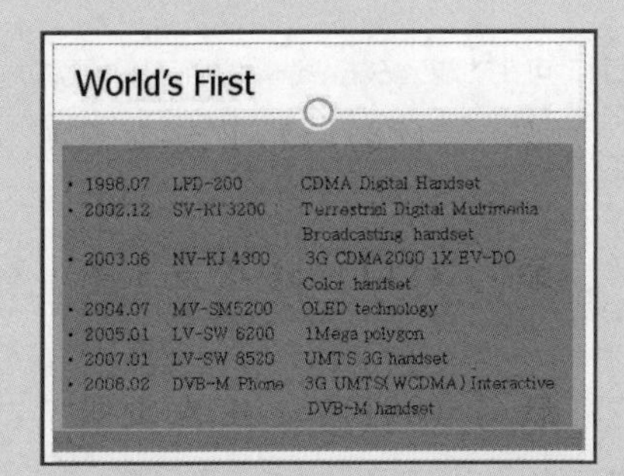

After

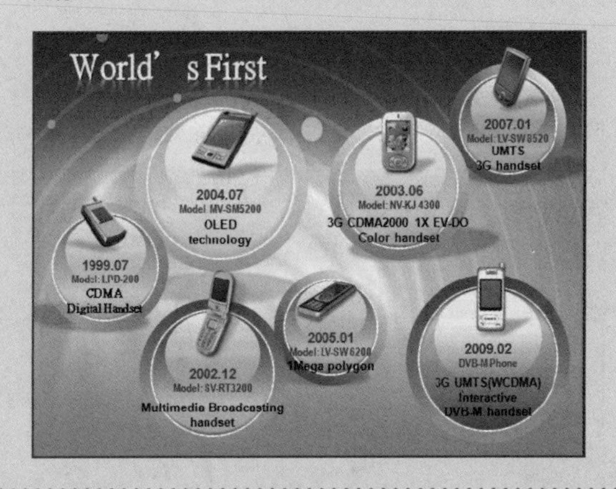

CHECK POINT

即使原稿没有提及图像，也不代表幻灯片里不能加入图像。有必要时，可以使用图像，改变为新的样式，以更积极的思考方式把握内容。这张幻灯片就是如此。与产品有关的幻灯片，例如原稿，如果仅以年度及产品作为内容，将缺少说服力，但若直接加入产品图像，将有助于理解。在排列一般文字或版面布局的方式上，利用大小不同的图形，将赋予观众视觉上的趣味。

STEP 01 原稿分析

Before 幻灯片在清楚强调大标题的模板上，依时间顺序简要介绍了产品内容，是一份普通的幻灯片。虽然整理得很详尽，但核心信息或可吸引观众注意力的设计要素明显不足。尽管产品相关说明固然重要，但若想引发观众好奇心，可以运用产品的图像，以更容易理解且简单的方式，制作一份更具专业性的 PPT。

在组合化时，总共可获得七个组合。其中，有的产品简介会比其他的产品来得长，这时为求视觉统一，请尽可能加以整理，删除重复或不必要的字眼。

STEP 02 概念草图（Idea Sketch）

七个组合自由分布在幻灯片上，深具空间感及趣味性的三种概念草图。基本图形是圆形或矩形，组合数多且需要适度留白；万一组合化图形太过复杂或太抢眼，会抢走图像或内容的光彩，因此，最好尽可能使用简单的图形。

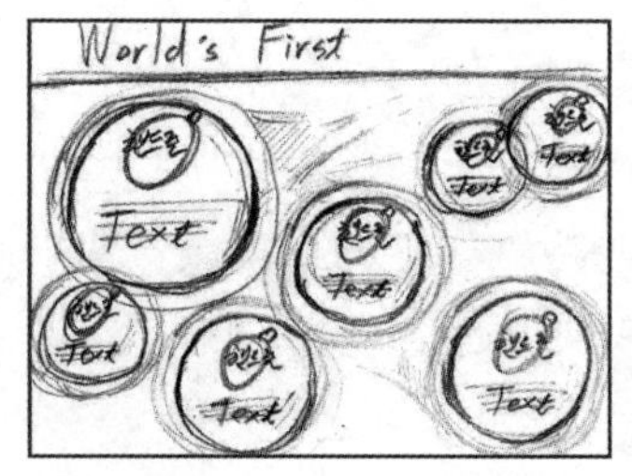

图 1

图 2

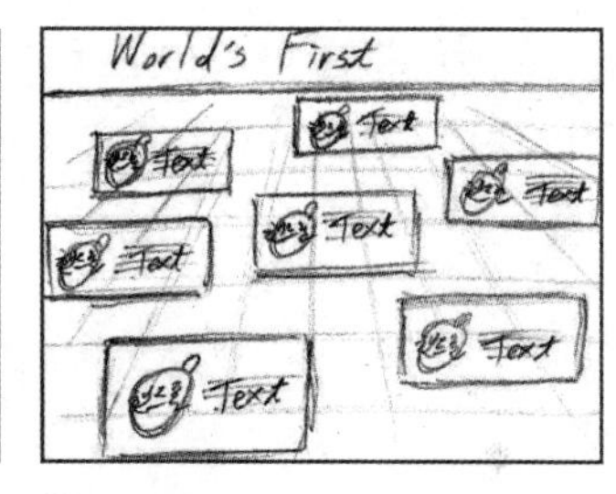

图 3

【图 1】是利用圆形，通过留白，传达有趣且舒适的感觉。而信息的强调则以调整组合的大小来作为核心信息的指针。

【图 2】是将七个组合分置排列于上下。优点是比图 1 排列得更整齐，图像也清晰可见；但也有太过刻板僵硬的缺点。

【图 3】与图 2 一样均使用矩形，不过稍为加宽。如图 1 般的自由排列，是具趣味性的一份设计；然而，若把核心信息调整大一点时，就会给人太过拥挤或零乱的印象。

STEP 03 幻灯片设计实作

因此，下列范例将使用图 1 的草图进行设计。背景利用圆形波长般的效果，提高统一性。各饼图设计成映照出反射光的水相感，以色调更高的圆形设计成圆形边框，使人印象深刻。产品均使用具有插画感的图像，然而重点是，使用照片或插画时，必须一致才行。使用同一质感的产品图像，更能提升产品统一性或信息的传达力。最后，产品相关说明跑出圆框之外，会给人零乱的印象，请尽量缩短说明文字或使其涵盖于圆形之内，这样才能提高完成度。

准备范例：CD\ **范例** \Part2\098\098_ex.pptx

完成范例：CD\ **范例** \Part2\098\098.pptx

01 打开 CD\ 范例 \Part2\098\ 098_ex.pptx 文件，如右图般排列圆形的位置。

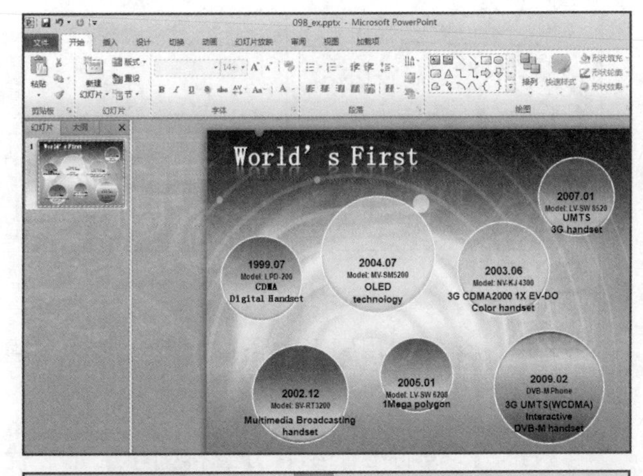

02 自由摆放圆形的位置后，接着来装饰圆形。选择圆形，在绘图工具 - 格式选项卡→插入形状组，先选取椭圆绘出一圆形后，输入形状高度与形状宽度为“7.42 厘米”。

03 选取该圆形，在设置形状对话框里，选择填充→无填充；选择线条颜色→渐变线，设置“角度 90°、停止点 1- 白色、停止点位置 24%、透明度 52%；停止点 2- 红（240）、绿（234）、蓝（112）、停止点位置 75%；停止点 3- 红（228）、绿（199）、蓝（28）”；设置线型→宽度“15 磅”。

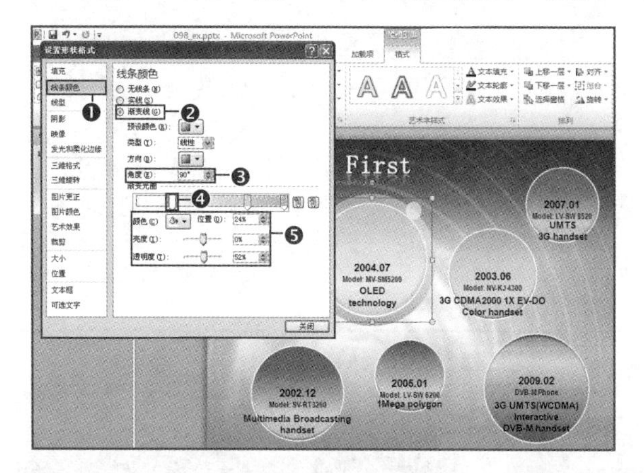

04 与步骤 03 相同，为其他圆形制作边框；圆的边框必须移到下层，否则会挡住文字。

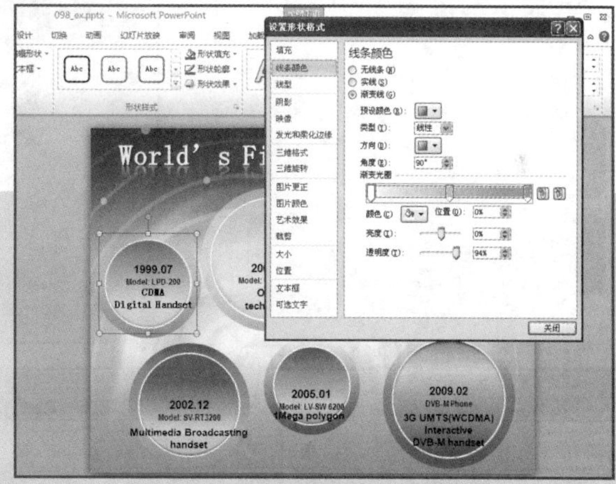

- 2002.12
  渐变线 - 角度 90°
  停止点 1- 红（152）、绿（105）、蓝（36）
  停止点 2- 红（192）、绿（148）、蓝（38）、透明度 11%、位置 20%
  停止点 3- 红（235）、绿（192）、蓝（145）、停止点位置 68%、透明度 12%
  停止点 4- 白色、透明度 100%、宽度 15%
- 2005.01
  渐变线 - 角度 90°
  停止点 1- 白色、透明度 37%
  停止点 2- 红（246）、绿（191）、蓝（130）、停止点位置 39%
  停止点 3- 红（209）、绿（125）、蓝（55）、停止点位置 75%
  停止点 4- 红（177）、绿（100）、蓝（53）、停止点位置 100%
  线型→宽度 15 磅
- 2009.02
  渐变线 - 角度 90°
  停止点 1- 白色、透明度 37%
  停止点 2- 红（179）、绿（212）、蓝（156）、停止点位置 20%、透明度 53%
  停止点 3- 红（92）、绿（158）、蓝（76）、停止点位置 42%、透明度 40%
  停止点 4- 红（170）、绿（102）、蓝（62）、停止点位置 100%、透明度 10%

线型→宽度 15 磅

- 2003.6

停止点 1- 白色、透明度 0%
停止点 2- 红（230）、绿（238）、蓝（154）、停止点位置 32%、透明度 0%
停止点 3- 红(190)、绿(201)、蓝(54)、停止点位置 80%、透明度 50%
停止点 4- 红（171）、绿（180）、蓝（54）、停止点位置 100%、透明度 0%

- 2007.01

停止点 1，位置 0%、透明度 0%、白色
停止点 2- 红(206)、绿(235)、蓝(133)、停止点位置 20%，透明度 0%
停止点 3- 红（140）、绿（168）、蓝（50）、停止点位置 42%、透明度 0%
停止点 4- 红（113）、绿（141）、蓝（23）、停止点位置 100%、透明度 0%

05 为使圆形更具透明感，在开始选项卡→绘图组里，选择其他→基本形状→椭圆，在圆内再加上一个圆。

06 选取所有圆形，打开设置形状格式对话框，选择填充→渐变填充，设置“角度 90°、停止点 1- 白色、停止点 2- 白色、透明度 24%；停止点 3- 白色、透明度 100%”。在绘图工具 - 格式选项卡→排列组里，选择下移一层→下移一层，使其不遮住文字。

※“下移一层”功能需要多点击几次才行；另外圆形必须设置为无边框。

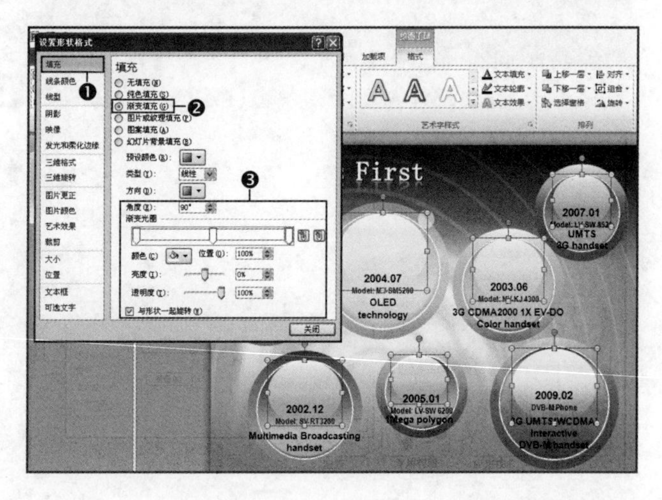

07 在插入选项卡→图像组里，选择图片，打开 CD\范例\Part2\098\图 1~图 7.png 文件，依序放置。

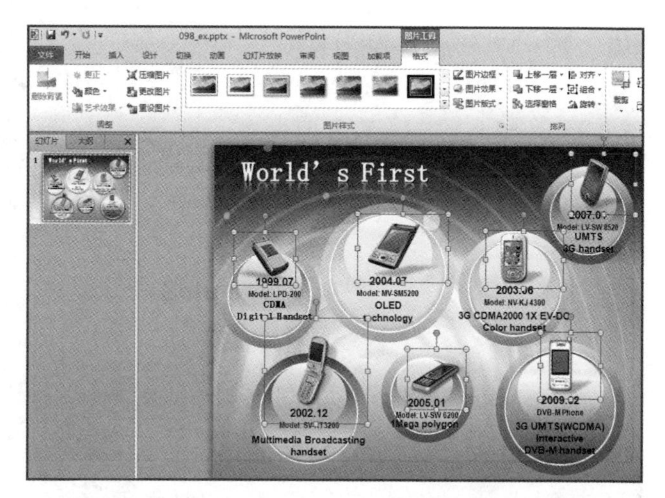

08 选取年度与产品名称的文字，在绘图工具 - 格式选项卡→艺术字样式组里，选择文本填充 ▲ →标准色→深红。

09 选取所有的圆与边框，在绘图工具 - 格式选项卡→排列组里，选择组合 →组合。（Ctrl + G 快捷键）

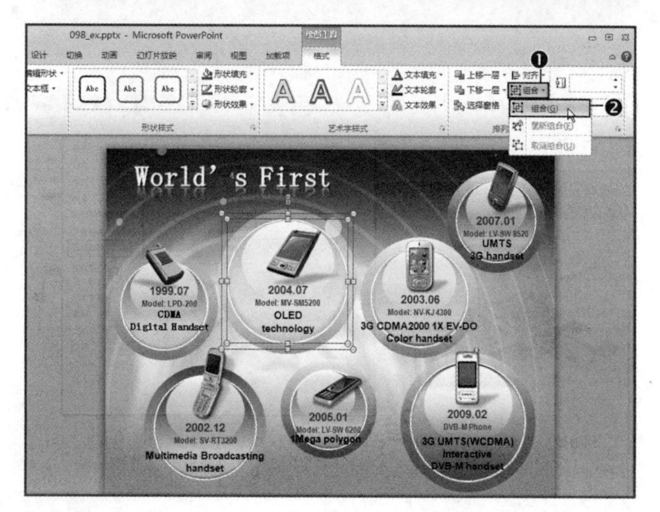

10 将 2007.01、2009.02、2003.06 以外的其他圆选取起来，在图片工具 - 格式选项卡→图片样式组里，选择图片效果，选取阴影→左上对角透视。

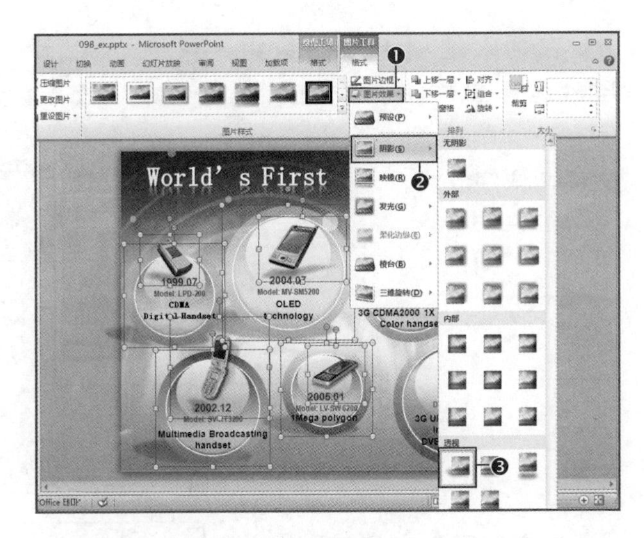

11 选 取 2003.06、2007.01 的圆，在图片工具 - 格式选项卡→图片样式组里，选择图片效果，选取阴影→右上对角透视。

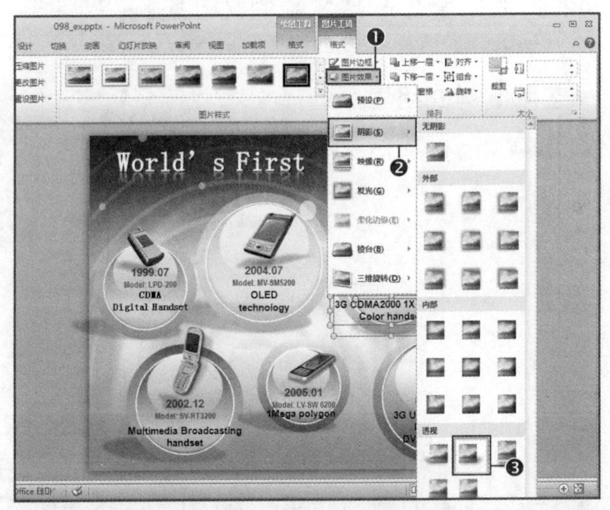

12 选取 2004.07 的圆，在图片工具 - 格式选项卡→设置图片格式对话框里，选择阴影→预设→透视→靠下，更改距离为“1 磅”。

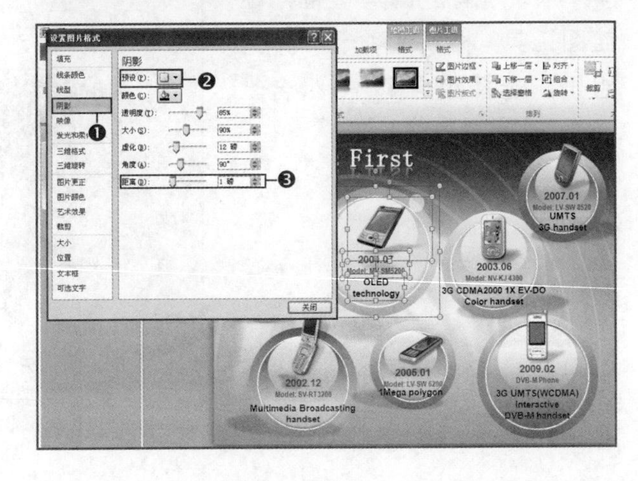

CHAPTER 09 插入图表，提高视觉信息传达力

所谓图表，是指以象征事物、设施、行为、概念等的图形文字来表现，使多数的观众得以快速且轻易地获得共鸣的语汇；这比一般的照片等图像更简单化，观众容易理解，在 PPT 的特性上，可读性相当强，因此受到喜爱。为了强调信息并提高观众的理解力，可试着利用图表来提高其传达力。

Before

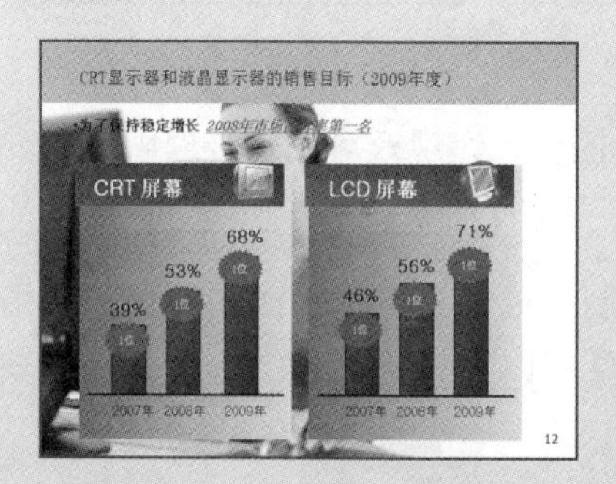

After

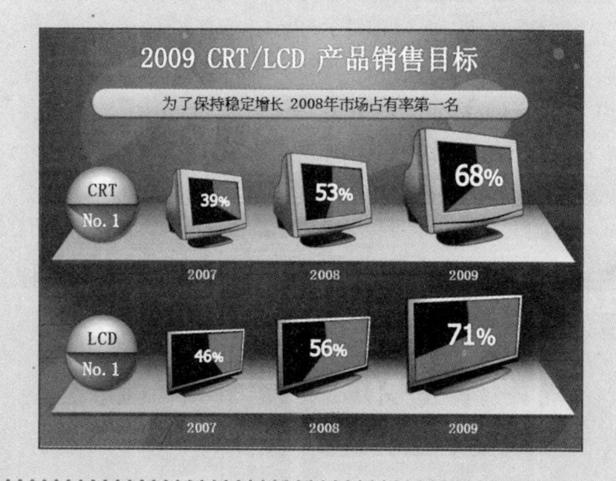

CHECK POINT

在制作时间有限的 PPT 设计过程当中，重新制作一遍多少会让人感到力不从心。因此，通过简单地编辑现有的图像及图表，可减少操作时间，以版面布局及强弱调整来提升核心信息的传达力。

STEP 01 原稿分析

Before 幻灯片是以柱形图呈现 CRT 屏幕与 LCD 屏幕的各年度市场占有率的幻灯片。背景部分则插入与幻灯片相关的图像，间接传达“市场占有率第一名”的核心信息。然而，每样产品都达到第一名的数据数值，等同于完全没有强调，且以红色强调的内容太过醒目，反而不会给人协调感，在此将使用图表来进行搭配，同时强调数据与核心信息。

STEP 02 概念草图（Idea Sketch）

图 1 ～图 3 是利用三种不同的图表所呈现出来的概念草图，均使了用各年度产品图像来进行比较，展现出各图表的特性。

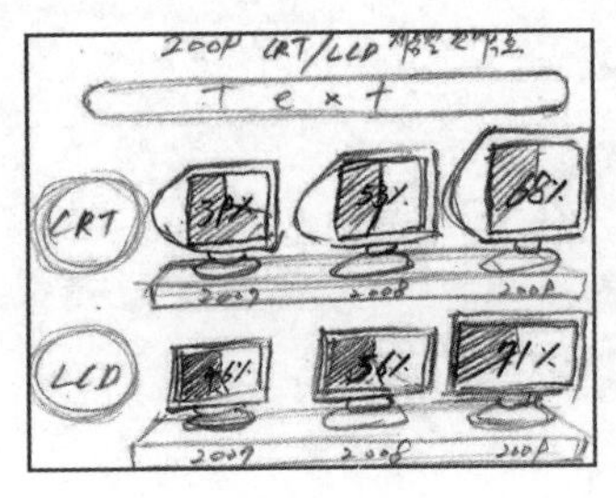

图 1

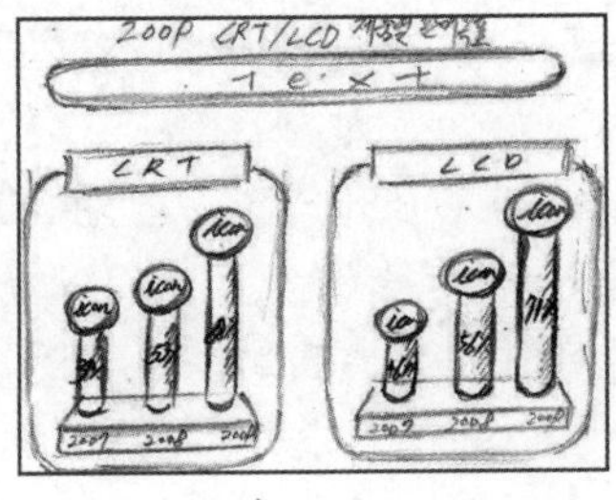

图 2

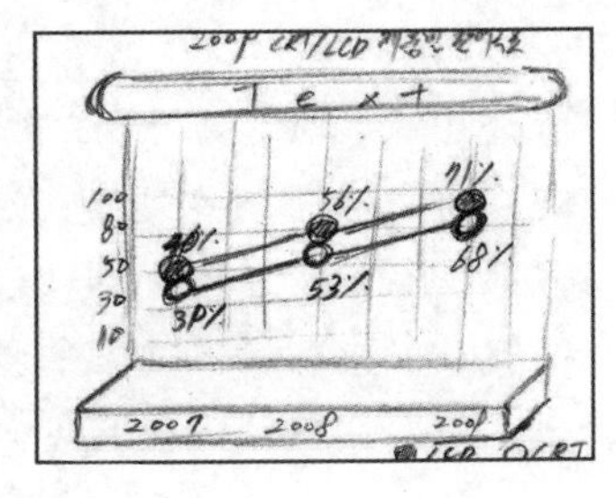

图 3

【图 1】是直接使用 CRT 屏幕与 LCD 屏幕的图像，让观众可以直接理解信息。此外，应用饼图的区域标示于产品图像上，使设计更富个性。

【图 2】是典型的柱形图，将各个产品图像制作成按钮来作为比较对象，风格独特。柱形图拥有比其他图表更能直接迅速比较并得以理解的优点，是最普遍的表现方式。

【图 3】是将产品图像转换为按钮图像，通过折线图的点来呈现。折线图比其他图表更能呈现出变化趋势，简单且容易比较。

STEP 03 幻灯片设计实作

以下的范例是以适合电子产品的蓝色为主色调的模板设计，在模板下面赋予对象立体感，并添加网格线。使 CRT 屏幕与 LCD 屏幕呈现图表感，扩大黑白色调差异，拉近其相似度。此外，各个屏幕内均插入数值，在屏幕上设计饼图的区域标示。为了使屏幕更富立体感，插入平坦的梯形图案。

若想在图表部分使用图像，请务必使用单一图像。图表拥有许多形态，但 PPT 设计方面较简单，最好让观众容易理解，设计越简单越好。若要使幻灯片上的对象更具立体感，背景部分最好以平面为主，才能使对象更加独特并且抢眼。

准备范例：CD\ 范例 \Part2\099\099_ex.pptx
完成范例：CD\ 范例 \Part2\099\099.pptx

01 打开 CD\ 范例 \Part2 \099 \099_ex.pptx 文件。

02 选取两个灰色矩形并右击，选择设置形状格式，出现设置形状格式对话框，选择填充→渐变填充，设置“角度270°；停止点1-红(217)、绿(217)、蓝(217)；停止点2-红(191)、绿(191)、蓝(191)；停止点3-红(191)、绿(191)、蓝(191)、透明度100%”。

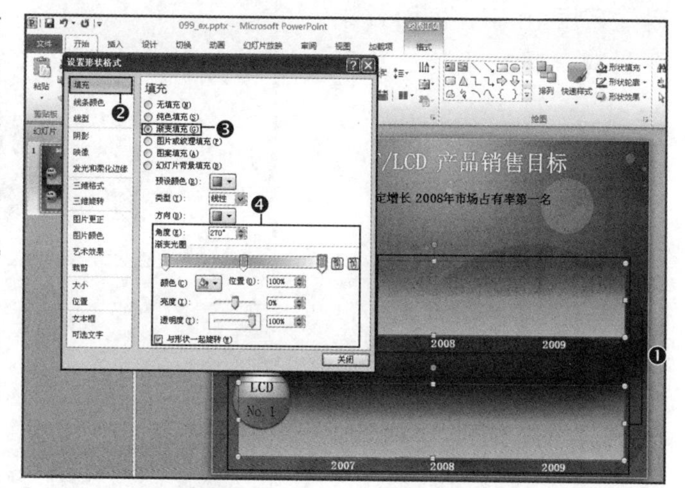

03 完成渐变设置。选择三维旋转，选取预设→透视→前透视，设置“Y-（309.6）、透视80°”。

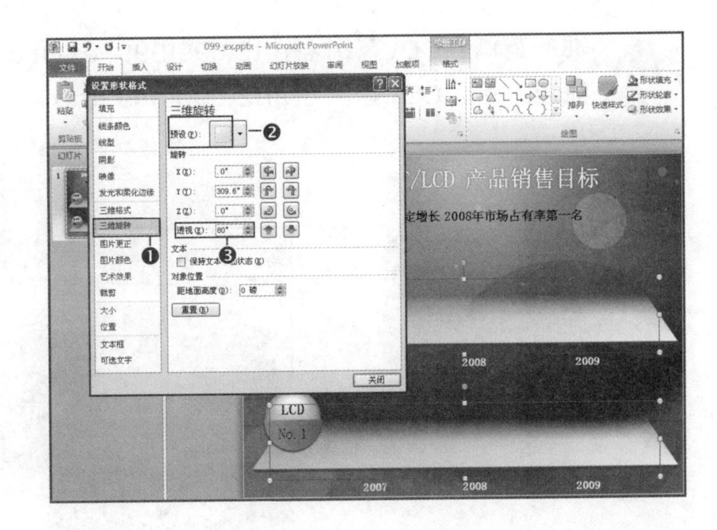

04 选取幻灯片左边的两个半圆，在设置形状格式对话框，选择三维格式→顶端→圆，设置“宽度 50 磅、高度 20 磅、表面效果→材料→暖色粗糙、角度 20°”。

图像编辑

05 在插入选项卡→图像组里，选择图片按钮，打开 CD\范例 \Part2\099\CRT、LCD.png 文件，如图放置，越往 2009 年方向，尺寸越大。

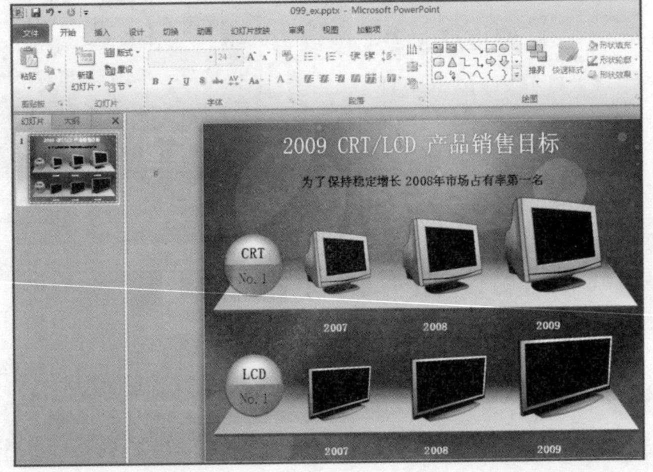

06 在开始选项卡→绘图组里，选择▾→线条→任意多边形后，在图像内绘制。

07 选取 CRT 屏幕里以任意多边形绘制的图形，选择绘图工具 - 格式选项卡→形状样式组→形状填充▾→标准色→绿色。选择形状轮廓▾，选取无轮廓。

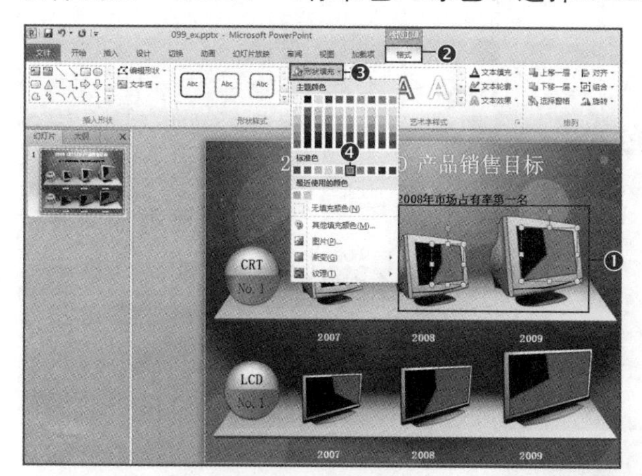

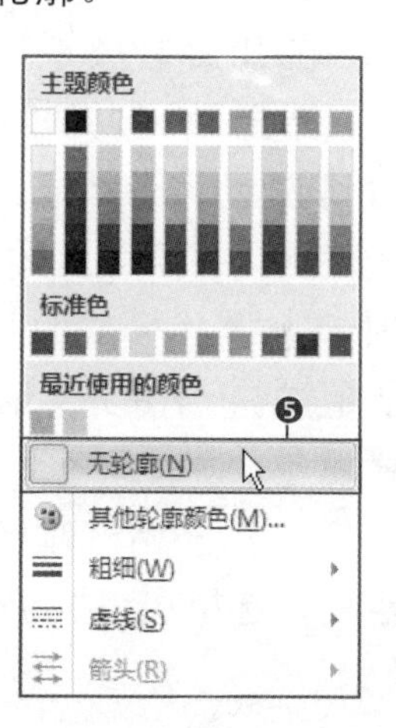

08 选取 LCD 屏幕里以任意多边形绘制的图形，选择绘图工具 - 格工选项卡→形状样式组→形状填充▾→标准色→浅蓝。选择形状轮廓▾，选取无轮廓。

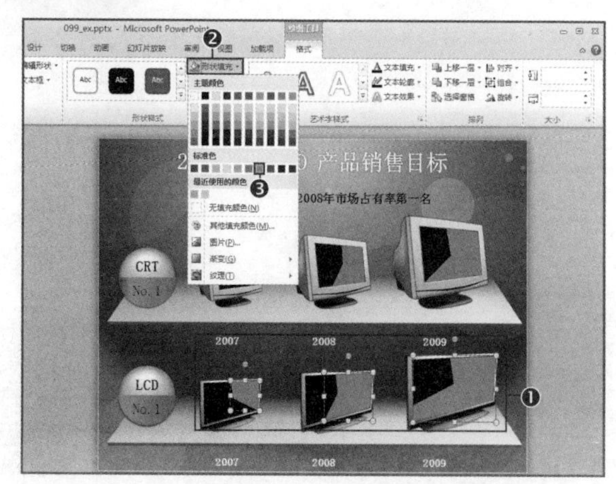

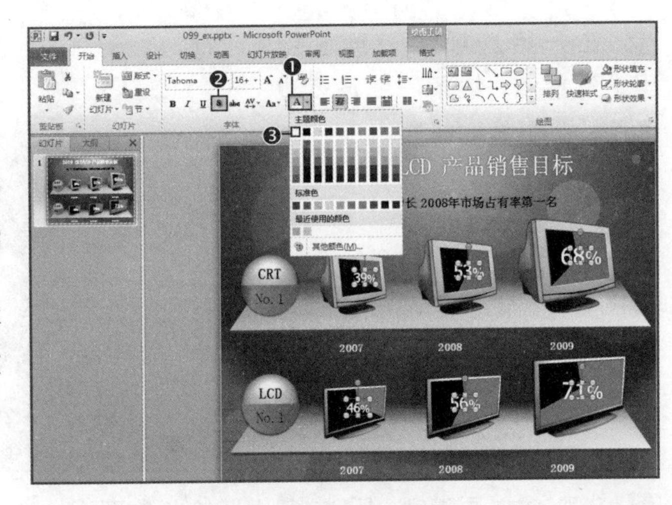

09 制作文本框，在屏幕内输入文字，越往2009年的方向，文字越大。2007年的39%、46%，字号“20磅”；2008年的53%、56%，字号“28磅”；2009年的68%、71%，字号“36磅”。字体颜色设置为白色，选择文字阴影。

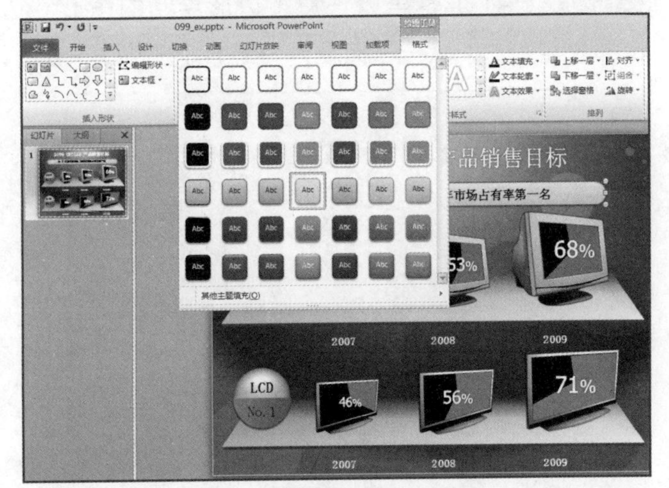

10 在开始选项卡→绘图组里，选择→圆角矩形，绘制时请设置为无线条线，再置于底层。在绘图工具 - 格式选项卡→形状样式组里，选择其他按钮，选取“细微效果 - 橄榄色，强调颜色 3”。选择文字，在开始选项卡→字体组里，选择加粗按钮。

CHAPTER 10

善用图像，提高幻灯片的信息传达力

PPT 设计时，怎样才能表现出最好的效果？答案就是图像的运用。以文字为主的 PPT，内容再怎么简单扼要，也不如直接看图像的效果来得好。在 PPT 中利用图像，是一针见血的设计要素。在图像编辑方面，虽然会因为图像质量的高低而有所不同，但 PPT 中所需的图像，只要够幻灯片用就可以了。使用适当的图像，通过简单的后续制作，可大幅提升 PPT 的效果。让我们练习利用照片图像，来提高信息传达力的设计吧。

Before

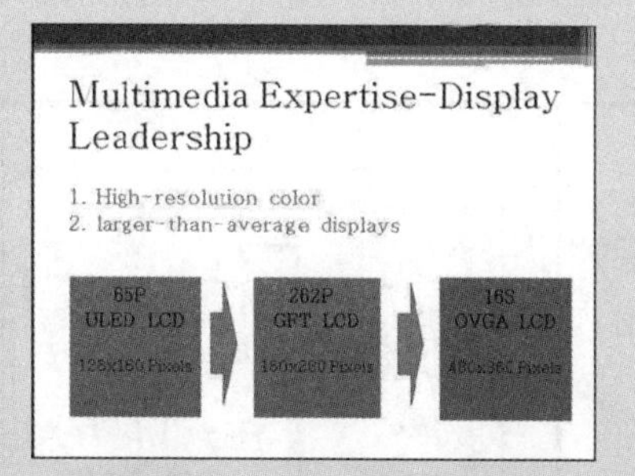

After

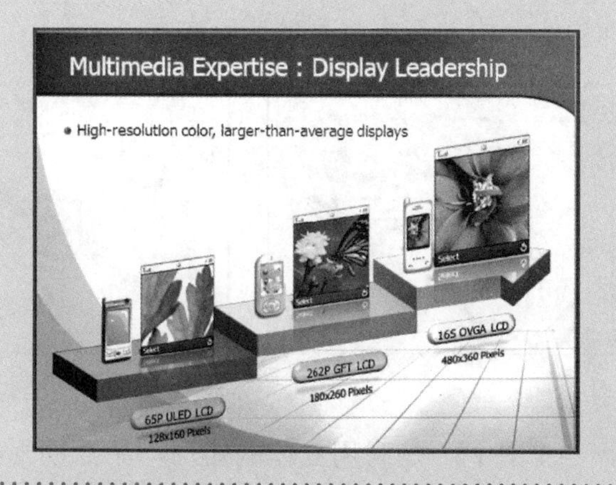

CHECK POINT

Before 幻灯片使用图像是为了有效传达内容。首先，在幻灯片内容中找出可以用图像取代的对象，并非所有信息都适合用图像来呈现。因此，使用图像时，必须先考虑是否对传达内容有作用才行。例如，一个说明产品特性或使用方法的幻灯片，加入产品的图像会更有效地传达信息；但是，若是一份报告或企划书等文字内容较多的幻灯片，简洁地整理文字，会比加入图像更重要。因为使用图像来表达时，必须要能发挥其最大的效果，而复杂的数值或难懂的专业术语等，仅以文字难以帮助理解内容，因此必须添加可以提高信息传达效果的图像，才能一起加以说明。此外，选取使用的图像虽然大部分来自个人意见，但若能稍加留意，在设计 PPT 时，就能获得最佳的效果。

STEP 01 原稿分析

Before 幻灯片是在感性的背景模板之上设计清晰的大标题，下面排列两行副标题，文本内容整齐排列在其下面，核心信息使用红色来强调。唯独串联三个组合的蓝色箭头略显突兀，但大致上还算协调。在这张整齐排列的幻灯片上，若能善用适当的图片，将有助于加深理解及视觉上的吸引力，也能提高传达力。此外，还要将三个组合设计得更富立体感。

STEP 02 概念草图（Idea Sketch）

与手机有关的图像，利用矩形制作出手机屏幕的效果并排列。是以三个组合为中心，由左至右排列的版面布局。

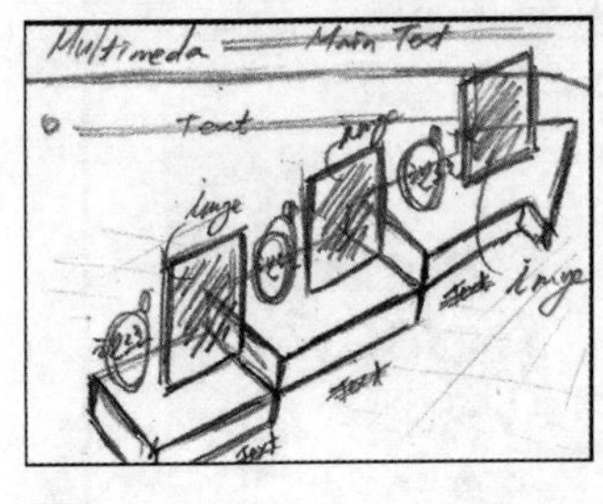

图 1

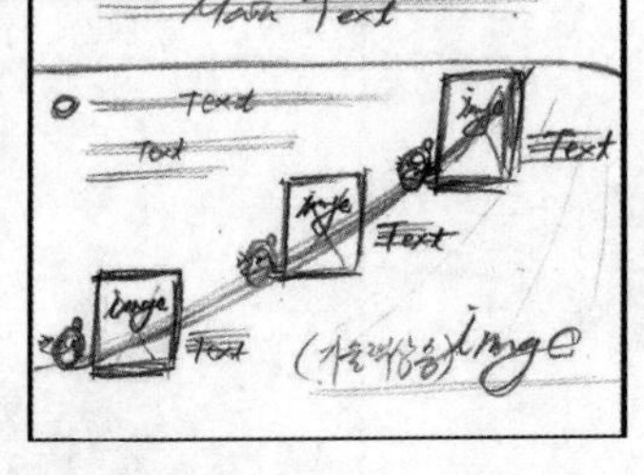

图 2

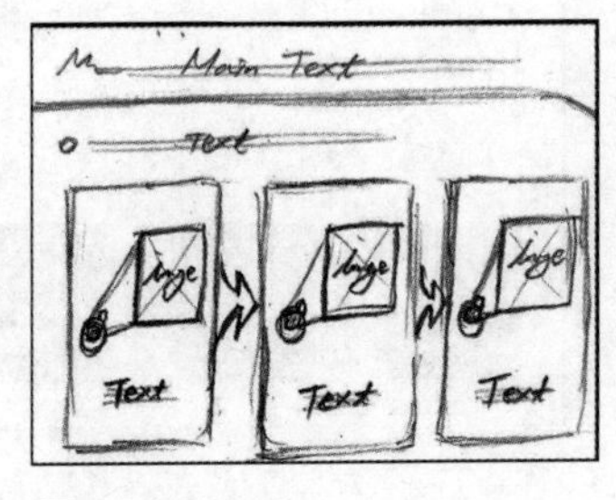

图 3

【图 1】 是利用立体的矩形与手绘图形相结合，设计阶梯式箭头。赋予阶梯式的高低差异，呈现出随着高度的发展与时间流动的效果。此外，因在图形上加入信息，整理得很整齐，更能一起传达视觉上的吸引力。

【图 2】 是将三个图像置于射线的线条上面，相关的文本内容排列在周围，深具统一性且清晰地传达信息。附加说明及留白的设计亦佳，是一份很好的版面布局。

【图 3】 是利用矩形的组合，将画面三等分，由左至右排列的传统版面布局。适合在当组合内的内容很多时使用，也是空间灵活运用得很高的设计。

STEP 03 幻灯片设计实作

在以清楚的颜色对比来强调大标题的背景范本上，依图 1 的概念草图为基础设计幻灯片。为了强调立体感，在背景范本下面添加了呈现出空间感的网格线。利用立体矩形与立体箭头形状的任意多边形，制作阶梯形的图案，并更改成与核心信息的照片图像相同的透视方向，加以排列组合。从左边往右边上升，放进表现逐渐发展的图像，传达发展的信息。在表现方法中，最重要的是信息要配合透视的图像，也必须调整透视的形状和方向，才能呈现出自然感。可以的话，尽量缩短文字量，以简短的文字，配合透视方向，朝着最佳的设计迈进。

准备范例：CD\ 范例 \Part2\100\100_ex.pptx
完成范例：CD\ 范例 \Part2\100\100.pptx

01 打开 CD\ 范例 \Part2\100\100. _ex.pptx 文件。在幻灯片内选取三个图形，按【Ctrl + G】快捷键，设置为组合。

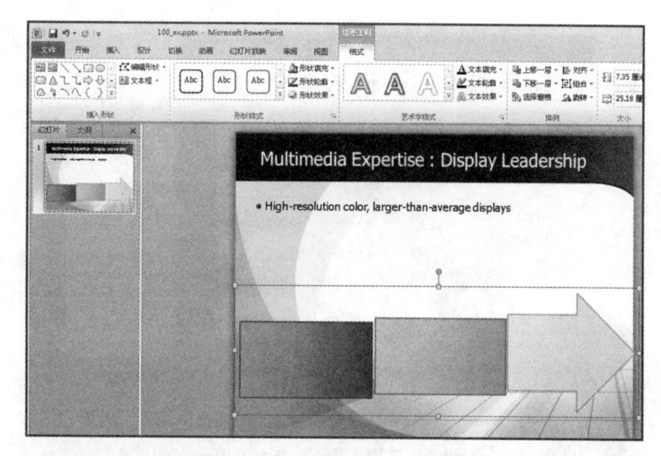

02 在“设置形状格式”对话框中，选择三维格式，深度设置“30 磅”。

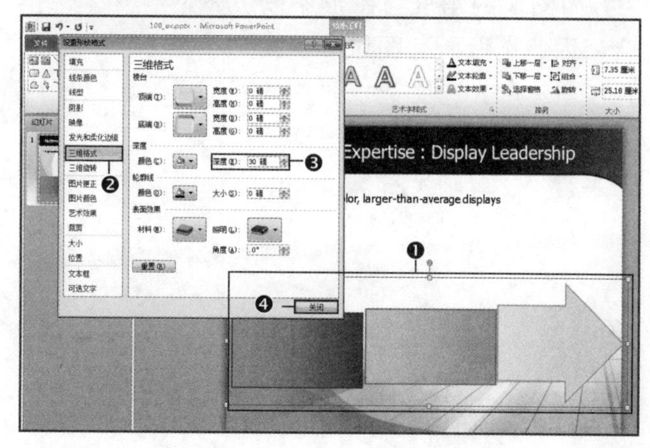

03 选取组合，在绘图工具 - 格式选项卡→形状样式组中，选择形状效果→三维旋转→平行→“离轴 1 上”。

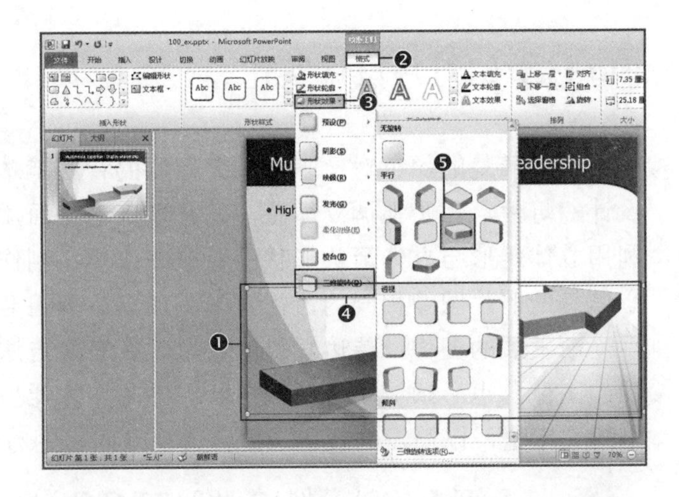

04 在插入选项卡→图像组里，选择图片，打开 CD\范例\Part2 \100\图 1~图 6.png 文件，如右图所示。因为越往上表示越重要，所以调整黄色箭头上的图像。

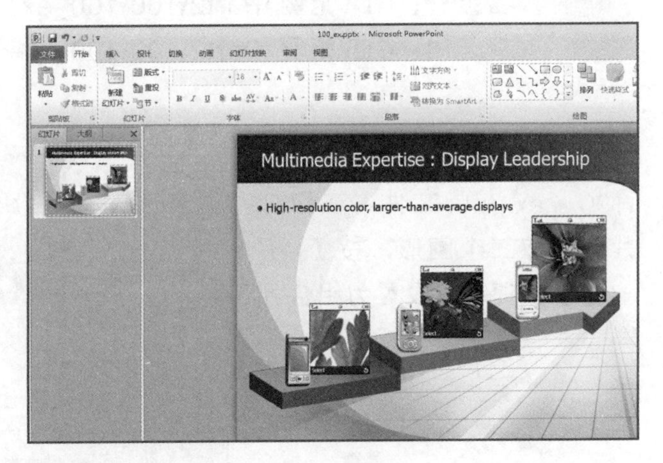

05 因图像的角度与图形不吻合，因此选取所有图像，在图片工具 - 格式选项卡→图片样式组中，选择图片效果→旋转→平行→“离轴 1 右”。

06 选取手机的液晶屏幕，在图片工具 - 格式选项卡→图片样式组中，选择 形状效果 → 映像→“紧密映像，接触”。

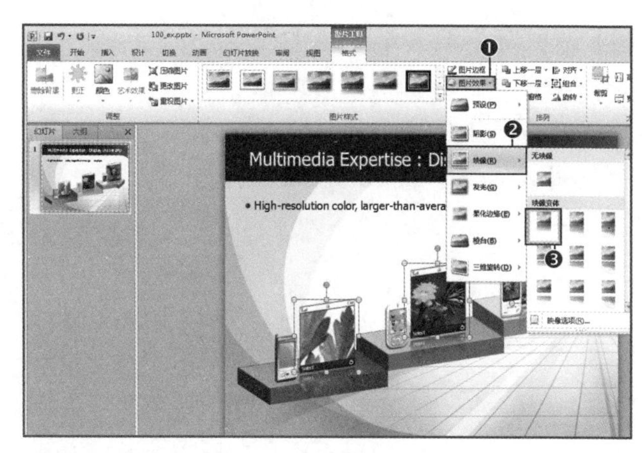

07 在开始选项卡→绘图组中，选择 →矩形→圆角矩形，如右图绘制后，在设置形状格式对话框中，选择填充→渐变填充，输入下列各数值。并设置为无边框。

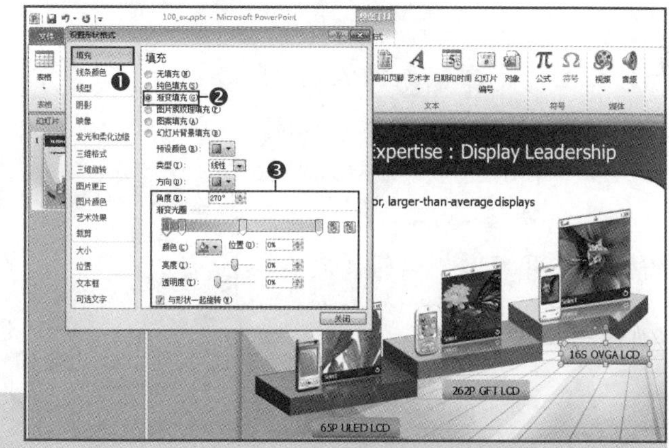

- 65P ULED LCD
  角度 270°
  停止点 1- 红（12）、绿（121）、蓝（188）、停止点位置 0%
  停止点 2- 红（23）、绿（166）、蓝（237）、停止点位置 10%
  停止点 3- 红（125）、绿（209）、蓝（239）、停止点位置 50%
  停止点 4- 红（37）、绿（198）、蓝（255）
- 262P GFT LCD
  角度 270°
  停止点 1- 红（101）、绿（136）、蓝（22）
  停止点 2- 红（124）、绿（184）、蓝（16）、停止点位置 10%
  停止点 3- 红（196）、绿（242）、蓝（134）、停止点位置 50%
- 16S OVGA LCD
  角度 270°
  停止点 1- 红（150）、绿（147）、蓝（25）
  停止点 2- 红（199）、绿（191）、蓝（27）、停止点位置 10%
  停止点 3- 红（245）、绿（240）、蓝（131）、停止点位置 50%
  停止点 4- 红（241）、绿（229）、蓝（73）

08 选取三个填上渐变色的图形后，在设置形状格式对话框中，选取三维格式→顶端→冷色斜面，设置“宽度 13 磅、高度 6 磅”。

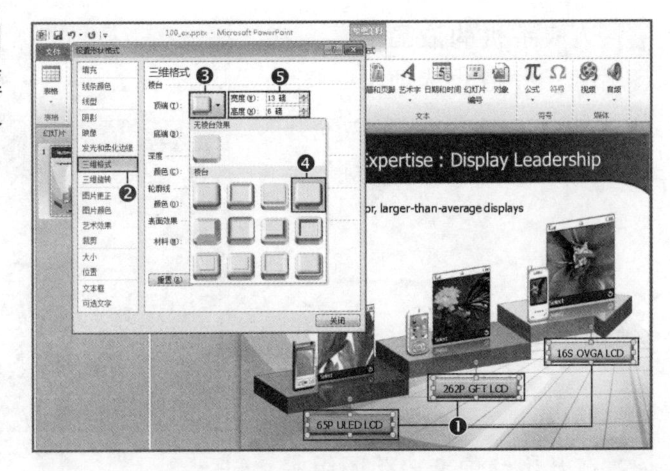

09 在图形下面输入像素值，连同所有文字一起选取。在绘图工具 - 格式选项卡→形状样式组中，选择 形状效果 →三维旋转→平行→“离轴 1 右”。

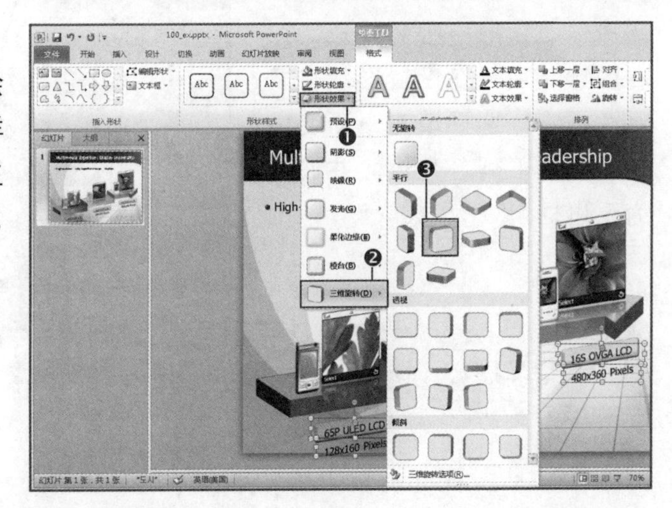

SPECIAL TIP

利用格式刷，简单迅速地套用格式

想将图形上的格式套用到其他形状时，必须再一次重复套用格式的动作，很烦琐。若是利用“开始选项卡→剪贴板→格式刷”，则可以轻易地解决这个问题。格式刷是将套用在文字或图形上的格式，复制到其他文字与图形上的功能。因此，选取已套用好格式的图形，单击“格式刷”，再选择其他图形，就可以成功复制。另外，若按两下“格式刷”，可以反复地套用相同的格式在图形上。也可以从迷你工具列上，选择格式刷工具来复制格式。

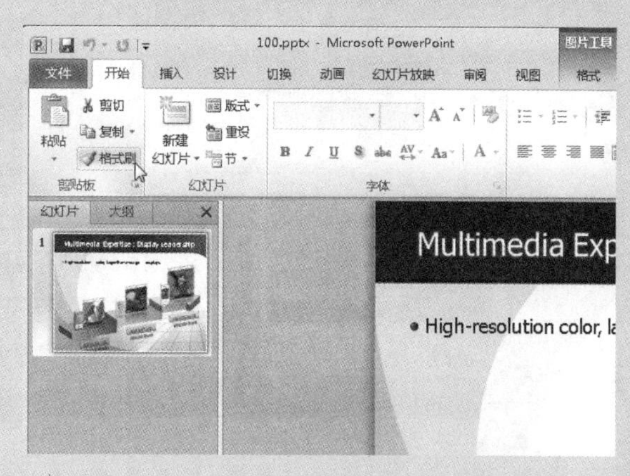

SPECIAL TIP

何为渐变停止点

在图形或文字上套用渐变填充时，就会利用到渐变停止点。它可以在设置形状格式对话框或设置文本效果格式对话框中找到，开始会觉得渐变停止点似乎很复杂，但若了解其原理，就能够设置出简单又多样的渐变颜色。

停止点是渐变的基础。基本有停止点1、2、3，在停止点上可设置颜色或设置位置。若在停止点上设置了颜色与位置，从设置的位置开始，会填上渐变色。例如，在停止点1设置颜色为红色，位置设置为0%时，从停止点开始的0%位置到100%为止，会逐渐产生渐变色。

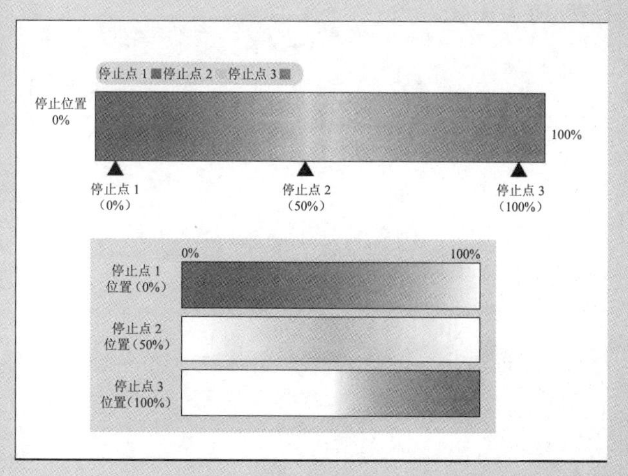

3 PART

实务应用度 100% 的幻灯片设计——图表风格

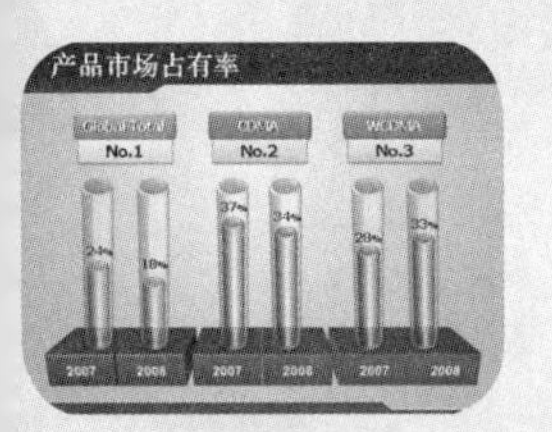

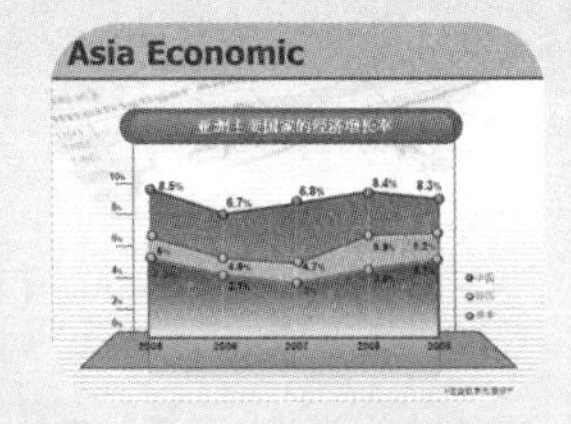

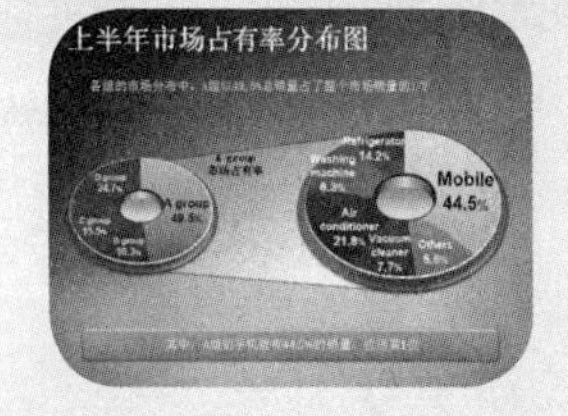

在这里将通过幻灯片，学习在众多 PPT 中经常使用的图表样式，从而培养核心要素与设计感。从柱形图、横条图、折线图、饼图，到区域图、环形图、股票图等，看起来虽然很美观，但亲身制作时却有些困难，现在就通过实际的制作过程，仔细学习吧。

CHAPTER 01 添加透明圆柱体的图表

虽然也能使用一般的圆柱图，但看起来过于平凡，因此我们在幻灯片上使用透明效果，为圆柱图增添一些颜色，可设计出比基本圆柱图更具完美感的图表。

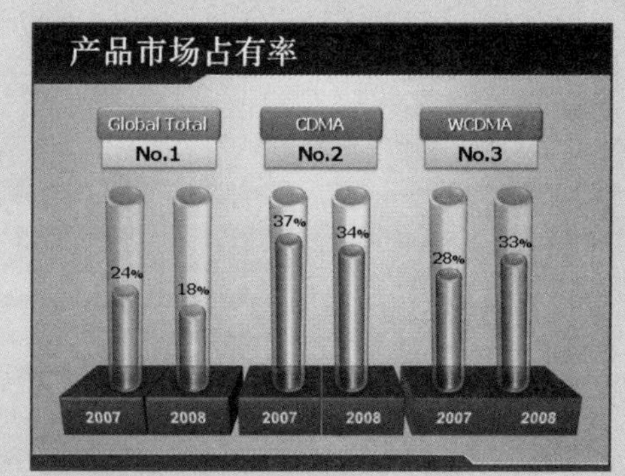

CHECK POINT

利用两个图形制作完成的透明圆柱图。可以了解赋予透视感于图形时，建立组合与没有建立组合的套用格式的差异。建立组合时，若套用三维效果，可快速地完成图表。下面就使用颜色与透明度，来练习各式各样的图表吧！

与基本柱形图的表现方法略有不同，视线由上往下俯视，略带透视感，将给人耳目一新的感觉，兼具饼图以 100% 为基准，各项目比较所占据的比重的优点，以及以高低直接比较的柱形图的设计。想要强调的核心信息是最左侧的数据，使用更高的明度及不同的颜色，自然地强调核心信息。这是一个可用于比较四种等多种数据内容的 PPT 设计，也能运用在各种柱形图的 PPT 设计。

准备范例：CD\ 范例 \Part3\012\012_ex.pptx

完成范例：CD\ 范例 \Part3\012\012.pptx

01 打开CD\范例\Part3\012\012_ex.pptx 文件。

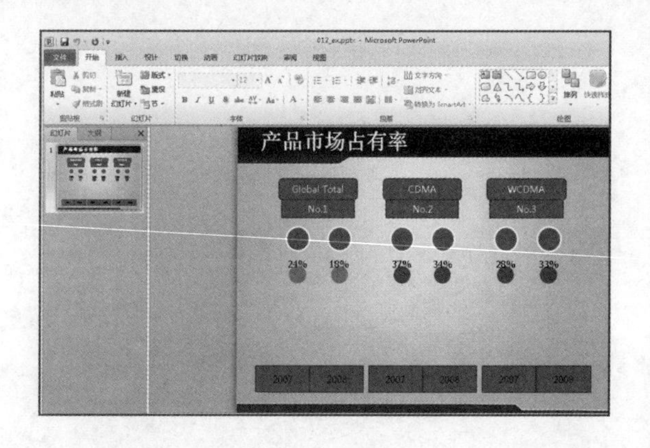

赋予透视感

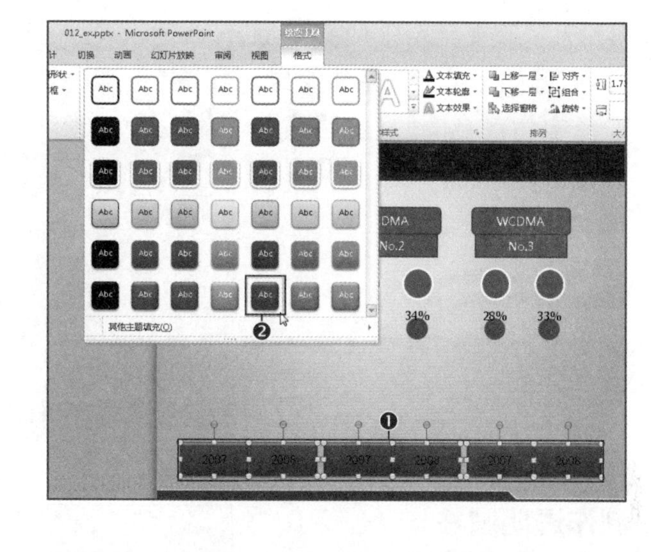

02 制作圆柱前，先制作放置圆柱的平台。按住Shift键不放，选取所有下方写着年度的图形，选择绘图工具 - 格式选项卡→形状样式组→其他，选取“强烈效果 - 紫色 , 强调颜色 4”。

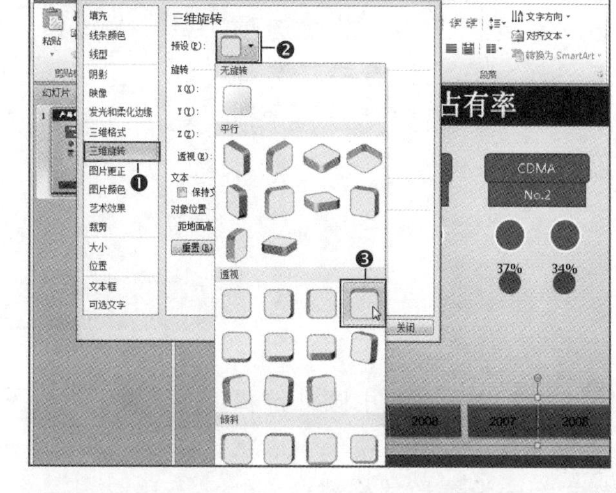

03 为了赋予具统一性的透视感，将下方的图形以【Ctrl + G】快捷键设置组合。在选取图形的状态下，选择绘图工具 - 格式选项卡→形状样式组→设置形状格式，出现设置形状格式对话框时，选择三维旋转→预设→透视→下透视，设置“Y-（20）、60° ”。

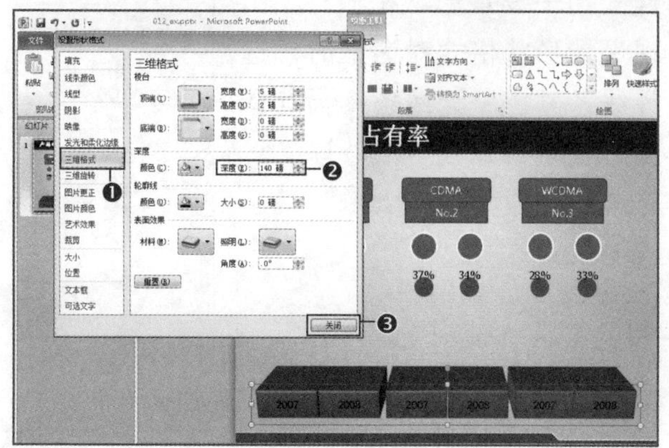

04 在三维格式中，设置深度“140 磅”。

05 为了改变平台上的文字颜色，在开始选项卡→字体组里，选择字体颜色 A→主题颜色→“白色，背景 1”，设置加粗 B 。

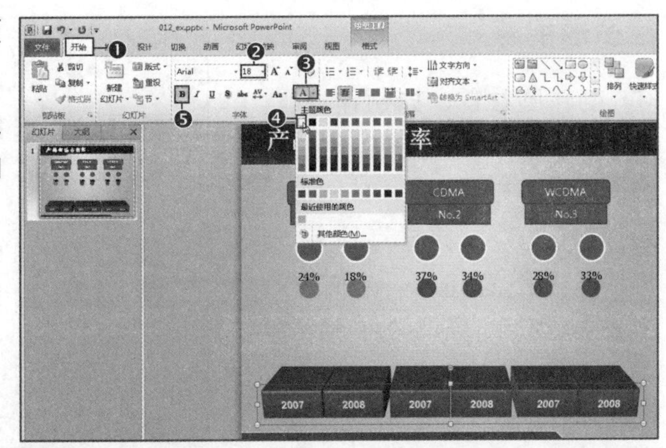

制作透明圆柱

06 选取要制作成圆柱的圆，在绘图工具 - 格式选项卡→形状样式组合中，选择 形状效果，设置预设→“预设 10”。

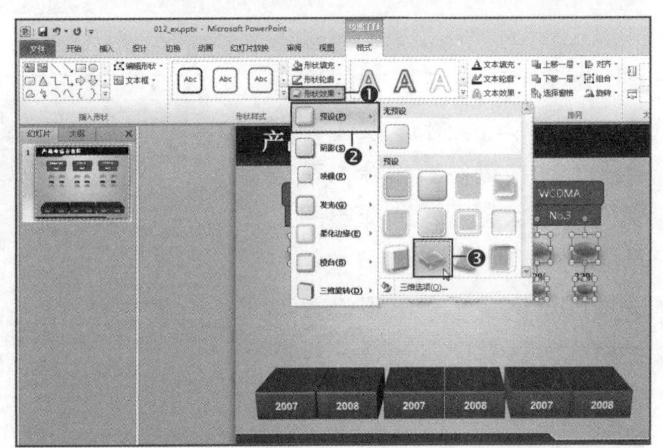

07 先选取所有的小圆，选择绘图工具 - 格式选项卡→形状样式组→设置形状格式 ，出现设置形状格式对话框时，选择线条颜色→无线条；再选择三维格式→深度“130 磅”、三维旋转→“Z-（54）”。

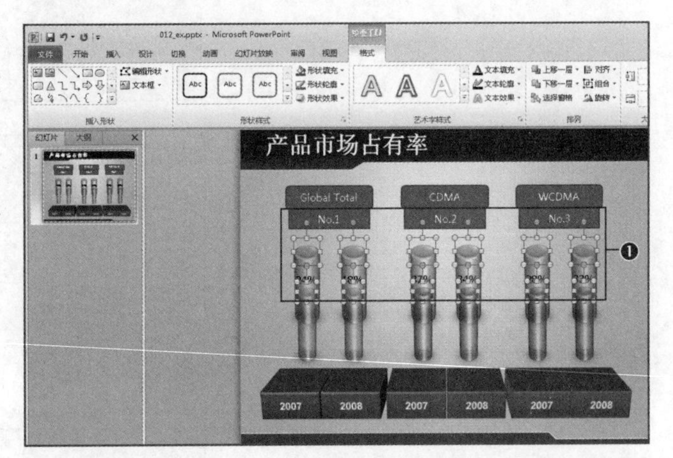

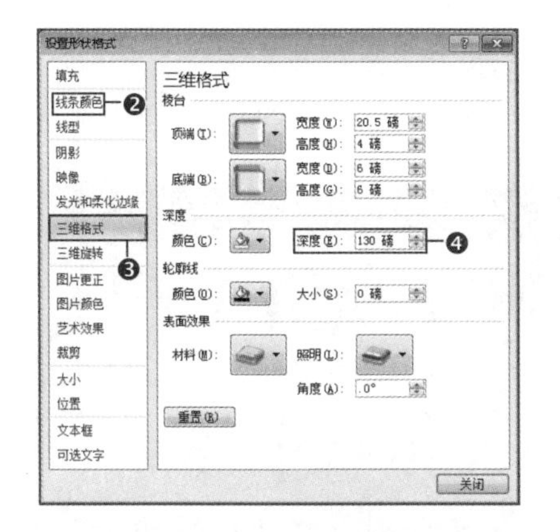

08 接着，选取所有的大圆。选择绘图工具 - 格式选项卡→形状样式组→设置形状样式，出现设置形状样式对话框时，选择线条颜色→实线，颜色里选取“白色，背景 1”，三维格式→深度“300 磅”、三维旋转→“Z-（54）”。

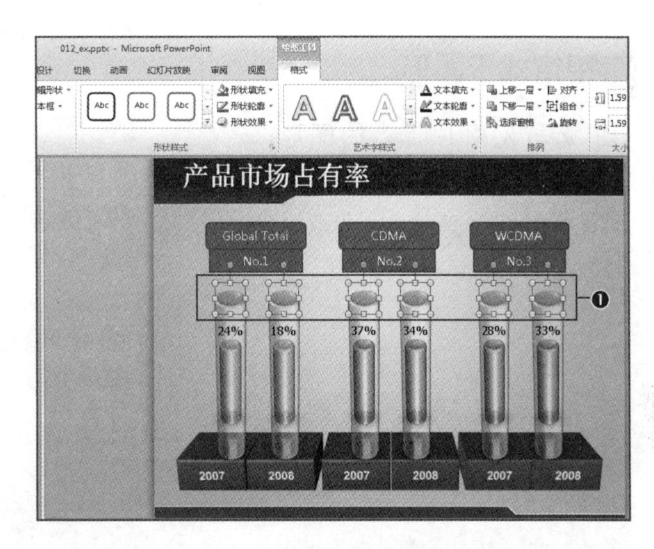

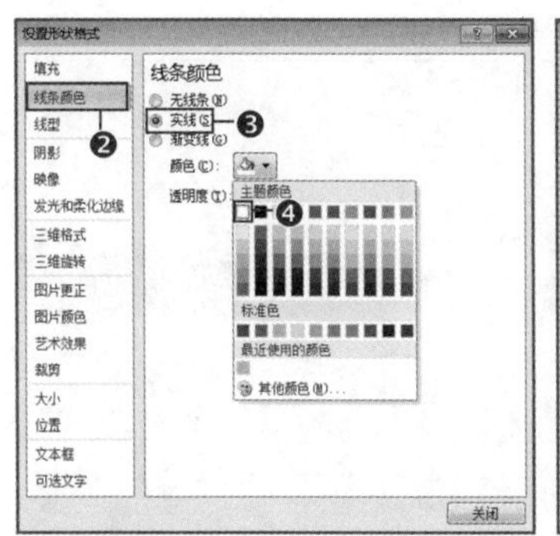

09 制作好透明的圆柱后，还必须再调整高度。调整圆柱的高度，可以在设置形状格式对话框里的三维格式→深度，边看效果边输入适当的数值进行调整。

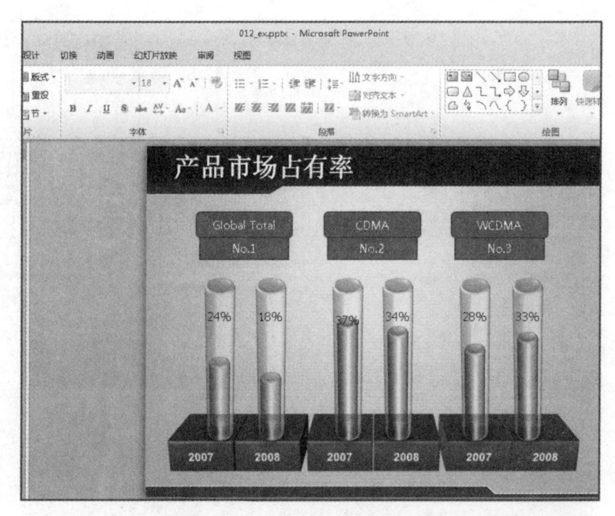

TIP

深度的数值越大，高度就越高；深度的值越小，高度就越矮。

套用格式于图形

10 选取幻灯片上方的图形，选择绘图工具 - 格式选项卡→形状样式组→其他，选取“强烈效果 - 水绿色，强调颜色 5”。

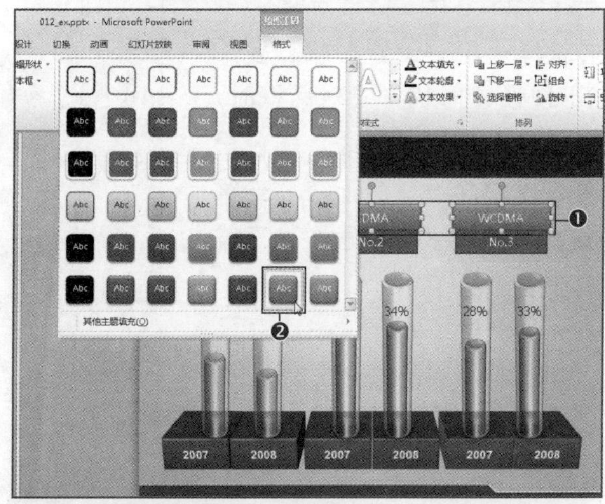

11 分别选取 No.1、No.2、No.3 下面的图形，设置“细微效果 - 水绿色，强调颜色 5”。

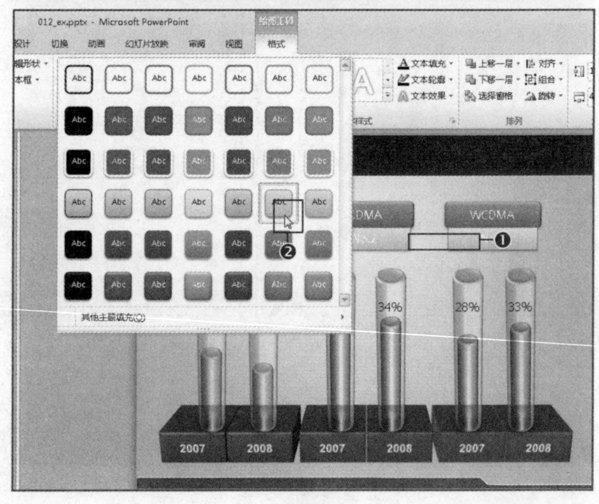

编辑文字

12 选取所有文字，在开始选项卡→字体组里，选择加粗 B（【Ctrl + B】快捷键），将数字置于竖直圆柱上。

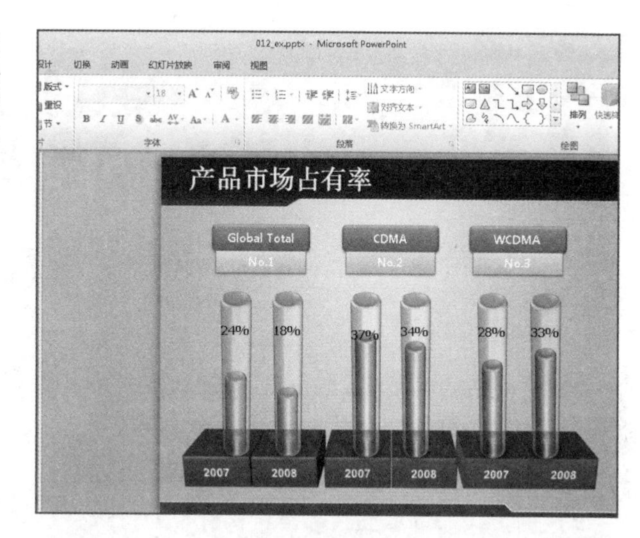

13 设置 Global Total、CDMA、WCDMA 字号为“20 磅”，字体颜色 A →主题颜色→“白色，背景 1”，设置文字阴影 S。设置 No.1、No.2、No.3 字号为“24 磅”，选择字体颜色 A →主题颜色→“黑色，文字 1”。

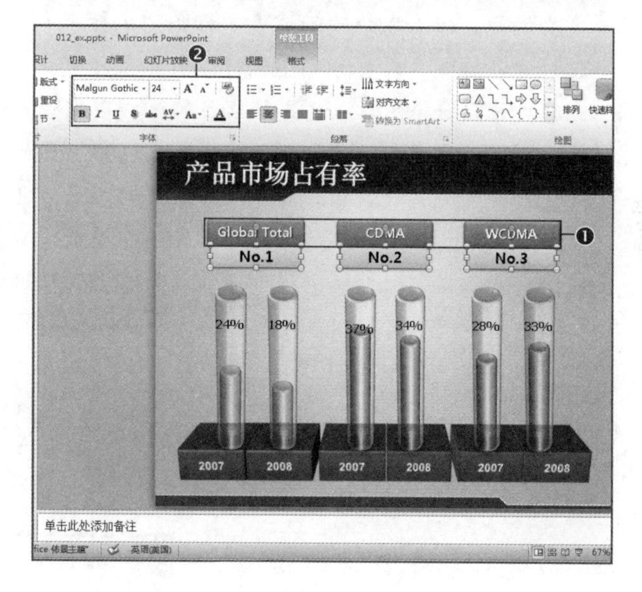

CHAPTER 02

组合重复内容为一，化繁为简的堆栈横条图设计

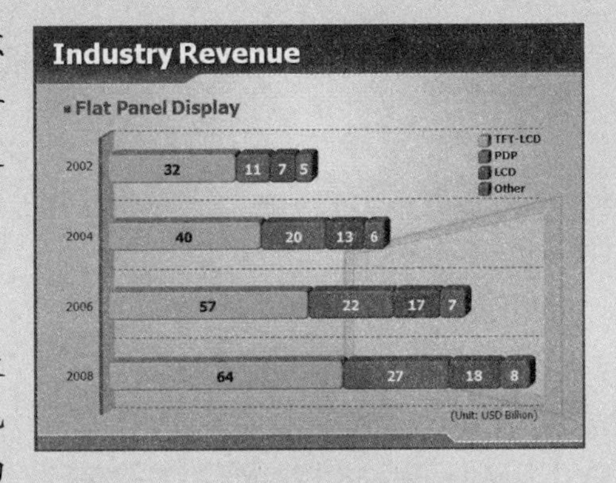

横条图在 PPT 中，是十分常见的一种设计。不仅容易清楚传达信息，让人一目了然，更重要的是，设计过程非常简单；不过，若是遇到复杂的信息内容时，该如何用横条图来呈现呢？

CHECK POINT

本范例里，三维感虽然对画面感有帮助，但最重要的是呈现清晰明确的图表。横条图的颜色设计十分鲜明，右上方的图例标明各横条图的内容，是以一个图表表达各种项目的增减现象时，很好用的一种图表。必须要注意的是，项目一旦变多，颜色与数值的变化就必须更加明确，柱形图与横条图均以长度的直观差异呈现其成长趋势，横条图最大的优点，也是柱形图与横条图最大的差异点，就在于可以充分地在横向幻灯片里，精准地进行数据比较。一般而言，PPT 多使用横向幻灯片。柱形图虽然可以对各项目数值进行比较分析，但会受横向幻灯片的限制，而在精准表达上有困难。要想克服这个障碍，就可以使用横条图。如最终完成的范例，可呈现各个数据的详细内容，可以说是 PPT 应用度相当高的一个设计。

准备范例：CD\ 范例 \Part3\015\015_ex.pptx
完成范例：CD\ 范例 \Part3\015\015.pptx

01 打开 CD\ 范例 \Part3\015\015_ex.pptx 文件。

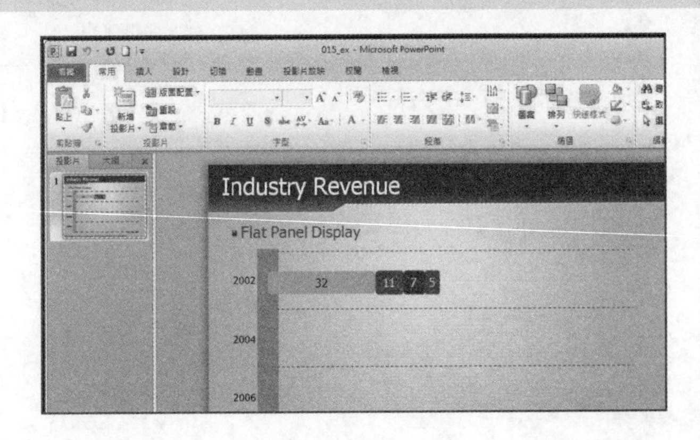

输入内容

02 选取横条图，按【Ctrl + D】快捷键予以复制，分别置于 2004、2006、2008 位置上。使用图形复制功能，可轻易地制作出四个横条图。

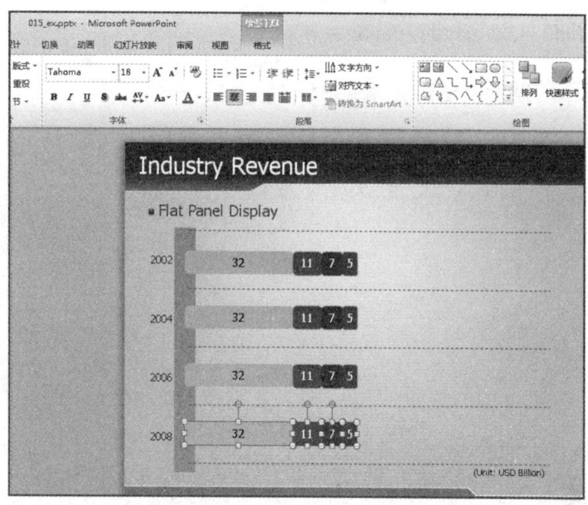

03 调整各年度的数列长度。选取图形后，拖动调整控制点，调整大小。

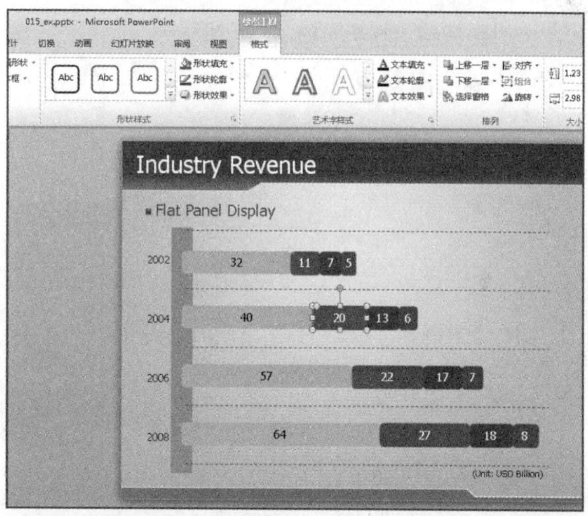

04 选取大标题、副标题，以及所有横条图与上方的文字。在开始选项卡→字体组中，选择加粗 B（【Ctrl + B】快捷键）。

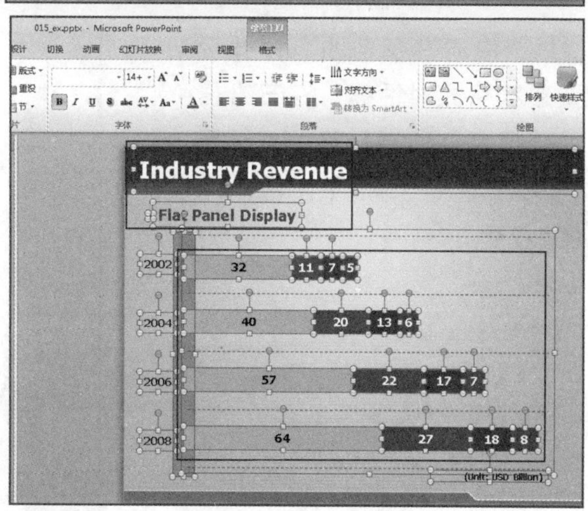

制作三维条形图

05 选取作为左侧坐标轴的灰色矩形。选择设置形状格式→三维格式，设置深度“5 磅”。

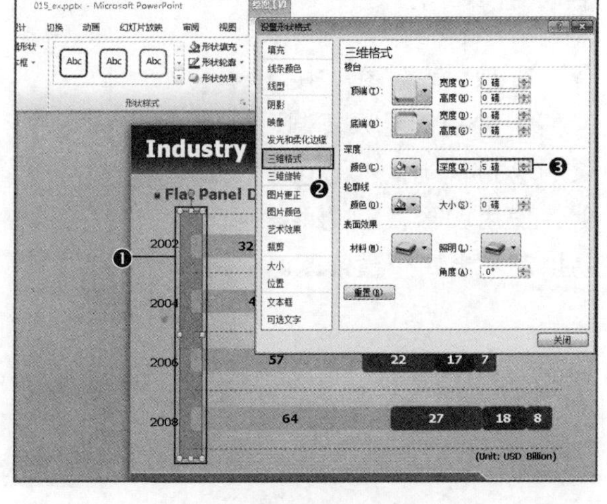

06 选择三维旋转，选取预设→平行→“离轴 2 右”。

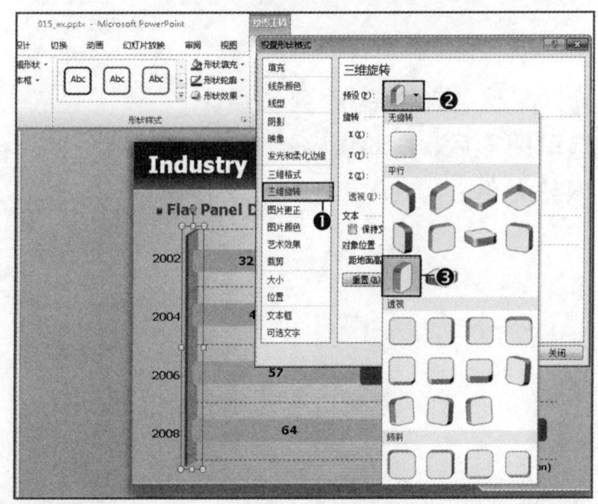

07 选取所有横条图，打开设置形状格式对话框，在三维格式→棱台→顶端→斜面，设置“宽度 3 磅、高度 3 磅、深度 30 磅”。

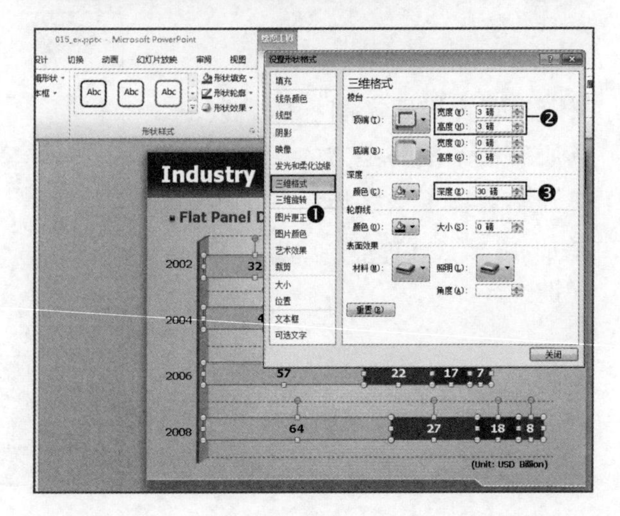

08 同样地选取所有横条图，在设置形状格式对话框中，选择三维旋转，选取预设→倾斜→倾斜右上。

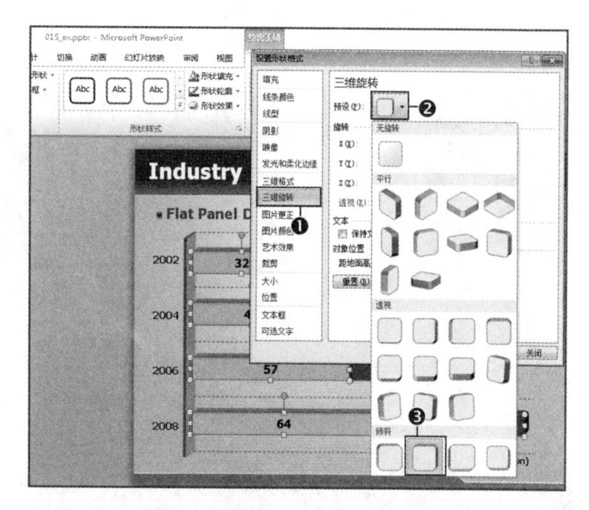

09 在插入选项卡→图像组中，选择图片，打开 CD\范例\Part3\ 015\图 1.png 文件，置于幻灯片的右下方。为了之后设计背景，在选取图片的状态下，选择图片工具 - 格式选项卡→排列组→下移一层→置于底层。

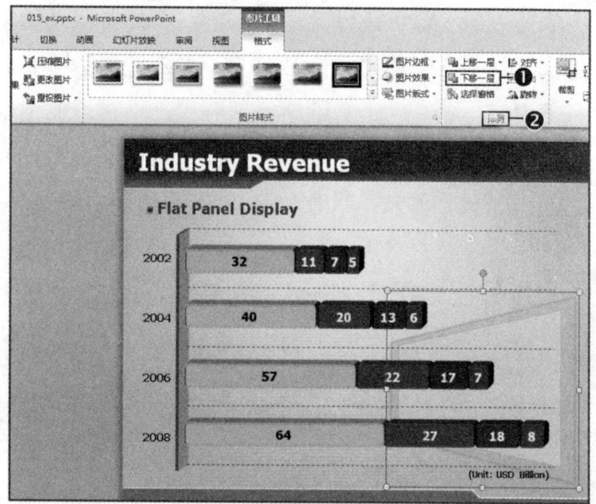

10 最后设计图例。在这里，不必重新设计图例，复制横条图后，调整大小即可，选择排列→对齐→左右居中，适当地加以整理。

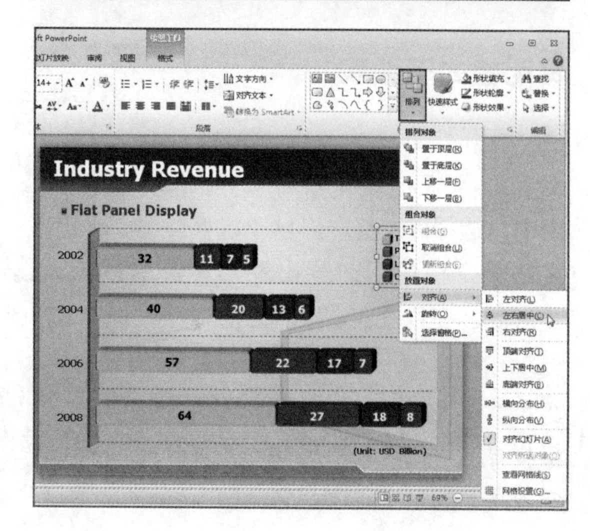

CHAPTER 03

以图表呈现项目列表的横条图幻灯片设计

若善用图表，将比文字更能有效地传达视觉信息。本课将学习使用图标与图案效果的横条图设计。

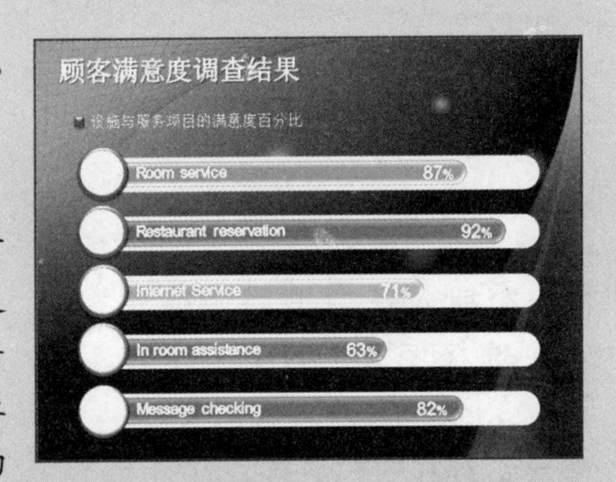

CHECK POINT

设计虽然重要，但整齐的排列也是重点。图案是可轻易地赋予诸多设计效果的菜单。图标是信息的象征按钮，在阅读文字信息前，可先通过图标大体看下内容，将有助于更迅速地理解信息。最好能在单纯的三维图形上，使用各种图标。为了做出更好的PPT设计，不要只是跟着学习，最好一边学习一边思考何处该赋予什么效果，会产生何种变化等，这样学习会更有成效。这是一个应用柱形图的变形，所完成的横条图设计；以横向形态呈现各种项目，通过数列长度的比较，传达信息的图标。在灰色的基本图形上，加入各种数据的比较。以 100% 为基准，比较各个项目的内容，是一个值得运用的设计。

准备范例：CD\ 范例 \Part3\016\016_ex.pptx

完成范例：CD\ 范例 \Part3\016\016.pptx

套用格式于图表

01 打开 CD\ 范例 \Part3\016\ 016_ex.pptx 文件。在开始选项卡→绘图组中，选择→基本形状→椭圆，在第一个横条图前绘出图形。选取圆形后，在绘图工具 - 格式选项卡→大小组里，输入形状高度与形状宽度为“2.38 厘米”，选择形状样式组，选择其他，选取“强烈效果 - 蓝色，强调颜色 1”。

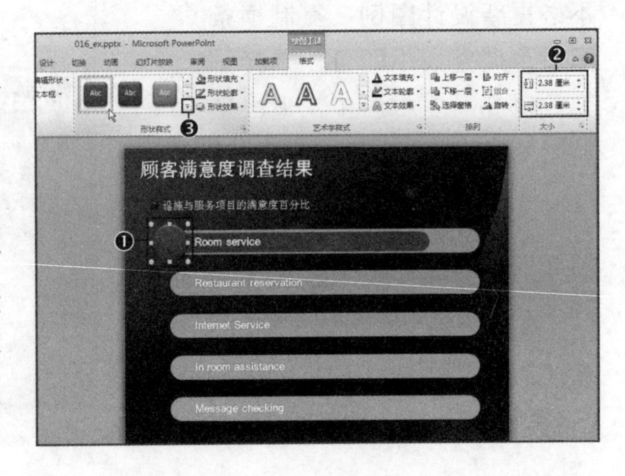

02 同时选取圆形与文字、蓝色横条、灰色横条，在绘图工具 - 格式选项卡→排列组中，选取对齐→上下居中，对齐图形。

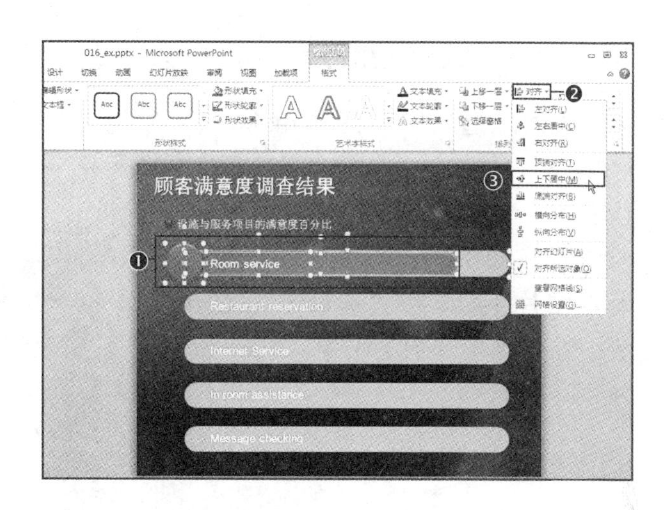

03 选取两个横条并右击，单击“设置对象格式”选项，会出现设置形状格式对话框。在三维格式→棱台→顶端→艺术装饰，设置“宽度 10 磅、高度 6 磅；表面效果→材料→特殊效果→柔边缘；照明→特殊格式→发光，角度 235° ”。

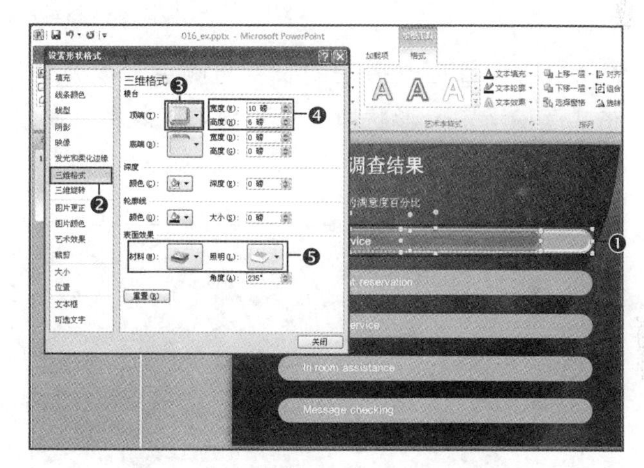

04 选取圆形与蓝色横条，按【Ctrl + D】快捷键复制；再选取所有的圆，绘图工具 - 格式选项卡→排列组→对齐→左右居中。

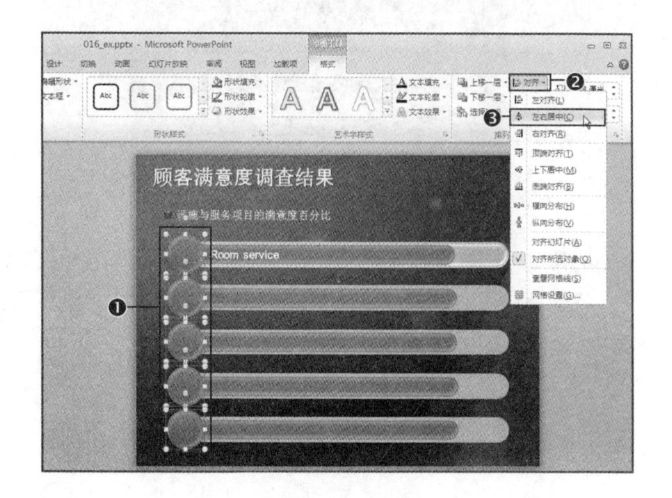

插入图示，设计幻灯片

05 从插入选项卡→图像组中，选择图片，打开 CD\ 范例 \Part3\016\01～05.png 文件。将各张图标放置在圆中央，再选取圆与图标，图片工具 - 格式选项卡→对齐→左右居中、上下居中。

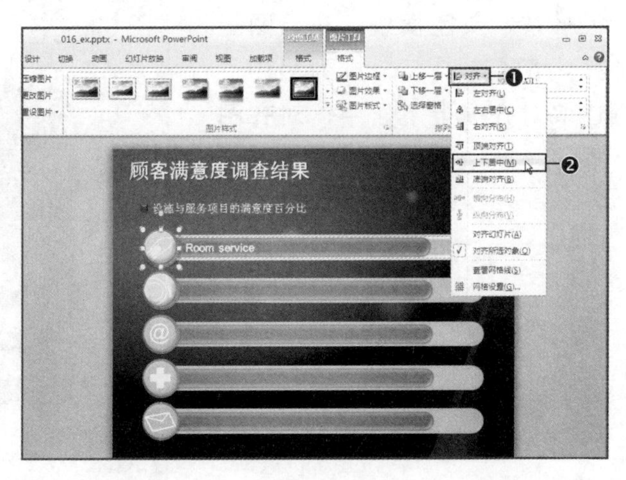

06 依各项目更改横条的长度与颜色，以方便区分。选取横条后，在绘图工具 - 格式选项卡中→形状填充→其他填充颜色，在出现的颜色对话框里，选择自定义，更改颜色如下。

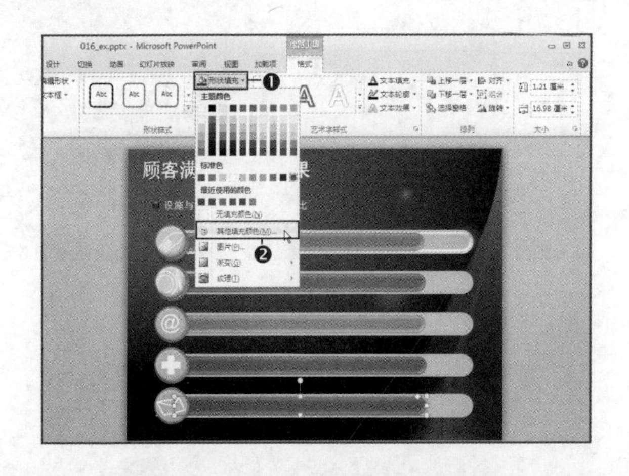

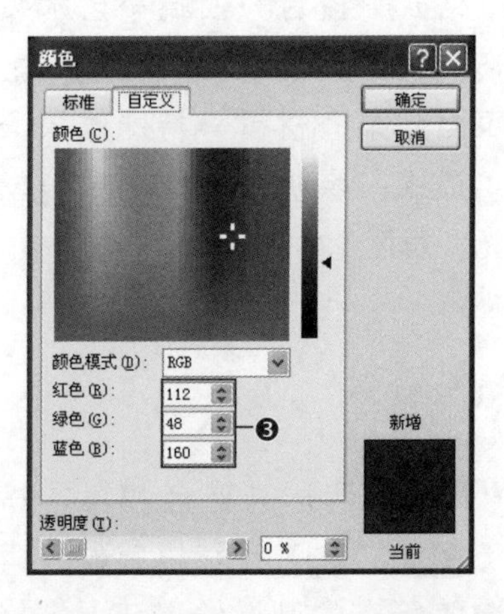

- 第一行横条：红（0）、绿（112）、蓝（192）
- 第二行横条：红（27）、绿（88）、蓝（124）
- 第三行横条：红（78）、绿（133）、蓝（66）
- 第四行横条：红（96）、绿（72）、蓝（120）
- 第五行横条：红（112）、绿（48）、蓝（160）

07 更改颜色后，拖动各横条的控制点，调整横条的长度。

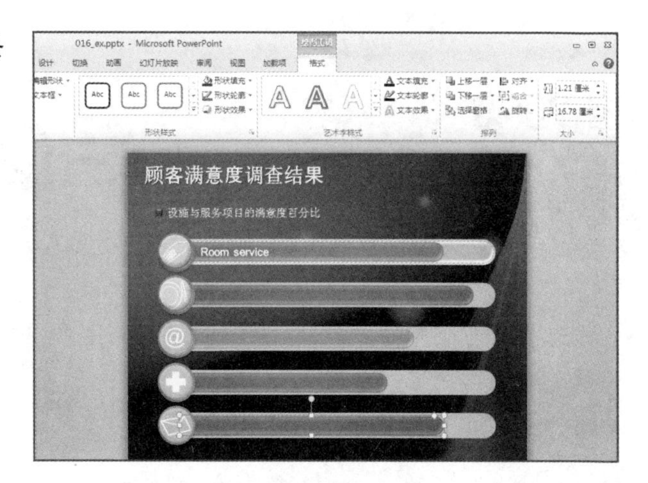

08 文字被横条遮住了。利用对象顺序，将对象移至下层。在开始选项卡→绘图组→排列→下移一层，直到看见文字为止。

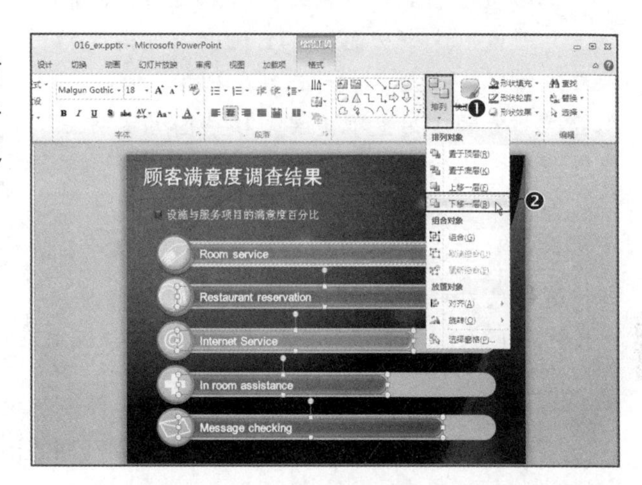

输入文字并套用格式

09 将文字置于横条上方后，选择绘图工具 - 格式选项卡→艺术字样式组→快速样式→填充→“白色，投影”。

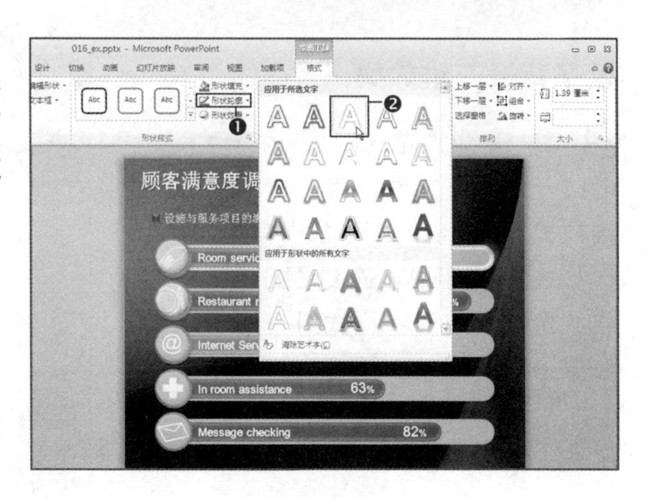

CHAPTER 04

三维 100% 横条图幻灯片设计

本课将学习利用“三维格式”与“三维旋转”赋予图形与图像立体感的设计。

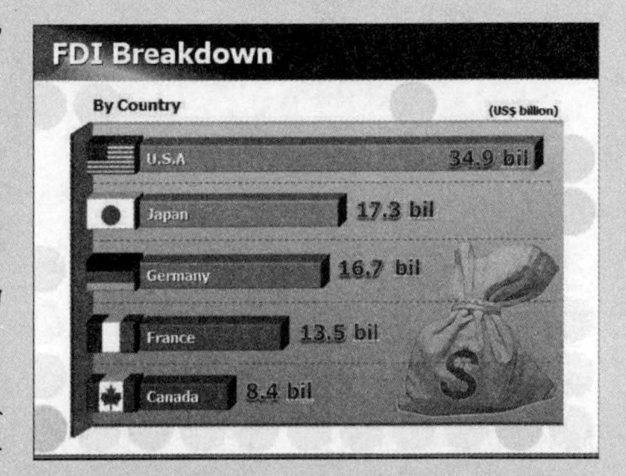

CHECK POINT

“三维旋转”里的“倾斜”只能运用在图形上。若使用这个功能，可呈现出各种角度的三维图形；因此，除了套用在 PPT 效果上，尝试其他的应用也很重要。横条图的各种三维效果，连同各项目的对象一起使用时，可达到图表整体均衡。完成范例并未呈现 X 轴与 Y 轴的数据，而是象征性地比较各个项目，这种形态的设计，包括要强调的部分，很适合运用在具备有很强以传达信息为目的的PPT。如同完成范例一样，第一个数据点使用美国国旗的图标，使用红色系，并置于最高位置。这个适合应用在可自由比较内容的PPT设计中。

准备范例：CD\ 范例 \Part3\017\017_ex.pptx

完成范例：CD\ 范例 \Part3\017\017.pptx

赋予背景三维效果

01 打开 CD\ 范例 \Part3\017\017_ex.pptx 文件，为了增添三维效果，在左侧的矩形加上角度。选择左侧的矩形，在绘图工具 - 格式选项卡→形状样式组→形状效果→三维旋转→平行→“离轴 2 右”。

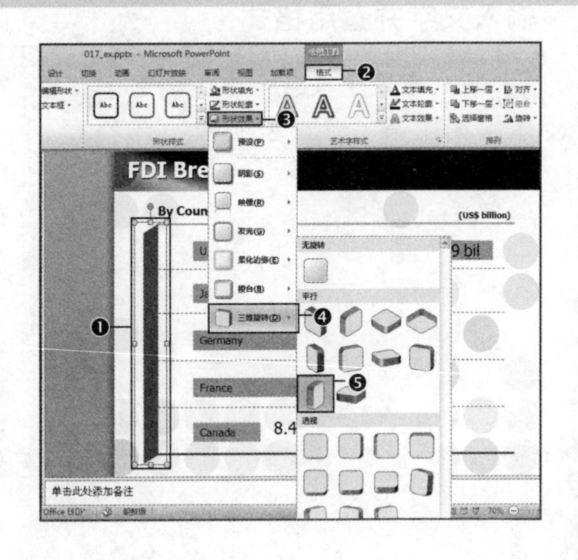

02 选择绘图工具 - 格式选项卡→形状样式组→设置形状格式，出现设置形状格式对话框，选择三维格式→设置深度“5 磅”。

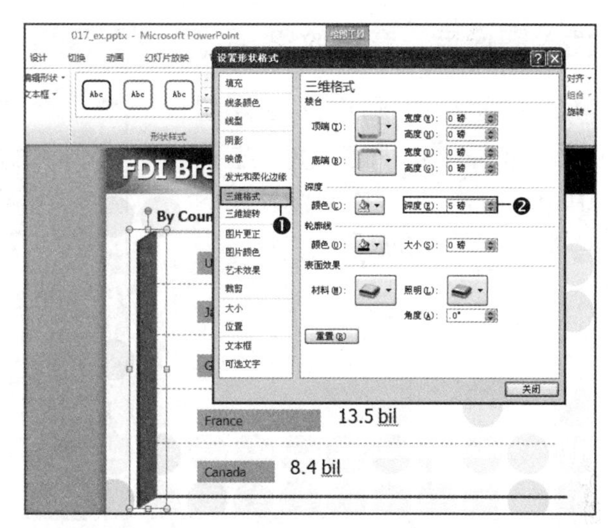

03 绘制矩形以作为图表的背景。在开始选项卡→绘图组中，选择矩形。绘制矩形后，在绘图工具 - 格式选项卡→大小组中，设置“形状高度 13.3 厘米、形状宽度 21.23 厘米”。

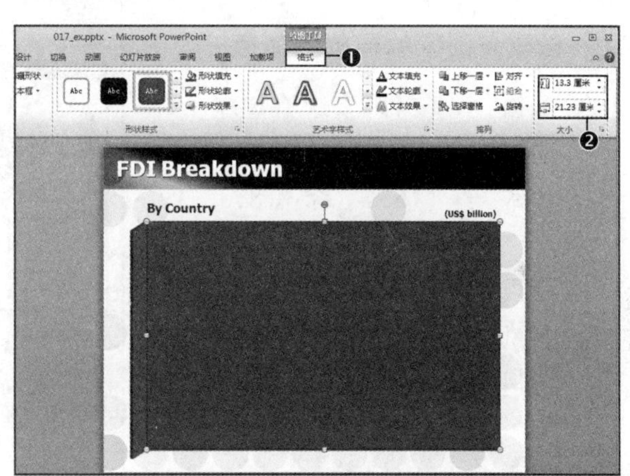

04 选择形状样式组→设置形状格式，出现设置形状格式对话框，选择填充→渐变填充→方向→线性向下，设置“停止点 1- 红（154）、绿（181）、蓝（228）；停止点 2- 红（194）、绿（209）、蓝（237）；停止点 3- 红（225）、绿（232）、蓝（245）”。因为是背景，所以在排列组中，选择下移一层→置于底层。

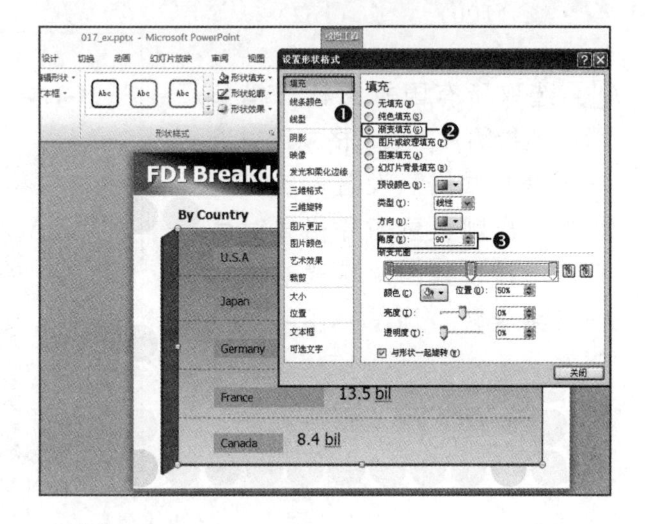

插入图像后，套用效果

05 从插入选项卡→图像组里，选择图片，打开 CD\范例\Part3\017，打开本幻灯片里的国旗图标，依次放置。

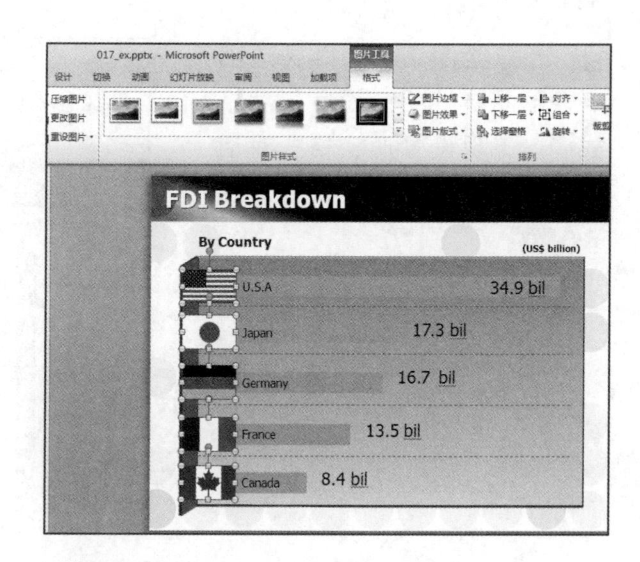

06 更改各国家的横条图颜色。

- 美国：红（247）、绿（150）、蓝（70）
- 日本：红（155）、绿（187）、蓝（89）
- 德国：红（75）、绿（172）、蓝（198）
- 法国：红（79）、绿（129）、蓝（189）
- 加拿大：红（128）、
- 绿（100）、蓝（162）

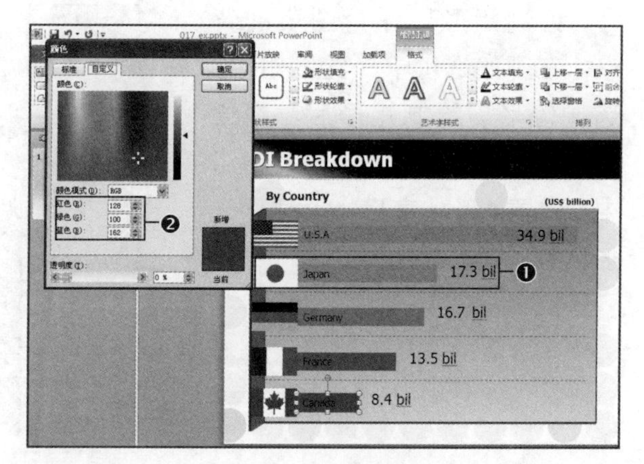

07 选取所有国旗图标与横条后，选择图片工具 - 格式选项卡→图片样式组→设置形状格式按钮，出现设置图片格式对话框。选择设置图片格式对话框→三维旋转→预设→倾斜→倾斜右上。

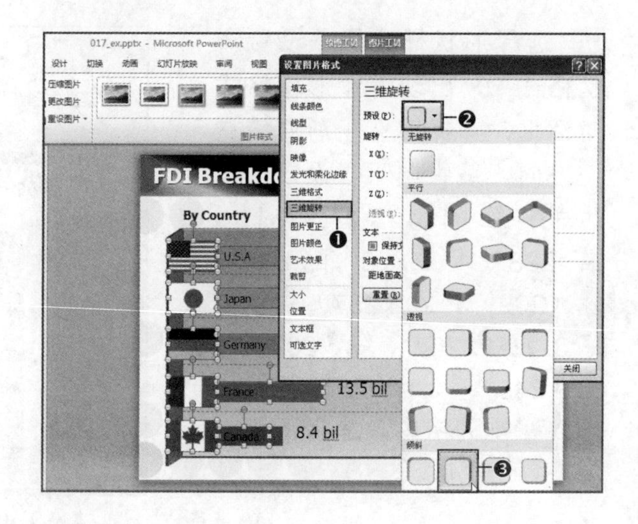

08 再选择三维格式，设置棱台→顶端→圆，设置“宽度 3 磅、高度 6 磅、深度 40 磅”，位置与大小就会有所不同。调整大小，使图像与横条的高度一样。

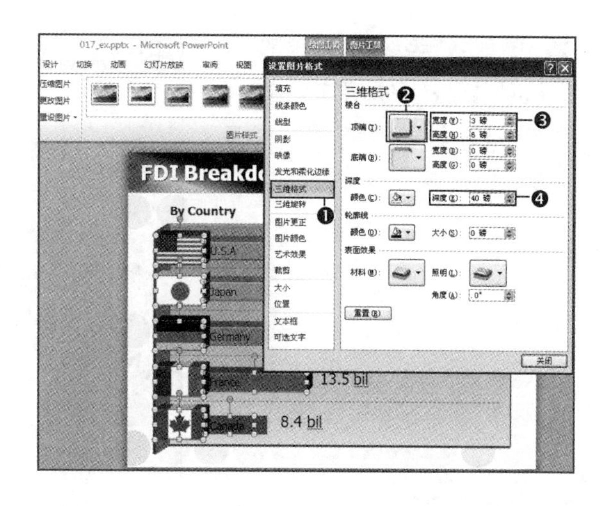

编辑文字

09 选取所有右侧的数字，选择绘图工具 - 格式选项卡→艺术字样式组→“填充 - 红色，强调文字颜色 2，粗糙棱台”。

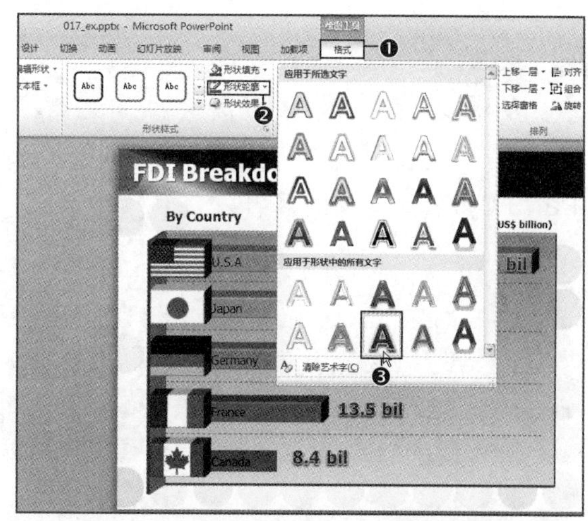

10 选取所有写着国家名称的文字，在艺术字样式组→文本填充 A →主题颜色→“白色，背景 1”。

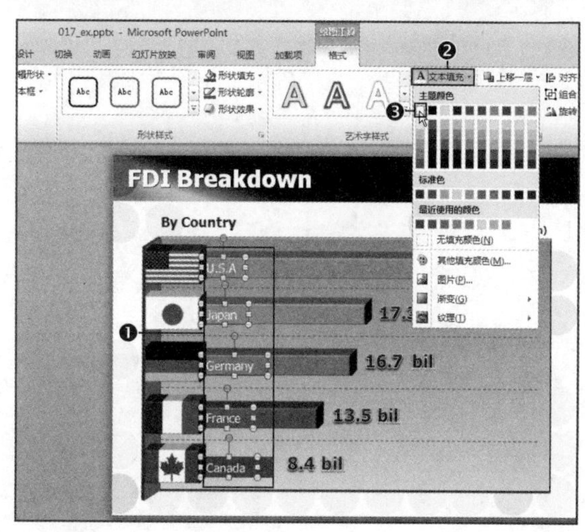

11 更改文字颜色后，在开始选项卡→字体组中，选择加粗 **B** 与文字阴影 **S**，增添效果。

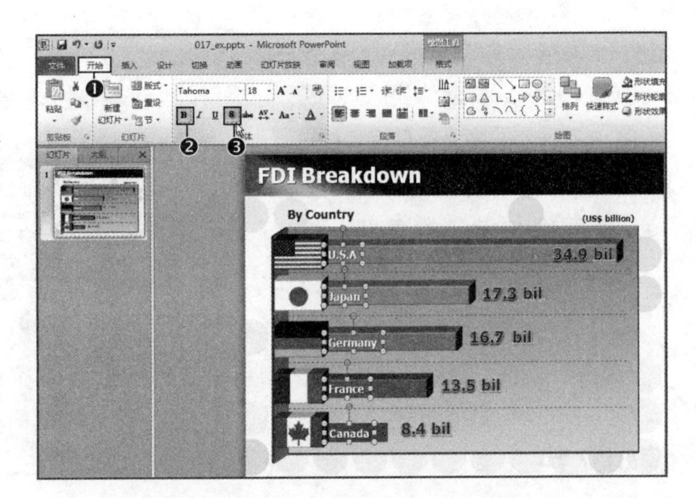

12 最后在背景加上图像。从插入选项卡→图像组→ 图片，打开 CD\范例\Part3\017\美元.png文件。

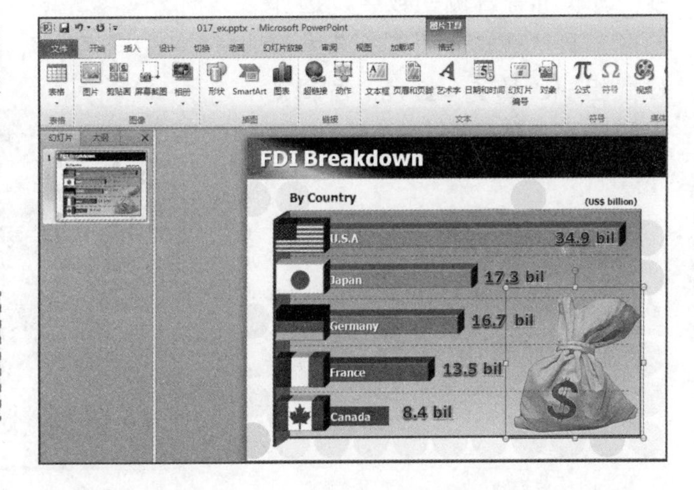

在背景加入图像时，最好选择与内容相关的图像，这样才会具有协调感。

CHAPTER 05

具有刻度与坐标的折线图幻灯片设计

这个单元将学习使用任意多边形或图形的折线图设计。

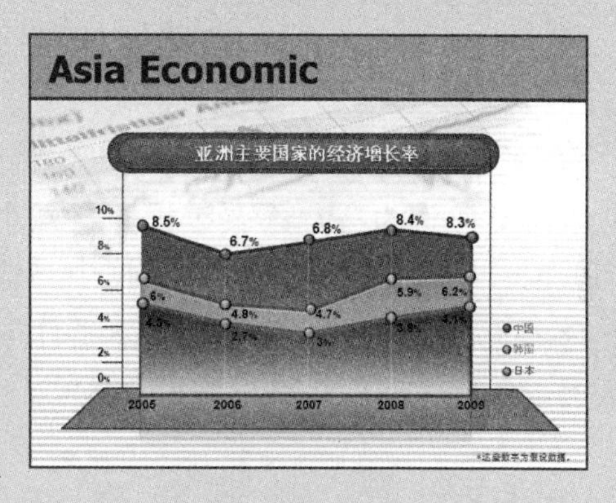

CHECK POINT

在 PowerPoint 2010 里，图形除了填充颜色外，还可以套用阴影、映像、发光、三维旋转等各种效果。但加入过多的效果，不如理解图表的内容后，再设计适当的格式效果。在折线图边缘填色时，若只填入单色，容易让人有一种沉闷的感觉，最好使用渐变颜色。

在需要正确比较各个数据时，折线图非常好用。如同完成范例般，以正确的 X 轴与 Y 轴资料为背景，用年度比较三个组合，将进行比较后的趋势传达给观众。一般的方法是以颜色来区分，但如果有想强调的数据时，可使用明度与彩度最高的颜色，并将文字大小调大，这也是很不错的方法。

准备范例：CD\ 范例 \Part3\018\018_ex.pptx

完成范例：CD\ 范例 \Part3\018\018.pptx

利用手绘线条，设计折线图

01 打开 CD\ 范例 \Part3\018\018_ex.pptx 文件。

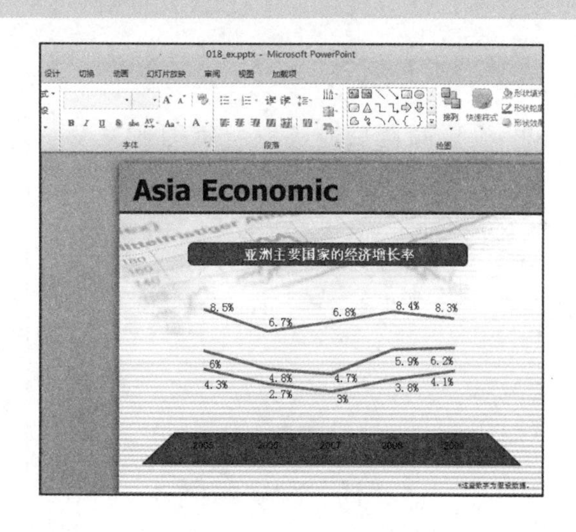

02 在开始选项卡→绘图组→▽，选取线条→任意多边形后，配合折线绘制图形。为了让每个区段都有不同的颜色，因此必须绘制三个图形。

TIP

因三个图形重叠，故可任意更改颜色，以利区分。

03 绘制好图形后，更改颜色。颜色以自然协调为主，不要过于突显某个颜色。在设置形状格式对话框中，选择填充→渐变填充→方向→线性向上。各颜色的停止点设置如下。

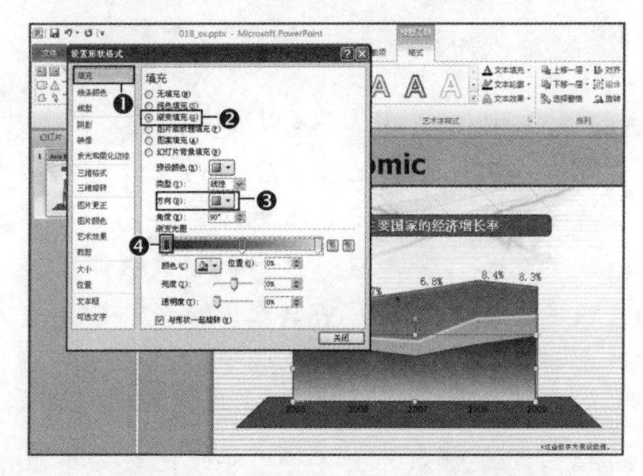

- 橙色：停止点 1- 红（235）、绿（54）、蓝（0）
  停止点 2- 红（245）、绿（126）、蓝（27）
  停止点 3- 红（252）、绿（213）、蓝（181），停止点位置 68%
- 黄色：停止点 1- 红（222）、绿（169）、蓝（0）
  停止点 2- 红（255）、绿（192）、蓝（0）
  停止点 3- 红（255）、绿（255）、蓝（185），停止点位置 77%
- 浅绿色：停止点 1- 红（73）、绿（88）、蓝（0）
  停止点 2- 红（127）、绿（153）、蓝（3），停止点位置 34%
  停止点 3- 红（235）、绿（241）、蓝（222）

04 设置颜色后，选取所有图形，设置三维格式→棱台→顶端→圆，设置“宽度 6 磅、高度 2.5 磅”。

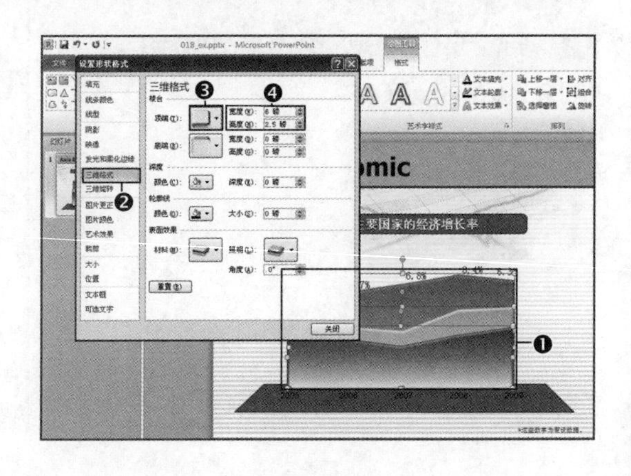

05 选取三个图形中的浅绿色图形，在形状样式组中，选择形状效果→映像→“半映像，接触”，赋予映像效果。

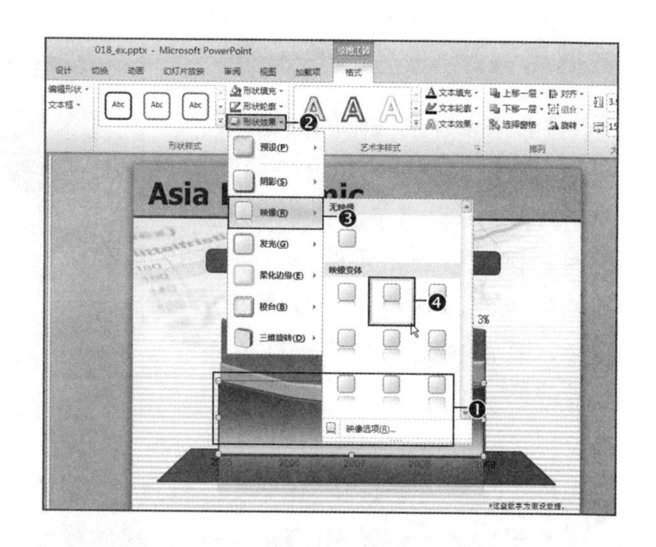

06 选取图表的平台，选择绘图工具 - 格式选项卡→形状填充→其他填充颜色，在出现的颜色对话框→自定义中，设置“红（166）、绿（166）、蓝（166）”。若颜色太显眼，容易抢走图表的焦点，故选取色彩度较低的颜色。

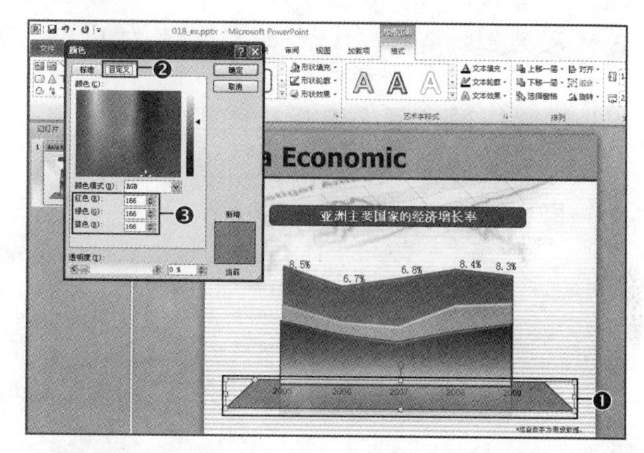

07 选取折线后，选择绘图工具 - 格式选项卡→形状轮廓→其他轮廓颜色，在出现的对话框中，输入下列数值。

- 橙色图形上方的折线：红（192）、绿（0）、蓝（0）
- 黄色图形上方的折线：红（236）、绿（71）、蓝（20）
- 浅绿色图形上方的折线：红（99）、绿（161）、蓝（23）

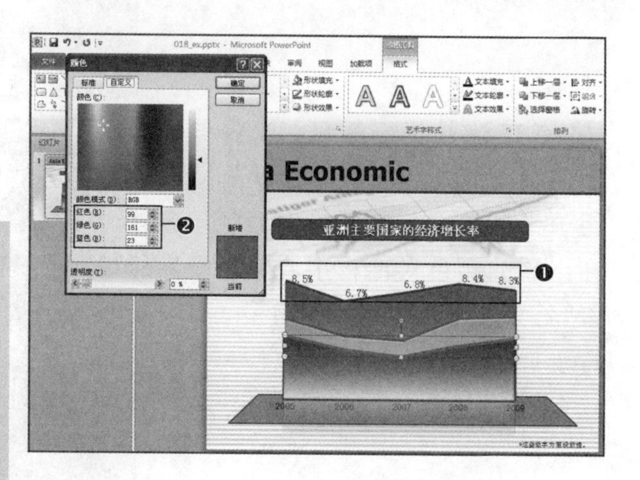

数据点设计

08 接着来设计折线间的数据点。在开始选项卡→绘图组合→椭圆，绘制圆形。按住【Ctrl + Shift】快键再画圆，可画出正圆形。各椭圆的颜色在形状填充→其他填充颜色，在颜色对话框中，输入下列数值。

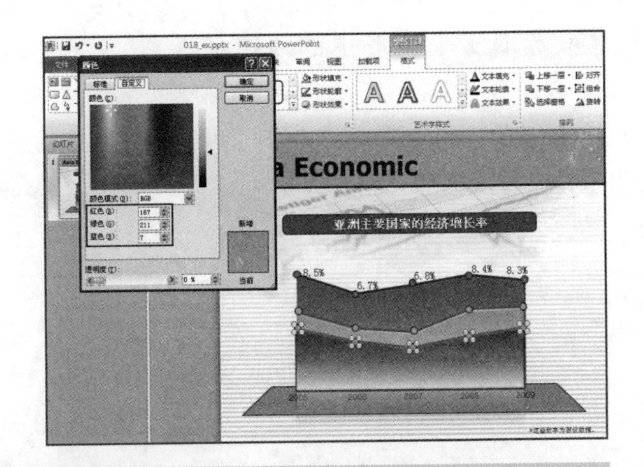

- 橙色数据点：红（238）、绿（117）、蓝（26）
- 黄色数据点：红（255）、绿（192）、蓝（0）
- 浅绿色数据点：红（167）、绿（211）、蓝（7）

09 设置好颜色后，选择绘图工具-格式选项卡→形状效果→棱台→圆。

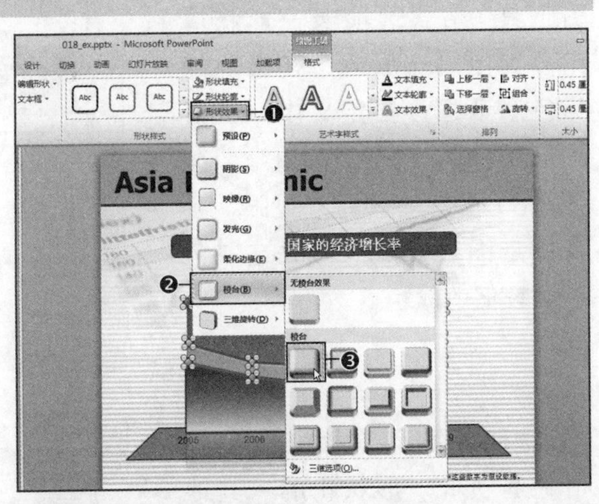

10 为了让数据更醒目，选择绘图工具-格式选项卡→形状样式组→形状轮廓→其他轮廓颜色，在出现的颜色对话框中，颜色设置“红（56）、绿（93）、蓝（138）”，置于折线上方。

编辑图表标题

11 先将标题下的圆角矩形做些调整。在绘图工具 - 格式选项卡→大小组中，输入形状高度为“1.75cm”，形状宽度为“17.72cm”，如右图拖动形状调整点，让圆角矩形的圆角更圆。之后在开始选项卡→绘图组中，选择矩形→圆角矩形，再绘制一个圆角矩形，高度与宽度略小，并拖动形状调整点，让圆角矩形的圆角更圆。最后选择形状填充→主题颜色→“蓝色，强调文字颜色 1, 深色 25%”后，把图形移到下层。

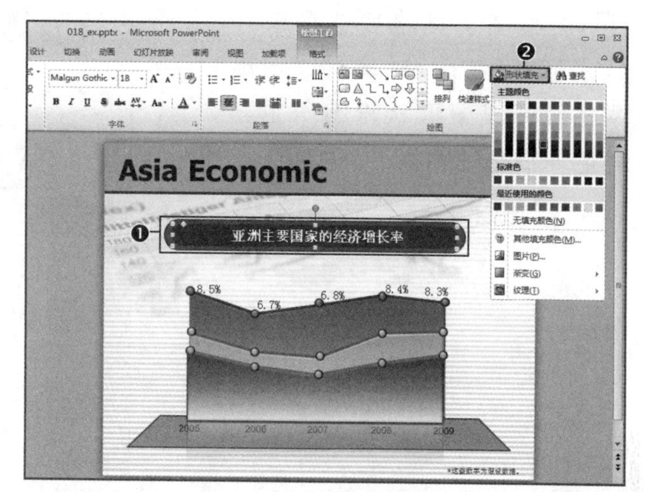

12 选择小的圆角矩形，在绘图工具 - 格式选项卡→形状样式组中，选择其他→“中等效果 - 水绿色，强调颜色 5”。

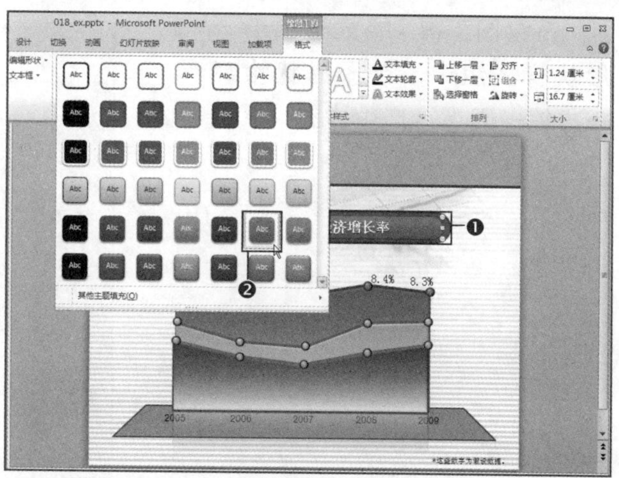

制作网格线

13 在图表两侧制作网格线。在开始选项卡→绘图组中，选择线条，绘出网格线后，移到最下层，输入数字。在设置形状格式对话框中，线型→设置宽度“0.75 磅”，数字则于开始选项卡→字体组中，设置字号“14 磅”。

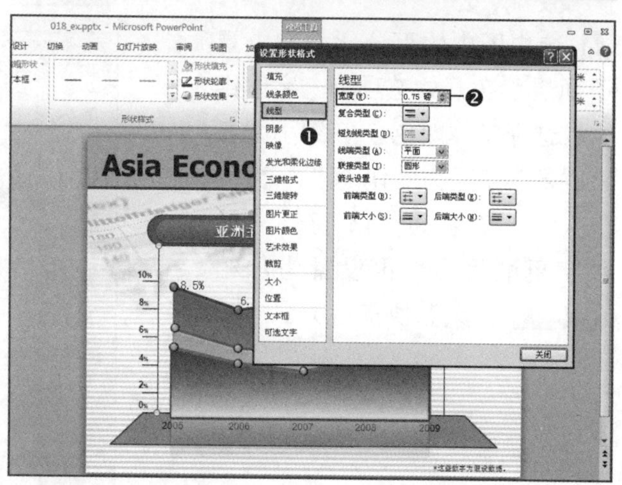

14 在绘图工具格式选项卡→插入形状组中，对准折线绘出网格线，设置形状轮廓→主题颜色→白色、粗细“1.5 磅”。

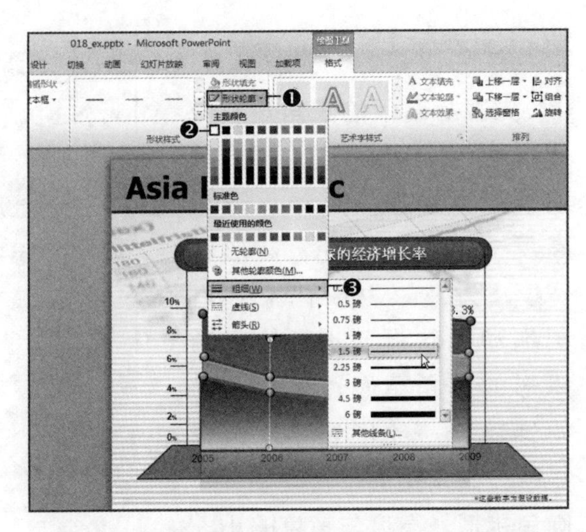

15 在绘图工具 - 格式选项卡→形状样式组中，选择形状轮廓→虚线→圆点，产生虚线。

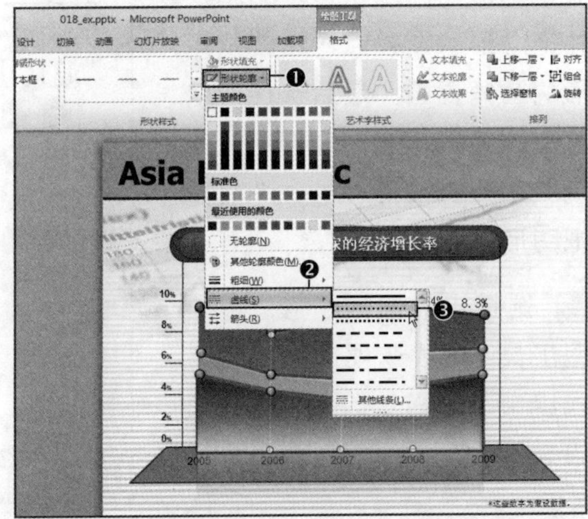

编辑文字

16 选中图中的百分比数字，置于顶层，在开始选项卡→字体组中，选择字体颜色 A·，缩小图表上的数字字号为“18 磅”、百分比（%）设置为“14 磅”，使数字更醒目后，再设置为加粗（【Ctrl + B】快捷键）。

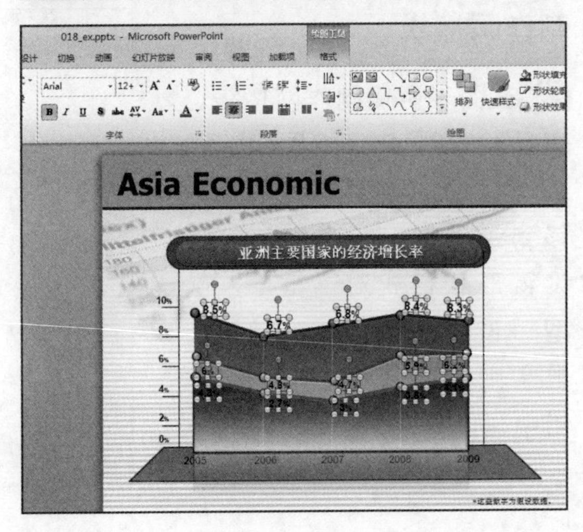

17 制作右下角的图示，并在下方输入各年度（2005、2006、2007、2008、2009）。

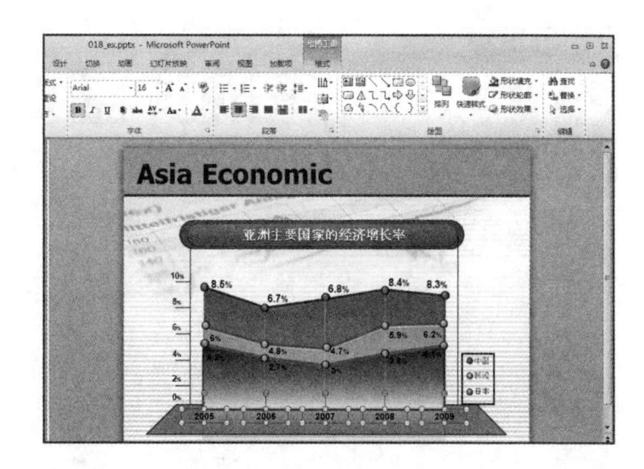

TIP

更改整个文件的字体

制作幻灯片时，有时候会觉得字体不太合适，想要更换所有幻灯片的字体。然而，若一张张更改幻灯片，又会觉得十分烦琐。这时，就可以选择开始选项卡→编辑组→替换→替换字体，将所有幻灯片的字体更改为新的字体。

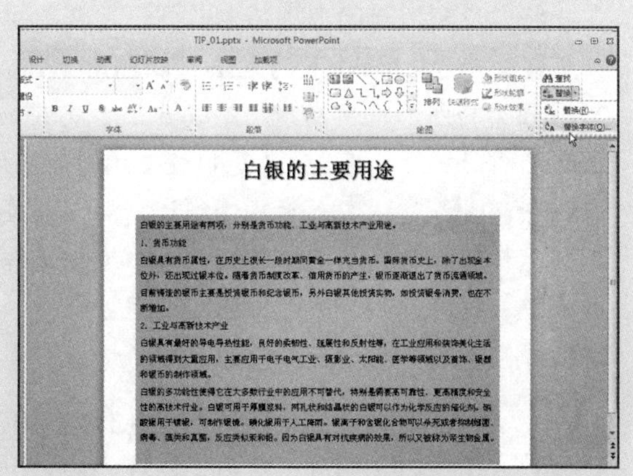

原字体

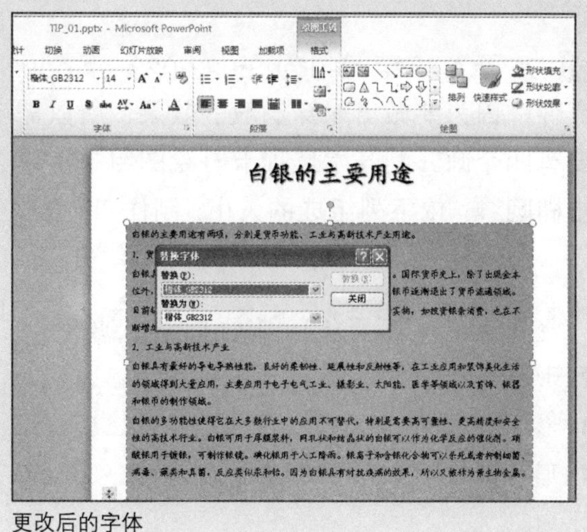

更改后的字体

CHAPTER 06 呈现详细比例的饼图幻灯片

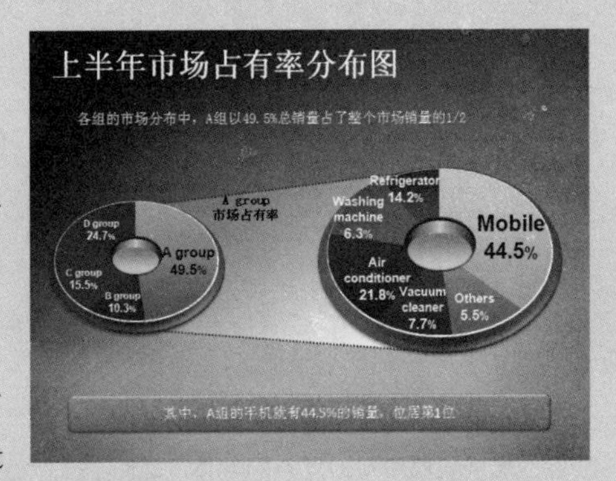

饼图是呈现各项目在整体中所占的比例，相当有效的图表。在本单元的幻灯片中，我们来学习利用圆弧图形调整圆的角度的幻灯片设计。通过调整图形的形状或大小、表面材料等，可以生成多种有趣的设计。

CHECK POINT

在此将学习利用封闭形圆弧制作饼图，搭配对象顺序，赋予三维效果的方法，以 PowerPoint 2010 强大的图形编辑功能，完成专业的范例。

在赋予图形三维效果前，先复制数个相同比例的基本图形，依序调整形状，完成图表。选取颜色时以整体图表考虑，得以清楚呈现图表的颜色；文字必须清晰易读，使用与颜色相反色彩的颜色，让图表能够明确地传达信息。两个图表并列比较，如同完成范例一样，以 100% 为基础，说明占有率的分布或市场占有率的比较等，对想强调核心信息占有多少百分比的 PPT 而言，是非常有用的设计。

准备范例：CD\ 范例 \Part3\023\023_ex.pptx
完成范例：CD\ 范例 \Part3\023\023.pptx

01 打开 CD\ 范例 \Part3\023\023_ex.pptx 文件，因为要做出如穿洞般的效果，所以需要有四个圆。到开始选项卡→绘图组中，单击椭圆，依下列组成的大小，制作四个圆。

1. 形状高度（1.18 厘米）、形状宽度（2.08 厘米）
2. 形状高度（1.58 厘米）、形状宽度（2.31 厘米）
3. 形状高度（1.65 厘米）、形状宽度（2.31 厘米）
4. 形状高度（1.61 厘米）、形状宽度（2.31 厘米）

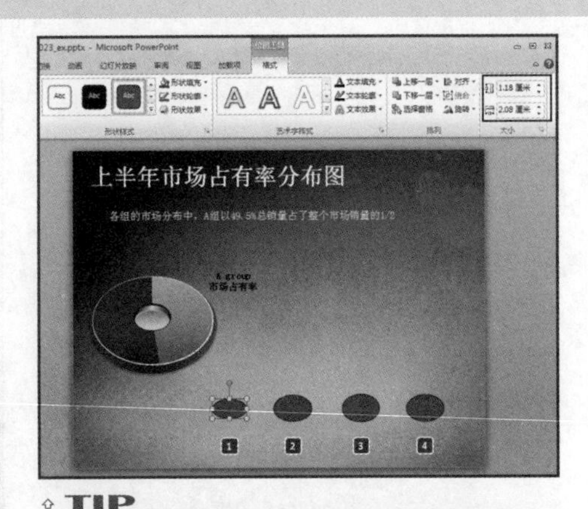

TIP

形状高度与宽度可在选取图形后，选择绘图工具 - 格式选项卡→大小组里设置。

02 因图形的个数有多个，以编号顺序加以说明。选择 1 号图形，在设置形状格式对话框中，选择填充→渐变填充→方向→线性向下，设置“停止点 1- 红（165）、绿（171）、蓝（129）；停止点 2- 红（237）、绿（238）、蓝（230）”，线条颜色设置为无线条。

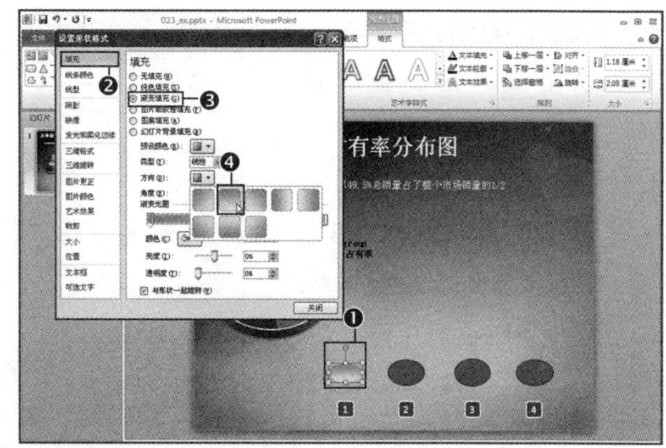

03 选取 1 号图形，到设置形状格式对话框中，选择阴影，选取预设→右下斜偏移，设置“透明度 57%、大小 100%、虚化 0 磅、角度 45°、距离 1.4 磅”；选择颜色按钮，主题颜色“橄榄色，强调文字颜色 3，深色 25%”。

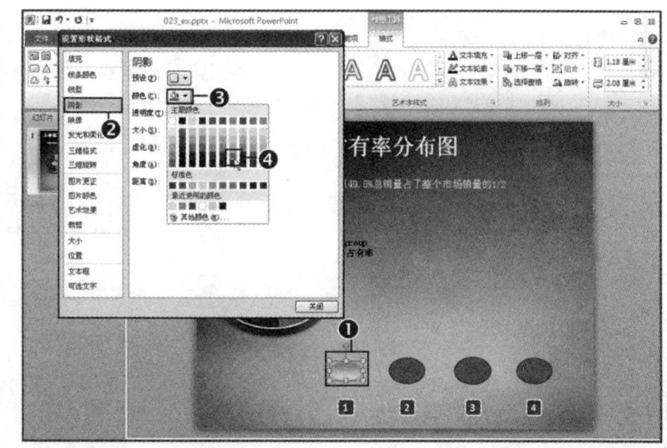

04 选取 2 号图形，在设置形状格式对话框中，选择填充→渐变填充→方向→线性向右，停止点设置如下所示，线条颜色设置为无线条。

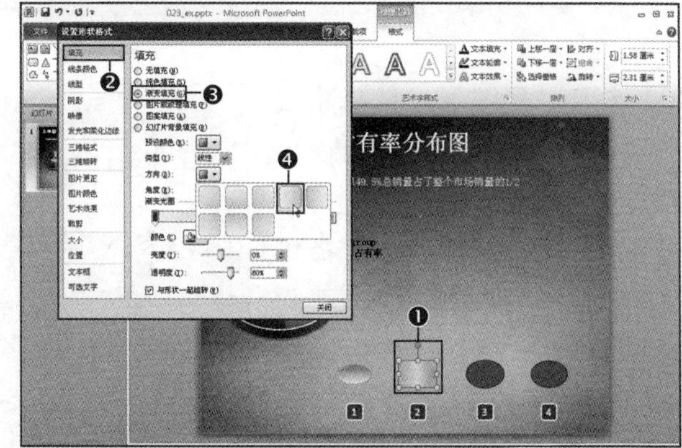

- 停止点 1- 红（87）、绿（87）、蓝（80）、停止点位置 0%、透明度 97%
- 停止点 2- 红（237）、绿（238）、蓝（230）、停止点位置 50%、透明度 0%
- 停止点 3- 红（86）、绿（90）、蓝（60）、停止点位置 100%、透明度 80%

05 选取 3 号图形并右击→设置形状格式，在设置形状格式对话框中，选择填充→渐变填充→方向→线性向右，设置“停止点 1- 红（24）、绿（12）、蓝（1）；停止点 2- 红（1）、绿（47）、蓝（5）；停止点 3- 红（24）、绿（12）、蓝（1）”。

06 选取 4 号图形，在设置形状格式对话框中，选择填充→无填充，选取线条颜色→渐变线→线性向下。设置“停止点 1- 红（13）、绿（13）、蓝（13）、透明度 0%；停止点 2- 红（76）、绿（69）、蓝（69）、透明度 90%”。

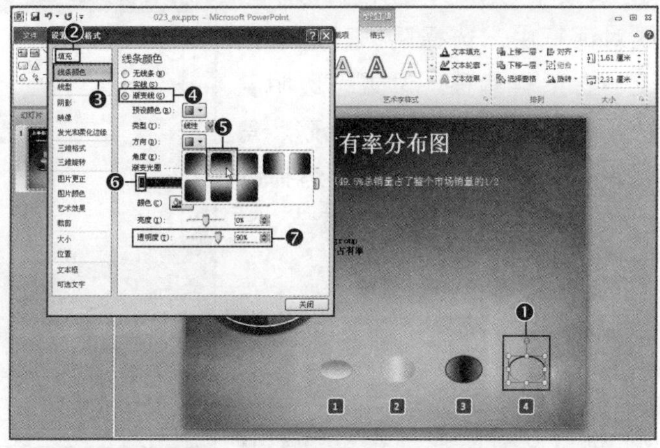

07 选取 1 号图形，选择格式选项卡→排列组中，选择上移一层→置于顶层。选取 1 号图形与 2 号图形，选择排列→对齐→左右居中，再次选择对齐→底端对齐后，按下【Ctrl + G】快捷键，予以组合。

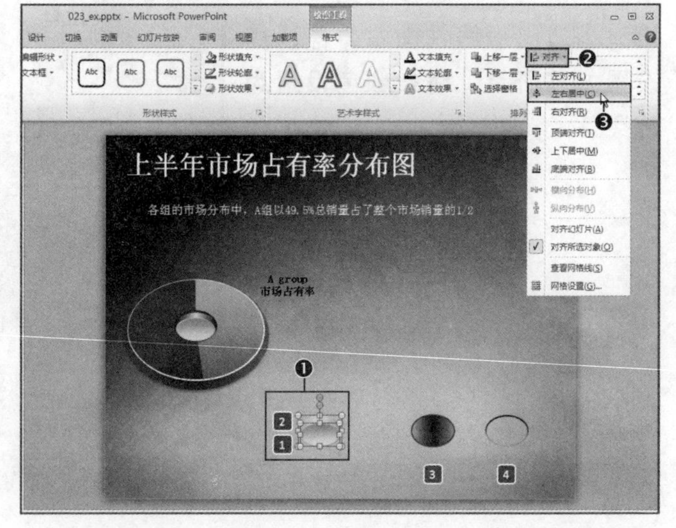

08 选取 4 号图形，选择绘图工具 - 格式选项卡→排列组中，选择上移一层→置于顶层。同时选取 3 号图形与 4 号图形，选择排列→对齐→左右居中，再次选择对齐→上下居中后，按【Ctrl + G】快捷键，予以组合。

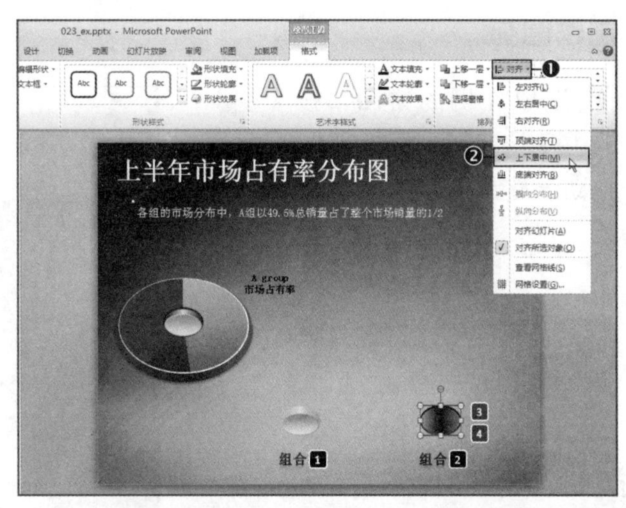

09 选取组合 1、2 号图形，选择绘图工具 - 格式选项卡→排列组中，选择上移一层→置于顶层。再选择排列→对齐→左右居中，选择经对齐→底端对齐。

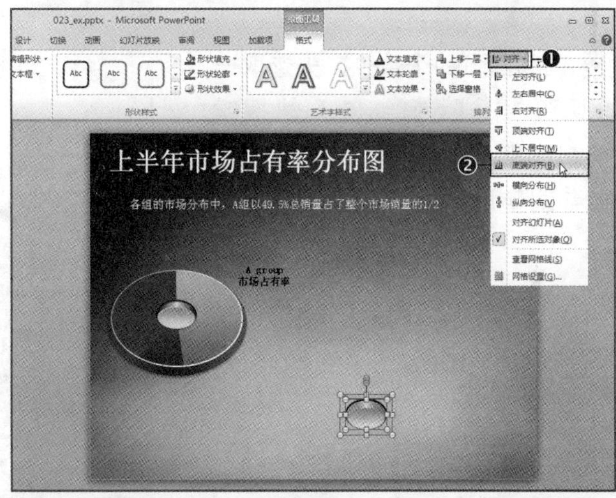

10 选取组合 1、2 号图形后，按【Ctrl + G】快捷键，予以组合，再移到左侧的饼图中心处。

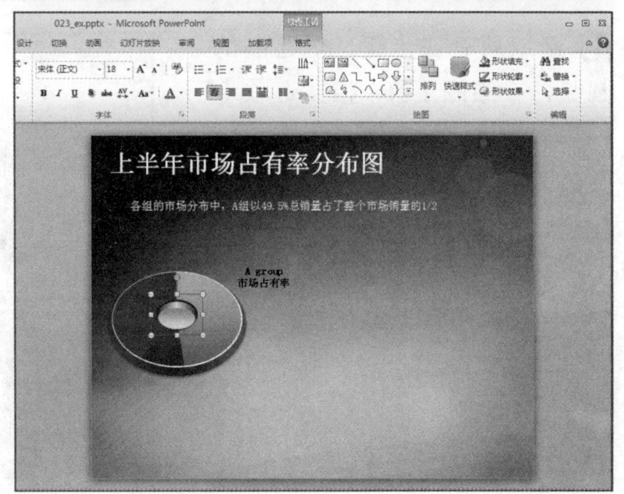

制作圆弧

11 选取左侧的饼图，按【Ctrl + D】快捷键，复制到右侧后，拖动调整大小。

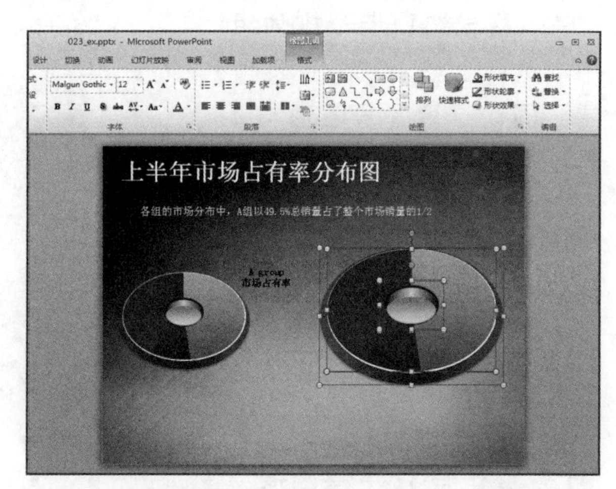

12 因为圆弧的个数少，先选取一个圆弧，按【Ctrl + D】快捷键复制图弧，调整黄色的形状控制点调整角度，再更改颜色。

13 选取所有在步骤 2 里绘制的圆弧，在绘图工具 - 格式选项卡→排列组中，选择下移一层，将圆弧下移到中央小圆的下方。

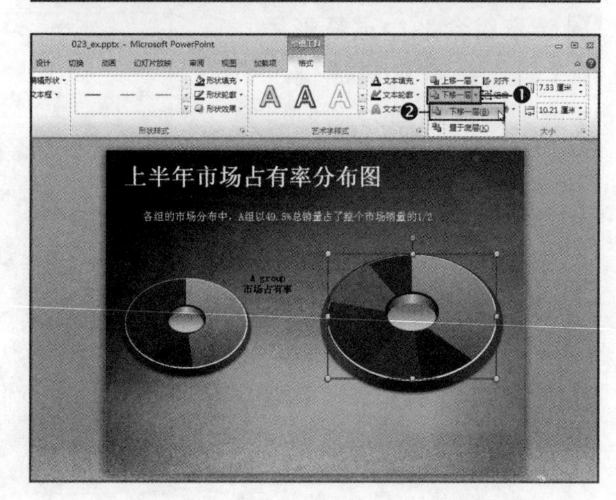

14 为各个项目加上渐变颜色。选取圆弧，在设置形状格式对话框中，选择填充→渐变填充，在颜色按钮→其他颜色→颜色对话框中，如下所示设置。

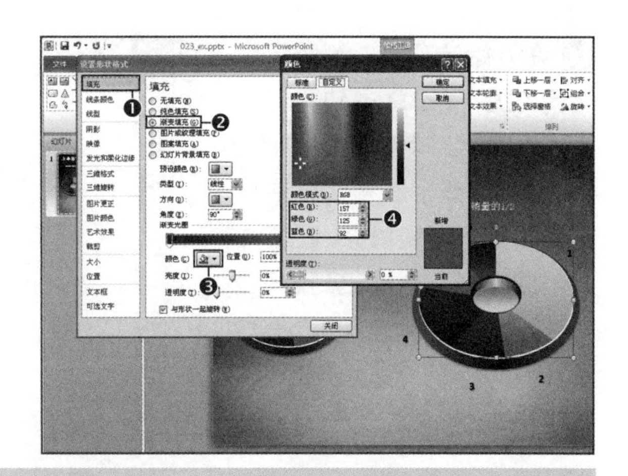

• 1 号图形
渐变→角度 90°；停止点 1- 红（255）、绿（238）、蓝（113）；停止点 2- 红（239）、绿（197）、蓝（19）

• 2 号图形
渐变→角度 90°；停止点 1- 红（244）、绿（169）、蓝（119）；停止点 2- 红（235）、绿（95）、蓝（1）

• 3 号图形
渐变→角度 270°；停止点 1- 红（113）、绿（48）、蓝（8）；停止点 2- 红（164）、绿（73）、蓝（17）

• 4 号图形
渐变→角度 270°；停止点 1- 红（74）、绿（30）、蓝（4）；停止点 2- 红（109）、绿（48）、蓝（11）；停止点 3- 红（131）、绿（59）、蓝（15）

• 5 号图形
渐变→角度 45°；停止点 1- 红（114）、绿（84）、蓝（15）；停止点 2- 红（165）、绿（123）、蓝（27）；停止点 3- 红（197）、绿（147）、蓝（34）

• 6 号图形
渐变→角度 90°；停止点 1- 红（102）、绿（51）、蓝（0）；停止点 2- 红（157）、绿（125）、蓝（92）

15 选择左侧及右侧饼图下方最大的圆并右击，选择设置对象格式，会出现设置形状格式对话框。在设置形状格式对话框中，选取三维格式→棱台→顶端→柔圆，设置“宽度 12 磅、高度 4 磅”。

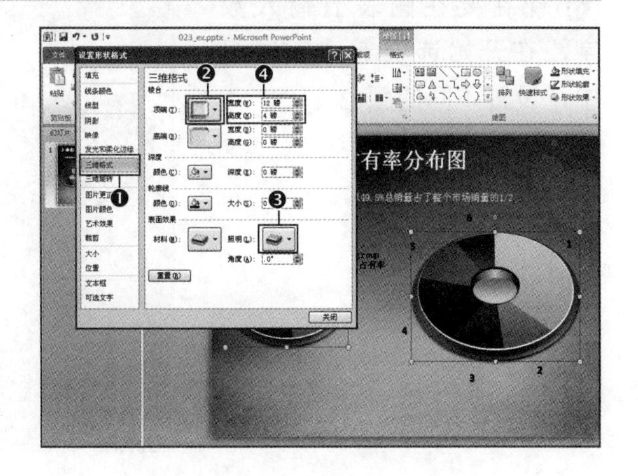

16 在开始选项卡→绘图组中，选择线条→任意多边形 ，如右图般绘制连接两圆的图形。打开设置形状格式对话框，选择填充→渐变填充，设置“方向→线性对角→左上到右下，角度 45°；停止点 1- 红（204）、绿（153）、蓝（0）；停止点 2- 红（255）、绿（255）、蓝（255）”。

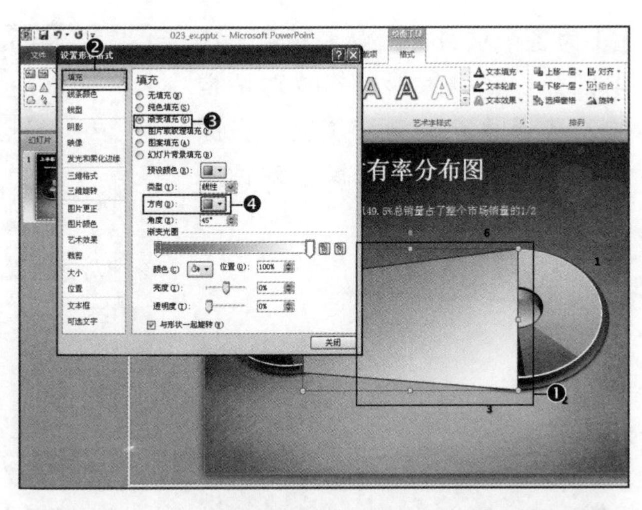

17 选取步骤 16 所绘制的图形，在格式选项卡的形状样式组中，设置形状轮廓→其他轮廓颜色→自定义→红（102）、绿（51）、蓝（0），选取虚线→圆点，并将图形置于底层。

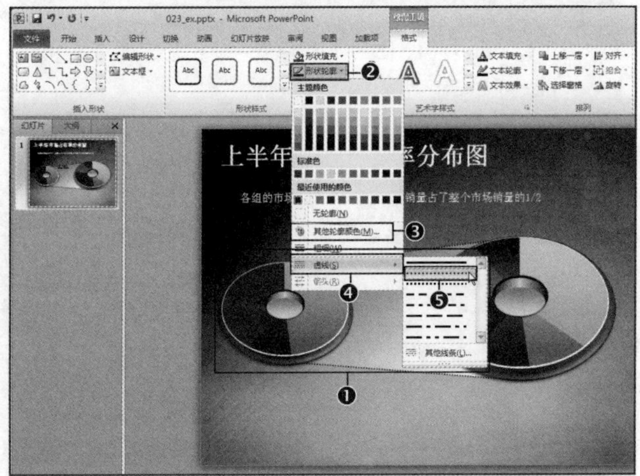

编辑文字

18 现在要在图表上输入数字，在开始选项卡→字体组中，设置不同的颜色。

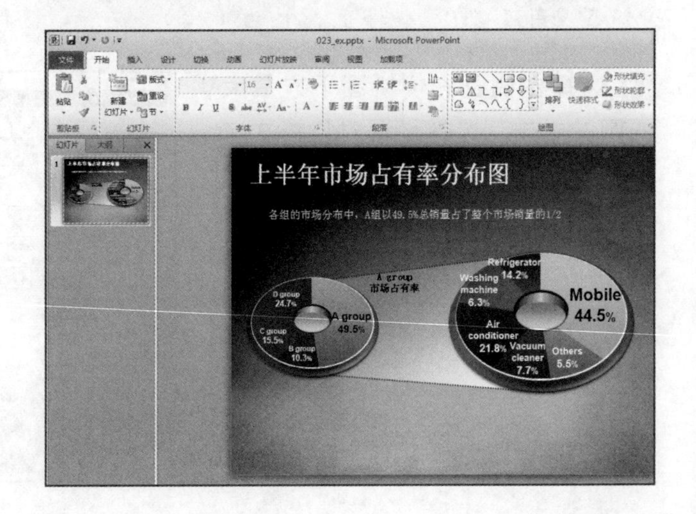

19 在开始选项卡→绘图组中，选择矩形→圆角矩形，在绘图工具 - 格式选项卡→大小组里，绘出形状高度“1.59 厘米”、形状宽度“21.83 厘米”的图形大小，在形状样式组中单击其他按钮，选取“强烈效果 - 橙色，强调颜色 6”。

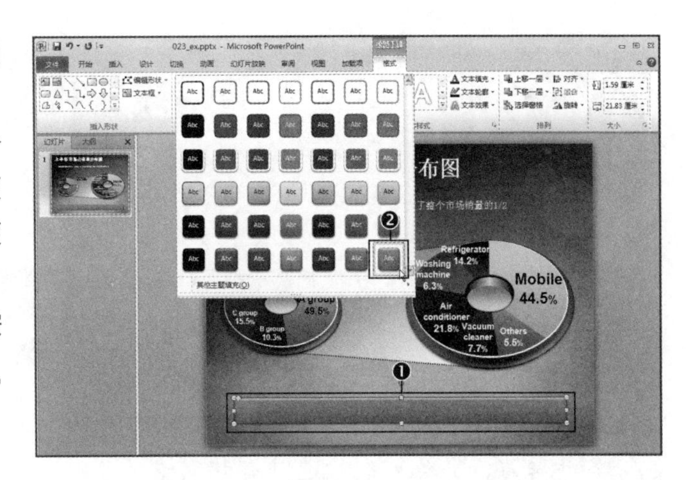

20 在赋予效果的图形内输入文字后，在艺术字样式组中，选取填充→“白色，投影”。

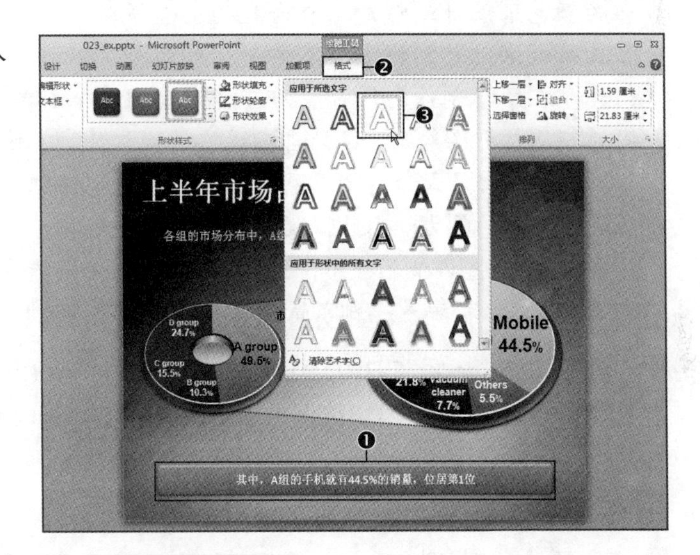

CHAPTER 07

运用空心弧的幻灯片

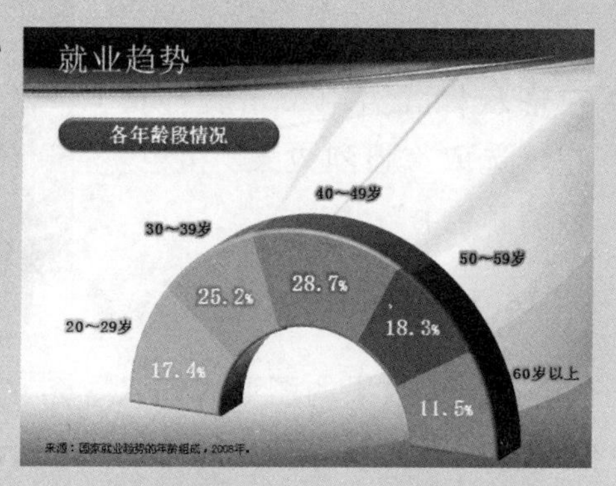

在本幻灯片中，将学习使用空心弧的三维感图表设计。

CHECK POINT

考虑色相所具备的象征性意义，利用颜色区分各年龄层，并尽可能挑选具有相同重量质感的颜色来设计幻灯片。替垂直的空心弧增添三维效果，可制作出拥有安全感的图表。因此，在学习制作幻灯片时，可尝试使用不同的颜色或更换角度，设计自我风格的幻灯片。不使用常见的饼图，而是使用空心弧的图形，是因为饼图虽然拥有完美的造型特征，但因经常使用，观众不易感受到其设计的魅力；因此，脱离基本的圆形形状，来呈现与众不同的设计，让观众也能感受到，即便不使用饼图，利用其他方式来传达，也能充分呈现饼图的优点。在所比较的数据不多，内容简洁的幻灯片上，这是相当有用的设计。

准备范例：CD\ 范例 \Part3\024\024_ex.pptx
完成范例：CD\ 范例 \Part3\024\024.pptx

01 打开 CD\ 范例 \Part3\024\024_ex.pptx 文件。在开始选项卡→绘图组里的基本形状中，选择空心弧绘制出图形。

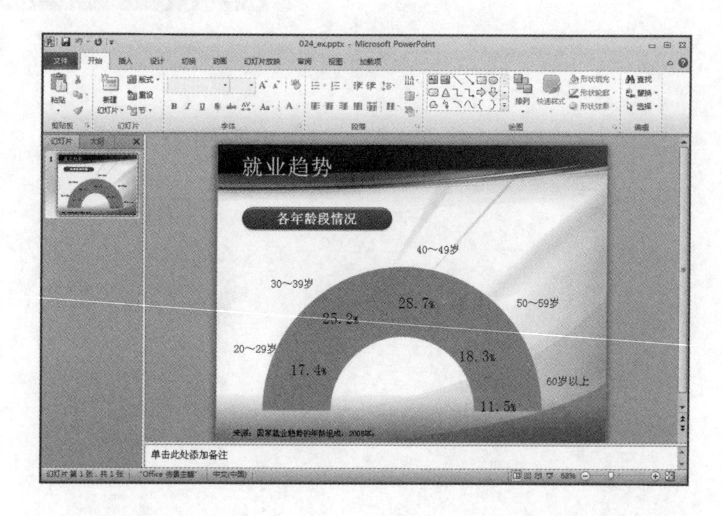

制作三维图形

02 选取圆弧后，按【Ctrl + D】快捷键复制 4 个圆后，更改颜色。在绘图工具 - 格式选项卡→形状样式组中，分别设置各圆弧的颜色，选择主题颜色→“橄榄色，强调文字颜色 3，淡色 40%；水绿色，强调文字颜色 5，淡色 40%；紫色，强调文字颜色 4，淡色 40%；红色，强调文字颜色 2；橙色，强调文字颜色 6”。

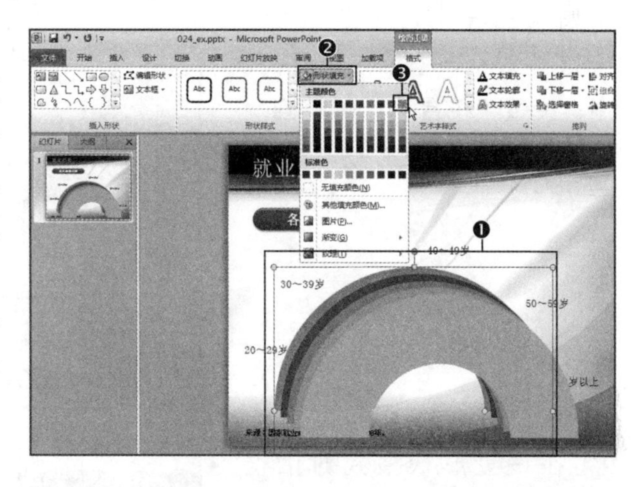

03 选取所有圆弧图形，在绘图工具 - 格式选项卡→排列组中，选择对齐→左右置中与上下置中。

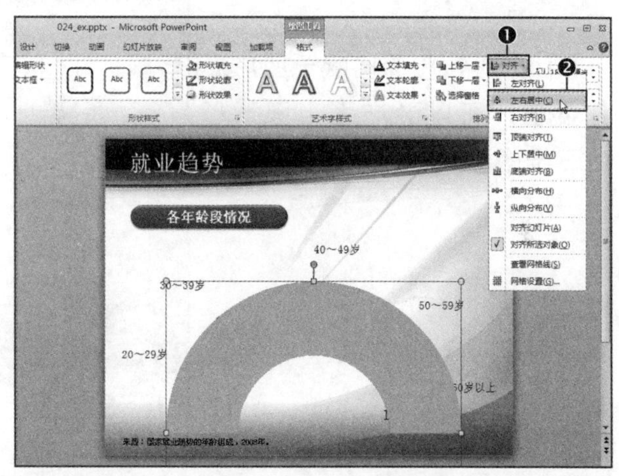

04 选择圆弧，拖动圆弧上的黄色控制点，调整圆弧的角度。调整好 5 个圆弧的区域后，为了赋予其拥有统一的立体感，按【Ctrl + G】快捷键，设置为组合。

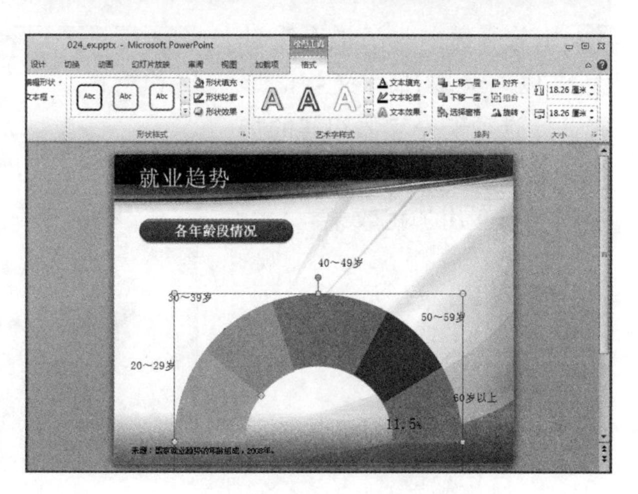

TIP

文字被圆弧遮住了，选取圆弧，在排列组里，选择“置于底层”。

05 选取已组合的圆弧后，为了增添三维效果，在设置对象格式对话框里的三维格式中，设置“棱台→顶端→圆；宽度 6 磅、高度 6 磅；深度 60 磅”。

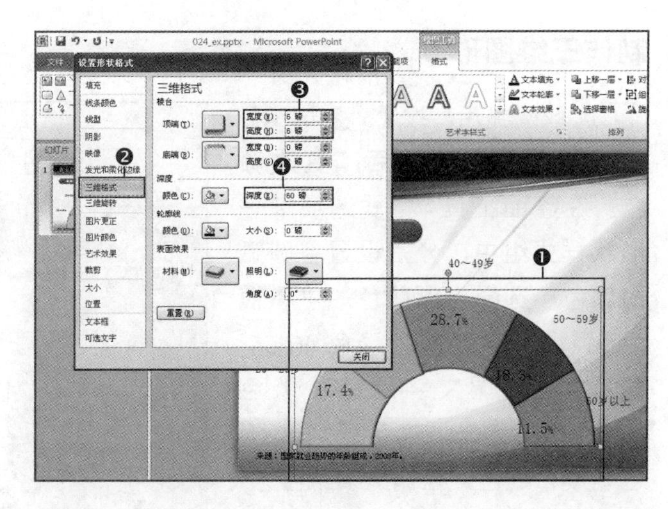

06 在设置形状格式对话框中，设置三维旋转“X-（26）、Y-（18）”，因为已赋予图形深度值，所以会产生半圆形的三维图形。

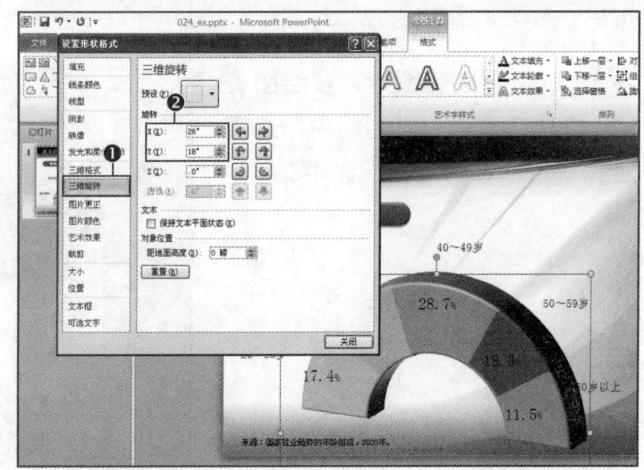

赋予文字效果

07 如前所述，为了提升设计完成度，选取所有文字，选择开始选项卡→字体组里的加粗，或是按【Ctrl + B】快捷键也可以套用加粗效果。

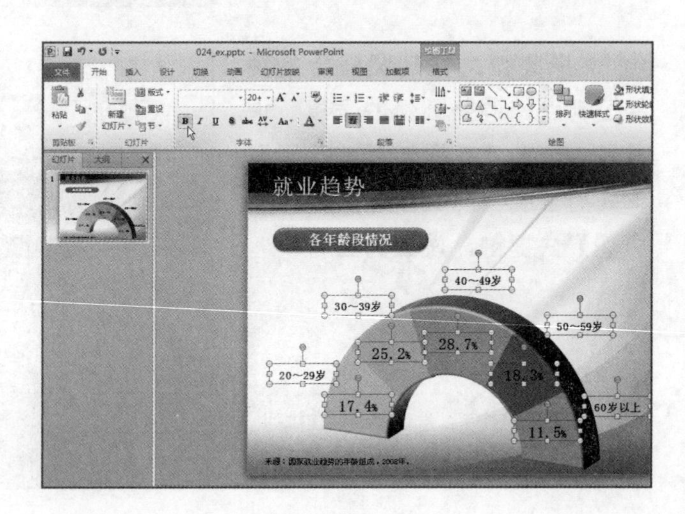

08 因图形内的文字颜色太过黯淡，改变全部文字为白色后，套用发光效果。选择绘图工具 - 格式选项卡→艺术字样式组→文本效果 →发光，如下所示进行设置。

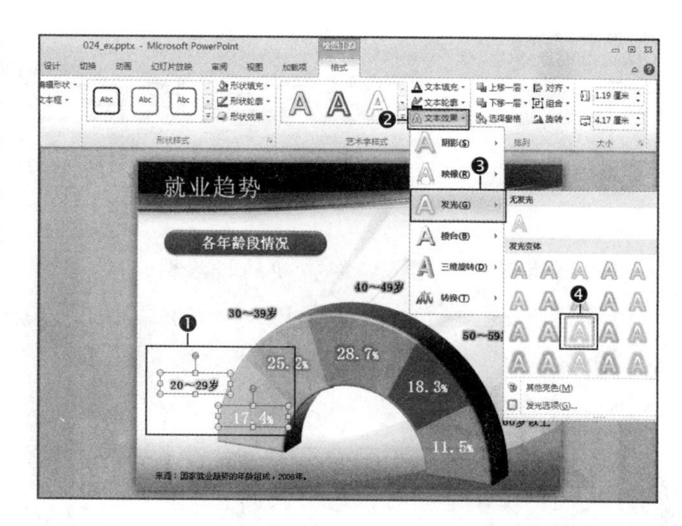

- 17.4%、20~39 岁：橄榄色 ,11pt 发光，强调文字颜色 3
- 25.2%、30~39 岁：蓝色 ,11pt 发光，强调文字颜色 1
- 28.7%、40~49 岁：紫色 ,11pt 发光，强调文字颜色 4
- 18.3%、50~59 岁：红色 ,11pt 发光，强调文字颜色 2
- 11.5%、65 岁以上：橙色 ,11pt 发光，强调文字颜色 6

TIP

查看字体对话框

若要打开字体对话框，可选择开始选项卡→字体组中右下方→字体对话框标示按钮。在字体对话框中，可更改所有字体相关格式，或者对所选文字与整个文本框进行格式的设置。

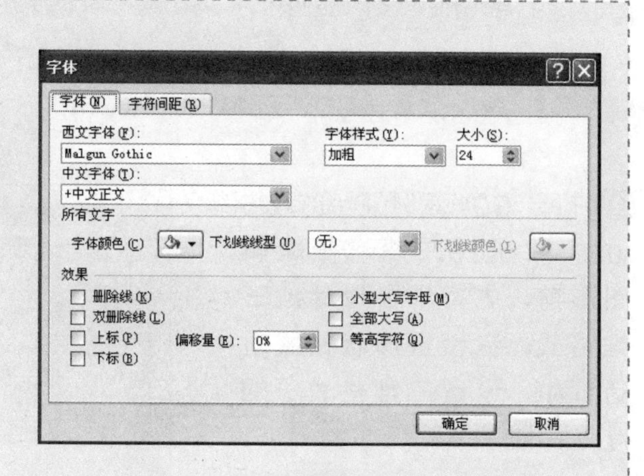

CHAPTER 08

以编辑顶点呈现三维区域的幻灯片

利用编辑顶点，可将尖锐生硬的折线图，变为圆滑平缓的折线图。在 PowerPoint 2010 版本里，可轻易地将线条从直线转变为曲线。

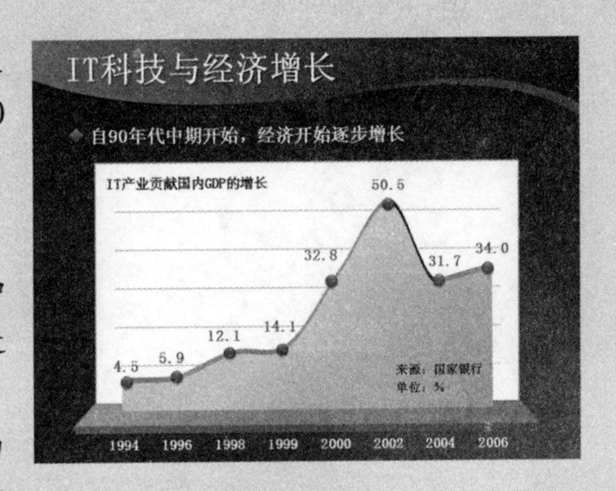

CHECK POINT

曲线图适用于呈现明确的变化趋势，且柔和平缓的图表比急剧变化的图表更能呈现渐进式的增减效果。曲线图也能运用三维效果，以三维图表来传达。若转换折线图为平滑曲线，有可能会破坏图表的形态；因此，制作幻灯片时，务必适当地调整，使图表能呈现柔和且又可区分出正确的数值。转换自折线图的曲线图比折线图更平滑柔和，要传达的数据数值虽然可利用某个时间点作为基础来呈现，但如同完成范例所示，即使看不到年度间的数值，利用曲线，仍可间接地看出其变化趋势。在幻灯片上标示出看不见但包含在内的数据时，可能会呈现过于散乱的感觉，最好并列比较重点的核心数据即可。此外，利用颜色处理曲线图的下端，可弥补只用线条呈现的薄弱感。

准备范例：CD\ 范例 \Part3\025\025_ex.pptx
完成范例：CD\ 范例 \Part3\025\025.pptx

01 打开 CD\ 范例 \Part3\025\025_ex.pptx 文件。在编辑图形前，先将平台设计成三维格式。在设置形状格式对话框中，设置三维格式→深度“10 磅”。

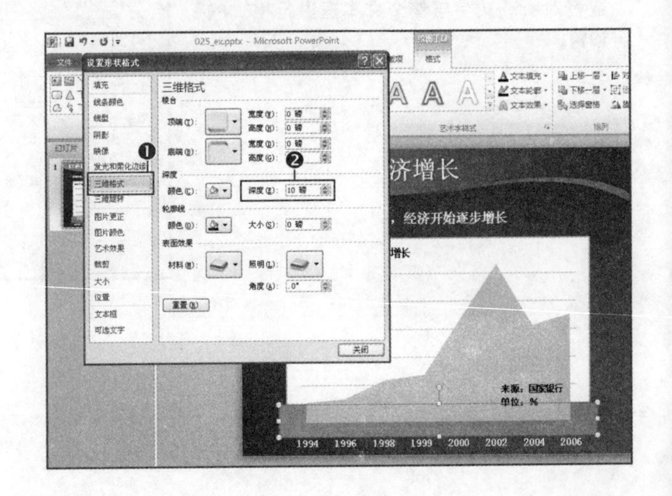

02 选取三维旋转→预设→透视→适度宽松透视，设置“Y-（300）、透视 80° ”。

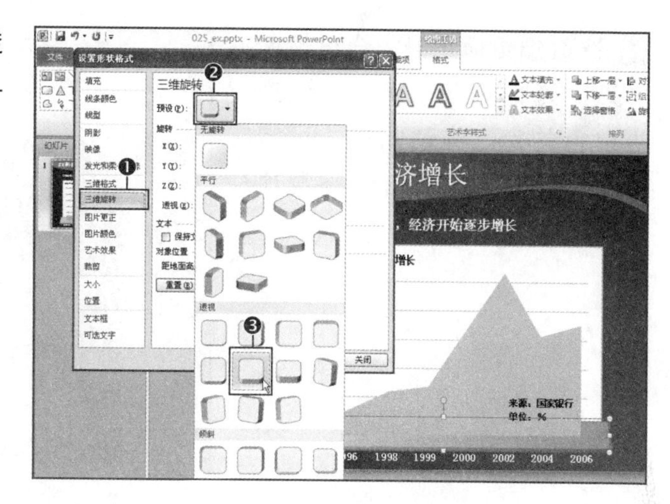

03 选取黄色图表，在设置形状格式对话框中，选择填充→渐变填充，设置“角度 45° ；停止点 1- 红（254）、绿（184）、蓝（10）；停止点 2- 红（254）、绿（212）、蓝（108）；停止点 3- 红（250）、绿（143）、蓝（0）”。

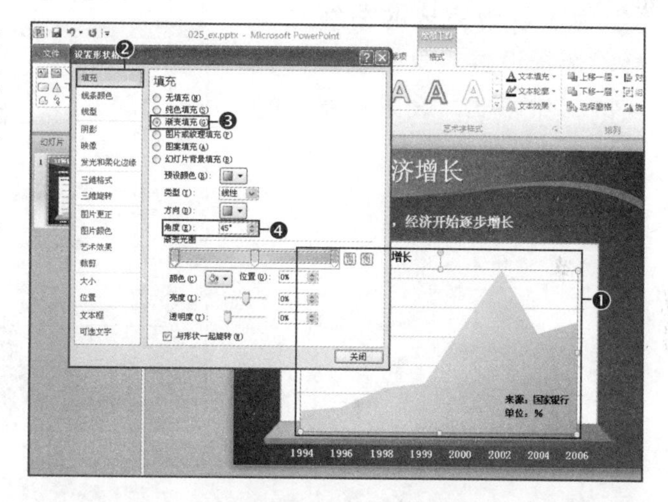

04 在选取图形的状态下，于绘图工具 - 格式选项卡→插入形状组中，选择编辑形状里的编辑顶点。

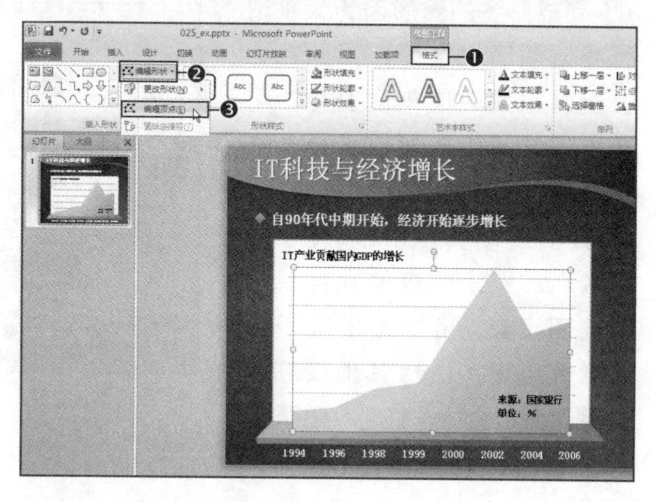

05 选取编辑顶点时，会出现许多点，光标对准顶点时，会产生白色的点。拖动此点，可编辑曲线，也可以右击→平滑顶点，制作曲线。

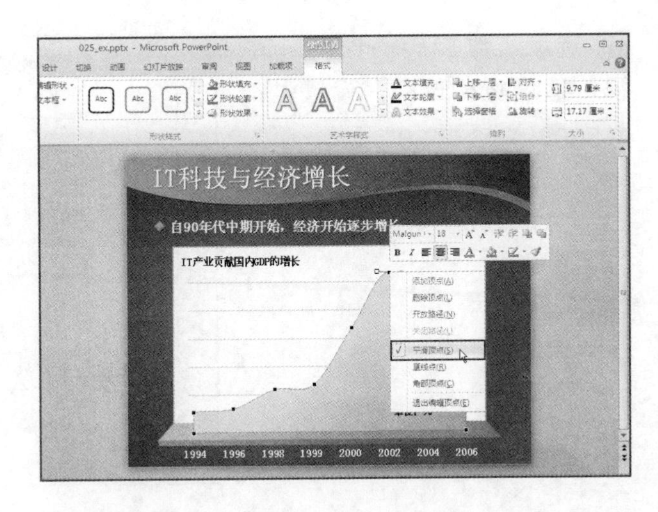

06 为了赋予完成的曲线立体感，选择设置对象格式对话框里的三维格式，设置深度“20磅”，在三维旋转中，设置“Y-（20）”。

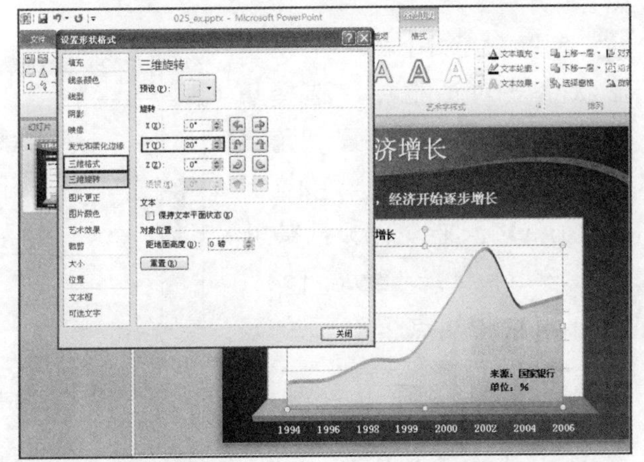

编辑图形

07 完成曲线的图形因为太平滑而难以明确地区分，因此，为了正确地呈现该年度变化，可利用三维圆点来加以区分。在开始选项卡→绘图组→椭圆中，设置“宽度0.54厘米、高度0.54厘米”，置于图表的顶点后，在绘图工具 - 格式选项卡→形状样式组里，选择其他按钮，套用“强烈效果 - 红色，强调颜色 2”，制作三维圆点。

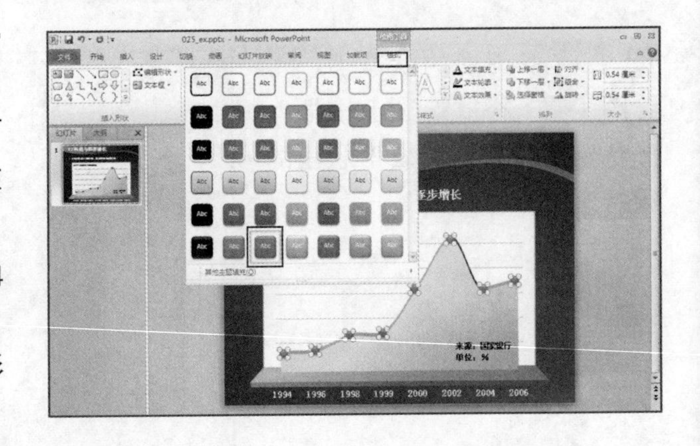

08 最后，在各圆点上方赋予正确的数值。字体设置为“加粗”，设置大小“20 磅”，颜色→深红。

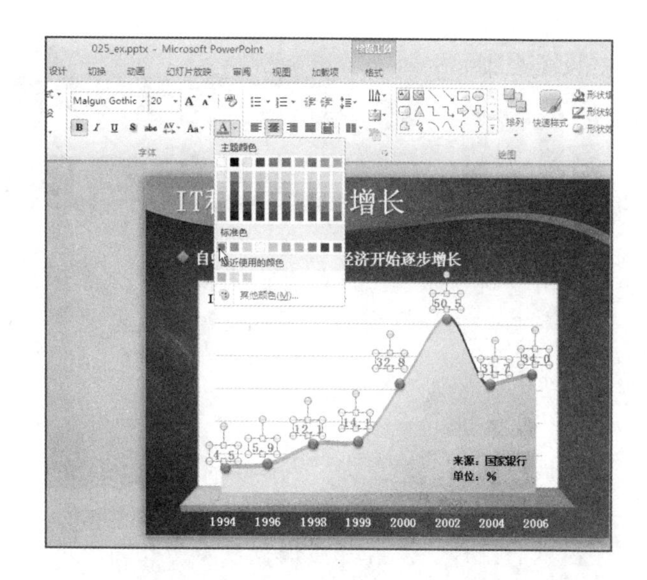

TIP

何为复制？

将相同的图形以固定的间隔进行排列时的复制。也可使用【Ctrl + D】快捷键来进行复制，因此可以更容易地复制图形进行配置。

❶ 选取要复制的图形。

❷ 按【Ctrl + D】快捷键。

❸ 搭配方向键根据想要的间隔来移动图形。

❹ 再按【Ctrl + D】快捷键，就可以以相同的间隔复制相同的图形。

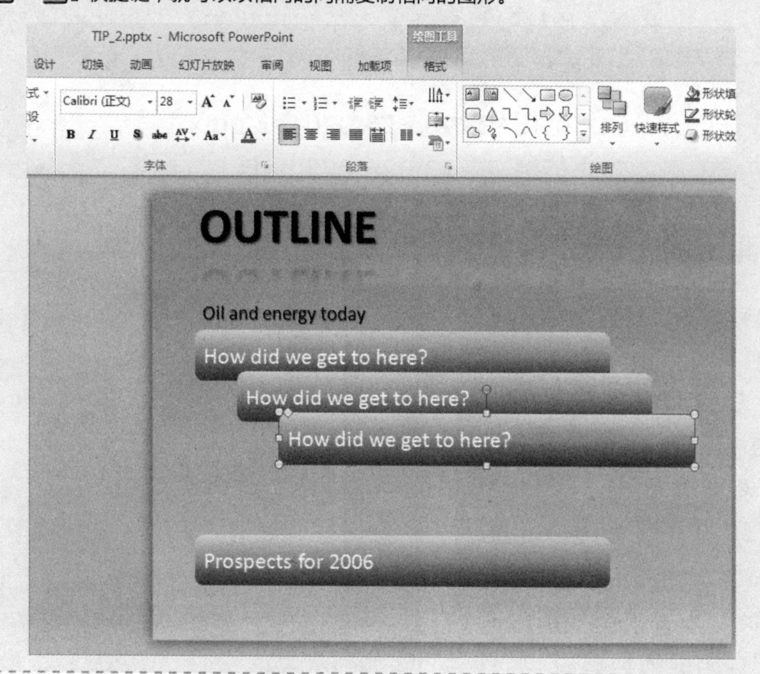

CHAPTER 09

转换图形为任意多边形图形后，通过编辑顶点调整的幻灯片

运用编辑顶点，不仅能自由变换图形至想要的形态，在赋予三维立体感或编辑图形时也非常有用。

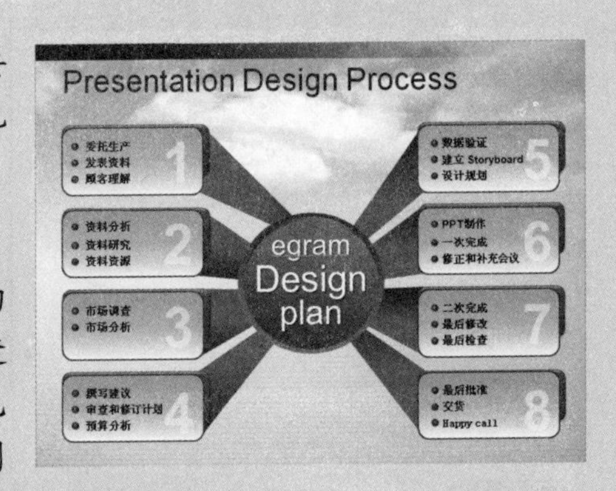

CHECK POINT

强调迎面而来的数据，具有凝聚观众视觉的效果，在制作此类三维图形时，必须留意透视感的设计。左右要强调数据赋予相同颜色与效果，并保持平衡。通过颜色的变化或图形端点的编辑，可设计出拥有自然的三维立体感的幻灯片。位于幻灯片中央的核心信息，利用圆形简单呈现，并以圆角矩形于两侧自然展现八个核心信息要素。在产品发表时，这是一个可以依序介绍八种信息的特色或说明其过程的 PPT；若文字在三行以上，将容易变得混乱并缺少统一性，这点必须多加注意。这是一个可使用在必须简洁有力地呈现要素上的设计；位于中央传达核心信息的圆形不但可放置文字，也能使用图像，并可在传达八种要素的圆角矩形的右侧部分自然放置相关图像，是个很好的设计。

准备范例：CD\ 范例 \Part3\026\026_ex.pptx

完成范例：CD\ 范例 \Part3\026\026.pptx

设计得更亮丽清晰

01 打开 CD\ 范例 \Part3\026 \026_ex.pptx 文件，要使中央的圆呈现突出的感觉，在设置形状格式对话框中，选择填充→渐变填充→方向→线性向下，设置“停止点 1- 红（31）、绿（40）、蓝（87）；停止点 2- 红（98）、绿（117）、蓝（200）”。“egram Design Plan”文字，在开始选项卡→字体组中，更改为白色。

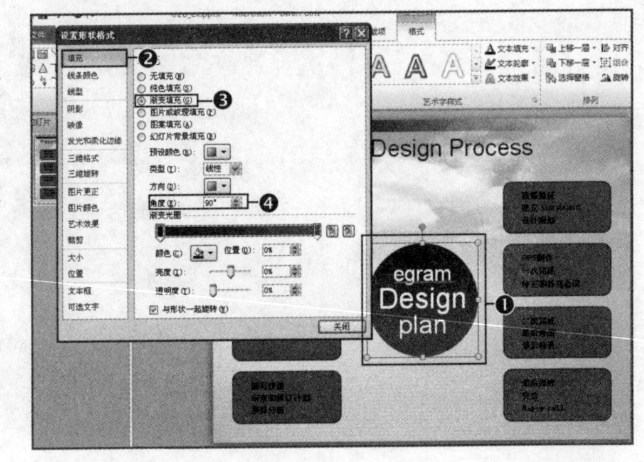

02 选取所有的圆角矩形，在设置形状格式对话框中，选择在填充→渐变填充→方向→线性向下，设置“停止点 1-红（163）、绿（196）、蓝（255）；停止点 2-红（191）、绿（213）、蓝（255）；停止点 3-白色”。

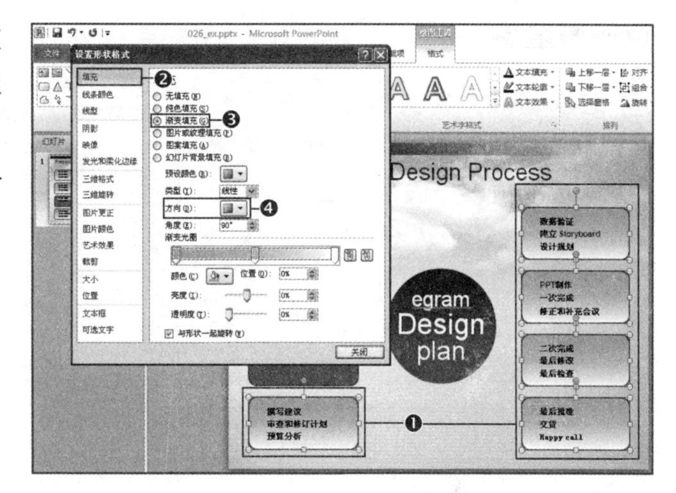

03 在开始选项卡→绘图组中，绘出形状高度与形状宽度均为“0.25 厘米”，约为文字大小的圆。此时，选取三维格式→顶端→圆，赋予小圆立体感。

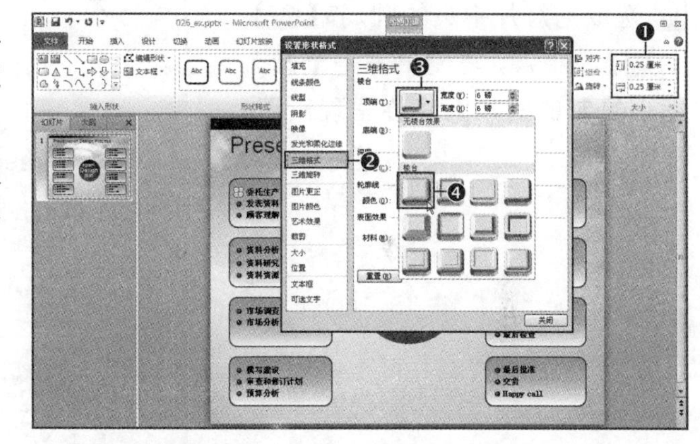

04 为形状内的文字增添透明度以提高设计感。先输入 1~8 的数字，设置白色。再选取数字，选择绘图工具 - 格式选项卡→艺术字样式组→文本效果格式→设置文本填充按钮，会出现设置文本效果格式对话框，设置“文本填充→纯色填充→透明度 38%”。

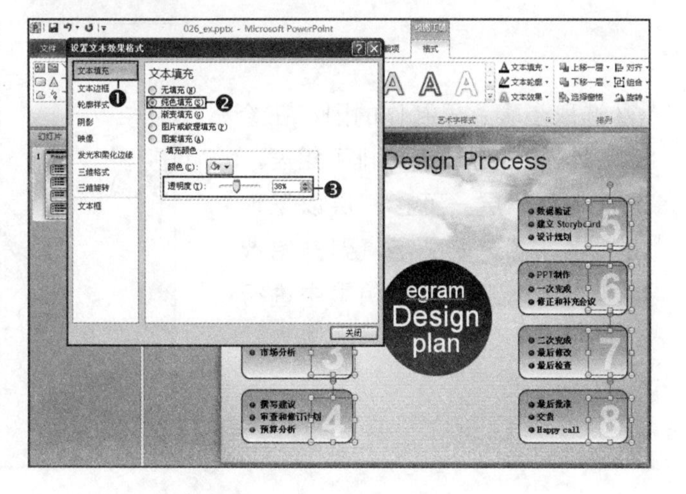

赋予厚度感

05 选取幻灯片中央的圆，在设置形状格式对话框里，选择三维旋转，选取预设→透视→上透视。

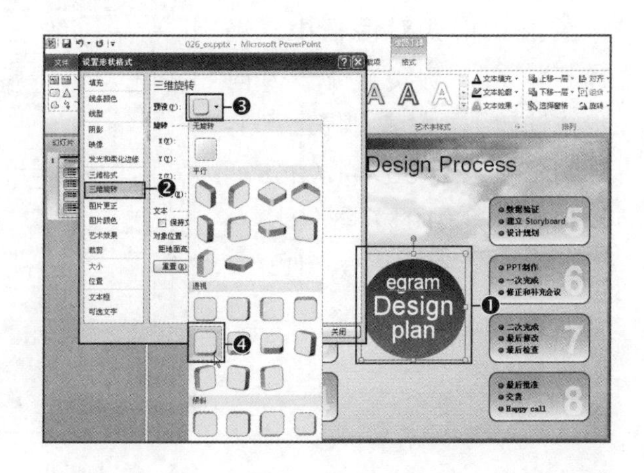

06 选取幻灯片中央的圆，按【Ctrl + D】快捷键，复制出另一个圆。缩小复制的圆，圆将会呈现出厚度感。

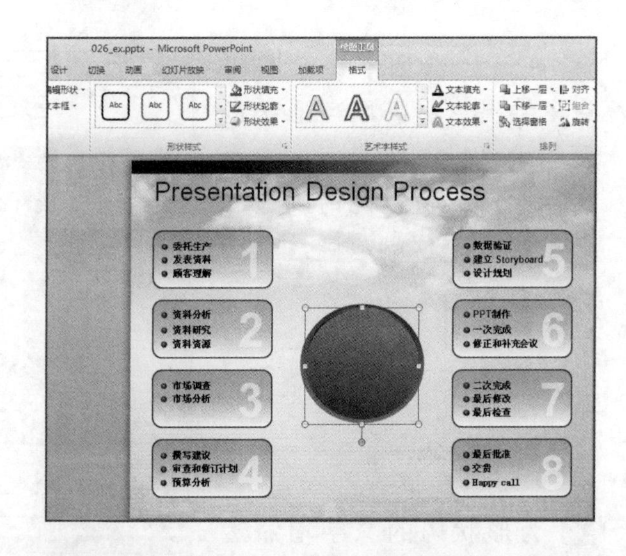

07 选取步骤 6 里制作的圆，在绘图工具-格式选项卡→排列组里，选择下移一层→下移一层以呈现出文字。再选取文字，到开始选项卡→字体组→文字阴影中进行设置。

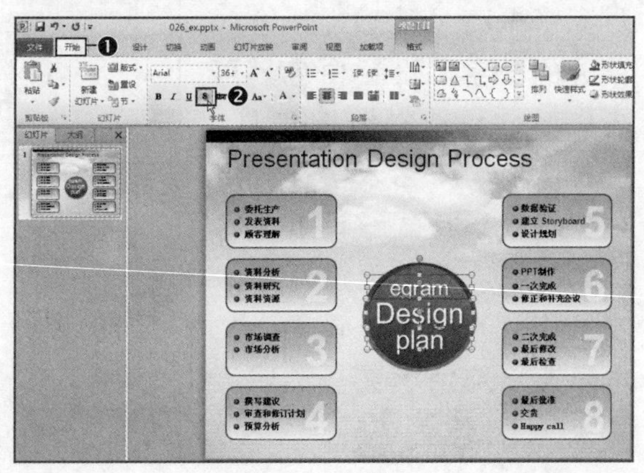

08 与圆形相比，文本框的表达效果显得过于薄弱，在开始选项卡→绘图组中，选取矩形→圆角矩形，绘制一个圆角矩形后，在绘图工具 - 格式选项卡→排列组→下移一层→置于底层，置于 1 号圆角矩形的下方。

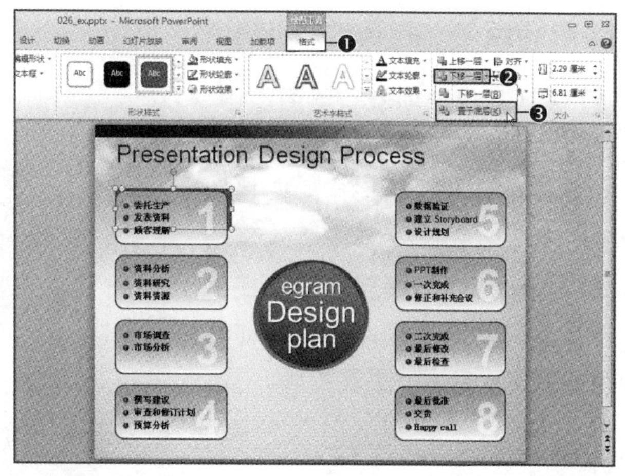

09 在绘图工具 - 格式选项卡→形状样式组中，选择其他按钮，设置“强烈效果 - 紫色，强调颜色 4”。

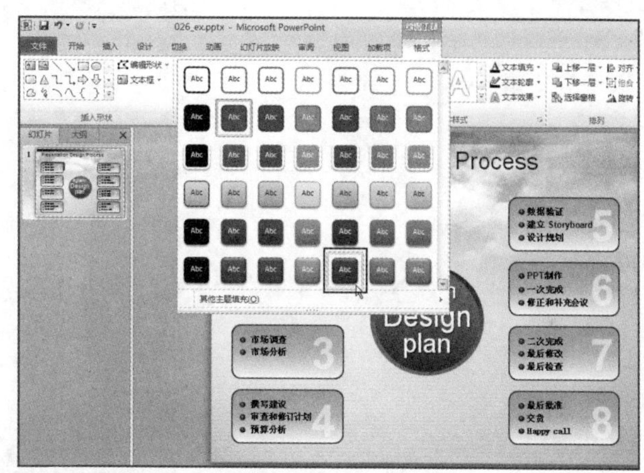

10 选取此圆角矩形，按【Ctrl + D】快捷键，放置在每个文本框之下。

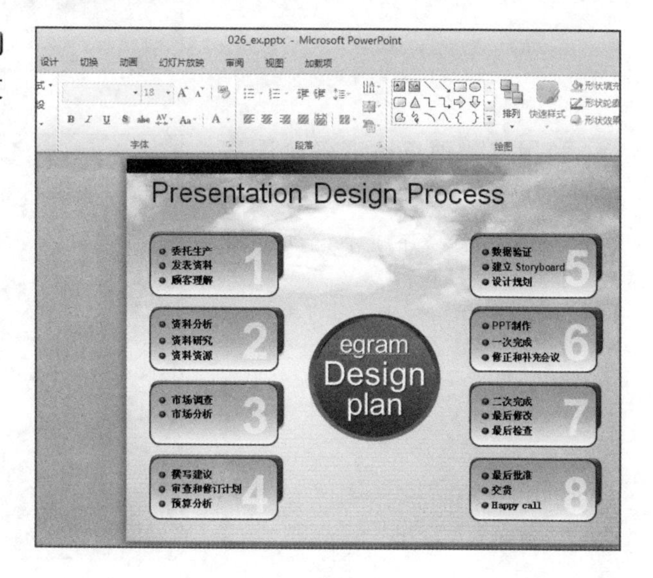

编辑端点

11 先从开始选项卡→绘图组中，选择▼→基本形状→等腰三角形，绘制一个等腰三角形后，选择绘图工具 - 格式选项卡→插入形状组→编辑形状→编辑顶点。在出现顶点的状态下，以鼠标拖动黑色的顶点，自由地更改图形。

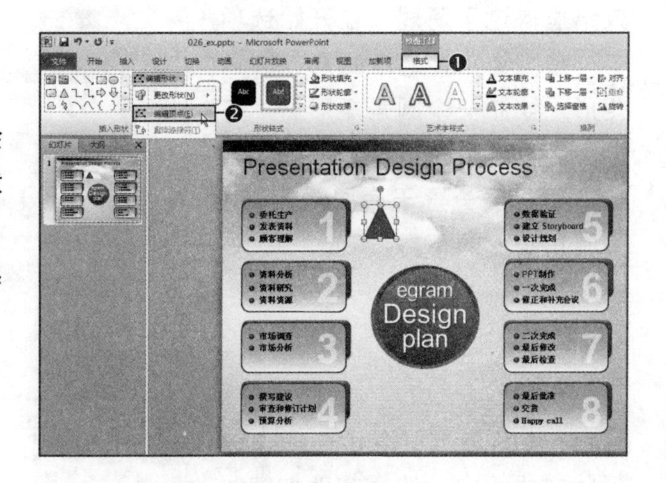

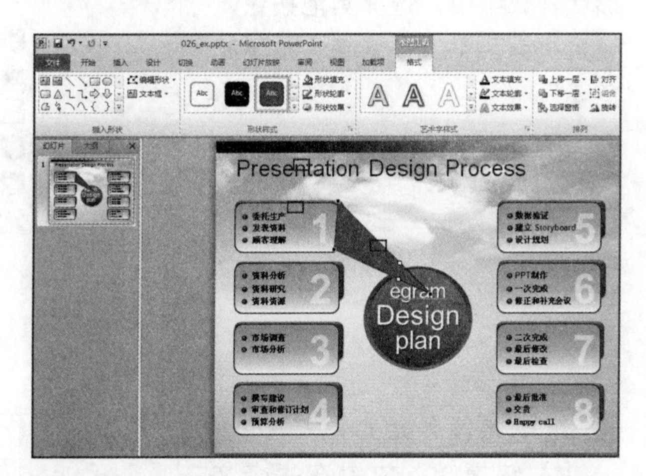

12 利用编辑顶点改变各个图案的形状后，为各个图案设置渐变色及三维效果，并赋予透视感。

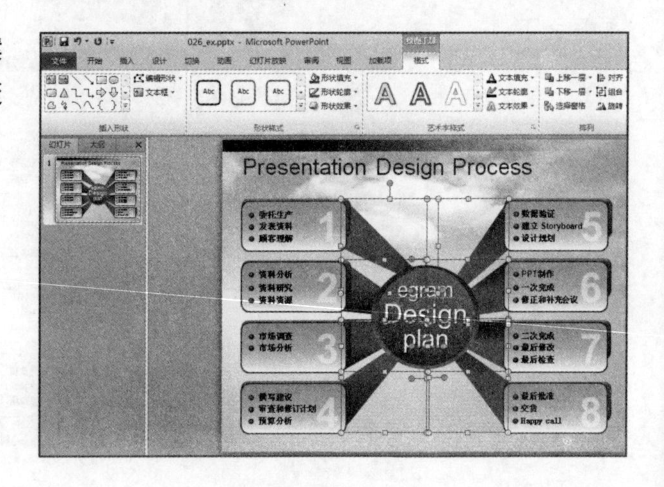

CHAPTER 10 以区域图呈现多种项目的幻灯片

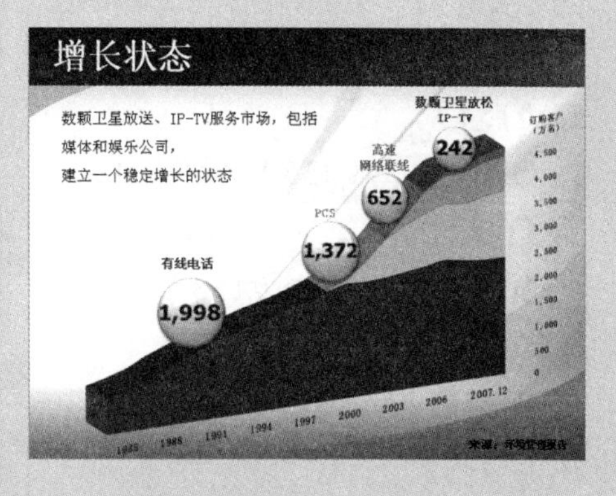

若在图表上增添三维效果，会比平面的图表更具重量感，也会更显完整。各项目设置不同的颜色及图形，快来学习制作有趣的图表设计吧。

CHECK POINT

套用三维旋转的“平行→离轴1右”效果，使图表呈现立体感，并在各个项目上方插入圆球，设计而成的幻灯片。利用离轴效果，使各项目图表方向一致，呈现出自然的立体感，并在图表上方置入圆球，完成自然的三维图表。不像一般开始的折线图在图上输入正确的数值，而是以自然的效果处理背景并在折线图上方利用三维圆球传达核心信息。利用图形与数字来展现4个核心信息，可使观众更好地理解信息。而核心信息外的其他部分，采用色彩度较低的颜色及可读性较低的字体，以增加突显感。如完成范例般，设置较小的X轴与Y轴的字体以降低其重要性，而核心信息使用高明度及高彩度的颜色，这是想在折线图里标示出特定区域时相当合适的一种设计。

准备范例：CD\ 范例 \Part3\027\027_ex.pptx
完成范例：CD\ 范例 \Part3\027\027.pptx

01 打开 CD\ 范例 \Part3\027\027_ex.pptx 文件。

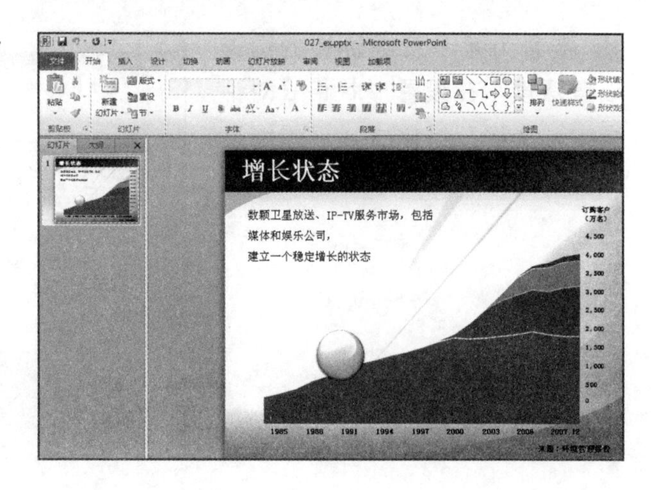

02 如右图般更改颜色。在绘图工具 - 格式选项卡→形状样式组中，选择形状填充→其他填充颜色，在颜色对话框里设置颜色。从最下方的区域开始。

❶ 蓝色 - 红（34）、绿（83）、蓝（154）；

❷ 黄色 - 红（255）、绿（204）、蓝（0）；

❸ 浅绿色 - 红（153）、绿（204）、蓝（0）；

❹ 绿色 - 红（51）、绿（153）、蓝（51）。

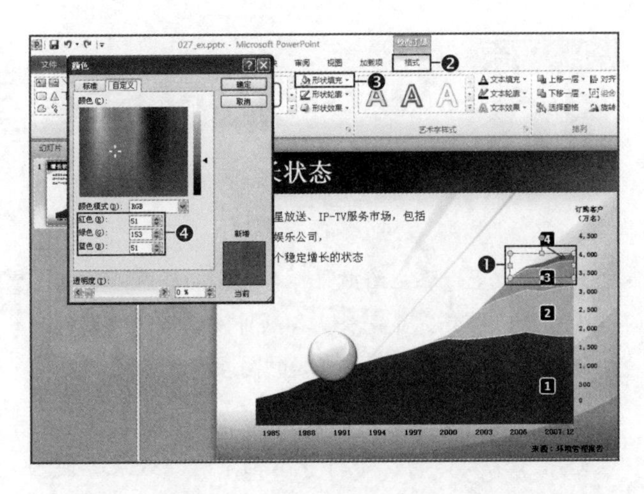

赋予三维旋转效果

03 选取所有设置颜色的图形，按【Ctrl + G】快捷键设置为组合后并右击，选取设置形状格式，在出现的设置形状格式对话框中，选取三维旋转→预设→平行→“离轴 1 右”。

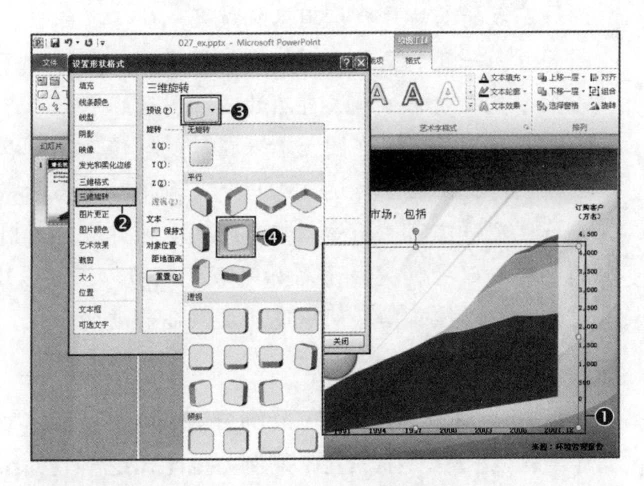

04 接着为赋予三维旋转的图形设置深度。在设置形状格式对话框中，选取三维格式，设置深度“60 磅”。

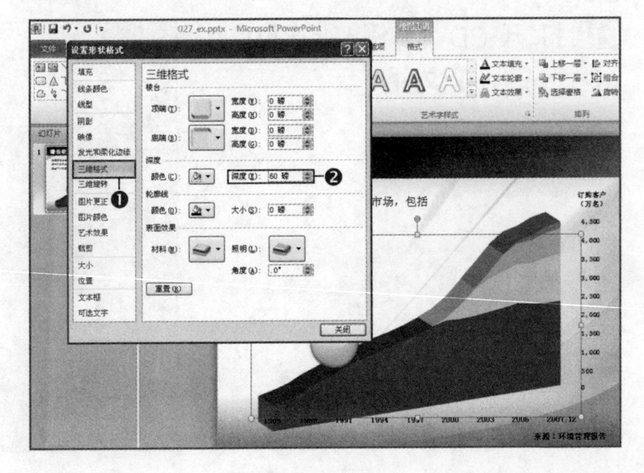

05 图表产生了立体感并已旋转，接着再选取其右方与下方的文字。在绘图工具格式选项卡→形状样式组中，选择形状效果→三维旋转→平行→“离轴 1 右”，与图表设置相同的方向。

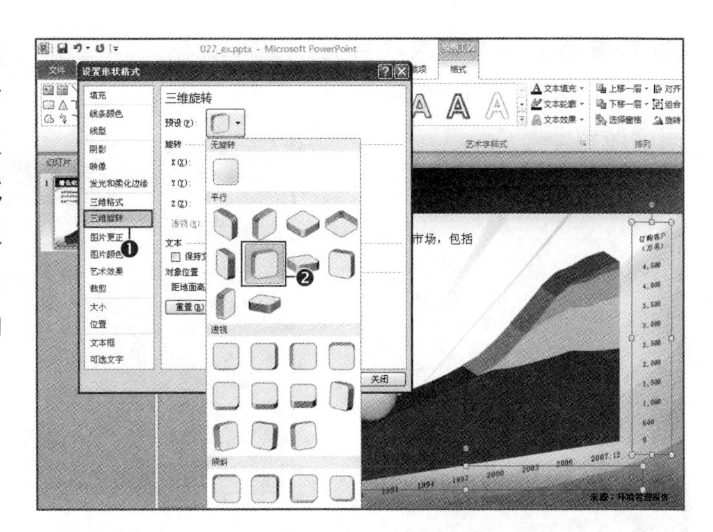

06 按【Ctrl + D】快捷键复制图表上方的图形，置于每块图形上方，调整图形大小，越往上方越小。

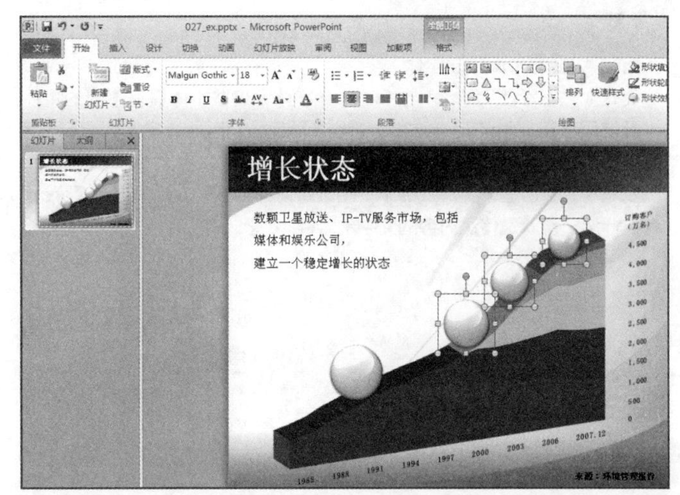

07 在复制的图形上输入数字，在绘图工具 - 格式选项卡→艺术字样式组中，选取文本效果→发光→其他亮色。

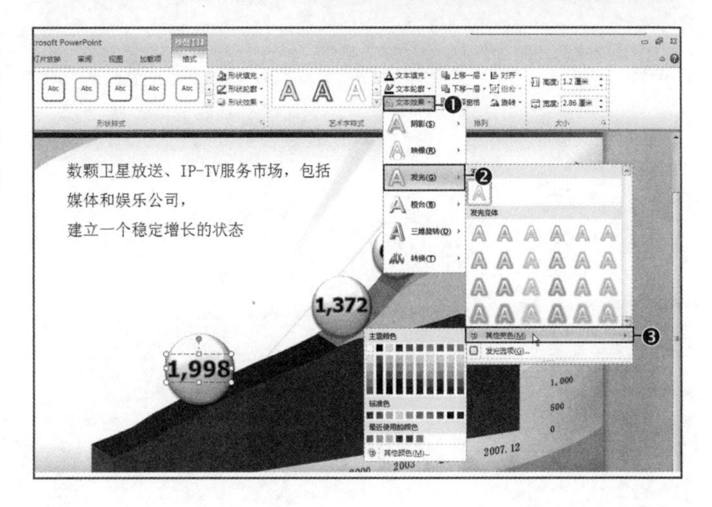

08 在圆球的上方输入项目文字，设置与圆球内的颜色相同的颜色。

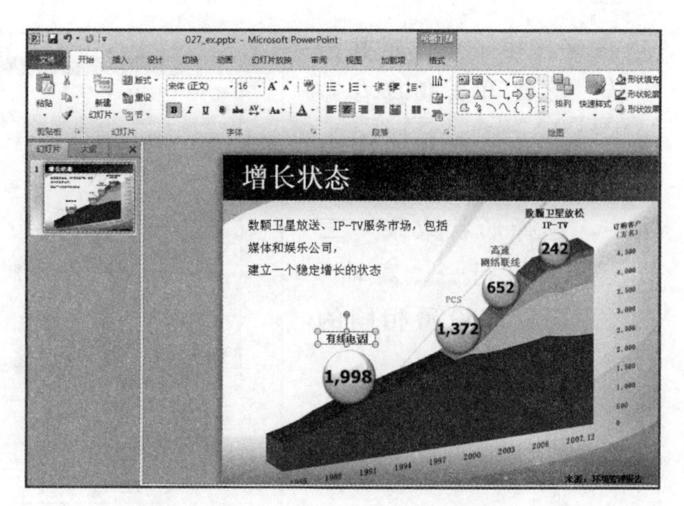

TIP

比较 Arial 与 Tahoma 字体

英文或数字常使用 Arial 与 Tahoma 字体，这些字体具有不同的特性。Arial 拥有简单、可读性等特点，主要使用在正文里英文与数字的部分；相反，Tahoma 字体则拥有厚度感，在套用粗体时，看起来会比其他字体更清晰，主要用作标题部分。此外，Tahoma 字体像英文字母 I 一样，字的上下会有横线，所以也用在罗马字。若苦恼于英文或数字不知该用何种字体时，标题可用 Throma 加粗，本文可使用 Arial 字体，就能设计出一份清楚传达内容的文字幻灯片。

CHAPTER 11

运用透明与渐变，重叠表现的幻灯片

调整彼此重叠的区域幻灯片的透明度与渐变，呈现高级又有立体感的设计。

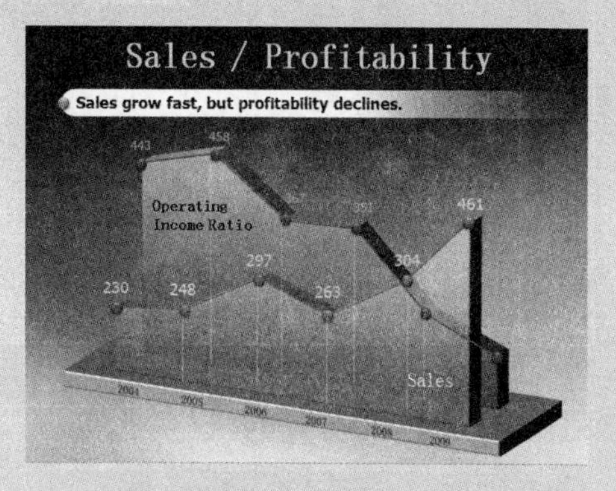

CHECK POINT

使两个图形重叠呈现于图表上，并利用透明度设计此幻灯片。但若两图形太过透明，则颜色不易区分，数字容易混淆，看起来会比较散漫。好设计固然重要，但 PPT 最重要的目的就是正确地传达内容给观众，请读者一定要牢记于心。

通过适当的颜色区分，可同时比较分析两种结果。横向排列两种折线图表，不仅是非常有趣的设计，且依年度以数值区分两个不同的组合，更能简洁有效地呈现各个变化的数据。不使用一般常见的三维柱形图，而是赋予观众空间感，有趣且完整地呈现所有的数据。

准备范例：CD\ 范例 \Part3\028\028_ex.pptx

完成范例：CD\ 范例 \Part3\028\028.pptx

赋予三维效果

01 打开 CD\ 范例 \Part3\028\028_ex.pptx 文件，为了赋予立体感，选取两个图形，右击→设置形状格式，在打开的设置形状格式对话框中，选择三维格式，设置棱台→顶端→“宽度 3 磅、高度 2 磅、深度 30 磅”。

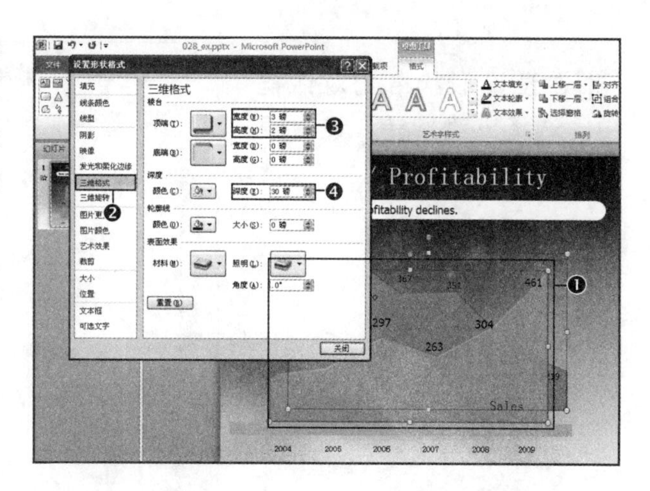

02 在设置形状格式对话框中，选择三维旋转，设置预设→平行→“离轴 2 左”。

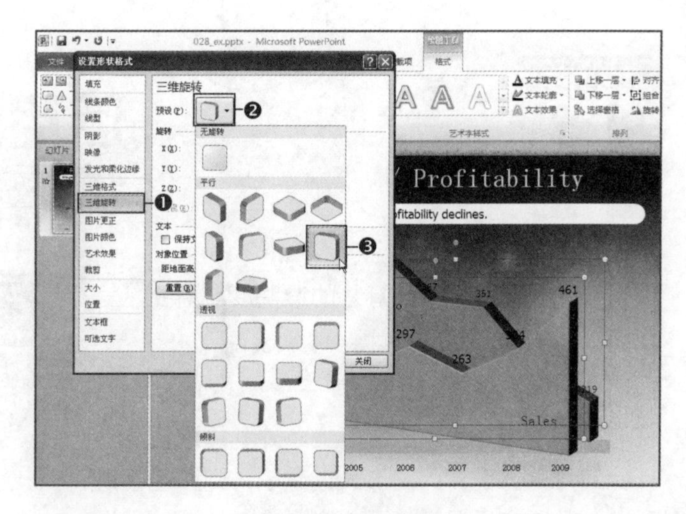

03 配合图形，使平台也加上立体感。选取下方的灰色矩形，在设置形状格式对话框中，选择三维格式。设置棱台→顶端→“宽度 3 磅、高度 2 磅、深度 180 磅”。

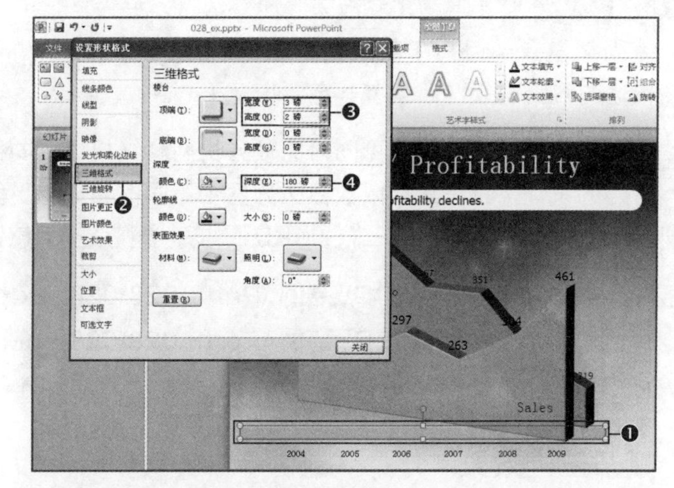

04 在设置形状格式对话框中，选择三维旋转，设置预设→平行→“离轴 2 左”。

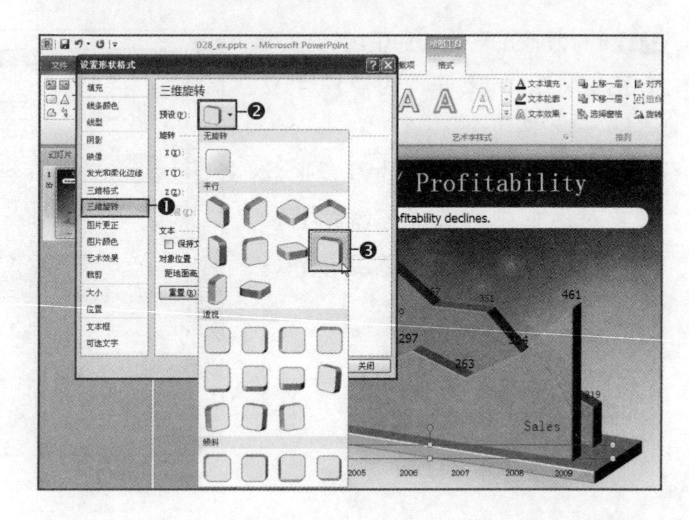

05 为了让年度配合图形的变化，选取全部年度，按【Ctrl + G】快捷键，设置为组合。

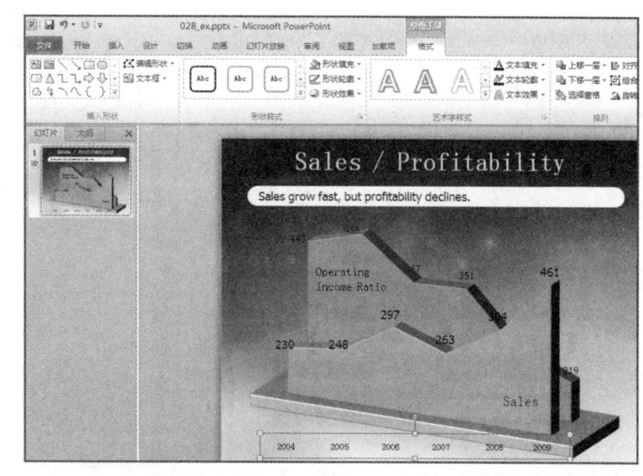

06 选取已组合的文字，选择绘图工具 - 格式选项卡→艺术字样式组→文本效果→三维旋转→平行→“离轴 2 左”，并将数字移至图形中。

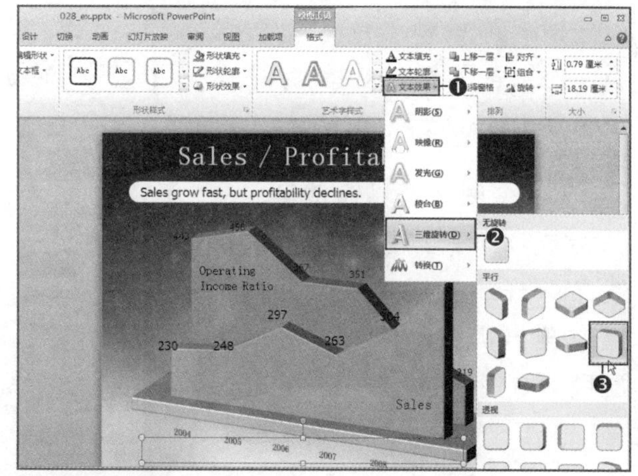

赋予透明度

07 选取前方的图表，从设置形状格式窗口中赋予其渐变效果，设置透明度。选择第一个图表，在设置形状格式对话框中，选择填充→渐变填充→方向→线性向下，如下所示设置停止点与透明度。

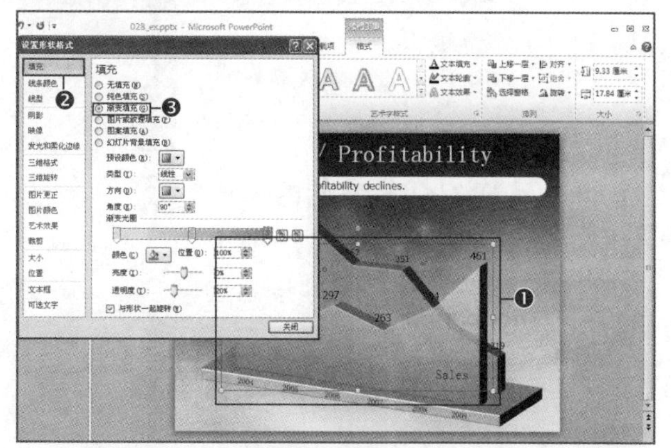

- 停止点 1- 红（255）、绿（255）、蓝（0）、停止点位置 0%、透明度 20%
- 停止点 2- 红（255）、绿（192）、蓝（0）、停止点位置 50%、透明度 20%
- 停止点 3- 红（226）、绿（118）、蓝（0）、停止点位置 100%、透明度 20%

08 选取第二个图形，在设置形状格式对话框中，选择填充→渐变填充，设置方向→线性向下，如下所示设置停止点与透明度。

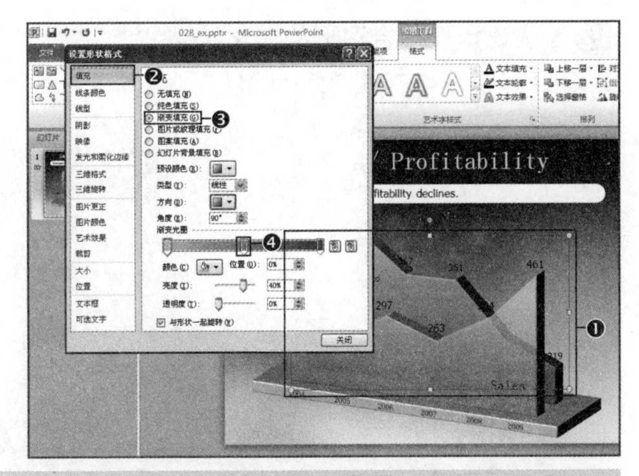

- 停止点 1- 红（91）、绿（255）、蓝（249）、停止点位置 0%、亮度 40%
- 停止点 2- 红（8）、绿（187）、蓝（219）、停止点位置 50%
- 停止点 3- 红（0）、绿（112）、蓝（192）、停止点位置 100%

09 为了使图表更具完成度，在开始选项卡→绘图组中，选择线条→任意多边形后，在图表上方画出折线，使其看起来更醒目。

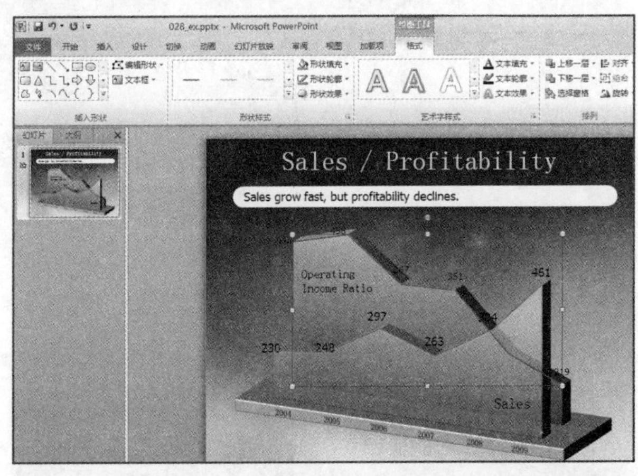

10 分别选取幻灯片左侧的两个小圆，在绘图工具 - 格式选项卡→形状样式组中，选择其他按钮，分别选取“强烈效果 - 红色，强调颜色 6”与“强烈效果 - 蓝色，强调颜色 4”，再按【Ctrl + D】快捷键复制完成的两个小圆，并移动到折线上方。

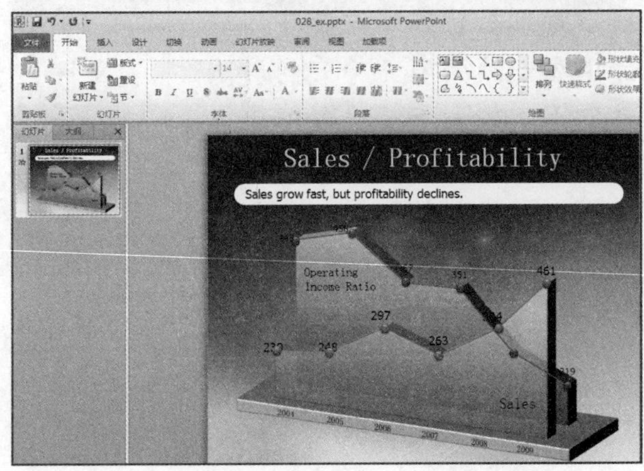

11 选取所有立体感的橙色小圆，在绘图工具 - 格式选项卡→插入形状组中→编辑形状→更改形状→六边形，更改图形的形状。

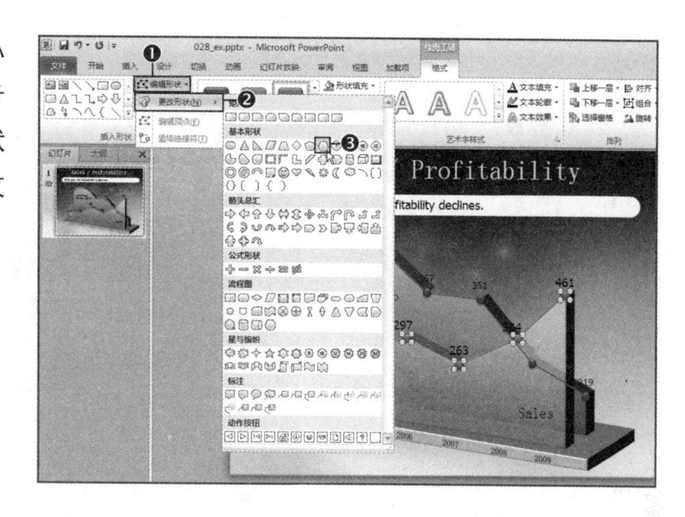

12 选取图表上方的文字，选择绘图工具 - 格式选项卡→艺术字样式组→设置文本效果格式：文本框按钮 。在设置文本效果格式对话框中，选择文本填充→纯色填充→颜色按钮；在其对话框中，分别设置“浅蓝色”- 红（102）、绿（255）、蓝（255）；“黄色”- 红（255）、绿（255）、蓝（0）。

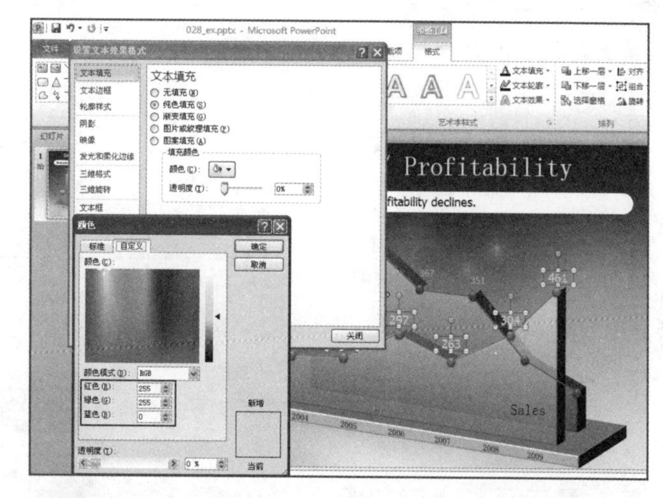

13 为了拥有更明确的项目区别，以白色线条连结年度与数字。在开始选项卡→绘图组中，选择形状→线条，绘制线条。选取绘图工具 - 格式选项卡→形状样式组→形状轮廓→虚线→圆点。

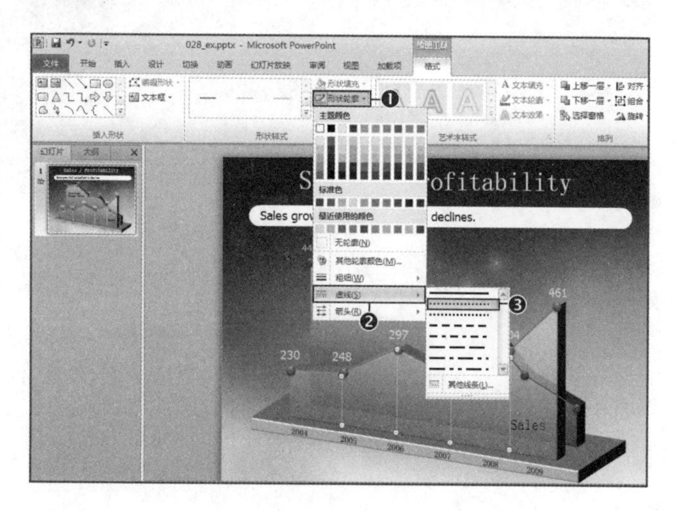

完成

14 选取标题与副标题后，开始选项卡→字体组里→加粗，为所有文字（年度除外）套用粗体。为了替图表内的文字增添效果，选择绘图工具 - 格式选项卡→艺术字样式组→文本效果→发光，在发光变体里设置“红色，11pt 发光，强调文字颜色 2”。在开始选项卡→字体组里，将“Sales”文字更改为白色，赋予安全感。

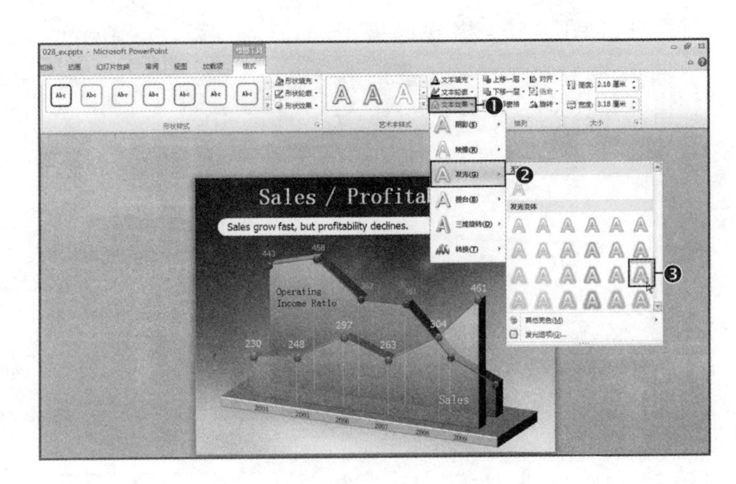

15 标题“Sales/Profitablity”下方的白色圆角矩形太过沉闷。设置白色圆角矩形的渐变色及透明度，赋予其渐变效果，最后再加上三维圆球项目符号。

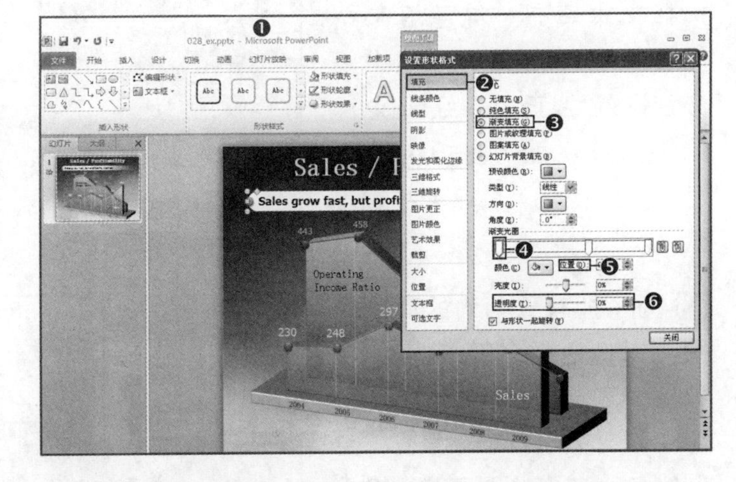

- 停止点 1- 白色、停止点位置 0%、透明度 0%
- 停止点 2- 白色、停止点位置 60%、透明度 0%
- 停止点 3- 白色、停止点位置 100%、透明度 100%

CHAPTER 12 善用舞台图像的图表幻灯片

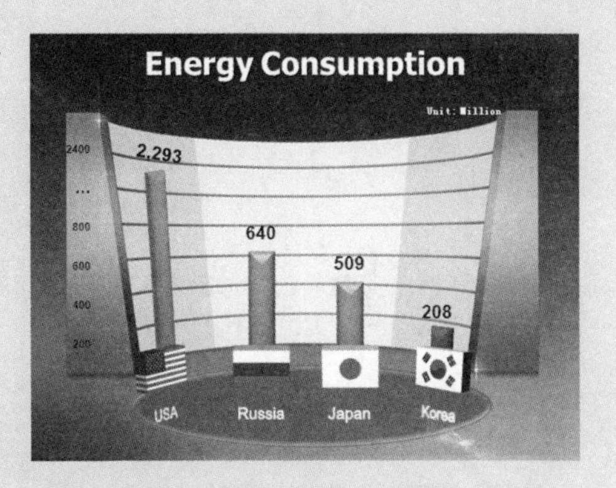

学习制作善用舞台图像并赋予远近感，装饰要素多的图表幻灯片。

CHECK POINT

尝试运用三维旋转，以各种角度来调整图表与图像。运用各式各样的远近感，能呈现出更富立体感、更有深度的图表，提高关注度，并有助于理解。虽然善用三维格式可防止图表过于单调，让图表更加醒目，但过度的三维效果与不适当的颜色运用，会让图表显得复杂，变成一个信息不透明的图表。PPT设计时，必须注意的是，图表内容远比图像更重要。虽然这是一个非常基本的柱形图，但因为善用了三维背景，构成一份效果绝佳且与众不同的崭新设计。完成范例比较四个信息，运用四个国家的国旗，使观众能更直接地理解。这是一份利用国旗或照片等图像来辅助内容，展现截然不同风貌的幻灯片设计。

准备范例：CD\ 范例 \Part3\029\029_ex.pptx
完成范例：CD\ 范例 \Part3\029\029.pptx

打开基本格式

01 打开 CD\ 范例 \Part3\029\029_ex.pptx 文件。

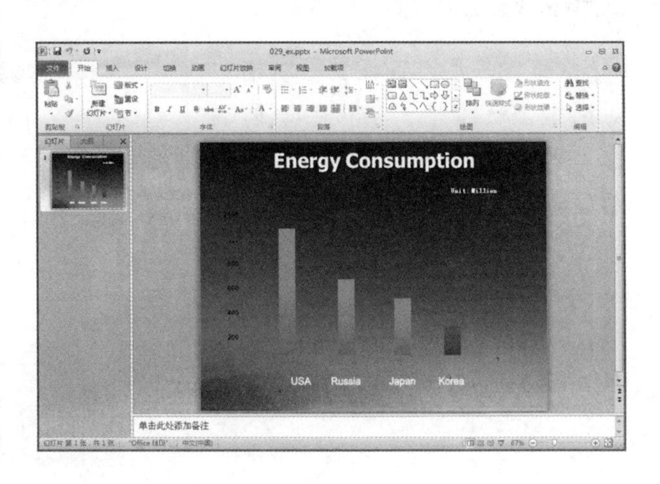

加入图像

02 因图表里只有 4 个国家，显得有些单调，因此在舞台背景上添加图像，赋予视觉上的享受。在插入选项卡→图像组中，选择图片，打开 CD\ 范例 \Part3\029\002.png 文件。

TIP

> 舞台图像因为是背景，必须选取绘图工具 - 格式选项卡→排列组→下移一层→置于底层。

03 表现出各个国家，添加各国国旗使其看起来更具观赏性。打开 CD\ 范例 \Part3\029 文件夹里的各国国旗图片，调整成相同大小并排列整齐。

赋予内容立体感

04 选取图表后，在设置形状格式对话框→三维格式→棱台→顶端→“宽度 20 磅、高度 10 磅”。图表会变得具立体感。

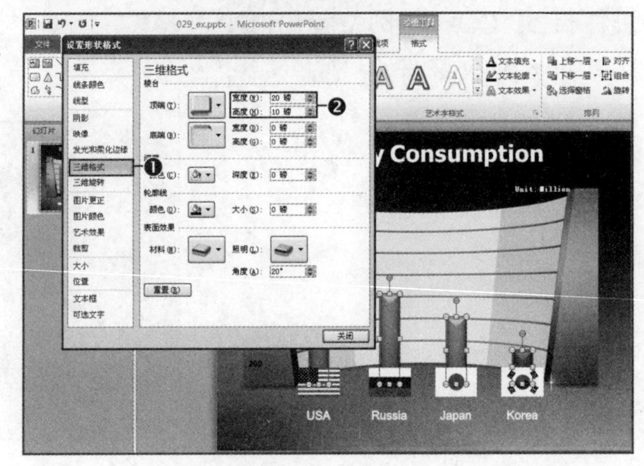

05 接着在图表上设置旋转效果。选择“USA”数列，在设置形状格式对话框中，选择三维旋转→预设→透视→右向对比透视；“Korea”数列则选择三维旋转→预设格式→透视图→极左极大透视；如舞台背景般，将视线聚焦于中央。

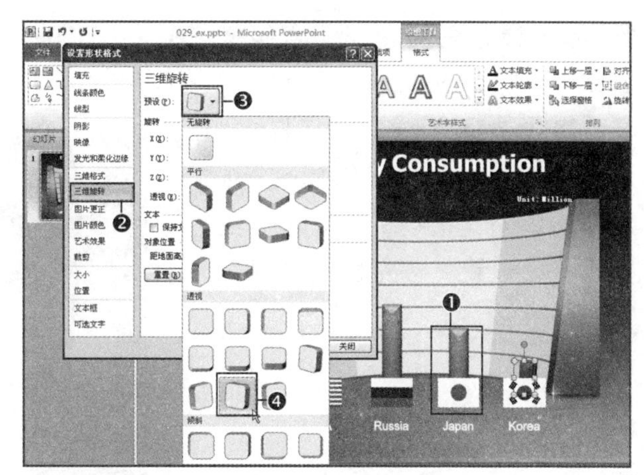

06 在此赋予国旗图像立体感。选取所有国旗后，于图片工具-格式选项卡→图片样式组→设置形状格式按钮，在出现的设置图片格式对话框中，选择三维格式→深度“20 磅”。然而，与数列的倾斜度不同，必须适当调整“三维旋转”。

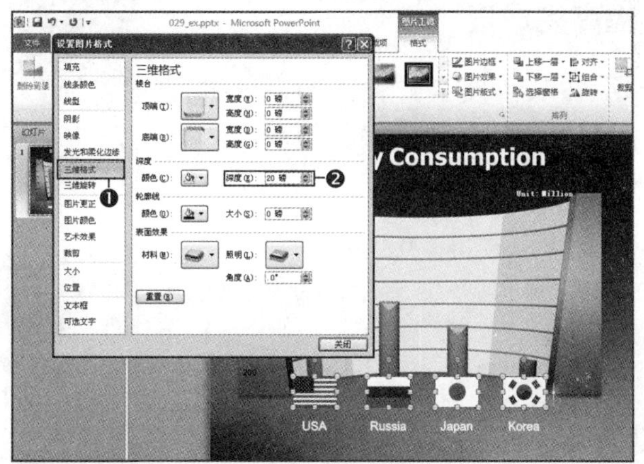

07 选择“USA”国旗，在格式选项卡→图片样式组里→设置形状格式按钮，在出现的设置图片格式对话框中，选择三维旋转→预设→透视→右向对比透视；选取“Rusian”与“Japan”国旗，设置三维旋转→预设→透视→下透视；再选取“Korea”国旗，设置三维旋转→预设→透视→极左极大透视。

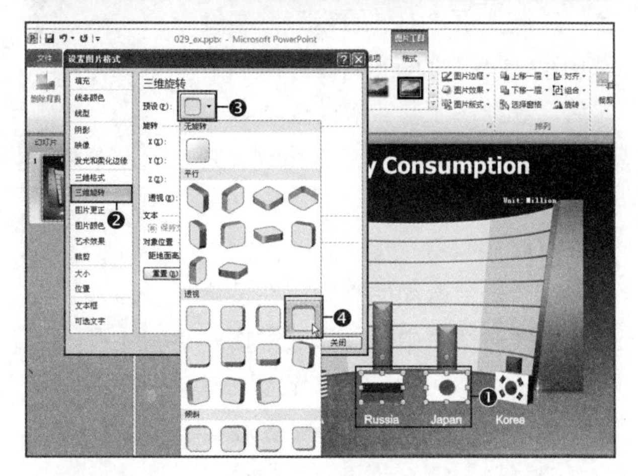

TIP

将各国国旗排列于其国名文字上方。

08 接着让国名的文字配合倾斜。选取“USA”文本框，于绘图工具 - 格式选项卡→艺术字样式组→文字效果 →三维旋转→透视→右向对比透视；选取“Korea”文本框，设置“极左极大透视”。

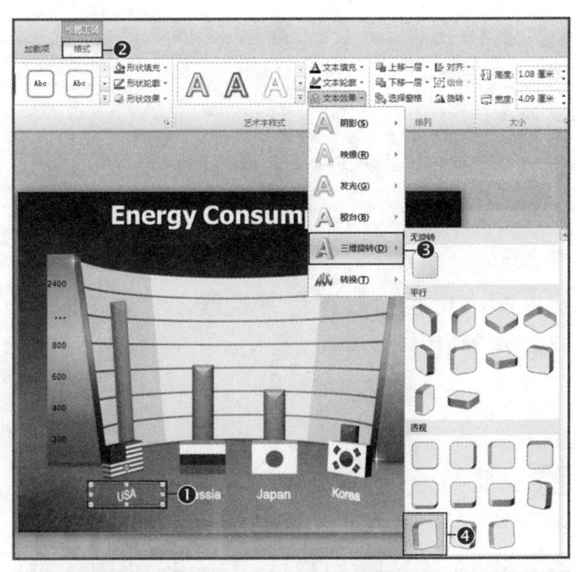

提高完成度

09 在长条图上方输入数字，并利用旋转控制点调整其倾斜度。

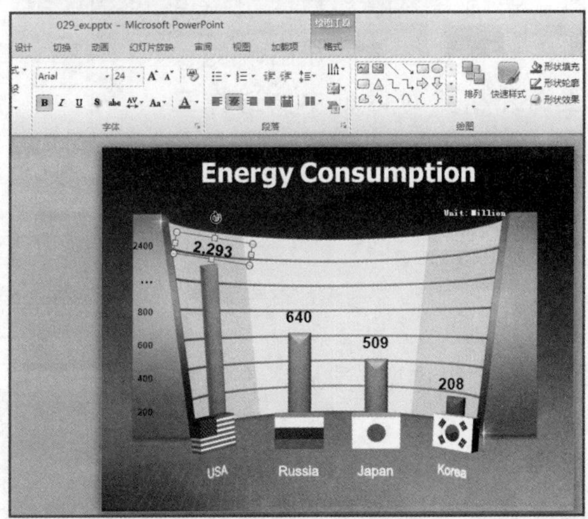

10 为了提高完成度，制作舞台平台。绘制宽度“3.77 厘米”、高度“16.67 厘米”的椭圆，置于国旗下方后，在绘图工具 - 格式选项卡→形状样式组→形状填充→其他填充颜色，在颜色对话框里，自定义→设置“红（79）、绿（129）、蓝（189）”。为了配合舞台影图的感觉，在设置形状格式对话框中，选择三维格式→棱台→顶端→装饰艺术，设置“宽度 10 磅、高度 6 磅”；设置表面效果→材料→特殊效果→柔边缘，设置照明为发光、角度“235° ”，并置于底层。

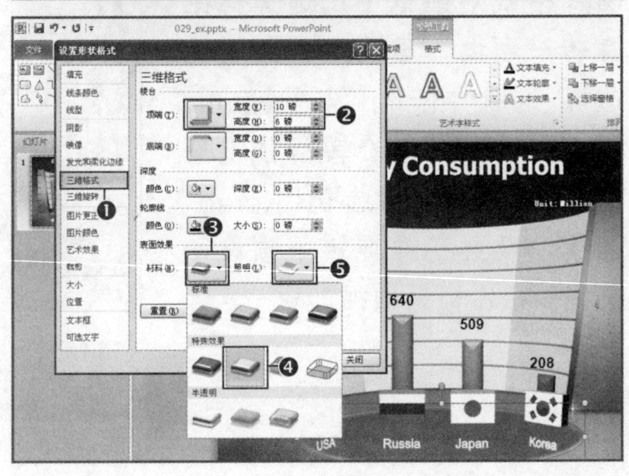

CHAPTER 13

将文字以书信形式展示的幻灯片

将幻灯片设计得像信纸一样，让观众感到新鲜有趣，以提高传达力。这种幻灯片，最好使用不会太过生硬，富有亲近感的设计。

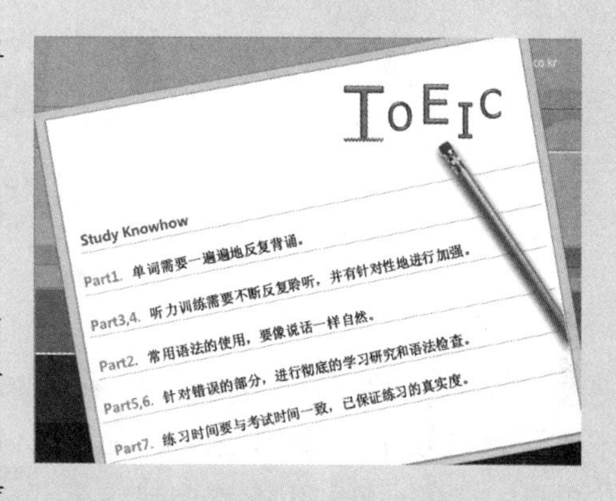

CHECK POINT

为了使单调生硬的PPT文字能显得亲切有趣，可利用字体，赋予文字与众不同的感受。手写体的字体会比计算机印刷般的字体看起来更有信纸的感觉。但是，字体也不能太过潦草，因为这会降低可读性。即使善用字体，完成独特感的幻灯片，仍必须切记，PPT的目的是在传达信息。这类型的幻灯片一般是用在最后结尾时使用，虽然也能用在横向的文本框搭配项目符号的设计中，但若能像完成范例般，不但不会有负担感，还能拥有让观众自然理解信息的优点。最重要的核心信息以三维效果呈现，置于右上方，而详细内容则略为倾斜地列于左侧，这是一份简单整理全部内容，加在PPT的开头与结尾部分的优质PPT设计。

准备范例：CD\ 范例 \Part3\031\031_ex.pptx
完成范例：CD\ 范例 \Part3\031\031.pptx

制作信纸

01 打开CD\ 范例 \Part3\031 \ 031_ex.pptx 文件。选取信纸图形，在绘图工具 - 格式选项卡→形状样式组合→图案填充→其他填充颜色，在颜色对话框→自定义→红（227）、绿（244）、蓝（106）。利用旋转控制点调整信纸的角度。选取更改好颜色的图形，再复制一个比它小的图形后，选择形状填充，更改颜色为“白色”。

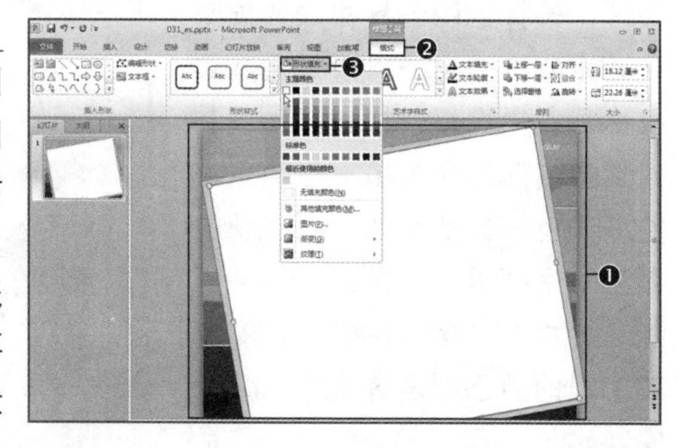

02 为了制作信纸，在开始选项卡→绘图组里选择线条，绘制线条。

03 为了让信纸更真实，填上文字。在开始选项卡→字体组中，设置想要的字体，再利用旋转控制点，使文字略为倾斜。

TIP

利用文本框输入文字时，必须设置图案填充为无填充，形状边框为无边框。

04 按住Shift键，选取“TOELC”文字，选择绘图工具格式选项卡→艺术字样式组→“设置文本效果格式：文本框”按钮，出现其对话框，选择文本填充→纯色填充→颜色→其他颜色，在出现的颜色对话框里，设置红（78）、绿（165）、蓝（165）。文本轮廓里的颜色则设置为红（0）、绿（12）、蓝（192）。

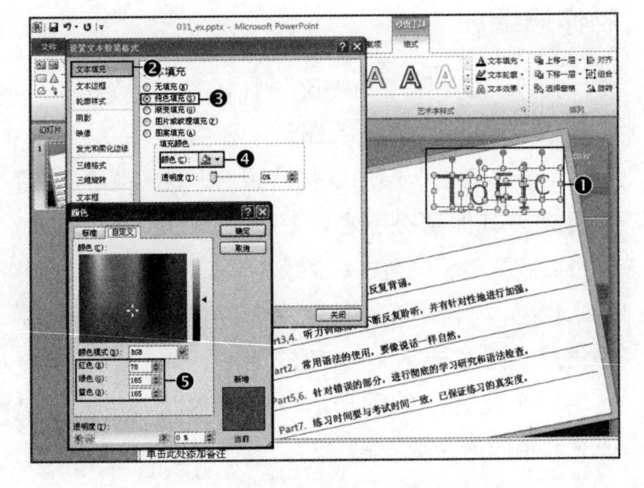

05 在设置文本效果格式对话框，选择三维格式→棱台→“宽度 3 磅、高度 2.5 磅”，选择轮廓线→颜色按钮，设置颜色红（139）、绿（35）、蓝（46）。设置轮廓线→大小 0.7 磅，表面效果→照明→特殊格式→平面，设置角度“110° ”。

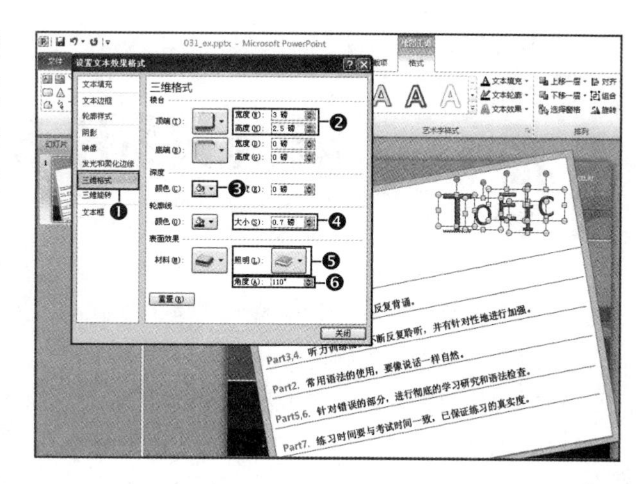

06 要提高其完成度，在插入选项卡→图像组里，点选图片，打开 CD\ 范例 \Part3\031 文件夹里的铅笔图像，置于适当位置，完成信纸幻灯片。因为线条颜色太过突出，在绘图工具 - 格式选项卡→形状样式组里，选择形状轮廓，设置主题颜色“橙色，强调文字颜色 6，淡色 40%”，再按【Ctrl + D】快捷键，复制线条，呈现出信纸感。

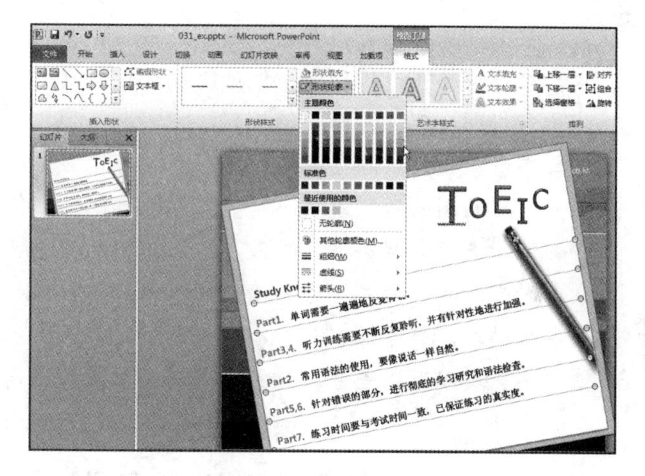

CHAPTER 14

复制并制作长矩形的流程图幻灯片

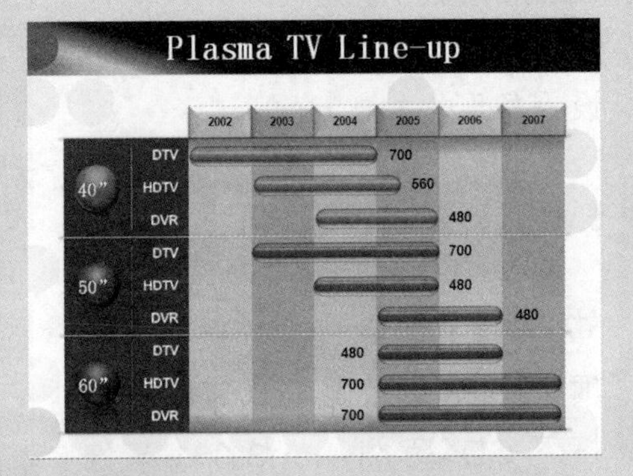

前面尽管已学过多次的复制图形，但仍要通过此次的练习，熟悉复制与排列的方法。并通过长矩形的复制练习，制作出流程图幻灯片。

CHECK POINT

复制并排列基本图形，可轻松地完成复杂的图表。若复制后想移动，可按住Shift键不放再移动，就能够整齐地排列好，也可以利用排列功能进行排列。不仅图形间的排列，文字也必须配合图形来排列，以提高完成度。排列是完成井然有序的图表不可或缺的功能。这是一个以表格与横条图复合设计的PPT幻灯片。整合运用表格与横条图，可改善表格本身看起来太过一板一眼的缺点，转换为有趣又具时尚感的幻灯片。在表格内容多且容易让人感到厌烦的 PPT 里，果断地删除不必要的内容，并整理且呈现有趣的资料。在版面布局上，可使用排列功能，迅速又清晰地呈现以颜色差异区分的项目内容，设计出完成度满分的精彩图表。

准备范例：CD\ 范例 \Part3\032\032_ex.pptx
完成范例：CD\ 范例 \Part3\032\032.pptx

01 打开CD\范例\Part3\032 \032_ex.pptx文件。选取图形，按下【Ctrl + D】快捷键，通常会朝对角线方向复制，因此在复制图形时，先按一次【Ctrl + D】快捷键，复制一个图形并移至其他地方后，再按下【Ctrl + D】快捷键时，就会依相同方向复制。

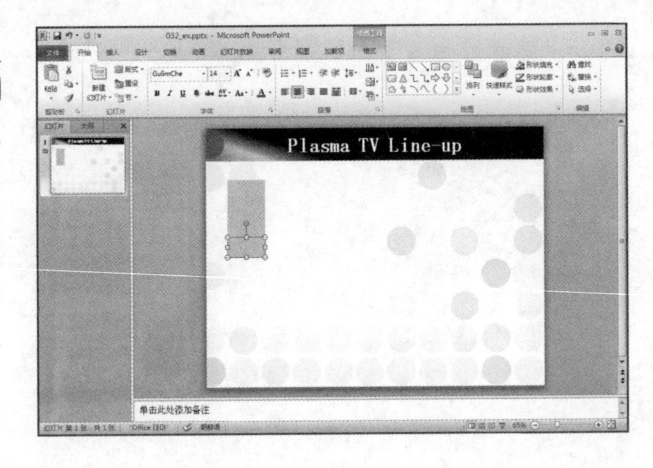

02 利用步骤 01 的复制方法，制作出图表。颜色相同时很难区分，故隔行变换颜色。在绘图工具 - 格式选项卡→形状样式组→形状填充→其他填充颜色，在颜色对话框→自定义，设置第一行的颜色为红（217）、绿（217）、蓝（217）；第二行为红（191）、绿（191）、蓝（191）。

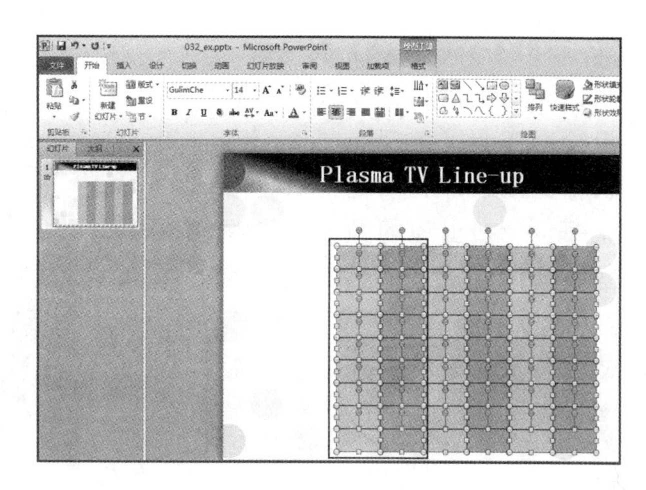

TIP

若排列得不太整齐，可利用排列→对齐里的项目来排列整齐。

03 选取上面第一列的图形并右击，选取对象格式后，在设置形状格式对话框里，设置三维格式→棱台→顶端→“宽度 15 磅、高度 3 磅”；设置表面效果→照明→平衡，角度“145° ”。

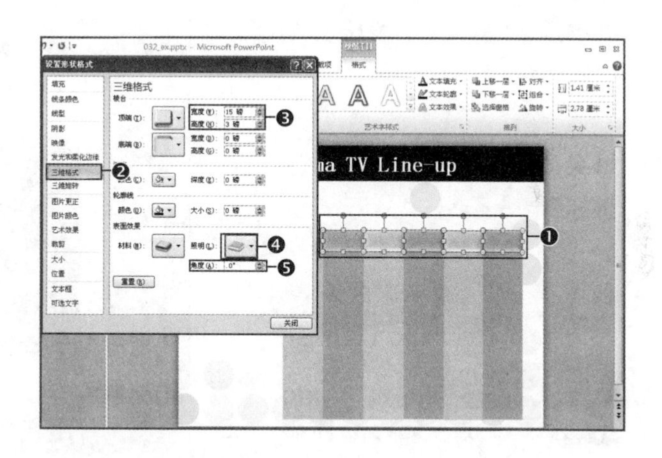

04 选择设置形状格式对话框的阴影，套用预设→外部→向下偏移，使对象有三维效果。

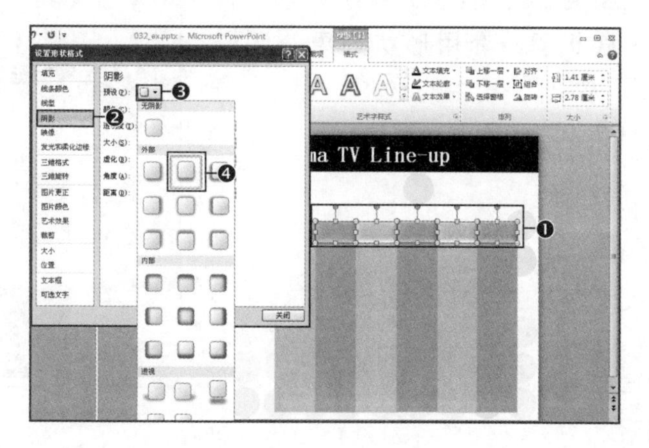

05 利用【Ctrl + D】快捷键，制作要写上项目的单元格。选择绘图工具 - 格式选项卡→形状样式组→形状填充→其他填充颜色，在出现的颜色对话框里，选择自定义，更改颜色为红（89）、绿（89）、蓝（89），使其与原本表格有所区隔，并增加横向的宽度。

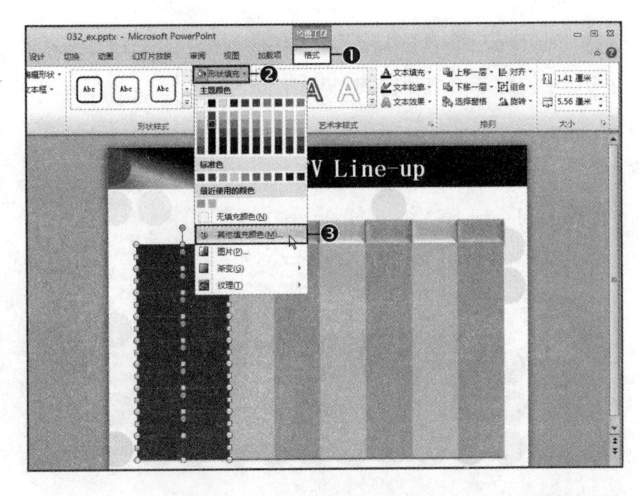

06 为了呈现出表格的模样，中间以两条白线划分表格，上下再增添黑线，赋予表格安全感。

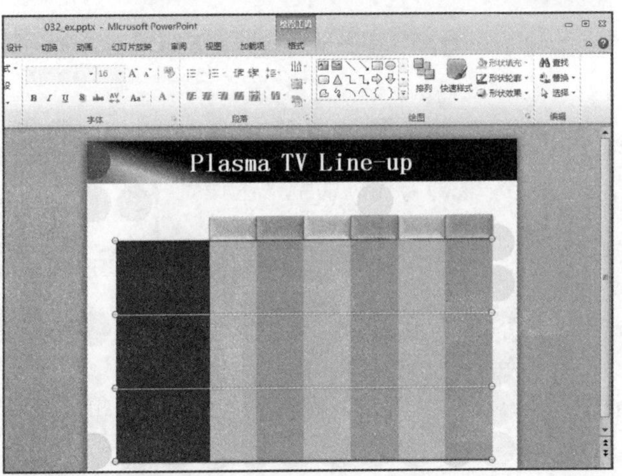

07 为了让线条更具立体感，在绘图工具 - 格式选项卡→形状样式组里，套用形状效果→阴影→外部→居中偏移。

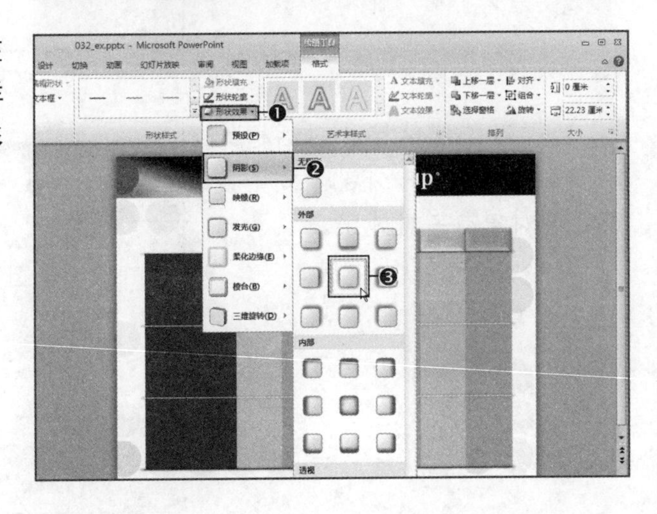

08 为了设计更明显的阴影，在表格的上方绘制出一个长矩形。

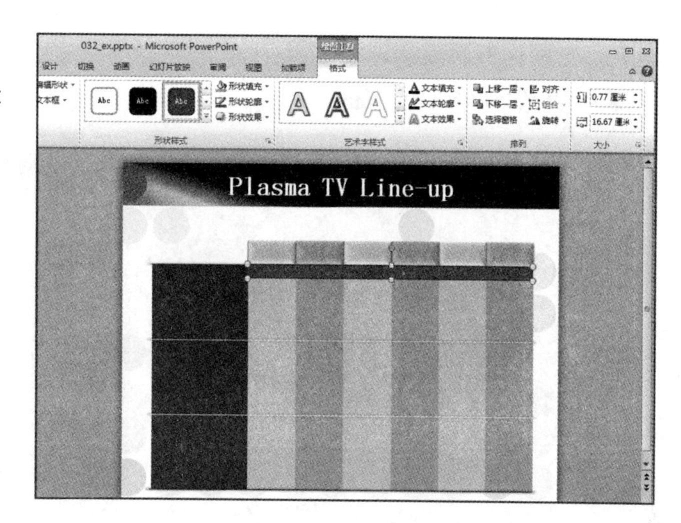

09 在设置形状格式对话框里，选择填充→渐变填充，设置“角度 270°，亮度：-35%；停止点 1-红（166）、绿（166）、蓝（166）、透明 100%、停止点位置 0%；停止点 2-红（166）、绿（166）、蓝（166）、透明度 0%、停止点位置 80%”。

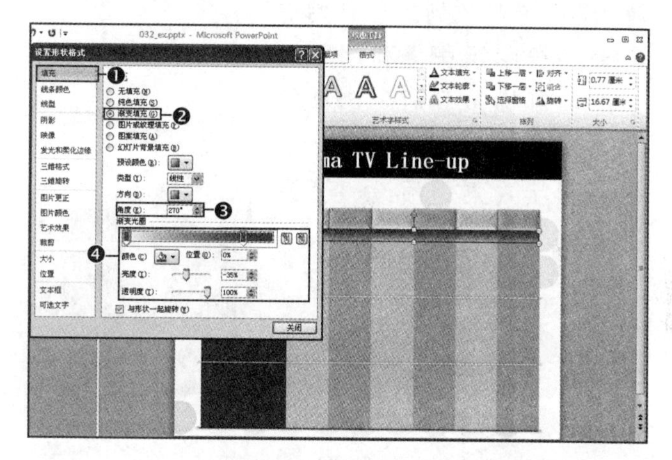

输入内容

10 绘制圆形制作出三维圆球后，在设置形状格式对话框里赋予其不同颜色，再选择三维格式→棱台→顶端→“宽度 50 磅、高度 20 磅，角度 20°”。

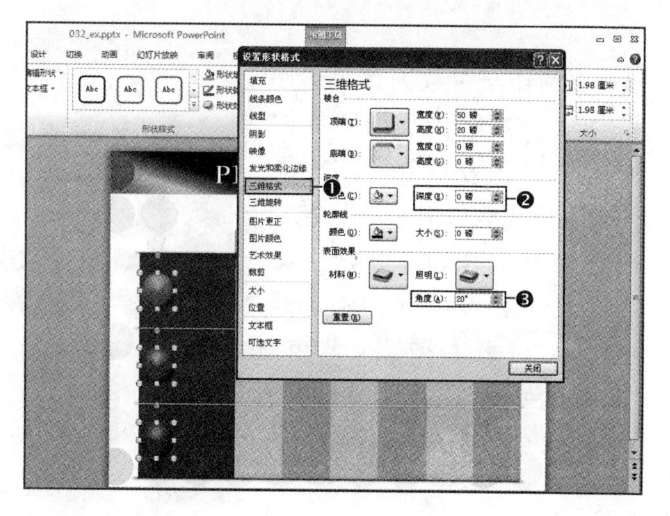

11 在左侧矩形里输入文字，三维圆球与文字间画上分隔线。

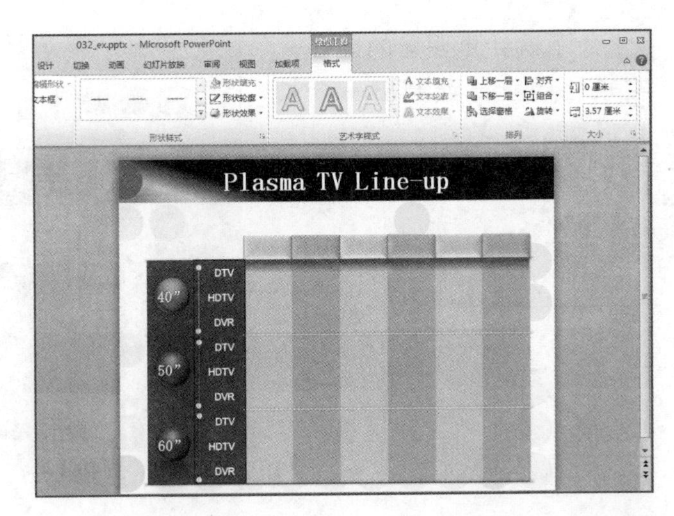

12 制作透明数列。在开始选项卡→绘图组里，利用圆角矩形绘制横条列后，选择绘图工具 - 格式选项卡→形状样式→形状效果→预设→预设格式 8。

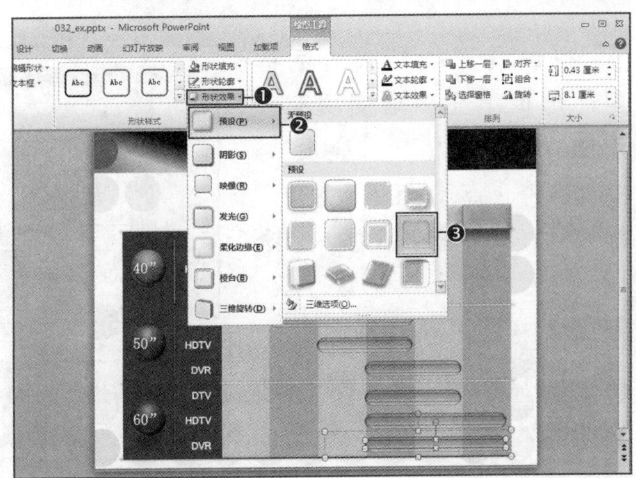

13 再制作一个数列置于透明数列上方，配合三维圆球的颜色加以区分整理。在绘图工具 - 格式选项卡→形状样式组里→其他按钮，分别选取“强烈效果 - 水绿色，强调颜色 5”、“强烈效果 - 蓝色，强调颜色 1”、“强烈效果 - 紫色，强调颜色 4”。

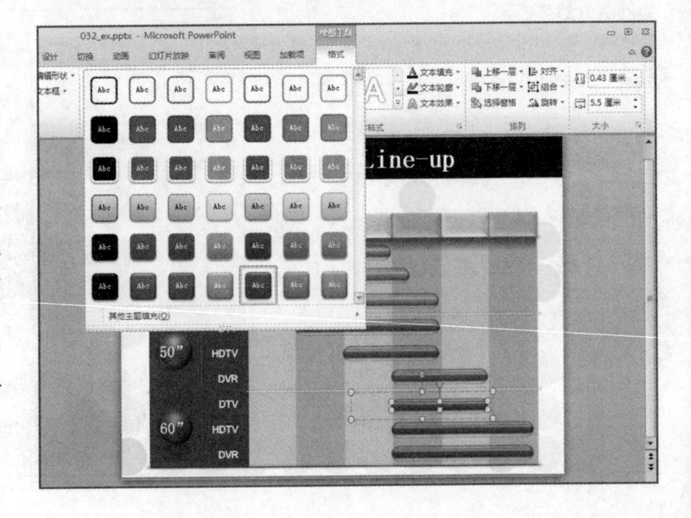

14 最后输入年度数列旁的数字，选择开始选项卡→字体组里的加粗。

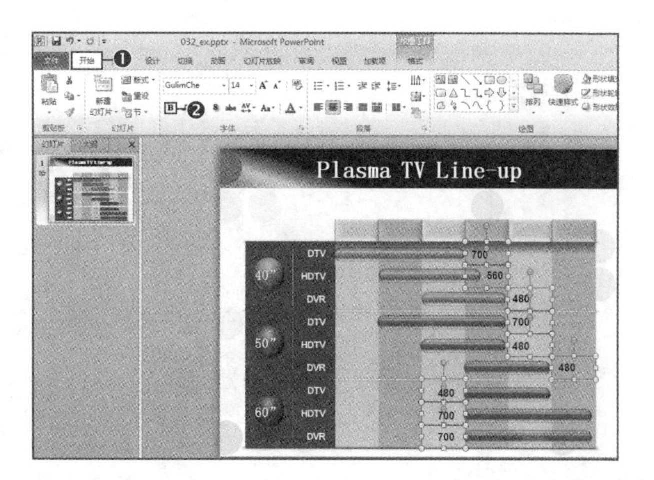

SPECIAL TIP

直接在图形上输入文字而不使用文本框

利用文本框或直接在图形上输入均可输入文字。然而，直接在图形上输入文字与在文本框里输入文字略有不同。若在图形上输入文字，会依预设格式而将文字居中对齐，而使用文本框来输入文字时，文字会靠左对齐。因此，决定文字要置放的位置后再输入文字时，在不改变中心点的图形上输入文字会比较有安全感。此外，在图形上输入文字时，文字会依图形大小而缩放，并能直接套用图案格式，可一起使用文字与图形的所有功能。因此，若觉得排列文本框里的文字很困难时，直接在图形内输入文字，使用起来会更方便。

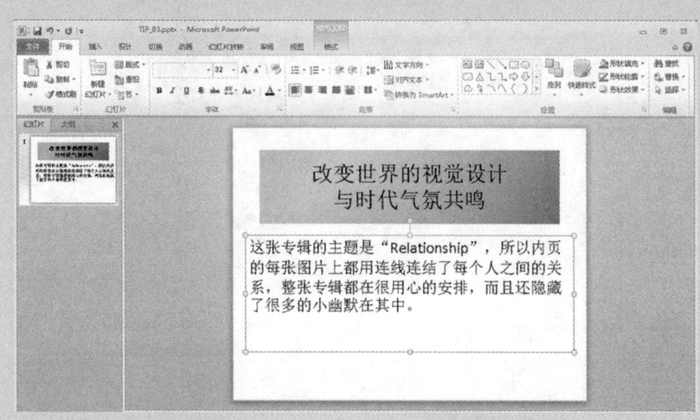

在图形上输入文字与在文本框里输入文字，对齐方式不一样

CHAPTER 15

以左右对称呈现项目的流程图幻灯片

这是一张上下左右排列整齐，深具统一性的幻灯片。设计完成时，看起来整齐且具有安全感是我们这次要学习的目标。

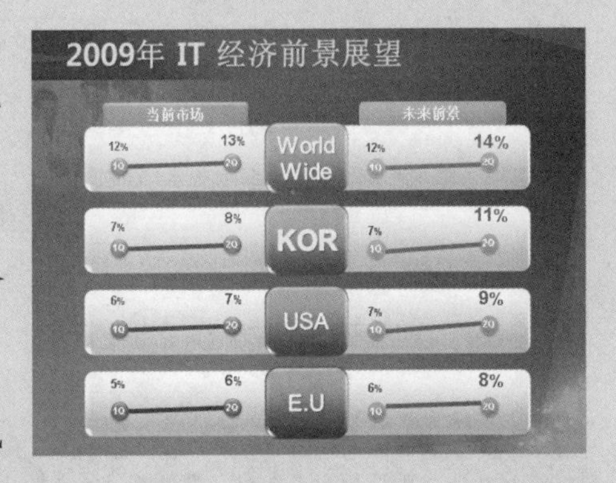

CHECK POINT

在这种统一性与整齐排列兼具的幻灯片上，很容易突显想要强调的部分；在此我们将利用颜色与大小，学习强调的方法。这是一个通过颜色来区分目录，利用大小来呈现强调部分，及善用折线图特性的幻灯片。折线图是利用线条的角度来比较数据的数值，用图形图案的大小及线条的角度差异，能有效地传达现在市场与未来展望的相关资料。不过，四个以上的数据时有可能变得复杂，因此简单地呈现，才是突显核心信息的好方法。在比较过去与现在，或彼此不同的产品内容时，这是非常好用的设计。

准备范例：CD\ 范例 \Part3\035\035_ex.pptx
完成范例：CD\ 范例 \Part3\035\035.pptx

01 打开 CD\ 范例 \Part3\035\035_ex.pptx 文件。

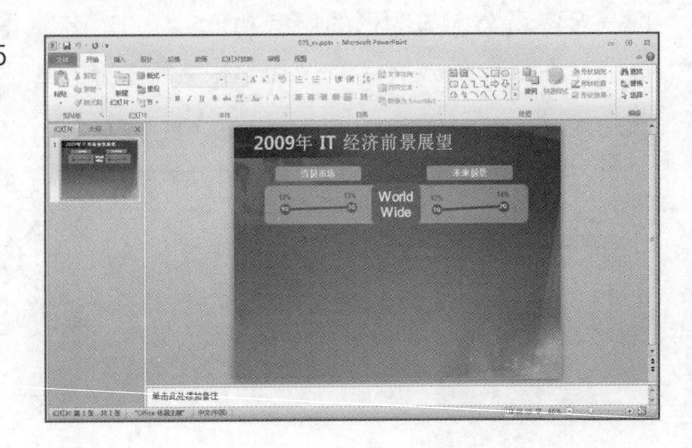

调整颜色

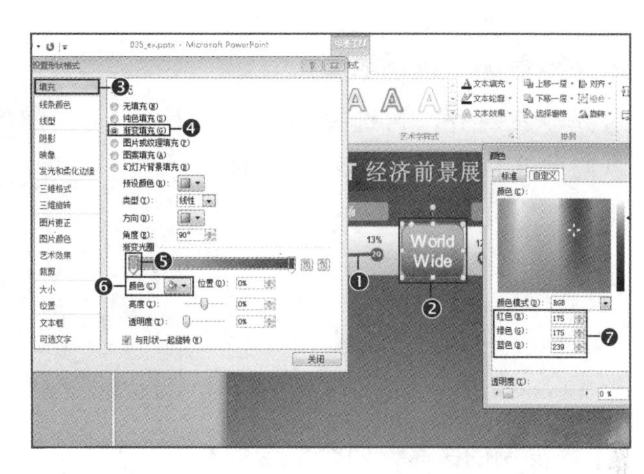

02 因图表内容不太醒目，因此先来调整颜色。选取大的圆角矩形，在设置形状格式对话框里，设置填充→渐变填充→设置“停止点 1-白色；停止点 2-红（191）、绿（191）、蓝（191）”。选取中间的圆角矩形，设置“停止点 1-红（175）、绿（175）、蓝（239）；停止点 2-红（35）、绿（17）、蓝（101）”。

TIP

此时，替白色文字设置阴影效果，看起来会更清晰。

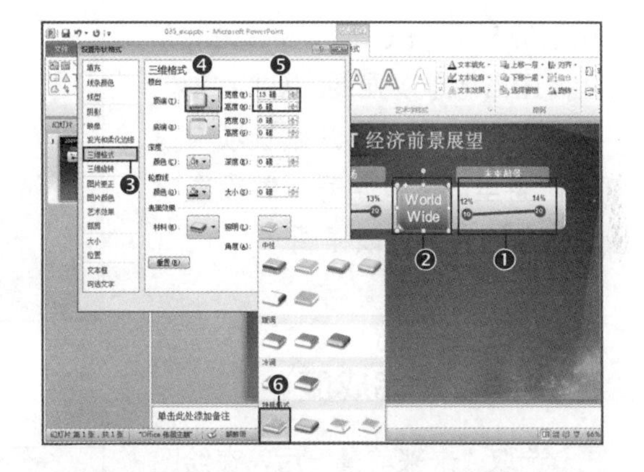

03 为赋予立体感，选择白色的圆角矩形，设置三维格式→棱台→顶端→“宽度 13 磅、高度 6 磅”。中间紫色的圆角矩形也一样，在三维格式对话框里，设置棱台→顶端→冷色斜面，“宽度 13 磅、高度 6 磅”；两图形设置照明→特殊格式→平面。

对齐排列

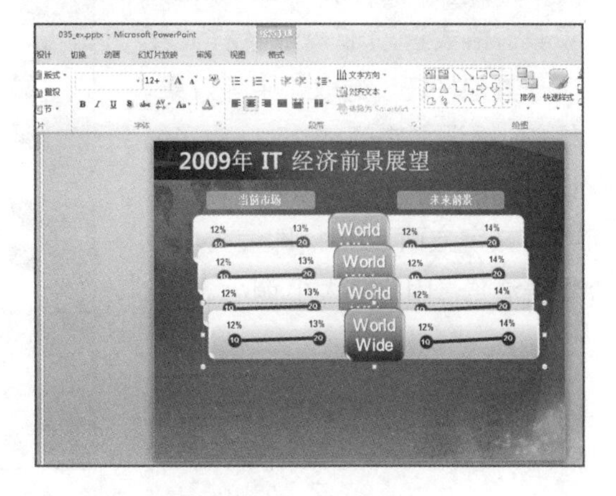

04 为制作数个相同的图形，选取所有图形后，按下【Ctrl + G】快捷键予以组合。再按下【Ctrl + D】快捷键复制，多复制出 3 个组合依序排列。

05 欲加以排列整齐，在选取所有组合的状态下，在绘图工具 - 格式选项卡→排列组里，选取对齐→左对齐，再选择对齐→纵向分布，使所有组合整齐地排列。

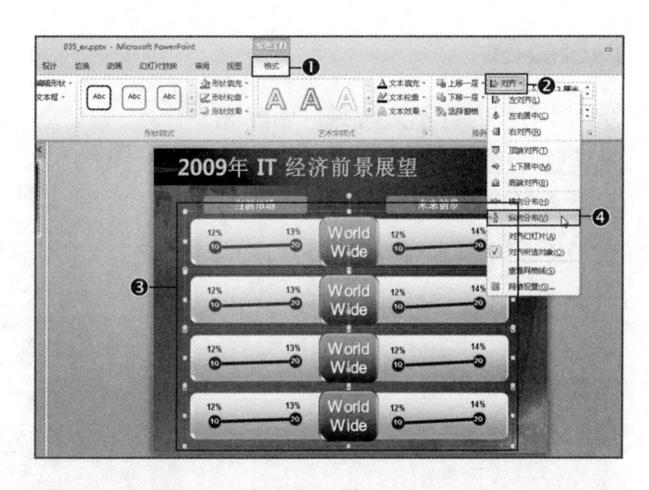

06 因复制的关系，四个组合的文字内容均相同。按下【Ctrl + Shift + G】快捷键取消组合后，更改图内圆与线条位置，并在该国家的文字“KOR、USA、E.U”上，适当地予以强调。因“KOR”是重要的部分，在开始选项卡→字体组里，设置字号，并设置字体颜色为黄色加以强调。

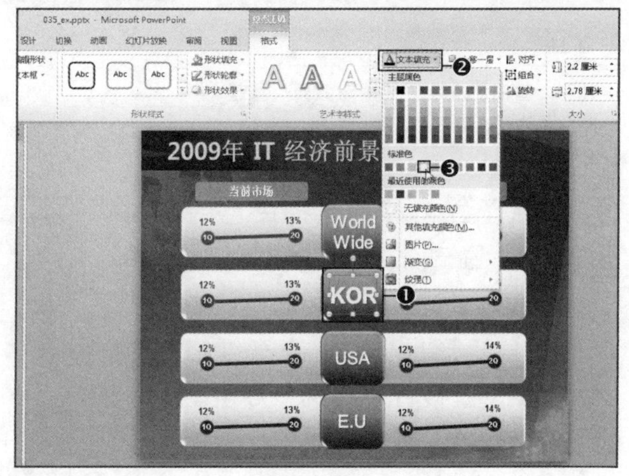

■ 提高设计完成度

07 选取“未来前景”后，在绘图工具 - 格式选项卡→形状样式组里→其他按钮，选取“中等效果 - 橙色，强调文字颜色 6”。为了强调，将这个部分的圆与数值调大。数值文字方面，因 % 即使再小也看得清楚，因此将大小调小。

TIP

将“未来前景”利用橙色加以强调，赋予更大的效果。

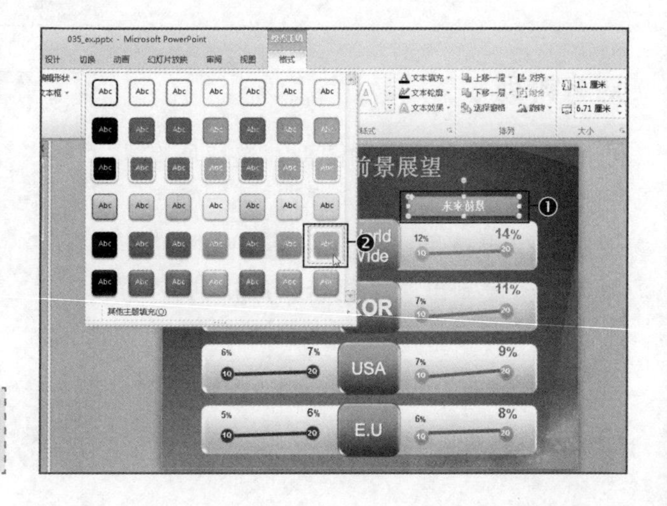

08 选取“当前市场”后，在绘图工具 - 格式选项卡→形状样式组里→其他按钮，选取“强烈效果 - 蓝色，强调文字颜色 1”。选取白色圆角矩形里的圆点，选择其他按钮，选取“强烈效果 - 蓝色，强调文字颜色 1”，赋予效果。

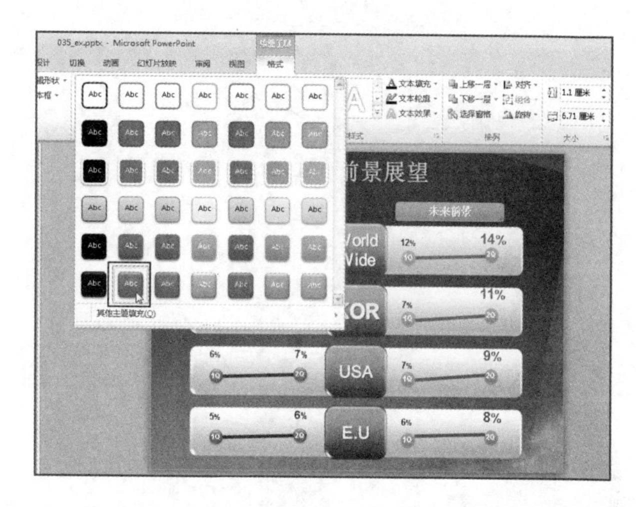

09 将“当前市场”与“未来前景”两个文本框略往下移，紧贴住白色圆角矩形方块，这样看起来会更加自然。

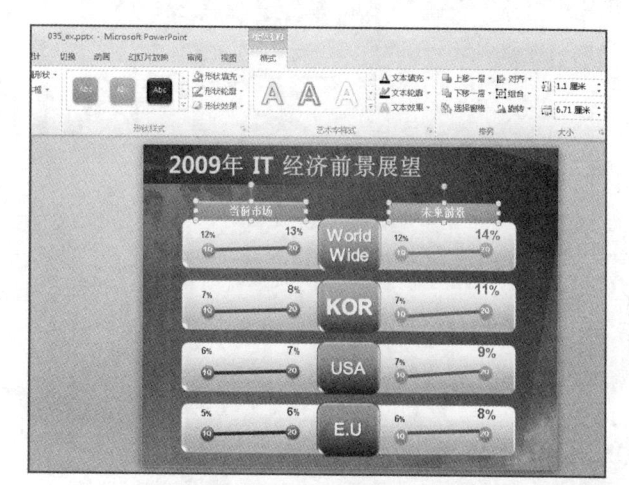

4 PART

实务应用度 100%的幻灯片设计——文字风格

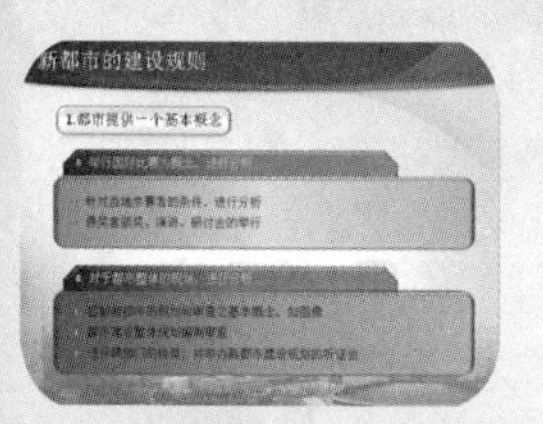

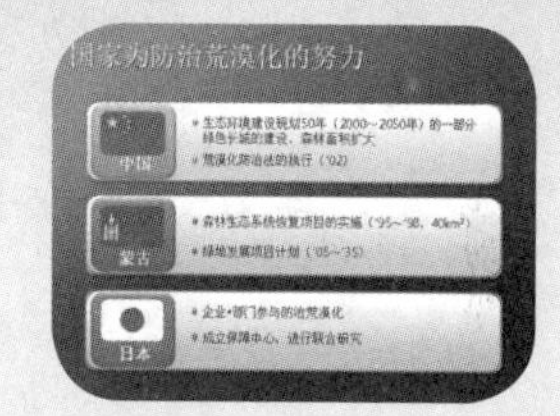

善用平时已知的基本功能，尝试制作文字华丽的实务范例。在此将学习利用项目符号点缀文字、利用艺术字样式装饰成与众不同的文字、以绘图感强调关键词等方法。

CHAPTER 01

善用项目符号的文字幻灯片

若想在文字前加上圆球，因文字与圆球分属两个对象，移动或编辑时会相当地麻烦，所以在此将利用项目符号来取代圆球图形的使用，学习如何善用项目符号来设计幻灯片。

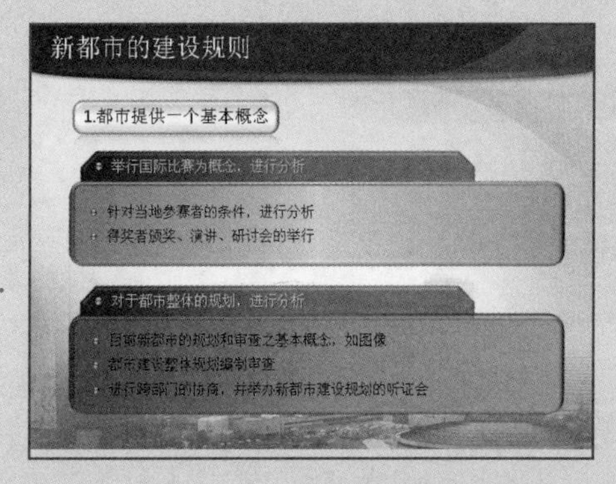

CHECK POINT

在文字前方运用立体圆球，使强调效果最佳化。圆球与图形可各自调整颜色，自由地更改大小，并配合欲强调的文字。使用项目符号时，必须适当地调整大小以配合文字，完成均衡的强调文字幻灯片。文字分成两个组合，是典型以文字为主的图解，任何一种 PPT 都能使用的一种幻灯片设计。基本上，背景使用可含蓄地展现幻灯片整体内容的图像；使用图像时，务必要配合整体气氛，不要太过醒目，设计上才不会丧失整体统一性。此外，文字尽可能不要超过三行，整体以简洁为主。切记，过多的内容会对观众造成负担且不易集中注意力。

准备范例：CD\ 范例 \Part4\036\036_ex.pptx
完成范例：CD\ 范例 \Part4\036\036.pptx

01 打开 CD\ 范例 \Part4\036\036_ex.pptx 文件。

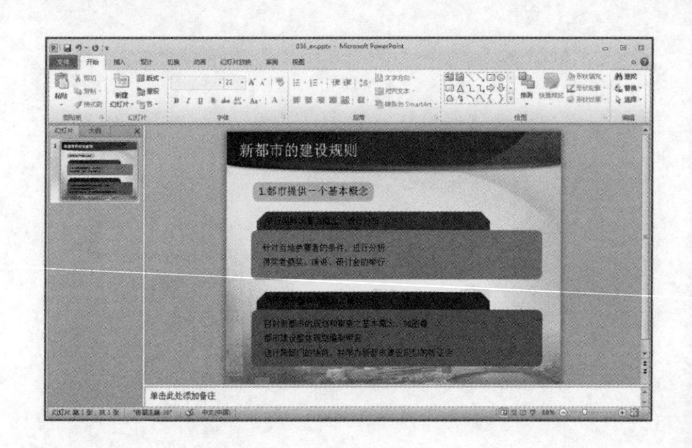

02 如左下图般选取 ❶、❷ 号图形并右击→设置形状格式，出现设置形状格式对话框后，选择填充→渐变填充→方向→线性向右，颜色输入下列各值。

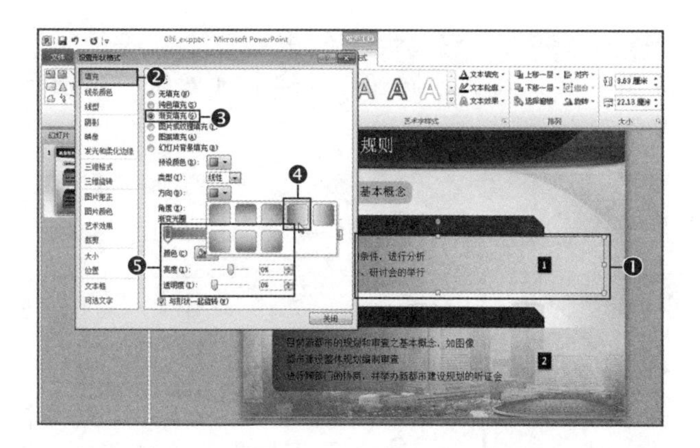

- 1 号图形：

  停止点 1- 红（85）、绿（156）、蓝（195）；停止点 2- 红（148）、绿（189）、蓝（212）、透明度 50%；停止点 3- 红（224）、绿（235）、蓝（242）、透明度 50%，渐变方向→线性向右。

- 2 号图形：

  停止点 1- 红（19）、绿（106）、蓝（115）；停止点 2- 红（133）、绿（207）、蓝（215）、透明度 50%；停止点 3- 红（197）、绿（236）、蓝（241）、透明度 50%，渐变方向→线性向右

03 选取 1、2 号图形，选择绘图工具 - 格式选项卡→形状样式组里，选择设置形状格式按钮 ，出现设置形状格式对话框后，选择三维格式→棱台→顶端→松散嵌入，设置“宽度 6 磅、高度 6 磅”，选择表面效果→材料→标准→暖色粗糙，选择照明→中性→三点。

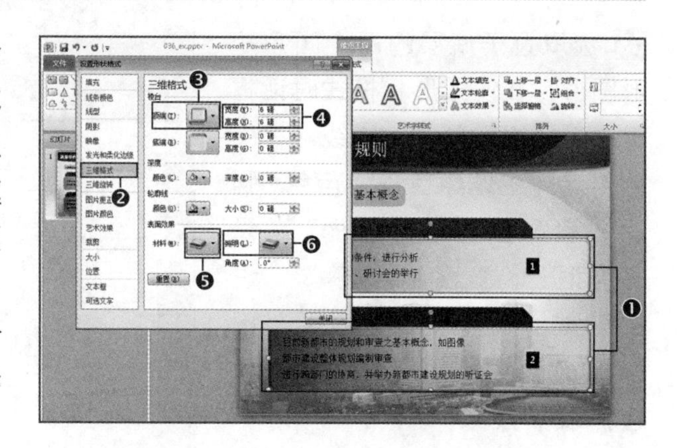

04 选择各项目的小标题，在设置形状格式对话框里，选择填充→渐变填充→方向→线性向右，停止点 1- 红（9）、绿（24）、蓝（49）；停止点 2- 红（35）、绿（144）、蓝（183）；停止点 3- 红（23）、绿（44）、蓝（57），选择三维格式，设置棱台→顶端→圆→“宽度 6 磅、高度 6 磅”，选择表面效果→材料→标准→暖色粗糙，选择照明→中性→三点。

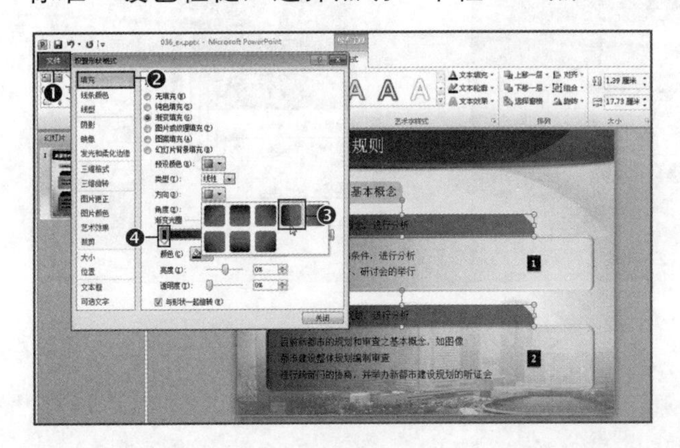

05 在开始选项卡→绘图组里，选择矩形→圆角矩形，如右图般绘制圆角矩形后，在排列组里→置于底层。

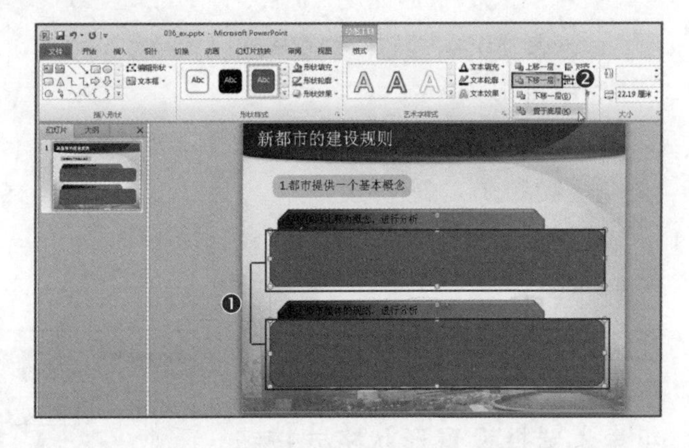

06 选取置于底层的两个圆角矩形图形，在设置形状格式对话框里，选择线条颜色→实线，在颜色里选择主题颜色→“蓝色，强调文字颜色 1，深色 25%”，设置线型→“宽度 2.25 磅”，设置三维格式→棱台→顶端→圆→“宽度 6 磅、高度 6 磅”，选择表面效果→材料→标准→暖色粗糙，选择照明→中性→三点。

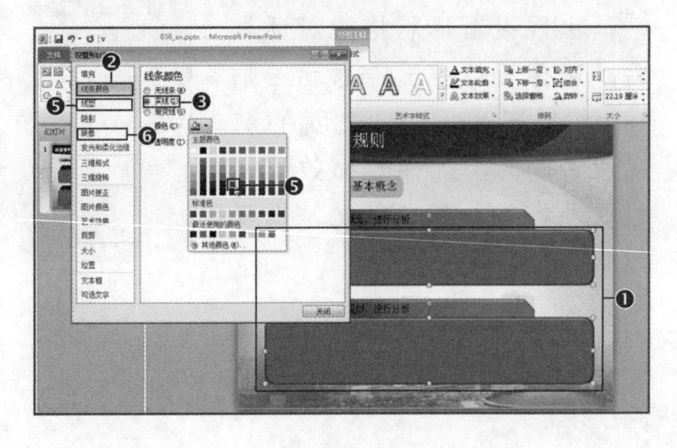

07 选取幻灯片上方的矩形，在设置形状格式对话框里，选择填充→渐变填充→方向→线性向下，停止点 1- 红（160）、绿（245）、蓝（245）；停止点 2- 红（255）、绿（255）、蓝（255）；停止点 3- 红（164）、绿（254）、蓝（254），线条颜色→实线，在对话框里→自定义，设置红（60）、绿（162）、蓝（190），选择三维格式，设置棱台→顶端→圆→“宽度 6 磅、高度 6 磅”，选择表面效果→材料→标准→暖色粗糙，选择照明→中性→三点。

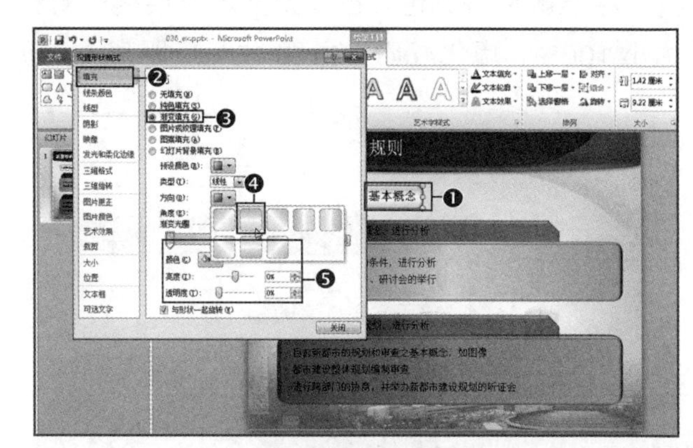

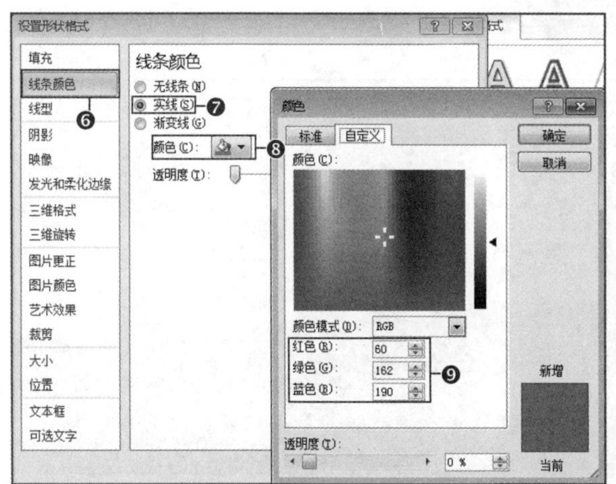

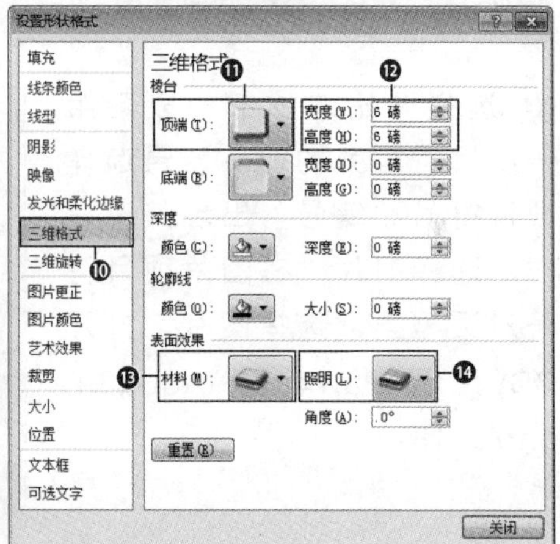

08 选取步骤 07 的图形，在绘图工具 - 格式选项卡→形状样式组里，选择形状效果→映像→“紧密映像，接确”。

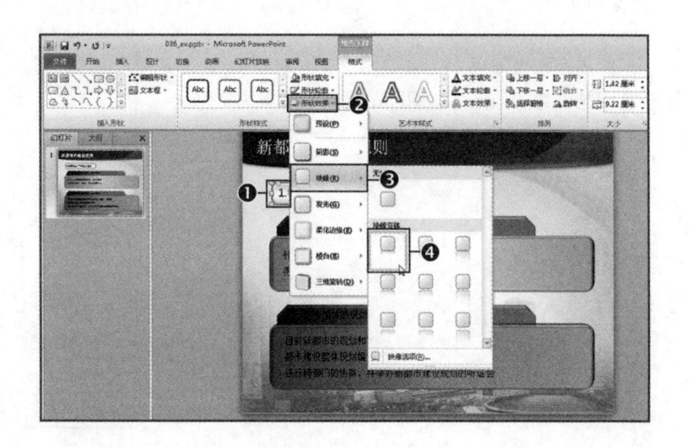

编辑文字

09 选取两个小标题文本框，选择绘图工具 - 格式选项卡→艺术字样式组→文本填充→标准颜色→黄色。在设置文本效果格式对话框里，设置阴影→"透明度 0%、大小 100%、虚化 0 磅、角度 45°、距离 1.4 磅"。

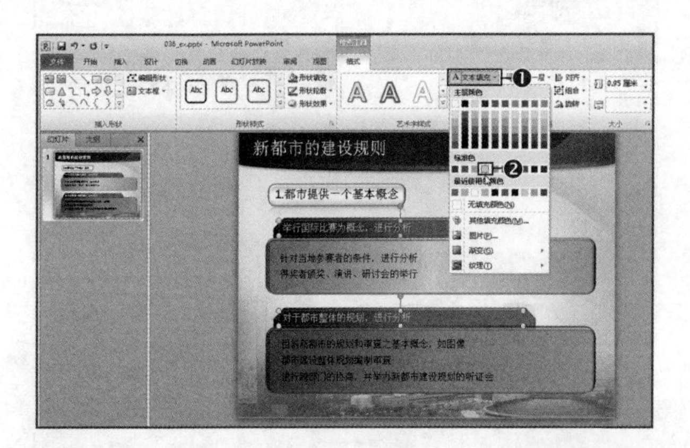

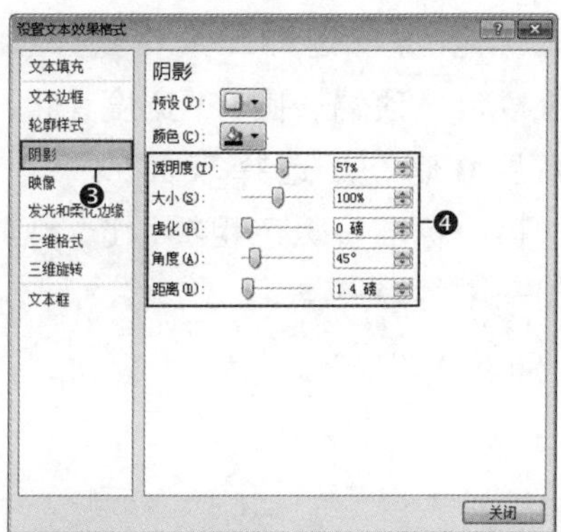

10 选择开始选项卡→段落组→项目符号旁的箭头，再选择项目符号和编号，出现其对话框，选择图片，在图片项目符号对话框里，选择图片，打开 CD\范例\Part4\036\Aqua39.png 文件。

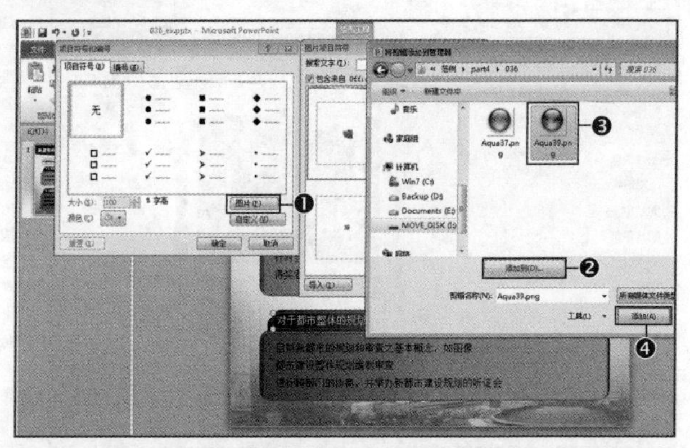

TIP

预览画面切换效果

套用画面切换效果后，想预览套用的效果吗？此时，选择幻灯片缩略图里，每一张幻灯片编号下方的播放动画按钮 即可。

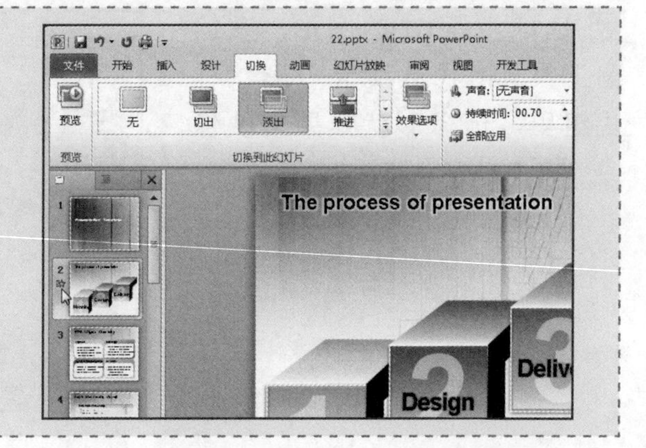

11 以相同方法，在本文的句首加上圆球的项目符号。选取本文的文本框，选择开始选项卡→段落组→项目符号旁的箭号，再选择项目符号和编号，出现其对话框，选择图片，在图片项目符号对话框里，选择图片，打开 CD\ 范例 \Part4\036\Aqua37.png 文件。

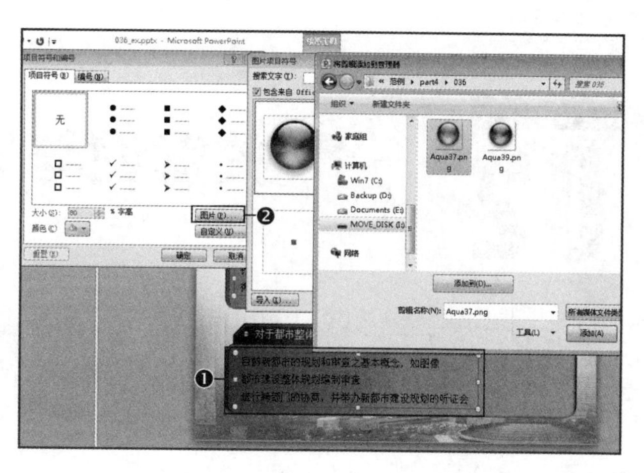

TIP

在图片项目符号对话框里，选择大小，可放大或缩小项目符号。

TIP

设置文字阴影的方法，选择绘图工具 - 格式选项卡→艺术字样式组→“设置文字效果格式：文本框”按钮。在设置文本效果格式对话框里，选择阴影选项，可设置阴影的颜色与透明度、大小、虚化、角度、距离等，以设置你自己想要的阴影效果。

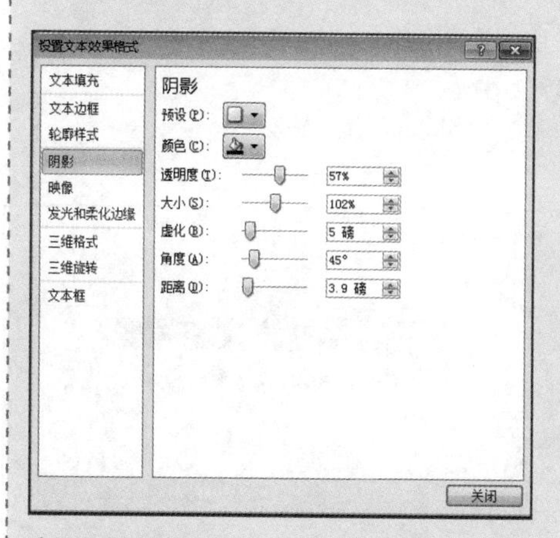

在设置文本效果格式对话框里，选择阴影选项，可设置阴影的颜色与透明度，调整大小、虚化、角度、距离等

CHAPTER 02 关键词与图像协调呈现的幻灯片

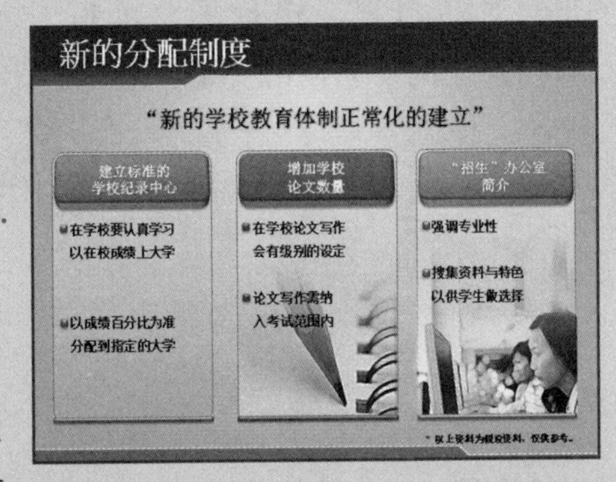

本课程将学习让关键词与图像协调呈现的幻灯片设计。影片与文字并存的幻灯片比缺少其中任何一项的幻灯片更具设计完成度。

CHECK POINT

学习不删除既有的图像，而是利用更改图形形状，轻易地改变图形的方法，并在幻灯片里插入符合内容的图像。虽然图像是以视觉的说明方式，帮助观众理解内容，因此选择适当的图像相当重要，但更重要的是，图像不能妨碍文字的可读性，此为设计PPT 时必须注意的要点。

准备范例：CD\ 范例 \Part4\037\037_ex.pptx
完成范例：CD\ 范例 \Part4\037\037.pptx

01 打开 CD\ 范例 \Part4\037\037_ex.pptx 文件。

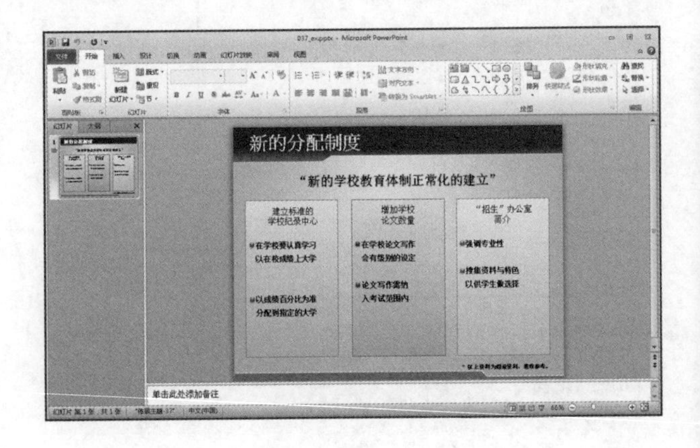

制作图形

02 选取幻灯片里的所有基本图形，选择绘图工具 - 格式选项卡→插入形状组右侧的编辑形状→更改形状→矩形→圆角矩形，更改图形的形状。利用更改图形后的形状控制点，将圆角调整得更圆一些。

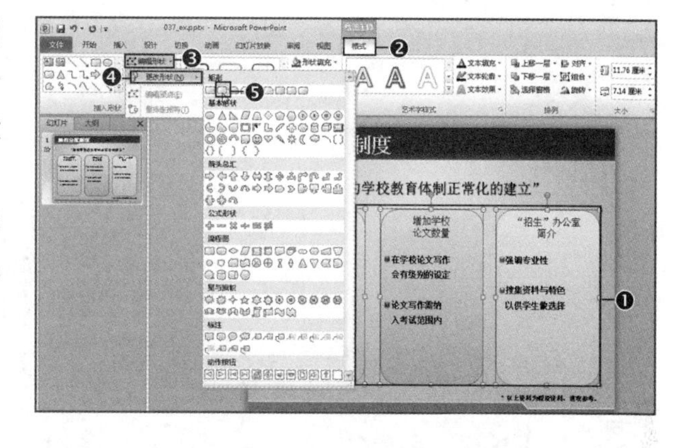

03 在开始选项卡→绘图组里，选择矩形→圆角矩形，如右图般绘制。在绘图工具 - 格式选项卡→大小组里，设置“形状高度 2.18 厘米、形状宽度 6.87 厘米”，并选“下移一层”直至出现文字。

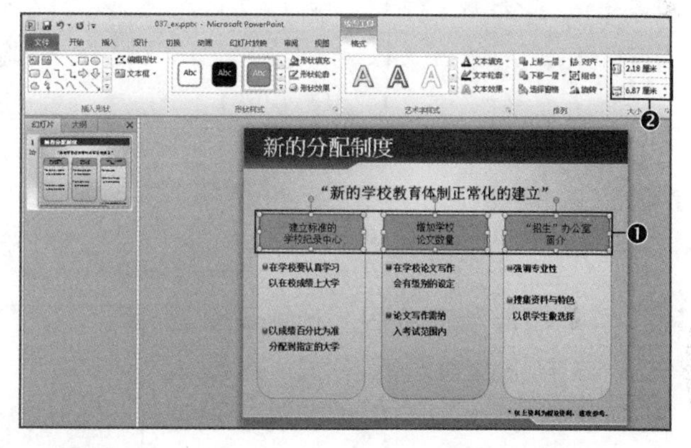

TIP

调整图形的大小可在选取图形后，于绘图工具 - 格式选项卡→大小组里调整。

04 绘出三个图形后，选取第一个图形，在设置形状格式对话框里，选择填充→渐变填充→方向→线性向上后，如下所示设置颜色。

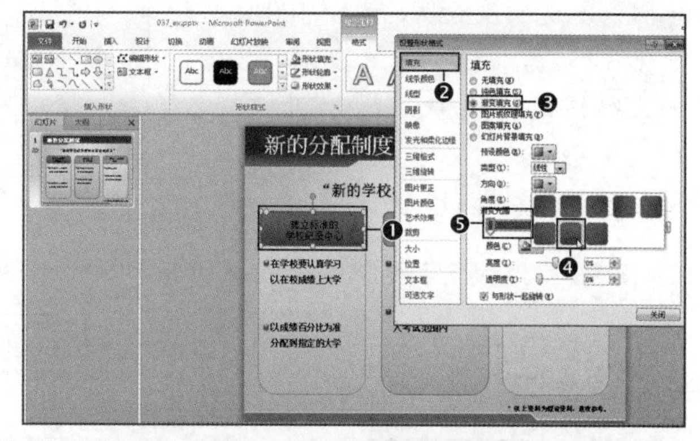

- 停止点 1- 红（139）、绿（98）、蓝（87）、停止点位置 0%
- 停止点 2- 红（183）、绿（130）、蓝（116）、停止点位置 80%
- 停止点 3- 红（185）、绿（130）、蓝（115）、停止点位置 100%

05 选取第二个和第三个图形，设置渐变色如下所示。

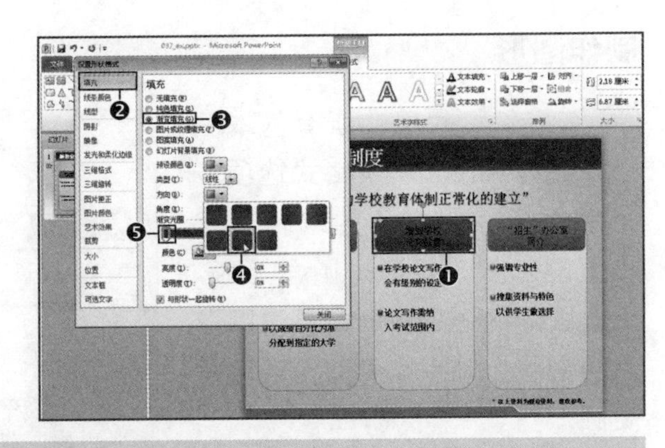

- 第二个图形：渐变填充→方向→线性向上
  停止点 1- 红（131）、绿（67）、蓝（46）、停止点位置 0%
  停止点 2- 红（172）、绿（90）、蓝（63）、停止点位置 80%
  停止点 3- 红（175）、绿（90）、蓝（61）、停止点位置 100%
- 第三个图形：渐变填充→方向→线性向上
  停止点 1- 红（123）、绿（111）、蓝（79）、停止点位置 0%
  停止点 2- 红（162）、绿（147）、蓝（106）、停止点位置 80%
  停止点 3- 红（164）、绿（148）、蓝（105）、停止点位置 100%

06 赋予图形渐变色后，选取三个图形，右击→设置形状格式，出现设置形状格式对话框。如下所示设置各值。

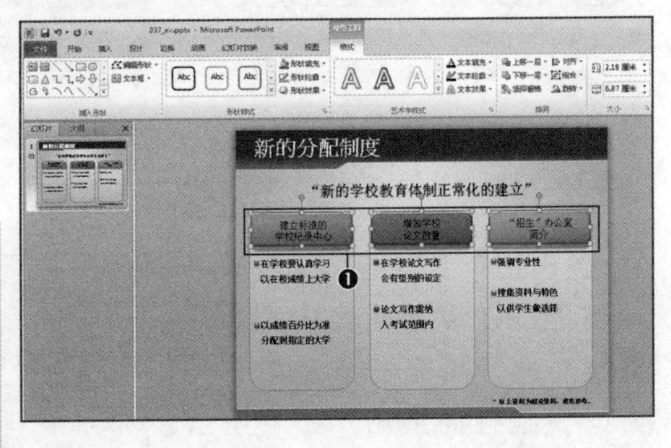

- 阴影→透明度 65%、大小 100%、虚化 3.15 磅、角度 90°、距离 1.8 磅
- 三维格式→宽度 5 磅、高度 2 磅、深度 20 磅
- 三维旋转→预设→上透视图

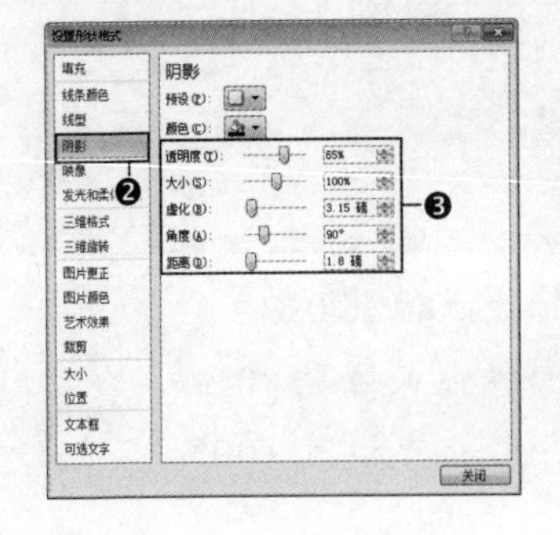

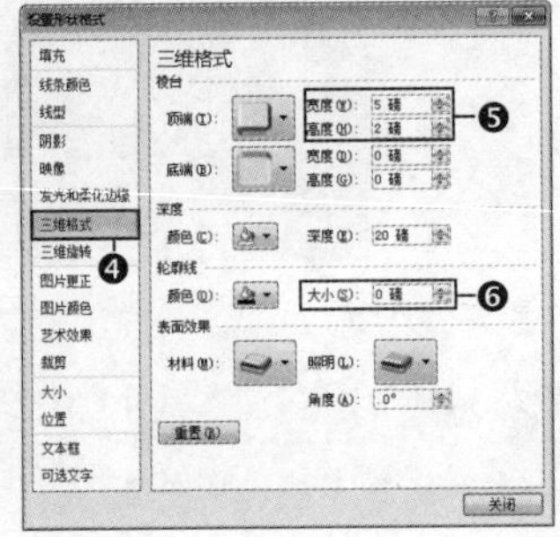

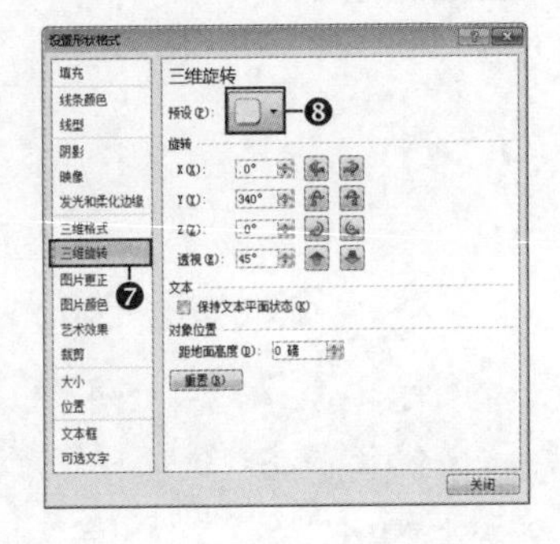

07 再绘制一个于绘图工具 - 格式选项卡→大小组里设置“形状高度 0.2 厘米、形状宽度 7.14 厘米”的长矩形，置于大的矩形下端。于绘图工具 - 格式选项卡→形状样式组→快速样式，设置各颜色如上方的图形颜色。

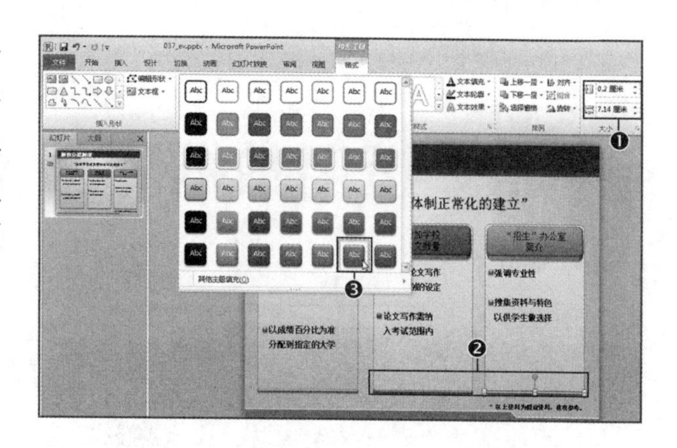

插入图像

08 在插入选项卡→图像组里，选择图片，打开 CD\范例\Part4\037 里的图 1~ 图 3.png 文件，调整大小后，排列于图形内，让图像不会覆盖住文字，排列图像置于文字下方。

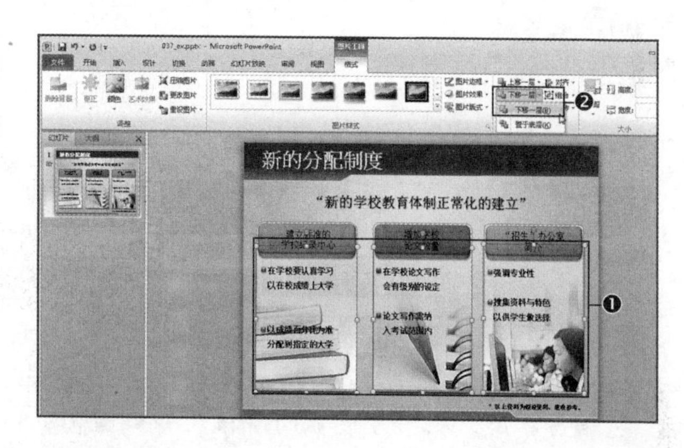

编辑文字

09 选取图形内的小标题文字，选择绘图工具 - 格式选项卡→艺术字样式组→快速样式→“填充 - 白色 , 投影”。选取上方的副标题，在开始选项卡→字体组里，选择字体颜色→其他颜色，在出现的颜色对话框里，设置红（192）、绿（0）、蓝（0），在开始选项卡→字体组里，选择加粗与文字阴影。

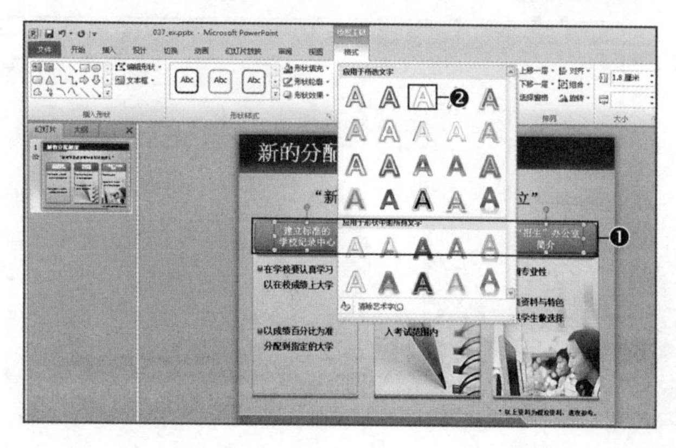

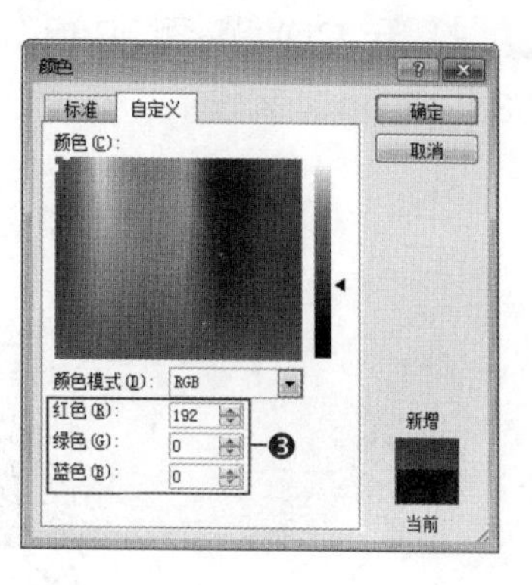

CHAPTER 03 运用数据库图表的文字幻灯片

利用数据库图表，将单调的文字幻灯片，设计为有趣的三维效果。在 PowerPoint 2010 版本里，可通过“形状样式”与“快速样式”，简单进行设计。

CHECK POINT

制作三个阶段的金字塔形图表，每个阶段的颜色大致协调统一。图表排列于左侧，为三阶段结构的图表，右侧则是该阶段的文字内容。为使图表与右侧文字自然协调，要统一各阶段的色调，这点非常重要。

这是利用金字塔形图表来传达内容的图解。金字塔形的图解设计多用在各事业的市场预期或人力配置等各种领域。如同完成范例般，在解说各阶段计划时，也相当有用。从下方最宽的阶段上升到最窄的阶段，依各阶段方式加以说明，是最普遍的说明方式。基本上，从下往上，颜色或文字大小愈鲜明，更能自然地强调信息。此外，连接金字塔形图表的文本框也要避免放入太多信息，这不仅不利于可读性，更有碍于版面布局的整顿。

准备范例：CD\ 范例 \Part4\038\038_ex.pptx
完成范例：CD\ 范例 \Part4\038\038.pptx

01 打开 CD\ 范例 \Part4\038\038_ex.pptx 文件。

善用艺术字样式

02 首先，为了区分图形，在此套用不同的颜色。在绘图工具 - 格式选项卡→形状样式组→其他按钮，自上至下依序套用“强烈效果 - 橙色 , 强调颜色 6”、“强烈效果 - 橄榄色 , 强调颜色 3”、“强烈效果 - 水绿色 , 强调颜色 5”。

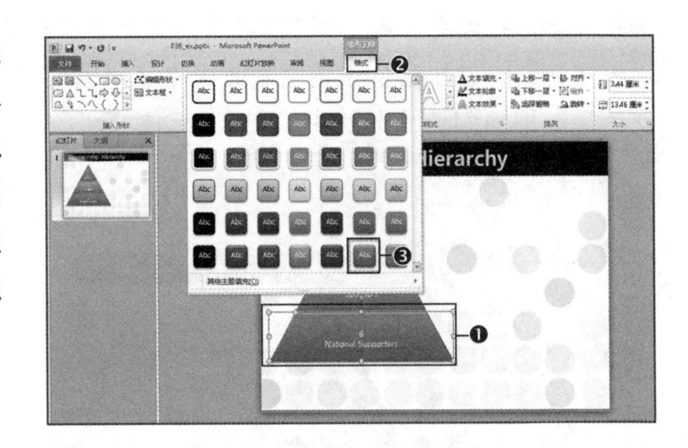

03 按下【Ctrl + G】快捷键，组合所有图形后，套用三维格式。在设置形状格式对话框里，选择三维格式，设置深度“40 磅”；接着选择三维旋转，选择预设→平行→“离轴 1 右”。

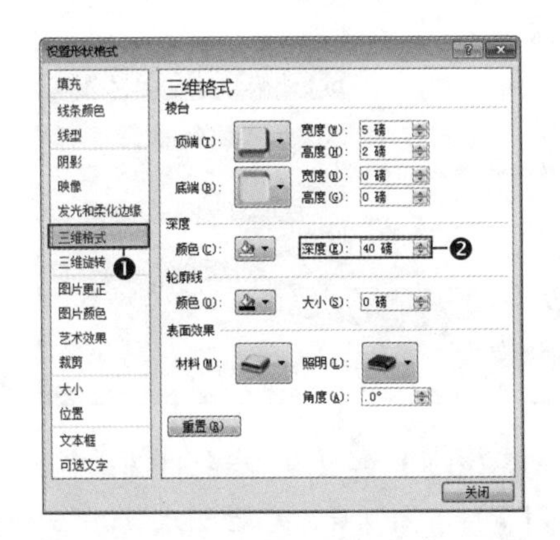

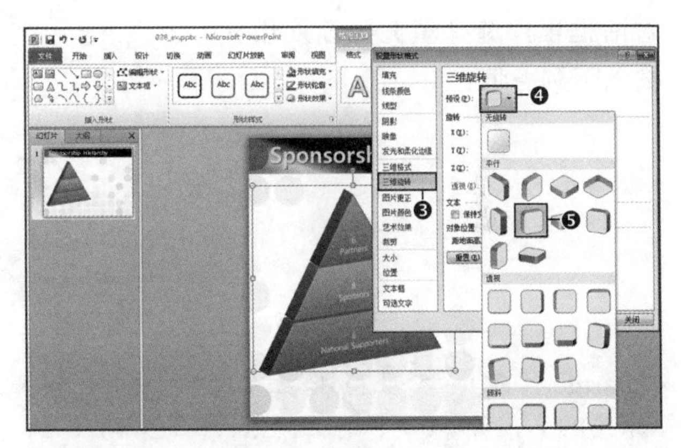

04 接着套用艺术字样式。选取所有图形内的文字后，在绘图工具 - 格式选项卡→艺术字样式组里，选择快速样式→“填充 - 白色 , 投影”。

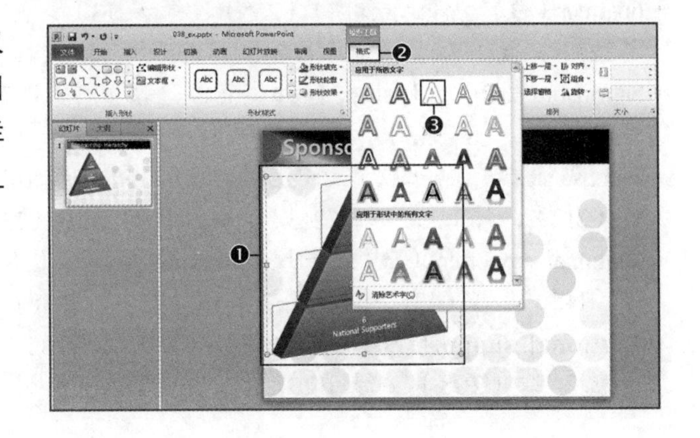

05 调整数字大小为“40 磅”，英文字为“24 磅”。这时，文字会跑出图形外。选取文字，在绘图工具 - 格式选项卡→艺术字样式组里，选择设置文本效果格式：文本框按钮，在出现的设置文本效果格式对话框里，选择文本框→内部边距→下“1 厘米”。取消勾选“形状中的文字自动换行”。

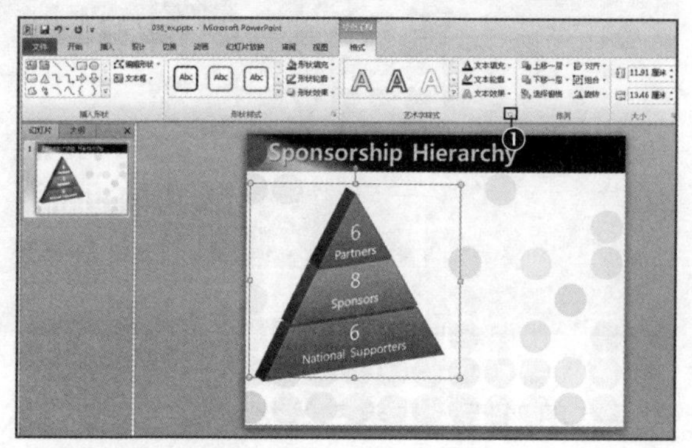

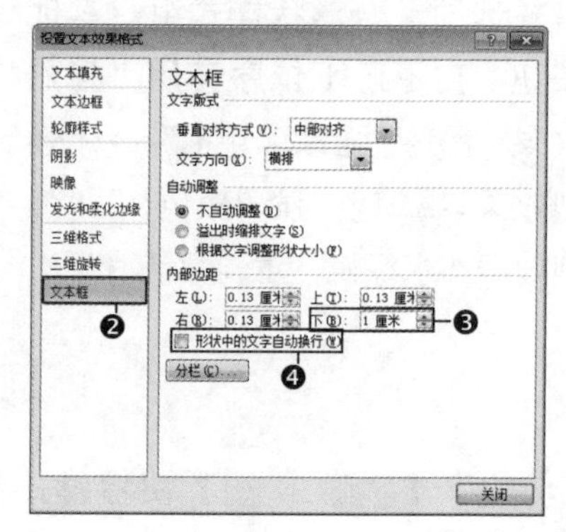

06 为了说明图形内的内容，如右图般绘制图形后，在设置形状格式对话框里，选择填充→渐变填充，输入下列各值。

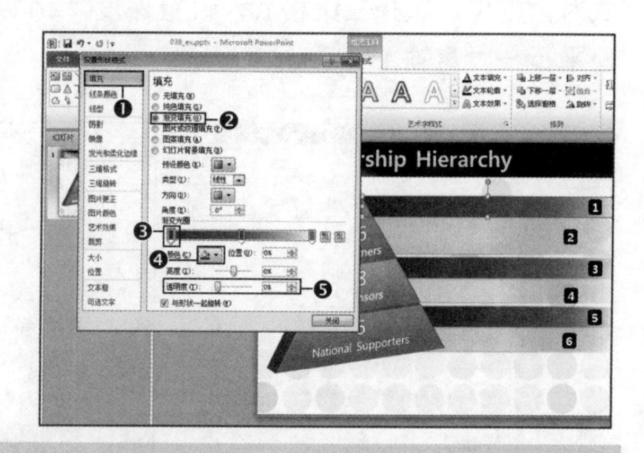

- 6partner（❶）：停止点 1- 红（142）、绿（59）、蓝（0）；停止点 2- 红（205）、绿（89）、蓝（0）；停止点 3- 红（244）、绿（107）、蓝（0）、透明度 100%
- 6partner（❷）：停止点 1- 红（255）、绿（213）、蓝（173）；停止点 2- 红（255）、绿（227）、蓝（204）；停止点 3- 红（255）、绿（241）、蓝（229）、透明度 100%
- 8sponsors（❸）：停止点 1- 红（68）、绿（87）、蓝（27）；停止点 2- 红（100）、绿（128）、蓝（43）；停止点 3- 红（121）、绿（153）、蓝（54）、透明度 100%
- 8sponsors（❹）：停止点 1- 红（221）、绿（239）、蓝（187）；停止点 2- 红（233）、绿（244）、蓝（212）；停止点 3- 红（243）、绿（249）、蓝（234）、透明度 100%
- 6national supporters（❺）：停止点 1- 红（19）、绿（78）、蓝（93）；停止点 2- 红（33）、绿（115）、蓝（137）；停止点 3- 红（41）、绿（138）、蓝（163）、透明度 100%
- 6national supporters（❻）：停止点 1- 红（181）、绿（230）、蓝（245）；停止点 2- 红（208）、绿（238）、蓝（248）；停止点 3- 透明度 100%

07 输入小标题文字后并选取，在绘图工具 - 格式选项卡→艺术字样式组里，选择快速样式→“填充 - 白色，投影”。

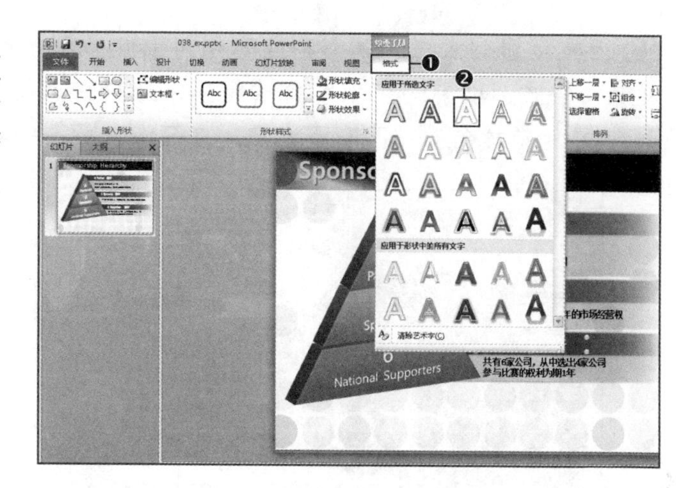

08 在右侧加上透明数字，增添幻灯片的设计完成度。在设置文本效果格式对话框里，选择文本填充→纯色填充；设置颜色后，设置透明度“80%”。

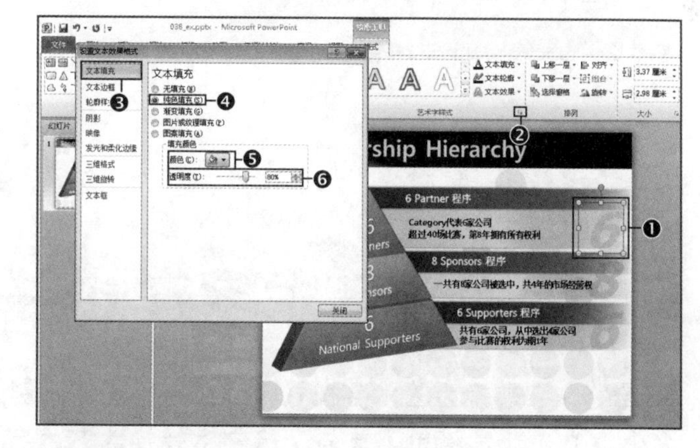

附力说明

09 在幻灯片下方加入针对此幻灯片内容的相关文字说明。在开始选项卡→绘图组里，选择矩形→圆角矩形，如右图所示绘出圆角矩形。在绘图工具 - 格式选项卡→形状样式组里，选择其他按钮，套用“细微效果 - 蓝色，强调颜色 1”。接着，再选择形状效果→发光→[水绿色，8pt 发光，强调文字颜色 5]。最后在上方输入文字。

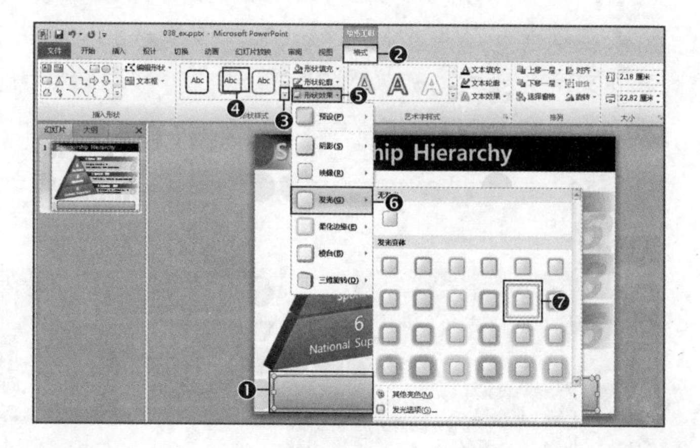

10 因文字显得太过单薄，在此套用可谓此范例重点之艺术字样式效果。在绘图工具 - 格式选项卡→艺术字样式组里，选择快速样式→“填充 - 红色, 强调文字颜色 2, 粗糙棱台”。因字距太宽，在开始选项卡→字体组→字符间距→紧密。

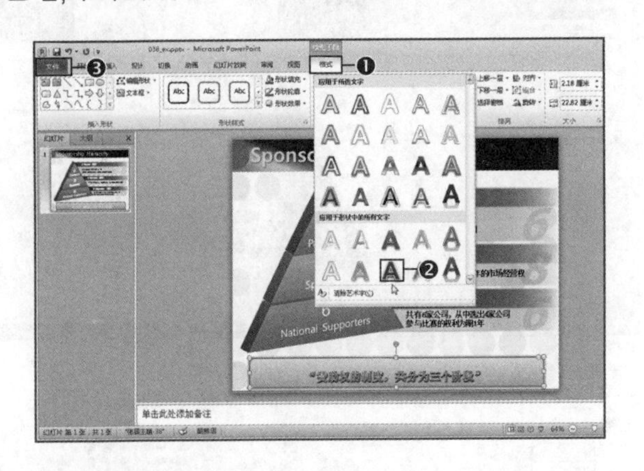

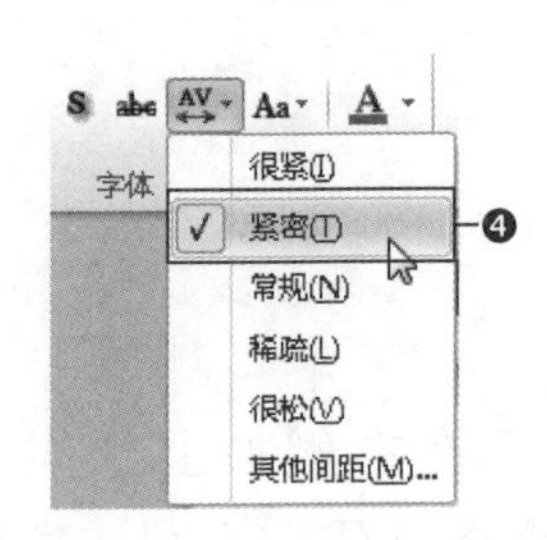

SPECIAL TIP

转换为艺术字样式并调整字符间距

若将文字转换为艺术字样式，因文字的长宽比例固定，若想加宽或紧缩文字的大小，方法非常简单。首先，将文字转换为艺术字样式。其次，选择绘图工具 - 格式选项卡→艺术字样式组→文本效果按钮，选择转换→弯曲→正方形。如此一来，文字会变大，转换为艺术字样式。拖动转换为艺术字样式的文字大小调整控制点，可调整其文字的间距。

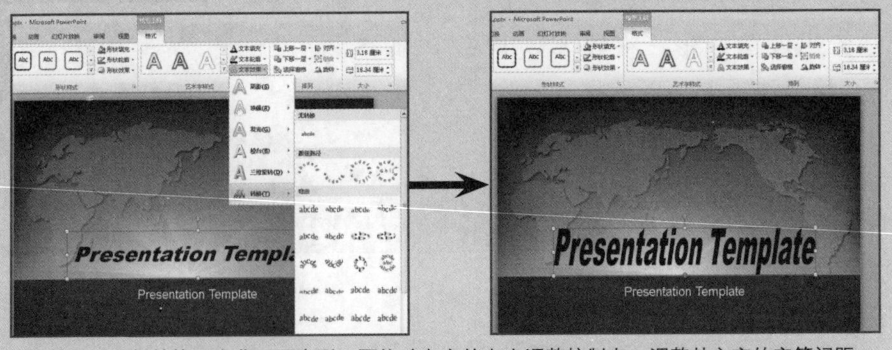

选择文本效果按钮，选择转换→弯曲→正方形，再拖动文字的大小调整控制点，调整其文字的字符间距

CHAPTER 04 以绘图感设计关键词的幻灯片

不要只有文字，最好适当地插入图像以突显主题，来制作能更有效地传达给观众并加深印象的幻灯片。

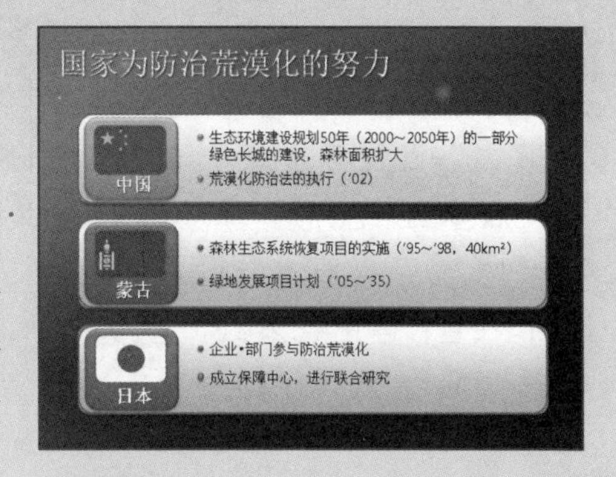

CHECK POINT

考虑图像的形状或颜色，尽可能与背景图像协调呈现，至为重要；而利用颜色的阴阳效果，设计自然的三维效果，强调文字与目录图表，并借以明确地传达内容，也相当重要。在此利用横向的文本框，制作三个组合内容，在横向圆角矩形的左侧，插入三个国家的国旗，最适合用在以适当的图解，搭配简洁的文字，简单地传达信息内容的幻灯片设计。

准备范例：CD\ 范例 \Part4\039\039_ex.pptx
完成范例：CD\ 范例 \Part4\039\039.pptx

01 打开 CD\ 范例 \Part4\039\039_ex.pptx 文件。在设计选项卡，选择主题组里的颜色按钮，可以更改为各式各样的主题。此范例先将主题颜色设置为“复合”。

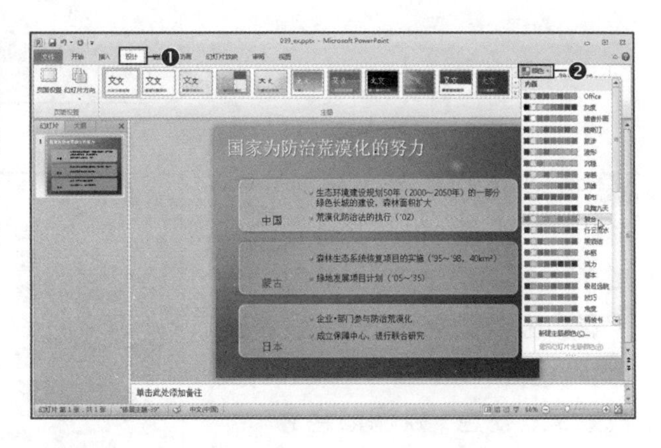

编辑色彩

02 选取矩形→圆角矩形，绘制圆角矩形后，如右图般放置。赋予明亮的渐变，使文字更加清晰易见。选择填充→渐变填充，设置方向→线性向下，选择“中国”，设置停止点 1- 白色；停止点 2- 红（225）、绿（222）、蓝（194）；“蒙古”设置停止点 1- 白色；停止点 2- 红（207）、绿（215）、蓝（197）；“日本”设置停止点 1- 白色；停止点 2- 红（222）、绿（199）、蓝（184）。

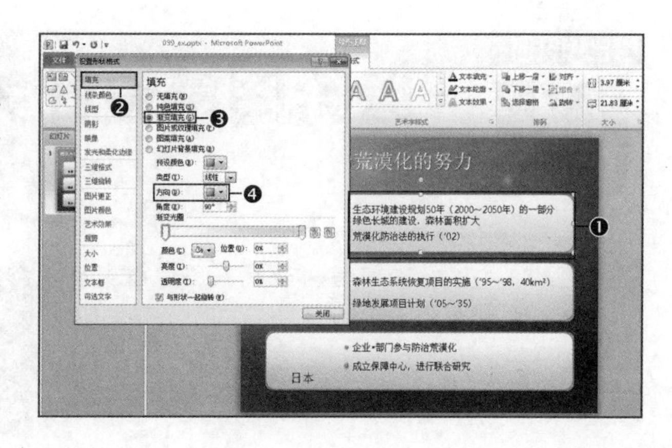

03 利用三维图形来突显各国的国名。在开始选项卡→绘图组里，选择矩形→圆角矩形，绘出图形后，通过排列组合里的下移一层→下移一层，来显现出被覆盖在下方的文字。

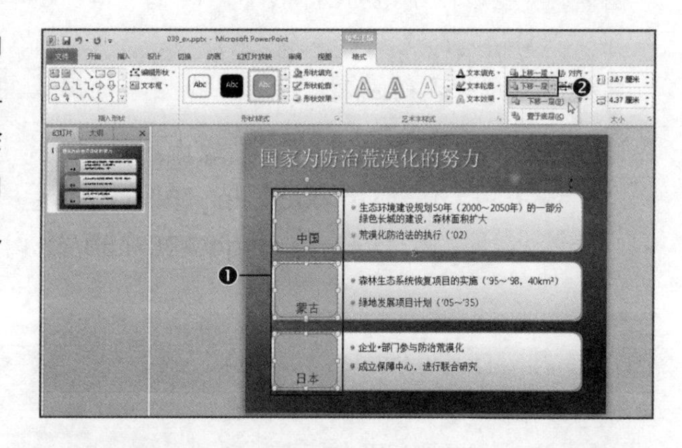

04 在绘图工具 - 格式选项卡→形状样式组里，选择其他按钮，赋予立体感。选取“中国”，设置“强烈效果 - 金色，强调颜色 3”；选取“蒙古”，设置“强烈效果 - 褐色，强调颜色 6”；选取“日本”，设置“强烈效果 - 橙色，强调颜色 5”。

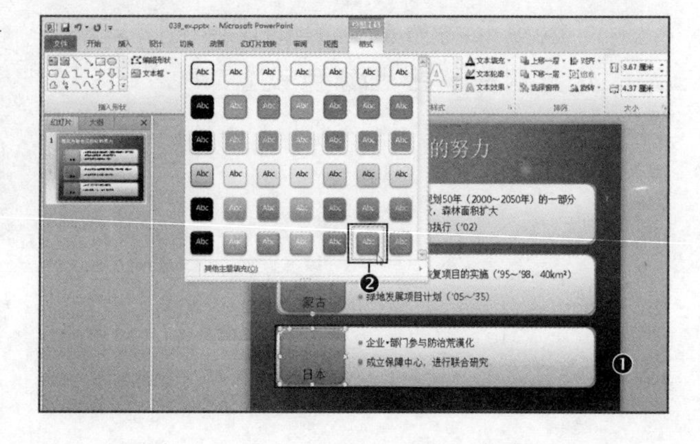

05 选取三个国名，在开始选项卡→字体组里，选择加粗 **B**（Ctrl + B快捷键），更改字体颜色为“白色”。在开始选项卡→字体组里，套用文字阴影，使文字看起来更醒目。

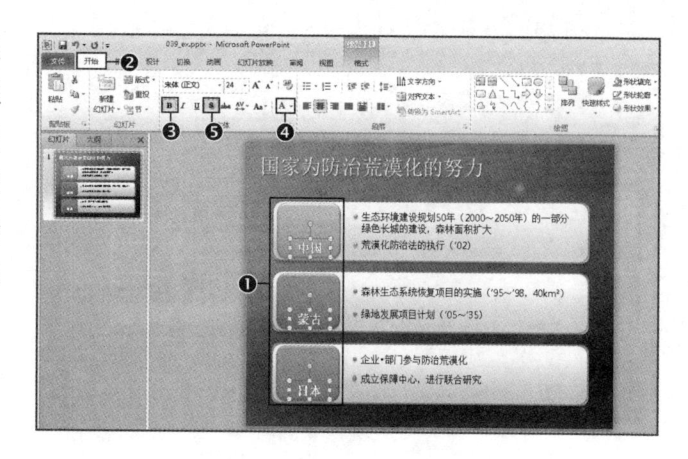

套用绘图图像

06 通常插入图像时，会是矩形的形状。因整体形态使用的是圆体矩形，图像看起来会太尖锐。因此，先在开始选项卡→绘图组里，选择矩形→圆角矩形，在各国国名上方绘出圆角矩形。

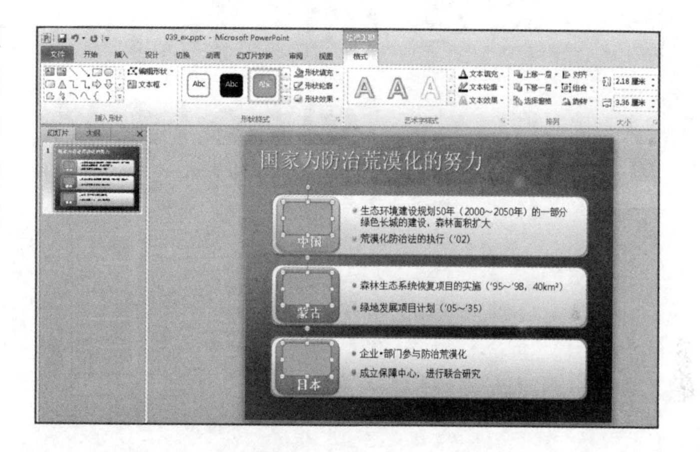

07 分别选择刚才绘制的圆角矩形，右击→设置形状格式。在设置形状格式对话框里，选择填充→图片或纹理填充，从 CD\ 范例 \Part4\039 选择各国的图片文件。

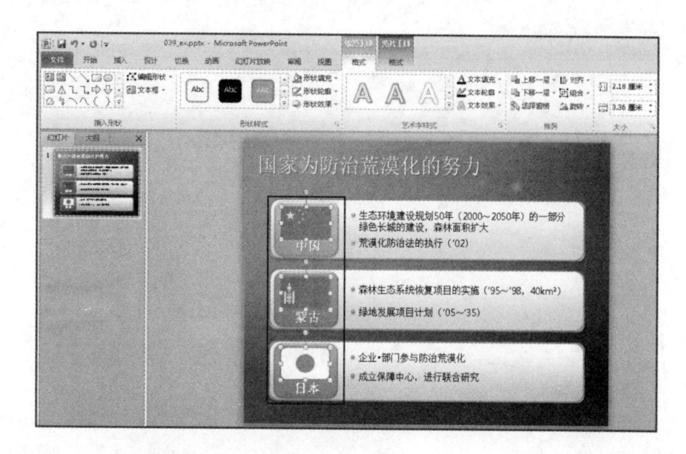

TIP

选择插入选项卡→图像组→图片，也可以插入图片

5

PART

实务应用度 100% 的幻灯片设计——图像风格

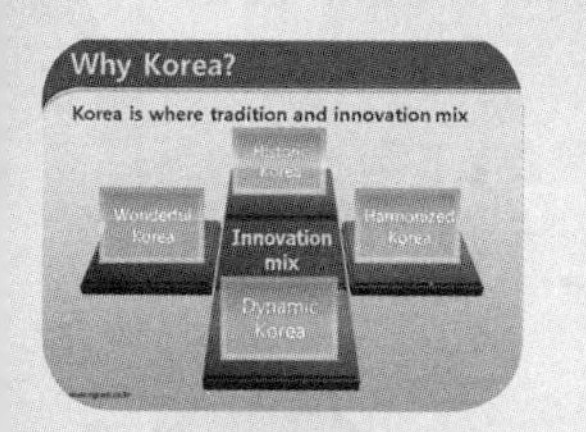

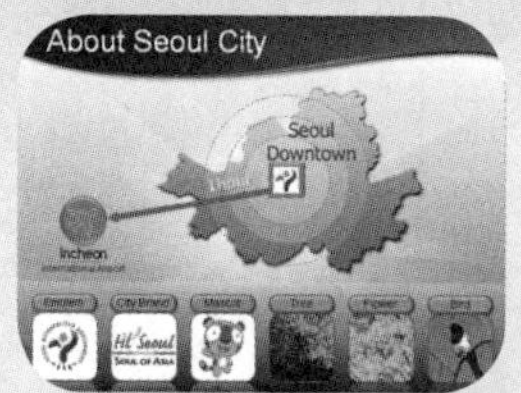

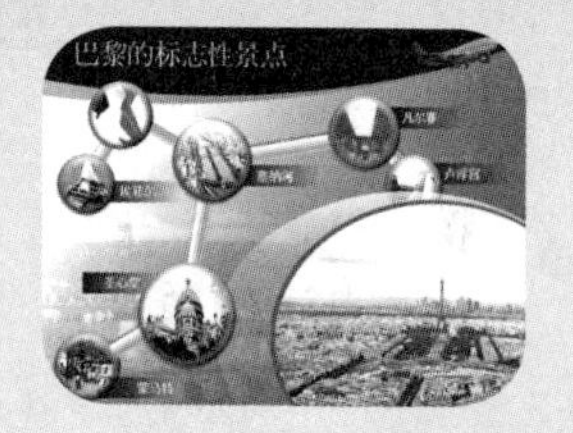

接着来学习使用图像，装饰成感性幻灯片的方法。以下将详细介绍设计三维背景图像、呈现并处理小形图像，以及使用相框效果与剪贴画图像等方法。

CHAPTER 01 以三维空间之背景图像表现的幻灯片设计

学习如何赋予图形透视感及三维空间感的幻灯片设计。赋予透视感时，因为空间会产生深度，所以与平面的设计相比，将不会显得沉闷。

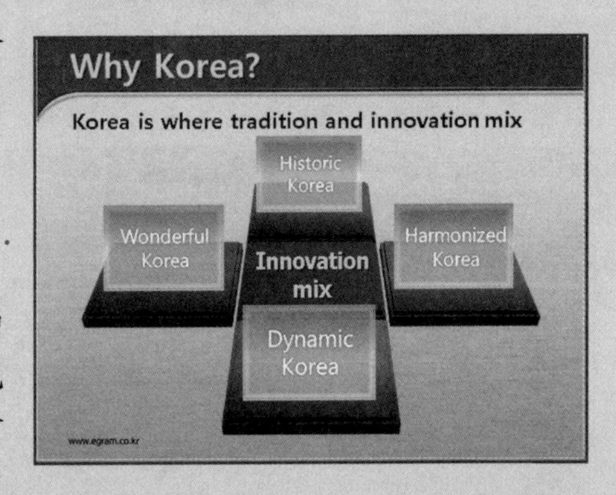

CHECK POINT

让四边的图形三维化，并设计出具透视感的版面布局。俯视般的三维效果让信息一览无遗，扮演着捕捉观众视线的角色。透视感可从设置形状格式对话框里的选项进行调整。然而，若赋予太多的透视感，图形的形状会变形，显得不自然；因此，尽可能适当地呈现且不妨碍信息传达为宜。位于中央的核心关键词与作为其后盾的四个关键词一起构成基本图解，呈现出统畴一个结论或目标并蕴含诸多内容的广泛内容。在发表企业的事业领域、企业展望与愿景等 PPT 时，是很适合运用的设计。

准备范例：CD\ 范例 \Part5\041\041_ex.pptx
完成范例：CD\ 范例 \Part5\041\041.pptx

赋予透视感

01 打开 CD\ 范例 \Part5\041\041_ex.pptx 文件。选取所有天蓝色图形下方的蓝色矩形。按下【Ctrl + G】快捷键，予以组合。

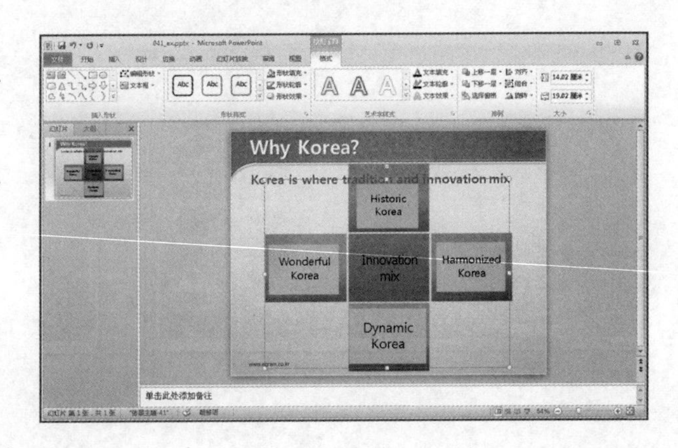

02 选取组合化的图形，在设置形状格式对话框中，选择填充→渐变填充，设置“角度 270° ；停止点 1- 红（0）、绿（32）、蓝（96）；停止点 2- 红（0）、绿（112）、蓝（192）；停止点 3- 红（0）、绿（112）、蓝（192）”。选择步骤 01 里正中央的紫色图形及组合化的蓝色图形，再次组合化（【Ctrl + G】快捷键）。在选取着此组合化图形的状态下，选择三维格式→棱台→顶端→十字形，设置“宽度 9 磅、高度 6 磅、深度 15 磅”，选择表面效果→材料→暖色粗糙，选择照明→柔和。

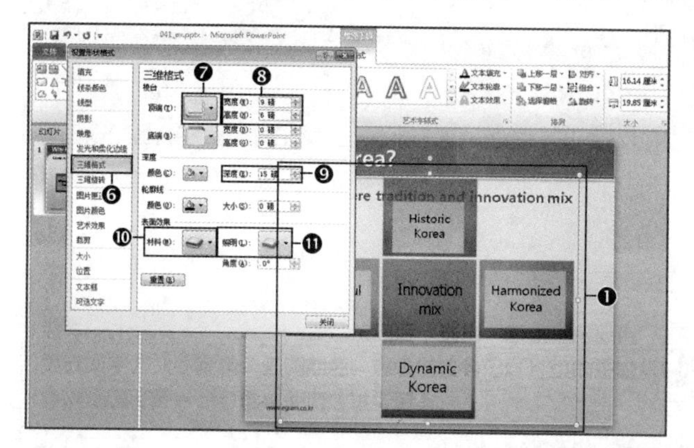

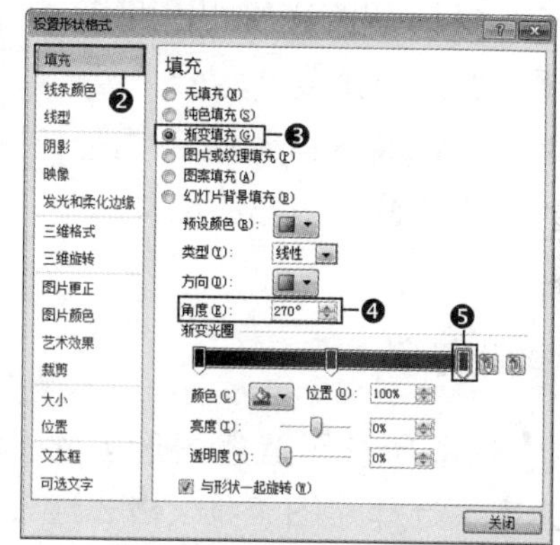

03 选择三维旋转，选取预设→透视→宽松透视，透视设置为“60° ”。

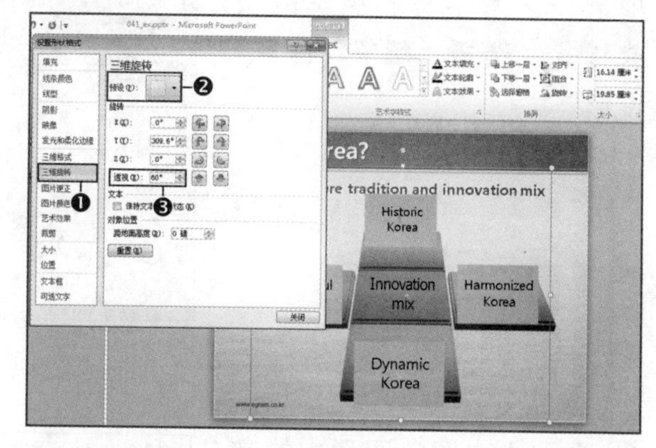

编辑图形

04 选取所有天蓝色图形，在设置形状格式对话框中，选择填充→渐变填充→方向→线性向下，设置“停止点 1- 红（0）、绿（176）、蓝（240）；停止点 2- 红（181）、绿（226）、蓝（255）、停止点位置 50%、透明度 20%”。

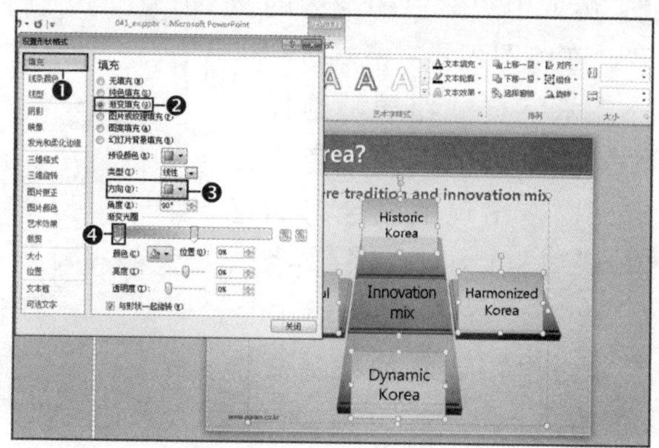

05 在选取着所有天蓝色图形的状态下，在设置形状格式对话框中，选择三维格式→棱台→顶端→艺术装饰，设置“宽度 10 磅、高度 6 磅、深度 15 磅”，选择表面效果→材料→柔边缘，选择照明→发光→角度“235° ”。之后，调整这些天蓝色图形的位置至蓝色图形的中央。

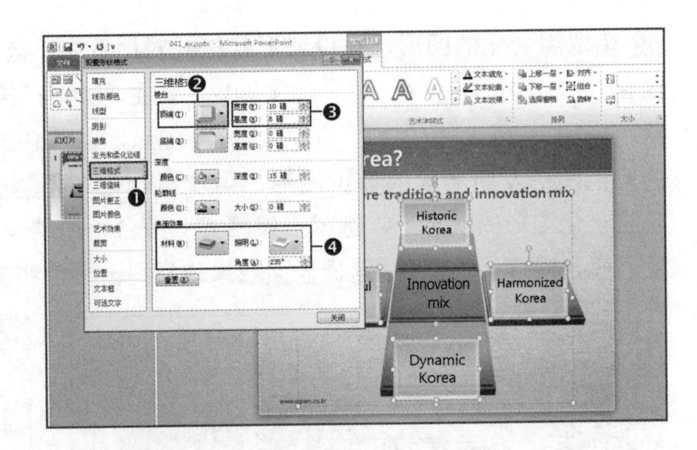

编辑文字

06 选取所有天蓝色图形里的文字，选择绘图工具 - 格式选项卡→艺术字样式组里的快速样式，选择“填充 - 白色，投影”。

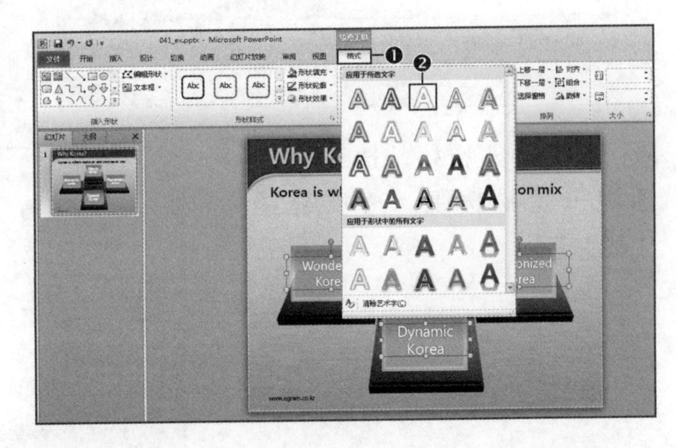

07 选取中央紫色图形内的文字，在绘图工具 - 格式选项卡→艺术字样式组里，选择文本填充→其他填充颜色→自定义，在出现的颜色对话框里，设置红（255）、绿（255）、蓝（0）。在开始选项卡→字体组里，选取加粗及文字阴影。

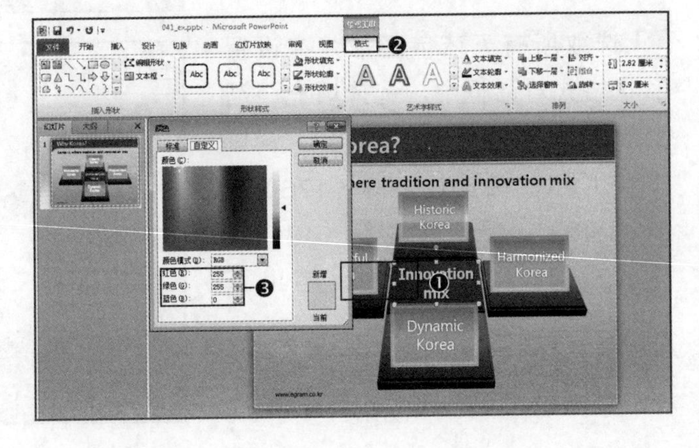

CHAPTER 02 强调底片感的图像幻灯片

以底片造型制作幻灯片，不仅可完美地呈现图像，同时亦能突显文字效果。即使是相同的内容与图像，若赋予有趣味的题材，就能展现出相当有趣且不沉闷的幻灯片设计。

CHECK POINT

利用底片图样，呈现图像自然流转的表现方法。仅以单纯的底片图样，不仅能设计出与众不同的幻灯片，若再赋予底片内侧三维空间感，还能提升幻灯片趣味效果。除了底片形态的图像外，文字内容亦须清晰易读才行。不过度突显某一元素也是拥有完成度的设计要领之一。利用图像结合简单的信息说明所展现出来的图解，如同完成范例般，利用四张照片与四个文字说明的方式，制作产品介绍 PPT、企业介绍 PPT、建设计划等；但过多的内容会让观众难以理解，因此最好将内容设计为四行以下，才是好的幻灯片设计。

准备范例：CD\ 范例 \Part5\042\042_ex.pptx
完成范例：CD\ 范例 \Part5\042\042.pptx

01 打开CD\范例\Part5\042\042_ex.pptx 文件。

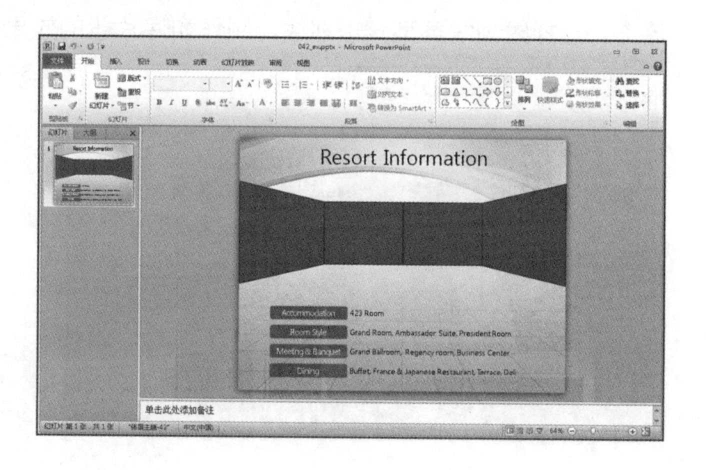

制作底片感的照片

02 要在图形内置入照片，分别选择每个图形，在设置形状格式对话框里，选择填充→图片或纹理填充，选择文件，打开 CD\范例\Part5\042 里的照片。当照片可能不符合图形的角度时，可在设置图片格式对话框里，选择填充，取消勾选“与形状一起旋转（W）”。

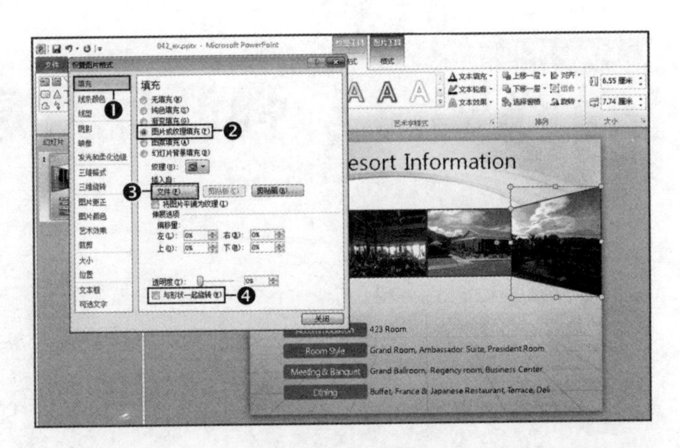

03 在开始选项卡→绘图组里，选择基本形状→梯形，如右图般绘制比照片略大的 1 个矩形和 2 个梯形。在绘图工具格式选项卡→排列组里，选择下移一层→置于底层，置于照片下方，再填上如底片般的黑色。

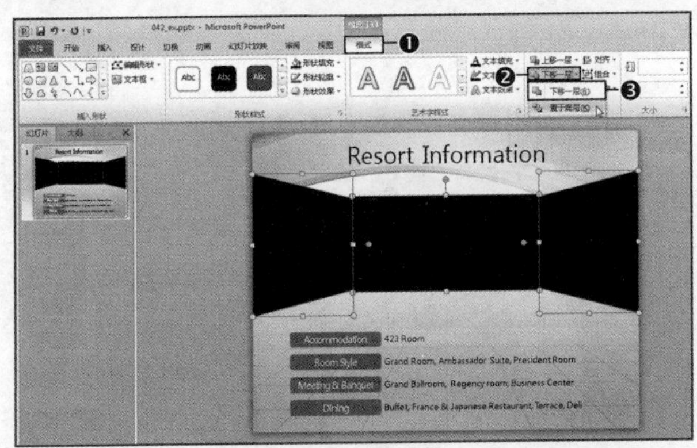

04 在照片与黑色边框中央，制作白线，赋予正式底片般的效果。在开始选项卡→绘图组里，选择线条→任意多边形，如下图般绘制。任意多边形与其他图形绘制方法不同，是以单击的方式连接线条，最后点接回起始点完成线条。选取线条，在设置形状格式对话框里，选择线条颜色→实线，设置颜色为白色后，再于线型里，设置宽度“4.5 磅”，选择短划线类型→短划线，制作如底片般的效果。

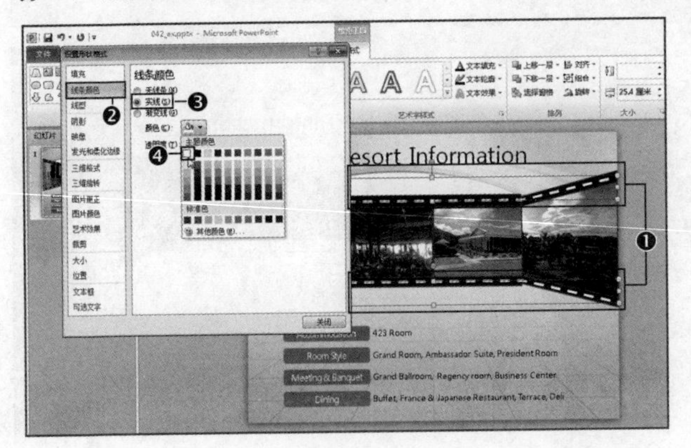

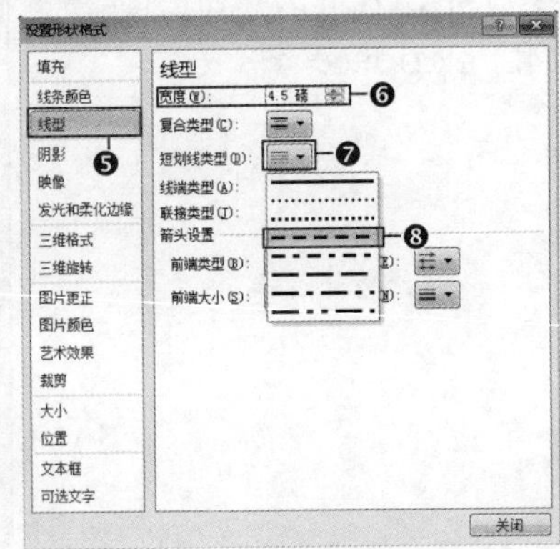

05 加上光源般的装饰要素，赋予趣味效果。在插入选项卡→图像组里，选择图片，于 CD\范例\Part5\042 里，打开光源图片文件，置于前方适当的位置。

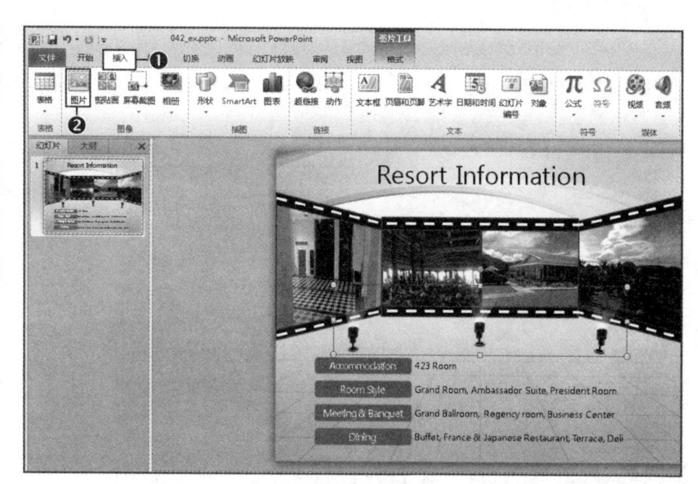

整理文字

06 选取所有文字，在开始选项卡→字体组里，选择加粗 B （【Ctrl + B】快捷键）。

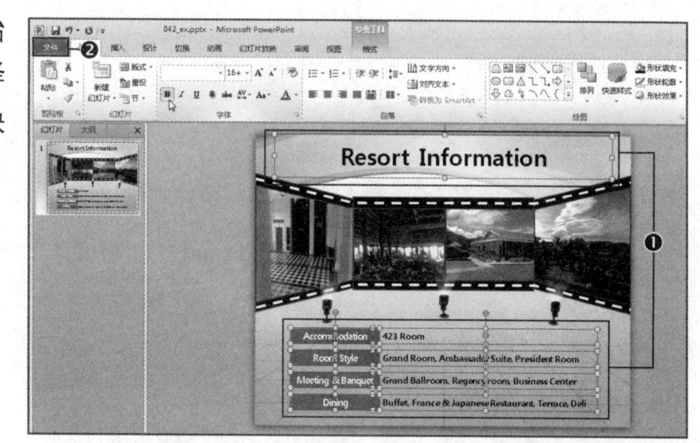

07 跟底片图像相比，文字内容显得单薄无力，在此运用形状样式，为文字添加力量。选取所有幻灯片左侧的文本框，在绘图工具 - 格式选项卡→形状样式组里，选择其他按钮，套用“强烈效果 - 紫色，强调颜色 4”。

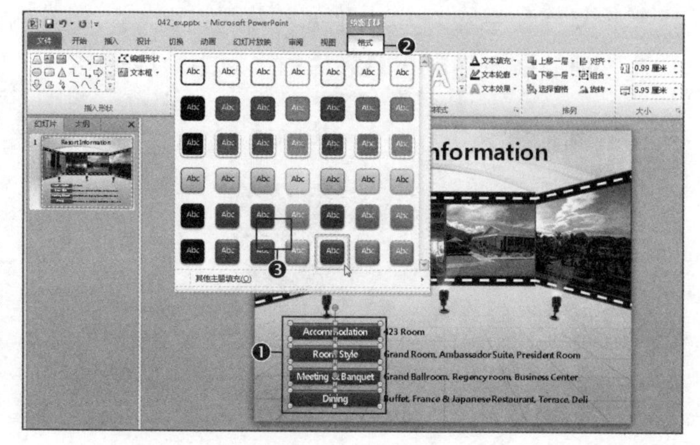

08 选取紫色右侧的文本框，在设置形状格式对话框中，选择填充→纯色填充→颜色按钮，设置为白色后，再于设置形状格式对话框里，选择三维格式→棱台→顶端→圆，完成幻灯片。

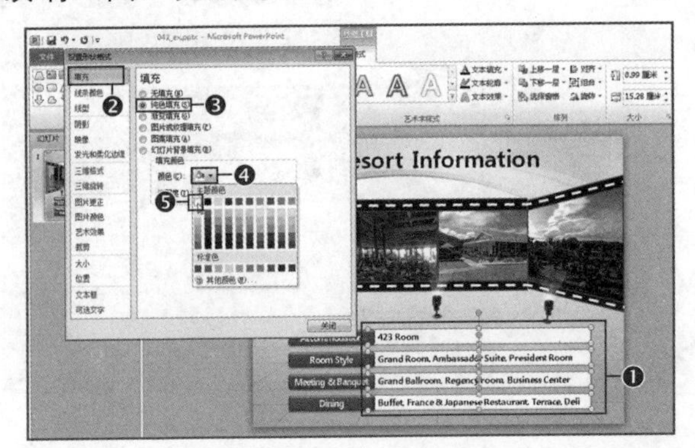

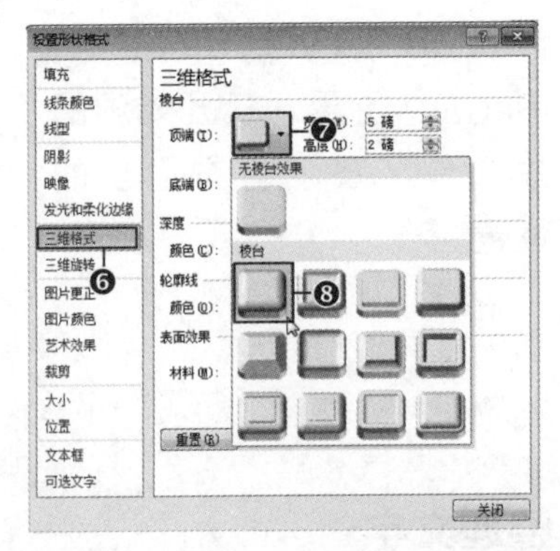

SPECIAL TIP

显示绘图参考线

在 PowerPoint 2003 以前的版本中，绘制正确图形时，可使用十字形状的绘图参考线。在 PowerPoint 2010 中也可以使用绘图参考线。

❶ 在幻灯片上右击，选择快捷菜单里的网格和参考线。

❷ 打开网格线和参考线对话框，在参考线设置里，勾选“屏幕上显示绘图参考线”后，选择确定。

在幻灯片正中央出现了一条十字虚线形状的绘图辅助线。此线可拖曳移动，若按住 Ctrl 键不放并拖动，可绘出新的绘图参考线。若想删除新建的绘图参考线，只要将其拖动至幻灯片外即可。然而，若拖动基本的十字形状绘图参考线至幻灯片外，辅助线会停留在幻灯片的边缘上。

在幻灯片上右击，选择快捷菜单里的网格和参考线，可打开“网格线和参考线”对话框，此时就能标示绘图参考线。

CHAPTER 03 以小图为背景的幻灯片设计

学习如何调整渐变与透明度，呈现图像逐渐柔和淡化般的幻灯片。

CHECK POINT

选择可辅助各部分内容说明的图像，排列在图形上，设计成背景图像。图像信息扮演着有助于观众理解的角色，因此，选择适当的图像相当重要。在幻灯片里插入图像时，若整个图形都被图像填充，会显得太过沉闷，因此利用渐变与透明度，呈现出自然淡出的效果。标题部分因属幻灯片的核心关键词，三个关键词分别以适当的照片图像衬托，再以渐变柔化效果加以处理。三种组合图形的幻灯片设计是很常见的幻灯片形态。相较于两个或四个，三个组合图形是最精简利落，不多不少且最能传达精确内容的形态。在如饭店或休闲场所相关设计说明中，或是产品核心功能相关说明、事业相关核心领域等各种 PPT 中，此类设计用途相当广泛。

准备范例：CD\ 范例 \Part5\043\043_ex.pptx
完成范例：CD\ 范例 \Part5\043\043.pptx

01 打开 CD\ 范例 \Part5\043\043_ex.pptx 文件。

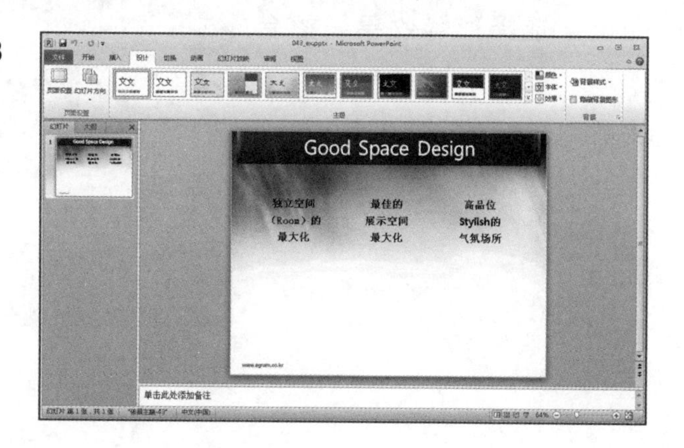

02 在开始选项卡→绘图组里，选择矩形→同侧圆角矩形▭，如左下图般绘制后，在设置形状格式对话框里，选择填充→渐变填充→方向→线性向上。如下所示设置各图形的停止点及线条颜色。

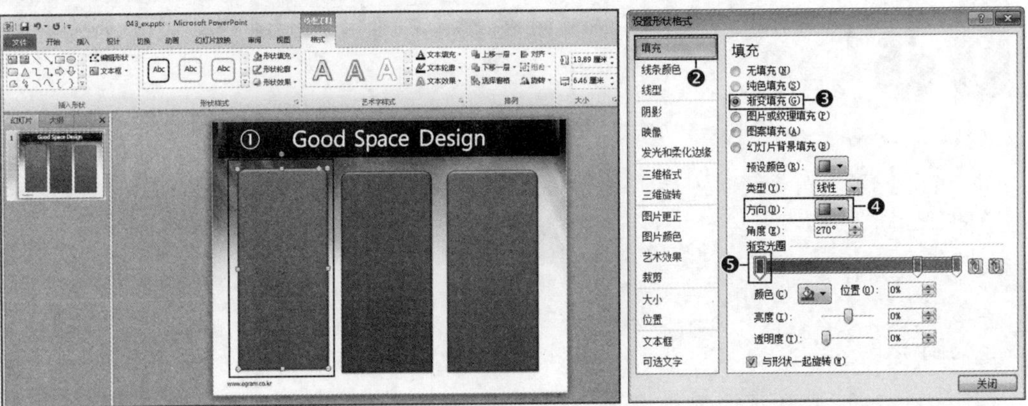

- 1 号图形：停止点 1- 红（161）、绿（100）、蓝（120）；停止点 2- 红（210）、绿（132）、蓝（159）；停止点 3- 红（213）、绿（131）、蓝（159）。线颜色 - 红（181）、绿（84）、蓝（117）。
- 2 号图形：停止点 1- 红（113）、绿（90）、蓝（148）；停止点 2- 红（149）、绿（120）、蓝（194）；停止点 3- 红（149）、绿（119）、蓝（197）。线条颜色 - 红（113）、绿（83）、蓝（161）。
- 3 号图形：停止点 1- 红（86）、绿（115）、蓝（151）；停止点 2- 红（114）、绿（152）、蓝（197）；停止点 3- 红（113）、绿（153）、蓝（200）。线条颜色 - 红（78）、绿（117）、蓝（163）。

03 选取所有图形，在从绘图工具 - 格式选项卡的形状样式组里，选择形状效果→棱台→圆。

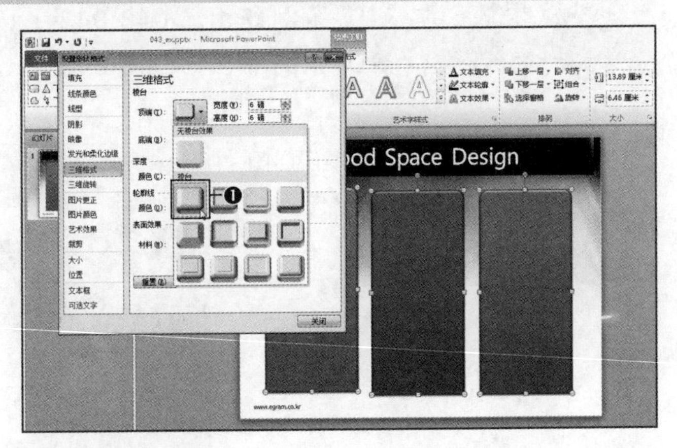

04 在开始选项卡→绘图组里，选择矩形→同侧圆角矩形，如右图般绘制比三个图形略小的图形“高度 9.62 厘米、宽度 5.85 厘米”。在设置形状格式对话框里，选择填充→渐变填充→方向→线性向下。设置停止点 1- 白色；停止点 2- 红（236）、绿（211）、蓝（220），停止点位置 50%；停止点 3- 白色，停止点位置 100%，透明度 100%。第二与第三个图形如下所示设置停止点，之后将文字移至上层，图形的线条颜色设置为无线条。

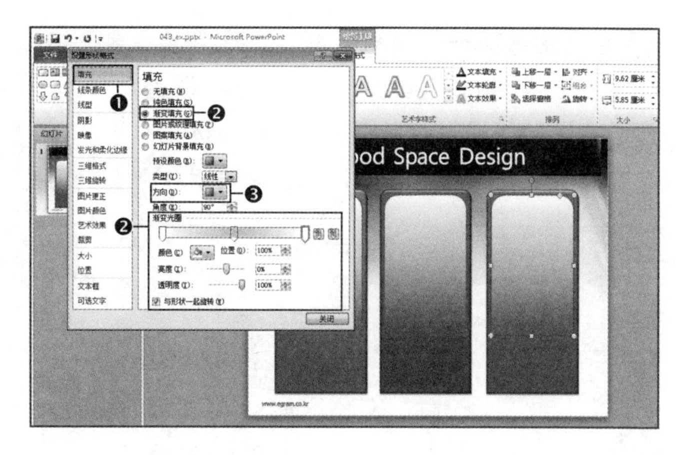

- 第二个图形：停止点 1- 白色；停止点 2- 红（215）、绿（206）、蓝（230），停止点位置 50%；停止点 3- 白色，停止点位置 100%，透明度 100%。
- 第三个图形：停止点 1- 白色；停止点 2- 红（204）、绿（216）、蓝（231），停止点位置 50%；停止点 3- 白色，停止点位置 100%，透明度 100%。

05 从插入选项卡→图像组里，选择图片，打开 CD\范例 \Part5 \043\01~03.jpg 文件，通过图片工具 - 格式选项卡→排列组里的下移一层→下移一层，自然地连接在上一个步骤制作的渐变图形之下。

06 在开始选项卡→绘图组里，选择矩形→圆角矩形，如下图般绘制三个圆角矩形。在绘图工具 - 格式选项卡→大小组里，调整大小为“高度 13 厘米、宽度 5.58 厘米”后，在形状轮廓里设置红（181）、绿（84）、蓝（117）。在设置形状格式对话框里，设置线型→宽度“1.5 磅”，选择短划线类型→方点；填充→无填充。

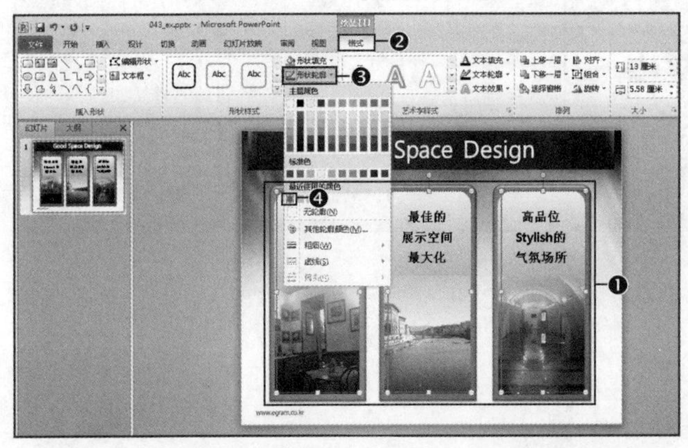

- 第二个线条：红（113）、绿（83）、蓝（161）。
- 第三个线条：红（78）、绿（117）、蓝（163）。

07 选取所有图形上的文字，在开始选项卡→字体组里选择加粗 **B**。

CHAPTER 04 在插入的图像上运用相框效果的幻灯片

设计幻灯片时，为了有助于内容的理解，偶尔需要插入图像。在 PowerPoint 2010 里，插入的图像与图形一样，可以套用阴影、映像、三维效果等各种格式。在这个幻灯片里，将学习如何在图像上套用数种格式并利用图形加以编辑的方法。

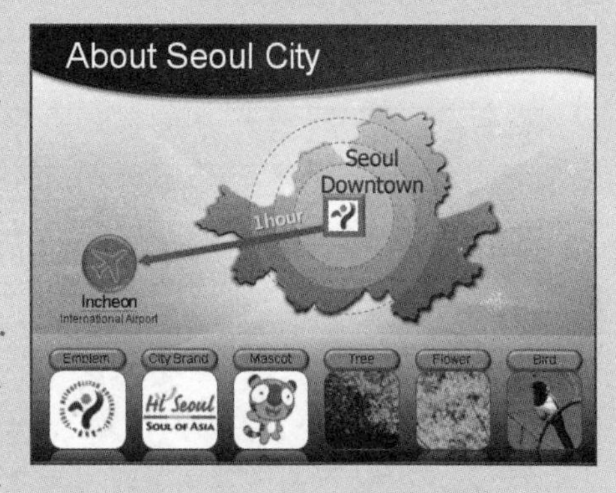

CHECK POINT

这是运用与各部分内容有关的图像，予以按钮化的表现方法。有时单以文字无法确切传达信息时，会借着象征各目录的按钮，有效地进行信息的传达。打开的图像如同图形一般，可以套用各种效果。PPT 里可以使用各式各样的地图，但偶尔需要像完成范例般运用韩国首尔地图，以地区相关的简单核心信息并应用下方的按钮设计，一目了然地呈现出详细的信息内容。可以利用韩国首尔地图以外的其他地图，或运用其他按钮与其他内容。重要的是，以占 2/3 内容的地图说明幻灯片，另外的 1/3 呈现详细内容。幻灯片的核心重点因为是针对地图部分的说明，因此相对地分布的区域也较广，若此两区域是一比一的话，就会成为不好的版面布局，因此，版面布局必须格外留心才行。

准备范例：CD\ 范例 \Part5\044\044_ex.pptx
完成范例：CD\ 范例 \Part5\044\044.pptx

01 打开 CD\ 范例 \Part5\044\044_ex.pptx 文件。

编辑图像

02 在分别选取下方的六个圆角矩形并右击→设置图片格式，在设置图片格式对话框中选择填充→图片或纹理填充，选择文件，打开 CD\ 范例 \Part5\044\ 图 1~6.jpg 文件。选取所有打开的图像文件，在图片工具 - 格式选项卡→图片样式组，选择图片边框→其他轮廓颜色，在出现的颜色对话框里，选择自定义，设置“红（152）、绿（72）、蓝（7）”，接着选择图片效果→映像→“紧密映像，接触”。

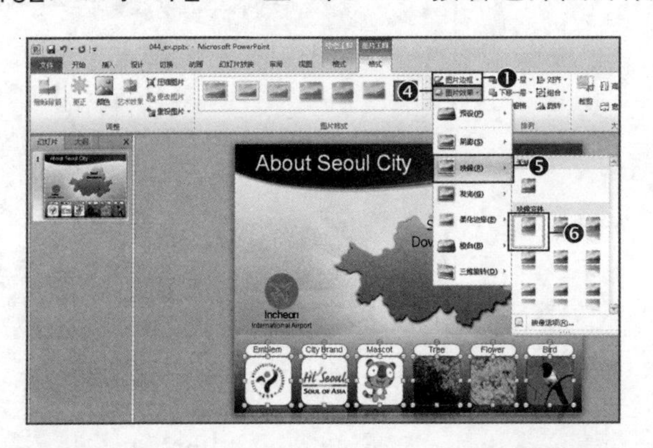

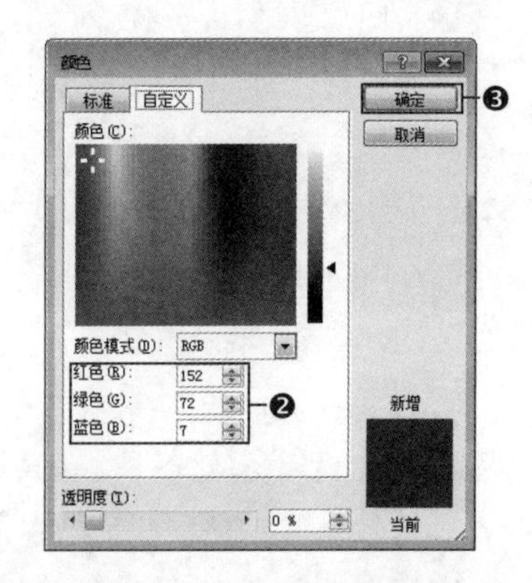

03 选取所有图像上方的图形，在绘图工具 - 格式选项卡里，选择形状样式→形状填充→其他填充颜色→自定义，设置“红（204）、绿（147）、蓝（35）”。

TIP

以小的画面查看幻灯片放映

若想执行幻灯片放映，按住 Ctrl 键不放，再选择幻灯片放映按钮，在屏幕画面左上方会出现中型窗口，可执行幻灯片放映。以小的画面查看幻灯片放映时，若发现有需要修改的地方，可以不用停止放映，直接编辑幻灯片内容。因修改的内容会反映在幻灯片放映里，所以可立即确认，相当方便。

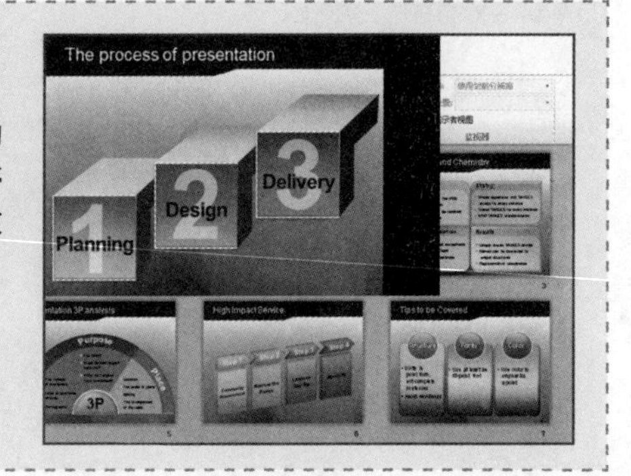

04 在设置形状格式对话框里，设置三维格式→棱台→顶端→圆，设置“宽度 6 磅、高度 6 磅”，选择阴影，设置“透明度 62%、大小 100%、虚化 3.15 磅、角度 90°、距离 1.6 磅”。

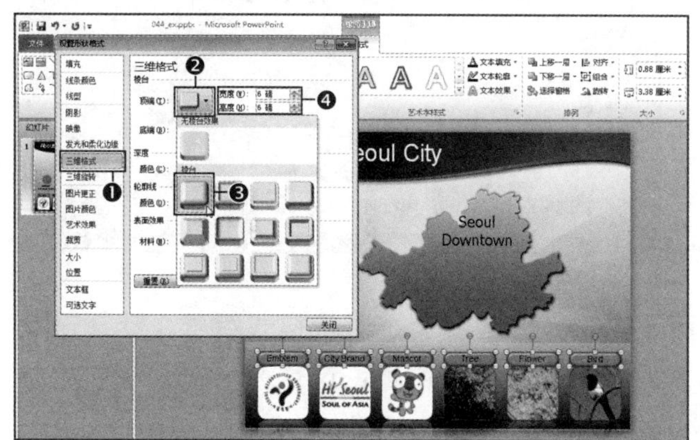

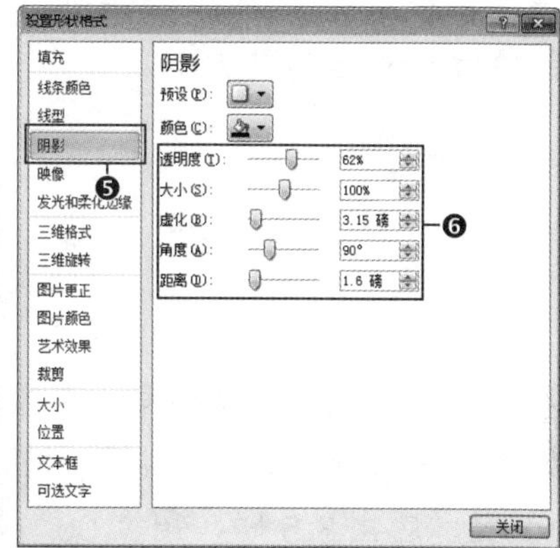

编辑图形

05 利用开始选项卡→绘图组合里的基本形状→椭圆，在地图上绘出圆形。选取该圆形，在设置形状格式对话框选择填充→纯色填充→颜色→主题颜色→“白色，背景 1”，透明度 85%。设置线型→宽度“0.5 磅”，选择短划线类型→短划线。线条颜色设置实线→颜色→红（182）、绿（132）、蓝（32）。

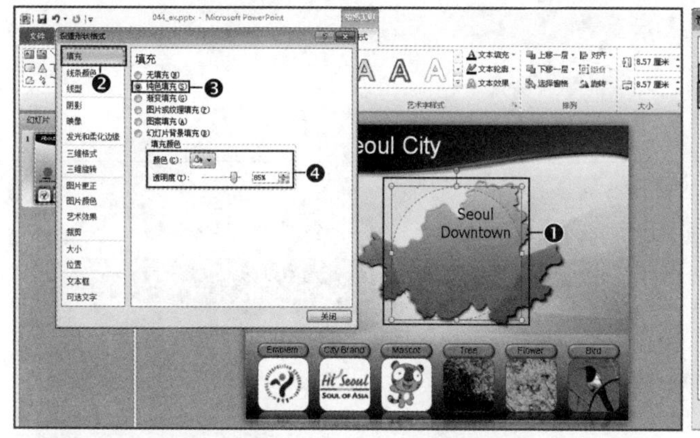

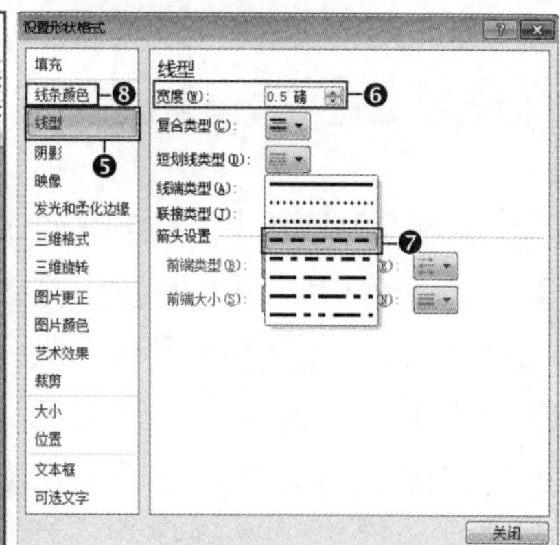

06 复制步骤 05 里所绘制的圆，调整大小并如右图般设计。选取最前方的小圆，在设置形状格式对话框里，更改为填充→纯色填充→透明度 75%。

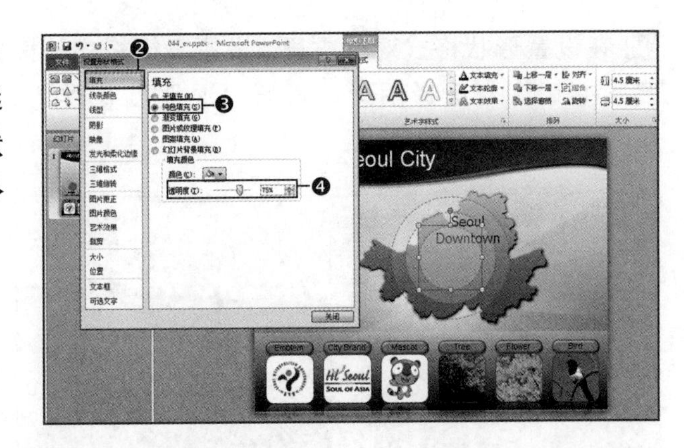

07 选取幻灯片左侧的圆，在绘图工具 - 格式选项卡→形状样式组里，选择形状效果→棱台→圆。在设置形状格式对话框里，选择阴影，设置透明度 68%、大小 100%、虚化 3.5 磅、角度 90° 、距离 2.2 磅。

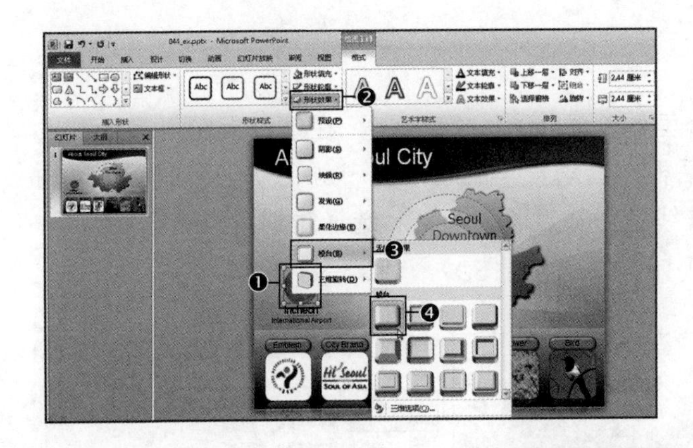

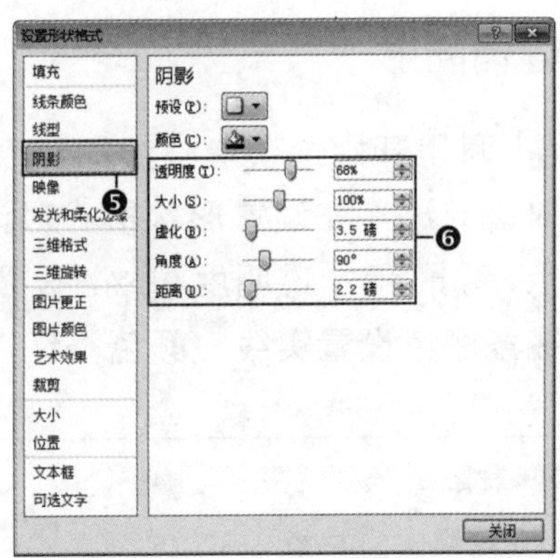

08 从插入选项卡→图像组合里，选择图片，打开 CD\范例\Part5\044 \ 图 7.jpg 文件，置于圆的正中央。再绘制一个矩形，排列在图片的后方。在设置形状格式对话框里，选择填充→纯色填充→颜色→其他颜色，设置“红（182）、绿（132）、蓝（32）”。接着选择三维格式，设置顶端→圆、宽度“5 磅”、高度“2 磅”。

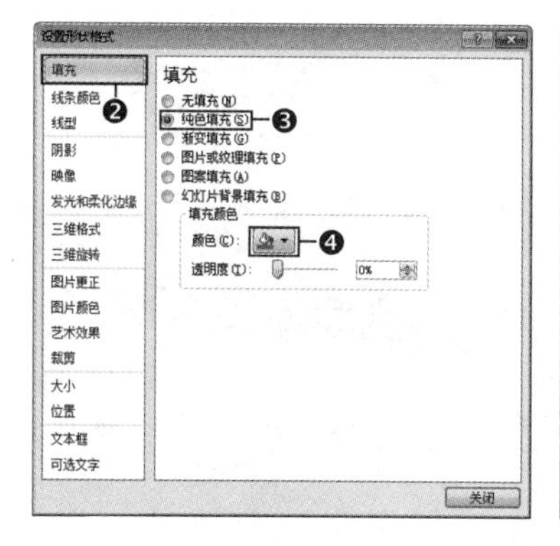

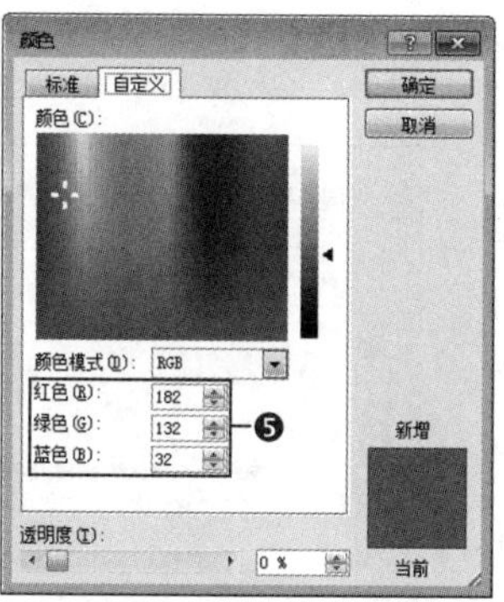

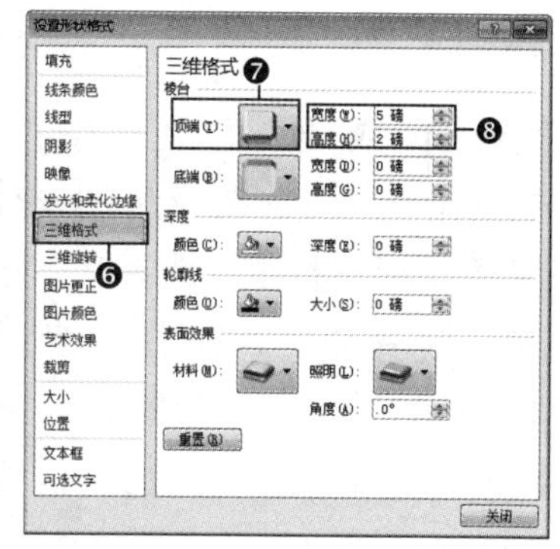

09 在设置形状格式对话框里，选择阴影，选择预设→透视→左上对角。

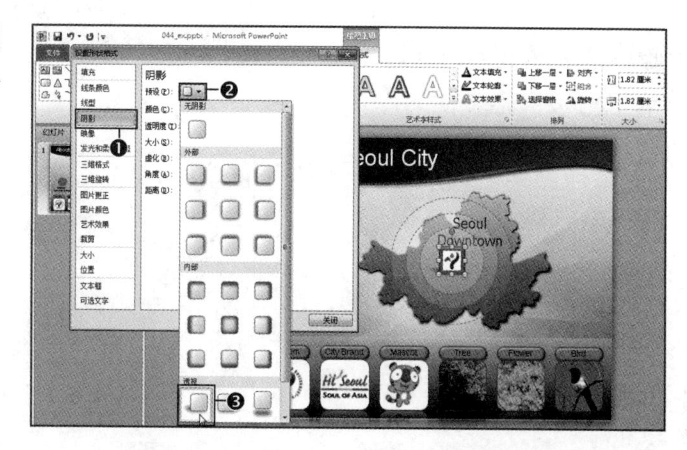

10 在开始选项卡→绘图组里，选择箭头总汇→左箭头，拖动绘出箭头后，拖动形状调整控制点，使箭头的末端变长，再利用旋转控制点，如右图般调整形状与方向。在绘图工具 - 格式选项卡→形状样式组里，选择形状效果→阴影→外部→居中偏移。

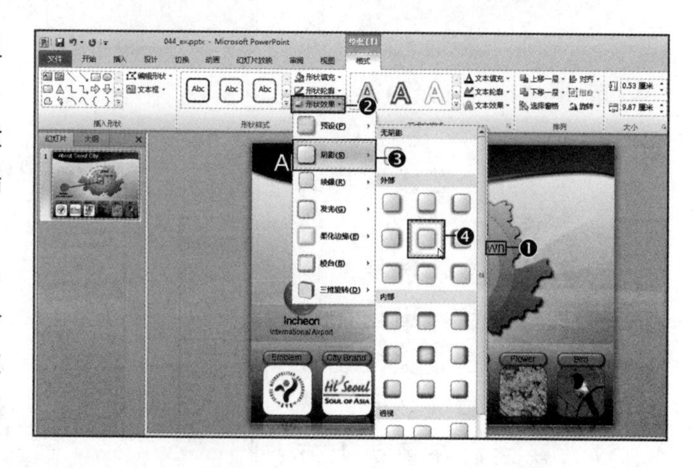

编辑文字

11 选取地图上“Seoul Downtown”，在设置文本效果格式对话框里，选择文本填充→渐变填充，选择颜色→其他颜色，在出现的颜色对话框里，设置“停止点 1- 红（204）、绿（58）、蓝（0）；停止点 2- 红（138）、绿（43）、蓝（0）；停止点 3- 红（69）、绿（20）、蓝（15）”。

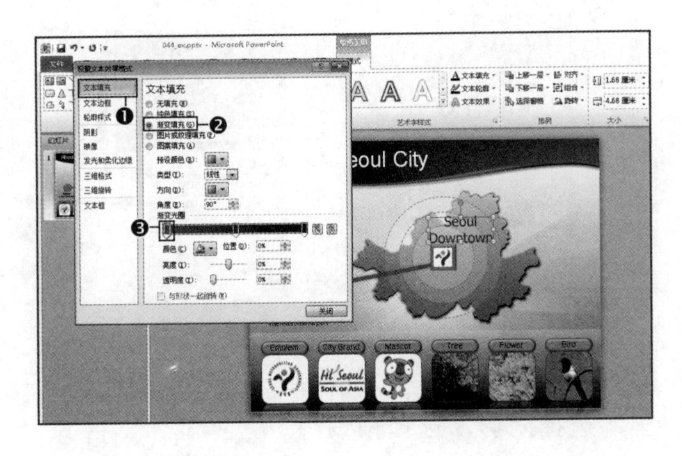

12 选择阴影，选择预设→内部→内部下方。

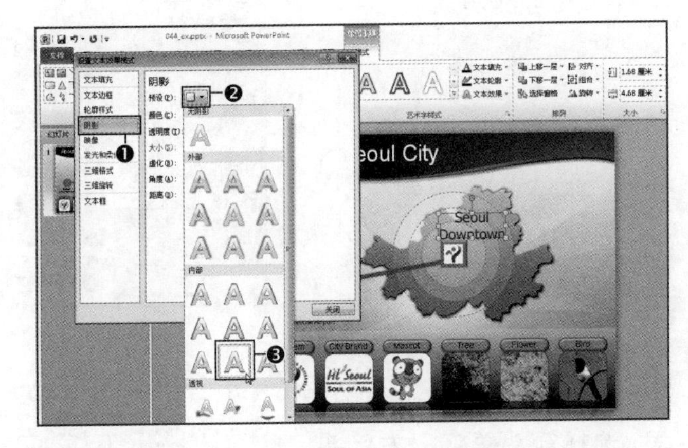

13 选取“Incheon International Airport”，在绘图工具格式选项卡→艺术字样式组里，选择文本填充 →渐变→其他渐变，选择颜色按钮→其他颜色，出现颜色对话框，选择自定义，设置“红（62）、绿（33）、蓝（30）”。之后在箭头上方输入“1 hour”。选取标题，在开始选项卡→字体组里，选择加粗 **B** 。

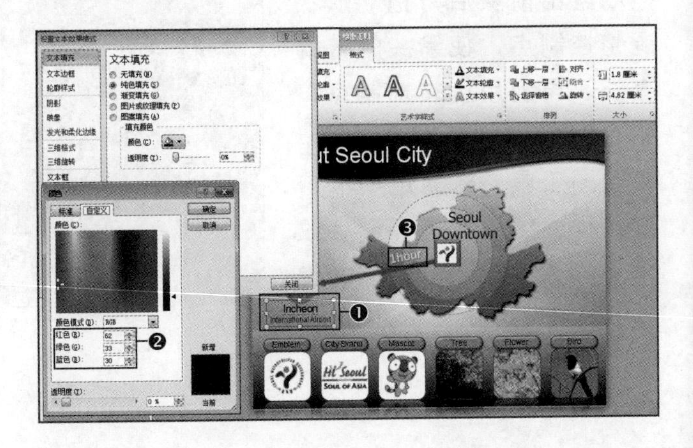

CHAPTER 05

使用剪贴画之图像，运用填充效果的幻灯片

学习在 PowerPoint 里直接编辑照片，或许有点复杂，但若能熟练，将来在处理图像时，将会相当方便。

CHECK

POINT 各部分的图像配置扮演着帮助理解文字信息的角色，在此将练习在各个部位插入照片，调整位置并配置颜色。为了呈现均衡的幻灯片，重要的是必须适当地排列画面并配置图像。为了能够自然地呈现图像，最好先确认该套用何种效果，然后跟着本范例试着做做看。画面切割成四等分，使图像与文字一起自然地呈现。重点在于上方数字 1~4 的按钮型设计要素。将画面切割成四等分的设计时常可见，多半是利用矩形或其他图形的设计，但如完成范例般，将四个数字排列在上方中央来说明，是非常新颖的方式之一。从 1 到 4 依序排列的幻灯片可用在许多地方，但必须是相关内容不多、简洁有力的设计才行。将四个图形组合化以传达信息的 PPT，是用途相当广泛的 PPT 设计。

准备范例：CD\ 范例 \Part5\045\045_ex.pptx
完成范例：CD\ 范例 \Part5\045\045.pptx

01 打开 CD\ 范例 \Part5\045\045_ex.pptx 文件。

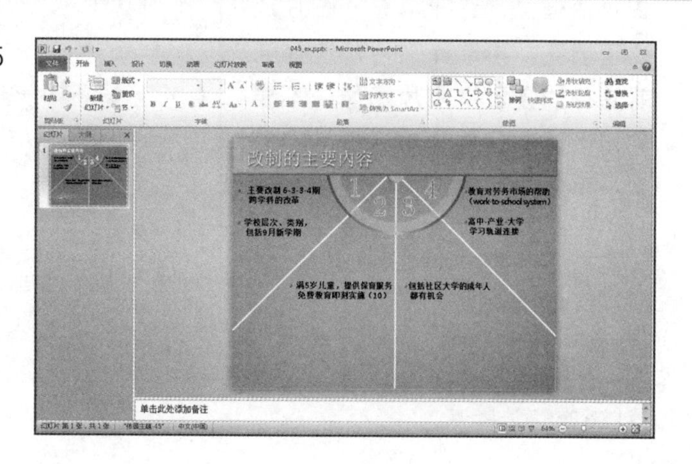

插入图像

02 在此幻灯片里，将通过剪贴画来找出图像。在插入选项卡→图像组里，选择剪贴画，右侧会产生一个工作窗格。在搜索文字处输入“演讲”后，选择搜索。以相同方法搜索教室、大学、会议室等。

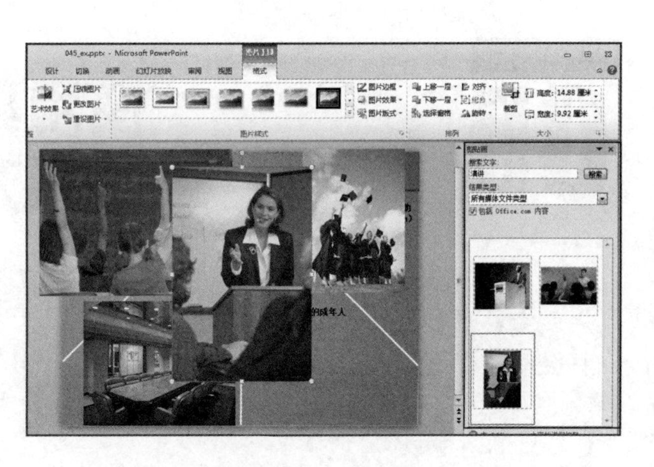

TIP

可在右侧工作窗口的搜索文字对话框里输入想要搜索的关键词，并于下方设置文件类型。

03 因从剪贴画里搜索而得的图像尺寸很大，可在图像上右击，选择另存为图片，输入文件名并设置欲保存的地方，接着删除幻灯片上的照片图像。

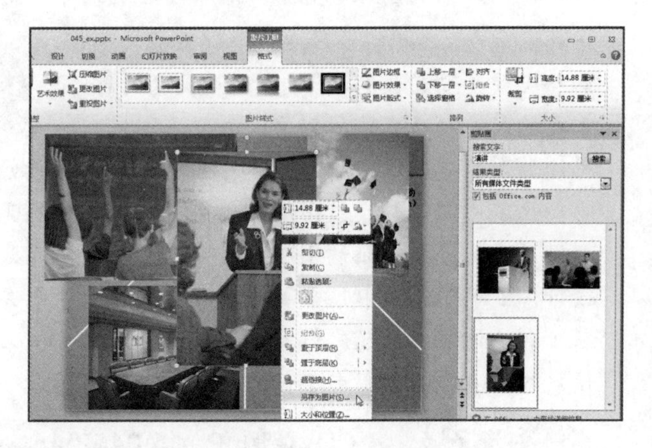

04 选择第一个图形并右击，选择设置形状格式，在设置形状格式对话框里，选择填充→图片或纹理填充，再选择文件，选择先前储存的会议室照片图像，不要关闭设置形状格式对话框，在填充→平铺选项里，选择上、下、左、右的箭头，可调整图像大小及位置。

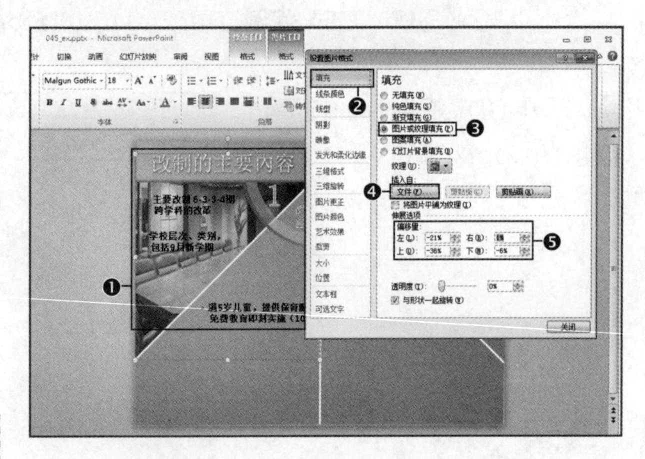

TIP

因为有文字的关系，图像位置太靠上，会对文字的阅读造成影响。

05 以相同方法，在第二个、第三个、第四个图形上插入图像。

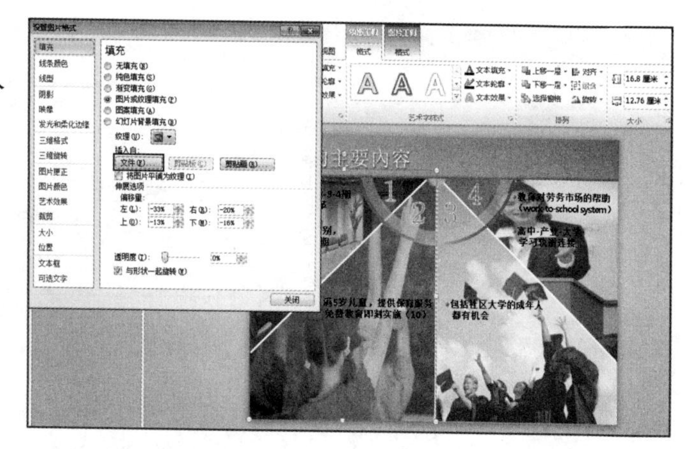

06 因图像上方显得很不自然，且输入的文字也看不清楚，因此再绘制一个相同的图形，置于图像上方。

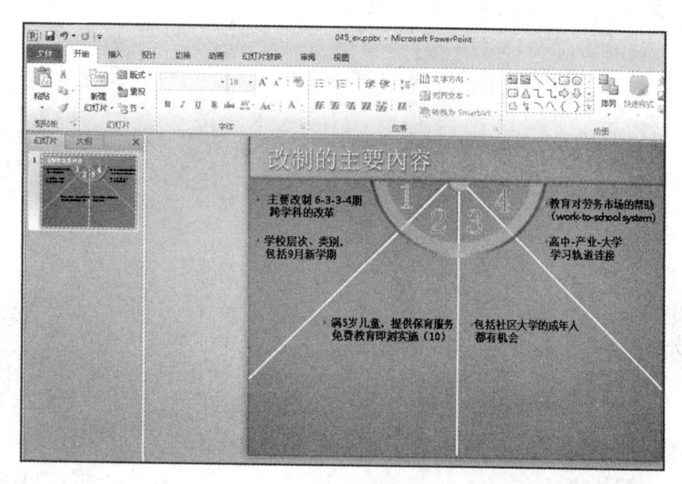

TIP

图形可在开始选项卡→绘图组里，利用线条→任意多边形来绘制。

07 画好图形时，再利用渐变与透明度，赋予图像自然消失的感觉。

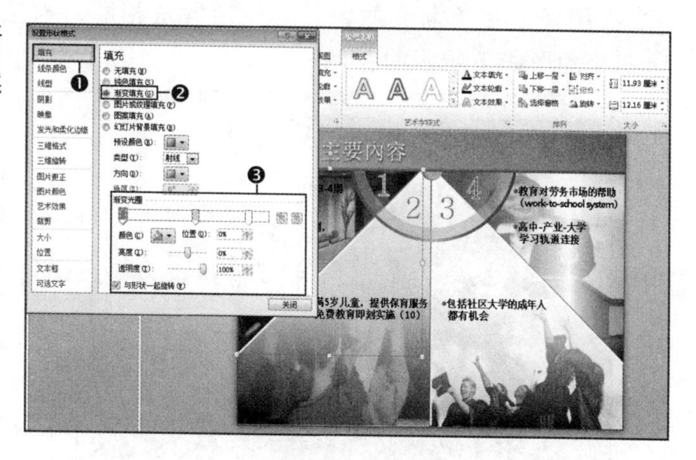

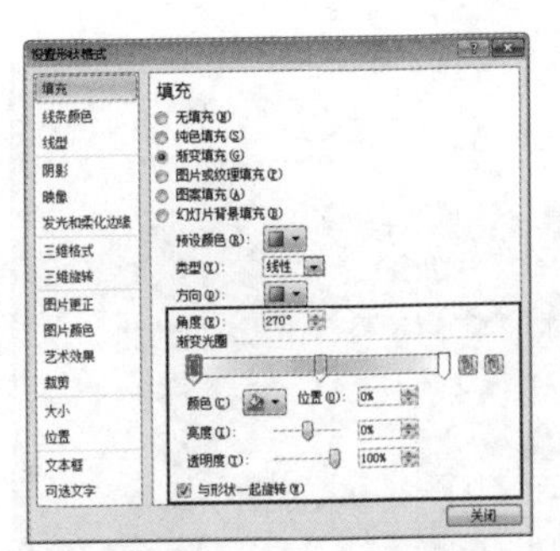

第 2 个渐变图形

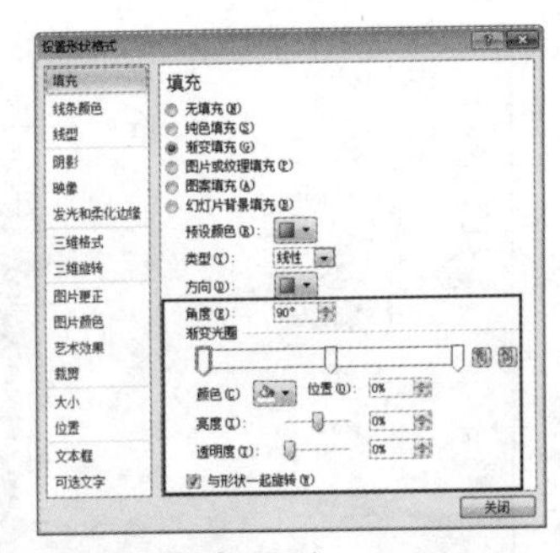

第 3 个渐变图形

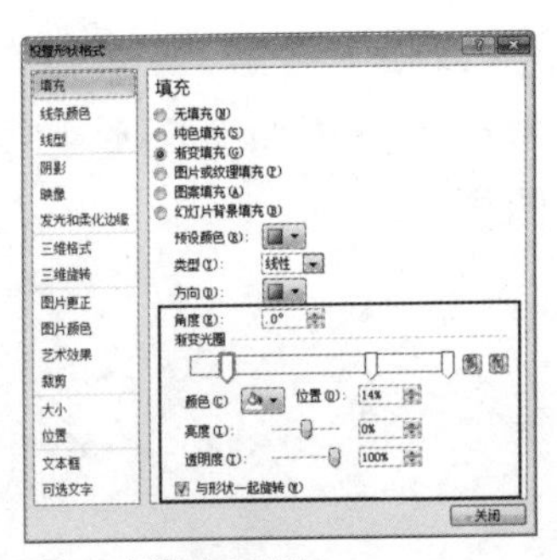

第 4 个渐变图形

- 1 号图形 / 渐变填充→类型→射线
  停止点 1- 红(149)、绿(149)、蓝(149)，停止点位置 0%，透明度 100%
  停止点 2- 红(214)、绿(214)、蓝(214)，停止点位置 50%，透明度 100%
  停止点 3- 白色，停止点位置 87%，透明度 0%
- 2 号图形 / 渐变填充→类型→线性→角度 270°
  停止点 1- 红(149)、绿(149)、蓝(149)，停止点位置 0%，透明度 100%
  停止点 2- 红（214）、绿（214）、蓝(214)，停止点位置 50%，透明度 0%
  停止点 3- 白色，停止点位置 100%，透明度 0%
- 3 号图形 / 渐变填充→类型→线性→角度 90°
  停止点 1- 白色，停止点位置 0%，透明度 0%
  停止点 2- 白色，停止点位置 50%，透明度 5%
  停止点 3- 白色，停止点位置 100%，透明度 100%
- 4 号图形 / 渐变填充→类型→线性→角度 0°
  停止点 1- 白色，停止点位置 14%，透明度 100%
  停止点 2- 白色，停止点位置 70%，透明度 0%
  停止点 3- 白色，停止点位置 100%，透明度 100%

08 在图像上赋予渐变颜色。与先前做法相同，再绘制一次相同的图形，分别赋予四个图形如下所示的颜色。

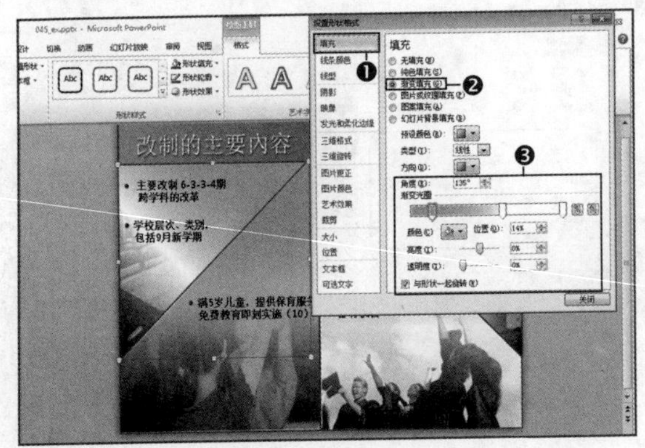

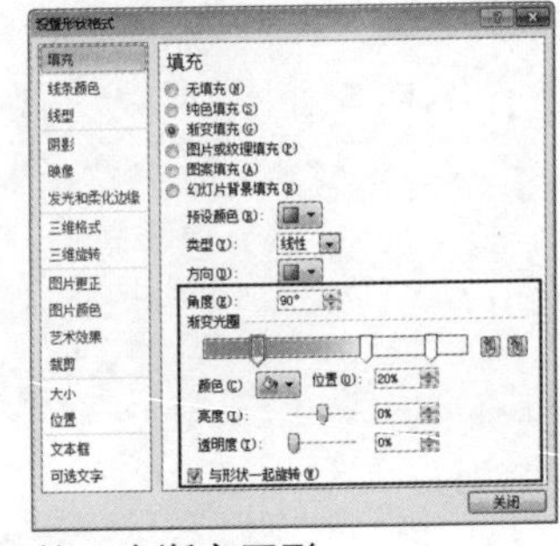

第 2 个渐变图形

第 3 个渐变图形

第 4 个渐变图形

- 1 号图形 / 渐变填充→角度 135°
  停止点 1- 红（1）、绿（255）、蓝（255），停止点位置 14%，透明度 0%
  停止点 2- 白色，停止点位置 60%，透明度 0%
  停止点 3- 白色，停止点位置 100%，透明度 100%
- 2 号图形
  停止点 1- 红（55）、绿（217）、蓝（255），停止点位置 20%，透明度 0%
  停止点 2- 白色，停止点位置 62%，透明度 100%
  停止点 3- 白色，停止点位置 87%，透明度 100%
- 3 号图形 / 渐变填充→类型→线性→角度 90°
  停止点 1- 红（22）、绿（187）、蓝（238），停止点位置 20%，透明度 0%
  停止点 2- 白色，停止点位置 62%，透明度 100%
  停止点 3- 白色，停止点位置 87%，透明度 100%
- 4 号图形 / 渐变填充→类型→线性→角度 45°
  停止点 1- 红（111）、绿（125）、蓝（253），停止点位置 26%，透明度 13%
  停止点 2- 红（230）、绿（224）、蓝（236），停止点位置 73%，透明度 100%
  停止点 3- 白色，停止点位置 100%，透明度 100%

09 为了使效果更好，在数字上绘制一个圆，赋予照明效果。圆高度、宽度均为“5.28 厘米”，如右图般放置后，在设置形状格式对话框里，设置渐变填充→类型→射线，方向设置中心辐射，设置“停止点 1- 白色，停止点位置 0%，透明度 0%；停止点 2- 白色，停止点位置 50%，透明度 86%；停止点 3- 白色，停止点位置 100%，透明度 100%”，再下移至小圆后方。

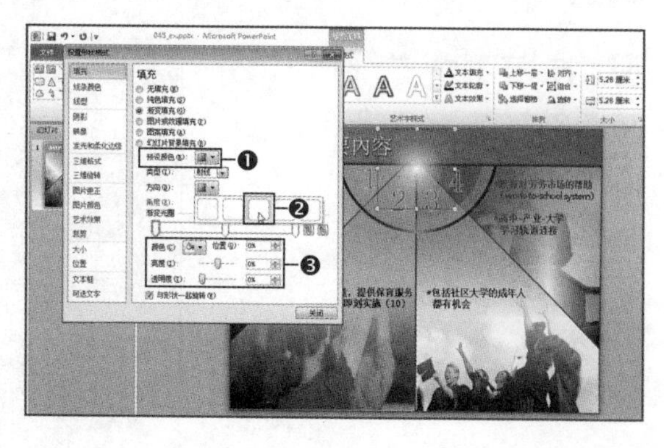

CHAPTER 06

在球中插入图像的幻灯片

在三维球里自然地插入照片图像，制作呈现律动感的幻灯片。因插入照片图像至三维球内的方法很简单，所以请好好学习。

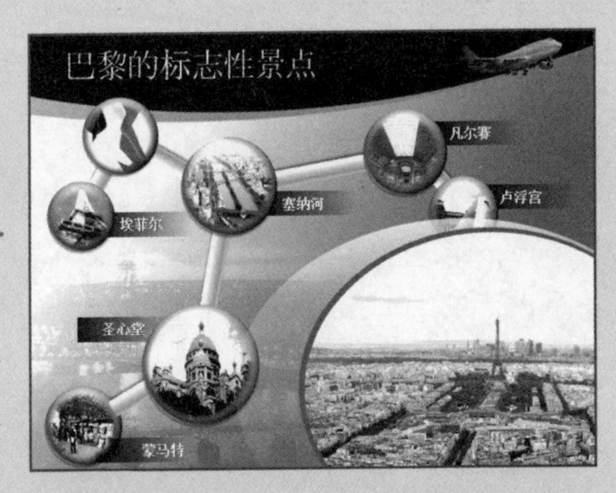

CHECK POINT

单纯地排列一般性信息时，经常会以连续性的结构要素来呈现各种信息。但若以各式各样不同的元素大小来介绍图像，则易显得过于零乱，因此尽可能以一个组合的要素设计，并自然地加以连结。在此将于三维球内自然地插入图像，并加以连接，呈现出隶属于同一组合并具备一体性的感觉。

如同完成范例般，这是通过数个图像传达一个信息时，非常适合的一种图解。在右下方的大圆里插入核心图像，于 7 个三维圆形里以图像取代复杂的内容，并利用文字加以说明，是相当优秀的设计。这是想利用图像来表达内容的幻灯片设计，可能不太适合使用在大量文字说明中，这点要请读者多加留意。

准备范例：CD\ 范例 \Part5\047\047_ex.pptx

完成范例：CD\ 范例 \Part5\047\047.pptx

01 打开 CD\ 范例 \Part5\047\047_ex.pptx 文件。

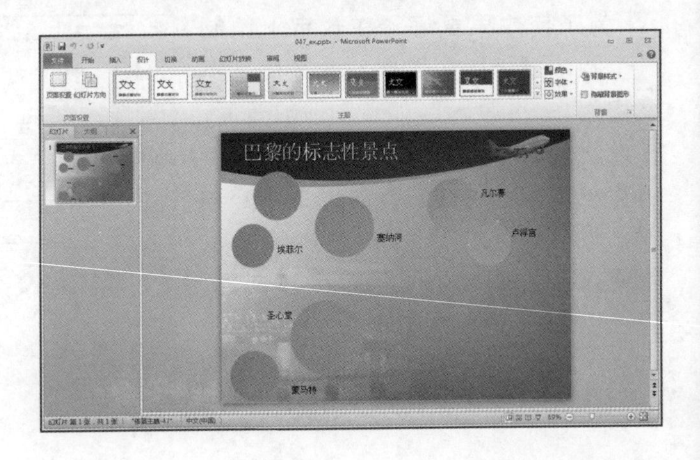

制作三维图形

02 在连接数个散开的圆之前，先制作三维圆球。选取所有的圆，在绘图工具 - 格式选项卡→形状样式组里，选择其他按钮，选择“强烈效果 - 水绿色，强调颜色 5”。在设置形状格式对话框里，设置三维格式→顶端→“宽度 40 磅、高度 20 磅”。

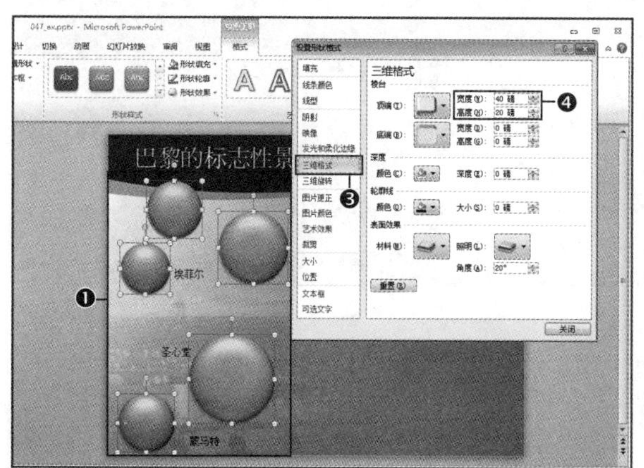

03 在开始选项卡→绘图组里，选择基本形状，选择圆柱形，绘制出图形。在设置形状格式对话框里，选择填充→渐变填充→方向→线性向右，设置“停止点 1- 红（220）、绿（230）、蓝（242）；停止点 2- 红（85）、绿（142）、蓝（213），停止点位置 80%；停止点 3- 红（142）、绿（180）、蓝（227）”，选择形状轮廓→无轮廓。

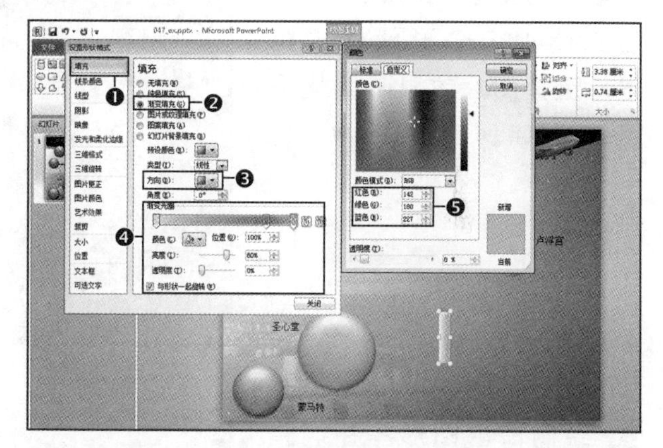

04 将制作好的圆柱连接到圆球与圆球中间。连接时，在绘图工具 - 格式选项卡→排列组里，调整对象的前后顺序，如右图般自然地连接。

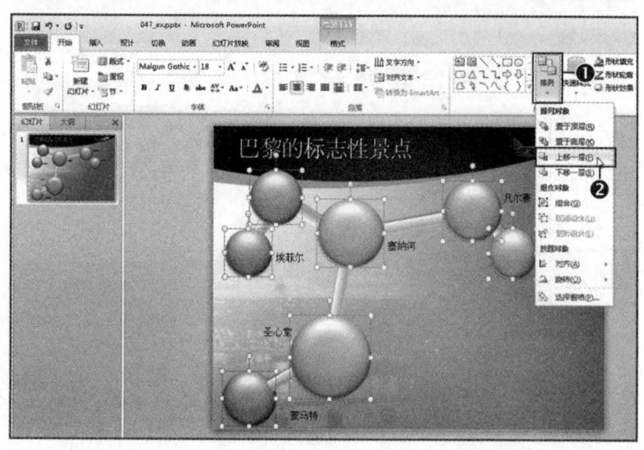

自然地插入照片图像

05 在插入选项卡→图像组里，选择图片，打开 CD\范例 \Part5\047\ 图 2~8.png 文件。

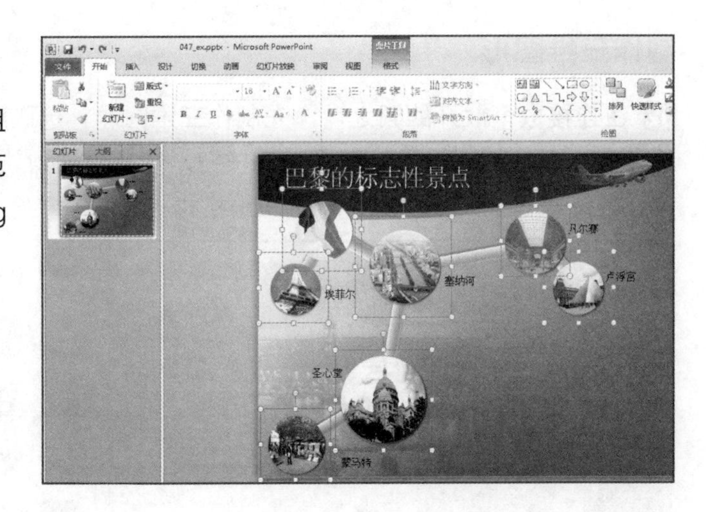

06 为了赋予图像呈现自然融入圆球的感觉，选取所有圆球上的图像，在绘图工具 - 格式选项卡→形状样式组里，选择图片效果→柔化边缘→10 磅。

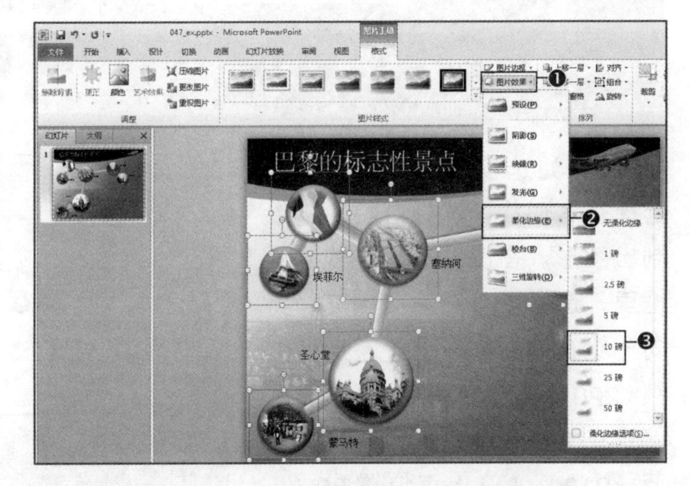

07 绘制白色图形，并调整透明度，赋予反射光的效果。此动作并非一定要做，只是为了提高设计的完成度而进行的细节而已。反射光部分先绘制一个如右图般的圆形。

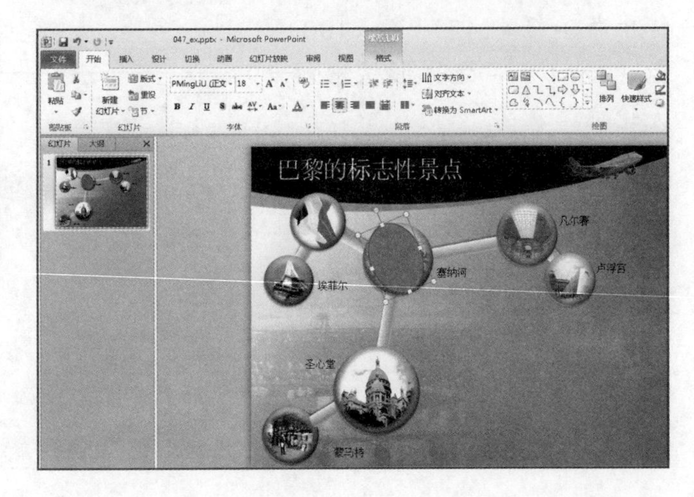

08 选取圆形，在设置形状格式对话框里，选择填充→渐变填充，设置“角度 90°；停止点 1- 白色，透明度 50%；停止点 2- 白色，停止点位置 33%，透明度 100%；停止点 3- 白色，透明度 100%”。设置线条颜色为无线条，复制此图形并置于其他图像上方。

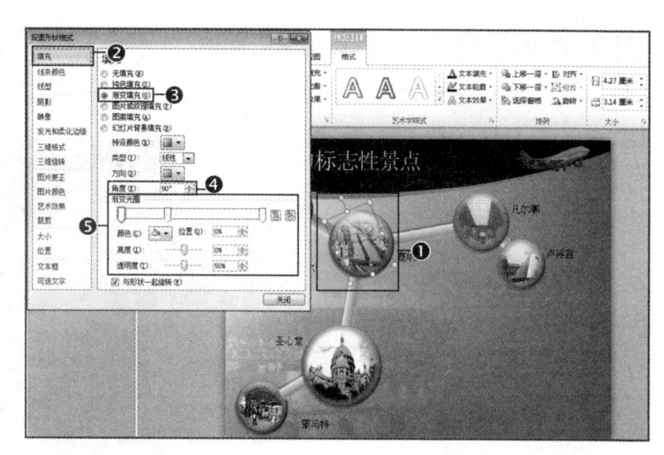

提高设计完成度

09 在幻灯片右下方，如右图般绘制一个大圆，在设置形状格式对话框里，选择填充→渐变填充，设置“角度 90°；停止点 1- 白色，透明度 38%；停止点 2- 白色，停止点位置 23%，透明度 80%；停止点 3- 白色，透明度 100%”，将大圆移至最底层。

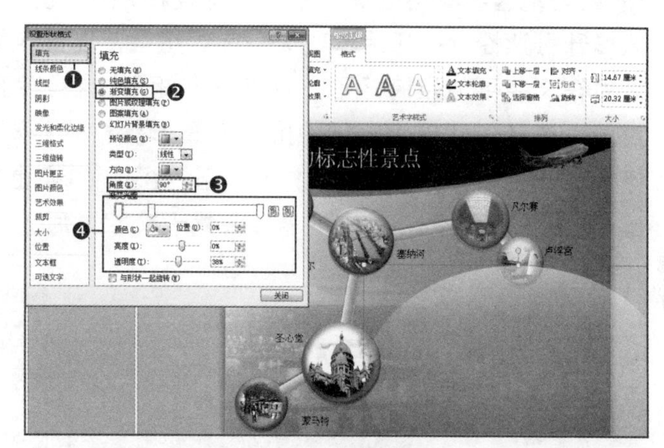

10 在右下方的大圆上，再绘制一个小一点的圆，在设置形状格式对话框里，选择填充→纯色填充→颜色→其他颜色，在出现的颜色对话框里，选择自定义，设置“红（43）、绿（103）、蓝（175）”。

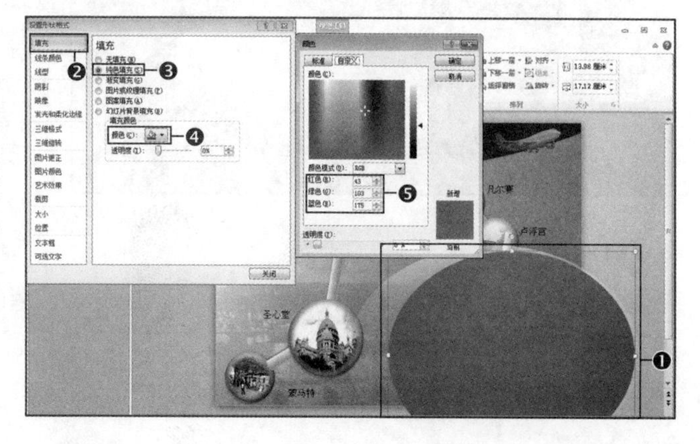

11 在插入选项卡→图像组里，选择图片，打开 CD\范例\Part5\047\图 1.png 文件，置于幻灯片右下方。

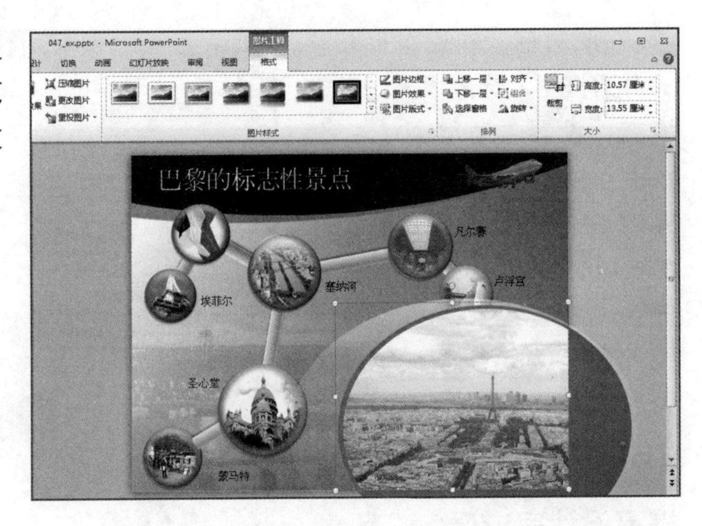

12 因各地区名称与圆球并未自然地连接，在此赋予渐变，并更改文字颜色为白色，以提升可读性。在开始选项卡→字体组里，设置字体颜色白色、粗体、文字阴影。之后在文字下方绘制矩形。选取这些矩形，在绘图工具 - 格式选项卡→形状样式组里，选择形状轮廓→无轮廓。设置形状格式→渐变填充→线性→“角度 0°；停止点 1- 红（16）、绿（37）、蓝（63）；停止点 2- 红（85）、绿（142）、蓝（213），停止点位置 88%”，置于文字之后。

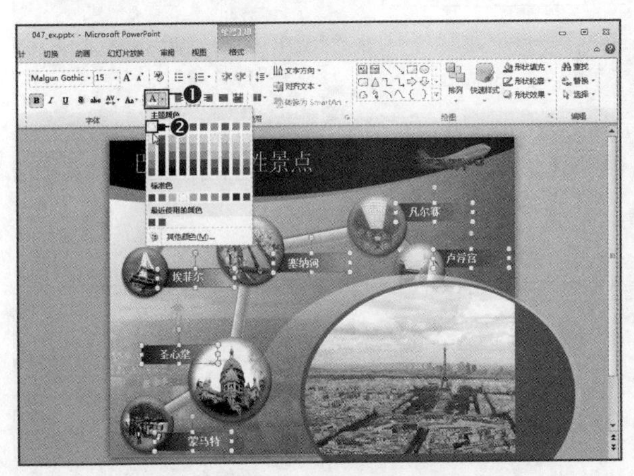

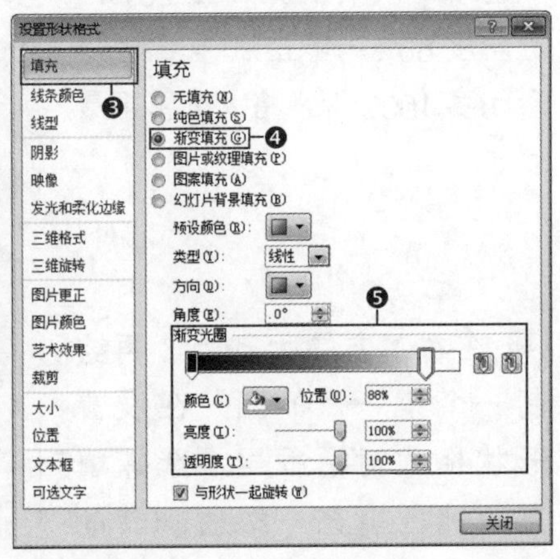

TIP

与其跟着本书设置 RGB 值，不如自行调整颜色，从而熟悉颜色表现，这将更有帮助。

SPECIAL TIP

改变形状的编辑顶点

编辑图形的顶点，更改形状

在幻灯片上绘制任意多边形后，可选择绘图工具 - 格式选项卡→插入形状→编辑形状→编辑顶点，图形调整控制点会变成黑色的顶点，单击一下端点，在此状态下拖动，可改变图形。

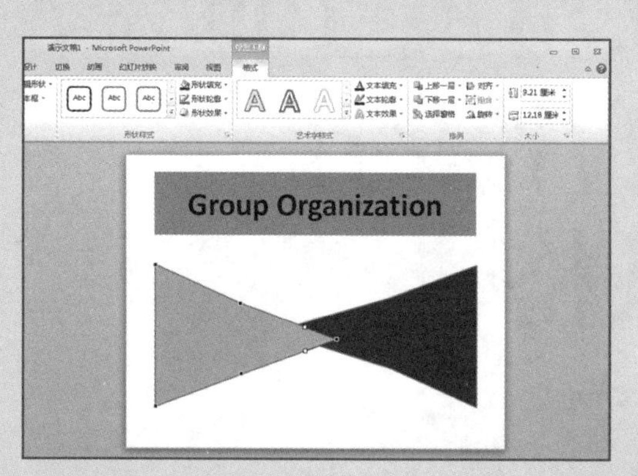

删除顶点

使用 Ctrl 键，可删除顶点。光标移到各黑色端点的上方，按住 Ctrl 键不放，鼠标会变成 I 形状，这时单击一下，可删除顶点，并改变图形的形状。

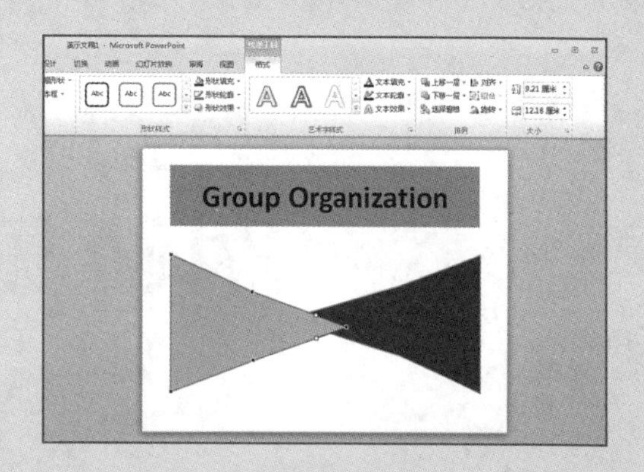

绘制曲线

编辑顶点也可以绘制曲线。选择图形的黑色顶点，两侧会出现两个白点及线段，拖动白点时，可更改图形为曲线。

编辑任意多边形的顶点，绘制成曲线，可以如下图般，设计出拥有流线型曲线的幻灯片。

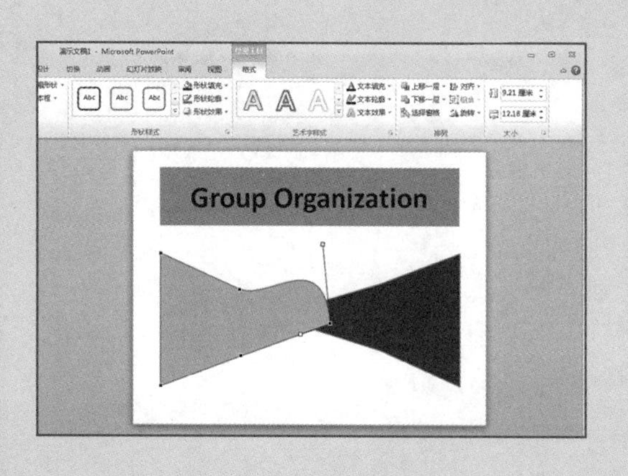

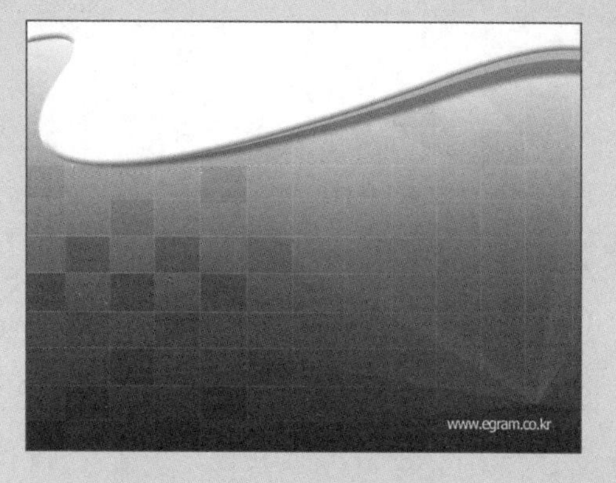

6 PART

实务应用度 100% 的幻灯片设计——图解风格

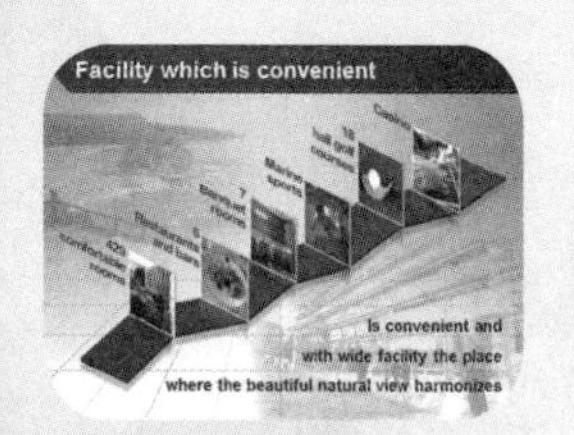

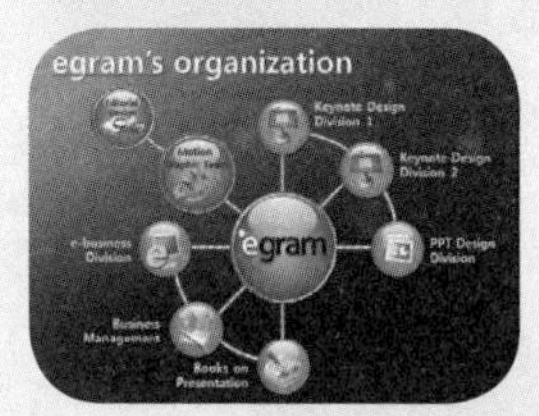

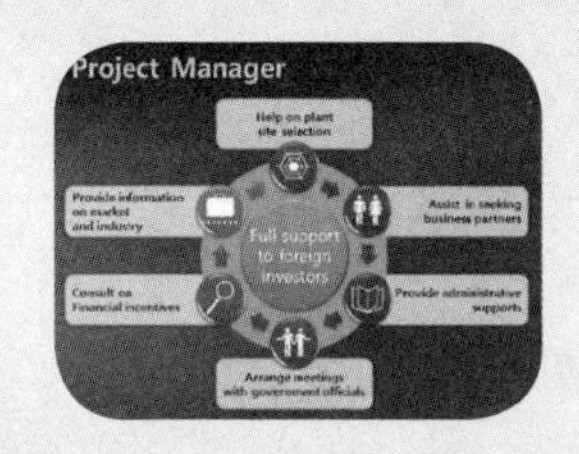

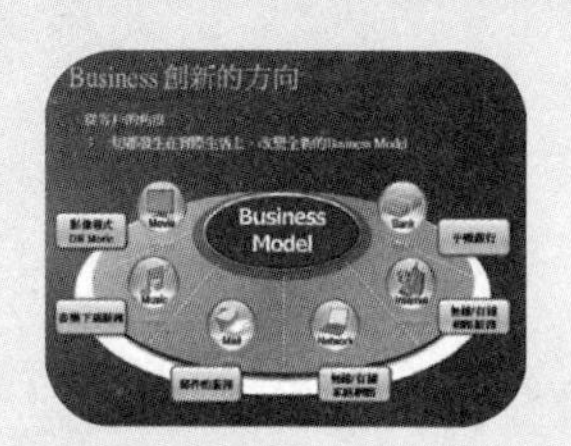

若能善加运用与众不同的图解，将有助于大幅提升设计者的实力。让我们练习以两种、四种要素来制作对比、交叉，以及呈现上升、成长的幻灯片，或利用图解、箭头与标签效果来设计出呈现展开、趋势、步骤等幻灯片。此外，也练习设计应用图像为绘图中心与具备关联性的循环、反复幻灯片。

CHAPTER 01

区分两大类内容的幻灯片

利用图形明确掌握并区分两大类内容，设计拥有统一性的幻灯片。虽然是采用颜色作为区分的方式，但重要的是，必须呈现一致性的感觉。

CHECK POINT ....

A Part 与 B Part 两组合最重要的是，必须不偏不倚地维持相似的图形统一性与颜色强度。赋予两大类颜色的变化，且整体性达到协调，不使其中一部分的份量显得过重。

本幻灯片的特征如同右侧幻灯片般，划分为两大形态，以两个组合加以说明，是企业简介或说明企业组织、以及其他想分成两大部分加以说明的幻灯片设计。运用占 PPT 设计中相当大比例的图解方式，将一大主轴分成两到三个组合来说明内容，是 PPT 设计里有效又常用的图解设计。

准备范例：CD\ 范例 \Part6\048\048_ex.pptx
完成范例：CD\ 范例 \Part6\048\048.pptx

01 打开 CD\ 范例 \Part5\048\048_ex.pptx 文件。

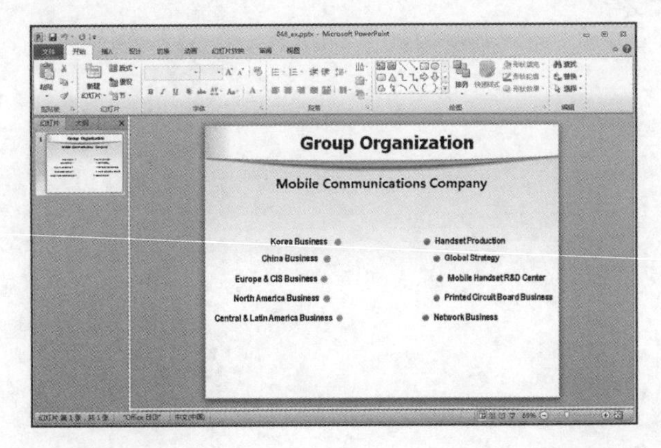

半圆设计

02 设计两个组合，分成 A Part 与 B Part。在开始选项卡→绘图组里，选择基本形状→饼形，如右图所示般绘制图形。

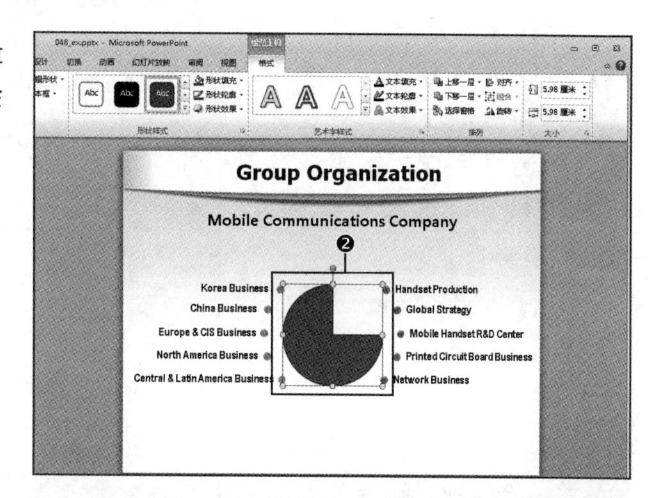

03 选择并拖曳图形的形状控制点，可制作出各种角度的图形。本幻灯片需要的是半圆形，因此，调整成半圆形后，按（【Ctrl + C】快捷键）、（【Ctrl + V】快捷键），复制出另一个半圆。调整角度，成为两个相对的半圆。

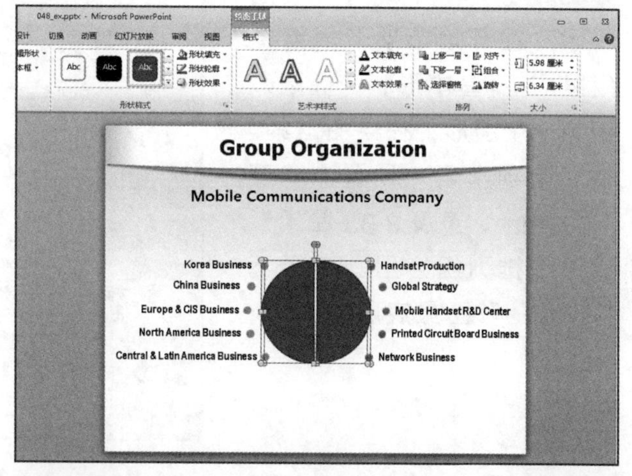

04 分别选择两个半圆，从绘图工具 - 格式选项卡→形状样式组，选择其他按钮，分别选取“强烈效果 - 橄榄绿，强调颜色 3”、“强烈效果 - 红色，强调颜色 2”。

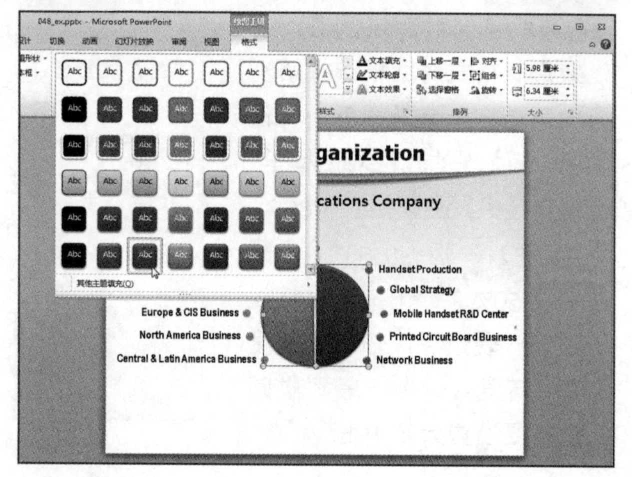

05 在插入选项卡→文本组里，选择文本框→横排文本框，在圆内单击一下，输入文字。在绘图工具 - 格式选项卡→艺术字样式组里，选择其他按钮，选择“填充 - 白色，投影”。

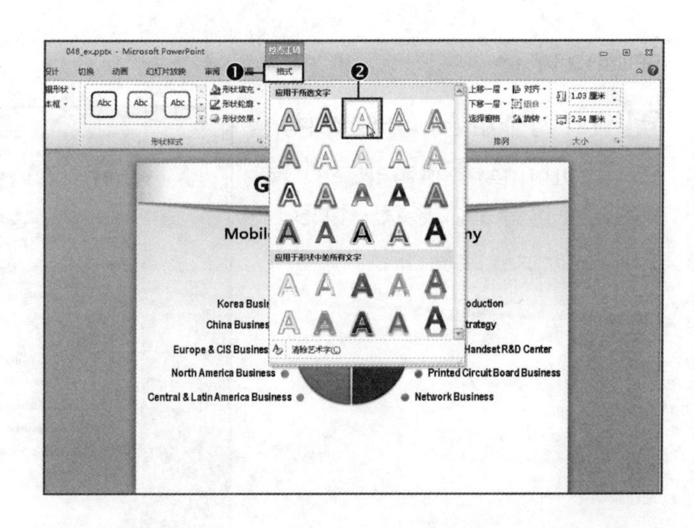

06 为了整理项目符号如右图所示，在开始选项卡→绘图组里，选择基本形状→椭圆，绘制一个圆形。在绘图工具 - 格式选项卡里，设置“高度 8.33 厘米、宽度 8.33 厘米”后，在排列组合里，选择下移一层→移至最底层。

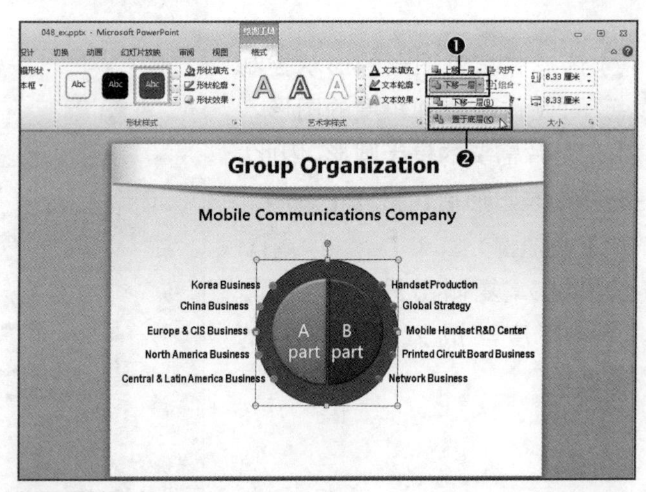

07 选取移到最底层的圆，在设置形状格式对话框选择填充→纯色填充，选择颜色→其他颜色，在出现的颜色对话框里，选择自定义，设置“红（166）、绿（166）、蓝（166），设置透明度 50%”。选择三维格式→顶端→硬边缘，输入“宽度 9 磅、高度 6 磅”。最下层圆的边框要设置为无边框。

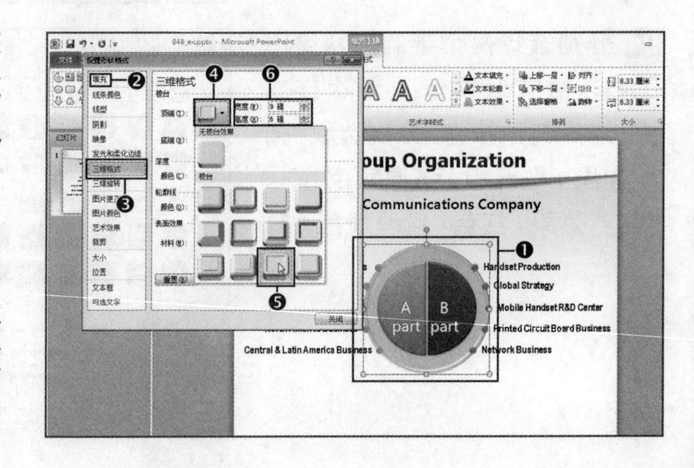

08 再绘制一个圆，置于底圆跟A、Bpart的圆之间。在排列组合里，选择下移一层→下移一层。

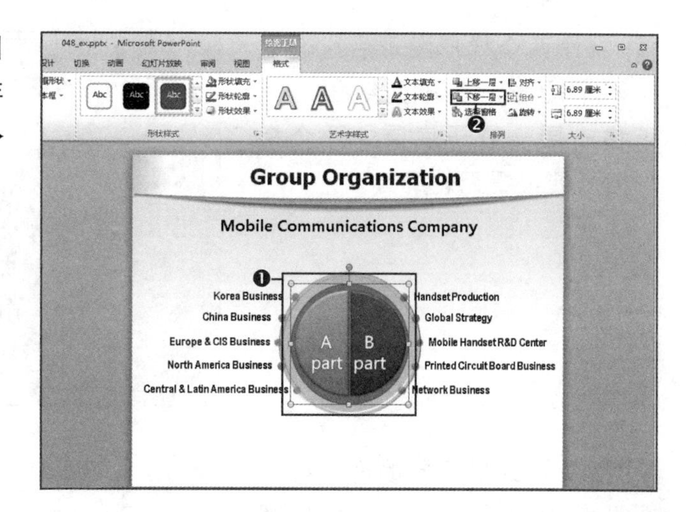

09 在设置形状格式对话框选择填充→纯色填充，选择颜色，选择主题颜色→"白色，背景1"，在三维格式→顶端→角度。

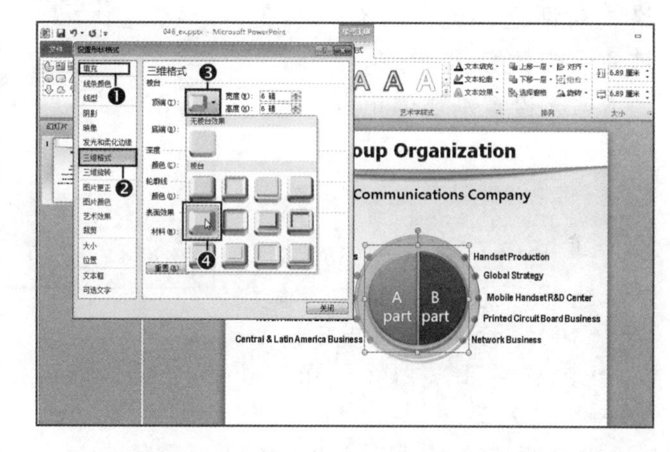

制作背景

10 配合两个part，制作可自然地呈现文字的背景。在开始选项卡→绘图组里，选择基本形状→梯形，绘制出一梯形，并利用旋转控制点予以旋转，调整图形角度如右图所示。

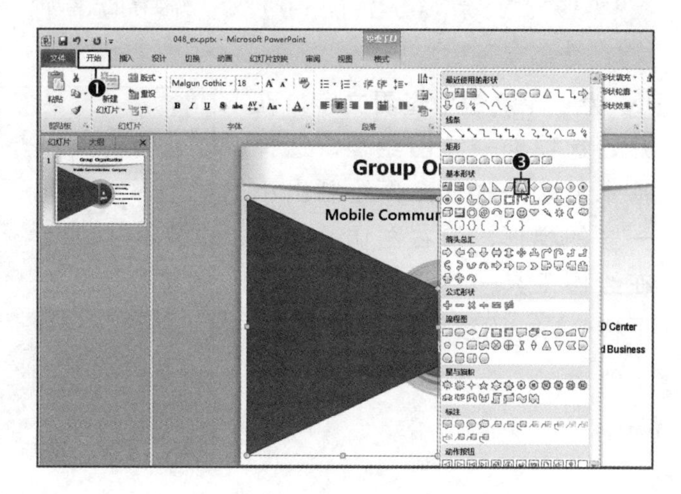

11 制作两个梯形图形后，选取这两个图形，在排列组里选择下移一层→置于底层。两个梯形图形要设置无轮廓。

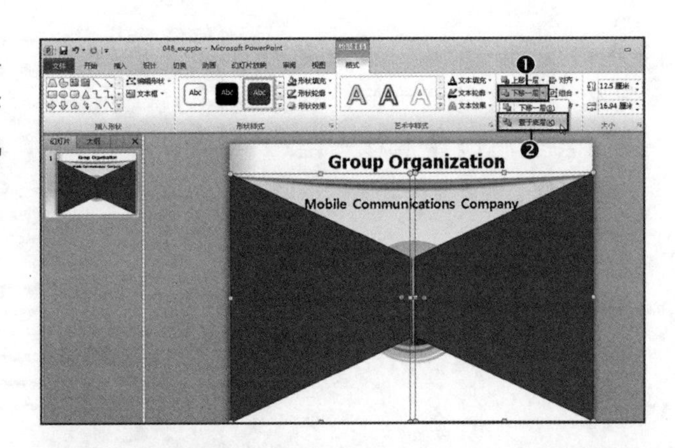

12 赋予移到最下层的两个梯形图形渐变效果。打开设置形状格式对话框，选择填充→渐变填充，设置角度“135°”后，如下所示设置渐变停止点。

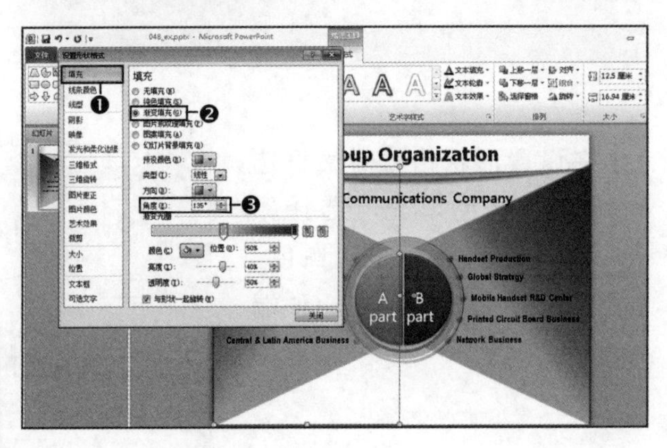

- APart 停止点 1- 红 (195)、绿 (214)、蓝 (155)，透明度 50%；停止点 2- 红 (79)、绿 (98)、蓝 (40)
- BPart 停止点 1- 红 (250)、
- 绿 (192)、蓝 (144)，透明度 50%；停止点 2- 红 (192)、绿 (0)、蓝 (0)

TIP

渐变停止点有两个，先选择停止点，再更改颜色。

13 为了能清楚地查看文字，在开始选项卡→绘图组里，选择基本形状→梯形，再绘制出小一些的梯形，如右图调整后，在绘图工具→排列组里，选择下移一层→下移一层。

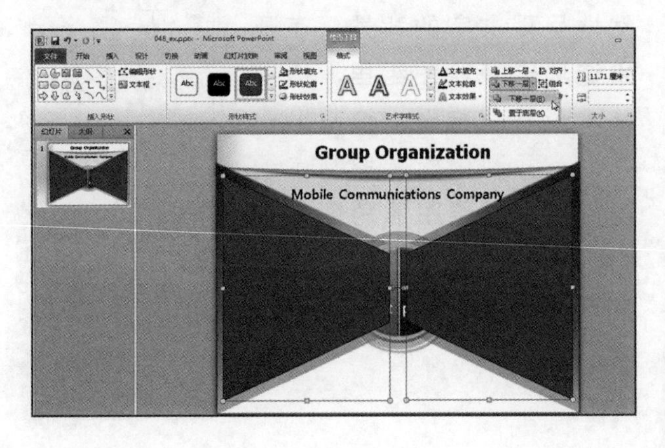

14 为了使黑色文字能看得更清楚，在此设置与下方的图形类似的颜色。打开设置形状格式对话框，选择填充→渐变填充，分别设置其渐变颜色及透明度。

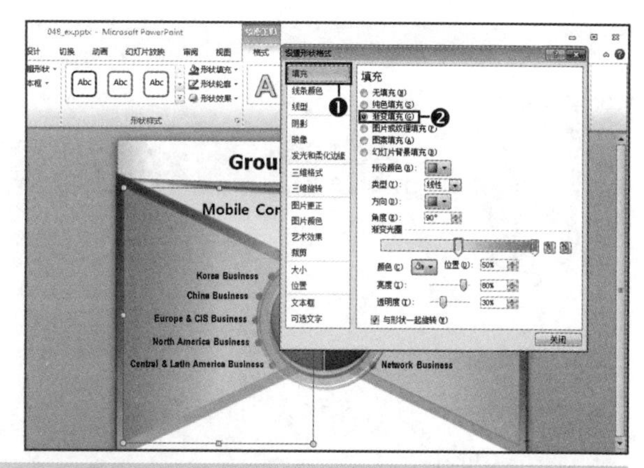

- 左侧图形：停止点 1- 红（235）、绿（241）、蓝（222），停止点位置 50%，透明度 30%；停止点 2- 红（155）、绿（187）、蓝（89），停止点位置 100%，透明度 0%
- 右侧图形：停止点 1- 红（253）、绿（234）、蓝（218），停止点位置 50%，透明度 30%；停止点 2- 红（250）、绿（192）、蓝（144），停止点位置 100%，透明度 0%

15 图形显得过于尖锐，在此将套用发光效果，使其变得柔和。选取小的梯形，在绘图工具 - 格式选项卡→形状样式组里，选择形状效果，选择发光，分别设置“橄榄色，5pt 发光，强调文字颜色 3”、“橙色，5pt 发光，强调文字颜色 6”。两个小梯形图形会变得较为柔和。

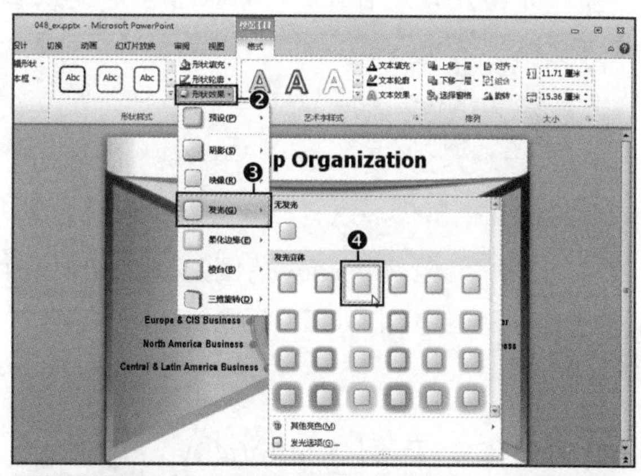

16 最后，为了提高完成度，从插入选项卡→图像组里，选择图片，打开 CD\ 范例 \Part5\048\ 地图 .png 文件。因为将地图图像置于图形背后，因此于排列组里，选择下移一层→移至底层，将图像置于最下方作为背景。

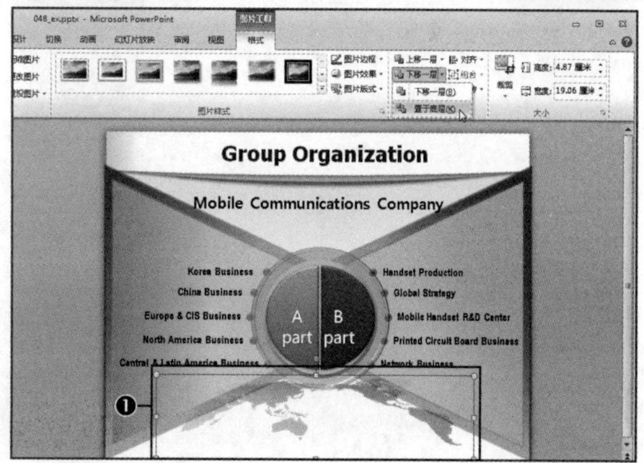

CHAPTER 02 结合两种要素，呈现其结果的幻灯片

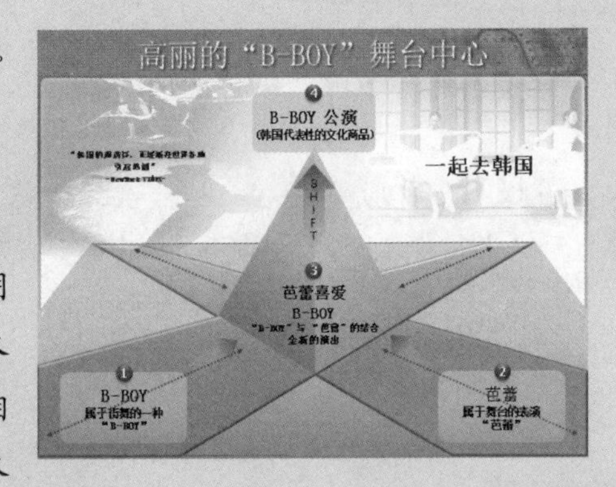

结合两种要素的内容，呈现一体感的幻灯片。利用透视感，将内容放大到极致。

CHECK POINT

尽管是使用透视感的设计，但更重要的是，必须格外注意到颜色的运用；因为这是想拥有高完成度的幻灯片所必备的基本概念。本设计是对说明一个目标或愿景、结果时，相当有效的设计。首先，1 号跟 2 号是最基本的主轴，是达成目标的来源；而 3 号则是整合 1 号及 2 号所产生的结果，而 4 号则是其终极目标。两大主轴由对角线交叉相会，交叉点即其产生的新结果，一般又被称之为是章鱼形态图解的重新诠释。幻灯片上还可以利用与 1 号、2 号有关的具体图像加以详细说明，3 号及 4 号也能通过不同的图像来辅助说明。

准备范例：CD\ 范例 \Part6\049\049_ex.pptx
完成范例：CD\ 范例 \Part6\049\049.pptx

01 打开 CD\ 范例 \Part6\049\049_ex.pptx 文件。

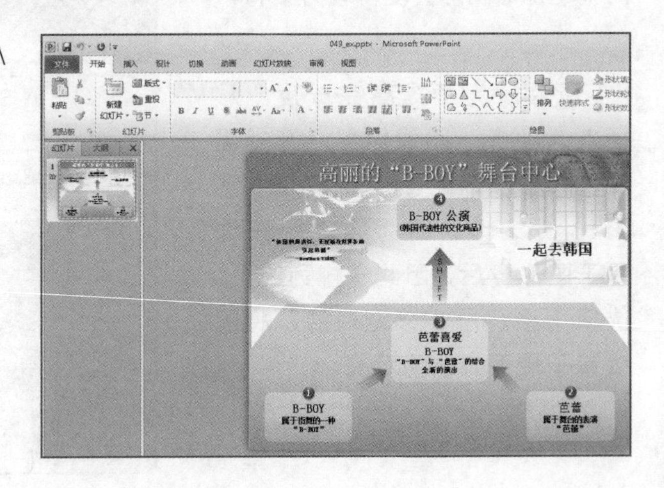

制作立体图形

02 如右图般绘制交叉的图形。在开始选项卡→绘图组里，选择线条→任意多边形 ，绘出交叉的图形。

03 因图形遮住了文字，选取步骤 02 里绘制的两个图形，在绘图工具 - 格式选项卡→排列组里，选择下移一层→下移一层，直到不遮住文字为止。

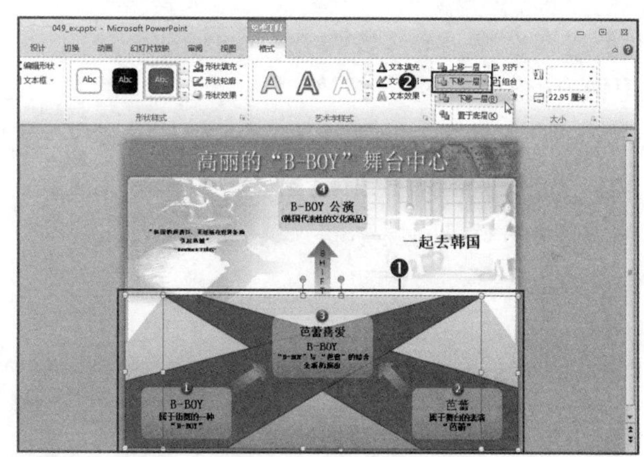

04 为了呈现自然的透视感，让图形后方愈远愈模糊，在此制作渐变颜色。首先，选取“B-BOY”字眼下方的图形，在设置形状格式对话框，选择填充→渐变填充，设置“角度 270°；停止点 1- 红（129）、绿（160）、蓝（66）；停止点 2- 红（143）、绿（178）、蓝（72）；停止点 3- 红（195）、绿（214）、蓝（155）”。形状轮廓设置为无轮廓。

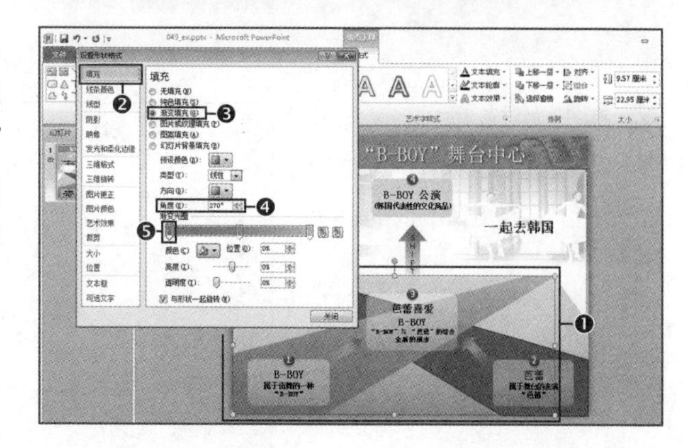

05 选取“芭蕾”字眼下方的图形，在设置形状格式对话框，选择填充→渐变填充，设置“角度 270°；停止点 1- 红（105）、绿（174）、蓝（221）；停止点 2- 红（125）、绿（169）、蓝（223）；停止点 3- 红（198）、绿（217）、蓝（241）”。形状轮廓设置为无轮廓。

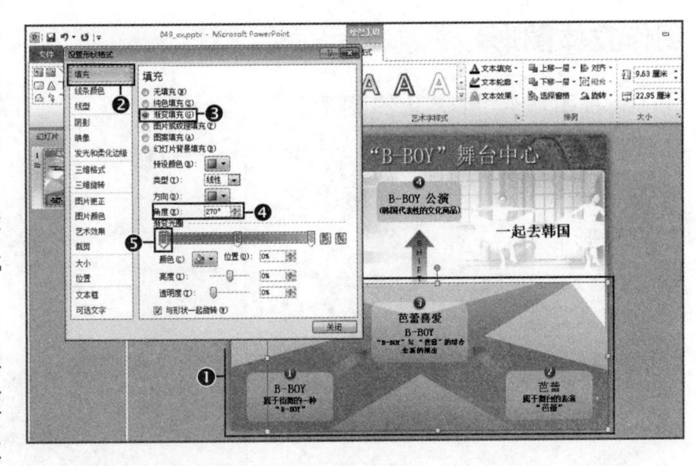

06 选取步骤 04 与步骤 05 里赋予渐变的两个图形，在设置形状格式对话框里，选择三维格式→顶端→“宽度 5 磅、高度 7 磅”，制作出立体感。

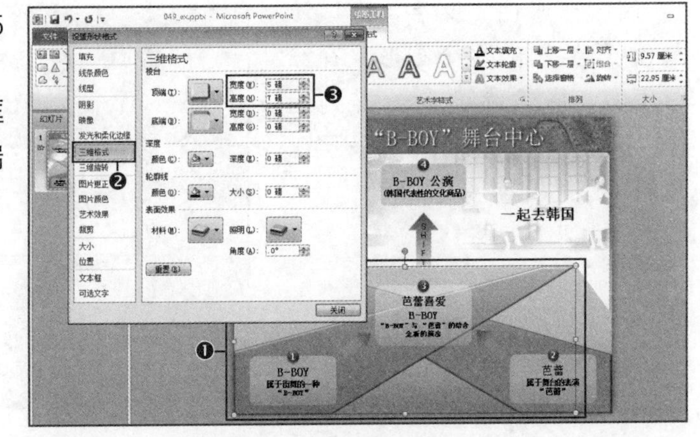

07 在开始选项卡→绘图组里，选择线条→任意多边形 ，绘出图形的高度部分。

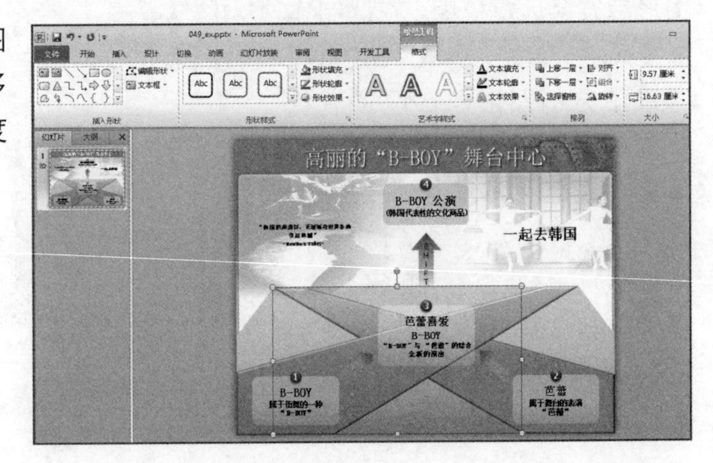

08 绘制好两个高度后，再配合图形颜色，赋予渐变色。因为高度的关系，最好使用比上方的图形深一些的颜色，使越远地方的颜色越淡，并利用透明度，呈现出远近感。形状轮廓设置为无轮廓。

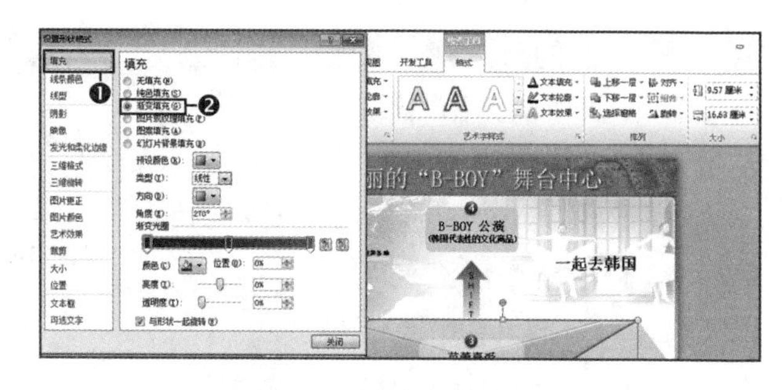

TIP

绘制一个图形后，可用绘图工具 - 格式选项卡→排列组→上 / 下移一层，调整图形前后位置。

- 渐变填充→线性→角度 270°
- 蓝色图形：停止点 1- 红（23）、绿（55）、蓝（94）；停止点 2- 红（85）、绿（142）、蓝（213）；停止点 3- 红（142）、绿（180）、蓝（227）。
- 绿色图形：停止点 1- 红（57）、绿（71）、蓝（29）；停止点 2- 红（79）、绿（98）、蓝（40）；停止点 3- 红（119）、绿（147）、蓝（60）。

09 想在中间相接的支点绘制图形，在开始选项卡→绘图组里，选择基本形状→等腰三角形，绘制一个等腰三角形后，选取此三角形，在绘图工具 - 格式选项卡→插入形状组里，选择编辑形状→编辑顶点，更改三角形的形状如右图所示。

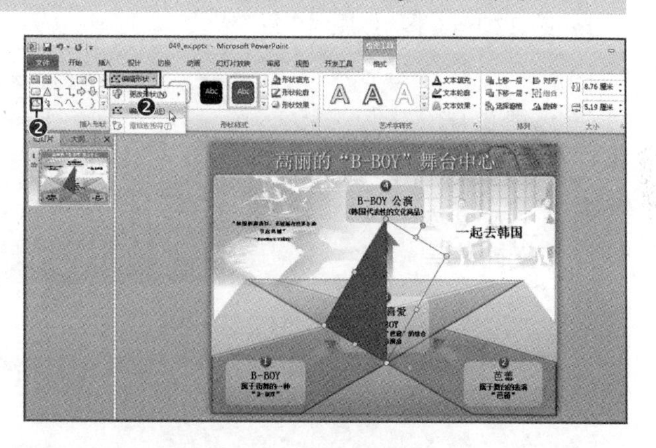

10 绘制好二个三角形后，删除前方的白色圆角矩形。通过排列→下移一层，将三角形调整至合适的位置。

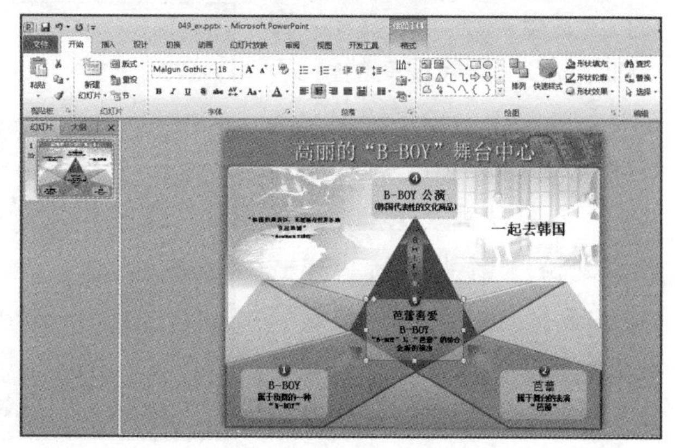

11 选取左侧的三角形，右击→设置形状格式，在出现的设置形状格式对话框里，选择填充→渐变填充→设置“角度 270°；停止点 1- 红（0）、绿（176）、蓝（240）；停止点 2- 红（183）、绿（222）、蓝（232）”。

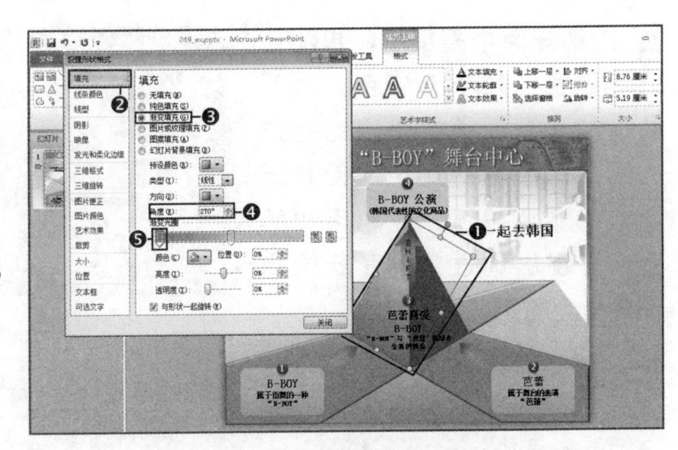

12 选取右侧的三角形，在设置形状格式对话框里，选择填充→渐变填充→设置“角度 270°，停止点 1- 红（146）、绿（208）、蓝（80）；停止点 2- 红（215）、绿（228）、蓝（189）”。将左右侧三角形的形状轮廓设置为无轮廓。

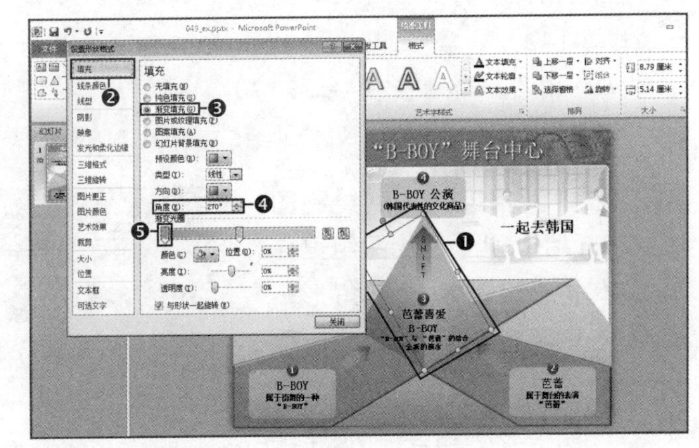

提高设计完成度

13 为了提高设计完成度，在此加上箭头。删除现有的箭头，在开始选项卡→绘图组里，选择线条→双箭头，绘制四条箭头后，在形状样式组里，选择形状轮廓→箭头→箭头样式 7，并选择形状轮廓→虚线→圆点。

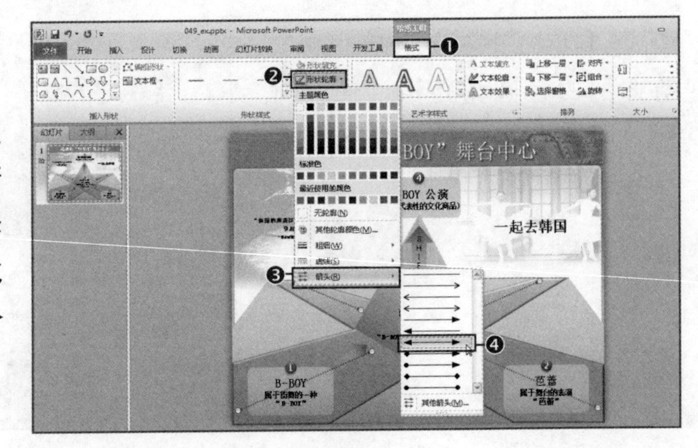

CHAPTER 03

以圆拱形呈现四种主题的幻灯片

学习使用“圆拱形”呈现四种主题，运用三维旋转效果，赋予立体感的设计。

CHECK POINT ....

设计三维旋转效果时，最好先组合后，再套用格式。否则，每个对象都会套用角度，就无法呈现出一个整体图形的形态。这个范例是将四个组合化形态的特征，结合为一个目标或结果，适合用在说明四种要素时的幻灯片设计。然而，它并非单纯只是陈列出四种要素，而是从四种要素里再萃取出关键词，设计于圆的外围，加以强调，形成有趣的形态，让观众不会感到厌烦的四种要素设计。此外，四种要素也不是单纯的文字或图像，而是利用背景的处理，占有更具体说明的优势。

准备范例：CD\ 范例 \Part6\050\050_ex.pptx

完成范例：CD\ 范例 \Part6\050\050.pptx

01 打开 CD\ 范例 \Part6\050\050_ex.pptx 文件。

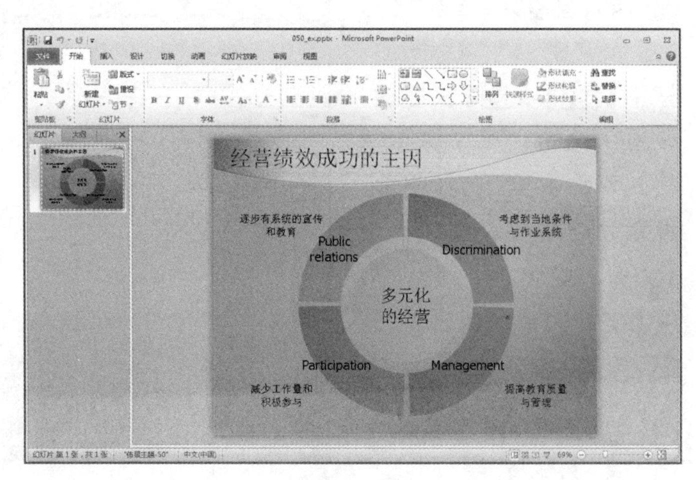

02 在赋予图形立体感之前，先更改颜色。选取标示 1 号到 4 号图形，在设置形状格式对话框里，选择填充→渐变填充→方向→线性向上，再依 1 号到 4 号图形的顺序，如下所示设计各个图形的停止点颜色。

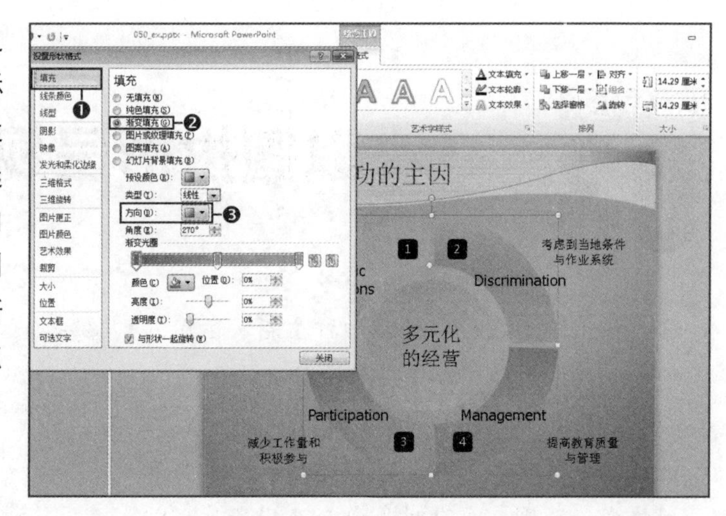

- “1 号”停止点 1- 红（67）、绿（135）、蓝（159）；停止点 2- 红（90）、绿（178）、蓝（208）；停止点 3- 红（88）、绿（180）、蓝（212）
- “2 号”停止点 1- 红（61）、绿（92）、蓝（165）；停止点 2- 红（82）、绿（123）、蓝（216）；停止点 3- 红（80）、绿（122）、蓝（219）
- “3 号”停止点 1- 红（85）、绿（67）、蓝（159）；停止点 2- 红（114）、绿（90）、蓝（208）；停止点 3- 红（113）、绿（88）、蓝（212）
- “4 号”停止点 1- 红（122）、绿（80）、蓝（145）；停止点 2- 红（160）、绿（107）、蓝（191）；停止点 3- 红（162）、绿（106）、蓝（193）

03 按住 Shift 键，选取“1”、“2”、“3”、“4”图形，按下【Ctrl + G】快捷键，设置为组合。在设置形状格式对话框里，选择阴影，设置“透明度 65%、大小 100%、虚化 3.15 磅、角度 90°、距离 1.8 磅”。

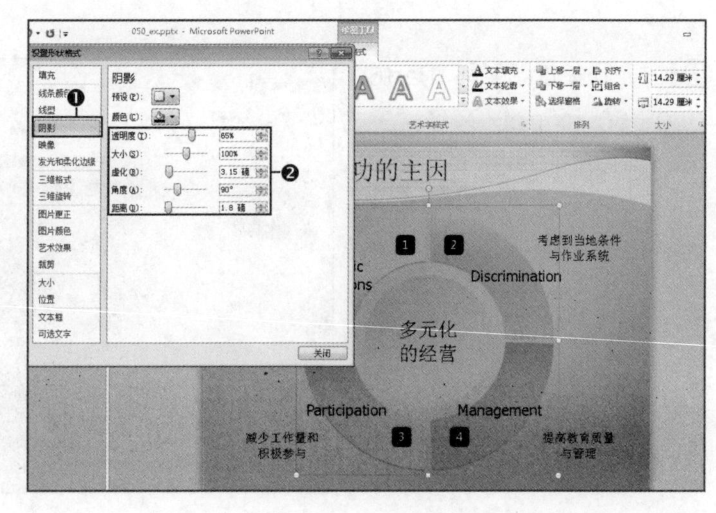

04 选择三维格式，在棱台→顶端→圆，设置“宽度 5 磅、高度 2 磅、深度 30 磅”，选择材料→特殊效果→硬边缘，选择照明→中性→三点。

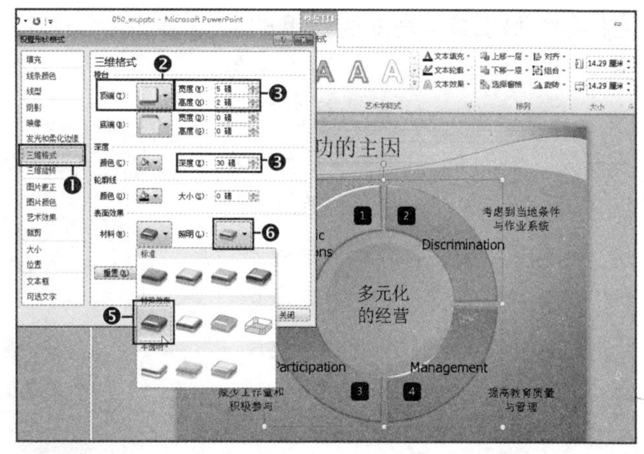

05 选取制作成组合的图形，在绘图工具 - 格式选项卡→形状样式组里，选择形状效果→三维旋转→透视→上透视。

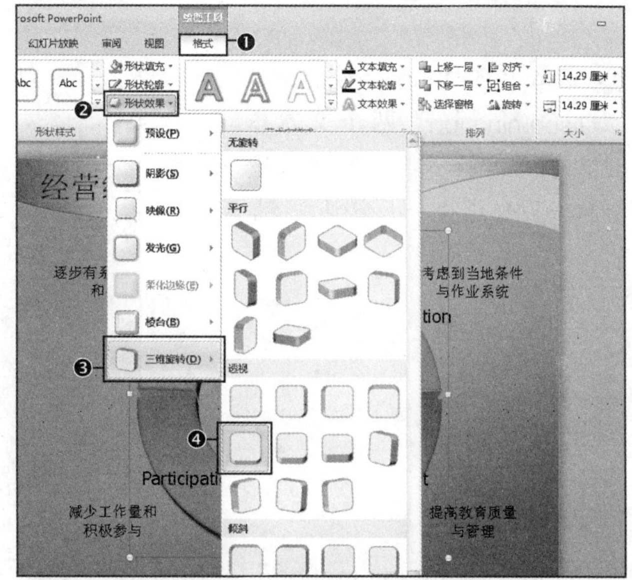

06 选取图形上的文字，在开始选项卡→字体组里，选择加粗 **B** （【Ctrl + B】快捷键），字体颜色设置“白色，背景 1”。

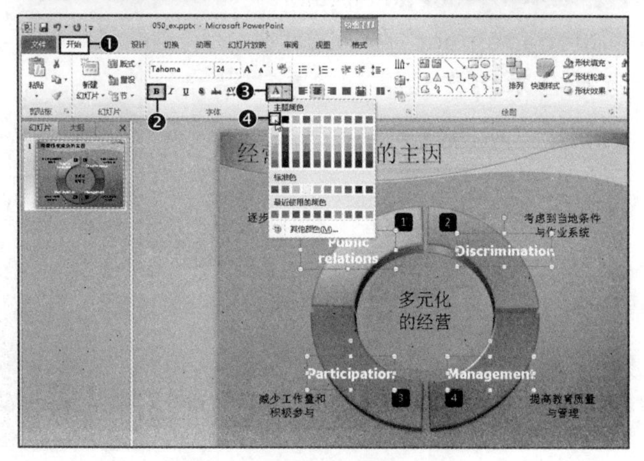

07 在绘图工具 - 格式选项卡的艺术字样式组里，于文本效果→发光→发光变体，从左上角的文本框开始，顺时针方向依序设置“水绿色，5pt 发光，强调文字颜色 3”、“蓝色，5pt 发光，强调文字颜色 4”、“淡紫，5pt 发光，强调文字颜色 5”、“淡紫，5pt 发光，强调文字颜色 6”。

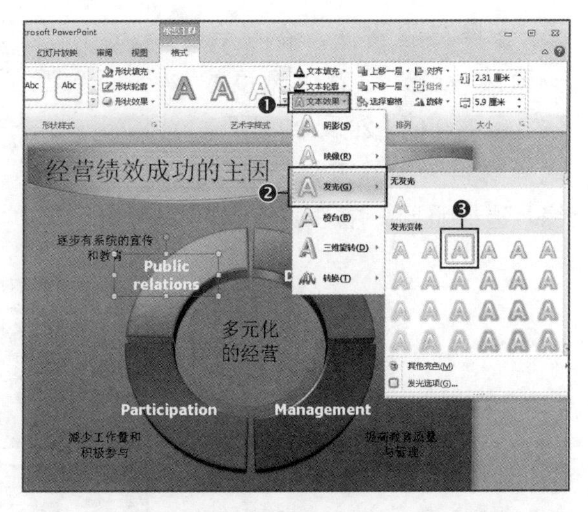

08 选取上方“Publicrelations”、“Discrimination”两个文本框，选择艺术字样式组→文本效果→转换→跟随路径→上弯弧。

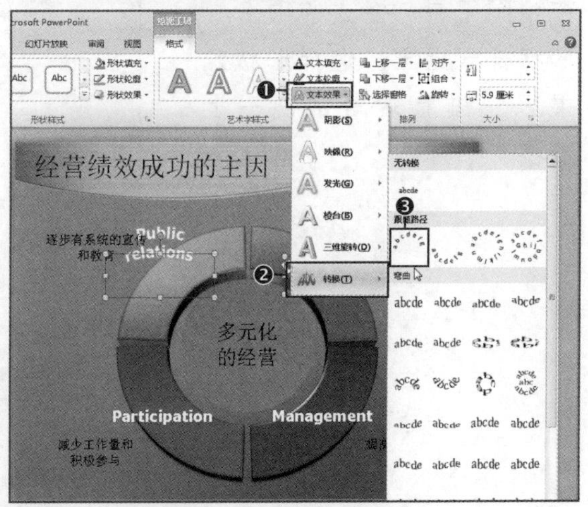

09 选取下方“Participation”、“Management”两个文本框，选择艺术字样式组→文本效果→转换→跟随路径→下弯弧。

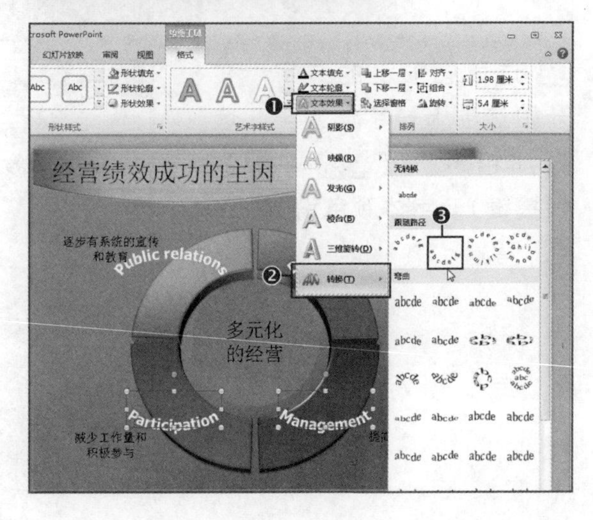

10 利用旋转调整控制点，更改文本框的角度。

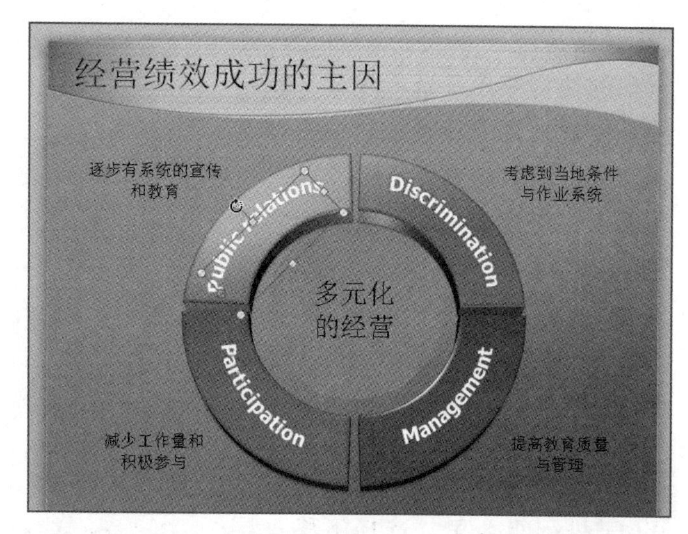

11 选取中央的文本框后，选择绘图工具 - 格式选项卡→艺术字样式组里的文本填充→主题颜色→“白色，背景 1”，再选择艺术字样式组里的“设置文本效果格式：文本框”按钮，出现设置文本效果格式对话框，设置“阴影→透明度 57%、大小 100%、虚化 3 磅、角度 45°、距离 3 磅”。

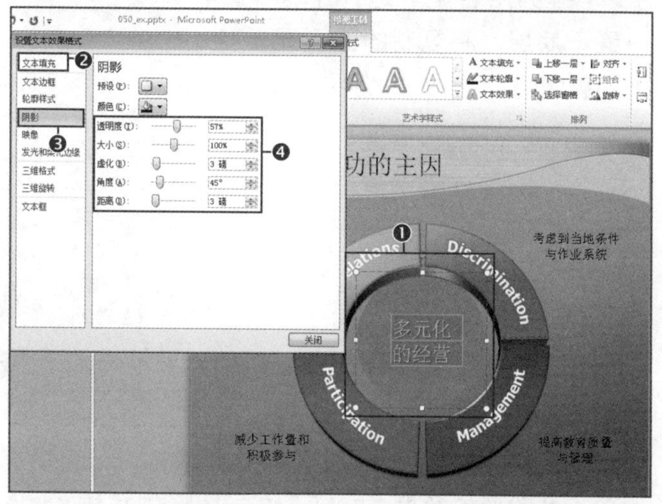

12 绘制一个矩形，在绘图工具 - 格式选项卡→大小组里，设置其形状高度 为“7.54 厘米”、形状宽度 为“12.59 厘米”，置于左上角作为背景，并于排列组合里，选择下移一层→置于底层。形状轮廓设置为无轮廓。

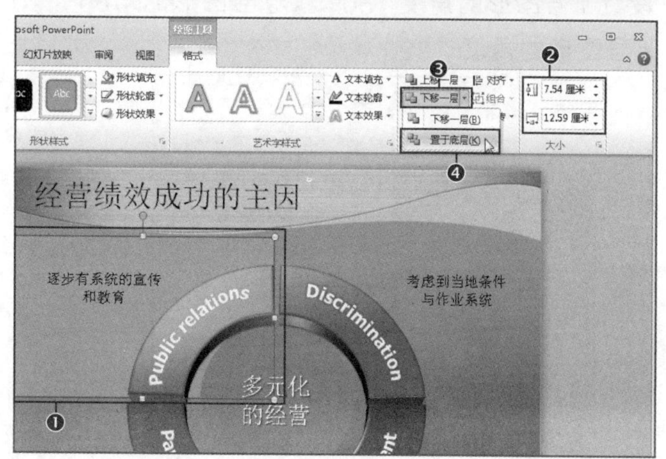

13 选取左上方的图形并右击，在出现的快捷菜单里选择设置形状格式，出现设置形状格式对话框，选择填充→渐变填充→角度“50°”，停止点 1 与停止点 2 全都设为“白色”，再设置“停止点 1- 停止点位置 0%，透明度 100%”；“停止点 2- 停止点位置 100%，透明度 0%”。复制图形，制作出另外三个图形。

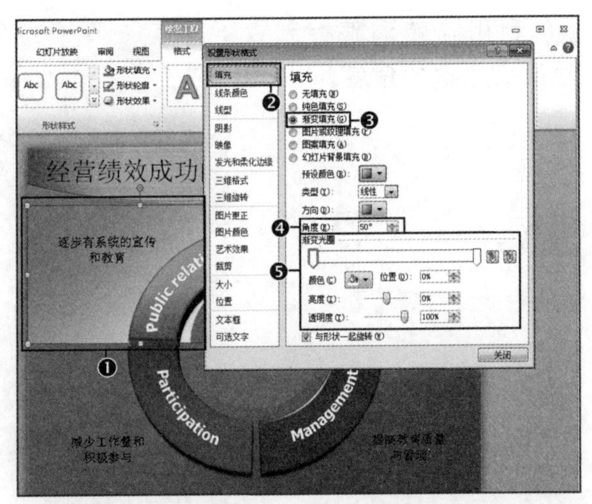

14 于排列组合里，选择下移一层→置于底层，将复制的图形置于各个圆弧下方。

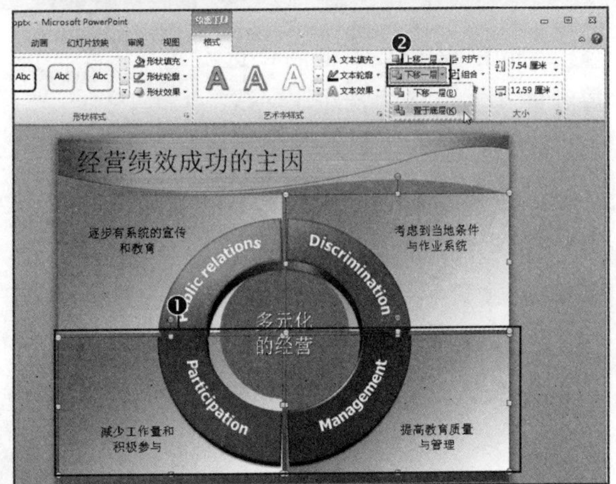

15 在设置形状格式对话框里，选择填充→渐变填充，调整复制的图形们的角度，设置 1 号图形的角度“50°”、2 号图形的角度“120°”、3 号图形的角度“220°”、4 号图形的角度“320°”。

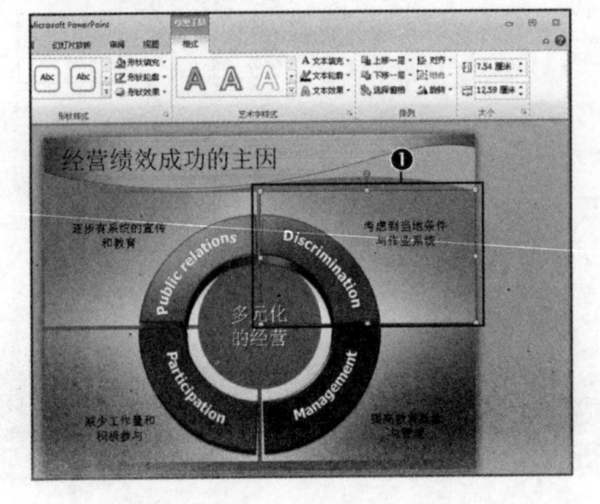

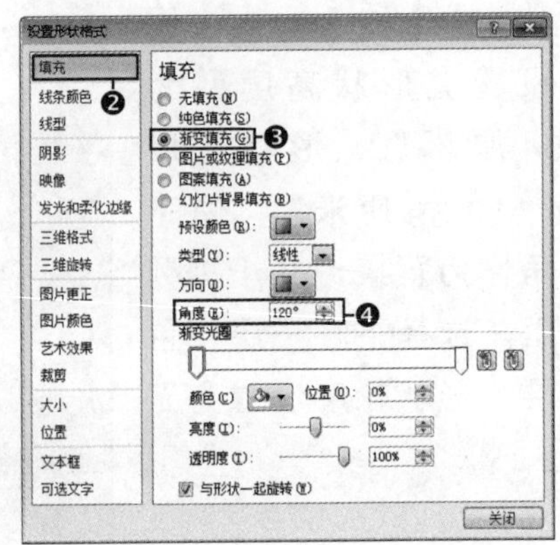

16 在背景矩形里输入数字。在字体组里，选择字体→ Tahoma，大小“116 磅”，加粗（【Ctrl + B】快捷键）与倾斜，在设置文本效果格式对话框里，选择文本填充→纯色填充，选择颜色按钮，选择“白色，背景 1”，套用透明度“70%”。

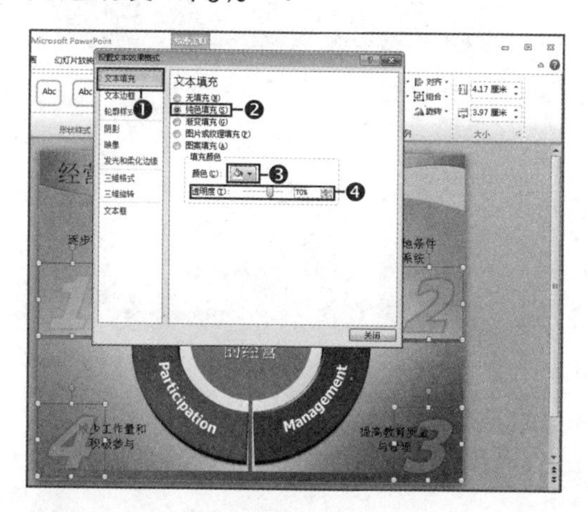

17 在绘图工具格式选项卡→艺术字样式组→文本效果→发光，选择各自的颜色。

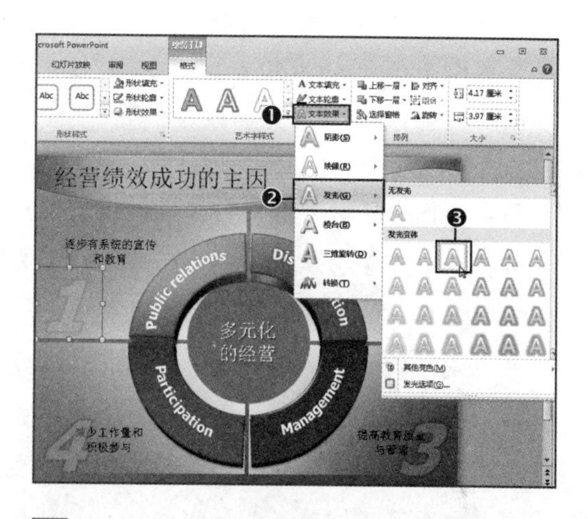

18 选择幻灯片标题与各选项的文字，在开始选项卡→字体组→加粗（【Ctrl + B】快捷键）。

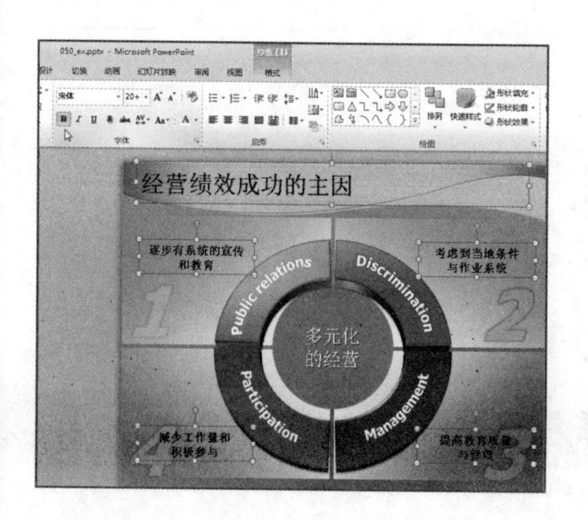

19 选取中央黄色的圆，右击→设置形状格式，在出现的设置形状格式对话框里，选择三维格式→棱台→顶端→圆，设置“宽度 5 磅、高度 2 磅、深度 30 磅”，选择表面效果→材料→特殊效果→硬边缘，选择照明→中性→三点。选择三维旋转→预设→透视→上透视。

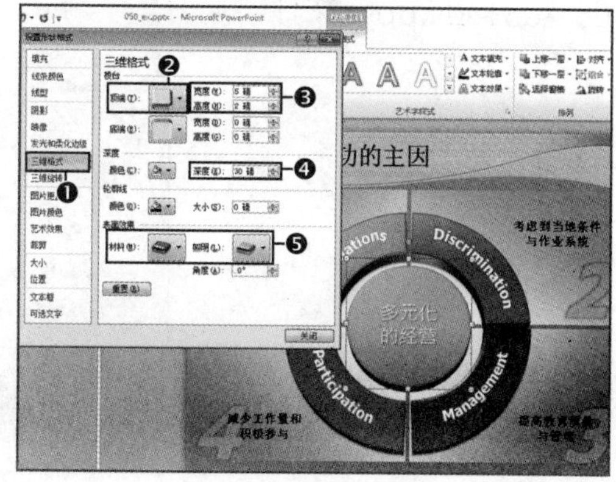

CHAPTER 04

均分四种主题的幻灯片

通常，副标题不是三个就是四个；本范例里，虽然刚好能划分为四等分，但其他情况下，也尽可能以均分方式加以设计。

CHECK POINT

不要一昧地只以文本框的方式来设计副标题的内容。多思考均分的方式，将可设计出更有趣的幻灯片。但是必须留意的重点是，也不要仅考虑设计趣味，将四种副标题以非均分方式处理，反而有碍其可读性或可视性。插入图像作为水印背景，更能具体说明内容，让观众更容易理解。使用图像时，注意不要太过抢眼，使文字失去焦点。文字为第一重点，图像为辅助说明的形态，自然地传达信息。如完成范例所示，这是适合用在单纯说明四种要素，或四个组合不尽相同的内容时，也能使用的幻灯片图解设计。

准备范例：CD\ 范例 \Part6\051\051_ex.pptx

完成范例：CD\ 范例 \Part6\051\051.pptx

01 打开 CD\ 范例 \Part6\051\051_ex.pptx 文件。

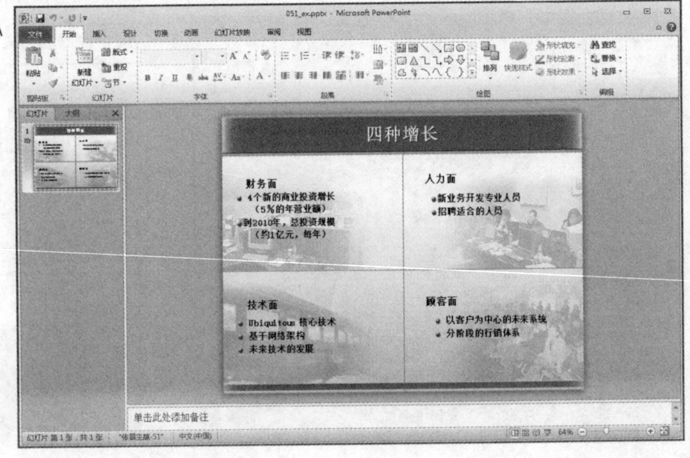

副标题编辑设计

02 在开始选项卡→绘图组里，选择矩形→矩形，绘制四个正方形，在四个正方形里放进四个副标题。

03 选取四个副标题，选择绘图工具 - 格式选项卡→艺术字样式组里的快速样式，选择“填充 - 白色，投影”。利用艺术字样式，可轻易地美化副标题。

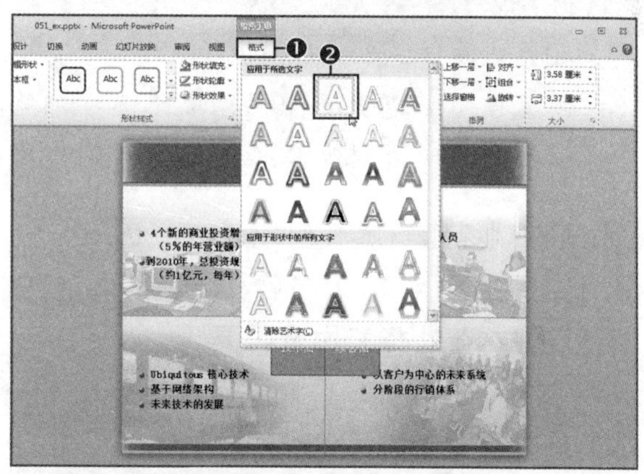

04 为了区分四个副标题，将分别赋予其不同的颜色。在绘图工具 - 格式选项卡的形状样式组里，选择其他按钮，分别从“温和效果”里选择四种颜色。

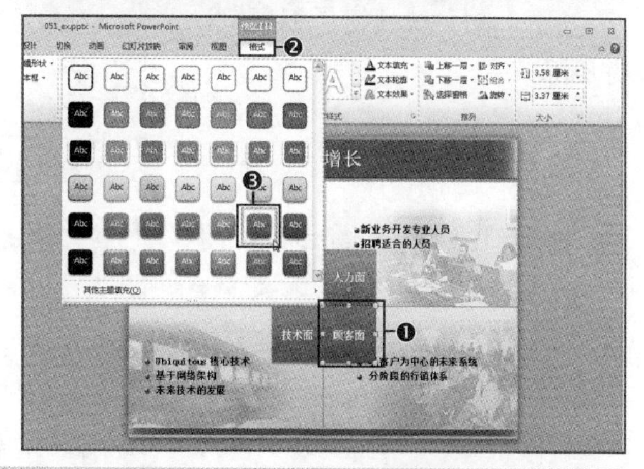

- 财务方面：中等效果 - 橙色，强调颜色 2
- 技术方面：中等效果 - 冰蓝，强调颜色 1
- 人力方面：中等效果 - 金色，强调颜色 4
- 顾客方面：中等效果 - 绿色，强调颜色 5

05 分别选取四个图形，在设置形状格式对话框里，选择阴影→预设→内部→内部上方，如下所示微调各自的角度与距离。

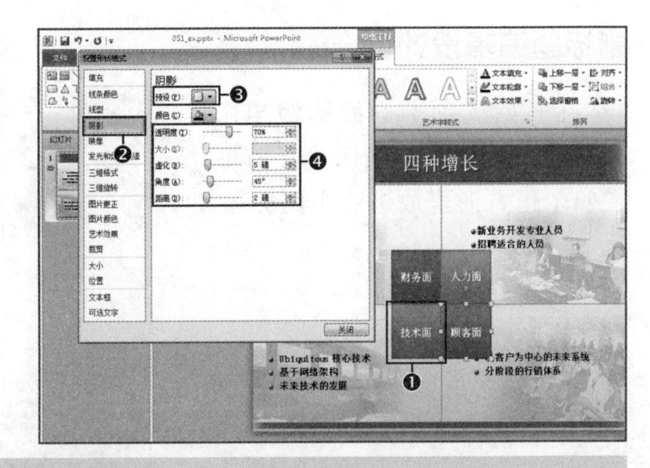

- 财务方面：透明度 70%、虚化 5 磅、角度 225、距离 2 磅。
- 人力方面：透明度 70%、虚化 5 磅、角度 315、距离 2 磅。
- 顾客方面：透明度 70%、虚化 5 磅、角度 45、距离 2 磅。
- 技术方面：透明度 70%、虚化 5 磅、角度 135、距离 2 磅。

06 虽然副标题与本文已明确地区分，但为了与本文内容更自然的连接，在此将套用透明度。选取四个图形，按下【Ctrl + G】快捷键设置为组合后，按下【Ctrl + D】快捷键予以复制，并删除文字。

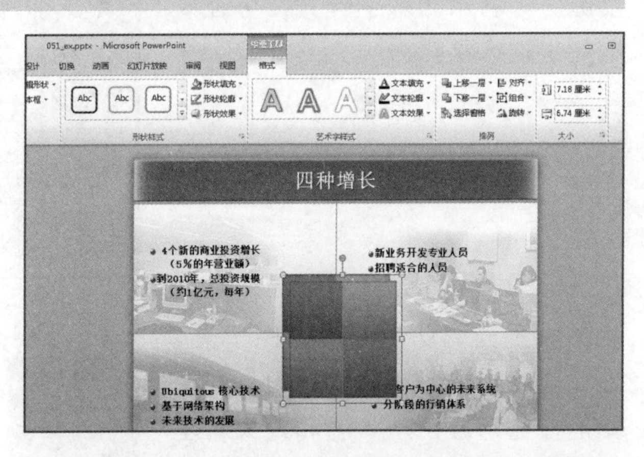

07 将复制出来的图形大小调大，在绘图工具 - 格式选项卡→排列组，选择下移一层→置于底层。

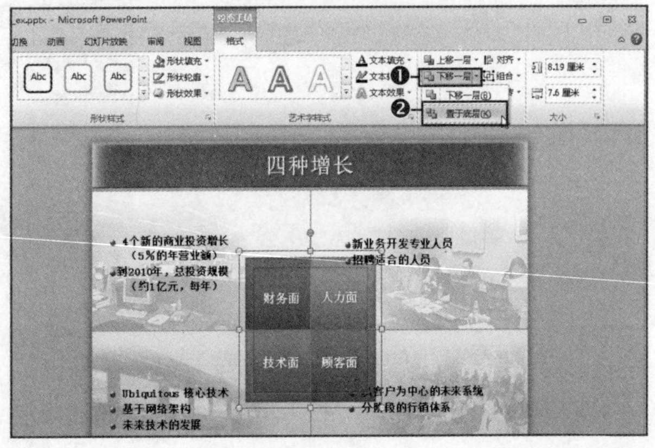

08 按下【Ctrl + Shift + G】快捷键取消复制的图形之组合后，分别选择图形，在设置形状格式对话框→填充→纯色填充，设置透明度“70%”。设置颜色（红色：174，绿色：136，蓝色：52）

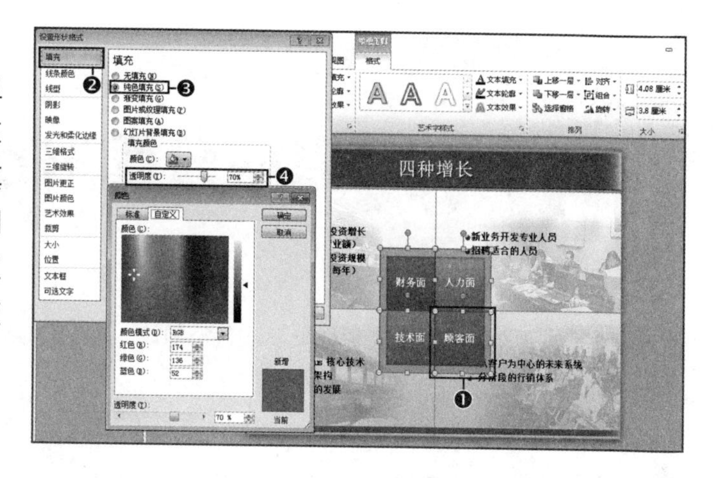

09 虽然是个“细枝末节”的部分，但若能将各个副标题里的矩形赋予略深一点的边框线，就能提升幻灯片的完成度。

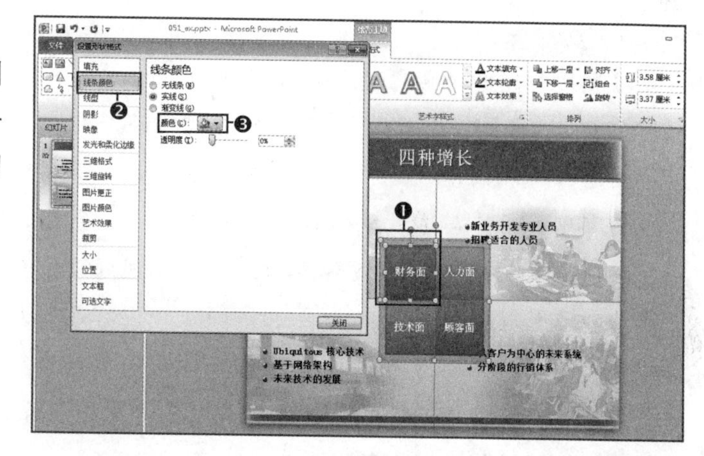

10 最后，整理一下文字。因幻灯片中央放置了矩形，遮住了部分文字，故选取文字，拖动至矩形外侧。在选取文字的状态下，于开始选项卡→字体组里，选择加粗。

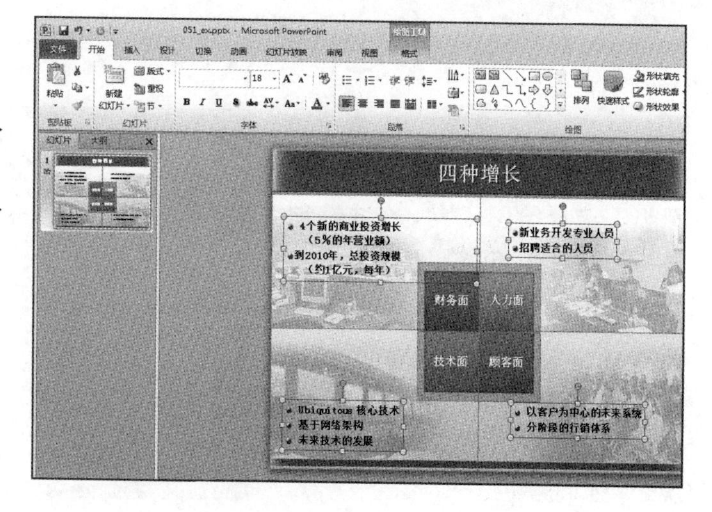

CHAPTER 05

以四分圆呈现四种主题的幻灯片

当查看完成范例时，你会发现即使不逐行地阅读，也能够通过视觉来阅读内容，因为项目的统一颜色能够自然地引导视线。在本幻灯片里所要学习的是以四分圆呈现四种主题的幻灯片设计。

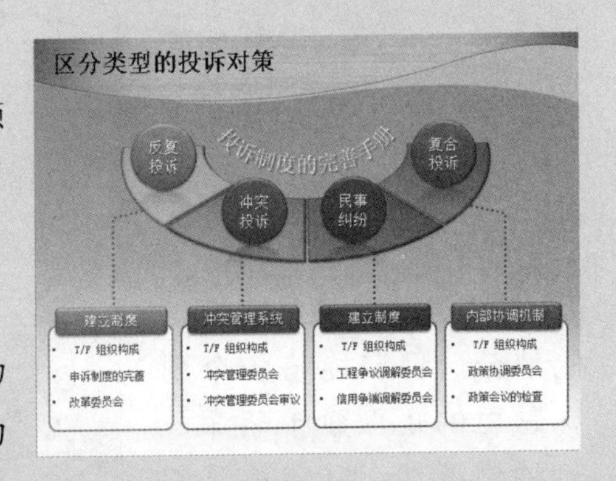

CHECK POINT

学习利用封闭拱形圆弧来呈现不同项目的幻灯片设计。制作以三维旋转展现出透视感的半圆后，再利用虚线连接各个详细内容。绘制拥有单一目标与达成目标的四种要素，以及更详细说明四种要素的组合内容。在画面上善用留白，传达舒适的感觉，使观众不会感到拥挤沉闷且能有效地理解你想要传达的内容。唯一要注意的是，内容不宜过多，才能制作出有适当留白的幻灯片；内容太多或太复杂时，就无法展现出幻灯片的优点。这是一个适合想达到单一目标而以四种必备要素加以说明的图解幻灯片设计。

准备范例：CD\ 范例 \Part6\052\052_ex.pptx
完成范例：CD\ 范例 \Part6\052\052.pptx

01 打开 CD\ 范例 \Part6\052\052_ex.pptx 文件。选取封闭拱形圆弧，选择绘图工具 - 格式选项卡→形状样式组→其他按钮，自左至右分别选择“强烈效果 - 水绿色，强调颜色 3”、“强烈效果 - 蓝色，强调颜色 4”、“强烈效果 - 淡紫，强调颜色 5”、“强烈效果 - 淡紫，强调颜色 6”。

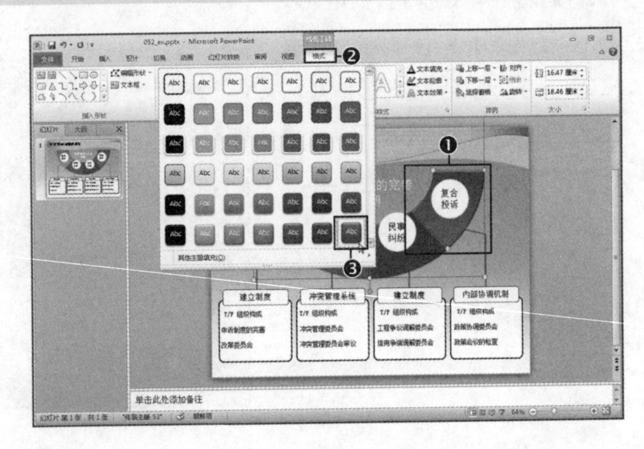

02 分别选取圆弧上的小圆，如同圆弧般，选择绘图工具 - 格式选项卡→形状样式组→其他按钮，自左至右分别套用“强烈效果 - 水绿色 , 强调颜色 3”、“强烈效果 - 蓝色 , 强调颜色 4”、“强烈效果 - 淡紫 , 强调颜色 5”、“强烈效果 - 淡紫 , 强调颜色 6”。

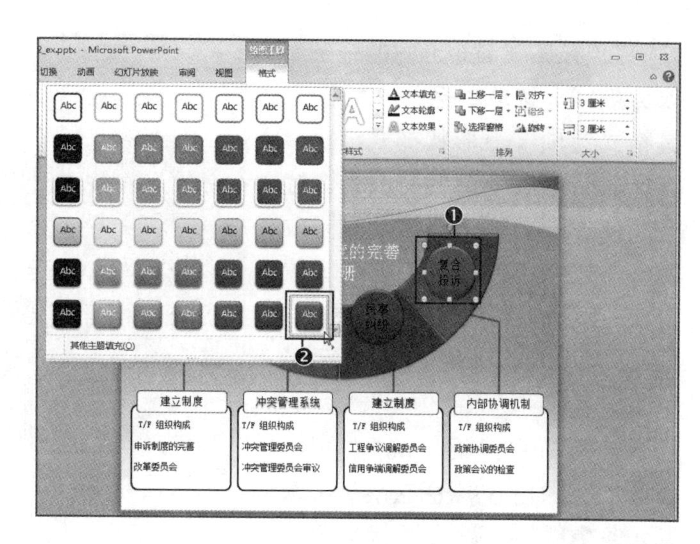

03 按住 Shift 键不放，选取四个圆弧，按下【Ctrl + G】快捷键予以组合。在绘图工具 - 格式选项卡→形状样式组里，选择形状效果→三维旋转→预设→透视→宽松透视。

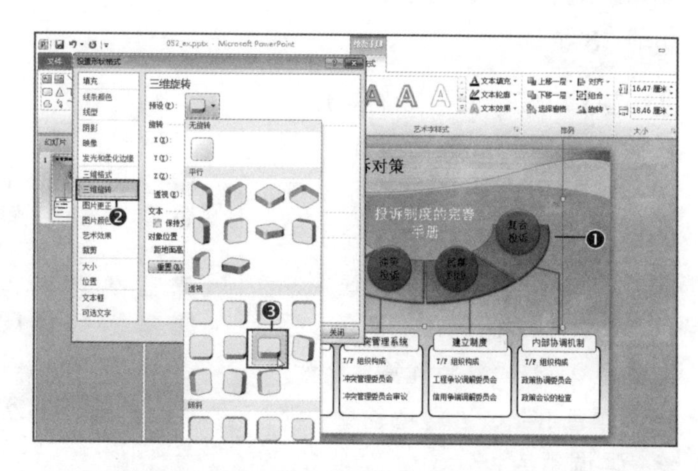

04 选取圆弧下方的四个矩形上的小标题矩形，选择绘图工具 - 格式选项卡→形状样式组→其他按钮，自左至右分别套用“强烈效果 - 水绿色 , 强调颜色 3”、“强烈效果 - 蓝色 , 强调颜色 4”、“强烈效果 - 淡紫 , 强调颜色 5”、“强烈效果 - 淡紫 , 强调颜色 6”。

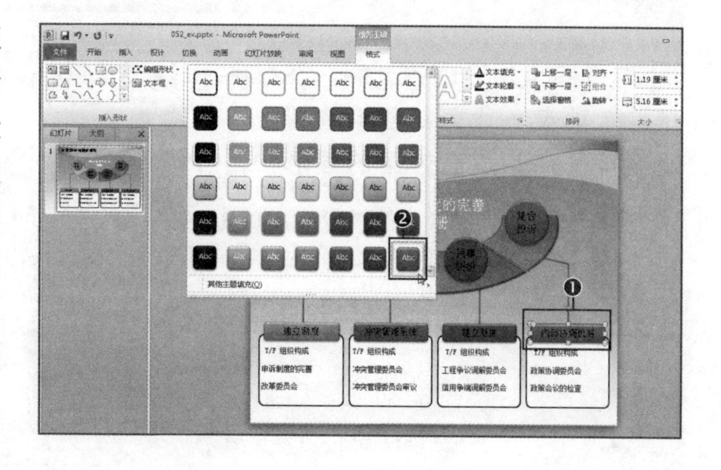

05 将连接圆弧与矩形间的线条更改为虚线。选取线条，在绘图工具格式选项卡→形状样式组里，选择形状轮廓→虚线→圆点。线条颜色亦与圆弧一样，分别更改颜色。自左边线条开始，分别设置形状轮廓→主题颜色→“水绿色，强调文字颜色 3, 深色 25%”、“蓝色，强调文字颜色 4, 深色 25%”、“淡紫，强调文字颜色 5, 深色 25%”、“淡紫，强调文字颜色 6, 深色 25%”。选取 4 条虚线后，设置形状轮廓→粗细“3 磅”。

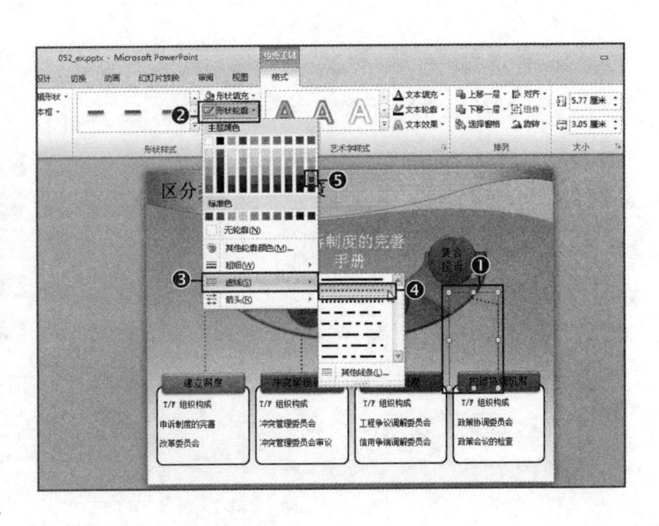

06 选取幻灯片最下方的矩形，在绘图工具 - 格式选项卡→形状样式组里，选择其他，从左侧最下方的矩形开始，分别设置“彩色轮廓 - 水绿色，强调颜色 3”、“彩色轮廓 - 蓝色，强调颜色 4”、“彩色轮廓 - 淡紫，强调颜色 5”、“彩色轮廓 - 淡紫，强调颜色 6”。

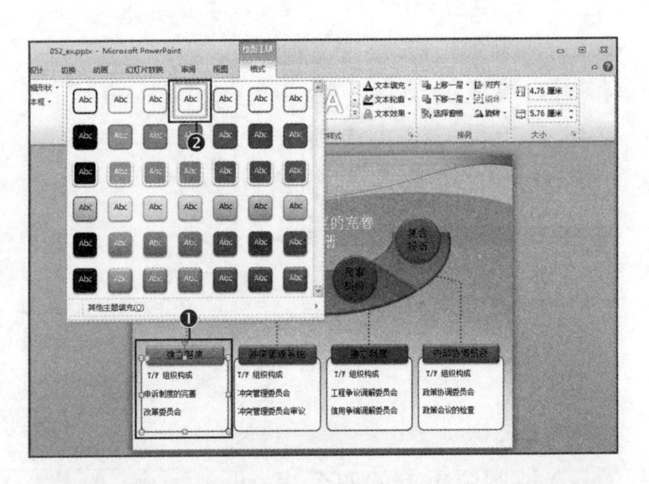

07 选取四个矩形内的文字，在开始选项卡→段落组里，选择项目符号→带填充效果的圆形项目符号。

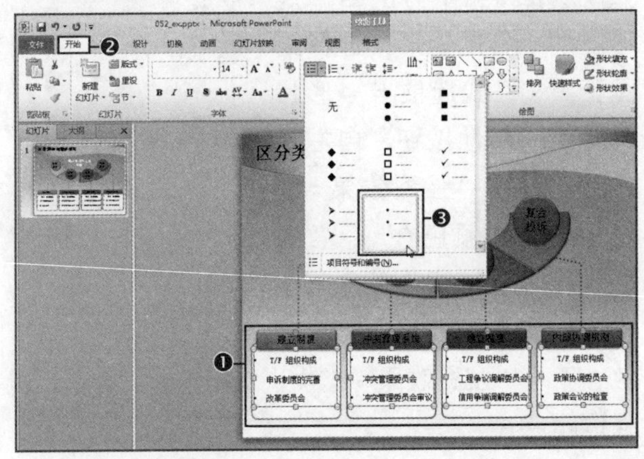

08 将文字的颜色更改为与文本框相同的颜色。在绘图工具 - 格式选项卡→艺术字样式组里，选择文本填充→主题颜色，选取“水绿色，强调颜色 3，深色 50%”、“蓝色，强调颜色 4，深色 50%”、“淡紫，强调颜色 5，深色 50%”、“淡紫，强调颜色 6，深色 50%”。

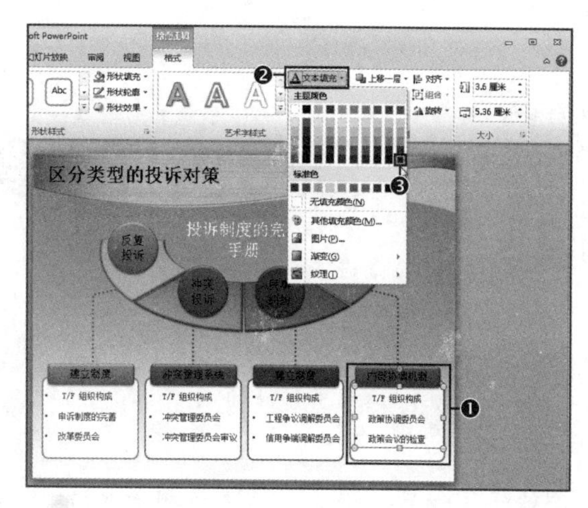

09 选取中央的白色文字，在绘图工具 - 格式选项卡→艺术字样式组里，选择文本效果 →转换→跟随路径→下弯弧。调整文字为一行后，在开始选项卡→字体组里，选择文字阴影。

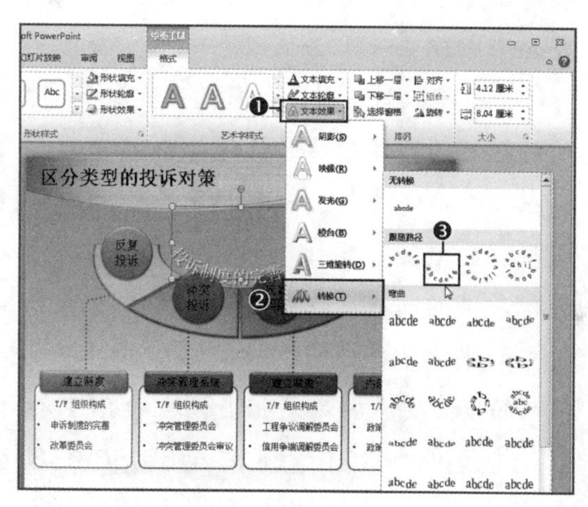

10 如下图般，将选取的文本颜色更改为白色后，在开始选项卡→字体组里，选择文字阴影。

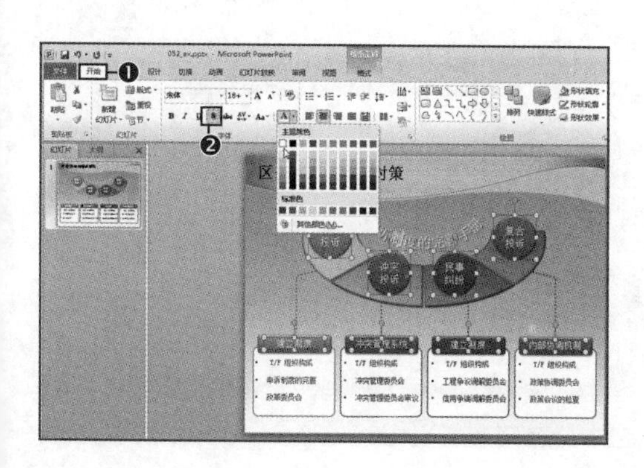

11 选取四个圆里的文字，在绘图工具 - 格式选项卡→形状样式组里，选择形状效果→映像→映像变体→“紧密映像，接触”。

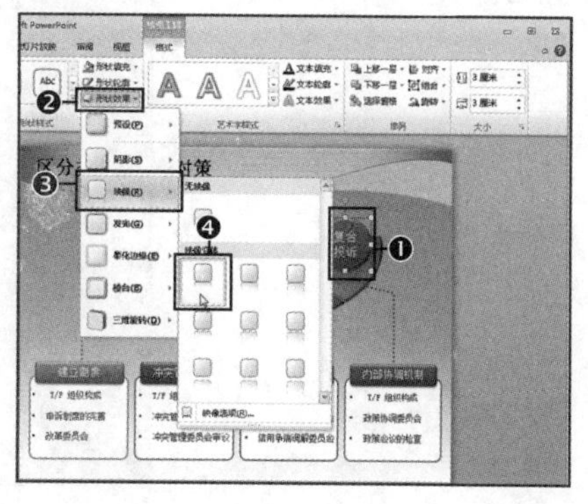

CHAPTER 06

图形内插入图像，设计透视效果的幻灯片

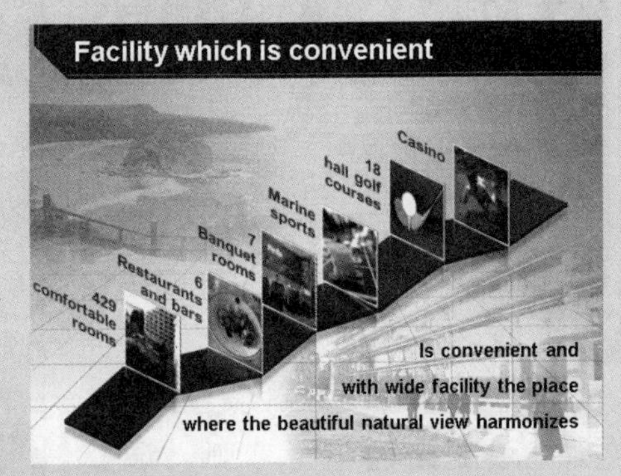

在此将学习插入图像于图形内，并利用三维旋转，赋予透视效果的幻灯片设计。

CHECK POINT

插入图像于图形后，增添并展现透视效果；文字亦套用透视效果，以呈现统一性。因文字必须赋予透视效果，因此，字数不宜过多，以免妨碍基本的可读性，并让观众也能轻易地铭记在心。本幻灯片主旨在说明各步骤内容，同时有趣地呈现想传达的信息，是相当有创意的图解幻灯片。赋予图像与文字透视效果的同时，因欲展现出相当程度的空间感，因此以立体设计，带给观众适当的张力，并能自然地吸引观众的眼光。不管是依序呈现各步骤或排列非步骤性的单纯要素，都是相当合适的 PPT 幻灯片。

准备范例：CD\ 范例 \Part6\056\056_ex.pptx
完成范例：CD\ 范例 \Part6\056\056.pptx

01 打开 CD\ 范例 \Part6\056\056_ex.pptx 文件。

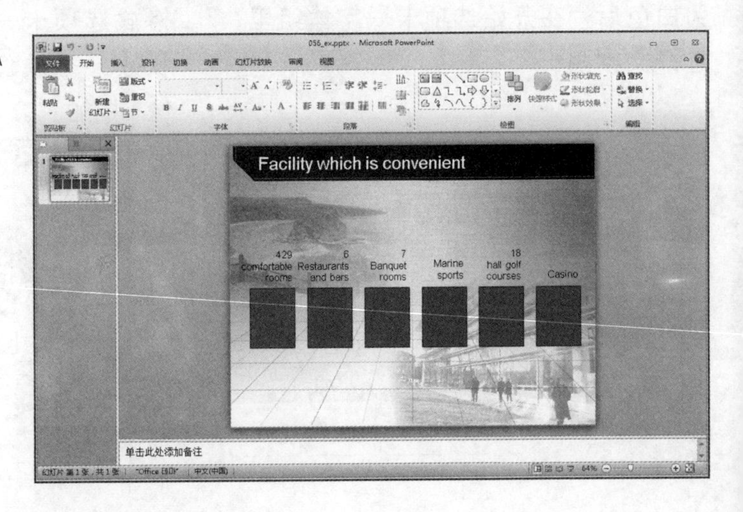

02 逐一选取幻灯片里的图形，右击→设置图片格式，在出现的设置图片格式对话框里，选择填充→图片或纹理填充，选择文件，分别打开 CD\ 范例 \Part6\056\01~06 图像文件。

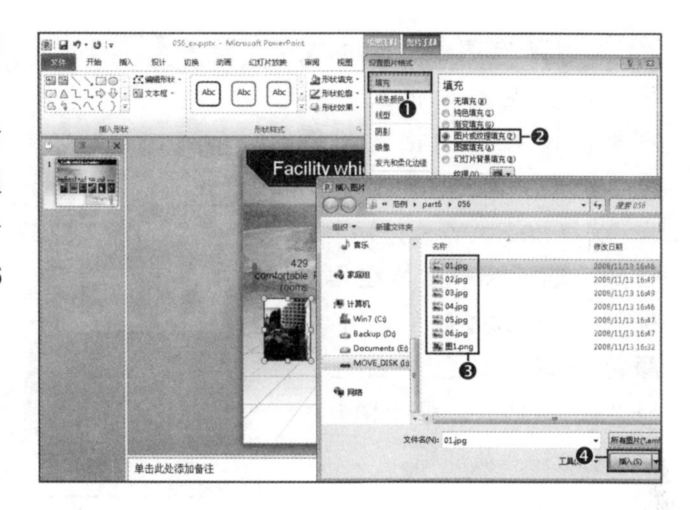

03 选取所有图形后，选择图片工具 - 格式选项卡→图片样式组的设置形状按钮，在出现的设置图片格式对话框里，选择线条颜色→实线，选取颜色按钮，选择“白色，背景 1”，设置线型→宽度“2.25 磅”。

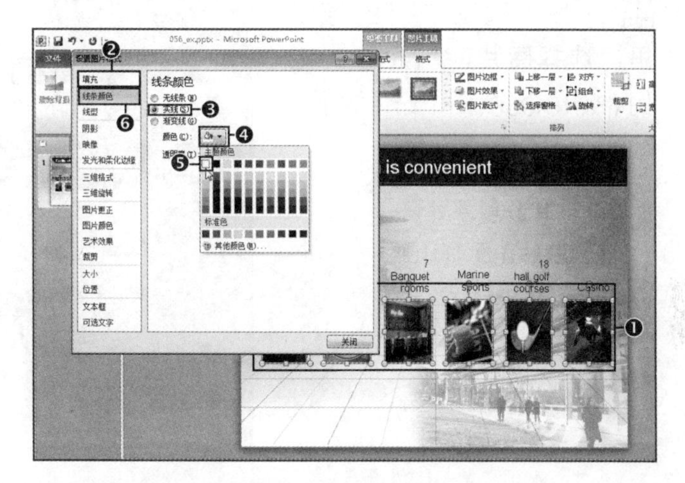

04 在选取着所有图形的状态下，在设置图片格式对话框里，设置三维格式→深度“1pt”，设置三维旋转→“X-（39）、Y-（37）”。

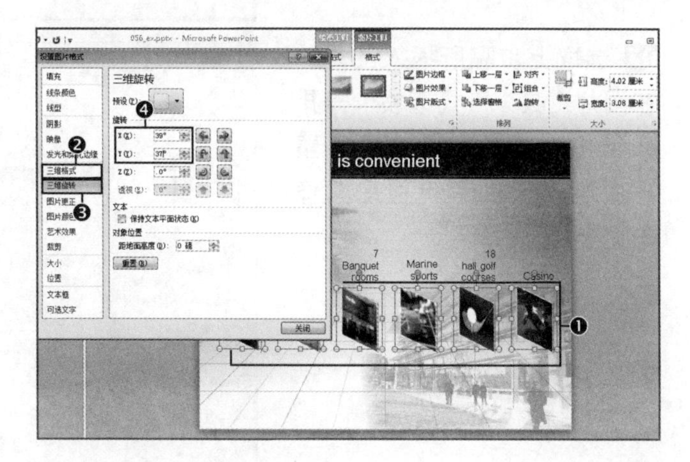

05 选取所有图像上方的文字，在设置图片格式对话框里，设置三维格式→深度“1pt”，设置三维旋转→“X-（39）、Y-（37）”。在开始选项卡→字体组里，设置字号“24 磅”、字体颜色→其他颜色→自定义→“红（112）、绿（48）、蓝（160）”及加粗。

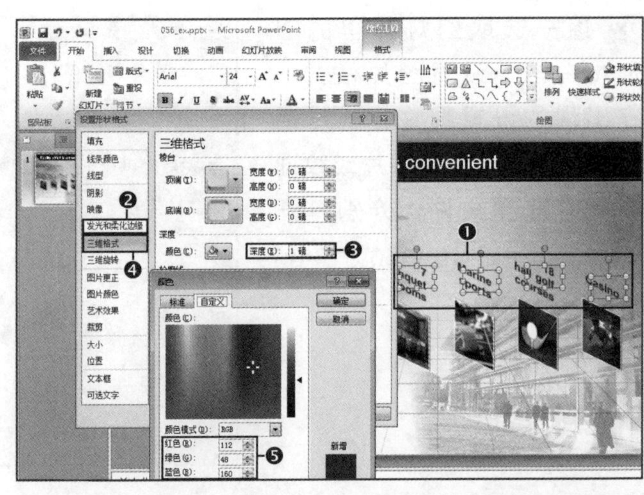

06 从插入选项卡→图像组里，选择图片，打开 CD\范例\Part6\056\图 1.png 文件。

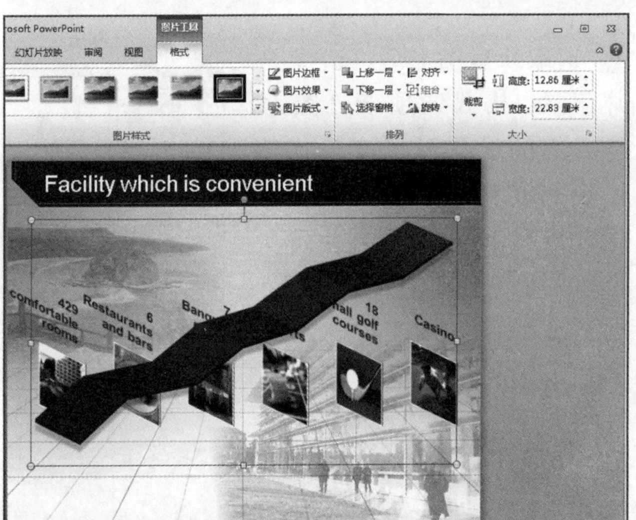

07 选取上步骤所插入图片，在图片工具 - 格式选项卡→排列组里，选择下移一层→置于底层，如右图般整理图像与文字。

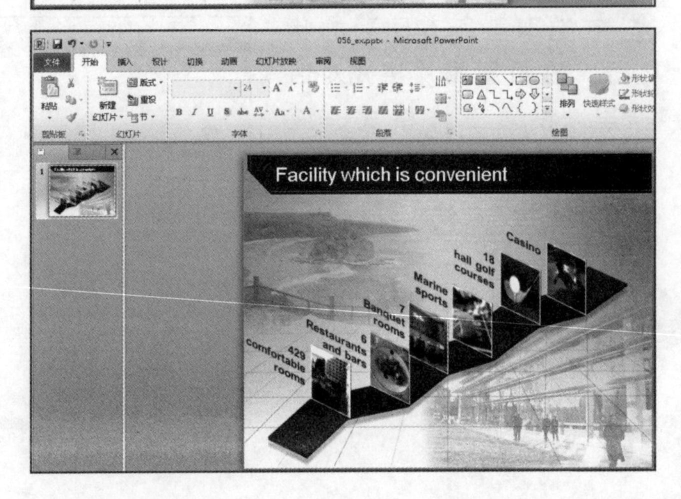

08 选取所有整理好的图像，在图片工具 - 格式选项卡→图片样式组里，选择图片效果→映像→映像变体→“紧密映像，接触”。

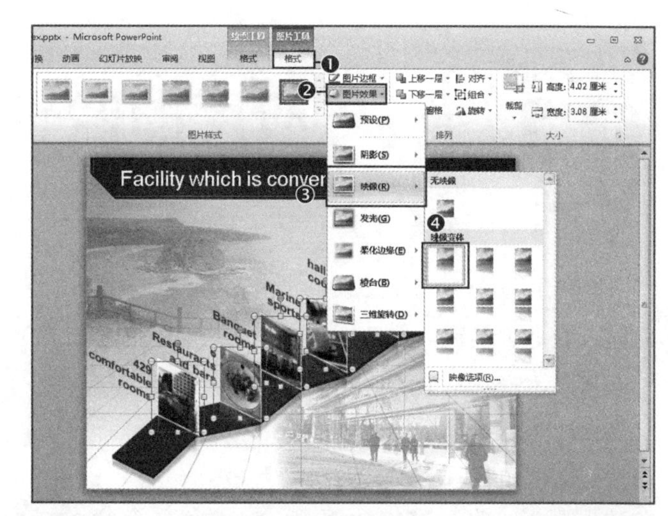

09 在幻灯片右下方，如右图般输入文字。选取输入的文字，在开始选项卡→字体组里，设置字体“Arial”、字号“24 磅”、加粗。

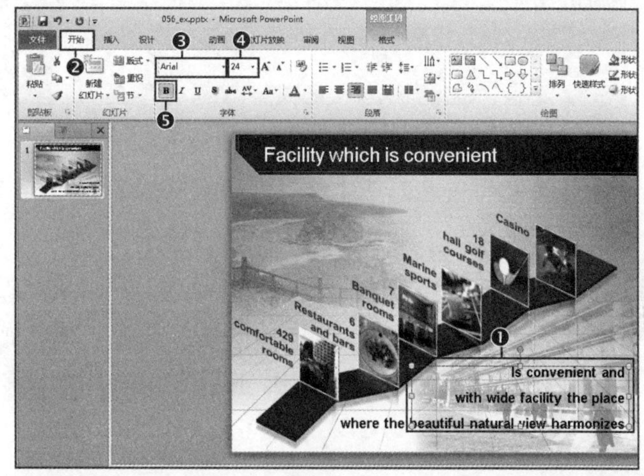

10 最后，选取幻灯片的标题，在开始选项卡→字体组里，选择加粗与文字阴影。

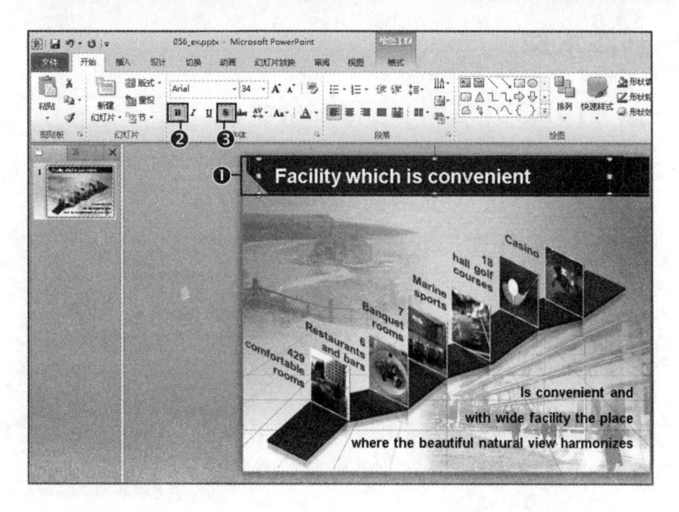

CHAPTER 07

应用图像于球内的组织图幻灯片

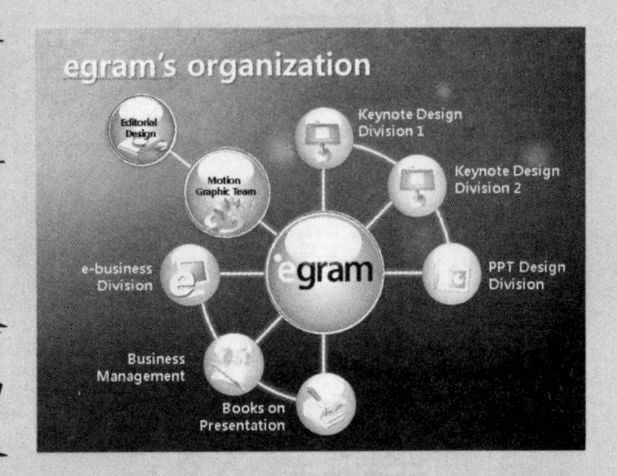

若使用 PowerPoint 里基本提供的组织图，本身看起来会非常单调。为强化此一部分，本幻灯片利用基本形状与形状格式里的三维效果，设计液体状的水球，制作饶富趣味的组织图幻灯片。

CHECK POINT

利用图形来设计液体状的水球，并在线条套用发光效果，制作组织图。仅以颜色变化与三维效果，就能轻易地完成。只利用每个人都会使用的三维圆形与直线，就能展现出特殊形态的设计，呈现独特的感觉并传达崭新的信息。基本上，想设计企业的组织图时，这是个相当有用的设计。围绕着中央的 6 个圆形，以 2 个组合传达中央的最大圆核心信息；而与中央大圆连接的左上角 2 个圆形，是以复杂又细腻的方式来呈现彼此直接与间接的关系。此外，运用颜色呈现组合之间的相互关系，也是重点之一。

准备范例：CD\ 范例 \Part6\058\058_ex.pptx

完成范例：CD\ 范例 \Part6\058\058.pptx

制作水球

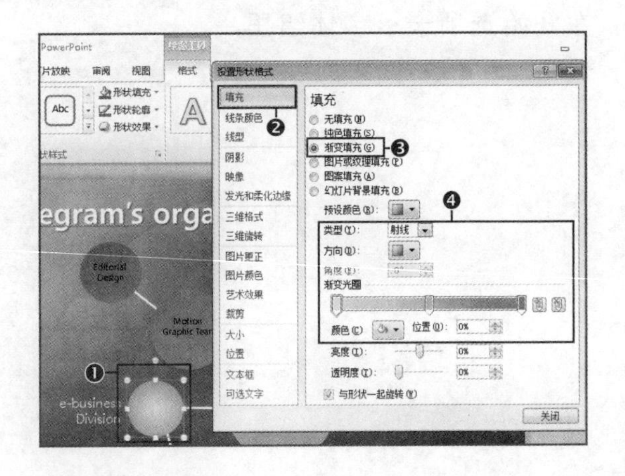

01 打开 CD\ 范例 \Part6\058\ 058_ex.pptx 文件。先制作一个球后，再加以复制。选取投影面左侧的浅绿色圆形，在设置形状格式对话框里，选择填充→渐变填充→类型→射线，方向→中心辐射，设置“停止点 1-红（156）、绿（238）、蓝（218）；停止点 2-红（50）、绿（194）、蓝（149）；停止点 3-红（12）、绿（126）、蓝（88）”。

02 更改颜色后，在设置形状格式对话框里，选择三维格式→棱台→顶端→圆，设置宽度“15 磅”、高度“3 磅”，选择表面效果→材料→暖色粗糙，选择照明→中性→平衡，设置角度为“145°”。

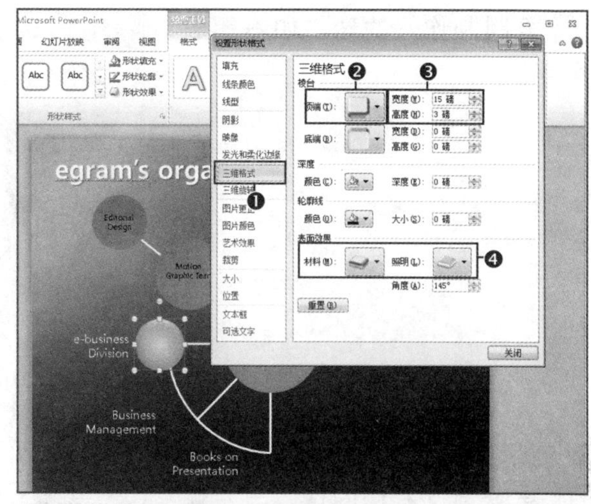

03 选取阴影，设置“透明度 68%、大小 100%、虚化 3.5 磅、角度 90°、距离 2.2 磅”。

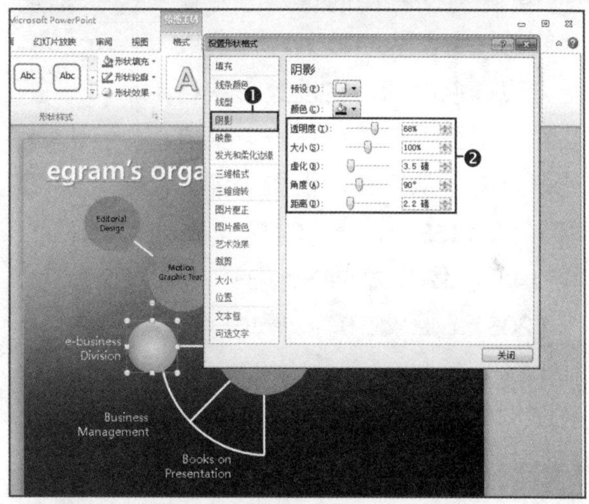

04 为了呈现晶莹剔透的透明感，再制作一个圆，停止点 1、停止点 2、停止点 3 均设置为“白色，背景 1”，再选择填充→渐变填充→方向→线性向下，“停止点 1→透明度 0%，停止点 2→透明度 23%，停止点 3→透明度 100%”。

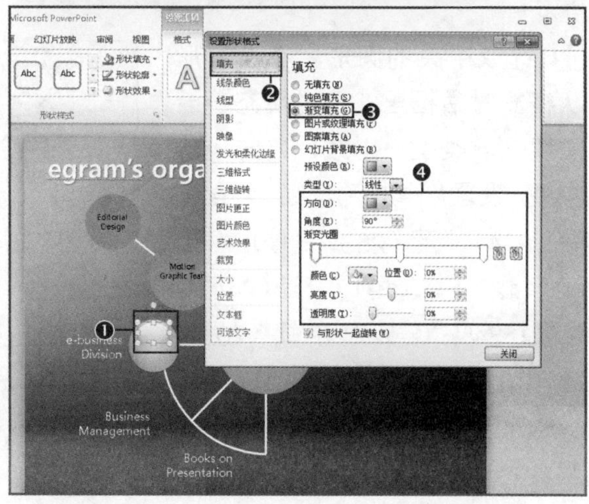

05 复制制作好的球，如右图般配置。

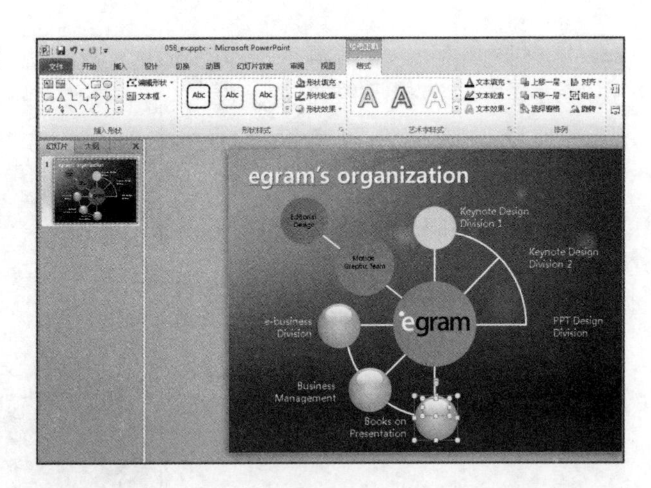

06 接着制作右侧的球。与左侧的图形一样，先更改颜色。选取上方浅绿色的圆，在设置形状格式对话框里，选择填充→渐变填充→方向→从中央，设置"停止点 1- 红（153）、绿（241）、蓝（214）；停止点 2- 红（34）、绿（206）、蓝（210）；停止点 3- 红（5）、绿（99）、蓝（133）"。与左侧的球一样，套用格式后，再复制图形。透明感的作法如步骤 04。

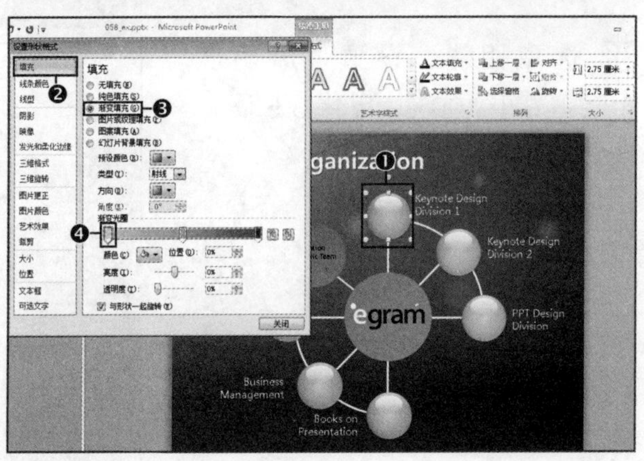

07 选取中央的圆形，在设置形状格式对话框里，选择填充→渐变填充→类型→射线，方向→从中央，设置"停止点 1- 红（219）、绿（234）、蓝（253）；停止点 2- 红（112）、绿（191）、蓝（244），位置：34%；停止点 3- 红（20）、绿（151）、蓝（240），位置：57%；停止点 4- 红（8）、绿（30）、蓝（92）"，位置：87%。

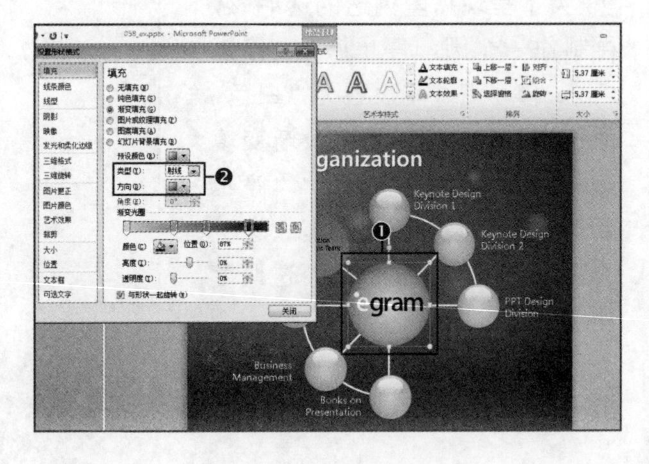

08 选择三维格式→棱台→顶端→圆，设置“宽度 15 磅、高度 3 磅”，选择表面效果→材料→暖色粗糙，选择照明→中性→平衡，设置角度为“145°”。在线条颜色里，选择实心线→颜色→“白色，背景 1”。在线型里，设置宽度为“4.5 磅”。

09 选择阴影，设置“透明度 68%、大小 100%、虚化 3.5 磅、角度 90°、距离 2.2 磅”。

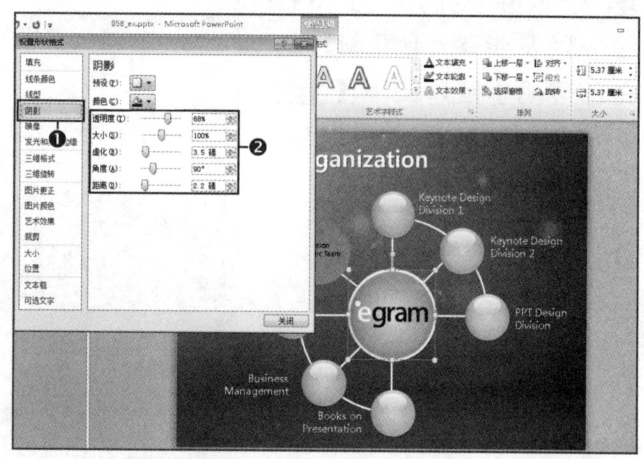

10 绘制一个高度与宽度均为 5.41 厘米的圆，在绘图工具 - 格式选项卡→形状样式组里，选择形状填充→无填充颜色，选择形状轮廓→其他轮廓颜色→颜色对话框→自定义→红（56）、绿（93）、蓝（138），在设置形状格式对话框里，设置线型→宽度“2 磅”，制作一个只有边框的圆。将此圆置于中央圆的白色边框上。

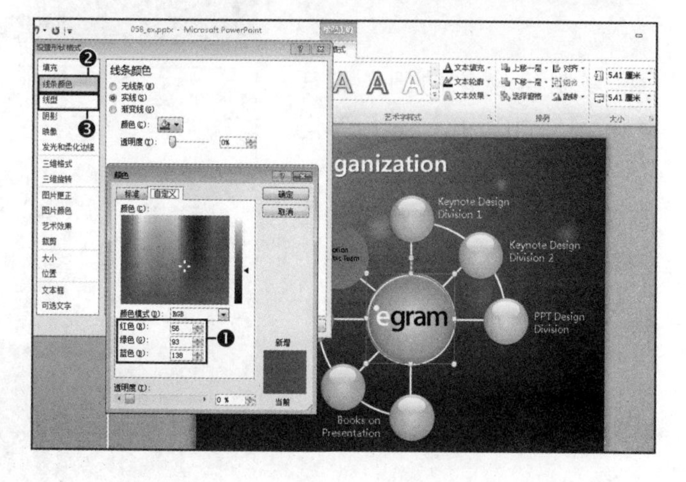

11 为了赋予透明度，再制作一个小圆，停止点 1、停止点 2、停止点 3 均设置为“白色，背景 1”，如下所示赋予透明度，呈现消失般的感觉。

停止点 1- 透明度 0%;
停止点 2- 透明度 23%;
停止点 3- 透明度 100%

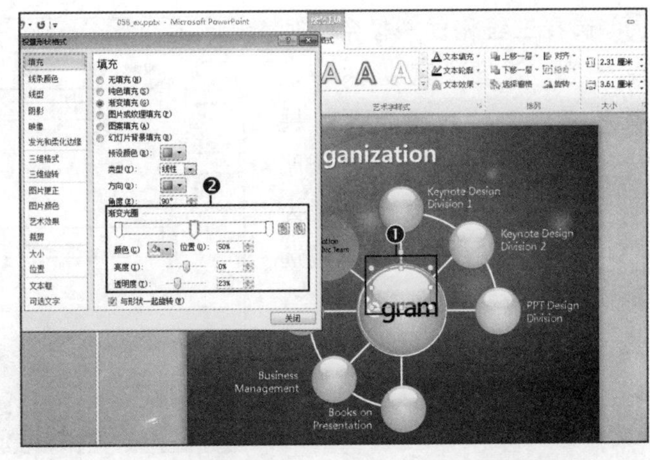

12 选取中央的圆与外框线，以及步骤 11 里制作的白色透明小圆，按下【Ctrl + G】快捷键，设置为组合。

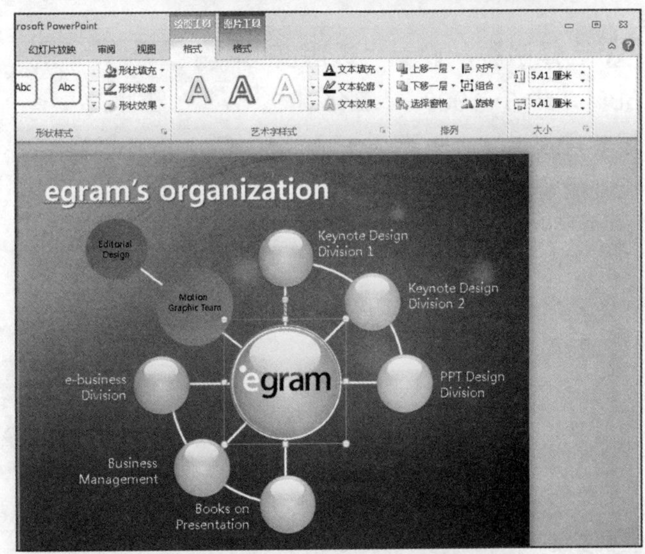

13 复制组合化的圆，置于“motionGraphicTeam”与“EditorialDesign”上方。圆遮住了文字，因此于绘图工具 - 格式选项卡→排列组，选择下移一层→下移一层，呈现出文字。

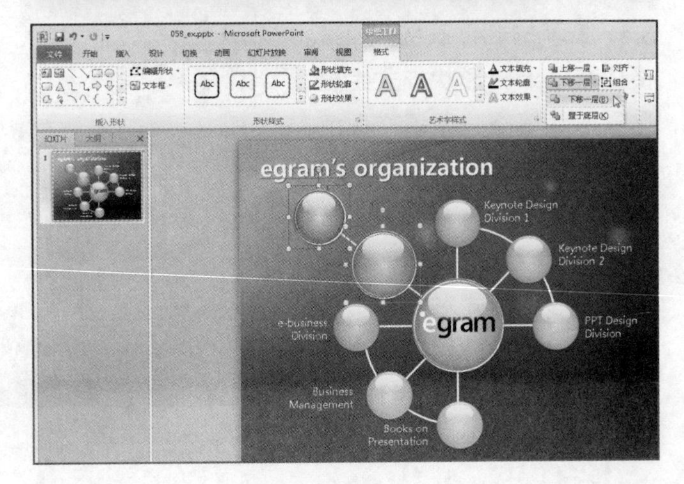

插入图像

14 在插入选项卡→图像组里，选择图片，打开 CD\范例\Part6\058\图 1～图 7.png 与 LOGO.png 文件，如右图般排列。

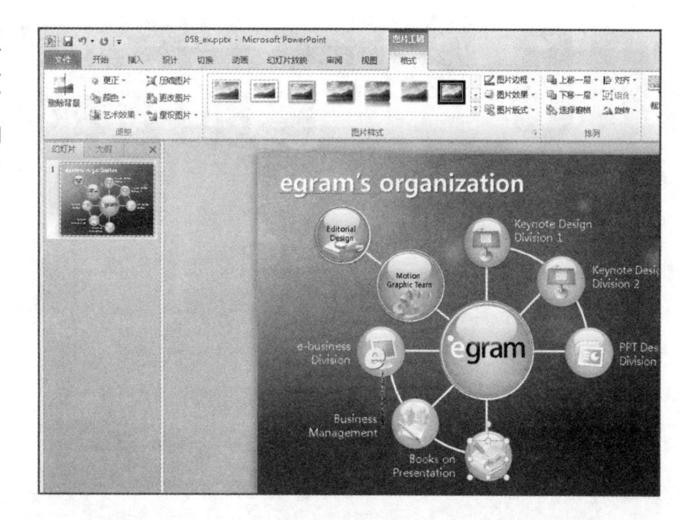

15 选取所有线条，在绘图工具格式选项卡→形状样式组里，选择形状效果→发光→“蓝色 ,8pt 发光，强调文字颜色 1”。

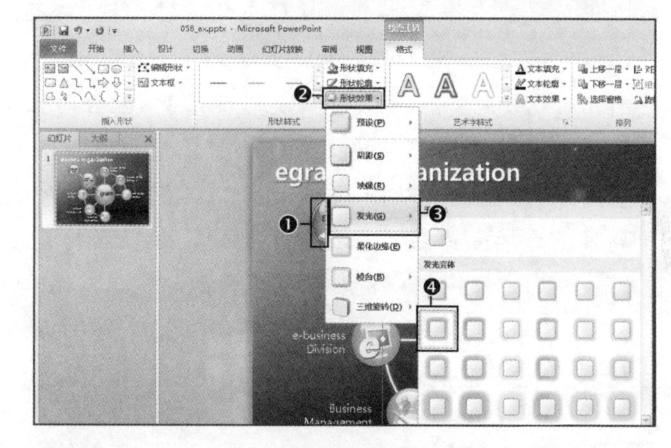

16 选取所有幻灯片里的文字，在开始选项卡→字体组里，选择加粗 **B** 。

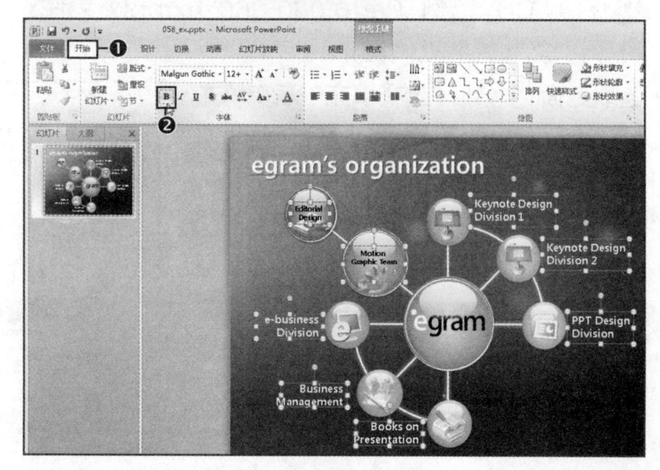

CHAPTER

08 以 Tab 效果针对各步骤情况来呈现其详细内容的幻灯片

在此将学习运用基本图形，制作新的立体图形。若认为三维效果与三维旋转太过复杂，利用这种方式来制作三维效果，也是个好方法。

CHECK POINT

利用基本图形制作三维图形时，考虑明暗并调整颜色相当重要。因为仅以颜色变化也能展现立体感，请考虑此点，进行各种颜色的调整。

本设计是以三个立体三角柱形态的关键词区域与对应之三个组合，组合上以文字与图像传达内容的图解幻灯片设计。如图所示，这是一个依序从步骤 1 到步骤 3，配合时程与内容，整理成三个组合以传达内容的基本图解，就视觉上而言，观众看着幻灯片，大部分是从左侧朝右侧查看及理解内容，因此这是适合依不同步骤循序渐进呈现内容的幻灯片设计。题目下方的立体三角柱各有关键词，在下面的复合形矩形里包括了小标题与辅助说明内容及图像。不要使用太强烈的图像，温和且隐约地处理为核心重点。

准备范例：CD\ 范例 \Part6\060\060_ex.pptx

完成范例：CD\ 范例 \Part6\060\060.pptx

01 打开 CD\ 范例 \Part6\060\060_ex.pptx 文件。组合幻灯片左上方的三个基本图形，成为一个立体图形。

选取上面（Step1），选择填充→渐变填充，设置“角度 315°；停止点 1- 红（148）、绿（167）、蓝（35）；停止点 2- 红（108）、绿（122）、蓝（26）”。选取下面（投诉分析），设置“停止点 1- 红（24）、绿（79）、蓝（23）；停止点 2- 红（28）、绿（82）、蓝（27）”。选取侧面，设置“纯色填充→颜色→其他颜色→自定义→红（15）、绿（46）、蓝（14）”。

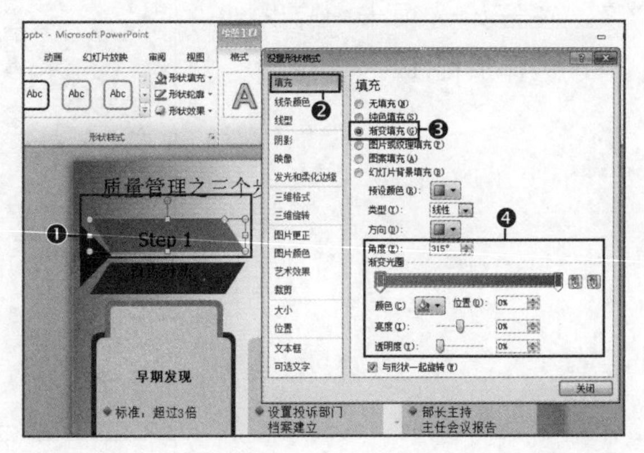

02 虽然更改了颜色，但仍没有所谓立体图形的感觉。为了呈现出立体感，将三个图形朝黄色方向组合起来。

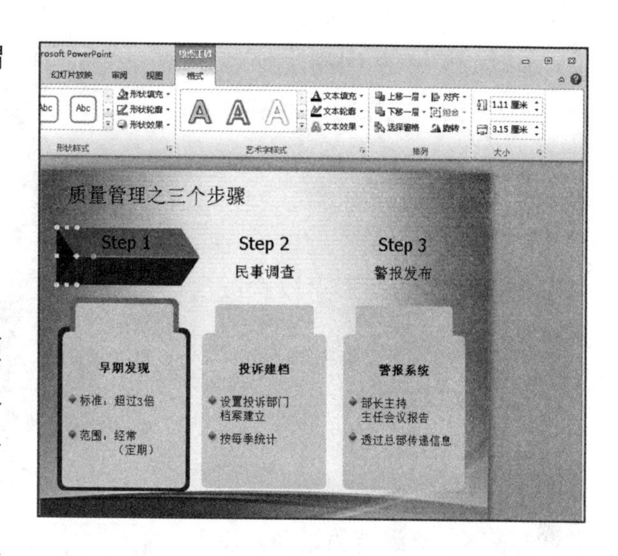

03 复制前面制作的图形，仅更改颜色即可。利用开始选项卡→绘图组→基本形状→平行四边形与等腰三角形，也可以制作图形。绘出图形后，同前面两个步骤一样调整及组合。在设置形状格式对话框里，选择填充→渐变填充，设置“角度 315°；选取上面，停止点 1- 红（235）、绿（146）、蓝（1）；停止点 2- 红（179）、绿（111）、蓝（1）”。选取下面，设置“停止点 1- 红（140）、绿（89）、蓝（6）；停止点 2- 红（102）、绿（65）、蓝（4）”。选取侧面，设置“纯色填充→颜色→其他颜色→自定义→红（85）、绿（49）、蓝（1）”。

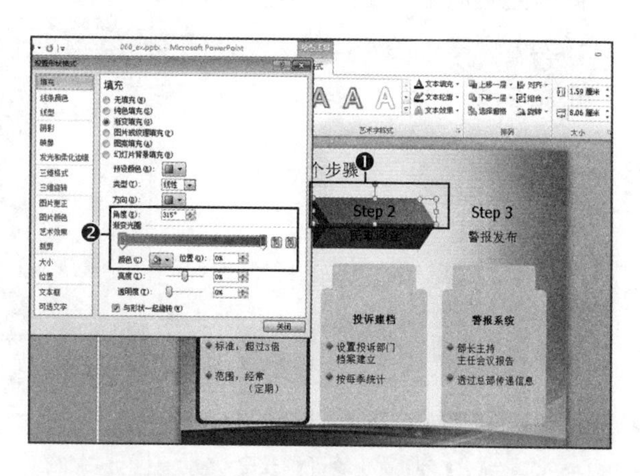

04 制作最后一个图形。在设置形状格式对话框里，选择填充→渐变填充→角度“45°”，选取上面，设置“停止点 1- 红（187）、绿（85）、蓝（85）；停止点 2- 红（153）、绿（0）、蓝（0）”。选取下面，设置“角度 45°；停止点 1- 红（118）、绿（30）、蓝（2）；停止点 2- 红（101）、绿（26）、蓝（2）”。选取侧面，设置“纯色填充→颜色→其他颜色→自定义→红（70）、绿（20）、蓝（2）”。

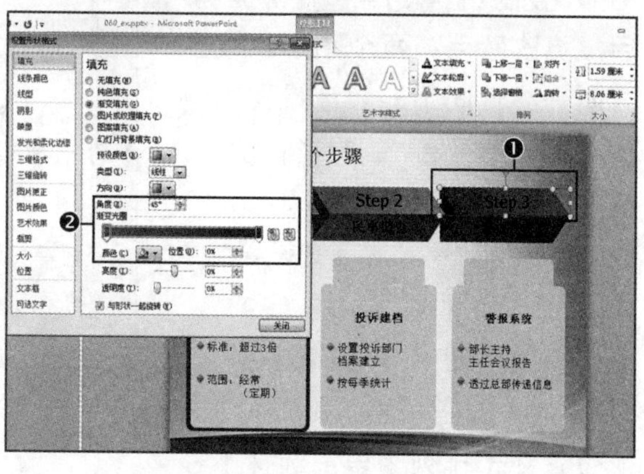

05 选取幻灯片左侧的浅绿色矩形，设置方向→线性向下，设置“停止点 1- 红（148）、绿（167）、蓝（35）；停止点 2- 红（24）、绿（79）、蓝（23）”。如此一来，与下方草绿色的矩形得以构成自然连贯的渐变颜色。

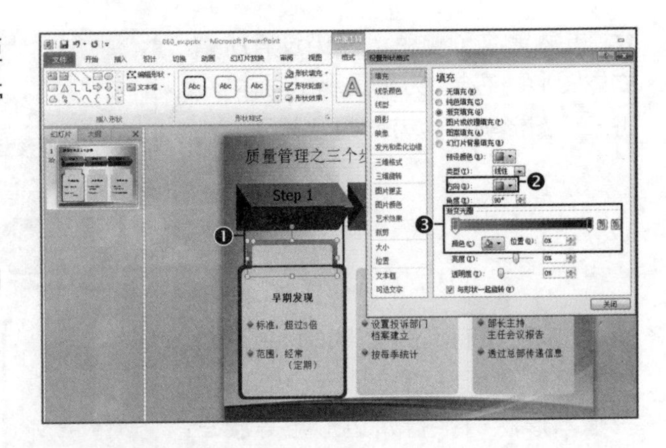

06 选取下方草绿色的矩形，设置方向→线性向下，设置“停止点 1- 红（24）、绿（79）、蓝（23）；停止点 2- 红（148）、绿（167）、蓝（35）”。

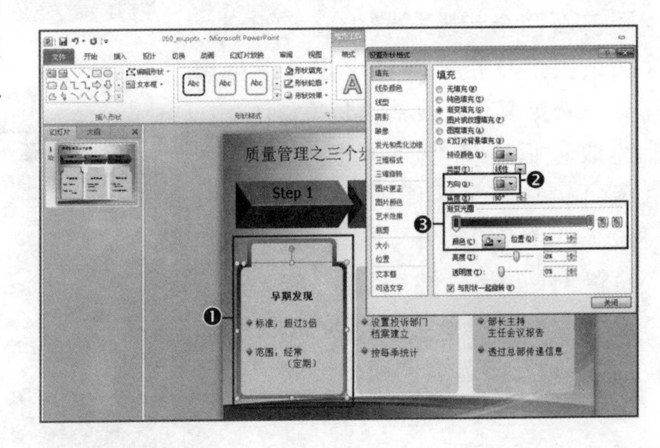

07 选取步骤 05 及 06 里渐变的图形，复制（【Ctrl + D】快捷键）后，更改颜色。两个图形均设置方向→线性向下，颜色设置“停止点 1- 红（235）、绿（146）、蓝（1）；停止点 2- 红（140）、绿（89）、蓝（6）”。下则设置“停止点 1- 红（140）、绿（89）、蓝（6）；停止点 2- 红（235）、绿（146）、蓝（1）”。移动图形位置并于排列组里，选择下移一层→置于底层，更改对象顺序。

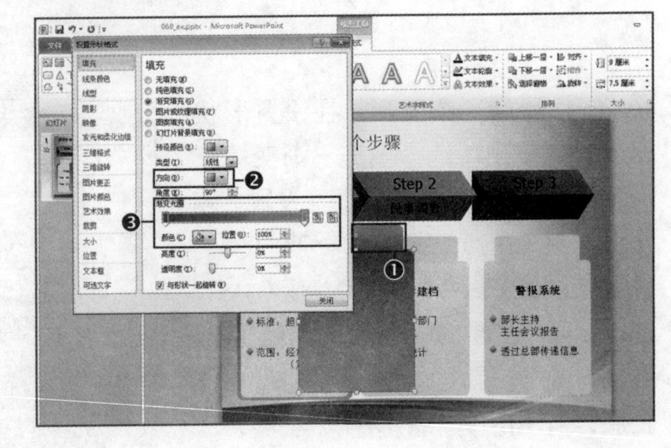

08 最后一个矩形也选择方向→线性向下，颜色设置“停止点 1- 红（191）、绿（59）、蓝（45）；停止点 2- 红（185）、绿（35）、蓝（19）”。下则设置“停止点 1- 红（148）、绿（29）、蓝（16）；停止点 2- 红（191）、绿（59）、蓝（45）”。

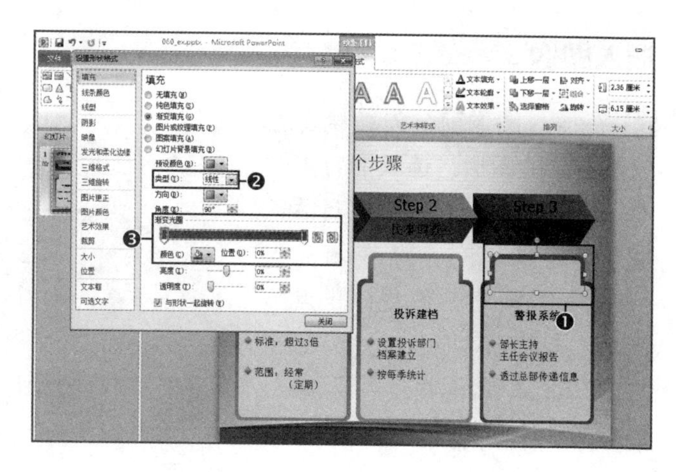

09 选取所有更改颜色的矩形，在设置形状格式对话框里，选择阴影→预设→外部→居中偏移。

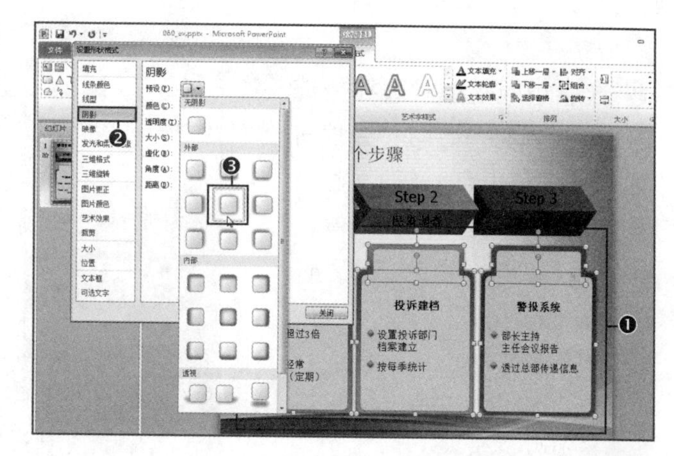

10 将所有文字更改为白色。选取上方第一个立体三角柱的文字，在绘图工具 - 格式选项卡→艺术字样式组里，选择文本效果→发光，由左至右分别选择“绿色，8pt 发光，强调文字颜色 2”、“橙色，8pt 发光，强调文字颜色 1”、“玫瑰红，8pt 发光，强调文字颜色 5”。

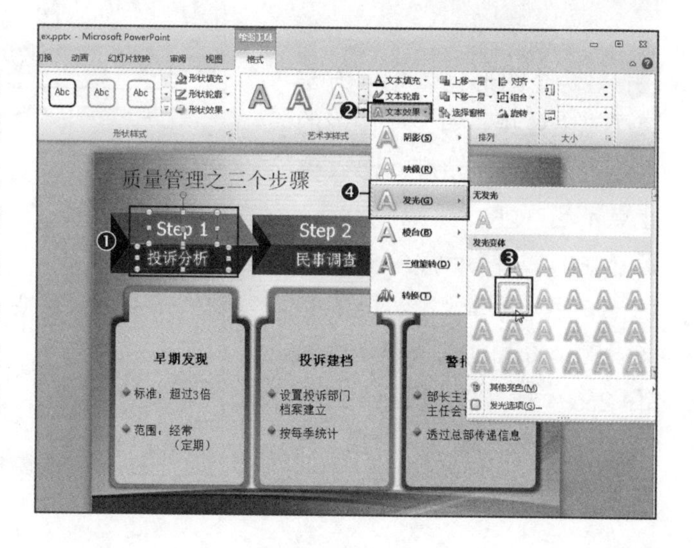

插入图像

11 在插入图像前，先编辑要放置图像的图形。选取下方大的矩形，在设置形状格式对话框里，设置填充→渐变填充→角度“90°”，设置停止点1→红（230）、绿（230）、蓝（170）；停止点2→主题颜色→“白色，背景1”。

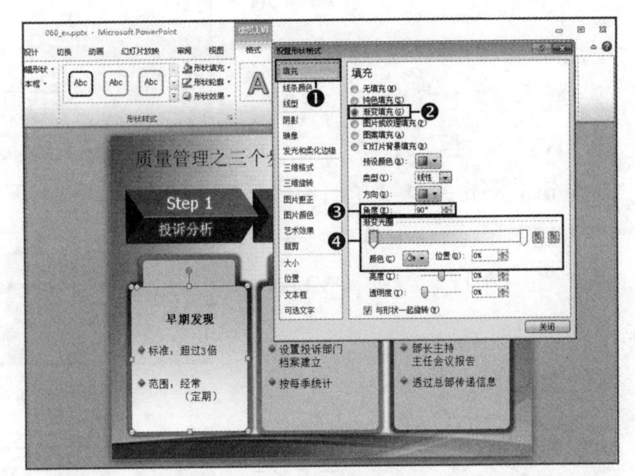

12 选取小的矩形，选择→填充→渐变填充→方向→线性向下，设置“停止点1-红（230）、绿（230）、蓝（170）；停止点2-主题颜色→白色，背景1，停止点位置50%”。

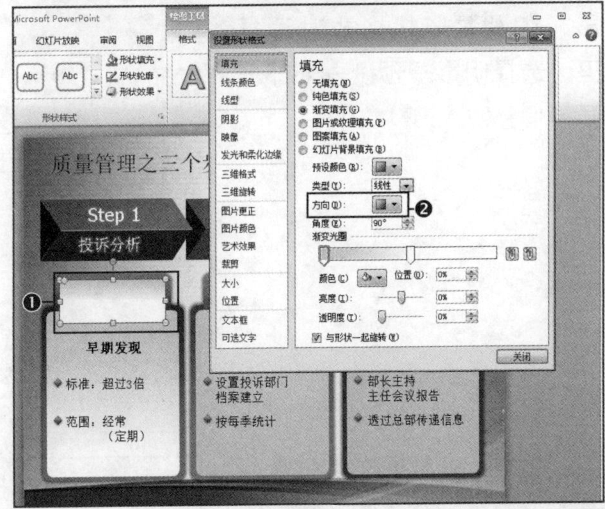

13 另两个图形也依相同方法赋予渐变效果。第二个图形的大矩形，设置“角度90°；停止点1-红（255）、绿（222）、蓝（160）；停止点2-主题颜色→白色，背景1”。小的矩形设置“角度90°；停止点1-红（255）、绿（222）、蓝（160）；停止点2-主题颜色→白色，背景1，停止点位置50%”。

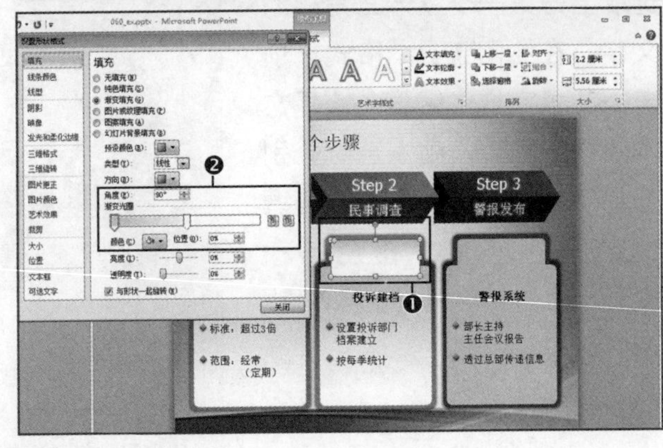

14 选取第三个图形里的大矩形，设置“角度 90°，停止点 1- 红（240）、绿（215）、蓝（205）；停止点 2- 主题颜色→白色，背景 1，停止点位置 50%”。小的矩形设置“角度 90°；停止点 1- 红（240）、绿（215）、蓝（205）；停止点 2- 主题颜色→白色，背景 1，停止点位置 50%”。

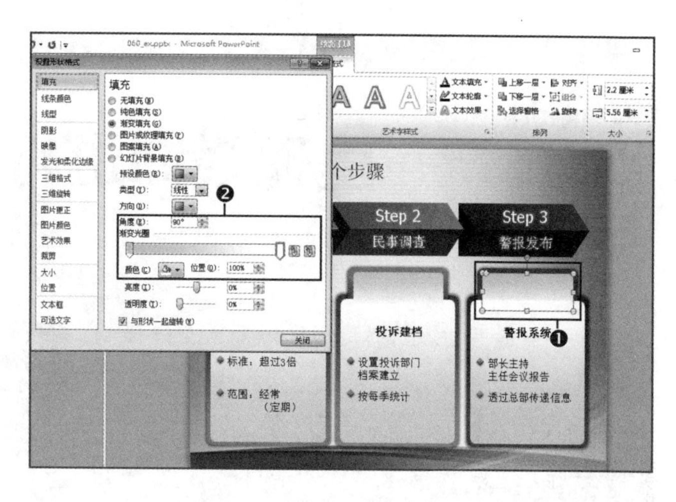

15 在插入选项卡→图像组里，选择图片，于 CD\范例\Part6\060 里，打开图 1、图 2、图 3.png 文件。如右图般整理图像。因图像位于文字上方，故利用排列组合的下移一层→下移一层，加以整理。

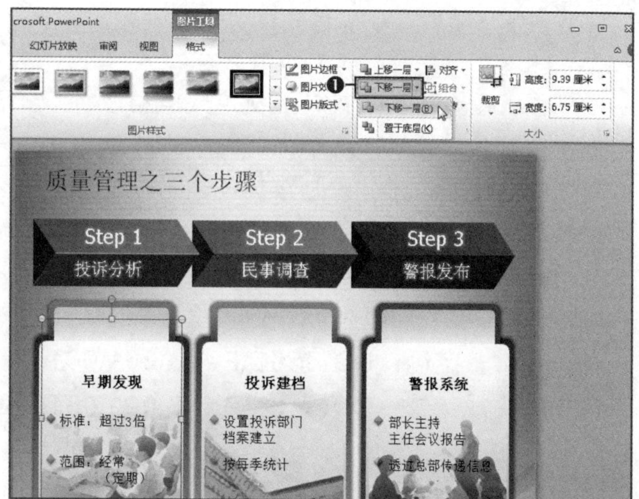

16 如之前完成范例般，调整文字的颜色与位置。

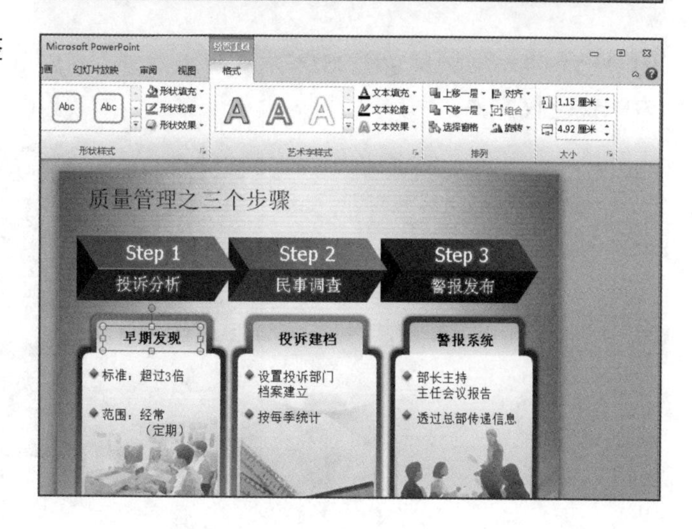

CHAPTER 09 呈现横向进行程序的幻灯片

学习如何运用三维旋转与透视感，设计横向进行程序的幻灯片。

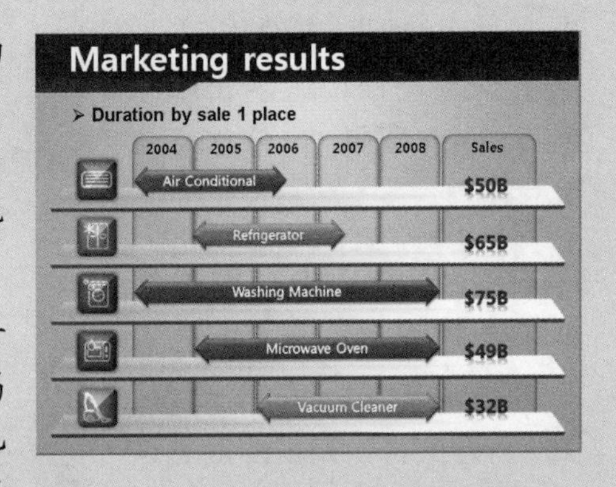

CHECK POINT

若幻灯片里的内容很多，颜色丰富，设计背景感到很困难时，可以利用玻璃板作为背景，这样既不显得复杂，又可以提高完成度。一般而言，表格是 PPT 设计里使用频率相当高的一种形态。通常，表格仅是在单纯的单元格里输入数据而已，若想摆脱传统制作表格的形态，这将是您必须掌握的重点。右侧幻灯片维持一般表格 X 轴与 Y 轴交织而成的基本形态，但架构上又略有不同。本表格样式的幻灯片，除了运用在单纯的表格数据外，项目形态的数据或一般性内容，都可以使用。

准备范例：CD\ 范例 \Part6\061\061_ex.pptx
完成范例：CD\ 范例 \Part6\061\061.pptx

01 打开 CD\ 范例 \Part6\061\061_ex.pptx 文件。

制作透明背景

02 选取背景的蓝色矩形，如右图般复制。复制好图形后，选择绘图工具 - 格式选项卡→排列组→下移一层→置于底层，调整对象顺序，将图形移到最下层。

03 选取所有复制的图形，在绘图工具 - 格式选项卡→形状样式组里，选择形状效果→预设→预设格式 8。

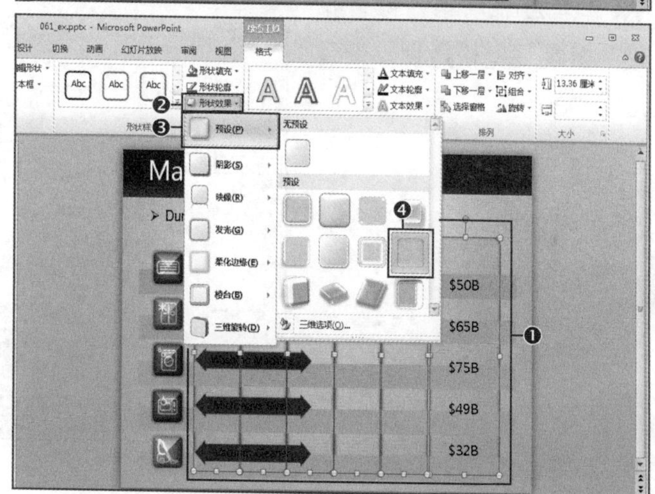

设计三维效果

04 选取所有灰色矩形，在设置形状格式对话框，选择填充→渐变填充→方向→线性向上，设置颜色的停止点 1 为“白色，背景 1，深色 15%”。

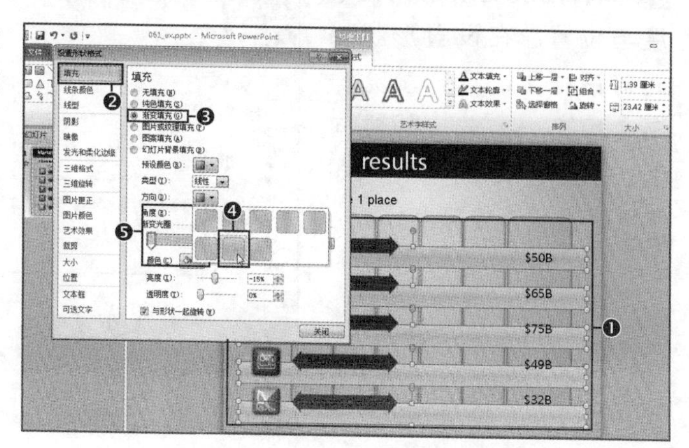

05 在三维格式里，设置深度“6 磅”，选择材料→标准→塑料效果，选择照明→中性→柔和。

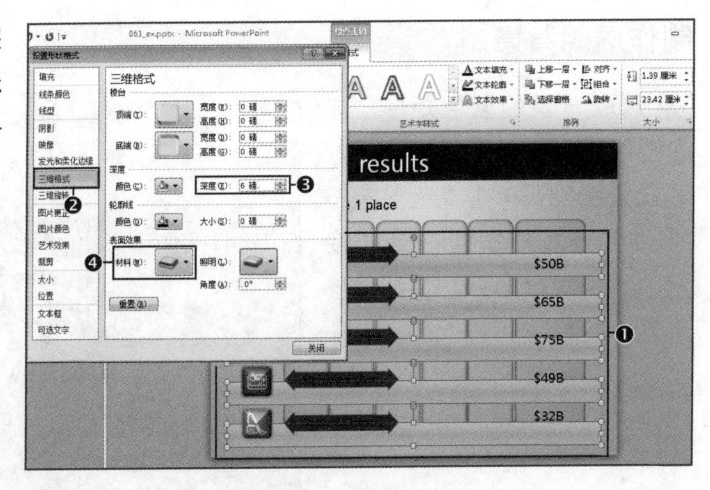

06 在三维旋转里，设置预设→透视→宽松透视，设置透视“80°”。

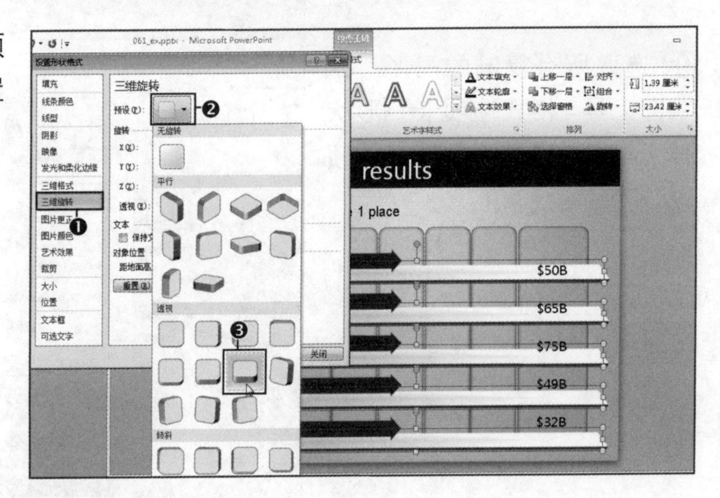

07 如右图般更改箭头的长度与位置，在设置形状格式对话框里，选择填充→渐变填充→方向→线性向上。从上到下的箭头，如下所示设置渐变颜色。

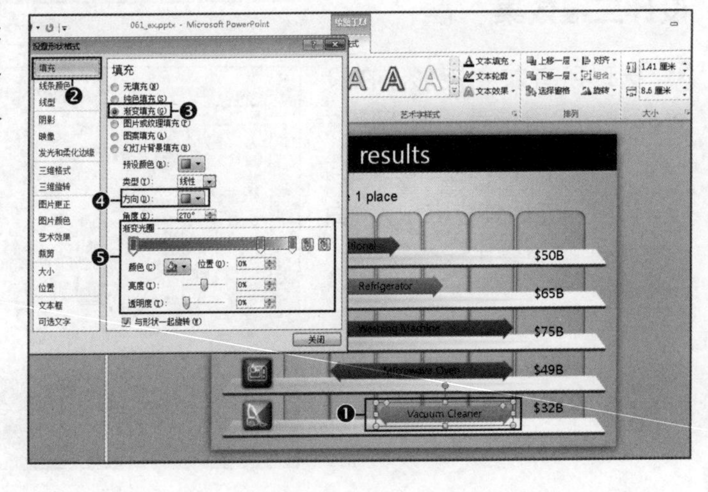

- 1 号箭头：角度 270°；停止点 1 → 红（44）、绿（93）、蓝（152）；停止点 2 → 红（60）、绿（123）、蓝（199），停止点位置 80%；停止点 3 → 红（85）、绿（124）、蓝（203）。
- 2 号箭头：角度 270°；停止点 1 → 红（39）、绿（135）、蓝（160）；停止点 2 → 红（54）、绿（177）、蓝（210），停止点位置 80%；停止点 3 → 红（52）、绿（179）、蓝（214）。
- 3 号箭头：角度 270°；停止点 1 → 红（93）、绿（65）、蓝（126）；停止点 2 → 红（123）、绿（88）、蓝（166），停止点位置 80%；停止点 3 → 红（123）、绿（87）、蓝（168）。
- 4 号箭头：角度 270°；停止点 1 → 红（155）、绿（45）、蓝（42）；停止点 2 → 红（203）、绿（61）、蓝（58），停止点位置 80%；停止点 3 → 红（206）、绿（59）、蓝（55）。
- 5 号箭头：角度 270°；停止点 1 → 红（203）、绿（108）、蓝（29）；停止点 2 → 红（255）、绿（143）、蓝（42），停止点位置 80%；停止点 3 → 红（255）、绿（143）、蓝（42）。

08 更改渐变颜色后，选取所有的箭头，选择阴影，设置“透明度 65%、大小 100%、虚化 3.15 磅、角度 90°、距离 1.8 磅”。

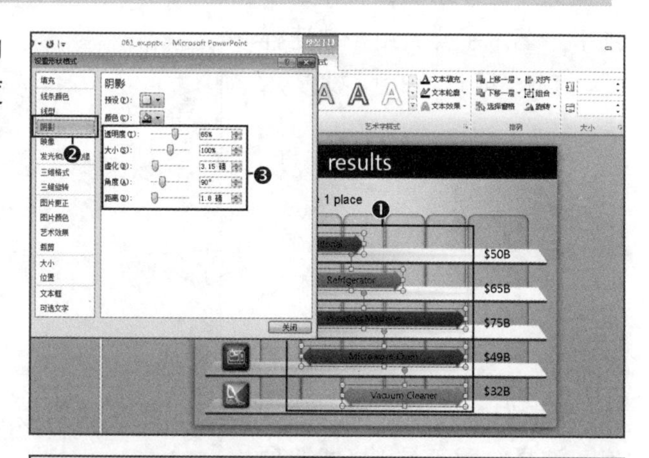

09 选择三维格式，设置顶端→圆，“宽度 10 磅、高度 3 磅，角度 20°”。

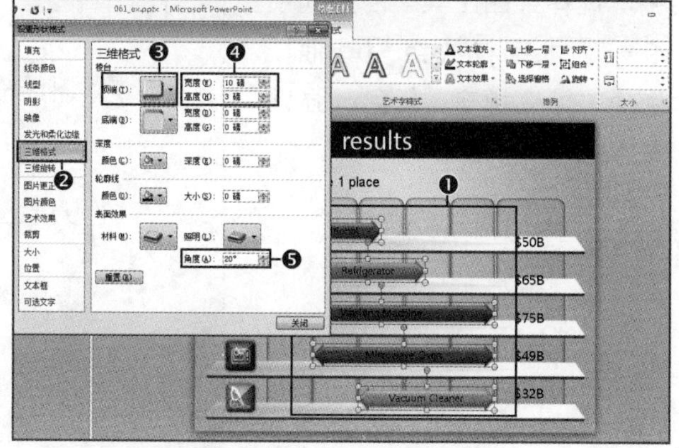

编辑文字

10 在幻灯片背景处透明的图形上输入文字，在开始选项卡→字体组→加粗 B。

11 按住 Shift 键不放，选取所有箭头，选择绘图工具格式选项卡→艺术字样式组→快速样式，选择“填充 - 白色，投影”。

12 选取幻灯片右侧所有的数字，选择绘图工具 - 格式选项卡→艺术字样式组→其他，选择“渐变填充 - 紫色，强调文字颜色 4，映像”。

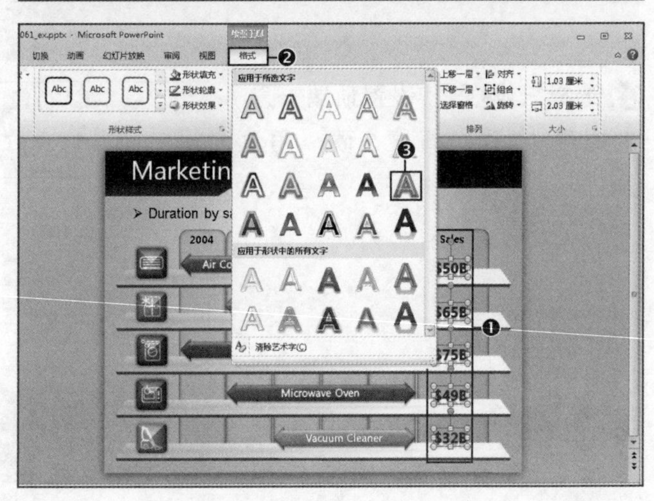

13 最后，选取标题与副标题，在开始选项卡→字体组里，套用加粗 **B**（【Ctrl + B】快捷键），完成幻灯片。

TIP

制作新主题

选择设计选项卡→主题组→颜色按钮后，选择“新建主题颜色”。出现新建主题颜色对话框后，用户可自由地更改文字、文字背景、强调颜色、超级链接等幻灯片里的主题颜色，输入颜色名称后，选择保存。自行设置保存的主题可随时任意选取使用或进行更改。

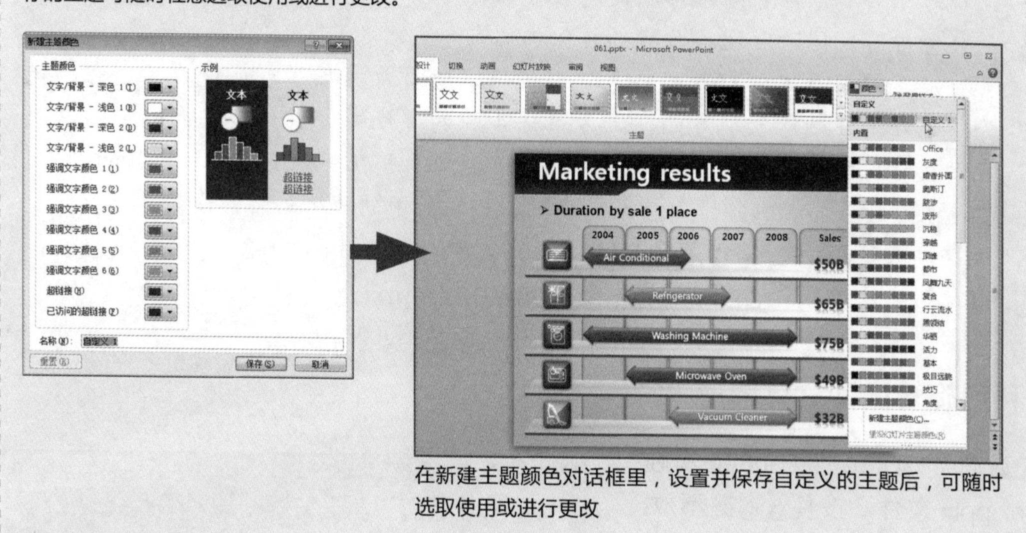

在新建主题颜色对话框里，设置并保存自定义的主题后，可随时选取使用或进行更改

CHAPTER 10 呈现纵向进行程序的幻灯片

学习在基本形状上套用渐变效果，并设计纵向进行程序的幻灯片。

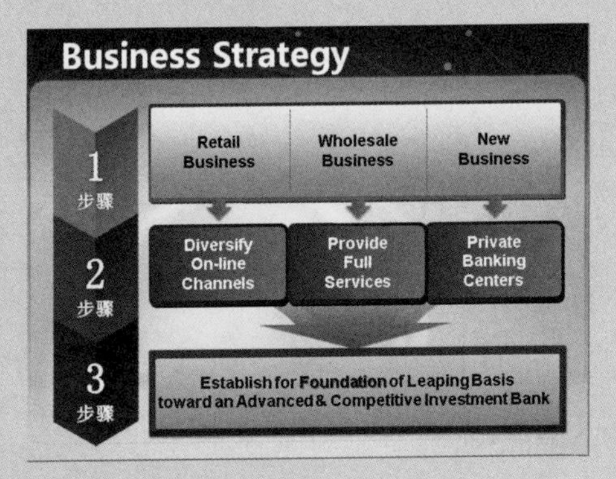

CHECK POINT

幻灯片上若套用了过多的渐变格式，会显得没有统一性，看起来过于散漫，因此，运用同色系作设计，最为重要。这是由上而下纵向传达信息的图解设计，在左侧箭头形形状呈现每个步骤，右侧矩形形状是对应各步骤的详细内容。同时呈现各步骤的详细内容与其对应步骤正是本幻灯片的特色，也使得本幻灯片具备了可展现更多内容的优势。此外，在颜色表现方面，上方第一步骤的详细内容设计较亮的颜色，展现其位置的高度感，而下面步骤则采用稍暗的色系，并在视觉上搭配各步骤的颜色。这是依时间顺序或以各步骤整理内容时，相当好用的一个幻灯片设计。

准备范例：CD\ 范例 \Part6\062\062_ex.pptx

完成范例：CD\ 范例 \Part6\062\062.pptx

利用旋转设计立体图形

01 打开 CD\ 范例 \Part6\062\062_ex.pptx 文件，按住Shift键不放，选取幻灯片左侧的三个图形，按下【Ctrl + D】快捷键，予以复制。

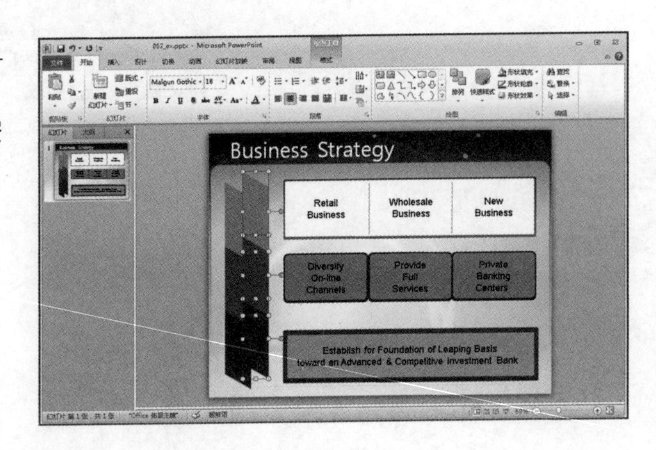

02 在选取着复制的图形的状态下，在绘图工具 - 格式选项卡→排列组里，选择旋转→水平翻转，如右图般更改图形的方向，并调整位置。

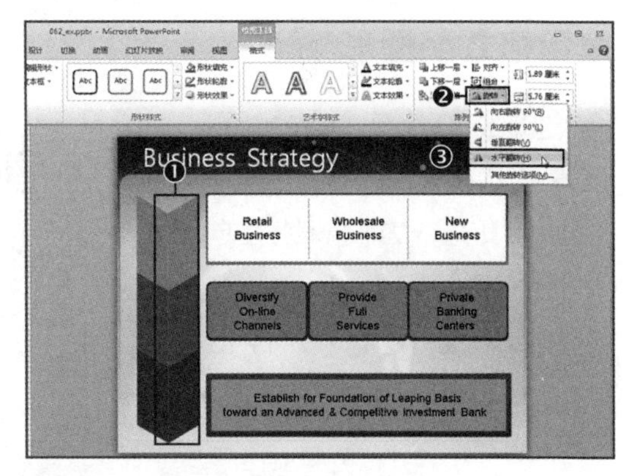

03 赋予右侧图形渐变颜色，以呈现出立体感。在设置形状格式对话框，选择填充→渐变填充，设置角度“45°”，各图形的停止点颜色设置如下所示。

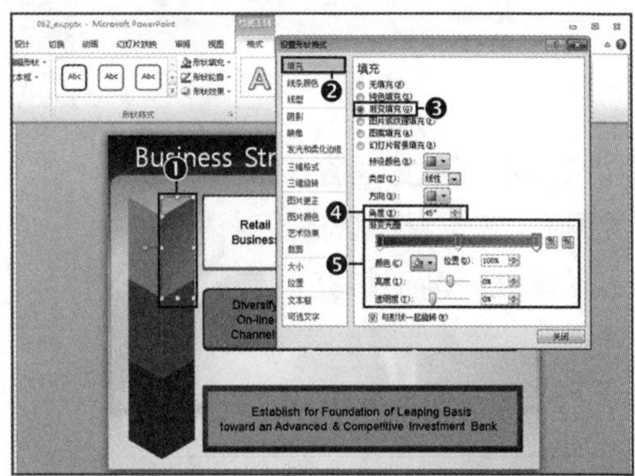

从上至下依次为：

- 1 号：停止点 1- 红（0）、绿（106）、蓝（150）；停止点 2- 红（0）、绿（154）、蓝（217）；停止点 3- 红（0）、绿（184）、蓝（255）
- 2 号：停止点 1- 红（0）、绿（63）、蓝（119）；停止点 2- 红（0）、绿（95）、蓝（173）；停止点 3- 红（0）、绿（114）、蓝（206）
- 3 号：停止点 1- 红（63）、绿（18）、蓝（96）；停止点 2- 红（94）、绿（31）、蓝（141）；停止点 3- 红（113）、绿（40）、蓝（168）

04 如图般输入“步骤 1”、“步骤 2”、“步骤 3”后，选择绘图工具 - 格式选项卡→艺术字样式组→其他，选择“填充 - 白色，投影”。

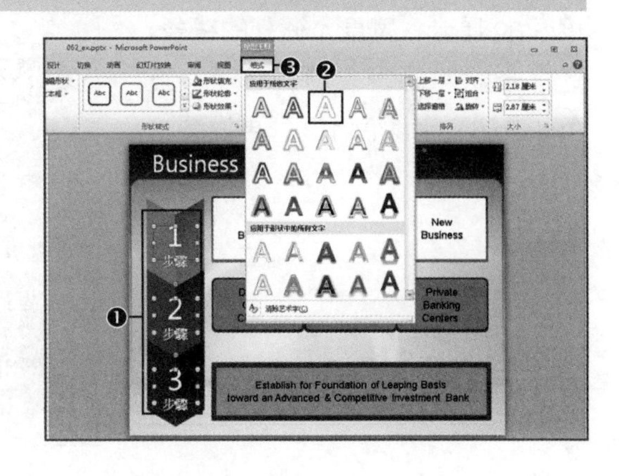

套用格式至图形

05 选取幻灯片最上方的矩形，在设置形状格式对话框，选择填充→渐变填充→方向→线性向下，设置“停止点 1- 红（247）、绿（253）、蓝（255）；停止点 2- 红（40）、绿（216）、蓝（230）”。

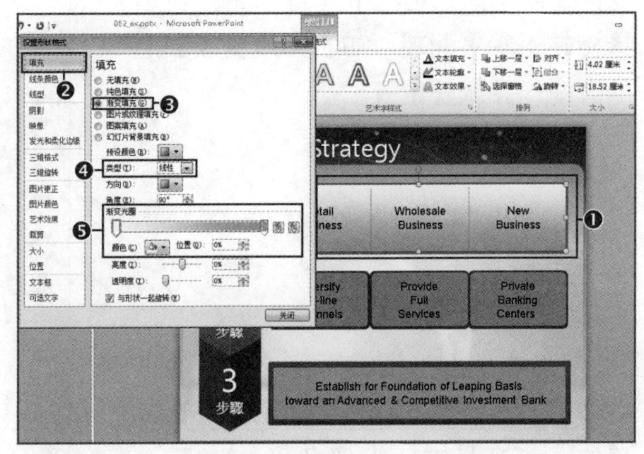

06 选取步骤 05 里渐变图形外侧的图形，在设置形状格式对话框，选择填充→渐变填充→方向→线性向下，设置“停止点 1- 红（3）、绿（103）、蓝（143）；停止点 2- 红（0）、绿（160）、蓝（198）”。选择阴影，选取颜色按钮，在出现的颜色对话框里，选择自定义，设置“红（3）、绿（103）、蓝（143）、透明度 0%、大小 100%、虚化 0 磅、角度 45°、距离 2.8 磅”。

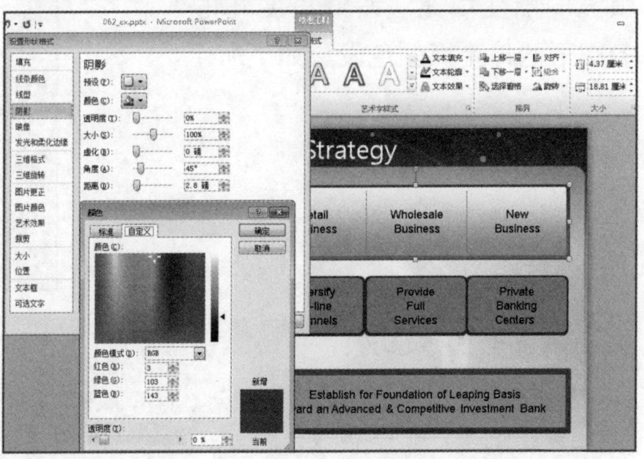

07 为了分隔三个项目，绘制“长度 3.69 厘米，宽度 1 磅”的线条，选择形状轮廓→主题颜色→“蓝色，强调文字颜色 1”，再设置虚线→方点。

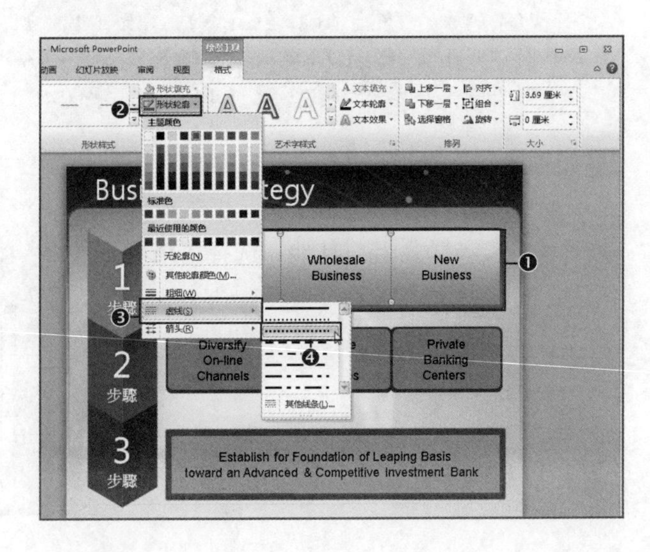

08 在开始选项卡→绘图组里，选择箭头总汇→下箭头，绘制箭头后，在设置形状格式对话框，选择填充→渐变填充→方向→线性向上，设置“停止点 1- 红（42）、绿（134）、蓝（169）；停止点 2- 红（57）、绿（176）、蓝（221）、停止点位置 80%；停止点 3- 红（54）、绿（178）、蓝（225）”。再设置阴影→“透明度 65%、大小 100%、虚化 3.15 磅、角度 90°、距离 1.8 磅”。

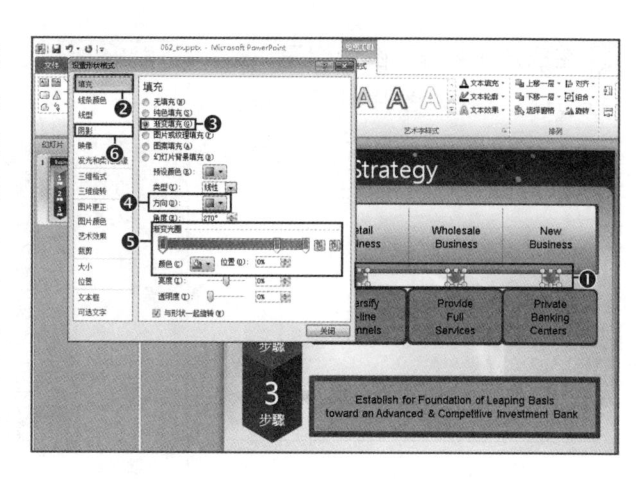

09 选取箭头下方的三个文本框图形，在设置形状格式对话框里，选择填充→渐变填充→方向→线性向右，设置“停止点 1- 红（0）、绿（106）、蓝（150）；停止点 2- 红（0）、绿（154）、蓝（217）；停止点 3- 红（0）、绿（184）、蓝（255）”。

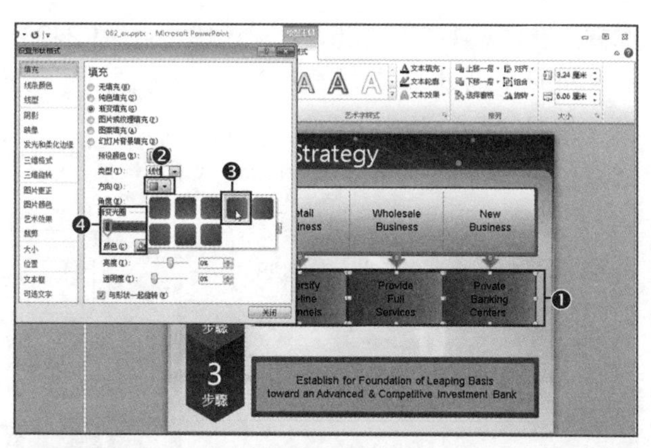

10 选取箭头下方的文本框图形底下的三个图形，在设置形状格式对话框，选择填充→渐变填充→方向→线性向左，设置“停止点 1- 红（9）、绿（51）、蓝（67）；停止点 2- 红（18）、绿（77）、蓝（100）；停止点 3- 红（24）、绿（94）、 蓝（120）”。 再设置阴影→“透明度 0%、大小 100%、虚化 0 磅、角度 63.4°、距离 2.2 磅”。

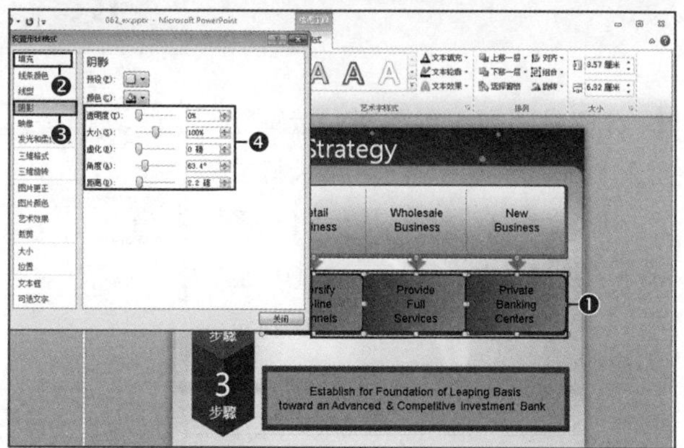

11 在插入选项卡 - 图像组里，选择图片，在插入图片对话框里，打开 CD\范例\Part6\062\图 1.png 文件，在排列组里，选择下移一层→置于底层。

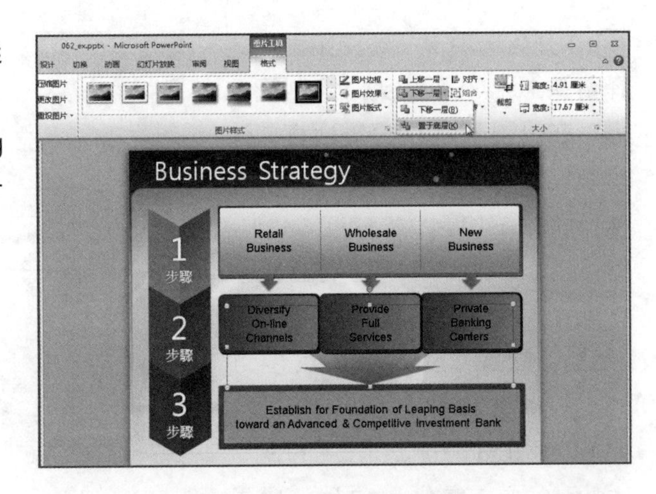

12 选取幻灯片最下方的长矩形，长矩形总共有三层，从最上方那一层图形开始编辑。选取最上层图形，在设置形状格式对话框里，选择填充→渐变填充→方向→线性向上，设置“停止点 1- 红（165）、绿（181）、蓝 248）；停止点 2- 红（193）、绿（203）、蓝（249）；停止点 3- 红（230）、绿（234）、蓝（254）”。设置线条颜色→颜色→自定义→“红（67）、绿（96）、蓝（175）”；再选择阴影→“透明度 62%、大小 100%、虚化 3.15 磅、角度 90°、距离 1.6 磅”。

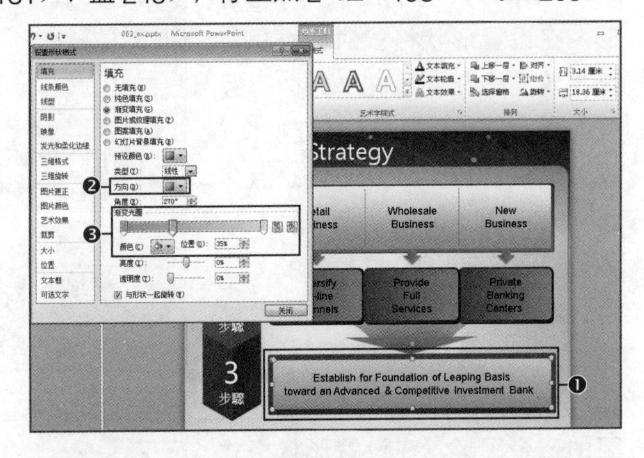

13 选取中间那一层图形，选择绘图工具 - 格式选项卡→形状样式组→形状填充，选择其他填充颜色→（红色：71，绿色：100，蓝色：176），在设置形状格式对话框里，设置阴影→“透明 62%、大小 100%、虚化 3.15 磅、角度 90°、距离 1.6 磅”。

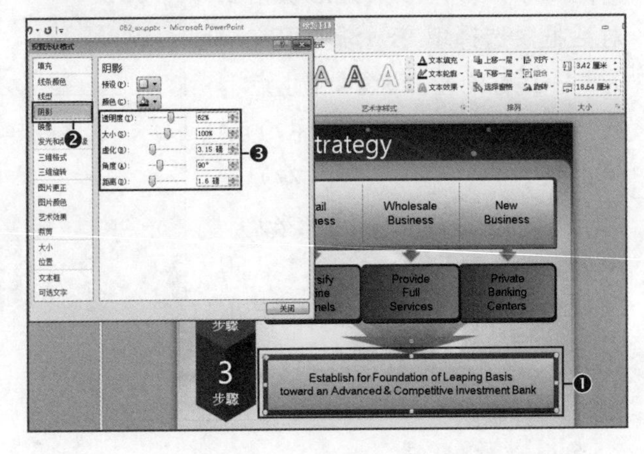

14 选取最下方那一层图形，设置阴影→[透明度：65%、大小 100%、虚化 3.15 磅、角度 90°，距离 1.8 磅]。

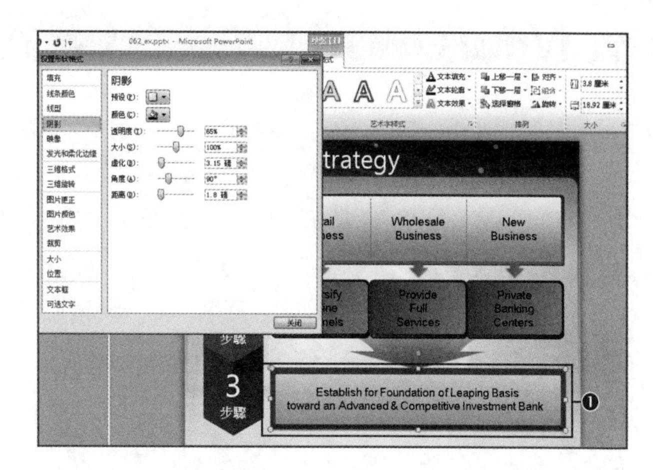

15 选取左侧步骤 1 到步骤 3 的所有图形，予以组合化后，在绘图工具 - 格式选项卡→形状样式组→形状效果，选择阴影→外部→右下斜偏移。下方的图形先组合化后，再套用阴影。

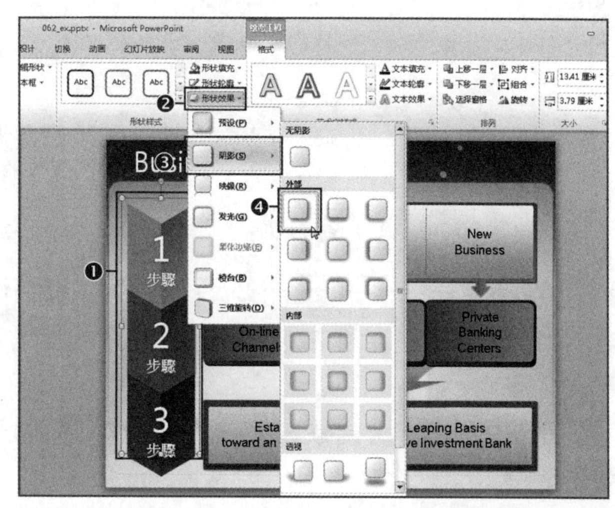

编辑文字

16 选取幻灯片里所有的文字，在开始选项卡→字体组里，选择加粗 B（【Ctrl + B】快捷键）。中央的文字颜色更改为白色，下方的文字加上阴影。修改主标题，在设置形状格式对话框里，选择阴影→颜色→主题颜色→“白色，背景 1”；“透明度 6%、大小 100%、虚化 0 磅、角度 45°、距离 0 磅”。

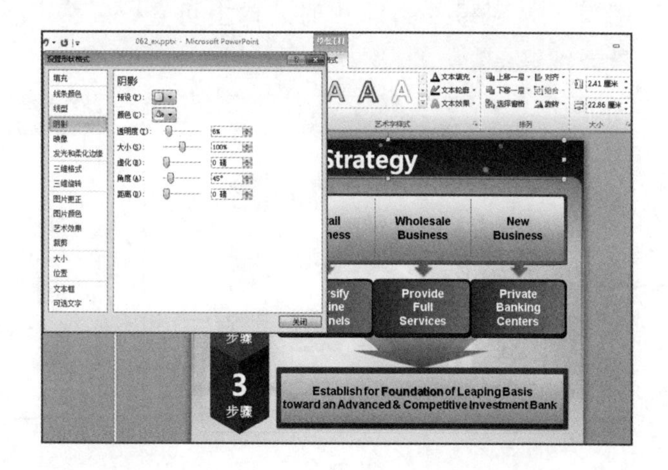

SPECIAL TIP

从 Microsoft Office Online 里下载剪贴画

01 连接到 OfficeOnline，搜寻剪贴画，在大纲与幻灯片缩图处选择第一张幻灯片后，打开剪贴画窗口，选择“包括 Office.com 内容”。若想在 OfficeOnlineClipartandMedia 网页里下载剪贴画，必须先联机上网才行。

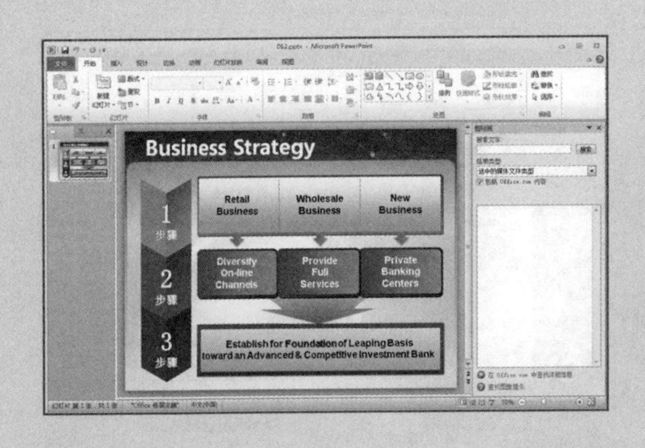

02 打开浏览器，并直接连接到 Microsoft Office Online Clipart and Media 网页里，在搜索处输入欲搜索的剪贴画关键词。在此输入“汽车”后，按Enter键或按搜索按钮。

03 稍待片刻后，会出现与汽车有关的各种图像文件。选择“上一页”、“下一页”按钮，可切换网页，查看各种图像，找到想要的照片时，单击可查看详细信息。

04 打开剪贴画，可查看。

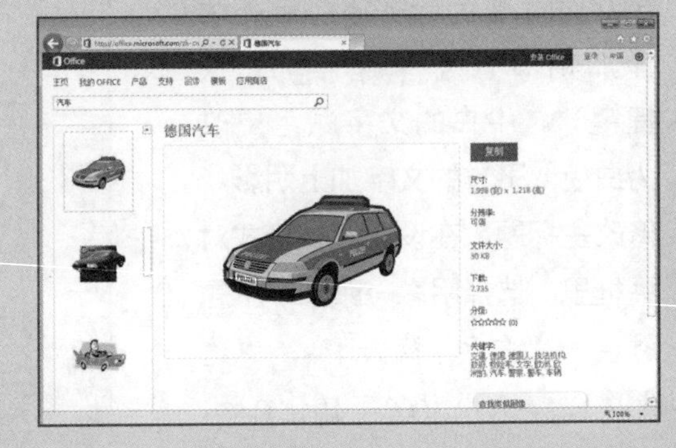

CHAPTER 11

数个项目循环的幻灯片

学习利用 SmartArt，有效率地设计循环图，通过插入图像，制作具完成度的幻灯片。

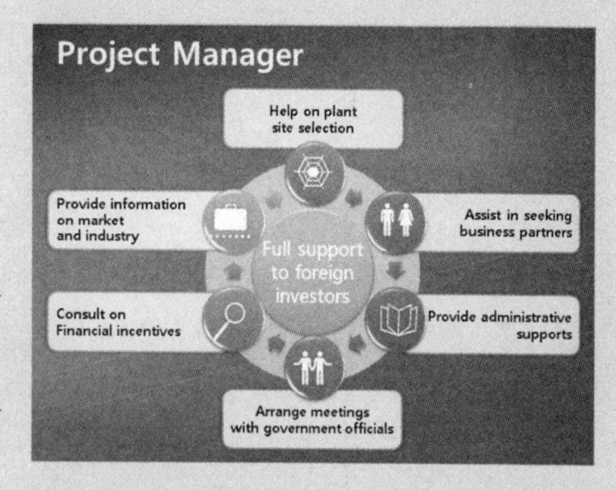

CHECK POINT

利用 SmartArt，好好地设计幻灯片是一件相当重要的事。本范例将详细地介绍插入 SmartArt 后，如何调整与设计，希望读者能善加运用与学习。以圆形为基本架构，再搭配矩形，是应用灵活度相当高的图解设计。中央的圆形提供核心关键词或产品重要信息，而周围 6 个圆形要素，传达详细内容并说明其程序，是可运用在说明或介绍具有 6 项特点产品时，非常好用的图解。然而，6 种要素若输入 1 到 6 的数字，容易造成混淆，因此，本范例比较适合用在单向或双向自由说明内容的幻灯片设计。

准备范例：CD\ 范例 \Part6\068\068_ex.pptx

完成范例：CD\ 范例 \Part6\068\068.pptx

制作立体图形

01 打开 CD\ 范例 \Part6\068\068_ex.pptx 文件。中间的圆看起来力量不够，选取中间的圆形，在绘图工具 - 格式选项卡→形状样式组→其他按钮→“强烈效果 - 橙色，强调颜色 6”。

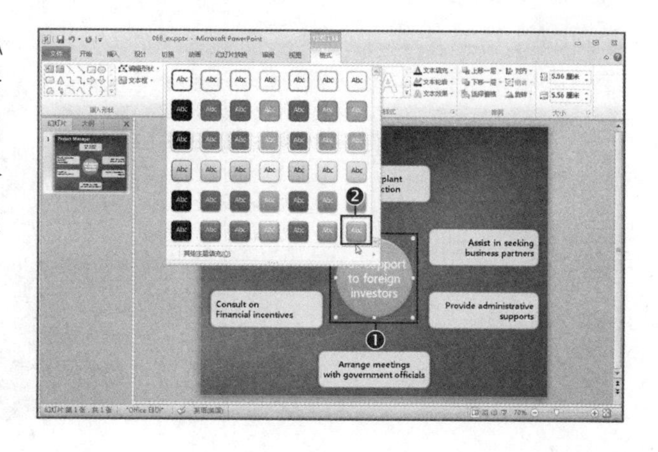

02 在插入选项卡→插图组里，选择 SmartArt，出现选择 SmartArt 图形对话框。选取循环→基本循环。

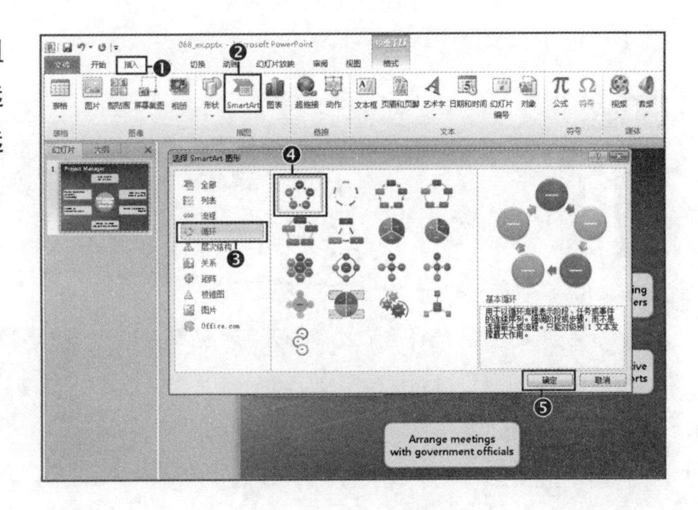

03 选取 SmartArt 组，在 SmartArt 工具 - 设计选项卡→创建图形组→添加形状，共制作 6 个圆。

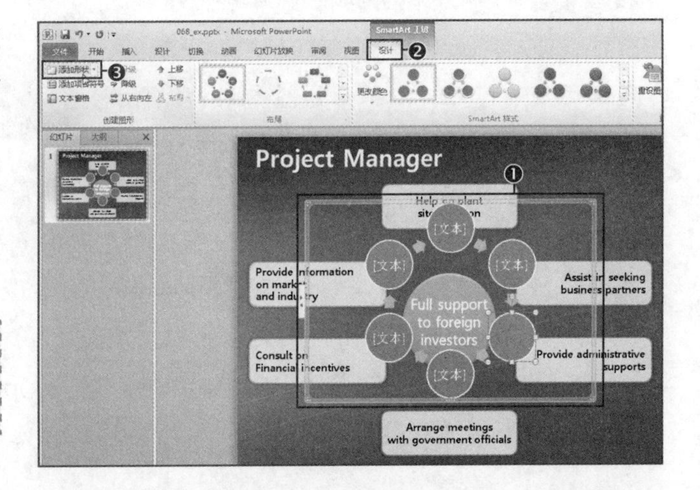

需要文本窗格时，可选择创建图形组里的文本窗格按钮，就会出现文本窗格。

04 为了赋予立体感，在 SmartArt 样式组里，选择三维→优雅。

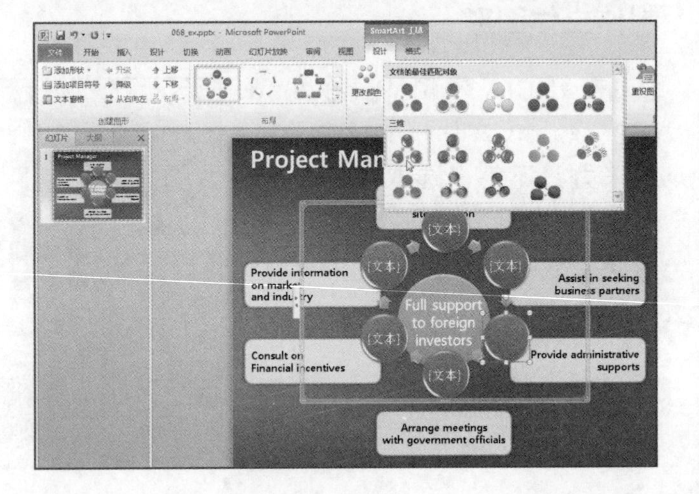

05 在 SmartArt 样式组里，选择更改颜色→彩色→彩色范围 - 强调文字颜色 4 至 5。调整位置，让中央的圆成为图形的中心。

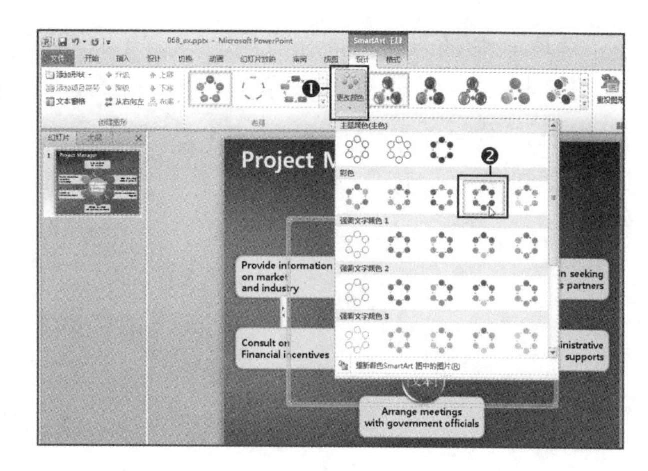

提高设计完成度

06 绘制一个可赋予安全感的圆，扮演联系 SmartArt 的角色。在开始选项卡→绘图组里，选择基本形状→椭圆，如图般绘制一个圆。圆的颜色可选择形状样式组→形状填充→主题颜色→“水绿色 - 强调颜色 5, 淡色 40%”。

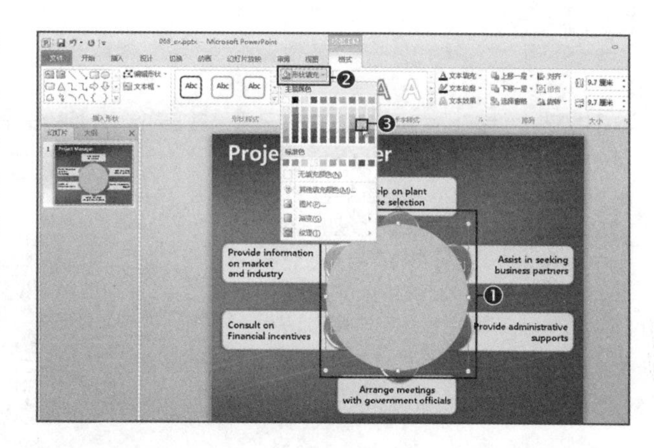

TIP

前面已多次提到，绘制图形时，基本上会出现在所有对象的最上方。必要时，可通过绘图工具 - 格式选项卡→排列组里的上移一层或下移一层来调整对象顺序。

07 在各个圆内插入相关图像。在插入选项卡 - 图像组里，选择图片，打开 CD\范例\Part6\068\01～06.png 文件，插入至各个圆内。

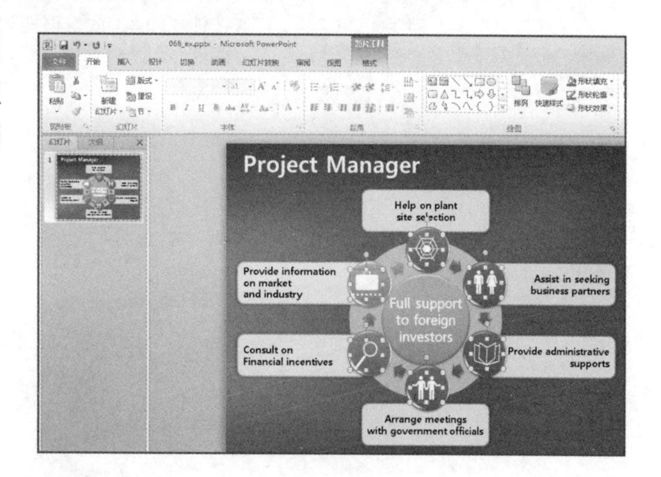

08 选取 6 个插入图像，在设置图片格式对话框里，选择阴影→预设→外部→居中偏移，让图像与立体圆形更显自然。

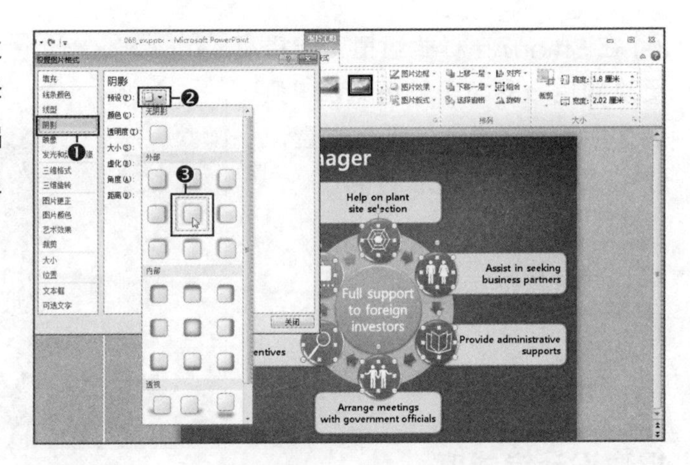

TIP

利用【Shift + 旋转控制点】组合键来旋转图形

选择图形时，会出现一个绿色的旋转控制点。将鼠标移到旋转控制点上方，按住鼠标左键不放拖动时，图形会以中央为主轴，开始旋转。若按住Shift键不放，再拖动旋转控制点时，可依15°、90°、180° 等特定角度来旋转图形。

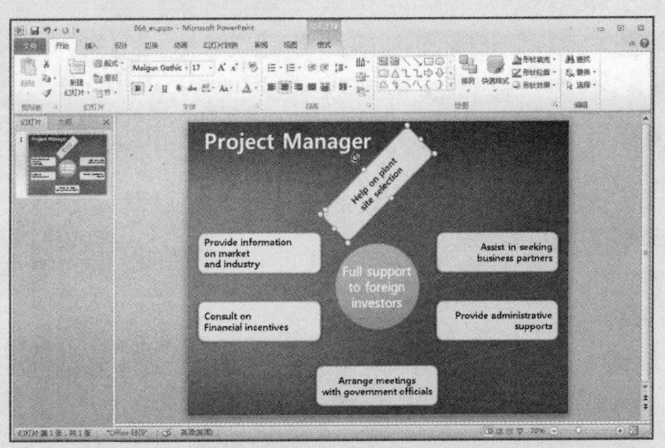

按住Shift键不放，再拖动旋转控制点时，会依 15° 为间隔来旋转图形

CHAPTER 12

彼此衔接循环的箭头幻灯片

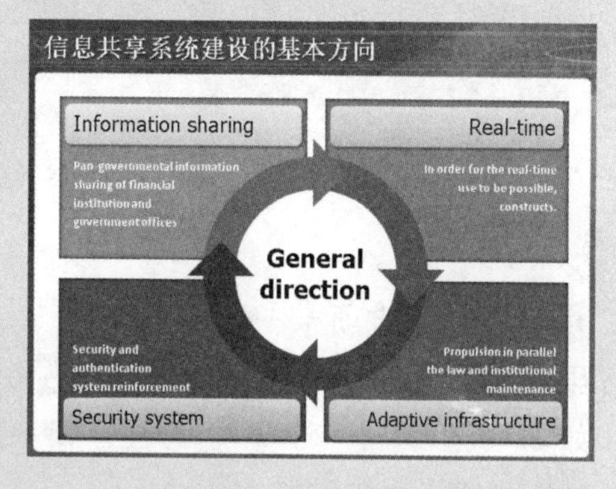

利用拱形圆弧与三角形制作箭头，传达循环的内容，并通过阴影，制作呈现立体感的幻灯片

CHECK POINT

比立体感更重要的是呈现自然循环的 4 个关键词内容。善加调整圆弧颜色，让内容及箭头达到协调并能相辅相成。这是想要以四个组合内容达成单一目标或结论时，使用的图解设计，尤其在 S.W.O.P 分析时，是相当实用的幻灯片设计。不仅可呈现 1 到 4 的顺序，也能单纯地介绍 4 个要素。本幻灯片虽然没有显示出 1 到 4 的数字，但一般信息判读方向是由左至右。本幻灯片是 PPT 必备的设计之一，既单纯又有效，请务必好好学习。

准备范例：CD\ 范例 \Part6\069\069_ex.pptx

完成范例：CD\ 范例 \Part6\069\069.pptx

制作循环图

01 打开 CD\ 范例 \Part6\069\069_ex.pptx 文件。欲于中央制作循环图，在开始选项卡→段落组里，通过文本右对齐先整理画面。

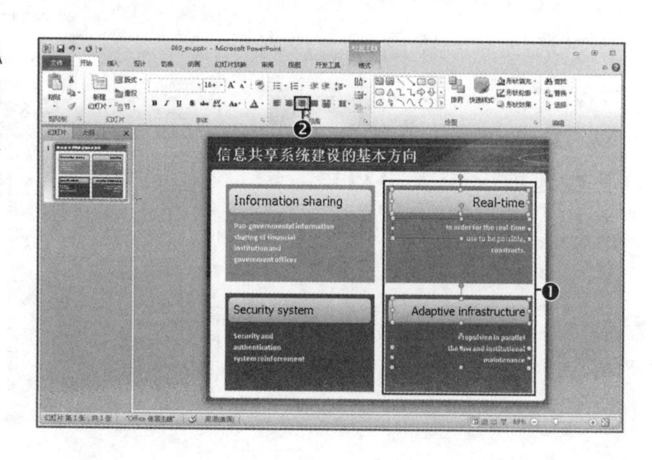

02 同时选取小标题与图形，如右图般调整位置并排列整齐。

TIP

虽然可以直接在图形内输入文字，但本幻灯片因采用在图形上方增加文本框的方式，所以在移动时，必须按住 Shift 键不放，选取起来后，再调整位置。

03 在开始选项卡→绘图组里，选择基本形状→椭圆，如右图般绘制一个不会遮住文字的圆，放在幻灯片中央，颜色设置为白色，输入文字。在开始选项卡→字体组里，设置字体为“Tahoma”，字号“32 磅”。

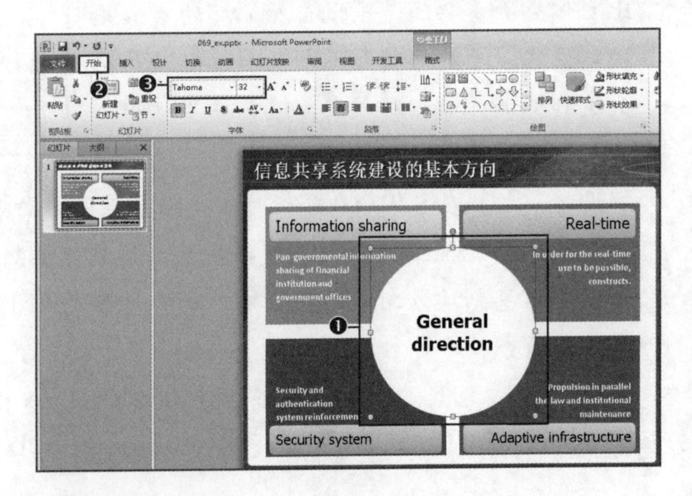

04 欲绘制循环箭头，故选择开始选项卡→绘图组→基本形状→拱形，绘制出一个拱形。选取拱形，在绘图工具-格式选项卡→大小组里，修正大小为“形状高度 8.67 厘米、形状宽度 8.67 厘米”。

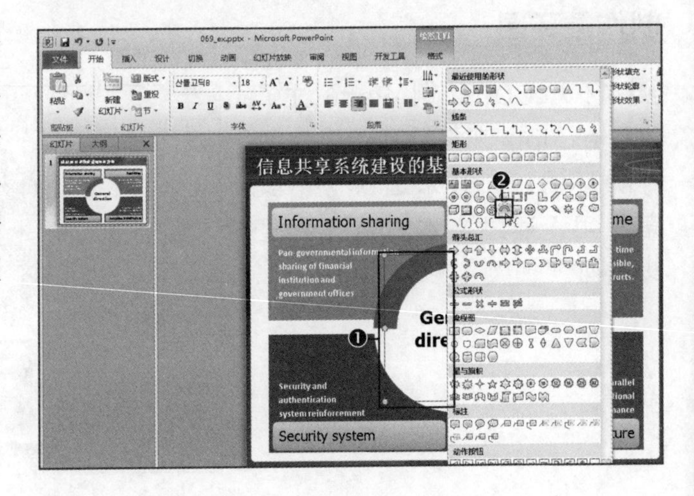

05 选取步骤 04 里绘制的拱形，按下【Ctrl + D】快捷键复制图形，总共 4 个图形。

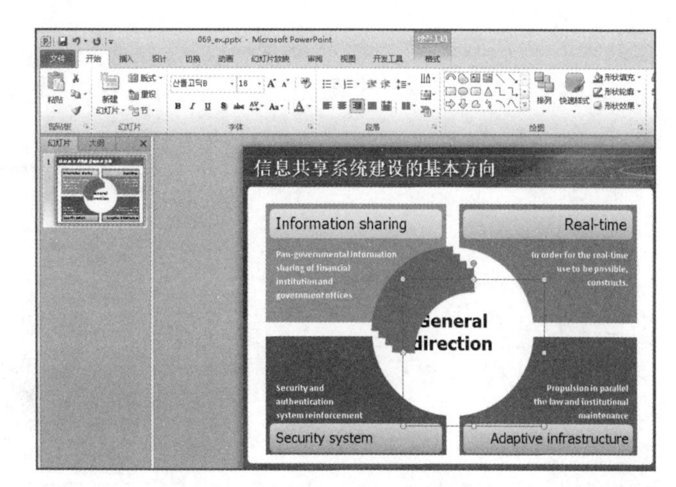

06 选取复制的拱形，拖动形状控制点，如右图般调整位置及形状。

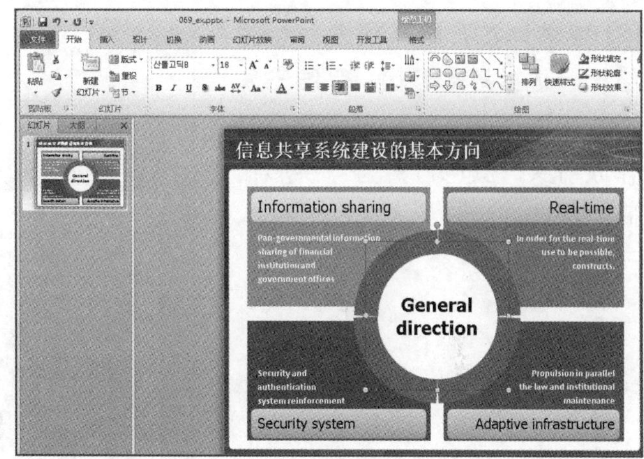

07 按住Shift键不放，选取所有的拱形。在绘图工具格式选项卡→排列组→对齐→左右居中与上下居中，将图形排列整齐。

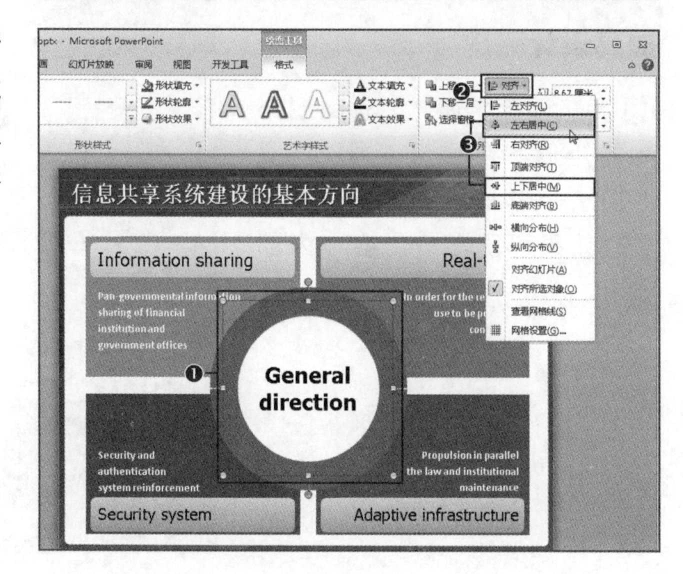

08 在形状样式组合→形状轮廓→主题颜色里，如右图般设置各拱形的颜色。

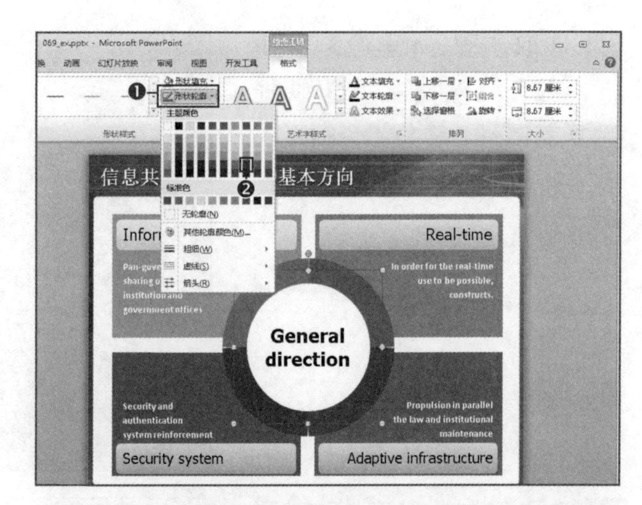

09 接着，在开始选项卡→绘图组里，选择基本形状→等腰三角形，在拱形上方绘制三角形，制作成箭头。颜色设置为与拱形相同的颜色。

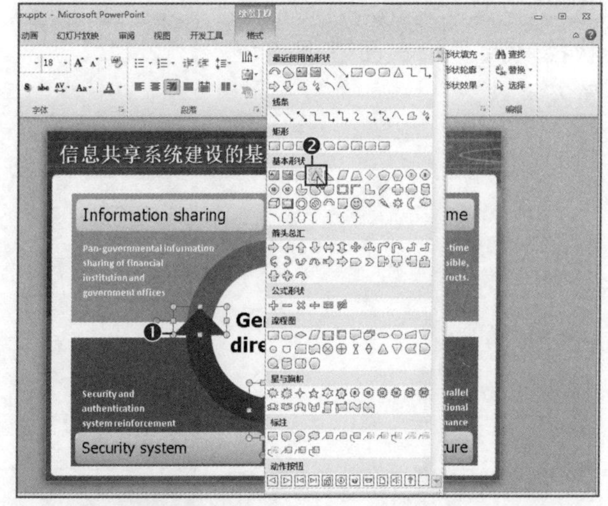

提高设计完成度

10 为了消除平面感，选取四个大的矩形，在绘图工具 - 格式选项卡→形状样式组里，选择形状效果→阴影→内容→内部居中。

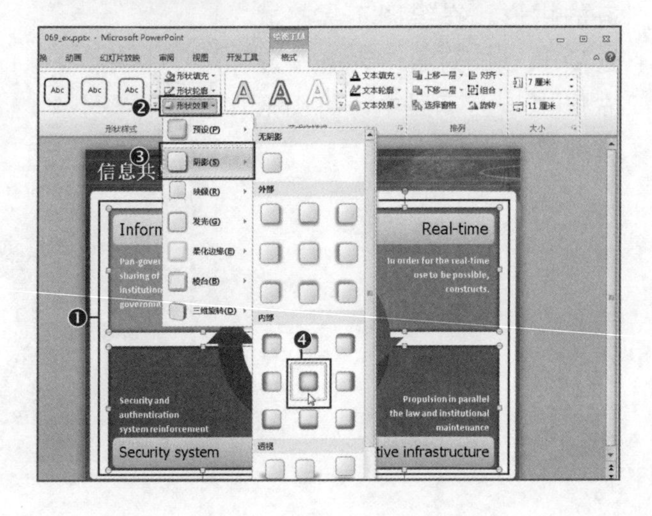

11 选取所有小标题的矩形，在绘图工具格式选项卡→形状样式组里，选择阴影→外部→右下斜偏移，利用阴影呈现立体感。

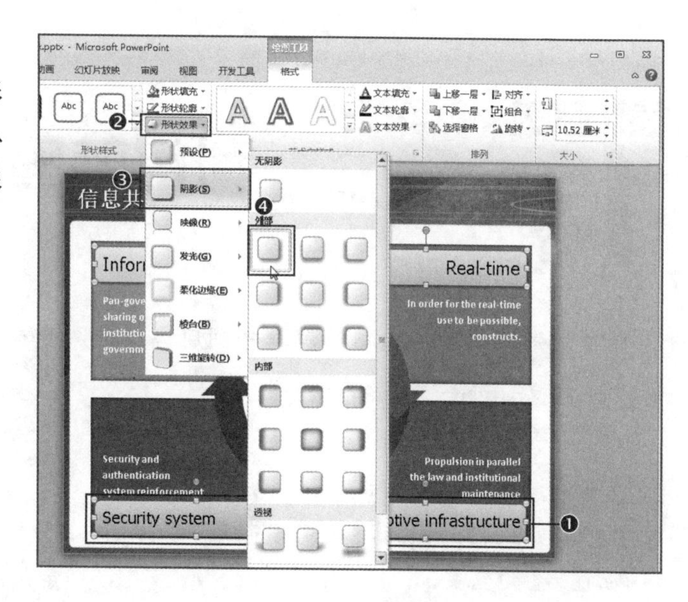

TIP

使用F1键

在 PowerPoint 里进行幻灯片放映时，可以利用鼠标切换幻灯片。但若利用鼠标播放幻灯片，鼠标的光标会影响观众的视线并降低其注意力。因此，幻灯片放映时，最好使用键盘的快捷键来播放。利用键盘快捷键播放，即使不用鼠标，也能随心所欲地切换到想前往的幻灯片页数，也能带给观众熟练的 PPT 播放技巧与能力等印象。此外，在进行幻灯片放映时，若按下F1键，可看到下图的快捷键。整理其中几个一定会用到的快捷键

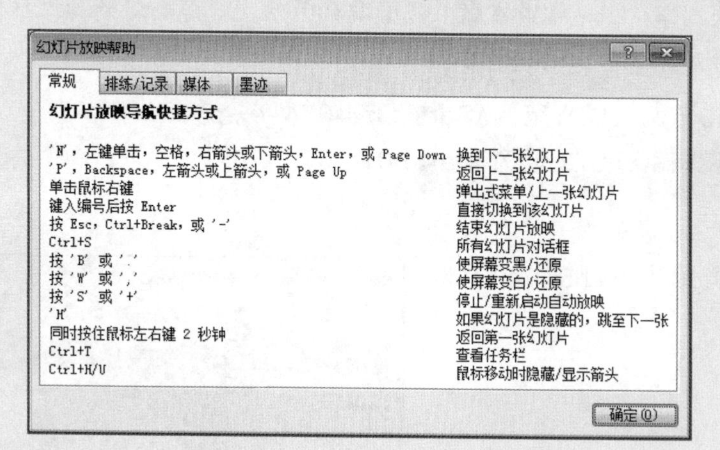
幻灯片放映帮助

常规 | 排练/记录 | 媒体 | 墨迹

幻灯片放映导航快捷方式

快捷方式	功能
'N'，左键单击，空格，右箭头或下箭头，Enter，或 Page Down	换到下一张幻灯片
'P'，Backspace，左箭头或上箭头，或 Page Up	返回上一张幻灯片
单击鼠标右键	弹出式菜单/上一张幻灯片
键入编号后按 Enter	直接切换到该幻灯片
按 Esc，Ctrl+Break，或 '-'	结束幻灯片放映
Ctrl+S	所有幻灯片对话框
按 'B' 或 '.'	使屏幕变黑/还原
按 'W' 或 ','	使屏幕变白/还原
按 'S' 或 '+'	停止/重新启动自动放映
'H'	如果幻灯片是隐藏的，跳至下一张
同时按住鼠标左右键 2 秒钟	返回第一张幻灯片
Ctrl+T	查看任务栏
Ctrl+H/U	鼠标移动时隐藏/显示箭头

确定(O)

操作	快捷键	操作	快捷键
移到下一张幻灯片	Enter Spacebar Page Down → ↓	移到最后一张幻灯片	End键
移到上一张幻灯片	BackSpace Page Up ← ↑	转换为笔型游标	Ctrl + P快捷键
移到想要去的页面	幻灯片编号 + Enter键	转换为箭头游标	Ctrl + A快捷键
移到第一张幻灯片	Home键	结束幻灯片	Esc键

CHAPTER
13 利用韩国地图的幻灯片

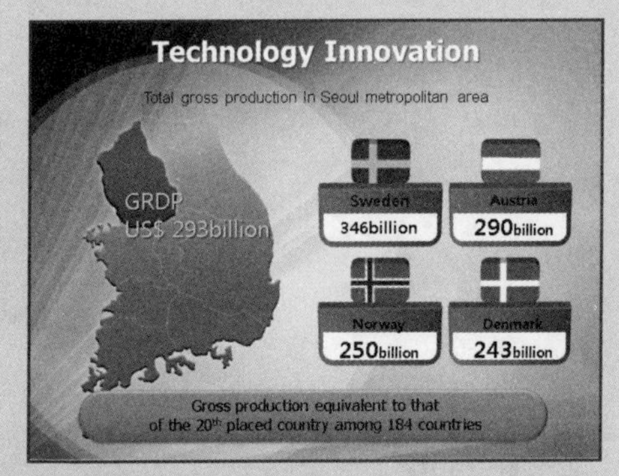

插入数张图像后，加以整理，并利用编辑顶点，学习三维呈现。

CHECK POINT

若使用过多的渐变颜色，幻灯片会显得散漫且不具统一性；因此，使用同色系的颜色来设计，甚为重要。

本幻灯片使用韩国地图与各国国旗，是使用度相当高的一种图解设计。地图是幻灯片设计里，使用频率相当高的一种要素，而国旗的使用率也很高，各国的国旗都是可运用的要素。左侧韩国地图部分区域设计得较为突出，是为了加以强调；而右侧以各国国旗与数据，呈现出自然对比形态的幻灯片。虽然也可以利用其他方式来呈现国家，但通常最有效且最直接的方法，就是利用最具象征性的国旗，这是能带给广大观众最直接印象的绝佳方法。

准备范例：CD\ 范例 \Part6\074\074_ex.pptx

完成范例：CD\ 范例 \Part6\074\074.pptx

01 打开 CD\ 范例 \Part6\074 \074_ex.pptx 文件。

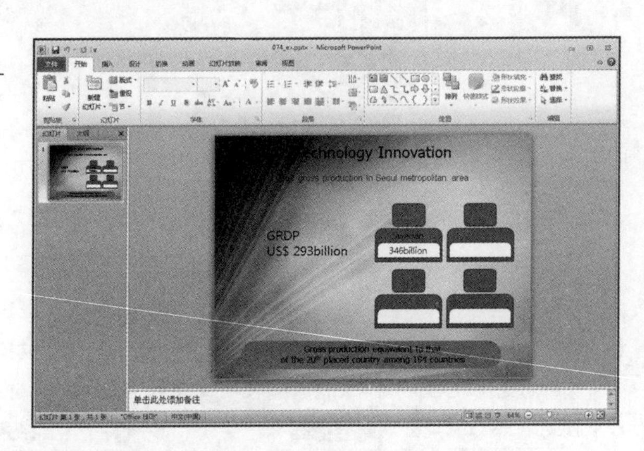

02 选取幻灯片右侧的四个矩形，在绘图工具 - 格式选项卡→形状样式组里，选择设置形状格式按钮，在出现的设置形状格式对话框，选择填充→渐变填充→方向→线性向左。设置“停止点 1- 红（226）、绿（219）、蓝（188）；停止点 2- 红（236）、绿（232）、蓝（213）；停止点 3- 红（245）、绿（243）、蓝（234）”。设置线条颜色→“红（148）、绿（138）、蓝（84）”，线型→宽度“1.5 磅”。

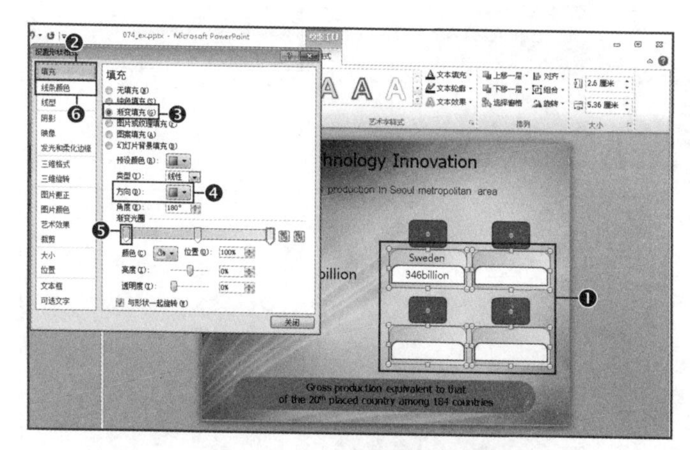

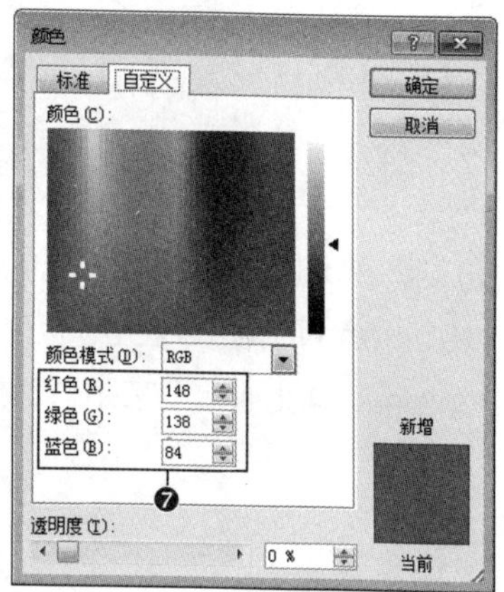

03 设置完渐变颜色后，如右图般利用旋转控制点将矩形旋转 180°，接着在设置形状格式对话框里，设置三维格式→顶端→圆，“宽度 3 磅、高度 4 磅，深度 20 磅”，在三维旋转，选择预设→透视→下透视。

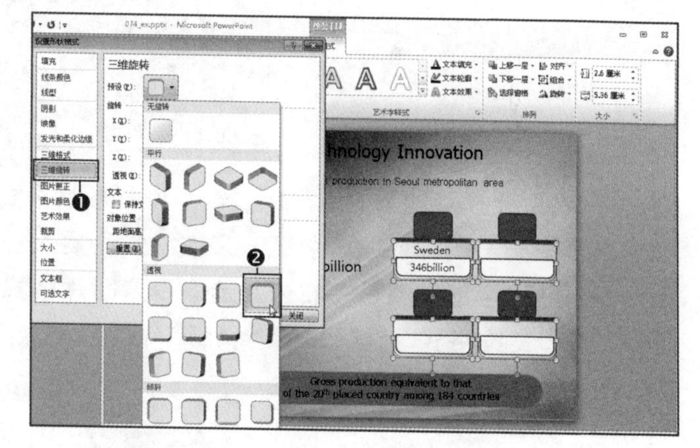

04 选取所有小的矩形，在设置形状格式对话框，选择填充→渐变填充→方向→线性向左，设置“停止点 1- 红（87）、绿（80）、蓝（42）；停止点 2- 红（127）、绿（118）、蓝（65）；停止点 3- 红（153）、绿（141）、蓝（79）”，设置阴影→预设→内部→内部居中，虚化“4 磅”。

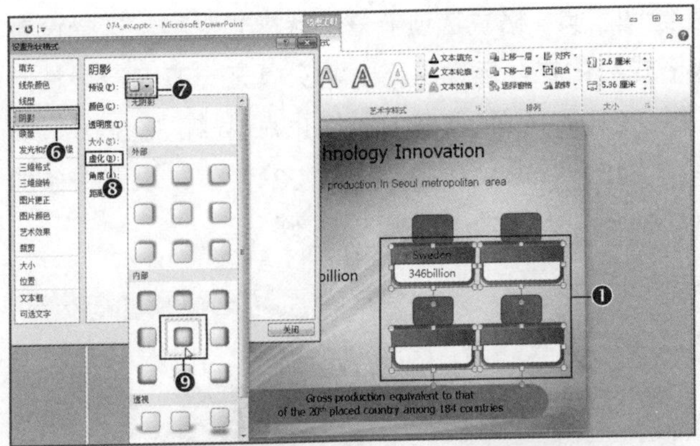

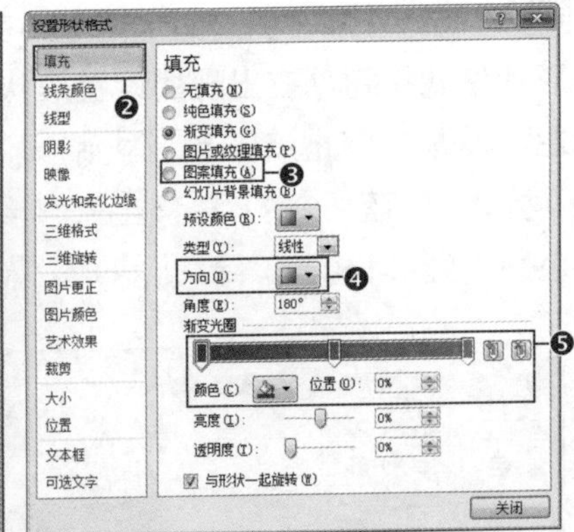

05 如右图般输入“Austria 290bilion,Norway 250bilion, Denmark 243bilion”文字。

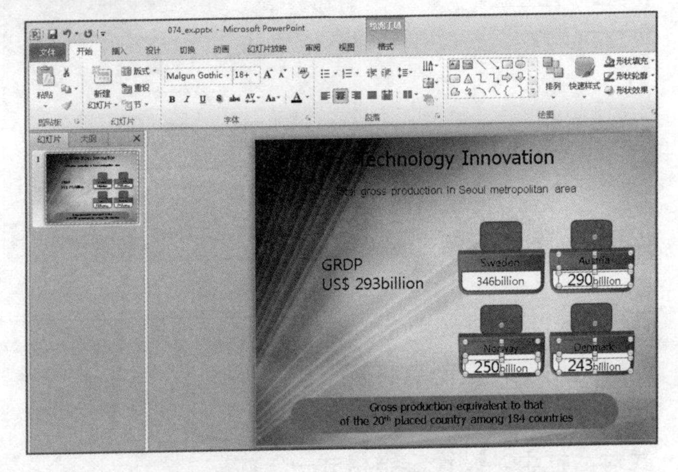

06 分别选取要插入地图的图形，右击→设置形状格式，在出现的设置形状格式对话框，选择填充→图片或纹理填充→文件，依序插入各自的图像，其图像必须设置为无线条。选取全部地图后并右击，选取设置图片格式，在出现的设置图片格式对话框中，选择三维格式，设置深度“20 磅”；在三维旋转，选择预设→透视→下透视。

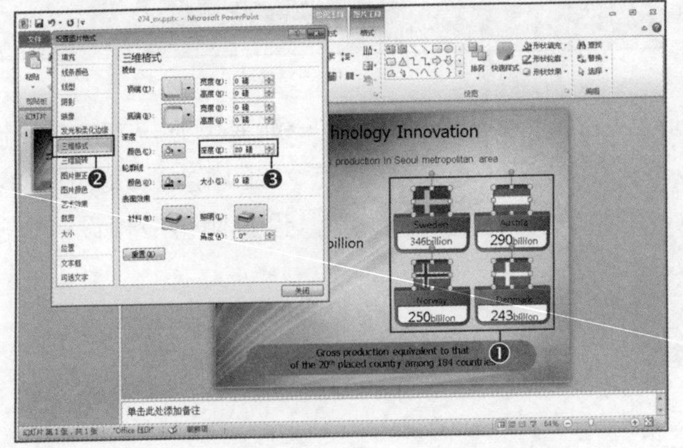

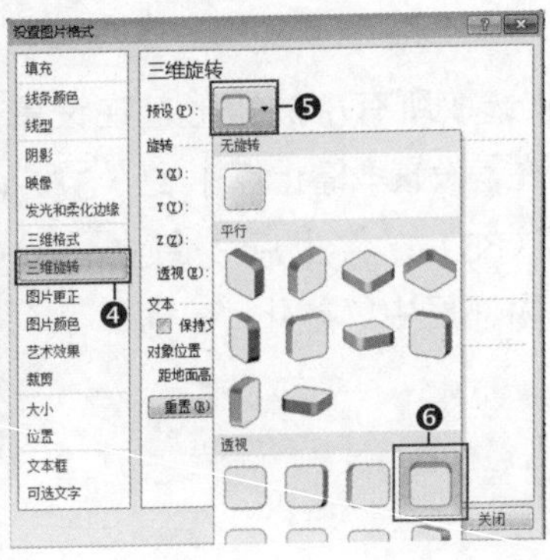

07 在插入选项卡→图像组里，选择图片，打开 CD\ 范例 \Part6\074\ 图 1、图 2、韩国地图、韩国京畿道区域等文件，在开始选项卡→绘图组里，选择排列。在排序对象里，利用上移一层、下移一层调整图片的顺序。

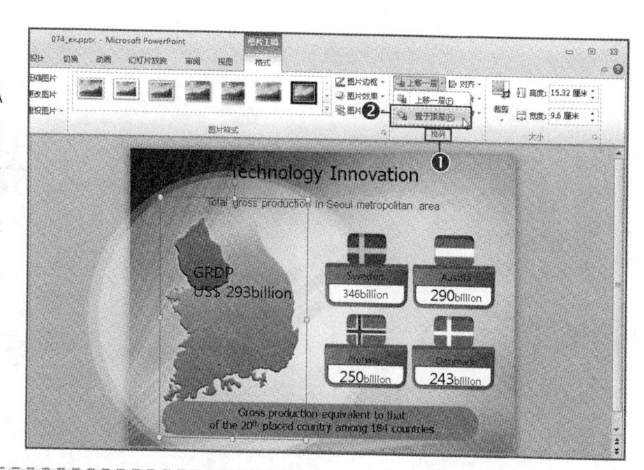

TIP

对象顺序方面，因为无法具体说明哪个顺序最合适，所以，先选择置于底层，然后再往上层移动，这样会比较快。

08 选取幻灯片下方的橙色图形，选择绘图工具 - 格式选项卡→形状样式组→其他按钮→“强烈效果 - 橙色，强调颜色 6”。

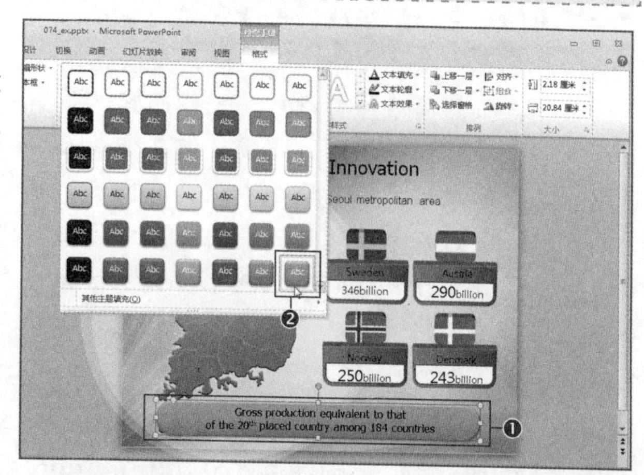

编辑文字

09 选取所有小标题文字，套用加粗（【Ctrl + B】快捷键）。再选择大标题，在开始选项卡→字体组里，选择字体颜色，更改为白色，再设置加粗与文字阴影。最后将图片左侧文字的颜色改为“黄色”、“文字阴影”。

※ 文字可在细节处进行设置，如数字比英文字母大、更改颜色为橙色等。

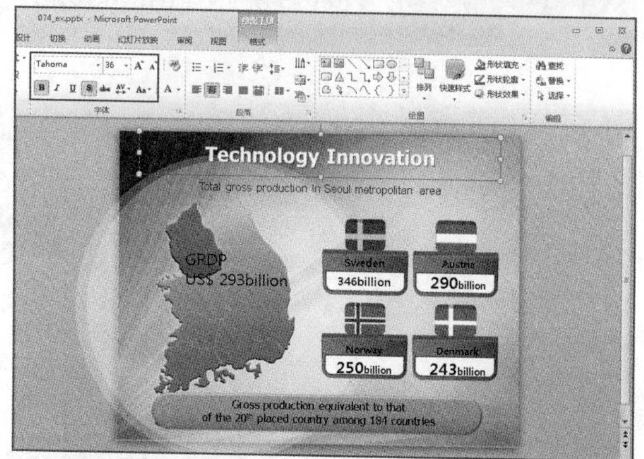

TIP

在幻灯片里，文字的重要性最好利用颜色进行区分；在暗色背景上，选用亮色字体、在需强调的地方使用强烈的颜色，加上文字阴影或加粗等。

CHAPTER 14 三步骤概念分析、并列幻灯片

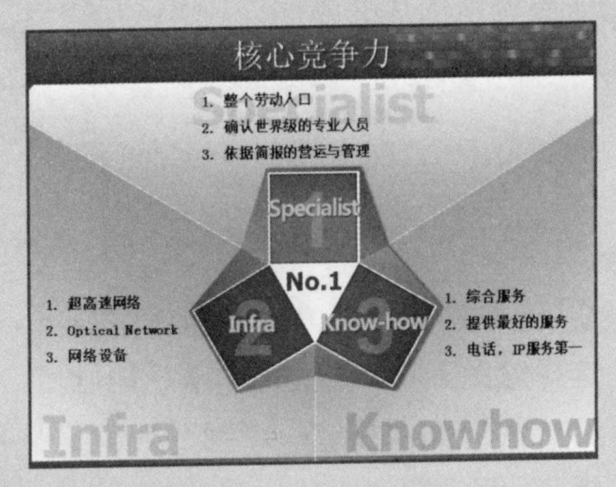

学习利用图形的形态与颜色的填色效果，编辑三步骤概念分析的幻灯片设计。

CHECK POINT

利用任意多边形设计三大概念的背景，并赋予不同的颜色。适当地运用透明度，学习提高幻灯片完成度的方法。这是以三种要素阐明单一目标的简洁图解设计。一般而言，两个或四个等双数的设计并不难，但三个或五个等单数的设计，在呈现方式上就有困难。将幻灯片画面切割为三等分来呈现画面时，重点在于设计第一的中央上方区域要比第二及第三的区域略小。因为若将画面三等分处理，在视觉上，上方区域会显得过大，因此设计得略小一些较为适当。如此一来，看起来才会感觉是三等分，才能完整地呈现信息在观众面前。

准备范例：CD\ 范例 \Part6\080\080_ex.pptx
完成范例：CD\ 范例 \Part6\080\080.pptx

01 打开 CD\ 范例 \Part6\080 \080_ex.pptx 文件。

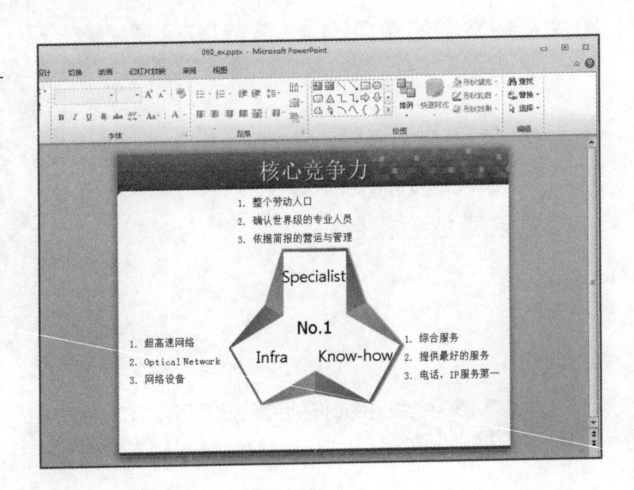

02 在开始选项卡→绘图组里，选择线条→任意多边形，如下图般绘制后，因为是背景部分，所以选择排列组→置于底层。在设置形状格式对话框，选择填充→渐变填充，如下所示输入各停止点的值，设置颜色。

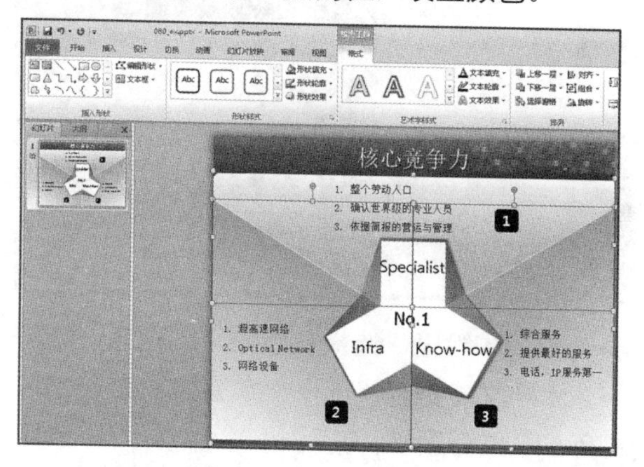

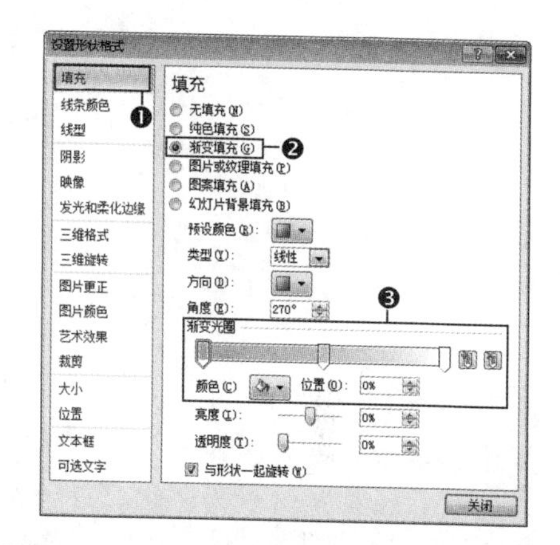

- 1 号图形：角度 270°；停止点 1- 红（151）、绿（212）、蓝（235）；停止点 2- 红（192）、绿（227）、蓝（241）；停止点 3- 白色
- 2 号图形：角度 120°；停止点 1- 红（183）、绿（166）、蓝（208）；停止点 2- 红（210）、绿 201）、蓝（224）；停止点 3- 白色
- 3 号图形：角度 -120, 停止点 1- 红（154）、绿（181）、蓝（228）；停止点 2- 红（194）、绿（209）、蓝（237）；停止点 3- 白色

03 在开始选项卡→绘图组里，选择矩形→矩形，如右图般绘制矩形后，利用旋转控制点，调整角度。在设置形状格式对话框，选择填充→渐变填充，分别设置颜色。

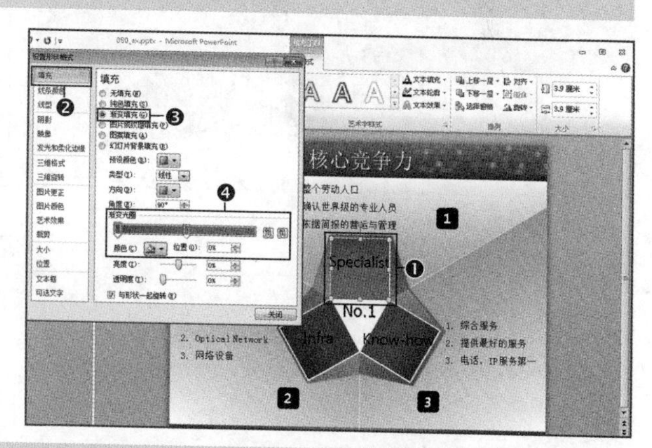

- 1 号图形：角度 90°；停止点 1- 红（49）、绿（133）、蓝（189）；停止点 2- 红（75）、绿（172）、蓝（198）
- 2 号图形：角度 0°；停止点 1- 红（96）、绿（74）、蓝（123）；停止点 2- 红（150）、绿（88）、蓝（188）
- 3 号图形：角度 180°；停止点 1- 红（55）、绿（96）、蓝（146），停止点 2- 红（79）、绿（129）、蓝（189）

04 选取所有设置颜色的图形，在设置形状格式对话框里，选取阴影→预设→内部→内部居中，设置虚化“5 磅”。

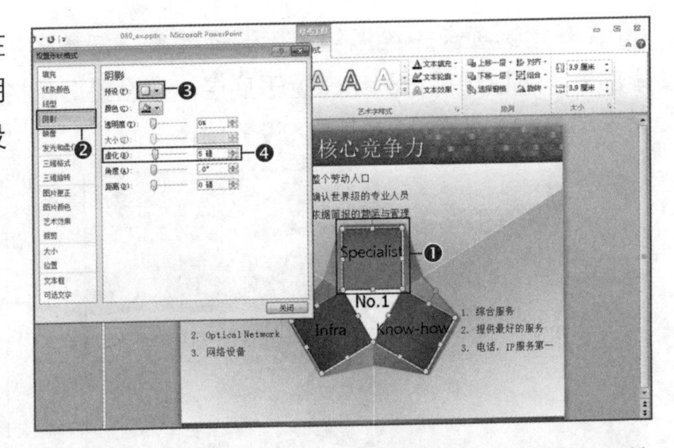

05 选取所有图形内的文字，在开始选项卡→字体组里，选择加粗与文字阴影，字符间距→紧密。在绘图工具 - 格式选项卡→艺术字样式组里，选择文本填充→标准色→黄色，接着选择文本轮廓→标准色→橙色，设置宽度“1 磅”。

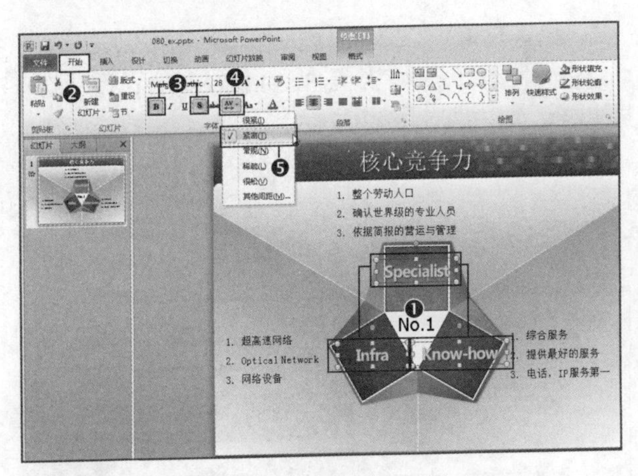

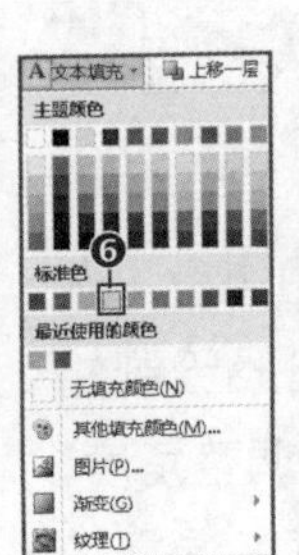

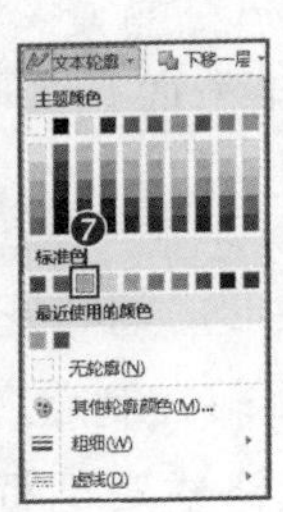

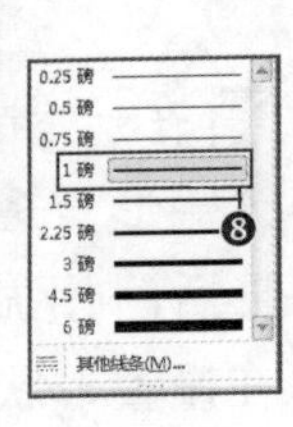

TIP

在 SmartArt 里添加形状至想要的位置

在 SmartArt 图形里，若想添加形状时，可在 SmartArt 工具 - 设计选项卡→创建图形组里，选择“添加形状”，会出现添加形状的项目，可在所选图形的上下或左右添加形状。

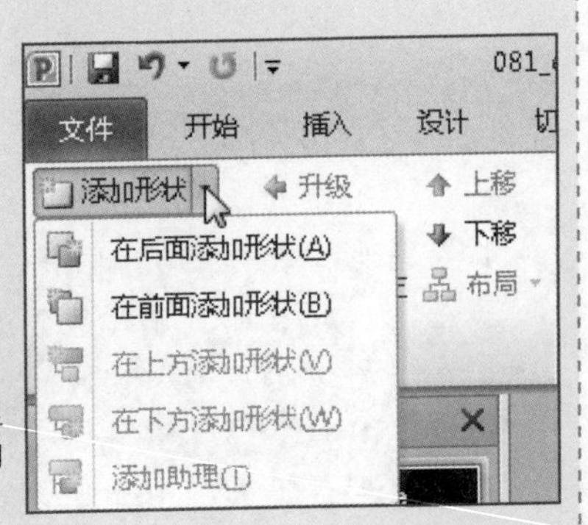

选择“添加形状”里的选项，可在想要的位置上添加形状

设计透明文字

06 在三角形里如图般输入文字。在设置文本效果格式对话框里，选择文本填充→纯色填充，调整透明度为“70%”。

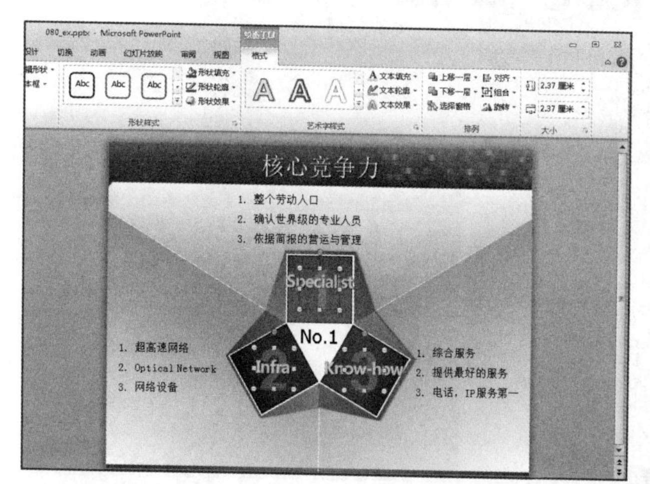

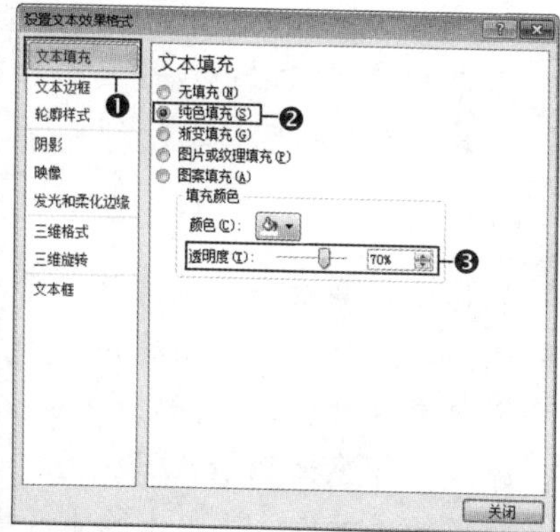

07 在幻灯片背景上输入文字后，设置透明度。副标题文字在开始选项卡→字体组里，设置加粗，中央三角形里的“No.1”则在字体颜色里设置为红色，并设置加粗，予以强调。

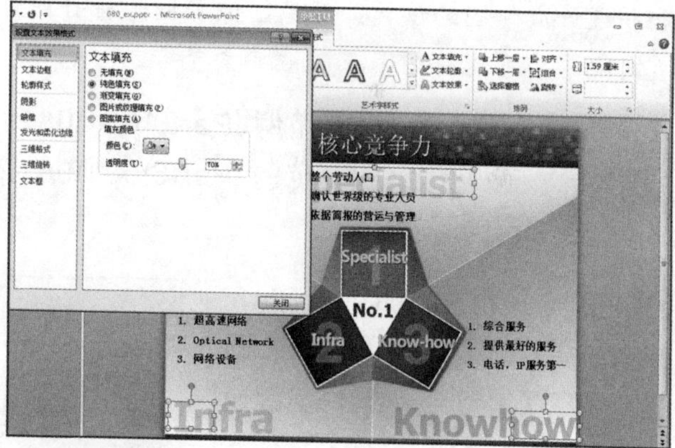

TIP

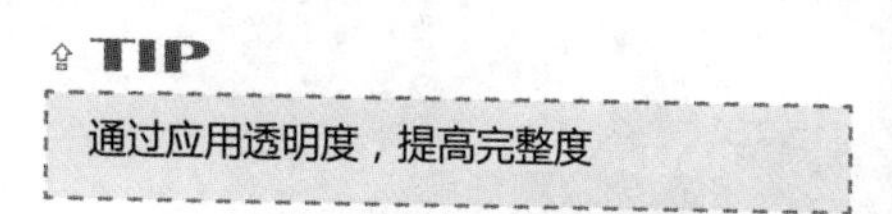
通过应用透明度，提高完整度

CHAPTER 15 四步骤概念分析、并列幻灯片

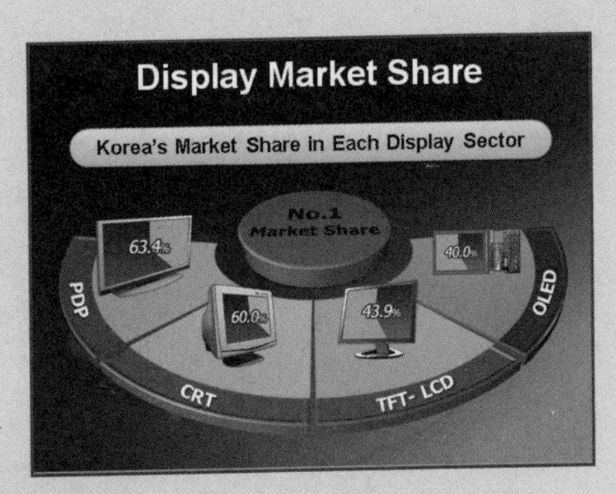

学习利用圆弧图形设计四步骤概念分析的幻灯片，呈现饼图解之幻灯片设计。

CHECK POINT

制作立体圆盘并转换文字，套用及编辑下方圆弧后，插入图像，完成幻灯片。这是将四个要素组合化，从而强调单一目标或要素，颇具空间感的图解设计。在四个要素上输入简短的关键词，而在其他地区插入产品图像，并设计成饼图的设计。产品图像与图形分开时，整理上会显得较为吃力且复杂，因此，尽可能将图像或其他要素整合为一。

准备范例：CD\ 范例 \Part6\081\081_ex.pptx
完成范例：CD\ 范例 \Part6\081\081.pptx

01 打开 CD\ 范例 \Part6\081 \081_ex.pptx 档。选取文字下的四个圆弧，按下【Ctrl + G】快捷键设置组合。

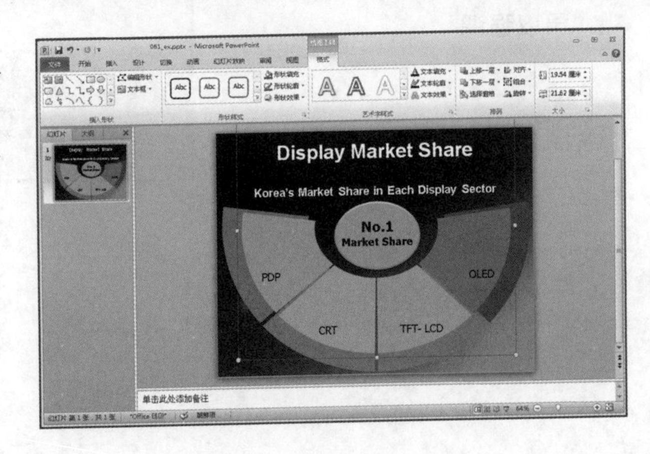

02 选取组合化的图形，右击→设置形状格式，在出现的设置形状格式对话框里，选择三维格式→材料→标准→金属效果；照明→特殊格式→两点。三维旋转→预设→透视→宽松透视“Y-（310）”，透视“55°”。

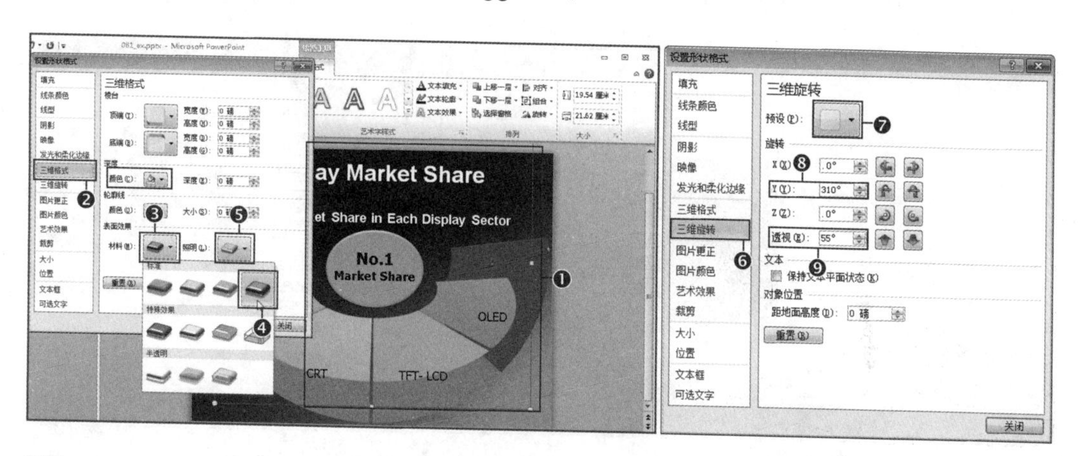

03 如上将下面的圆弧组合化，在设置形状格式对话框里，设置三维格式→顶端→斜面，“宽度 7.5 磅、高度 2 磅、深度 15 磅”，材料→特殊效果→硬边缘，照明→冷调→冰冻。再选择三维旋转→预设→透视→宽松透视，更改“Y-（310）”。

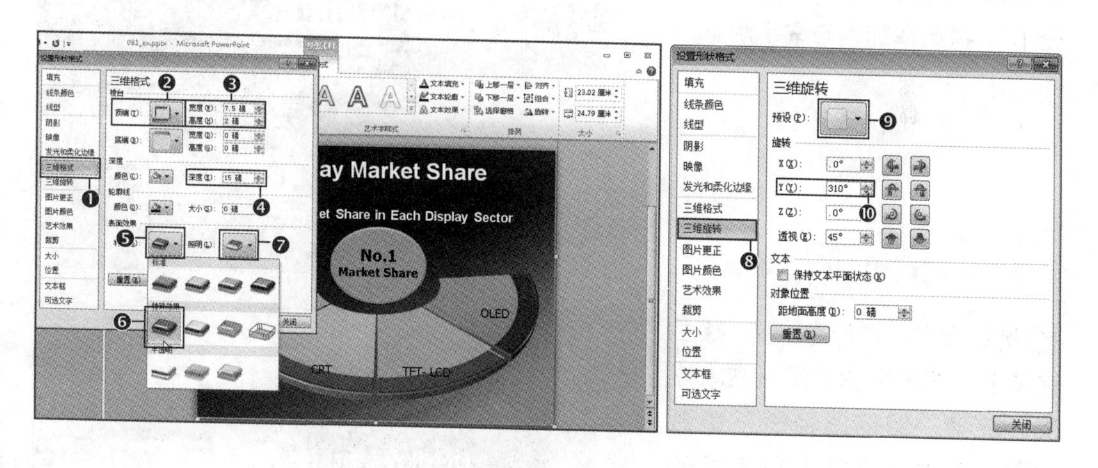

04 选取中央的圆，在设置形状格式对话框里，设置三维格式→深度“30 磅”，材料→特殊效果→硬边缘，照明→冷调→冰冻。再选择三维旋转→预设→透视→宽松透视，更改“Y-（310）”，透视“105° ”。

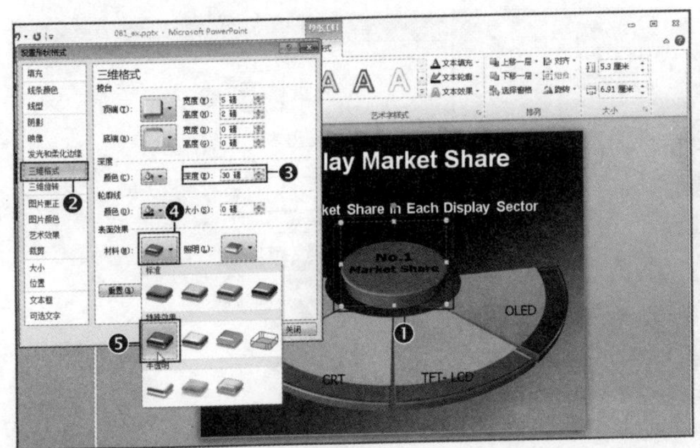

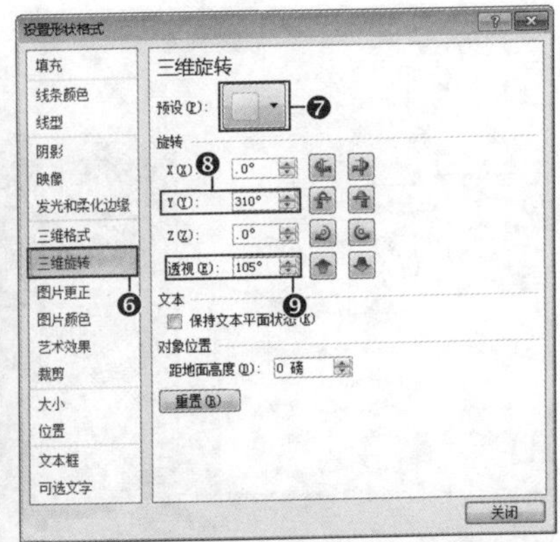

05 选取所有圆弧内的文字，在开始选项卡→字体组里，设置字体颜色→主题颜色→“白色，背景 1”，再选择加粗与文字阴影。

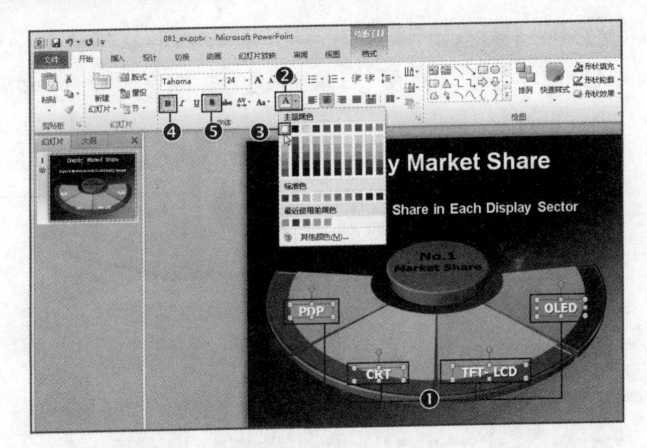

06 选取文字，在绘图工具 - 格式选项卡→艺术字样式组→文本效果→转换→跟随路径→下弯弧即可，可看到文字变形为拱形的模样。分别选择各文字，利用旋转控制点，依圆弧方向调整其方向及位置。

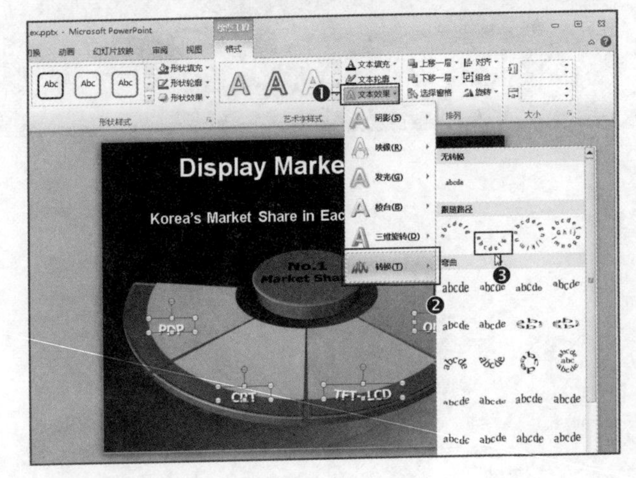

07 在插入选项卡→图像组里，选择图片，打开 CD\ 范例 \Part6\081\CRT、LCD、OLED、PDP 等文件，依序排列。

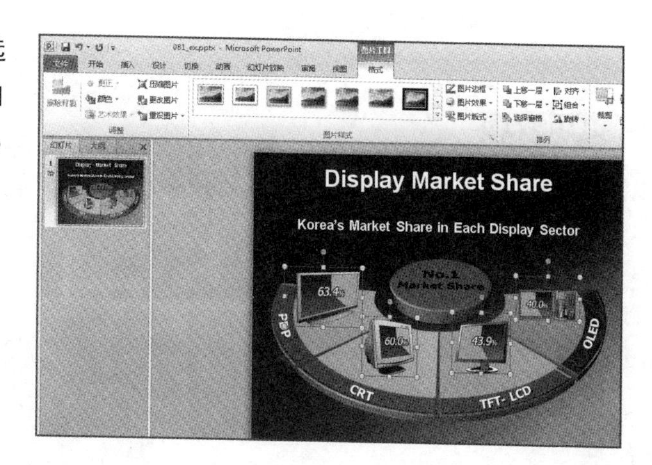

08 在开始选项卡→绘图组，选择矩形→圆角矩形，如右图般绘制圆角矩形后，在绘图工具 - 格式选项卡→形状样式里，选择“细微效果 - 水绿色 , 强调颜色 5”，在开始选项卡→字体组里，设置字体颜色→主题颜色→“黑色 , 文字 1”。

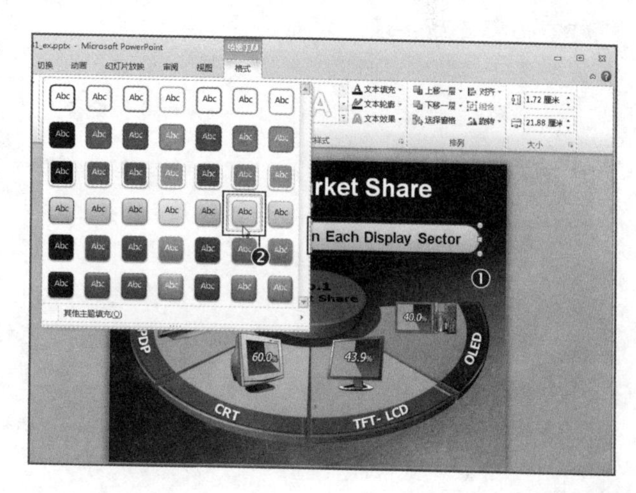

CHAPTER 16 六步骤概念分析、并列幻灯片

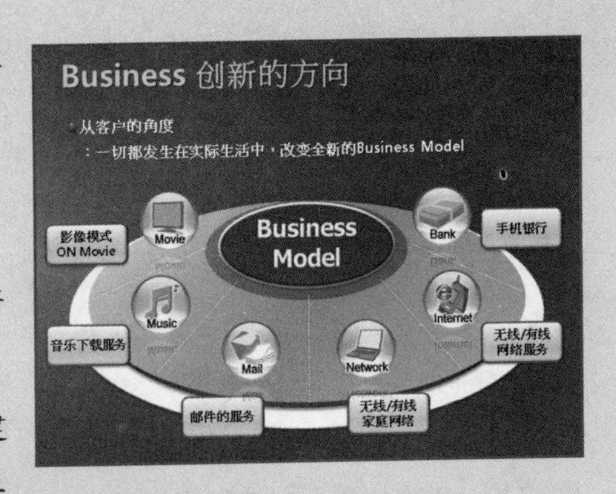

学习利用六步骤概念分析的按钮与套用三维旋转的圆形设计的方法。

CHECK POINT

PPT 必须善加整理，才能呈现完美的设计。诚如本幻灯片，拥有数个按钮与文本框，若未善加整理则容易显得散乱，必须特别注意。

在中央的椭圆图形上放置幻灯片的核心关键词，周围则以六个要素，搭配圆角矩形，呈现出整齐又具观赏性的图解设计。与其他图解的差异在于，中央的椭圆被一个大椭圆包围，并以虚线作区分；椭圆图形排列位置与虚线位置交叉，视觉上会呈现出椭圆向上矗立的错觉。因中央的核心关键词必须比六个要素更受重视及强调，在视觉上也需要更加醒目突显。图像结合按钮的复合型设计按钮即使体积不大，但因视觉的缘故，相对地也会比其他要素更受重视。这是常用在产品说明或商业模式相关 PPT 中的幻灯片设计。

准备范例：CD\范例\Part6\083\083_ex.pptx
完成范例：CD\范例\Part6\083\083.pptx

01 打开 CD\范例\Part6\083\083_ex.pptx 文件。这是针对商业模式之六大服务，以一般的设计手法而得的幻灯片，在此将以更高级的方法来进行设计。

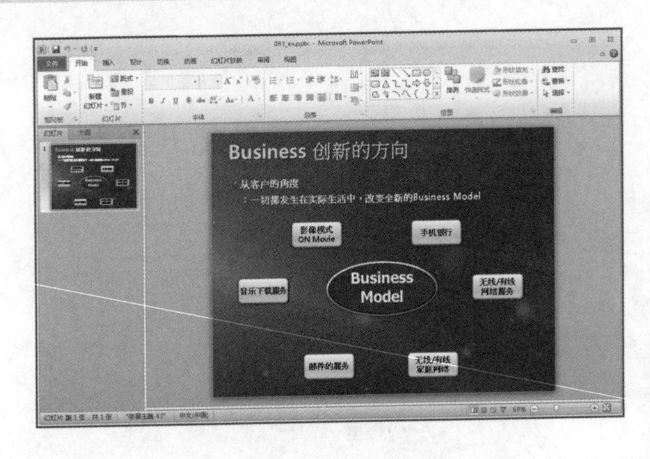

插入图像

02 制作六大服务之立体圆形。绘制椭圆后，请选取无线条，设置“形状高度 9.72 厘米、形状宽度 20.24 厘米”。在设置形状格式对话框，选择填充→渐变填充→角度“30° ”；设置“停止点 1- 红（183）、绿（222）、蓝（232）；停止点 2- 红（0）、绿（176）、蓝（240）；停止点 3- 红（95）、绿（223）、蓝（253）”。

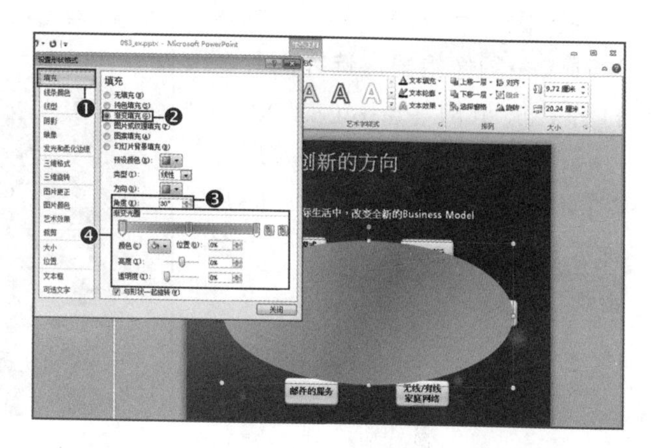

03 在设置形状格式对话框里，设置三维格式→深度“30 磅”，材料→特殊效果→硬边缘，照明→中性→三点。再选择三维旋转→预设→透视图→上透视。可通过绘图工具 - 格式选项卡→排列组→对齐选项，如下图般调整位置。

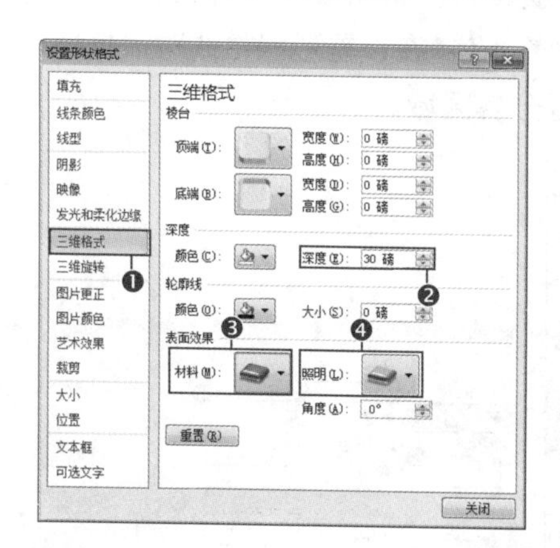

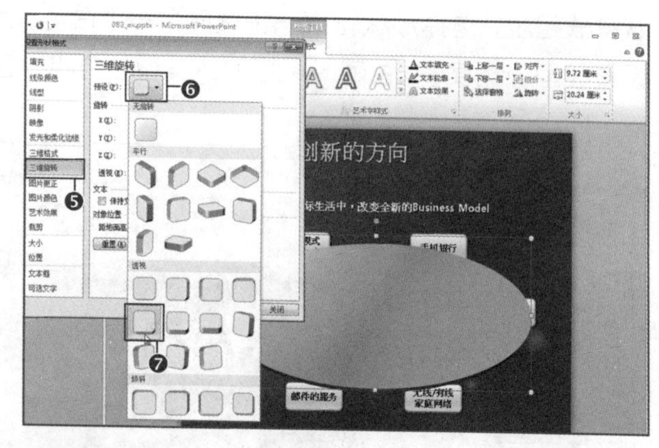

04 大圆会遮住中央的圆，请选择绘图工具 - 格式选项卡→排列组→下移一层→置于底层，在设置形状格式对话框里，设置阴影→预设→外部→向下偏移。

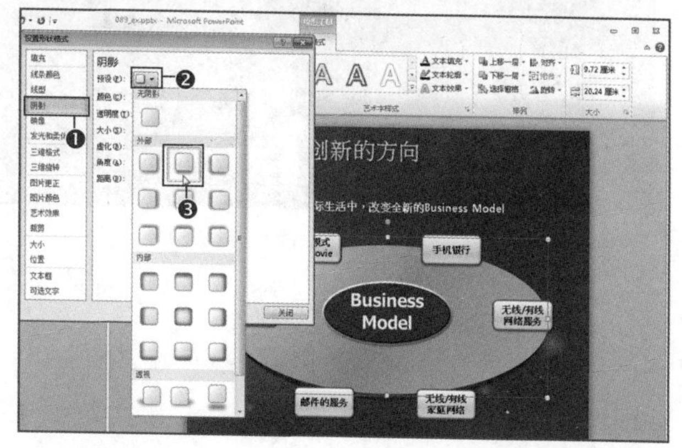

05 在大圆上方插入与各服务相关的图像，完成幻灯片。在插入选项卡→图像组里，选择图片，打开 CD\ 范例 \Part6\083\001～006.png 文件，如右图般整理；在图片工具 - 格式选项卡→图片样式组→图片效果→映像→“紧密映像，接触”。

整理的技术

06 到目前为止，幻灯片还没有完成。必须绘制可区分各项目的白色线条。在开始选项卡→绘图组里，选择线条→线条，绘制线条区分各项目。在绘图工具格式选项卡→形状样式组里，选择形状轮廓→主题颜色→“白色，背景 1”；在设置形状格式对话框里，设置线型→宽度“1.5 磅”，短划线类型→方点，区分各区域。

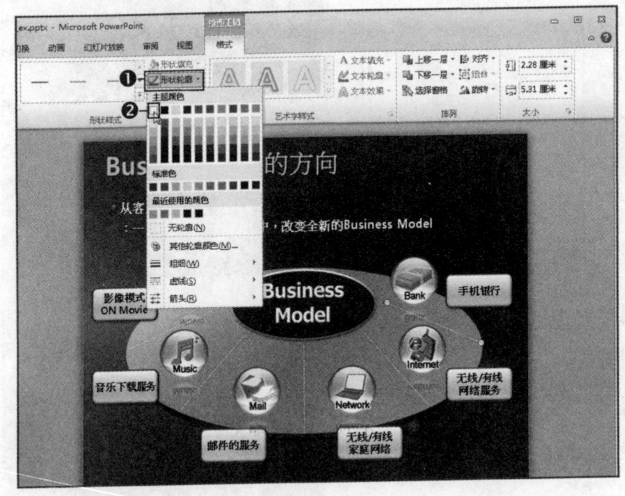

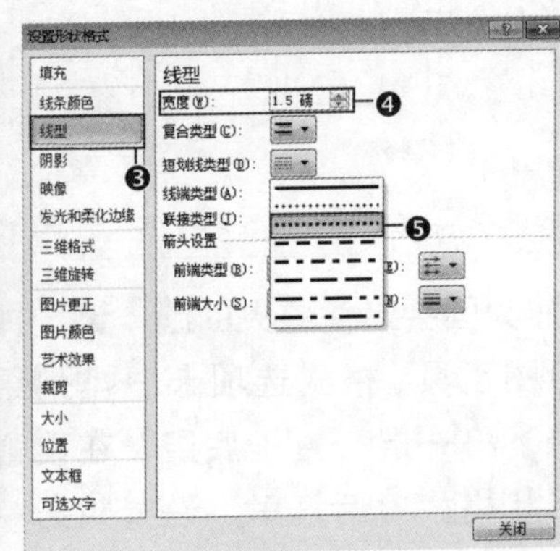

07 欲呈现更自然的效果，在“Business Model”文字下，再绘制一个圆，如右图配置后，再赋予立体感。在设置形状格式对话框里，选择填充→纯色填充→颜色→其他颜色，在出现的颜色对话框里，选择自定义→“红（112）、绿（48）、蓝（160），透明度 50%”。

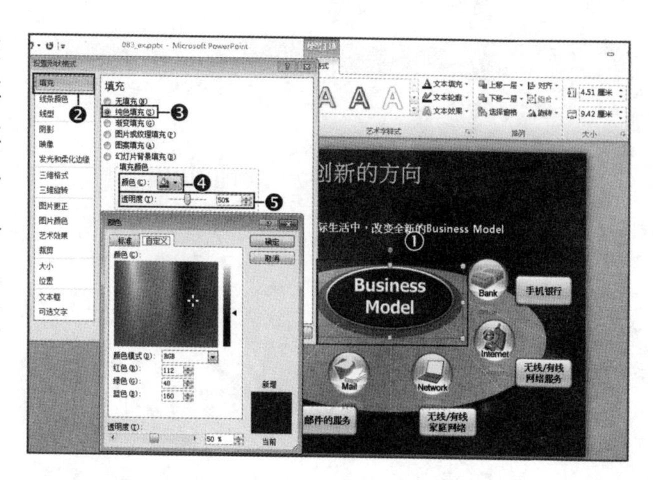

08 绘制一个比栅栏更大的圆“高度 10.89 厘米、宽度 22.03 厘米”，如范例完成图般放置，颜色更改为白色。在设置形状格式对话框里，设置阴影→预设→外部→向下偏移，再选择三维旋转→预设→透视→上透视。

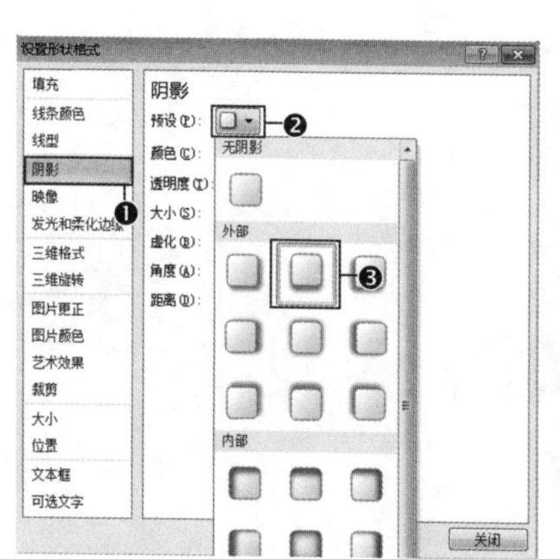

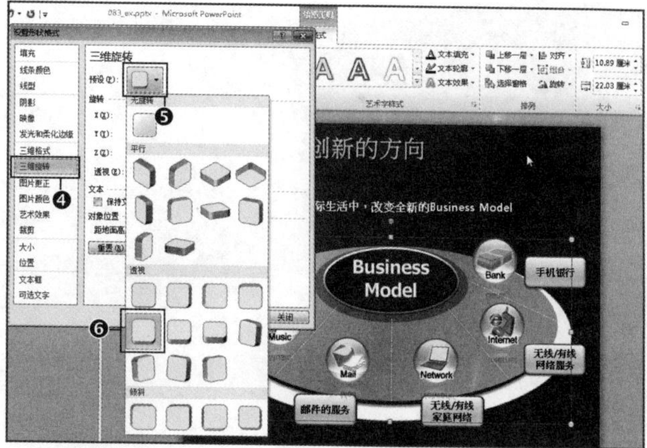

7 PART 实务应用度 100% 的幻灯片设计——动画风格

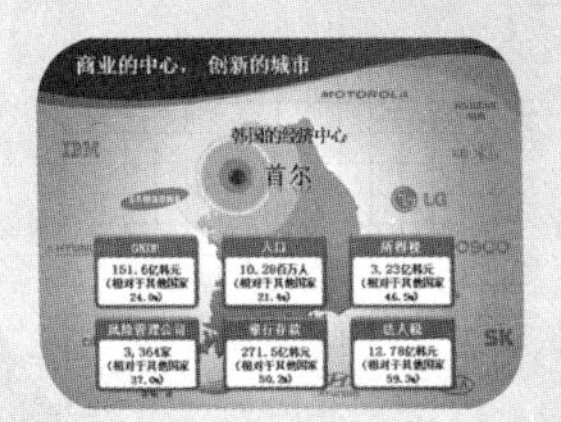

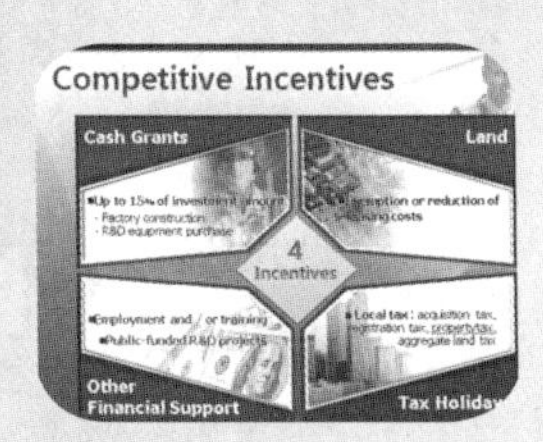

在 PPT 里，必须善用多媒体与动画，才能呈现出动感的幻灯片设计。在此将学习如何插入 Flash 动画或其他动画至幻灯片，以及运用声音的方法。

CHAPTER 01 以淡入淡出效果呈现柔和动画

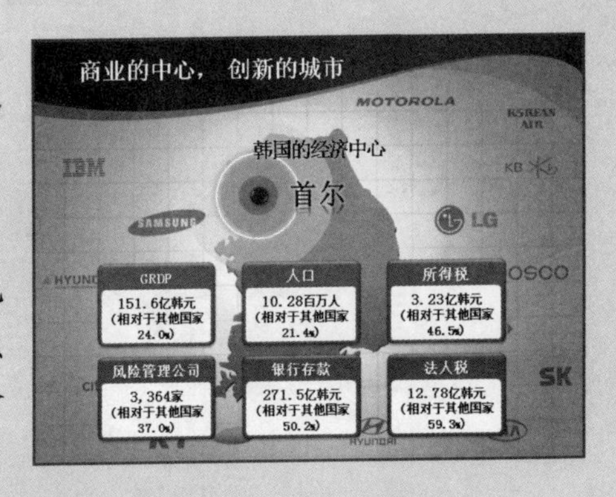

动画效果是 PowerPoint 的重点之一。本幻灯片将学习在幻灯片上套用淡入淡出之柔和动画设计。

CHECK POINT

善用对象的顺序与时间、延迟等选项，自然地播放动画。必须强调的部分虽然可以赋予强烈效果，但若能针对内容适度添加动画，效果会更棒。本范例重点在于，将范例与结果并列，并以相关内容的图像做为背景，搭配图表后，再套用动画。请注意不要套用过多或不必要的的动画，以免显得太过复杂。

这是以韩国地图为背景，首尔为核心关键词，利用下方六个圆角矩形传达六种信息的图解设计。运用地图的幻灯片设计是近来常见的 PPT 设计手法之一，在地图上介绍各区域或城市，可以应用在观光、企业招商、开发计划等各主题的图解设计。除了具体的数据外，运用照片等图像或其他要素，也能轻易呈现出应用广泛的 PPT 设计。

准备范例：CD\ 范例 \Part7\086\086_ex.pptx
完成范例：CD\ 范例 \Part7\086\086.pptx

01 打开 CD\ 范例 \Part7\086\086_ex.pptx 文件。在设置动画时，因顺序非常重要，最好事先建立好组合，或清除顺序之前的物件。基本范例里有两张幻灯片，从第二张幻灯片里，将要套用动画效果的对象，复制到第一张幻灯片上。

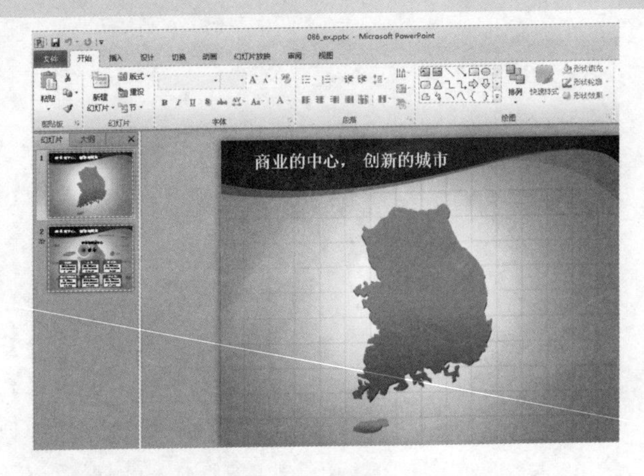

02 从第二张幻灯片里复制“韩国的经济中心”（【Ctrl + C】快捷键），粘贴到第一张幻灯片（【Ctrl + V】快捷键）。选取“韩国的经济中心”，选择动画选项卡→高级动画组→添加动画→更多进入效果，在出现的添加进入效果对话框里，选择温和型→基本缩放。接着在开始选择“上一动画之后”，持续时间设置“00.50”。

03 在第二张幻灯片里选取“首尔”，复制至第一张幻灯片，在动画选项卡→高级动画组→添加动画→更多进入效果，在出现的“添加进入效果”对话框里，选择基本型→切入。接着在开始处选择“与上一动画同时”，效果选项设置“自底部”。

接下来，通过效果选项，直接设置速度。基本上，速度可分“非常慢、慢速、中速、快速、非常快”五种；在动画窗口里，选择所设置的动画旁的三角符号→效果选项，就会出现“切入”对话框。在“计时”选项卡里，设置“延迟 0.2 秒、期间 0.3 秒”。

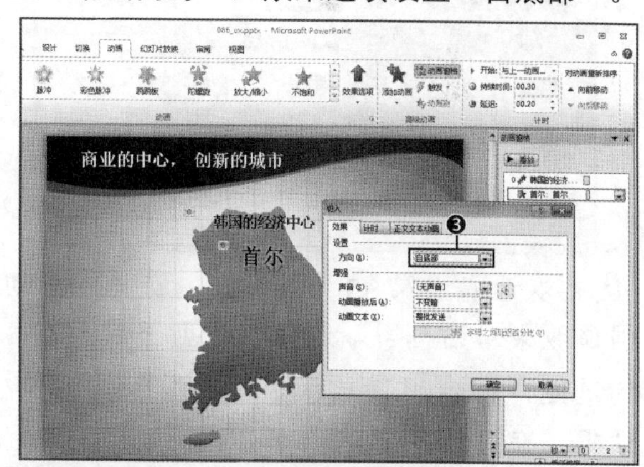

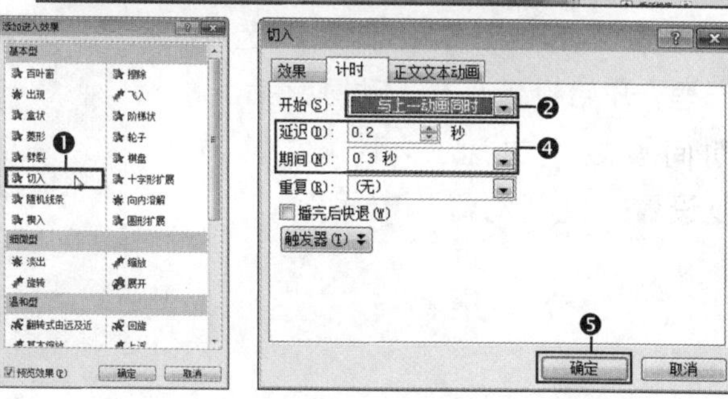

04 复制第二张幻灯片的圆形到第一张幻灯片。因为会遮住下方的文字，请选择绘图工具 - 格式选项卡→排列组→下移一层→下移一层。在动画选项卡→高级动画组里，选择添加动画→更多进入效果，在出现的“添加进入效果”对话框里，选择细微型→缩放，在开始选择“与前动画同时”，期间设置“00.50”。

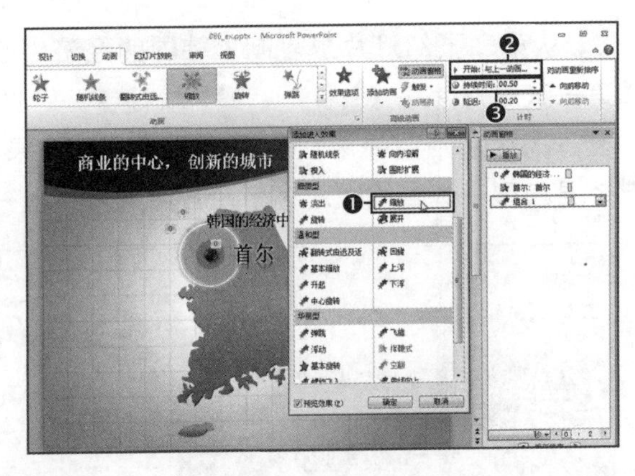

05 再复制第二张幻灯片的圆形到第一张幻灯片。放在步骤 04 圆形的上方，使两个圆重叠。此圆仍会遮住文字，从绘图工具 - 格式选项卡→排列组里，选择下移一层→下移一层。选取此圆，选择添加动画→更多进入效果，在出现的“添加进入效果”对话框里，选择基本型→出现，在开始处选择“上一动画之后”。

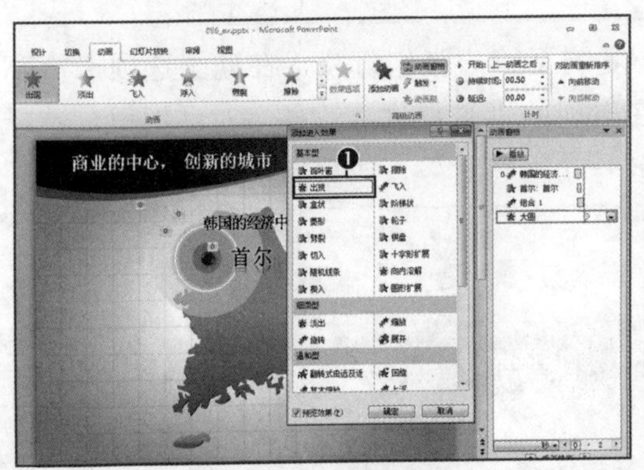

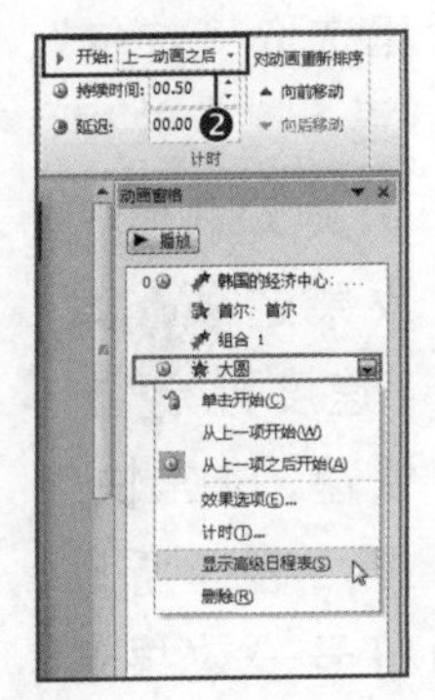

TIP

若在动画窗口里设置的动画上右击，选择显示高级日程表，会产生显示对象顺序的小图示。

06 再次选取步骤 05 里的圆形，选择添加动画→更多强调效果，在出现的添加强调效果对话框里，选择基本型→放大 / 缩小。双击右侧动画窗格里，所设置的动画，就会出现放大 / 缩小对话框。在“效果”选项卡里，设置尺寸“150%”、“计时”选项卡里，开始设置“上一动画之后”，期间设置“中速（2 秒）”，重复设置“直到幻灯片末尾”。

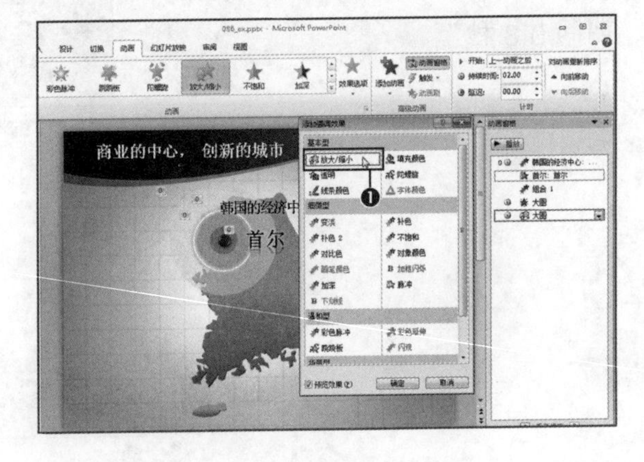

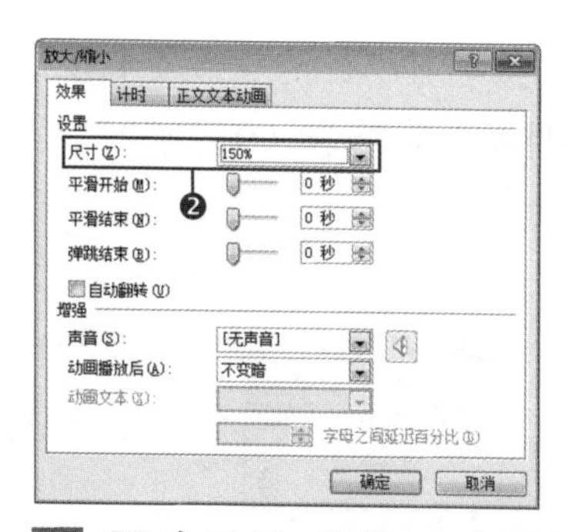

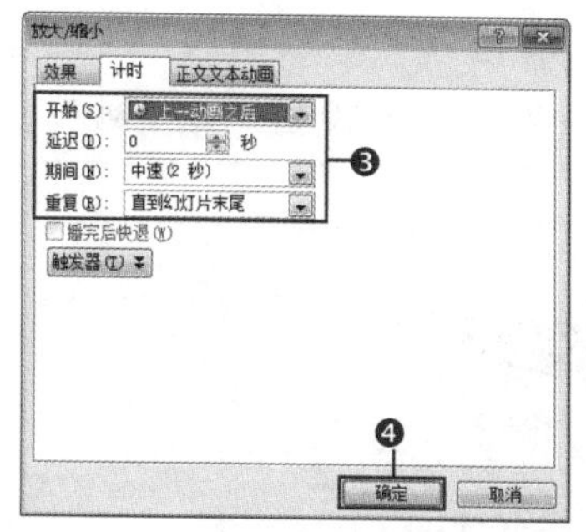

07 再次选取此圆，选择添加动画→更多退出效果，在出现的“添加退出效果”对话框里，选择细微型→淡出，在开始处选择“与上一动画同时”，期间设置“02.00”。

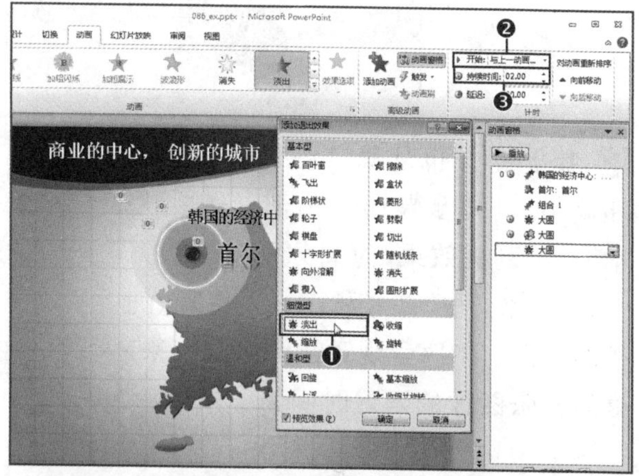

08 在幻灯片背景上有几个企业名称。从第二张幻灯片里复制“SAMSUNG”至第一张幻灯片后，在高级动画组→添加动画→更多进入效果，在添加进入效果对话框里，选择温和型→基本缩放。双击右侧动画窗口里所设置的动画，会出现“基本缩放”对话框。接着在“计时”选项卡里，开始设置“上一动画之后”，延迟设置“0.2 秒”，期间设置“非常快（0.5 秒）”。

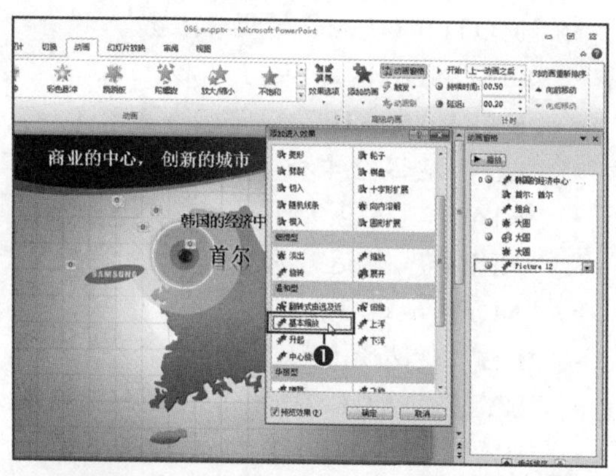

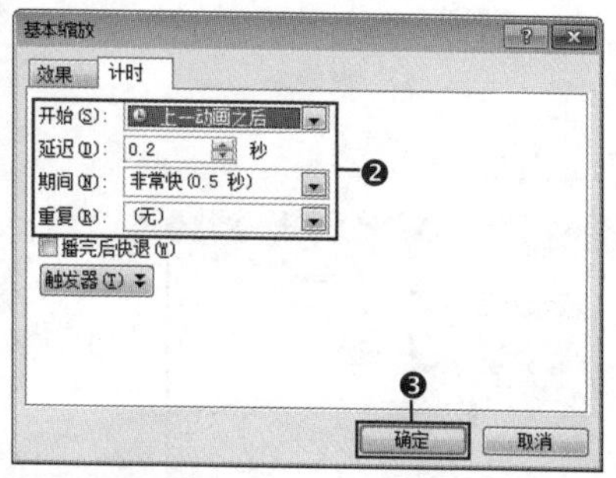

09 接着复制“POSCO”。如同前面步骤，在高级动画组→添加动画→更多进入效果，在出现的添加进入效果对话框里，选择温和型→基本缩放。双击右侧

动画窗口里所设置的动画，会出现“基本缩放”对话框。接着在“计时”选项卡里，开始设置“与上一动画同时”，延迟设置“0.6 秒”，期间“非常快（0.5 秒）”。

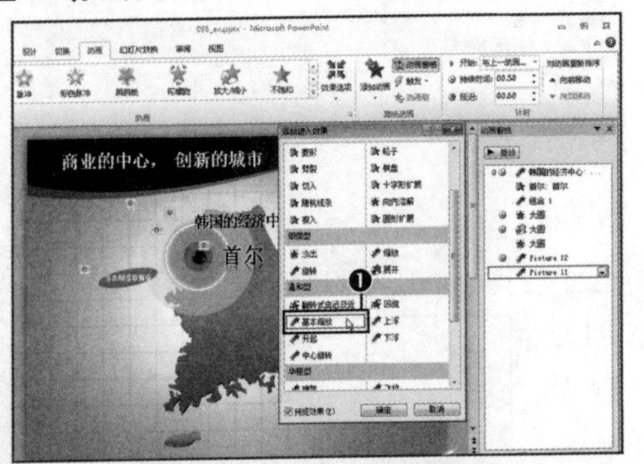

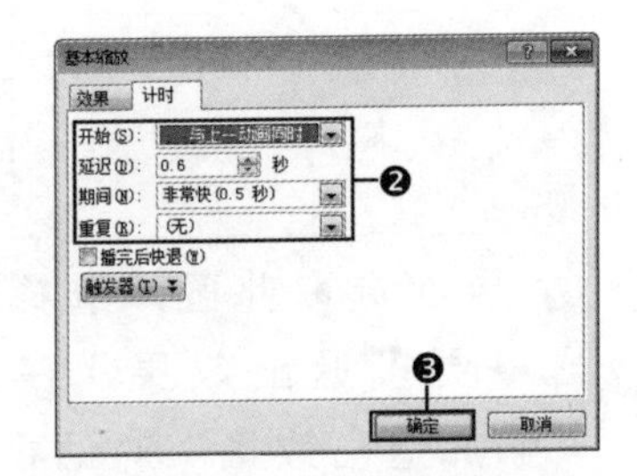

10 其他图像也从第二张幻灯片里依序复制，如同步骤 08、09 般，设置“基本缩放”动画效果，时间分别以 0.6 秒、0.9 秒、1.2 秒、1.5 秒……，每隔 0.3 秒的间距，依序呈现动画。如此一来，最后一张图像的延迟时间为 4.8 秒。

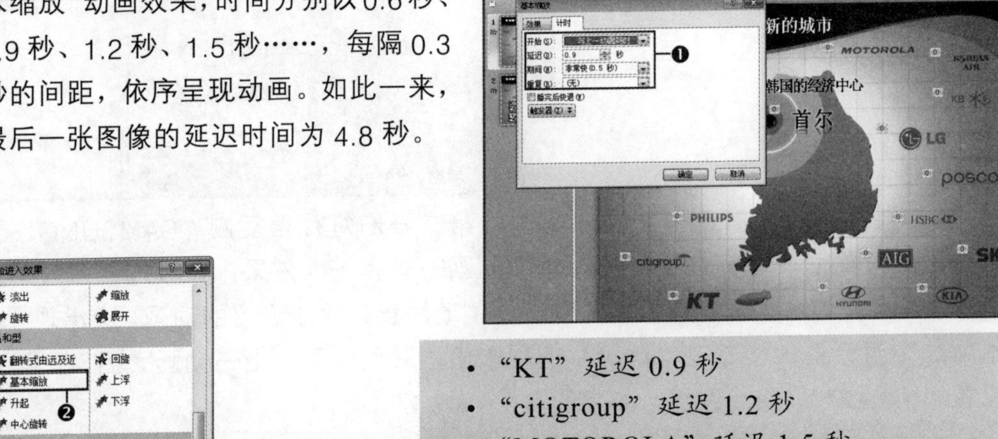

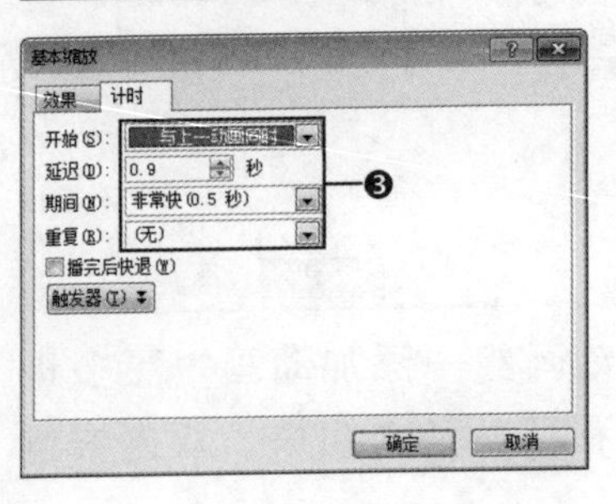

- “KT” 延迟 0.9 秒
- “citigroup” 延迟 1.2 秒
- “MOTOROLA” 延迟 1.5 秒
- “HYUNDAI” 延迟 1.8 秒
- “KSREAN AIR” 延迟 2.1 秒
- “LG” 延迟 2.4 秒
- “KIA” 延迟 2.7 秒
- “Philips” 延迟 3 秒
- “AIG” 延迟 3.3 秒
- “KB” 延迟 3.6 秒
- “HYUNDAI（灰色）” 延迟 3.9 秒
- “IBM” 延迟 4.2 秒
- “SK” 延迟 4.5 秒
- “HSBC” 延迟 4.8 秒

11 选取“首尔”，选择添加动画→更多强调效果，在出现的“添加强调效果”对话框里，选择华丽型→闪烁。双击右侧动画窗口里所设置的动画，会出现“闪烁”对话框。在“计时”选项卡里，开始设置“上一动画之后”，期间设置“非常快（0.5秒）”，重复设置“2”。

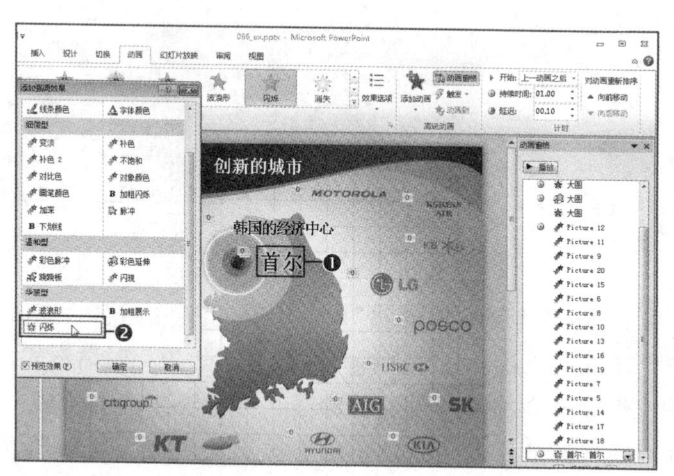

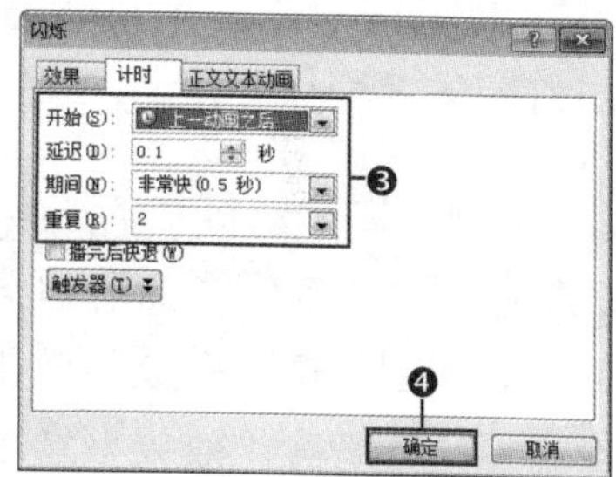

12 选取“KSREAN AIR”，选择添加动画→更多强调效果，在出现的“添加强调效果”对话框里，选择基本型→透明。双击右侧动画窗口里所设置的动画，会出现“透明”对话框。在“效果”选项卡里，设置数量 [50%]，“计时”选项卡里，开始处设置“上一动画之后”，期间设置“直到幻灯片末尾”。

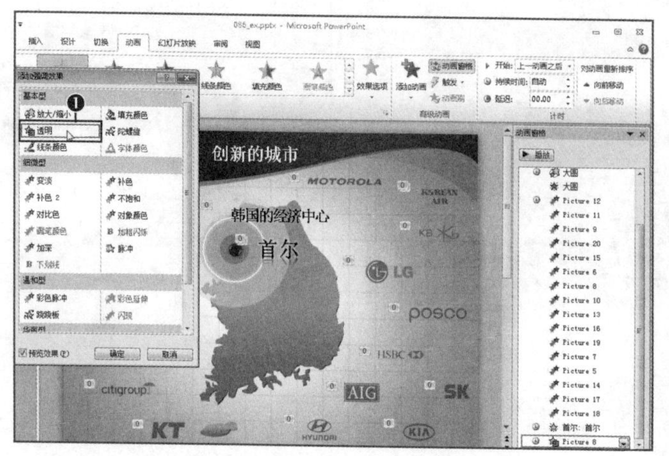

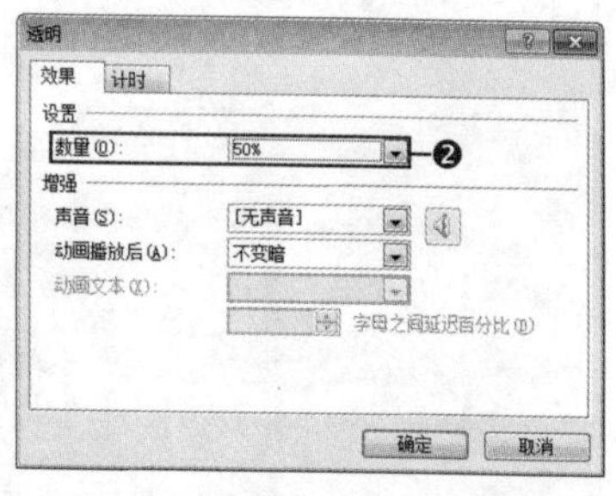

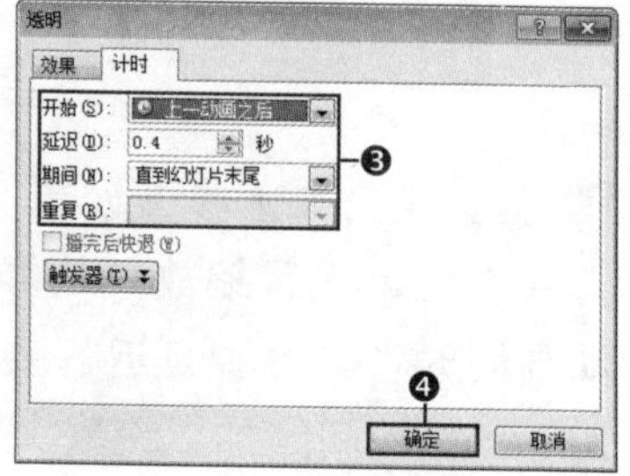

13 选取除了“KSREAN AIR”之外的其他企业名称，选择添加动画→更多强调效果，在出现的“添加强调效果”对话框里，选择基本型→透明。双击右侧动画窗口里所设置的动画，会出现“透明”对话框。在“效果”选项卡里，设置大小 [50%]，“预存时间”选项卡里，开始设置“与上一动画同时”，期间设置“直到幻灯片末尾”。

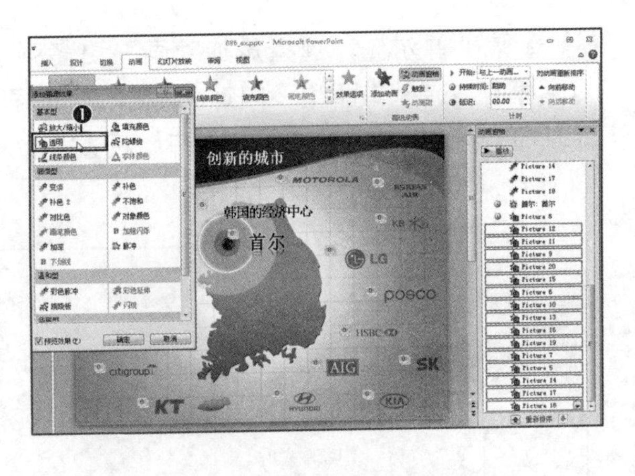

14 复制第二张幻灯片的所有文字与图形到第一张幻灯片，选择 GRDP 组合。在高级动画组里，选择添加动画→更多进入效果，在出现的“添加进入效果”对话框里，选择温和型→基本缩放。双击右侧动画窗格里所设置的动画，会出现“基本缩放”对话框。接着在“效果”选项卡里，缩放设置“从屏幕中心放大”，“计时”选项卡里，开始设置“上一动画之后”，延迟设置“1 秒”，期间设置“非常快（0.5 秒）”。

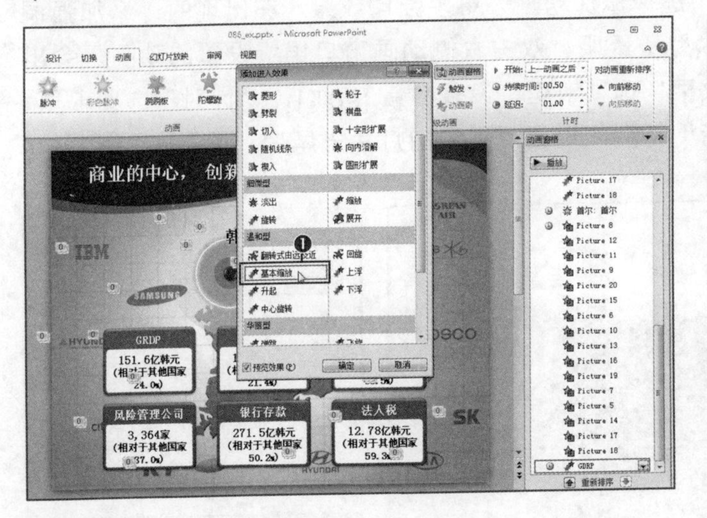

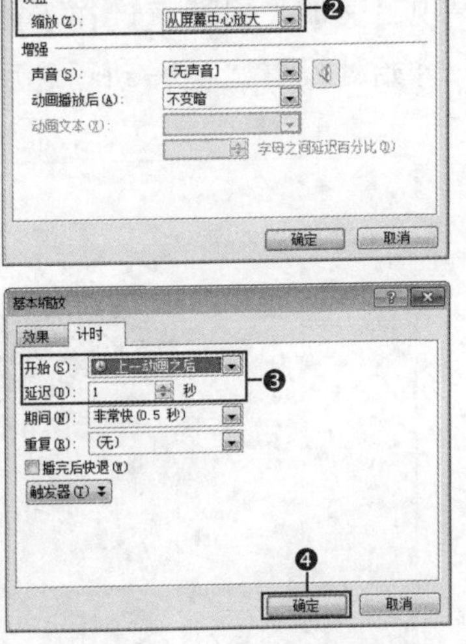

15 其余组合如上步骤设置“基本缩放”效果，在“基本缩放”对话框里的“效果”选项卡里，设置缩放→从屏幕中央放大，“计时”选项卡里，开始设置“与上一动画同时”，唯独延迟，要依序出现。分别设置为 1.3 秒、1.6 秒……2.5 秒等，每 0.3 秒的间距加以设置。

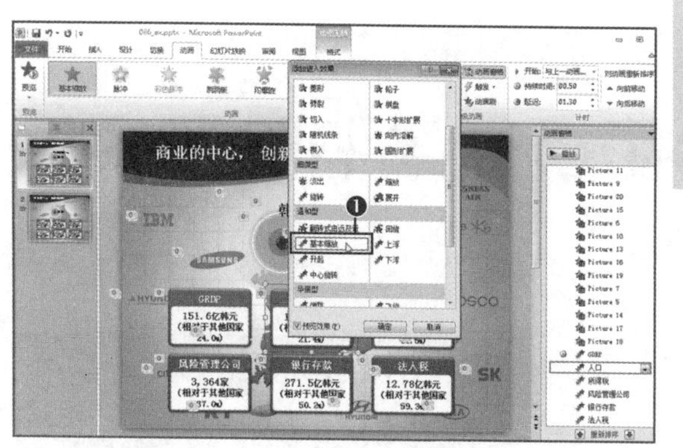

人口 - 延迟 1.3 秒、所得税 - 延迟 1.6 秒、风险管理公司 - 延迟 1.9 秒、银行存款 - 延迟 2.2 秒、法人税 - 延迟 2.5 秒

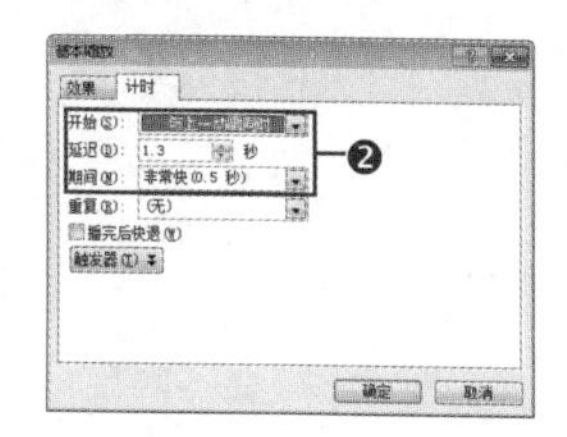

16 再次选取“GRDP”，选择添加动画→更多强调效果，在出现的“添加强调效果”对话框里，选择细微型→脉冲。双击右侧动画窗口里所设置的动画，会出现脉冲对话框。在“计时”选项卡里，开始设置“上一动画之后”，延迟设置“1”、期间设置“0.5 秒”。

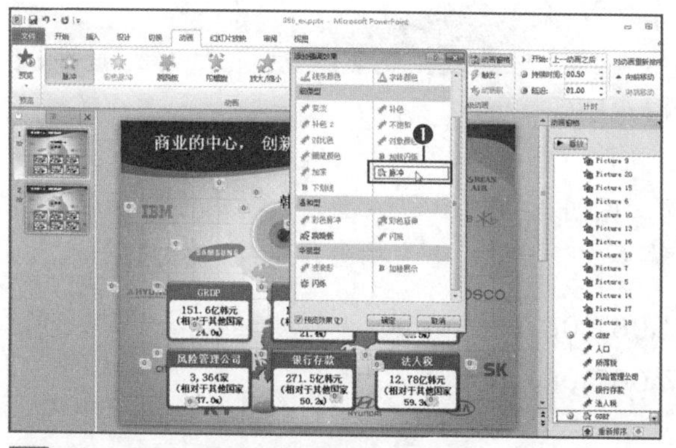

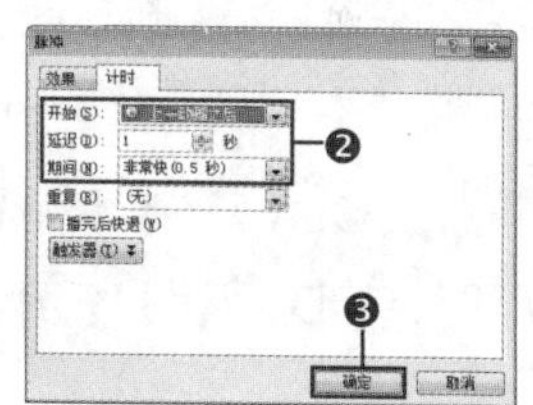

17 其余组合也设置“脉冲”效果，在“添加强调效果”对话框里，选择区别→脉冲。在“计时”选项卡里，开始设置“与上一动画同时”，期间设置“0.5 秒”，唯独延迟，要依序出现。分别设置为 1.2 秒、1.4 秒……2 秒等，每 0.2 秒的间距加以设置。

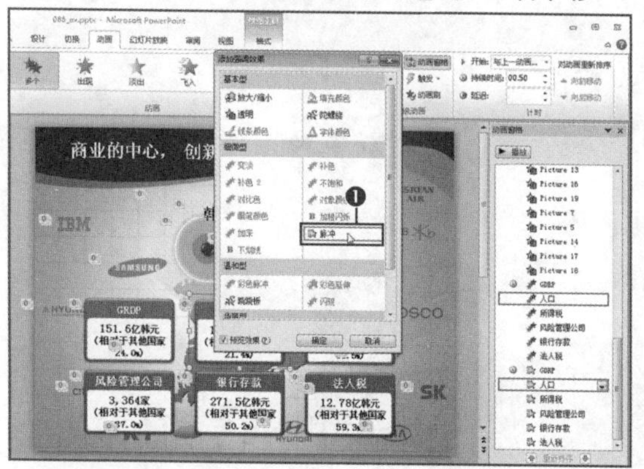

人口 - 延迟 1.2 秒、所得税 - 延迟 1.4 秒、风险管理公司 - 延迟 1.6 秒、银行存款 - 延迟 1.8 秒、法人税 - 延迟 2 秒

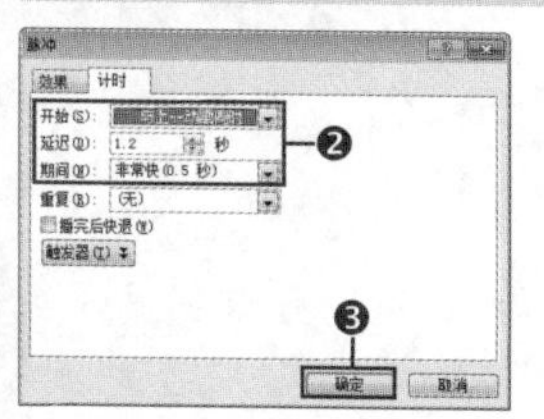

CHAPTER 02 以幻灯片切换效果消除厌烦感的动画

利用幻灯片切换效果，设计让人不会厌烦的动画。

CHECK POINT

善用对象的顺序与计时、延迟等选项，自然地播放动画。调整动画速度，不要太快或太慢，也不能妨碍可读性，这点最为重要。强调的部分虽然可以加上强烈效果，但若能针对内容适度增加动画，效果会更棒。本范例将核心关键词置于中央，利用四个要素加以说明，并呈现彼此间的关系，是典型的 PPT 设计。非传统矩形的五角形与三角形设计相当独特，周围四个副标题，利用与背景色同色系的图形及色差大的文字，清晰地强调出副标题。单一关键词搭配四个要素的设计，是用途相当广泛的幻灯片设计。

准备范例：CD\ 范例 \Part7\087\087_ex.pptx

完成范例：CD\ 范例 \Part7\087\087.pptx

01 打开 CD\ 范例 \Part7\087\087_ex.pptx 文件。在切换选项卡→切换到此幻灯片组中→其他按钮→形状，效果选项设置“切出”。

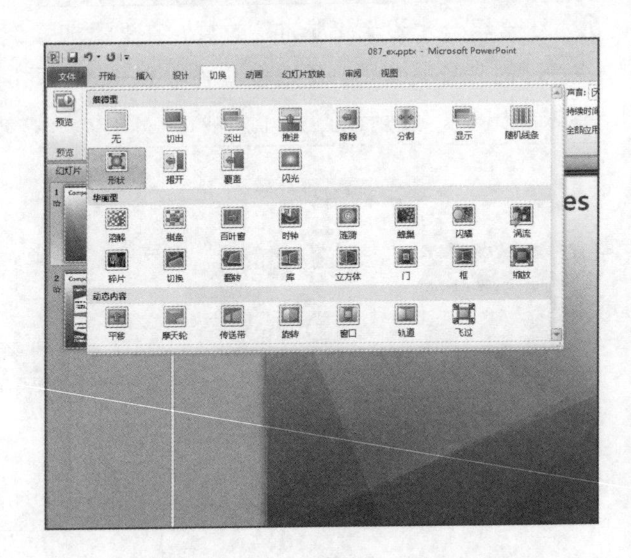

02 复制第二张幻灯片中央的菱形图形，到第一张幻灯片。选择图形，选择“动画”选项卡，在高级动画组里，选择添加动画→更多进入效果，在出现的“添加进入效果”对话框里，选择基本→轮子。选择动画窗格，在出现于右侧的动画窗格里，选取所设置的动画，再选择三角符号，选取“效果”选项，出现“轮子”对话框。选择效果选项卡，辐射状设置为“4 轮辐图案”。选择“计时”选项卡→开始→上一动画之后，延迟设置“0.2 秒”，期间→“0.4 秒”。

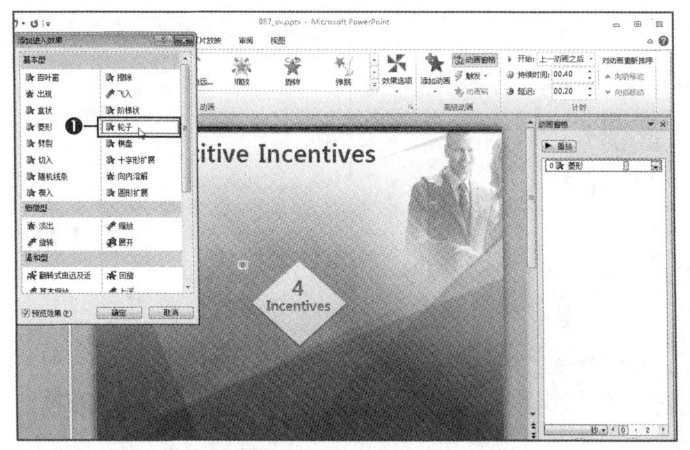

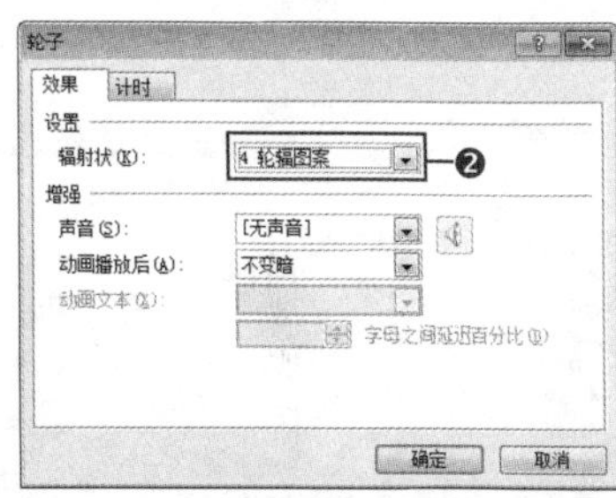

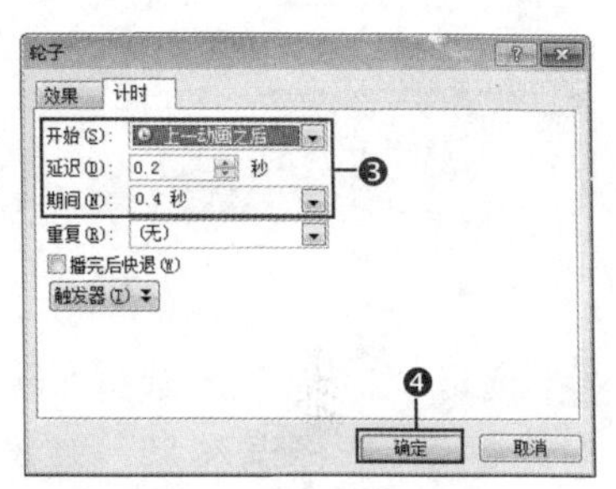

03 从第二张幻灯片复制其余对象。

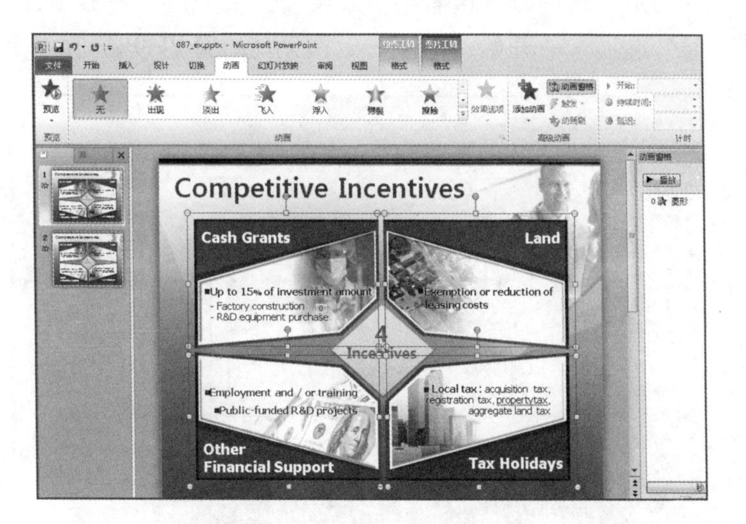

04 选取“cash grants”，选择“动画”选项卡，在高级动画组里，选择添加动画→更多进入效果，在出现的“添加进入效果”对话框里，选择温和型→基本缩放。双击右侧动画窗口里所设置的动画，会出现“基本缩放”对话框。接着在“效果”选项卡里，缩放设置“从屏幕中心放大”，计时选项卡→开始→上一动画之后，延迟设置“0 秒”，期间设置“0.4 秒”。

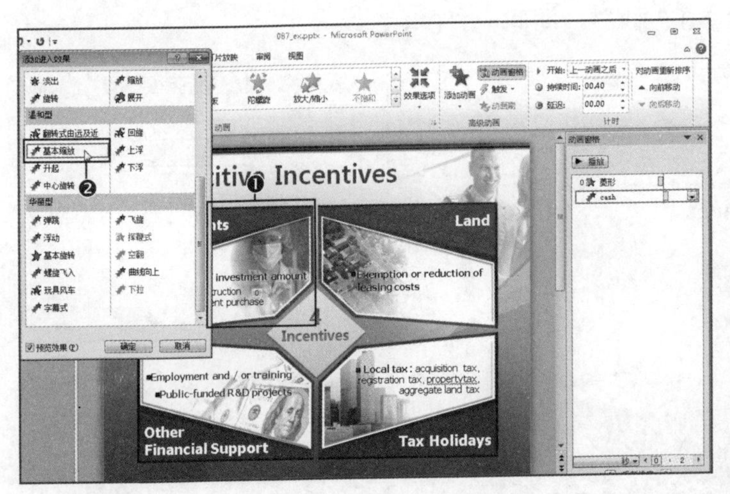

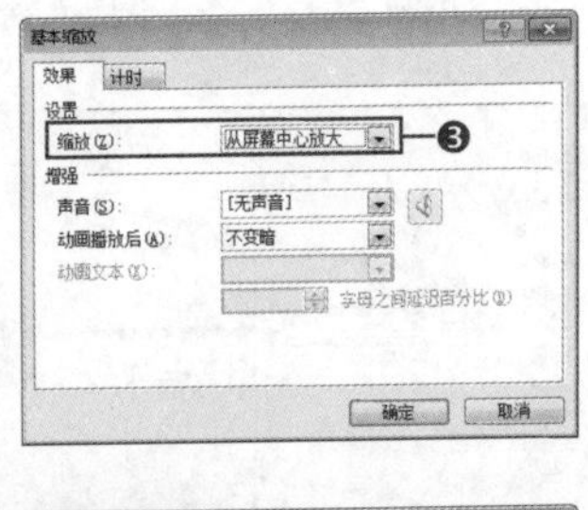

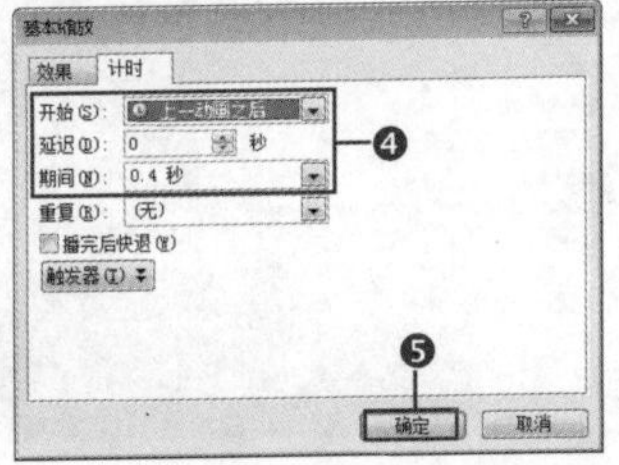

05 选取“land”，选择添加动画→更多进入效果，在出现的“添加进入效果”对话框里，选择温和型→基本缩放。双击右侧动画窗口里所设置的动画，会出现“基本缩放”对话框。接着在“效果”选项卡里，缩放设置“从屏幕中心放大”，“计时”选项卡→开始→与上一动画同时，延迟设置“0.4 秒”，期间设置“0.4 秒”。

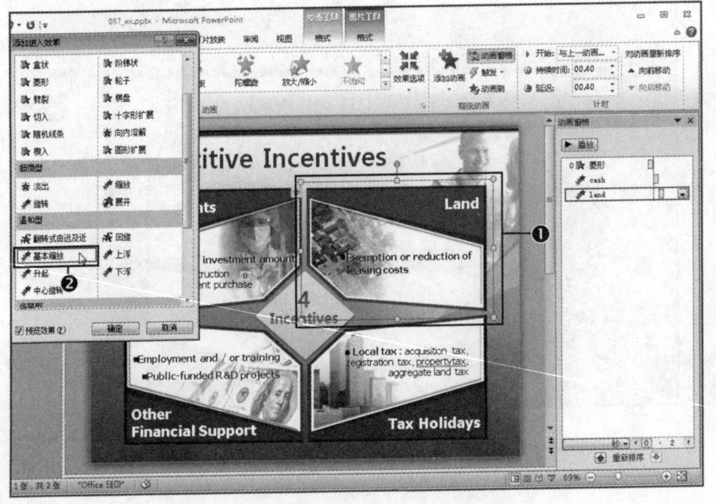

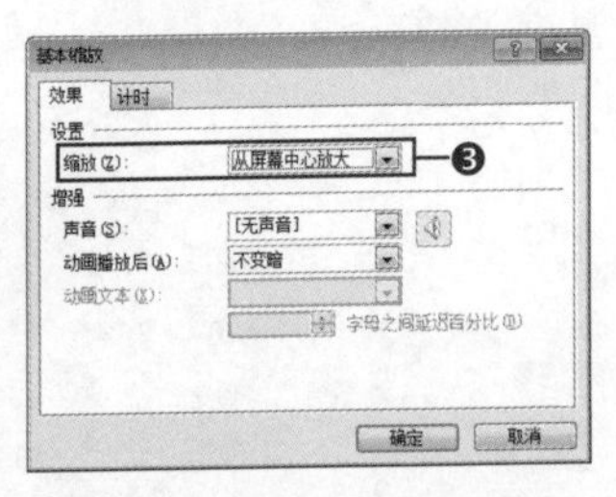

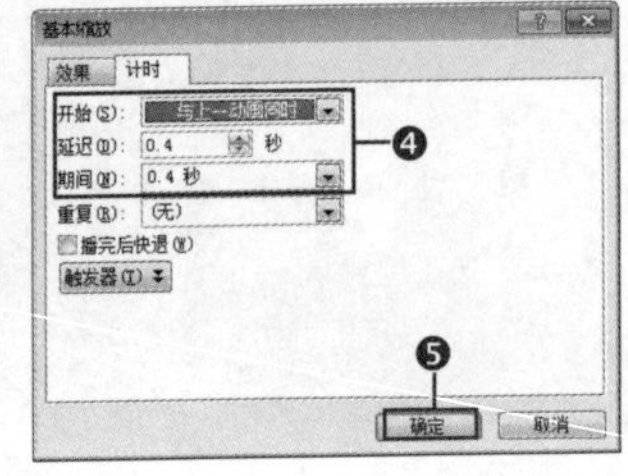

06 选取“Other Financial Support”，选择添加动画→更多进入效果，在出现的“添加进入效果”对话框里，选择温和型→基本缩放。双击右侧动画窗口里所设置的动画，会出现“基本缩放”对话框。接着在“效果”选项卡里，缩放设置“从屏幕中心放大”，“计时”选项卡→开始→与上一动画同时，延迟设置“0.6 秒”，期间设置“0.4 秒”。

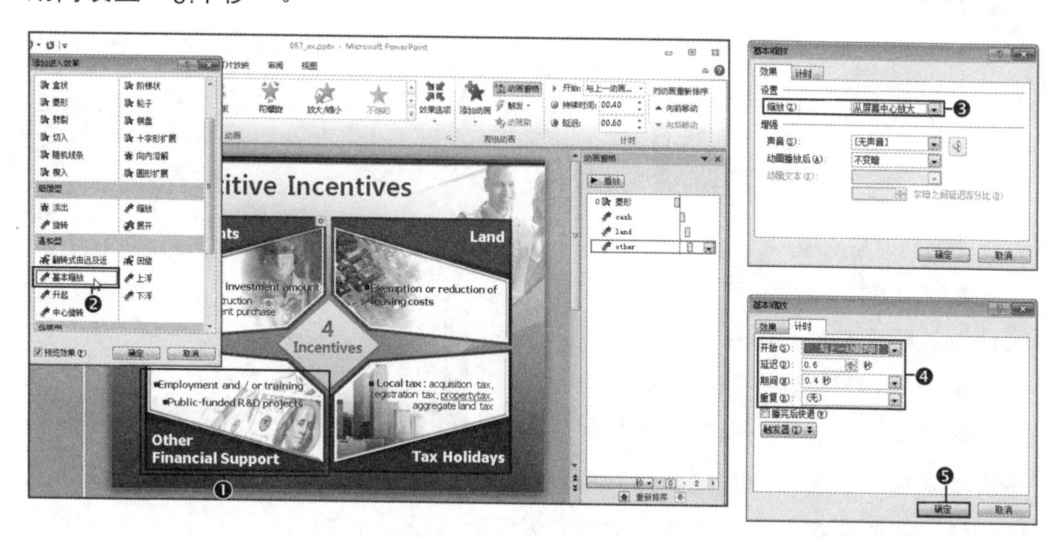

07 选取“tax holiday”，选择添加动画→更多进入效果，在出现的添加进入效果对话框里，选择温和型→基本缩放。双击右侧动画窗格里所设置的动画，会出现基本缩放对话框。接着在效果选项卡里，缩放设置“从屏幕中心放大”，计时选项卡→开始→与上一动画同时，延迟设置“0.8 秒”，期间设置“0.4 秒”。

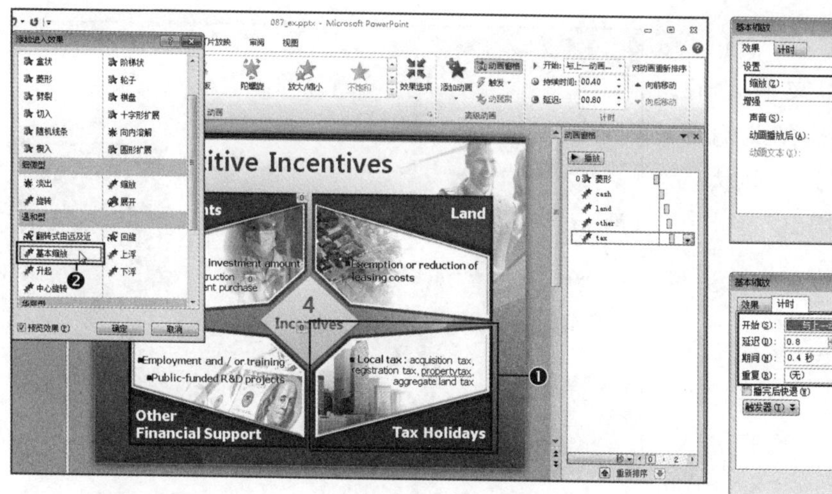

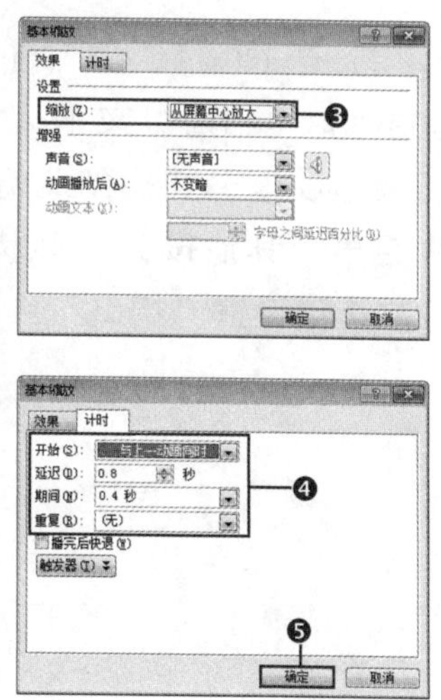

CHAPTER 03

设置路径动画幻灯片

若替对象设置路径，在移动时，可以依照想要的方向与形状来移动。本范例将学习为对象设置图片路径的方法。

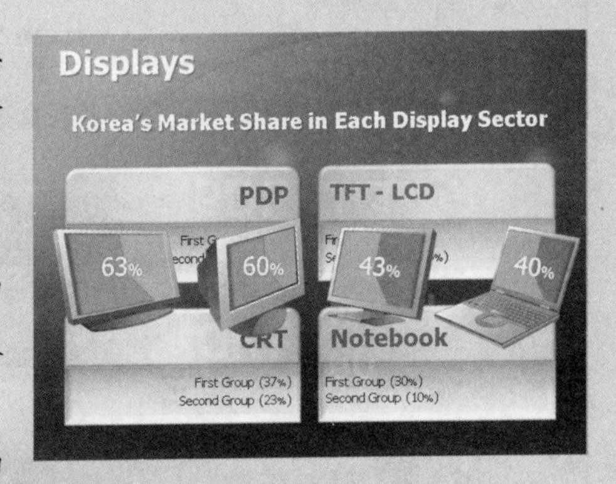

CHECK POINT

为对象设置图片路径，可呈现更活泼的动画设计。然而，若图片路径设置得过多，会显得太复杂，最好适度使用并呈现统一性为宜。移动路径最好设置单一方向，并呈现信息的连续增减效果。本幻灯片是在介绍四种产品，针对四个领域，利用四个组合加以介绍，可用在多元主题的基本型幻灯片设计。在此将善用路径设计动画，呈现更有趣的动态图解。

准备范例：CD\ 范例 \Part7\088\088_ex.pptx
完成范例：CD\ 范例 \Part7\088\088.pptx

01 打开 CD\ 范例 \Part7\088\088_ex.pptx 文件，在切换选项卡→切换到此幻灯片组里→其他按钮→形状，效果选项设置“切出”。

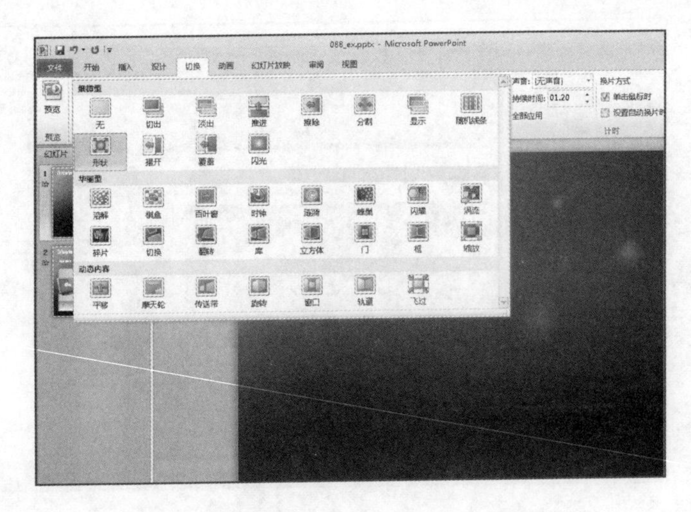

02 复制第二张幻灯片里“Korea'sMarketShareinEachDisplaysSector”文字。选择“动画”选项卡，在高级动画组里，选择添加动画→更多进入效果，在出现的“添加进入效果”对话框里，选择基本型→擦除。选择动画窗格，在出现于右侧的动画窗口里，选取所设置的动画，再选择三角符号，选取“效果”选项，出现“擦除”对话框。选择“计时”选项卡→开始→上一动画之后，期间设置“非常快（0.5 秒）”，选择“效果”选项卡，方向设置“自左侧”。

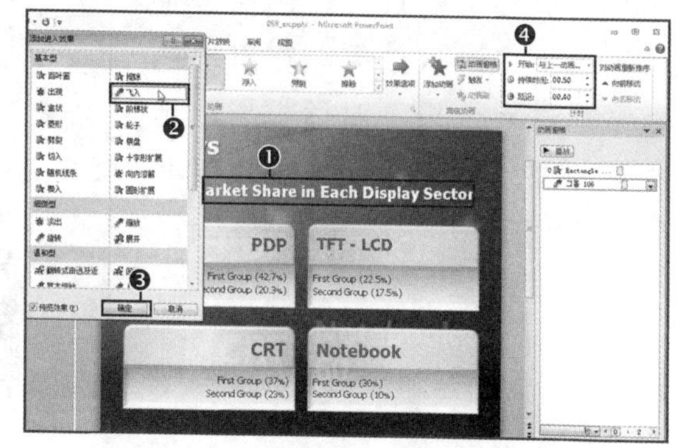

03 复制第二张幻灯片里的两个组合，到第一张幻灯片。先选取浅绿色组合，选择添加动画→更多进入效果，在出现的“添加进入效果”对话框里，选择基本型→飞入。开始设置“与上一动画同时”，方向设置“自左侧”，期间设置“非常快（0.5 秒）”，延迟设置“0.4 秒”。

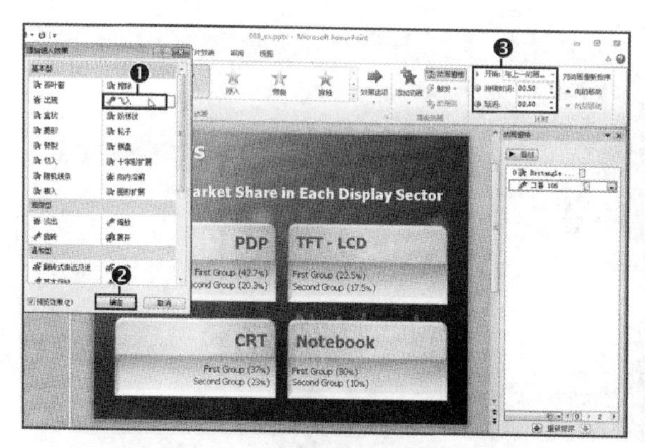

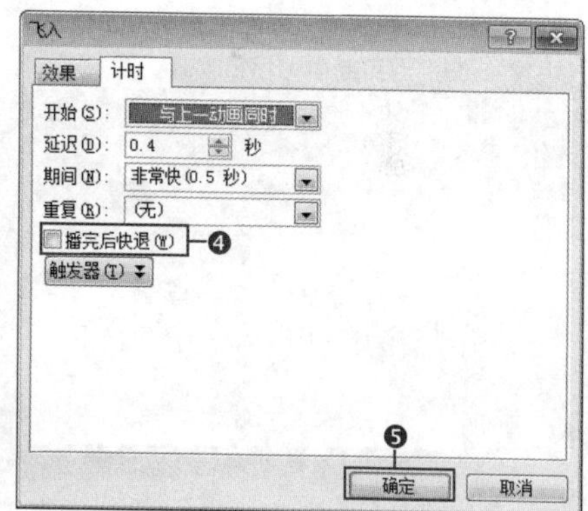

04 选取蓝色图形，选择添加动画→更多进入效果，在出现的“添加进入效果”对话框里，选择基本型→飞入。开始设置“与上一动画同时”，方向设置“自左侧”，期间设置“非常快（0.5 秒）”，延迟设置“0.4 秒”。

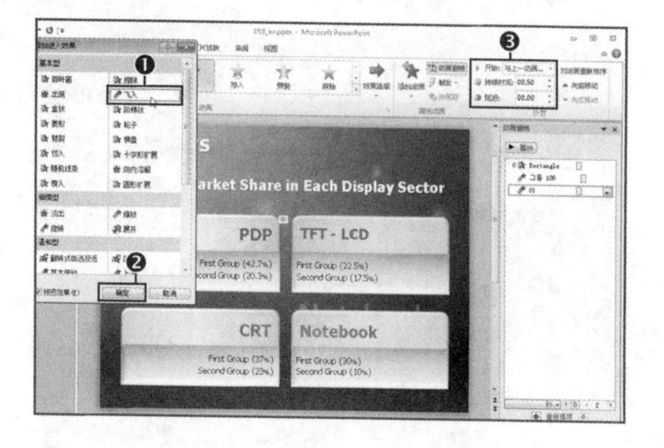

设置路径

05 复制第二张幻灯片里的所有图像，到第一张幻灯片。选择添加动画→更多进入效果，在出现的“添加进入效果”对话框里，选择温和型→下浮，期间设置“非常快（0.5 秒）”。

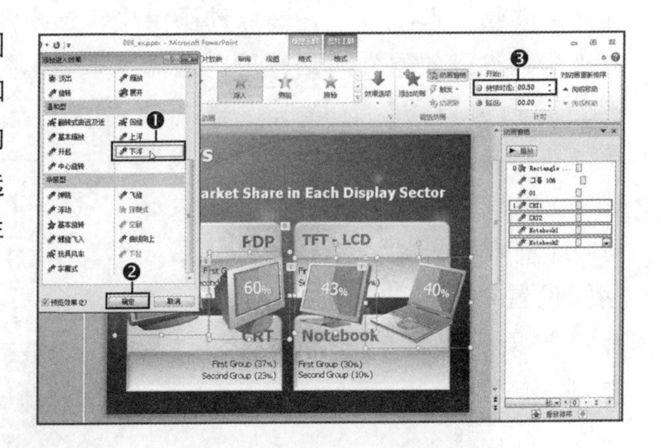

06 图像全部设置“下浮”，虽然可以看到对象同时下降的模样，但却显得有点单调乏味。因此，微调一下速度与延迟。选取图像，在动画窗口里选择动画旁的三角符号，选取“效果”选项，出现“下浮”对话框，输入下列各值。

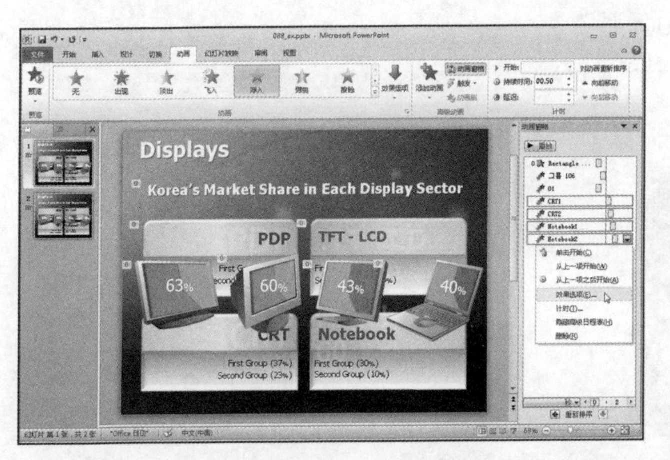

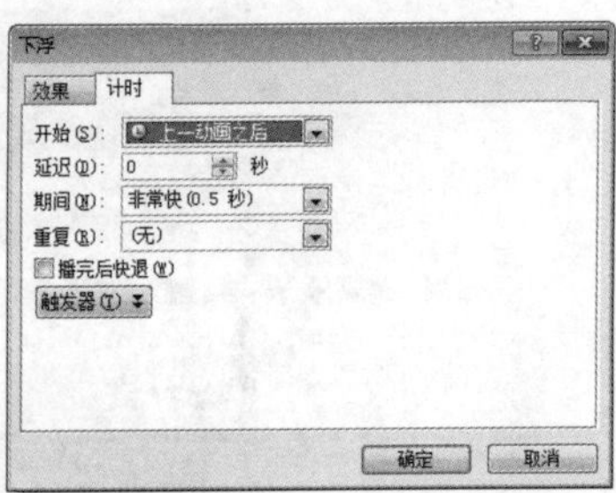

63%：计时→开始→上一动画之后；延迟 0、期间 0.5

60%：计时→开始→与上一动画同时；延迟 0.2、期间 0.5

43%：计时→开始→与上一动画同时；延迟 0.4、期间 0.5

40%：计时→开始→与上一动画同时；延迟 0.6、期间 0.5

07 接着设置图片路径。选取最左侧的63%计算机，选择添加动画→更多动作路径。出现“添加动作路径”对话框，选择直线和曲线→向上。在动画窗格里选择动画旁的三角符号，选择“效果”选项。在“计时”选项卡，开始处设置“上一动画之后”，延迟设置“0.4 秒”，期间设置“0.5 秒”。

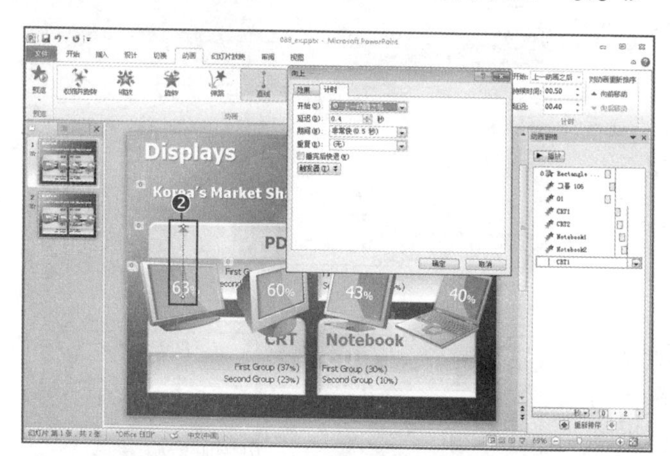

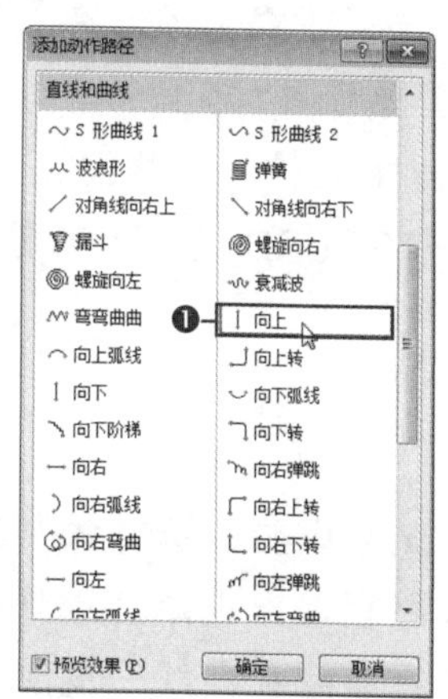

08 选取 60% 计算机，选择添加动画→其他动作路径。出现“添加动作路径”对话框，选择直线和曲线→对角线向右上。再于动画选项卡→动画组里，选择“效果”选项，选择反转路径方向，再将路径向右下方搬移，调整路径的位置。接着在动画窗口里选择动画旁的三角符号，选择“效果”选项，选择“计时”选项卡，开始设置“与上一动画同时”，延迟设置“0.4 秒”，期间设置“0.5 秒”，朝 CRT 的左下方移动。

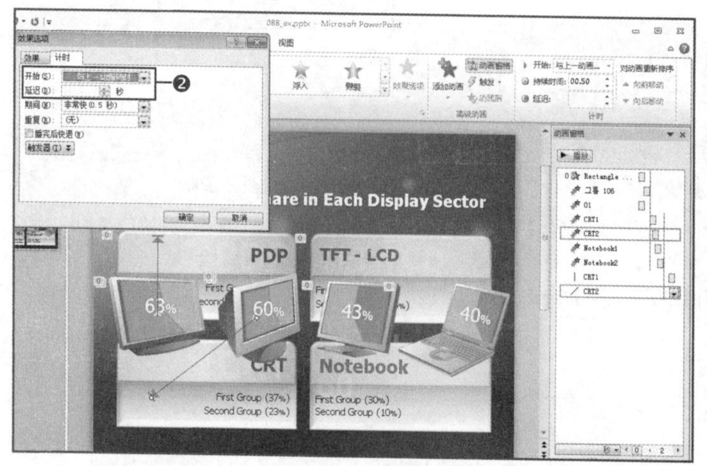

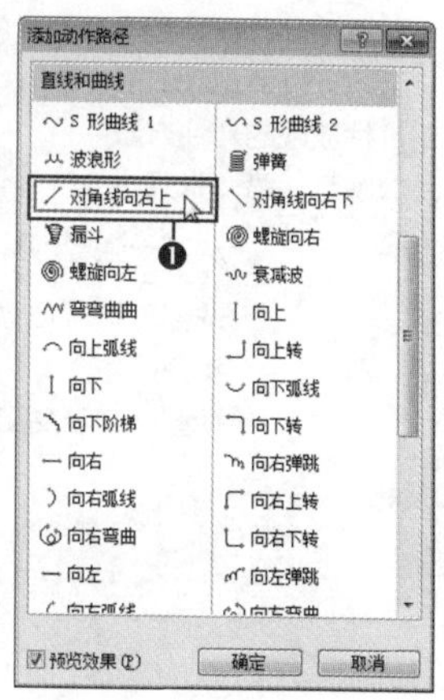

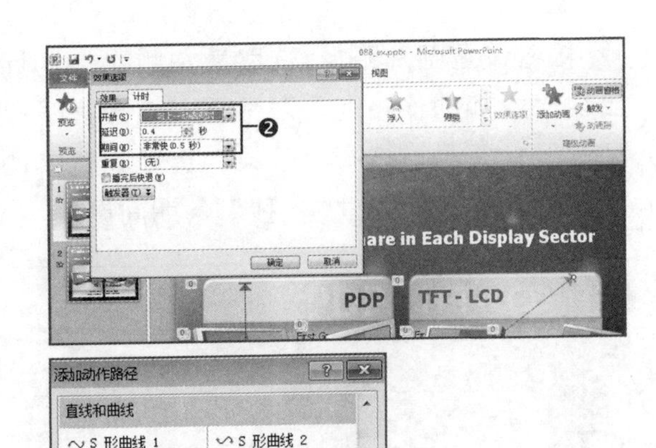
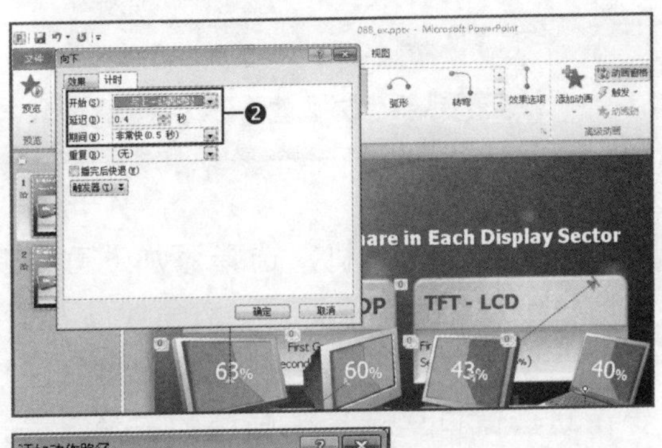

09 选取 43% 电脑，选择添加动画→其他动作路径。出现“添加动作路径”对话框，选择直线和曲线→对角线向右上。在动画窗口中选择动画旁的三角符号，选择效果选项，在“计时”选项卡，开始设置“与上一动画同时”，延迟设置“0.4 秒”，期间设置“0.5 秒”，朝 TFT-LCD 的右上方移动。

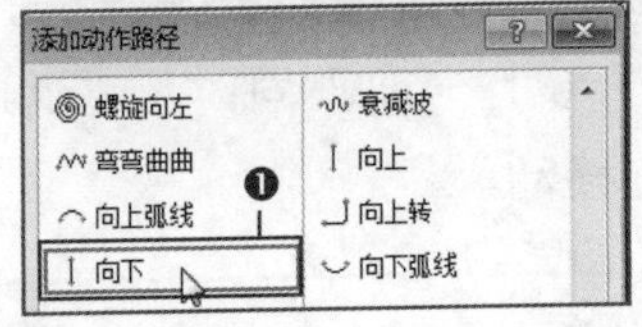

10 选取 40% 电脑，选择添加动画→其他动作路径。出现添加动作路径对话框，选择直线和曲线→向下。在动画窗格里选择动画旁的三角符号，选择效果选项，在“计时”选项卡，开始设置“与上一动画同时”，延迟设置“0.4 秒”，期间设置“0.5 秒”，朝 Notebook 的下方移动。

TIP

执行幻灯片放映的几种方法

幻灯片放映可从第一张开始放映，也可以从当前的幻灯片开始放映，放映方法如下

方法指令	从第一张幻灯片开始放映	从当前的幻灯片开始放映
功能区	选择幻灯片放映选项卡→开始放映幻灯片组→从头开始 视图→演示文稿视图组→幻灯片浏览	选择幻灯片放映选项卡→开始放映幻灯片组→从当前幻灯片开始
视图按钮		状态列右下角的“幻灯片放映”按钮
快捷键	F5键	Shift + F5快捷键

SPECIAL TIP

插入 Flash 动画文件，设计幻灯片

PowerPoint2010 里，可插入 Flash 动画，让 PPT 设计更活泼生动。若想插入 Flash 动画，必须先选择文件→选项→自定义功能区，勾选右侧主选项卡→开发工具。然后在功能区里选择开发工具，选择控件组→其他控件，才能插入 Flash 动画。

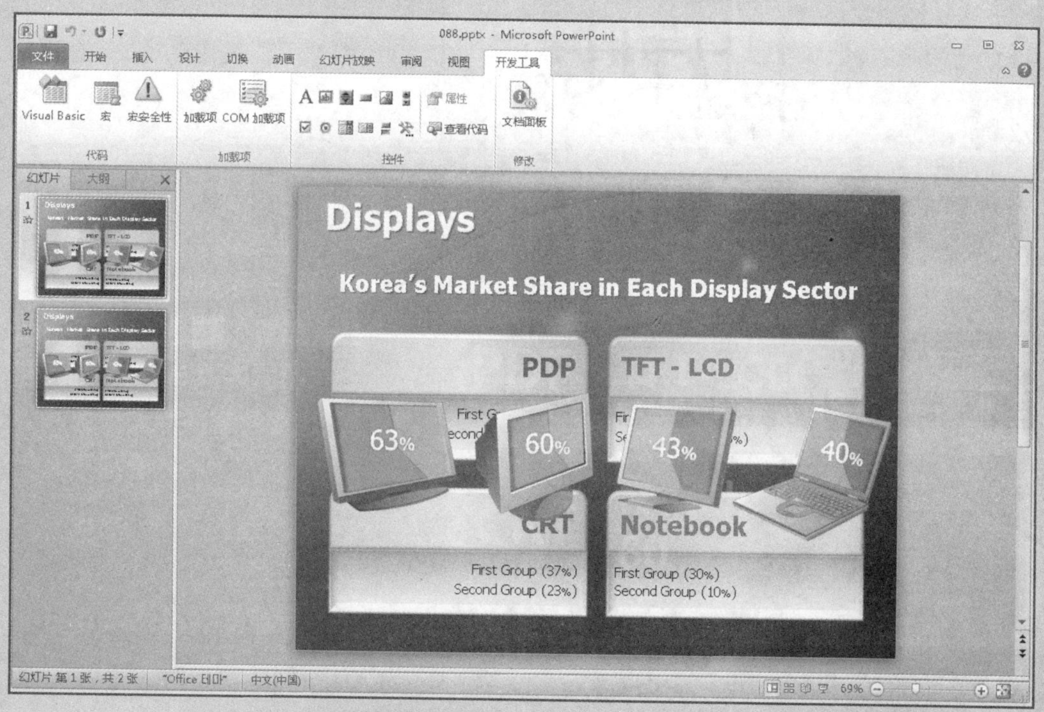

具有博士学位，
并在摄影方面有非凡成就的著作者
将打灯与拍摄技法大公开，
献给所有对商业摄影行业关心的朋
从网拍到商业摄影—打灯与拍摄技法大公开
CONG WANG PAI DAO SHANG YE SHE YING
中国铁道出版社
从网拍到商业摄影
SHANG YE SHE YING
打灯与拍摄技法大公开
秦愷 著
中国铁道出版社
ПОЧТА
ROOMS FOR RENT
◎商品的摆设与构图，着重于掌握视
理的特性、规划视觉方向的设计，让商
摆设更符合拍摄主题，而达到商品行
目的
◎商品材质的剖析与测光，深入了解
材质的反光特性，并配合商品要呈现的
质，作为测光调整与适当曝光的依据
◎照明的设置与创建，通过照明示意
楚地标示灯光摆设的位置、描图纸与
板的设置，并揭示主、副灯的出力值
考使用。
ISBN 978-7-113-16445-4
定价：69.00元
Canon
STABILIZER
ON I OFF

韩国专业设计师传授的独到技巧
让你的插画摩登&感性又时尚

★介绍人物的绘画技法诀窍

设计师在创作的过程中，人物常常成为创作的要素之一，而人体的绘制是需要设计者长期观察人物的外观、仪态所积累而成，诸如女性玲珑有致的曼妙身躯、跳跃的律动人形、吹弹可破的细致肤质、水汪汪的美丽大眼、丰润性感的美唇等，设计人员应具备人物观察法、刺激灵感的练习，以及增广视野的实务执行方法。

★通过摩登&感性的范例来学习各种画技

学习内含商业、摩登、感性的插画制作过程。运用Illustrator的众多设置与核心功能，通过丰富的图文搭配、阶段式教学，引领读者一步步累积个人的创作实力。

★创意发想×绘图技巧=达人的设计

通过专业设计师的创意发想，阐述作品的创作过程，启发各位心中的想象工坊，设计出令人大为惊艳的绝佳作品。

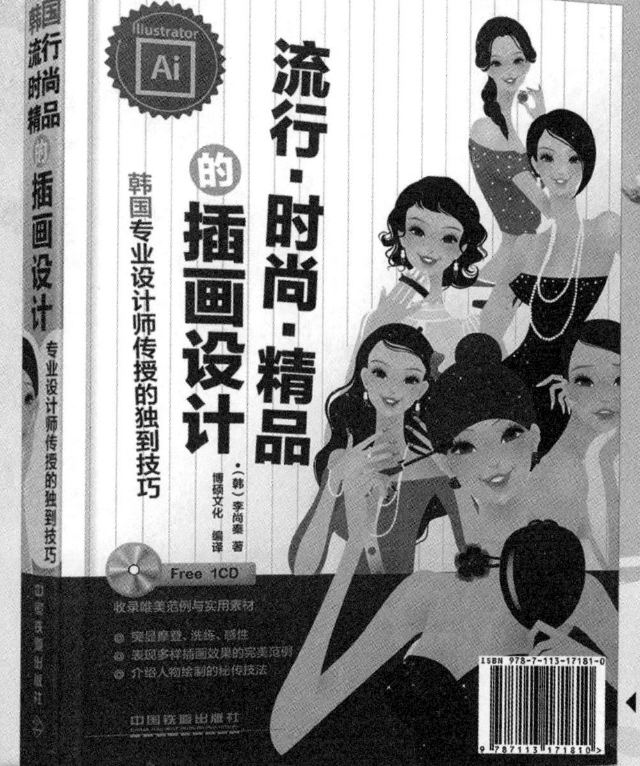

请扫描这里

達人の秘密

读者意见反馈表

亲爱的读者：

感谢您对中国铁道出版社的支持，您的建议是我们不断改进工作的信息来源，您的需求是我们不断开拓创新的基础。为了更好地服务读者，出版更多的精品图书，希望您能在百忙之中抽出时间填写这份意见反馈表发给我们。随书纸制表格请在填好后剪下寄到：北京市西城区右安门西街8号中国铁道出版社综合编辑部 苏茜 收（邮编：100054）。或者采用传真（010-63549458）方式发送。此外，读者也可以直接通过电子邮件把意见反馈给我们，E-mail地址是：suqian@tqbooks.net。我们将选出意见中肯的热心读者，赠送本社的其他图书作为奖励。同时，我们将充分考虑您的意见和建议，并尽可能地给您满意的答复。谢谢！

所购书名：________________

个人资料：

姓名：________ 性别：________ 年龄：________ 文化程度：________

职业：________ 电话：________ E-mail：________

通信地址：________ 邮编：________

您是如何得知本书的：

□书店宣传 □网络宣传 □展会促销 □出版社图书目录 □老师指定 □杂志、报纸等的介绍 □别人推荐

□其他（请指明）________

您从何处得到本书的：

□书店 □邮购 □商场、超市等卖场 □图书销售的网站 □培训学校 □其他

影响您购买本书的因素（可多选）：

□内容实用 □价格合理 □装帧设计精美 □带多媒体教学光盘 □优惠促销 □书评广告 □出版社知名度

□作者名气 □工作、生活和学习的需要 □其他

您对本书封面设计的满意程度：

□很满意 □比较满意 □一般 □不满意 □改进建议

您对本书的总体满意程度：

从文字的角度 □很满意 □比较满意 □一般 □不满意

从技术的角度 □很满意 □比较满意 □一般 □不满意

您希望书中图的比例是多少：

□少量的图片辅以大量的文字 □图文比例相当 □大量的图片辅以少量的文字

您希望本书的定价是多少：

本书最令您满意的是：

1.

2.

您在使用本书时遇到哪些困难：

1.

2.

您希望本书在哪些方面进行改进：

1.

2.

您需要购买哪些方面的图书？对我社现有图书有什么好的建议？

您更喜欢阅读哪些类型和层次的计算机书籍（可多选）？

□入门类 □精通类 □综合类 □问答类 □图解类 □查询手册类 □实例教程类

您在学习计算机的过程中有什么困难？

您的其他要求：